U1068539

科学出版社“十三五”普通高等教育本科规划教材
数学分析立体化教材/刘名生 冯伟贞 主编

数学分析学习辅导 III
——习题选解

刘名生 冯伟贞 韩彦昌 翁 文 编著

科学出版社
北 京

内 容 简 介

数学分析立体化教材是作者在华南师范大学讲授数学分析及相关课程 20 多年的经验基础上写成的，有一些独到见解与体会. 全套书在可读性、系统性和逻辑性上各具特色，并将分层教学的理念贯穿其中. 首先在可读性方面，对于重要概念，只给一种定义形式，其他的等价定义放在思考题或习题中，对定理尽量用朴素的方法证明，对书中的例题表达尽量详细，让学生容易自学. 其次在系统性方面，将关系较密切的内容放在一起，例如，将发散数列和子列的概念放在同一节等. 另外，给出了有理函数分解为部分分式理论的详细证明. 最后在逻辑性方面，尽量在给出定理的同时，也完成对定理的证明.

本书主要对《数学分析(一)》《数学分析(二)》《数学分析(三)》中的部分习题提供详细解答，目的是为初学者提供解题示范作用. 并在书末提供了近几年华南师范大学数学分析考研真题，便于教师在教学中使用和学生在学习时练习使用.

本书可作为数学分析主教材相关章节配套，也可作为微积分教材的参考书.

图书在版编目(CIP)数据

数学分析学习辅导. III，习题选解/刘名生等编著. —北京：科学出版社，2018.5

科学出版社“十三五”普通高等教育本科规划教材・数学分析立体化教材

ISBN 978-7-03-057240-0

Ⅰ. ①数… Ⅱ. ①刘… Ⅲ. ①数学分析–高等学校–题解 Ⅳ. ①O17

中国版本图书馆 CIP 数据核字(2018) 第 083291 号

责任编辑：王胡权　李　萍／责任校对：杜子昂　樊雅琼

责任印制：赵　博／封面设计：陈　敬

科学出版社 出版

北京东黄城根北街 16 号

邮政编码：100717

http://www.sciencep.com

北京富资园科技发展有限公司印刷

科学出版社发行　各地新华书店经销

*

2018 年 5 月第　一　版　开本: 720 × 1000　1/16

2025 年 4 月第八次印刷　印张: 25 3/4

字数: 519 000

定价: 79.00 元

(如有印装质量问题，我社负责调换)

《数学分析立体化教材》序言

《数学分析立体化教材》通过提供多种教学资源给出数学分析课程的整体教学解决方案. 本立体化教材包括二维码新形态主教材三册:《数学分析 (一)》(第二版)、《数学分析 (二)》(第二版)、《数学分析 (三)》(第二版), 学习辅导书三册:《数学分析学习辅导 I —— 收敛与发散》、《数学分析学习辅导 II —— 微分与积分》、《数学分析学习辅导 III —— 习题选解》; 另外, 本立体化教材还配有数学分析精品资源共享课一门.

三册主教材的编写考虑不同教学基础的学校和不同层次的学生在教学方面的不同需求, 在较充分顾及系统的完整性的基础上, 特别标记了选学内容. 教师对教材中的选学内容可以作灵活取舍, 以及适当调整相关内容的讲授或阅读次序. 我们希望这种编排能更好地帮助教师落实分类、分层教学, 同时使学生获得合理的阅读指引. 主教材的编写力求在可读性、系统性和逻辑性上能各具特色，并将分层教学的理念贯穿全书. 主教材的建设, 在数字化资源配套方面做了一定的工作, 内容的呈现更加丰富、饱满, 呈现方式更加生动、直观. 我们对书中的许多概念、定理和方法配有小视频，使在书中无法写出来的一些内容通过小视频提供给读者，从而使得教材能更好地支持学生的自主学习.

在数学分析学习过程中, 学生往往因为欠缺学习自主意识或基础、能力, 难以驾驭一个较大数学知识体系的学习, 造成自我知识体系零碎、割裂, 这是数学分析教学中存在的主要问题及教学难点.《数学分析学习辅导 I —— 收敛与发散》、《数学分析学习辅导 II —— 微分与积分》两册辅导书的编写均立足类比, 希望教学双方在求同存异的思想的指引下, 打通知识点的关联, 在反复对比中深化对基本数学思想方法的理解及强化对问题解决技巧的掌握, 从而突破教学障碍. 我们力求在可读性和系统性上能够编出特色.《数学分析学习辅导 I —— 收敛与发散》主要解决数学分析中的收敛与发散及相关的一些问题, 包括点列的收敛与发散、函数极限的存在性、$\mathbb{R}^n$ 的完备性、反常积分的收敛与发散、数项级数的收敛与发散、函数项级数的收敛与一致收敛以及函数的展开与级数的求和.《数学分析学习辅导 II —— 微分与积分》主要研究数学分析中的微分与积分及相关的一些问题, 包括一元函数微分学、一元函数微分法的应用、一元函数积分学、多元函数及其微分学、多元函数微分法的应用、重积分、曲线积分和曲面积分以及各种积分之间的关系.

《数学分析学习辅导 III —— 习题选解》对三册主教材中的大约一半的习题和复习题提供详细解答, 并在书末附录中提供了 2013~2017 年华南师范大学的数学分析考研真题, 希望对使用本教材的教师和学生有所帮助.

数学分析精品资源共享课由课程简介、课程学习、图形与课件、测试题库、方法论、拓展阅读及学习论坛和教学录像等模块构成, 在课程简介中提供了数学分析课程的教学日历、教学大纲和学习方法指引等课程资料，在课程学习中提供了数学分析 (一)、数学分析 (二) 和数学分析 (三) 等课程的完整课件，在测试题库中提供了华南师范大学数学科学学院 2004~2014 级本科生的数学分析期末考试题，在教学录像中提供了 5 位教师多次数学分析课的教学录像，为教学双方提供了丰富的教学资源. 我们希望这门精品资源共享课能成为实施数学分析混合学习的理想平台.

本立体化教材的编写得到“数学与应用数学国家特色专业”建设项目、“数学与应用数学广东省高等学校重点专业”建设项目及“数学与应用数学国家专业综合改革建设项目”的资助, 第一版在华南师范大学数学科学学院的 2008~2016 级本科生及综合班中使用, 也被多所兄弟院校作为数学系学生的数学分析课程的教材.

借此机会衷心感谢华南师范大学数学科学学院领导和科学出版社领导对本立体化教材编写的大力支持. 对编辑们付出的辛勤劳动, 在此表示诚挚的谢意. 希望广大读者批评指正, 以使本立体化教材得到进一步完善, 为数学分析课程建设和一流人才培养作出更大的贡献.

刘名生　冯伟贞

2017 年 9 月于华南师范大学

前　言

数学分析是数学各专业学生任务最重的课程, 需要三个学期才能完成. 大多数学生和教师都希望有一套好的辅导教材. 我们根据多年的教学经验, 在吸取一些现有数学分析辅导教材优点的基础上, 编写了本套数学分析学习辅导教材.

我们从收敛与发散、微分与积分两个方向编写，力求在可读性和系统性上能够编出特色.《数学分析学习辅导 I —— 收敛与发散》主要解决数学分析中的收敛与发散及相关的一些问题, 包括点列的收敛与发散、函数极限的存在性、$\mathbb{R}^n$ 的完备性、反常积分的收敛与发散、数项级数的收敛与发散、函数项级数的收敛与一致收敛以及函数的展开与级数的求和.《数学分析学习辅导 II —— 微分与积分》主要研究数学分析中的微分与积分及相关的一些问题, 包括一元函数微分学、一元函数微分法的应用、一元函数积分学、多元函数及其微分学、多元函数微分法的应用、重积分、曲线积分和曲面积分以及各种积分之间的关系.

首先, 在可读性方面, 每一章都编有疑难解析, 读者通过阅读疑难解析, 对这一章的主要概念有清楚的认识. 然后通过典型例题讲述这一章的各种典型例题和解题方法, 而且在每个例题中均给出了详细的解法, 明确指出涉及的定义和定理, 还有“分析”或者“注”, 教会读者如何分析问题和解决问题. 在每章后面还有练习题, 供读者练习使用. 书后还附有练习题的答案或提示.

其次, 在系统性方面, 我们理出了“收敛与发散”“微分与积分”两条主线, 沿着这两条主线, 本着求同存异的思想, 展开对同一维度下的不同模型、不同维度下的同一模型的分析性质的讨论, 使概念、性质及方法的运用共性能够凸显, 并使其中的“差异”及“特点”受到关注. 我们将关系较密切的内容放在一起. 例如, 将数列的收敛与发散和点列的收敛与发散放在同一章；将一元函数极限的存在性和多元函数极限的存在性放在同一章；将反常积分的收敛与发散和含参变量反常积分的收敛与一致收敛放在同一章；将函数的展开与级数的求和放在同一章. 这样更容易了解这些内容之间的联系与差别. 我们希望读者能够通过学习本教材, 清楚理解数学分析中相关内容之间的联系. 例如, 在点列的收敛与发散这一章中, 讲述了数列的收敛与发散和 $\mathbb{R}^n$ 中点列的收敛性, 学生通过学习与比较, 熟悉 $\mathbb{R}^n$ 中点列的收敛性与数列的收敛性的关系. 在反常积分的收敛与发散这一章中, 讲述了反常积分的收敛与发散和含参变量反常积分的收敛与一致收敛的内容, 学生在学习含参变量反常积分的内容前, 要先复习反常积分的内容, 并且在学习中, 学生可以在不停地比较中掌握它们之间的区别与联系.

最后, 考虑到一些学生和教师的需要, 我们加编了《数学分析学习辅导III——习题选解》, 主要对三册主教材中的大约一半的习题和复习题提供详细解答, 并在书末附录中提供了 2013~2017 年华南师范大学的数学分析考研真题, 希望对使用本教材的教师和学生有所帮助.

本套辅导教材编写分工如下:《数学分析学习辅导 I —— 收敛与发散》由刘名生、冯伟贞和罗世平编写,《数学分析学习辅导II——微分与积分》由刘名生、韩彦昌、徐志庭和冯伟贞编写,《数学分析学习辅导III—— 习题选解》由刘名生、冯伟贞、韩彦昌和翁文编写. 初稿完成后, 编写组全体成员多次仔细讨论、评阅和修改. 全书由刘名生和冯伟贞负责编写的组织工作.

本套辅导教材在编写过程中得到华南师范大学数学科学学院许多同事的支持, 并得到“数学与应用数学国家特色专业”建设项目、“数学与应用数学广东省高等学校重点专业”建设项目及“数学与应用数学国家专业综合改革建设项目”的资助. 我们在华南师范大学数学科学学院 2011~2016 级师范班、2011 级、2012 级和 2014 级勷勤创新班以及 2016 级非师范班的数学分析课程中试用了本套辅导教材, 2011~2016 级师范班、2011 级、2012 级和 2014 级勷勤创新班以及 2016 级非师范班的学生为本套辅导教材的完善提供了许多宝贵意见, 在此一并致谢. 我们还要对科学出版社编辑们付出的辛勤劳动表示诚挚的感谢.

由于编者水平及时间有限, 疏漏和不足之处在所难免, 敬请读者批评指正.

编 者

2017 年 9 月于华南师范大学

目　录

第 1 章　实数与数列极限

习　题　1.1

1. 设 $r \in \mathbb{Q}, t \in \mathbb{R}\backslash\mathbb{Q}$, 且 $r \neq 0$, 试证明: $t \pm r, t \cdot r, \dfrac{t}{r}$ 都是无理数.

证明　注意到有理数集合 $\mathbb{Q}$ 关于加、减、乘、除 (除数不能为零) 运算都是封闭的. 用反证法, 假定 $t+r$ 是有理数, 由于 $r \in \mathbb{Q}$, 所以 $t=(t+r)-r \in \mathbb{Q}$, 这与 $t \in \mathbb{R}\backslash\mathbb{Q}$ 相矛盾, 因此 $t+r$ 是无理数.

同理可证, $t-r, t \cdot r, \dfrac{t}{r}$ 都是无理数. □

3. 证明: 对于任何实数 x 和 a, 有

(2) $\dfrac{|a+x|}{1+|a+x|} \leqslant \dfrac{|a|}{1+|x|}+\dfrac{|x|}{1+|x|}$.

证明　根据三角不等式得, $|a+x| \leqslant |a|+|x|$, 所以

$$\begin{aligned}\frac{|a+x|}{1+|a+x|} &= 1-\frac{1}{1+|a+x|}\\ &\leqslant 1-\frac{1}{1+|a|+|x|}=\frac{|a|+|x|}{1+|a|+|x|}\\ &\leqslant \frac{|a|+|x|}{1+|x|},\end{aligned}$$

因此 $\dfrac{|a+x|}{1+|a+x|} \leqslant \dfrac{|a|}{1+|x|}+\dfrac{|x|}{1+|x|}$. □

注　类似可以证明如下不等式:

$$\frac{|a+x|}{1+|a+x|} \leqslant \frac{|a|}{1+|a|}+\frac{|x|}{1+|x|},$$

$$\frac{|a+x|}{1+|a+x|} \leqslant \frac{|a|}{1+|x|}+\frac{|x|}{1+|a|}.$$

5. 设 n 是正整数, $a>0, b>0$, 试证明:

$$\left|\sqrt[n]{a}-\sqrt[n]{b}\right| \leqslant \sqrt[n]{|a-b|}.$$

证明　分三种情况证明, 当 $a=b$ 时, 所证不等式显然成立.

当 $a>b$ 时, 所证不等式等价于 $\sqrt[n]{a}-\sqrt[n]{b} \leqslant \sqrt[n]{a-b}$, 这又等价于

$$\left(\sqrt[n]{a-b}+\sqrt[n]{b}\right)^{n} \geqslant a.$$

事实上, 由二项式公式得

$$\begin{aligned}(\sqrt[n]{a-b}+\sqrt[n]{b})^n &= (\sqrt[n]{a-b})^n + \mathrm{C}_n^1(\sqrt[n]{a-b})^{n-1}\sqrt[n]{b}+\cdots \\ &\quad +\mathrm{C}_n^{n-1}\sqrt[n]{a-b}(\sqrt[n]{b})^{n-1}+(\sqrt[n]{b})^n \\ &\geqslant (a-b)+b=a.\end{aligned}$$

所以所证不等式成立.

同理可证, 当 $a<b$ 时, 所证不等式也成立. □

7. 设 n 是正整数, $0<a<1$, 试证明: $0<a^n<\dfrac{a}{n(1-a)}$.

证明 令 $h=\dfrac{1}{a}-1$, 则 $h>0$, 于是根据 Bernoulli 不等式得

$$0<a^n=\frac{1}{(1+h)^n}\leqslant\frac{1}{1+nh}<\frac{1}{nh},$$

所以

$$0<a^n<\frac{a}{n(1-a)}.$$ □

习 题 1.2

1. 用数列极限的“ε-N”定义验证下列极限:

(2) $\lim\limits_{n\to\infty}\dfrac{2n+1}{3n-2}=\dfrac{2}{3}$; (4) $\lim\limits_{n\to\infty}(\sqrt{n+1}-\sqrt{n})=0$;

(6) $\lim\limits_{n\to\infty}\dfrac{n!}{n^n}=0$.

证明 (2) $\forall\varepsilon>0$, 要使不等式

$$\left|\frac{2n+1}{3n-2}-\frac{2}{3}\right|=\frac{7}{3(3n-2)}<\varepsilon$$

成立, 只要 $n>\dfrac{7}{9\varepsilon}+\dfrac{2}{3}$, 于是取 $N=\left[\dfrac{7}{9\varepsilon}+\dfrac{2}{3}\right]+1\in\mathbb{N}_+=\{1,2,\cdots\}$, 则当 $n>N$ 时, 有

$$\left|\frac{2n+1}{3n-2}-\frac{2}{3}\right|<\varepsilon,$$

因此根据“ε-N”定义得, $\lim\limits_{n\to\infty}\dfrac{2n+1}{3n-2}=\dfrac{2}{3}$.

(4) $\forall\varepsilon>0$, 由于

$$\left|\sqrt{n+1}-\sqrt{n}-0\right|=\sqrt{n+1}-\sqrt{n}=\frac{1}{\sqrt{n+1}+\sqrt{n}}\leqslant\frac{1}{2\sqrt{n}},$$

所以要使不等式

$$\left|\sqrt{n+1}-\sqrt{n}-0\right|<\varepsilon$$

成立, 只要 $\dfrac{1}{2\sqrt{n}}<\varepsilon$, 即 $n>\dfrac{1}{4\varepsilon^2}$, 于是取 $N=\left[\dfrac{1}{4\varepsilon^2}\right]+1\in\mathbb{N}_+=\{1,2,\cdots\}$, 则当 $n>N$ 时, 有

$$\left|\sqrt{n+1}-\sqrt{n}-0\right|<\varepsilon,$$

因此根据"ε-N"定义得, $\lim\limits_{n\to\infty}\left(\sqrt{n+1}-\sqrt{n}\right)=0$.

(6) $\forall\varepsilon>0$, 由于

$$\left|\frac{n!}{n^n}-0\right|=\frac{n!}{n^n}=\frac{1}{n}\cdot\frac{2}{n}\cdot\frac{3}{n}\cdot\cdots\cdot\frac{n}{n}\leqslant\frac{1}{n},$$

所以要使 $\left|\dfrac{n!}{n^n}-0\right|<\varepsilon$, 只要 $\dfrac{1}{n}<\varepsilon$, 即 $n>\dfrac{1}{\varepsilon}$. 因此可取 $N=\dfrac{1}{\varepsilon}$, 使当 $n>N$ 时, 有 $\left|\dfrac{n!}{n^n}-0\right|<\varepsilon$, 故根据"$\varepsilon$-$N$"定义得, $\lim\limits_{n\to\infty}\dfrac{n!}{n^n}=0$. □

3. 用"ε-N"语言表达"数列 $\{a_n\}$ 不收敛于 a"这一陈述.

解 "数列 $\{a_n\}$ 不收敛于 a"的"ε-N"语言表达是: $\exists\,\varepsilon_0>0$, $\forall N\in\mathbb{N}_+$, $\exists\,n_0>N$, 使得 $|a_{n_0}-a|\geqslant\varepsilon_0$. □

4. 设 $a_{2n}=\dfrac{2n+1}{2n}$, $a_{2n-1}=\dfrac{\sqrt{(2n-1)^2+1}}{2n-1}$, 其中 $n\in\mathbb{N}_+$, 试证明:

$$\lim_{n\to\infty}a_n=1.$$

证明 由于 $|a_{2k}-1|=\dfrac{1}{2k}$, 以及

$$\begin{aligned}|a_{2k-1}-1|&=\left|\frac{\sqrt{(2k-1)^2+1}}{2k-1}-1\right|=\frac{\sqrt{(2k-1)^2+1}-(2k-1)}{2k-1}\\&=\frac{1}{(2k-1)[\sqrt{(2k-1)^2+1}+(2k-1)]}\\&<\frac{1}{2k-1},\end{aligned}$$

所以

$$|a_n-1|\leqslant\frac{1}{n},$$

因此, $\forall\varepsilon>0$, $\exists N=\dfrac{1}{\varepsilon}>0$, 使当 $n>N$ 时, 有 $|a_n-1|<\varepsilon$, 故根据"ε-N"定义得, $\lim\limits_{n\to\infty}a_n=1$. □

习　题　1.3

1. 证明定理 1.3.6(3), 即证明: 设 $\{a_n\}$ 与 $\{b_n\}$ 都是收敛数列, 且 $b_n \neq 0$ 和 $\lim\limits_{n\to\infty} b_n \neq 0$, 则 $\left\{\dfrac{a_n}{b_n}\right\}$ 也是收敛数列, 且有

(3) $\lim\limits_{n\to\infty} \dfrac{a_n}{b_n} = \dfrac{\lim\limits_{n\to\infty} a_n}{\lim\limits_{n\to\infty} b_n}$.

证明　设 $\lim\limits_{n\to\infty} a_n = a$, $\lim\limits_{n\to\infty} b_n = b$, 则 $b \neq 0$, 我们要证明:

$$\lim_{n\to\infty} \frac{a_n}{b_n} = \frac{a}{b}.$$

事实上, 由于 $\lim\limits_{n\to\infty} a_n = a$, $\lim\limits_{n\to\infty} b_n = b$, 所以根据“$\varepsilon$-$N$”定义得, $\forall \varepsilon > 0$, $\exists N_1, N_2 \in \mathbb{N}_+$, 使当 $n > N_1$ 时, 有

$$|a_n - a| < \varepsilon,$$

当 $n > N_2$ 时, 有

$$|b_n - b| < \varepsilon.$$

又由于 $\lim\limits_{n\to\infty} b_n = b \neq 0$, 所以根据保号性定理得, $\exists N_3 \in \mathbb{N}_+$, 使当 $n > N_3$ 时, 有

$$|b_n| > \frac{|b|}{2}.$$

因此, 取 $N = \max\{N_1, N_2, N_3\} \in \mathbb{N}_+$, 则当 $n > N$ 时, 有

$$\begin{aligned}
\left|\frac{a_n}{b_n} - \frac{a}{b}\right| &= \left|\frac{a_n b - a b_n}{b_n b}\right| \\
&= \frac{|(a_n - a)b + a(b - b_n)|}{|b_n||b|} \\
&\leqslant \frac{|a_n - a||b| + |a||b_n - b|}{\dfrac{|b|}{2} \cdot |b|} \\
&< \frac{2(|a| + |b|)}{b^2}\varepsilon,
\end{aligned}$$

故根据“ε-N”定义得, $\lim\limits_{n\to\infty} \dfrac{a_n}{b_n} = \dfrac{a}{b}$. □

2. 证明: 如果 $\lim\limits_{n\to\infty} a_n = a$, 且 $a < b$, 那么存在 $N \in \mathbb{N}_+$, 使当 $n > N$ 时, 有 $a_n < b$.

证明　由于 $\lim\limits_{n\to\infty} a_n = a$ 和 $a < b$, 所以根据“ε-N”定义得, 对 $\varepsilon_0 = b - a > 0$, $\exists N \in \mathbb{N}_+$, 使当 $n > N$ 时, 有

$$|a_n - a| < \varepsilon_0 \Rightarrow a_n < a + \varepsilon_0 = b. \quad \square$$

3. 求下列极限:

(5) $\lim\limits_{n\to\infty}(\sqrt{4n^2+n}-2n+1)$; (7) $\lim\limits_{n\to\infty}\dfrac{a^n}{a^n+1}\ (a\neq -1)$;

(8) $\lim\limits_{n\to\infty}\dfrac{b+b^2+\cdots+b^n}{a+a^2+\cdots+a^n}\ (a>b>0)$; (9) $\lim\limits_{n\to\infty}\dfrac{\sqrt{n+1}-\sqrt{n}}{\sqrt{n+2}-\sqrt{n-1}}$.

解 (5) 利用根式有理化和四则运算可得

$$\begin{aligned}\lim_{n\to\infty}(\sqrt{4n^2+n}-2n+1)&=\lim_{n\to\infty}\frac{4n^2+n-(2n-1)^2}{\sqrt{4n^2+n}+2n-1}\\&=\lim_{n\to\infty}\frac{5n-1}{\sqrt{4n^2+n}+2n-1}\\&=\lim_{n\to\infty}\frac{5-\dfrac{1}{n}}{\sqrt{4+\dfrac{1}{n}}+2-\dfrac{1}{n}}=\frac{5}{4}.\end{aligned}$$

(7) 分三种情况计算, 当 $a=1$ 时, 显然有 $\lim\limits_{n\to\infty}\dfrac{a^n}{a^n+1}=\dfrac{1}{1+1}=\dfrac{1}{2}$;

当 $|a|<1$ 时, 由于 $\lim\limits_{n\to\infty}a^n=0$, 所以

$$\lim_{n\to\infty}\frac{a^n}{a^n+1}=\frac{0}{0+1}=0;$$

当 $|a|>1$ 时, 由于 $\lim\limits_{n\to\infty}a^{-n}=0$, 所以

$$\lim_{n\to\infty}\frac{a^n}{a^n+1}=\lim_{n\to\infty}\frac{1}{1+a^{-n}}=\frac{1}{1+0}=1.$$

(8) 分四种情况计算, 当 $a=1>b>0$ 时, 由于 $\lim\limits_{n\to\infty}b^n=0$, 所以根据 Cauchy 命题得

$$\lim_{n\to\infty}\frac{b+b^2+\cdots+b^n}{a+a^2+\cdots+a^n}=\lim_{n\to\infty}\frac{b+b^2+\cdots+b^n}{n}=0;$$

当 $1>a>b>0$ 时, 由于 $\lim\limits_{n\to\infty}a^n=\lim\limits_{n\to\infty}b^n=0$, 所以,

$$\lim_{n\to\infty}\frac{b+b^2+\cdots+b^n}{a+a^2+\cdots+a^n}=\lim_{n\to\infty}\frac{\dfrac{b(1-b^n)}{1-b}}{\dfrac{a(1-a^n)}{1-a}}=\frac{b(1-a)}{a(1-b)};$$

当 $a>b=1>0$ 时, 由于 $\lim\limits_{n\to\infty}\dfrac{n}{a^n}=0$, $\lim\limits_{n\to\infty}a^{-n}=0$, 所以,

$$\begin{aligned}\lim_{n\to\infty}\frac{b+b^2+\cdots+b^n}{a+a^2+\cdots+a^n}&=\lim_{n\to\infty}\frac{n}{\dfrac{a(1-a^n)}{1-a}}\\&=\frac{1-a}{a}\lim_{n\to\infty}\frac{\dfrac{n}{a^n}}{a^{-n}-1}=\frac{0}{0-1}=0;\end{aligned}$$

当 $a>b>0, a>1, b\neq 1$ 时, 由于 $\lim\limits_{n\to\infty}\left(\dfrac{b}{a}\right)^n=0$ 且 $\lim\limits_{n\to\infty}a^{-n}=0$, 所以,

$$\lim_{n\to\infty}\frac{b+b^2+\cdots+b^n}{a+a^2+\cdots+a^n}=\lim_{n\to\infty}\frac{\dfrac{b(1-b^n)}{1-b}}{\dfrac{a(1-a^n)}{1-a}}$$

$$=\frac{b(1-a)}{a(1-b)}\lim_{n\to\infty}\frac{a^{-n}-\left(\dfrac{b}{a}\right)^n}{a^{-n}-1}=0.$$

(9) 利用根式有理化和四则运算可得

$$\lim_{n\to\infty}\frac{\sqrt{n+1}-\sqrt{n}}{\sqrt{n+2}-\sqrt{n-1}}=\lim_{n\to\infty}\frac{(n+1-n)(\sqrt{n+2}+\sqrt{n-1})}{(n+2-n+1)(\sqrt{n+1}+\sqrt{n})}$$

$$=\frac{1}{3}\lim_{n\to\infty}\frac{\sqrt{1+\dfrac{2}{n}}+\sqrt{1-\dfrac{1}{n}}}{\sqrt{1+\dfrac{1}{n}}+1}=\frac{1}{3}.$$ □

8. 设数列 $\{a_n\}$ 满足: $\lim\limits_{n\to\infty}\dfrac{a_1+a_2+\cdots+a_n}{n}=a$, 试证明: $\lim\limits_{n\to\infty}\dfrac{a_n}{n}=0$.

证明　由于 $\lim\limits_{n\to\infty}\dfrac{a_1+a_2+\cdots+a_n}{n}=a$, 以及当 $n>1$ 时,

$$\frac{a_n}{n}=\frac{a_1+a_2+\cdots+a_n}{n}-\left(1-\frac{1}{n}\right)\cdot\frac{a_1+a_2+\cdots+a_{n-1}}{n-1},$$

所以

$$\lim_{n\to\infty}\frac{a_n}{n}=a-(1-0)\cdot a=0.$$ □

习　题　1.4

2. 证明: 数列 $\{a_n\}$ 收敛的充要条件是子列 $\{a_{2n}\}$ 与 $\{a_{2n-1}\}$ 都收敛, 且极限相同.

证明　**必要性**　若数列 $\{a_n\}$ 收敛, 则根据推论 1.4.1 得, 子列 $\{a_{2n}\}$ 与 $\{a_{2n-1}\}$ 都收敛, 且极限相同.

充分性　若子列 $\{a_{2k}\}$ 与 $\{a_{2k-1}\}$ 都收敛, 且极限相同, 往证: $\{a_n\}$ 收敛.

事实上, 设 $\lim\limits_{k\to\infty}a_{2k}=a=\lim\limits_{k\to\infty}a_{2k-1}$, 则根据“$\varepsilon$-$N$”定义得, $\forall\varepsilon>0, \exists N_1, N_2\in\mathbb{N}_+$, 使当 $k>N_1$ 时, 有

$$|a_{2k}-a|<\varepsilon,$$

当 $k > N_2$ 时, 有

$$|a_{2k-1} - a| < \varepsilon.$$

于是, 取 $N = \max\{2N_1, 2N_2 - 1\} \in \mathbb{N}_+$, 则当 $n > N$ 时, 有

$$|a_n - a| < \varepsilon.$$

所以, 根据“ε-N”定义得, $\lim\limits_{n\to\infty} a_n = a$, 即 $\{a_n\}$ 收敛. □

3. 证明: 数列 $\{a_n\}$ 收敛的充要条件是子列 $\{a_{3n}\}$, $\{a_{2n}\}$ 与 $\{a_{2n-1}\}$ 都收敛.

证明 **必要性** 若数列 $\{a_n\}$ 收敛, 则根据定理 1.4.1 得, 子列 $\{a_{3n}\}$, $\{a_{2n}\}$ 与 $\{a_{2n-1}\}$ 都收敛.

充分性 若子列 $\{a_{3k}\}$, $\{a_{2k}\}$ 与 $\{a_{2k-1}\}$ 都收敛, 往证: $\{a_n\}$ 收敛.

事实上, 设 $\lim\limits_{k\to\infty} a_{3k} = a$, $\lim\limits_{k\to\infty} a_{2k} = b$, $\lim\limits_{k\to\infty} a_{2k-1} = c$, 下面证明: $b = c$.

由于 $\{a_{6k}\}$, $\{a_{6k-3}\}$ 是 $\{a_{3k}\}$ 的两个子列, 所以根据推论 1.4.1 得

$$\lim_{k\to\infty} a_{6k} = \lim_{k\to\infty} a_{6k-3} = \lim_{k\to\infty} a_{3k} = a.$$

又由于 $\{a_{6k}\}$ 是 $\{a_{2k}\}$ 的子列, $\{a_{6k-3}\}$ 是 $\{a_{2k-1}\}$ 的子列, 所以根据推论 1.4.1 得

$$a = \lim_{k\to\infty} a_{6k} = \lim_{k\to\infty} a_{2k} = b, \quad a = \lim_{k\to\infty} a_{6k-3} = \lim_{k\to\infty} a_{2k-1} = c.$$

因此 $b = c$, 故根据上题的结论得, $\{a_n\}$ 收敛. □

习 题 1.5

1. 设 S 是非空数集, 试给出 S 是无下界的数集的精确定义, 并用此定义证明数集 $T = \{y = 3 - x^2 | x \in \mathbb{R}\}$ 是无下界的.

解 S 是无下界的数集的精确定义是: $\forall L < 0$, $\exists x_0 \in S$, 使得 $x_0 < L$.

现在证明: 数集 $T = \{y = 3 - x^2 | x \in \mathbb{R}\}$ 是无下界的.

事实上, $\forall L < 0$, $\exists x_0 = \sqrt{4 - L} \in \mathbb{R}, y_0 = 3 - x_0^2 \in T$, 使得 $y_0 = 3 - x_0^2 = 3 - (4 - L) = -1 + L < L$, 所以根据上面的定义得, 数集 T 是无下界的. □

3. 设 A, B 皆为非空数集, 且满足: 对于任意 $x \in A$ 和 $y \in B$ 有 $x > y$, 试证明: 数集 A 有下确界, 数集 B 有上确界, 且 $\sup B \leqslant \inf A$.

证明 由题设知, A, B 皆为非空数集, 且数集 A 中任一数 x 都是数集 B 的上界, 数集 B 中任一数 y 都是数集 A 的下界, 于是根据确界原理得, 数集 A 有下确界, 数集 B 有上确界, 下面证明: $\sup B \leqslant \inf A$.

事实上, $\forall x \in A$, 因为 x 是数集 B 的上界, 而 $\sup B$ 是数集 B 的最小上界, 所以

$$\sup B \leqslant x,$$

即 $\sup B$ 是数集 A 的一个下界, 而 $\inf A$ 是 A 有最大下界, 因此 $\sup B \leqslant \inf A$. □

5. 设 S 是非空有界数集, $S^- = \{-x|x \in S\}$, 证明: (1) $\sup S^- = -\inf S$.

证明　由于 S 是非空有界数集, 以及 $S^- = \{-x|x \in S\}$, 所以显然 S 也是非空有界数集, 因此根据确界原理得, 数集 S, S^- 都存在上确界与下确界, 下面证明: $\sup S^- = -\inf S$.

事实上, (1) $\forall x \in S^-$, 都有 $-x \in S$, 于是根据下确界的定义得, $-x \geqslant \inf S$, 所以 $x \leqslant -\inf S$, 即 $-\inf S$ 是 S^- 的一个上界.

(2) $\forall \varepsilon > 0$, 根据下确界的定义得, $\exists x_0 \in S$, 使得 $x_0 > \inf S - \varepsilon$, 于是 $\exists y_0 = -x_0 \in S^-$, 使得 $y_0 < -\inf S + \varepsilon$, 即 $-\inf S$ 是 S^- 的最小上界.

所以根据上确界的定义得, $\sup S^- = -\inf S$. □

习　题　1.6

1. 求下列极限:

(1) $\lim\limits_{n\to\infty} \sqrt[n]{1 - \dfrac{1}{2n}}$;　(4) $\lim\limits_{n\to\infty} \sqrt[n]{a_1^n + a_2^n + \cdots + a_m^n}\,(a_k > 0, k = 1, 2, \cdots, m)$.

解　(1) 因为当 $n \geqslant 1$ 时, 有

$$\sqrt[n]{\frac{1}{2}} \leqslant \sqrt[n]{1 - \frac{1}{2n}} \leqslant 1, \quad 以及 \lim_{n\to\infty} \sqrt[n]{\frac{1}{2}} = 1,$$

所以根据迫敛性定理得

$$\lim_{n\to\infty} \sqrt[n]{1 - \frac{1}{2n}} = 1.$$

(4) 令 $a = \max\{a_1, a_2, \cdots, a_m\}$, 则 $a > 0$, 且

$$a \leqslant \sqrt[n]{a_1^n + a_2^n + \cdots + a_m^n} \leqslant \sqrt[n]{m} \cdot a, \quad 以及 \lim_{n\to\infty} \sqrt[n]{m} \cdot a = a,$$

所以根据迫敛性定理得

$$\lim_{n\to\infty} \sqrt[n]{a_1^n + a_2^n + \cdots + a_m^n} = a = \max\{a_1, a_2, \cdots, a_m\}.$$ □

2. 设 $\{a_n\}$ 是单调数列, 试证明: 数列 $\{a_n\}$ 收敛的充要条件是它含有一个收敛子列.

证明　先证必要性. 若数列 $\{a_n\}$ 收敛, 根据定理 1.4.1 知, $\{a_n\}$ 的任何子列都收敛, 所以必要性成立.

再证充分性. **证法一**　用单调有界定理证明.

不妨设 $\{a_n\}$ 是单调递增数列, 它有一个收敛子列 $\{a_{n_k}\}$, 往证: 数列 $\{a_n\}$ 收敛. 我们只需证明: 数列 $\{a_n\}$ 有上界.

事实上, 因为 $\{a_{n_k}\}$ 收敛, 所以存在 $M\in\mathbb{R}$, 使得对任意 $k\in\mathbb{N}_+$, 有 $a_{n_k}\leqslant M$. 又由于 $\{a_n\}$ 是单调递增数列, 以及 $k\leqslant n_k$, 所以对任意 $k\in\mathbb{N}_+$, 有

$$a_k\leqslant a_{n_k}\leqslant M,$$

即数列 $\{a_n\}$ 有上界, 因此根据单调有界定理得, 数列 $\{a_n\}$ 收敛.

证法二 用极限的"ε-N"定义证明.

不妨设 $\{a_n\}$ 是单调递增数列, 它有一个收敛子列 $\{a_{n_k}\}$, 并设 $\lim\limits_{k\to\infty}a_{n_k}=a$, 往证: 数列 $\{a_n\}$ 收敛于 a.

事实上, $\forall\varepsilon>0$, 由 $\lim\limits_{k\to\infty}a_{n_k}=a$ 得, 存在 $N\in\mathbb{N}_+$, 使当 $k>N$ 时, 有

$$|a_{n_k}-a|<\varepsilon.$$

记 $N_1=n_{N+1}$, 则当 $m>N_1$ 时, 有 $n_m\geqslant m>n_{N+1}\geqslant N+1>N$, 于是根据 $\{a_n\}$ 是单调递增数列, 以及上述不等式得

$$a-\varepsilon<a_{n_{N+1}}\leqslant a_m\leqslant a_{n_m}<a+\varepsilon,$$

即当 $m>N_1$ 时, 有 $|a_m-a|<\varepsilon$, 所以根据极限的定义得, 数列 $\{a_n\}$ 收敛于 a. □

3. 证明下列数列收敛, 并求其极限:

(1) $a_n=\dfrac{b^n}{n!}(b>0,n=1,2,\cdots)$; (3) $a_1=\sqrt{3}$, $a_{n+1}=\sqrt{3a_n}$, $n=1,2,\cdots$.

解 (1) 记 $N=[b]+1$, 则 $N\in\mathbb{N}_+$, 且 $N>b$. 由于当 $n>N$ 时, 有

$$0<\frac{b^n}{n!}=\frac{b^N}{N!}\cdot\frac{b}{N+1}\cdot\frac{b}{N+2}\cdot\cdots\cdot\frac{b}{n}<\frac{b^N}{N!}\cdot\frac{b}{n},$$

以及 $\lim\limits_{n\to\infty}\dfrac{b^N}{N!}\cdot\dfrac{b}{n}=0$, 所以根据迫敛性定理得

$$\lim_{n\to\infty}\frac{b^n}{n!}=0.$$

(3) 先用数学归纳法证明: $0<a_n<3, n=1,2,\cdots$.

事实上, 当 $n=1$ 时, 显然有 $0<a_1=\sqrt{3}<3$.

假定当 $n=k$ 时, 有 $0<a_k<3$, 则当 $n=k+1$ 时, 有

$$0<a_{k+1}=\sqrt{3a_k}<\sqrt{3\cdot 3}=3,$$

所以, 根据数学归纳法原理得, 对所有 $n\in\mathbb{N}_+$, 有 $0<a_n<3$.

再证明: $\{a_n\}$ 是递增数列. 事实上, 因为对任意 $n\in\mathbb{N}_+$, 有

$$a_{n+1}=\sqrt{3a_n}>\sqrt{a_n\cdot a_n}=a_n,$$

所以 $\{a_n\}$ 是递增数列. 因此, 根据单调有界定理得, 数列 $\{a_n\}$ 收敛.

设 $\lim\limits_{n\to\infty} a_n = a$, 则由 $\{a_n\}$ 是递增数列及 $a_{n+1} = \sqrt{3a_n}$ 得

$$a_n \geqslant a_1 = \sqrt{3}, \quad a_{n+1}^2 = 3a_n.$$

令 $n \to \infty$, 取极限得, $a \geqslant \sqrt{3}$, 以及 $a^2 = 3a$, 所以 $a = 3$. □

4. 利用 $\lim\limits_{n\to\infty}\left(1+\dfrac{1}{n}\right)^n = \mathrm{e}$ 求下列极限:

(2) $\lim\limits_{n\to\infty}\left(\dfrac{n+1}{n-1}\right)^n$;　　(4) $\lim\limits_{n\to\infty}\left(1+\dfrac{1}{n}\right)^{n+3}$.

解　(2) 因为 $\lim\limits_{n\to\infty}\left(1+\dfrac{1}{n}\right)^n = \mathrm{e}$, 所以

$$\begin{aligned}\lim_{n\to\infty}\left(\frac{n+1}{n-1}\right)^n &= \lim_{n\to\infty}\left(\frac{1+\dfrac{1}{n}}{\dfrac{n-1}{n}}\right)^n \\ &= \lim_{n\to\infty}\left[\left(1+\frac{1}{n}\right)^n\cdot\left(1+\frac{1}{n-1}\right)^{n-1}\cdot\left(1+\frac{1}{n-1}\right)\right] \\ &= \mathrm{e}\cdot\mathrm{e} = \mathrm{e}^2.\end{aligned}$$

(4) 因为 $\lim\limits_{n\to\infty}\left(1+\dfrac{1}{n}\right)^n = \mathrm{e}$, 所以

$$\lim_{n\to\infty}\left(1+\frac{1}{n}\right)^{n+3} = \lim_{n\to\infty}\left[\left(1+\frac{1}{n}\right)^n\cdot\left(1+\frac{1}{n}\right)^3\right] = \mathrm{e}\cdot 1^3 = \mathrm{e}.$$ □

6. 应用 Cauchy 收敛准则, 证明以下数列收敛或发散:

(1) $a_n = \sin 1 + \dfrac{\sin 2}{2^2} + \dfrac{\sin 3}{3^2} + \cdots + \dfrac{\sin n}{n^2}$;

(4) $a_n = 1 + \dfrac{1}{2^\alpha} + \dfrac{1}{3^\alpha} + \cdots + \dfrac{1}{n^\alpha}(\alpha \leqslant 1)$.

证明　(1) 由于 $\forall n, p \in \mathbb{N}_+$, 有

$$\begin{aligned}|a_{n+p} - a_n| &\leqslant \frac{1}{(n+1)^2} + \frac{1}{(n+2)^2} + \cdots + \frac{1}{(n+p)^2} \\ &< \frac{1}{n(n+1)} + \frac{1}{(n+1)(n+2)} + \cdots + \frac{1}{(n+p-1)(n+p)} \\ &= \left(\frac{1}{n} - \frac{1}{n+1}\right) + \left(\frac{1}{n+1} - \frac{1}{n+2}\right) + \cdots + \left(\frac{1}{n+p-1} - \frac{1}{n+p}\right) \\ &= \frac{1}{n} - \frac{1}{n+p} < \frac{1}{n},\end{aligned}$$

所以 $\forall\varepsilon>0$, 存在 $N=\left[\frac{1}{\varepsilon}\right]+1\in\mathbb{N}_+$, 使当 $n>N$ 时, $\forall p\in\mathbb{N}_+$, 总有

$$|a_{n+p}-a_n|<\varepsilon.$$

因此根据 Cauchy 收敛准则得, 数列 $\{a_n\}$ 收敛.

(4) 由于 $\alpha\leqslant 1$, 所以 $\frac{1}{n^\alpha}\geqslant\frac{1}{n}$, 因此 $\exists\varepsilon_0=\frac{1}{2}>0$, 使 $\forall N\in\mathbb{N}_+$, 存在 $n_0=N+1>N$, $\exists p_0=N+1\in\mathbb{N}_+$, 满足

$$\begin{aligned}|a_{n_0+p_0}-a_{n_0}|&=\frac{1}{(N+2)^\alpha}+\frac{1}{(N+3)^\alpha}+\cdots+\frac{1}{(2N+2)^\alpha}\\&\geqslant\frac{1}{N+2}+\frac{1}{N+3}+\cdots+\frac{1}{2N+2}\\&>(N+1)\cdot\frac{1}{2N+2}=\frac{1}{2}=\varepsilon_0,\end{aligned}$$

所以根据 Cauchy 收敛准则的否定形式得, 数列 $\{a_n\}$ 发散. □

8. 求下列极限:

(2) $\lim\limits_{n\to\infty}\frac{1}{n!}\sum\limits_{k=1}^{n}k!$;　　(3) $\lim\limits_{n\to\infty}\left(1+\frac{1}{n}+\frac{1}{n^2}\right)^n$.

解 (2) 由于当 $n>2$ 时, 有

$$n!<\sum_{k=1}^{n}k!\leqslant(n-2)(n-2)!+(n-1)!+n!<2(n-1)!+n!,$$

所以, 当 $n>2$ 时, 有

$$1<\frac{1}{n!}\sum_{k=1}^{n}k!<1+\frac{2}{n}.$$

又因为 $\lim\limits_{n\to\infty}\left(1+\frac{2}{n}\right)=\lim\limits_{n\to\infty}1=1$, 所以根据迫敛性定理得

$$\lim_{n\to\infty}\frac{1}{n!}\sum_{k=1}^{n}k!=1.$$

(3) 由于当 $n>1$ 时, 有

$$\begin{aligned}\left(1+\frac{1}{n}\right)^n<\left(1+\frac{1}{n}+\frac{1}{n^2}\right)^n&=\left(1+\frac{n+1}{n^2}\right)^n\\&<\left(1+\frac{n+1}{n^2-1}\right)^n=\left(1+\frac{1}{n-1}\right)^n,\end{aligned}$$

以及

$$\lim_{n\to\infty}\left(1+\frac{1}{n-1}\right)^n=\lim_{n\to\infty}\left[\left(1+\frac{1}{n-1}\right)^{n-1}\left(1+\frac{1}{n-1}\right)\right]=\mathrm{e},$$

$$\lim_{n\to\infty}\left(1+\frac{1}{n}\right)^n = \mathrm{e},$$

所以, 根据迫敛性定理得

$$\lim_{n\to\infty}\left(1+\frac{1}{n}+\frac{1}{n^2}\right)^n = \mathrm{e}. \qquad \square$$

复 习 题

2. 设 $a_1, a_2, \cdots, a_n$ 是 n 个正实数, 定义它们的调和平均数为

$$\frac{1}{\frac{1}{n}\left(\frac{1}{a_1}+\frac{1}{a_2}+\cdots+\frac{1}{a_n}\right)},$$

试证明: n 个正实数的“调和平均数”$\leqslant$“几何平均数”$\leqslant$“算术平均数”, 即

$$\frac{n}{\frac{1}{a_1}+\frac{1}{a_2}+\cdots+\frac{1}{a_n}} \leqslant \sqrt[n]{a_1a_2\cdots a_n} \leqslant \frac{a_1+a_2+\cdots+a_n}{n},$$

其中等号只在所有 a_k 均相等时成立. 并应用平均值不等式证明 $\left\{\left(1+\frac{1}{n}\right)^n\right\}$ 有上界.

证明 (1) 先证明“平均值不等式”: $\sqrt[n]{a_1a_2\cdots a_n} \leqslant \frac{a_1+a_2+\cdots+a_n}{n}$, 这等价于

$$\frac{a_1+a_2+\cdots+a_n}{\sqrt[n]{a_1a_2\cdots a_n}} \geqslant n.$$

令 $b_j = \frac{a_j}{\sqrt[n]{a_1a_2\cdots a_n}}$, $j=1,2,\cdots,n$, 则上述不等式等价于

$$b_1+b_2+\cdots+b_n \geqslant n, \tag{1.1}$$

其中 $b_j>0$, $j=1,2,\cdots,n$, 且

$$b_1 b_2 \cdots b_n = 1, \tag{1.2}$$

且等号当且仅当 $b_1=b_2=\cdots=b_n=1$ 时成立.

下面用数学归纳法证明: 在条件 (1.2) 下, 不等式 (1.1) 成立.

当 $n=1$ 时, 由 (1.2) 式得, $b_1=1$, 所以, (1.1) 式等号成立.

当 $n=2$ 时, 由 (1.2) 式得, $b_1 b_2=1$, 所以

$$b_1+b_2 \geqslant 2\sqrt{b_1 b_2} = 2,$$

且等号当且仅当 $b_1 = b_2 = 1$ 时成立. 即 $n = 2$ 时, (1.1) 式成立.

假定 $n = k$ 时, (1.1) 式成立, 即当 $b_j > 0, b_1 b_2 \cdots b_k = 1$ 时, 有

$$b_1 + b_2 + \cdots + b_k \geqslant k,$$

且等号当且仅当 $b_1 = b_2 = \cdots = b_k = 1$ 时成立. 则当 $n = k + 1$ 时, 设 $b_j > 0$, $b_1 b_2 \cdots b_k b_{k+1} = 1$, 往证:

$$b_1 + b_2 + \cdots + b_{k+1} \geqslant k + 1, \tag{1.3}$$

且等号当且仅当 $b_1 = b_2 = \cdots = b_{k+1} = 1$ 时成立.

事实上, 若 $b_1 = b_2 = \cdots = b_{k+1} = 1$, 则显然 (1.3) 式成立, 且等号成立.

若 $b_1, b_2, \cdots, b_{k+1}$ 不全为 1, 则至少存在两个数不等于 1, 不妨设 $b_1 > 1, b_2 < 1$, 则 $(b_1 - 1)(b_2 - 1) < 0$, 于是

$$b_1 + b_2 > 1 + b_1 \cdot b_2,$$

所以

$$b_1 + b_2 + \cdots + b_{k+1} > 1 + b_1 \cdot b_2 + b_3 + \cdots + b_{k+1}. \tag{1.4}$$

对 $b_1 \cdot b_2, b_3, \cdots, b_{k+1}$ 这 k 个数, 应用归纳假设, 得

$$b_1 \cdot b_2 + b_3 + \cdots + b_{k+1} \geqslant k,$$

代入 (1.4) 得

$$b_1 + b_2 + \cdots + b_{k+1} > k + 1,$$

即 $n = k + 1$ 时, (1.3) 式成立, 且等号当且仅当 $b_1 = b_2 = \cdots = b_{k+1} = 1$ 时成立.

故根据数学归纳法原理得, 对任意 $n \in \mathbb{N}_+$, “平均值不等式”成立.

(2) 其次证明

$$\frac{n}{\dfrac{1}{a_1} + \dfrac{1}{a_2} + \cdots + \dfrac{1}{a_n}} \leqslant \sqrt[n]{a_1 a_2 \cdots a_n}, \tag{1.5}$$

且等号当且仅当所有 a_k 均相等时成立.

事实上, 由“平均值不等式”可得

$$\sqrt[n]{\frac{1}{a_1} \cdot \frac{1}{a_2} \cdot \cdots \cdot \frac{1}{a_n}} \leqslant \frac{\dfrac{1}{a_1} + \dfrac{1}{a_2} + \cdots + \dfrac{1}{a_n}}{n} \Leftrightarrow (1.5) \text{ 成立},$$

且等号当且仅当 $\dfrac{1}{a_1} = \dfrac{1}{a_2} = \cdots = \dfrac{1}{a_n}$ 或 $a_1 = a_2 = \cdots = a_n$ 时成立.

(3) 最后, 应用平均值不等式证明 $\left\{\left(1 + \dfrac{1}{n}\right)^n\right\}$ 有上界.

只需证明: 对任意 $n \in \mathbb{N}_+$, $\left(1+\frac{1}{n}\right)^n < 4$, 这等价于

$$\left(1+\frac{1}{n}\right)^n \cdot \frac{1}{2} \cdot \frac{1}{2} < 1. \tag{1.6}$$

事实上, 取 $a_1 = a_2 = \cdots = a_n = 1+\frac{1}{n}, a_{n+1} = a_{n+2} = \frac{1}{2}$, 根据平均值不等式得

$$\sqrt[n+2]{\left(1+\frac{1}{n}\right)^n \cdot \frac{1}{2} \cdot \frac{1}{2}} < \frac{n \cdot \left(1+\frac{1}{n}\right) + \frac{1}{2} + \frac{1}{2}}{n+2} = 1,$$

所以 (1.6) 式成立, 因此 $\left\{\left(1+\frac{1}{n}\right)^n\right\}$ 有上界. □

3. 设 $\lim\limits_{n\to\infty} a_n = a$, 且 $a_n > 0\,(n = 1, 2, \cdots)$, 试证明: $\lim\limits_{n\to\infty} \sqrt[n]{a_1 a_2 \cdots a_n} = a$.

证明　由题设, 根据保不等式性得, $a \geqslant 0$.

(1) 当 $a = 0$ 时, 由平均值不等式

$$0 \leqslant \sqrt[n]{a_1 a_2 \cdots a_n} \leqslant \frac{a_1 + a_2 + \cdots + a_n}{n},$$

以及 $\lim\limits_{n\to\infty} \frac{a_1 + a_2 + \cdots + a_n}{n} = a = 0$, 根据迫敛性定理得

$$\lim_{n\to\infty} \sqrt[n]{a_1 a_2 \cdots a_n} = 0 = a.$$

(2) 当 $a > 0$ 时, 由题设得, $\lim\limits_{n\to\infty} \frac{1}{a_n} = \frac{1}{a}$, 于是

$$\lim_{n\to\infty} \frac{\frac{1}{a_1} + \frac{1}{a_2} + \cdots + \frac{1}{a_n}}{n} = \frac{1}{a},$$

所以

$$\lim_{n\to\infty} \frac{n}{\frac{1}{a_1} + \frac{1}{a_2} + \cdots + \frac{1}{a_n}} = a.$$

根据上题的结论

$$\frac{n}{\frac{1}{a_1} + \frac{1}{a_2} + \cdots + \frac{1}{a_n}} \leqslant \sqrt[n]{a_1 a_2 \cdots a_n} \leqslant \frac{a_1 + a_2 + \cdots + a_n}{n},$$

以及 $\lim\limits_{n\to\infty} \frac{a_1 + a_2 + \cdots + a_n}{n} = a$, 由迫敛性定理得

$$\lim_{n\to\infty} \sqrt[n]{a_1 a_2 \cdots a_n} = a.$$ □

4. 求下列数列的极限:

(3) $\lim\limits_{n\to\infty}\dfrac{n^3}{\mathrm{e}^n}$; (4) $\lim\limits_{n\to\infty}\left(\sqrt{n+5}-2\sqrt{n+3}+\sqrt{n-1}\right)$;

(5) $\lim\limits_{n\to\infty}\sqrt[n]{n^3+\mathrm{e}^n}$; (6) $\lim\limits_{n\to\infty}\left(\dfrac{1}{n^2+n+1}+\dfrac{2}{n^2+n+2}+\cdots+\dfrac{n}{n^2+2n}\right)$.

解 (3) 记 $a=\mathrm{e}-1$, 则 $a>1$, 且当 $n>4$ 时, 有

$$\mathrm{e}^n=(1+a)^n\geqslant \mathrm{C}_n^4\cdot a^4,$$

于是当 $n>4$ 时, 有

$$0<\frac{n^3}{\mathrm{e}^n}<\frac{n^3}{\mathrm{C}_n^4\cdot a^4},$$

注意到

$$\lim_{n\to\infty}\frac{n^3}{\mathrm{C}_n^4\cdot a^4}=\frac{24}{a^4}\lim_{n\to\infty}\frac{\dfrac{1}{n}}{\left(1-\dfrac{1}{n}\right)\left(1-\dfrac{2}{n}\right)\left(1-\dfrac{3}{n}\right)}=0,$$

根据迫敛性定理得

$$\lim_{n\to\infty}\frac{n^3}{\mathrm{e}^n}=0.$$

(4) 利用根式有理化可得

$$\begin{aligned}
&\lim_{n\to\infty}\left(\sqrt{n+5}-2\sqrt{n+3}+\sqrt{n-1}\right)\\
=&\lim_{n\to\infty}[(\sqrt{n+5}-\sqrt{n+3})-(\sqrt{n+3}-\sqrt{n-1})]\\
=&\lim_{n\to\infty}\left[\frac{n+5-(n+3)}{\sqrt{n+5}+\sqrt{n+3}}-\frac{n+3-(n-1)}{\sqrt{n+3}+\sqrt{n-1}}\right]\\
=&\lim_{n\to\infty}\left(\frac{\dfrac{2}{\sqrt{n}}}{\sqrt{1+\dfrac{5}{n}}+\sqrt{1+\dfrac{3}{n}}}-\frac{\dfrac{4}{\sqrt{n}}}{\sqrt{1+\dfrac{3}{n}}+\sqrt{1-\dfrac{1}{n}}}\right)=0.
\end{aligned}$$

(5) 由于 $\lim\limits_{n\to\infty}\dfrac{n^3}{\mathrm{e}^n}=0$, 所以存在正整数 N, 使当 $n>N$ 时, 有

$$\frac{n^3}{\mathrm{e}^n}<1\quad 或\quad n^3<\mathrm{e}^n,$$

因此当 $n>N$ 时,

$$\mathrm{e}<\sqrt[n]{n^3+\mathrm{e}^n}<\mathrm{e}\cdot\sqrt[n]{2},$$

故由 $\lim\limits_{n\to\infty}(\mathrm{e}\cdot\sqrt[n]{2})=\mathrm{e}$, 根据迫敛性定理得, $\lim\limits_{n\to\infty}\sqrt[n]{n^3+\mathrm{e}^n}=\mathrm{e}$.

(6) 由于

$$\frac{1}{n^2+2n} \leqslant \frac{1}{n^2+n+k} \leqslant \frac{1}{n^2+n+1}, \quad k=1,2,\cdots,n,$$

所以

$$\begin{aligned}\frac{1}{n^2+n+1}+\frac{2}{n^2+n+2}+\cdots+\frac{n}{n^2+2n} &\geqslant \frac{1}{n^2+2n}+\frac{2}{n^2+2n}+\cdots+\frac{n}{n^2+2n} \\ &= \frac{n(n+1)}{2(n^2+2n)}\end{aligned}$$

和

$$\begin{aligned}\frac{1}{n^2+n+1}+\frac{2}{n^2+n+2}+\cdots+\frac{n}{n^2+2n} &\leqslant \frac{1}{n^2+n+1}+\cdots+\frac{n}{n^2+n+1} \\ &= \frac{n(n+1)}{2(n^2+n+1)}.\end{aligned}$$

又因为

$$\lim_{n\to\infty}\frac{n(n+1)}{2(n^2+2n)} = \frac{1}{2}\lim_{n\to\infty}\frac{1+\frac{1}{n}}{1+\frac{2}{n}} = \frac{1}{2},$$

$$\lim_{n\to\infty}\frac{n(n+1)}{2(n^2+n+1)} = \frac{1}{2}\lim_{n\to\infty}\frac{1+\frac{1}{n}}{1+\frac{1}{n}+\frac{1}{n^2}} = \frac{1}{2},$$

所以根据迫敛性定理得

$$\lim_{n\to\infty}\left(\frac{1}{n^2+n+1}+\frac{2}{n^2+n+2}+\cdots+\frac{n}{n^2+2n}\right) = \frac{1}{2}.$$ □

6. 若 $\lim\limits_{n\to\infty} n\left(\sqrt{an^2+bn+6}-n\right)=3$, 求常数 a,b 的值.

解　由于

$$3 = \lim_{n\to\infty} n\left(\sqrt{an^2+bn+6}-n\right) = \lim_{n\to\infty}\frac{n[(a-1)n^2+bn+6]}{\sqrt{an^2+bn+6}+n},$$

所以

$$\begin{aligned}0 = 0\cdot 3 &= \lim_{n\to\infty}\frac{1}{n^2}\cdot\frac{n[(a-1)n^2+bn+6]}{\sqrt{an^2+bn+6}+n} \\ &= \lim_{n\to\infty}\frac{a-1+\frac{b}{n}+\frac{6}{n^2}}{\sqrt{a+\frac{b}{n}+\frac{6}{n^2}}+1} = \frac{a-1}{\sqrt{a}+1},\end{aligned}$$

因此 $a=1$. 又由

$$0=0\cdot 3=\lim_{n\to\infty}\frac{1}{n}\cdot\frac{bn^2+6n}{\sqrt{n^2+bn+6}+n}$$
$$=\lim_{n\to\infty}\frac{b+\dfrac{6}{n}}{\sqrt{1+\dfrac{b}{n}+\dfrac{6}{n^2}}+1}=\frac{b}{2}$$

得, $b=0$. □

9. 设 $\lim\limits_{n\to+\infty}x_n=-\infty$, 试证明: $\{x_n|n\in\mathbb{N}_+\}$ 必有上确界, 且上确界属于 $\{x_n|n\in\mathbb{N}_+\}$.

证明 由于 $\lim\limits_{n\to+\infty}x_n=-\infty$, 所以根据非正常极限的定义得, 对 x_1, 存在 $N\in\mathbb{N}_+$, 使得当 $n>N$ 时, 有

$$x_n<x_1.$$

于是存在 $M=\max\{x_1,x_2,\cdots,x_N\}\in\mathbb{R}$, 使得 $\forall x\in\{x_n|n\in\mathbb{N}_+\}$, 有 $x\leqslant M$, 且 $M\in\{x_n|n\in\mathbb{N}_+\}$, 所以

$$M=\max\{x_n|n\in\mathbb{N}_+\},$$

因此根据 1.5 节例 5 的结论 (设数集 S 有最大值 $\alpha_0=\max S$, 试证明: $\sup S=\alpha_0=\max S$.) 得, $\sup\{x_n|n\in\mathbb{N}_+\}$ 存在, 且上确界等于 M, 它属于 $\{x_n|n\in\mathbb{N}_+\}$. □

11. 设 A, B 皆为非空有界数集, 定义数集 $A+B=\{x+y|x\in A,\ y\in B\}$. 试证明: (1) $\inf(A+B)=\inf A+\inf B$.

证明 由条件知, 数集 A, B, $A+B$ 都有下界, 于是根据确界原理得, $\inf A,\inf B$ 与 $\inf(A+B)$ 都存在.

设 $\alpha=\inf A$, $\beta=\inf B$, 则 $\forall x\in A$, $y\in B$, 有 $x\geqslant\alpha$, $y\geqslant\beta$, 于是

$$x+y\geqslant\alpha+\beta,$$

所以

$$\inf(A+B)\geqslant\alpha+\beta=\inf A+\inf B.$$

另一方面, 根据下确界的定义得, $\forall\varepsilon>0$, $\exists x_0\in A$, $y_0\in B$, 使得

$$\alpha+\frac{\varepsilon}{2}>x_0,\quad \beta+\frac{\varepsilon}{2}>y_0,$$

于是

$$\alpha+\beta+\varepsilon>x_0+y_0\geqslant\inf(A+B),$$

所以

$$\inf(A+B)\leqslant\alpha+\beta=\inf A+\inf B,$$

从而 $\inf(A+B)=\inf A+\inf B$. □

15. 设 $a_1,a_2,\cdots,a_n$ 和 $b_1,b_2,\cdots,b_n$ 是两组实数, 试证明 Cauchy 不等式:

$$\left|\sum_{i=1}^{n}a_ib_i\right|\leqslant\left(\sum_{i=1}^{n}a_i^2\right)^{\frac{1}{2}}\left(\sum_{i=1}^{n}b_i^2\right)^{\frac{1}{2}}.$$

其中等号成立的充要条件是: 存在不全为 0 的实数 λ 与 μ, 使得

$$\lambda a_i+\mu b_i=0,\quad i=1,2,\cdots,n.$$

证明　对任意 $t\in\mathbb{R}$, 由于

$$0\leqslant\sum_{i=1}^{n}(a_i-tb_i)^2=\sum_{i=1}^{n}a_i^2-2\sum_{i=1}^{n}a_i\,b_i\cdot t+\sum_{i=1}^{n}b_i^2\cdot t^2,$$

所以根据韦达定理得

$$\Delta=4\left(\sum_{i=1}^{n}a_i\,b_i\right)^2-4\sum_{i=1}^{n}a_i^2\cdot\sum_{i=1}^{n}b_i^2\leqslant 0,$$

即

$$\left|\sum_{i=1}^{n}a_ib_i\right|\leqslant\left(\sum_{i=1}^{n}a_i^2\right)^{\frac{1}{2}}\left(\sum_{i=1}^{n}b_i^2\right)^{\frac{1}{2}},$$

且等号成立的充要条件是: 存在 $t\in\mathbb{R}$, 使得 $a_i=t\,b_i\,(i=1,2,\cdots,n)$, 或者存在不全为 0 的实数 λ 与 μ, 使得

$$\lambda a_i+\mu b_i=0,\quad i=1,2,\cdots,n.$$ □

17. 求下列数列的极限:

(3) $\lim\limits_{n\to\infty}(\sqrt[6]{n^2+2}-\sqrt[3]{n-1})$;　(4) $\lim\limits_{n\to\infty}\left(\dfrac{1}{n^3}+\dfrac{3^2}{n^3}+\cdots+\dfrac{(2n-1)^2}{n^3}\right)$.

解　(3) 注意到 $a^6-b^6=(a-b)(a^5+a^4b+a^3b^2+a^2b^3+ab^4+b^5)$, 有

$$\begin{aligned}&\sqrt[6]{n^2+2}-\sqrt[3]{n-1}\\=&\frac{n^2+2-(n-1)^2}{(\sqrt[6]{n^2+2})^5+(\sqrt[6]{n^2+2})^4(\sqrt[3]{n-1})+\cdots+(\sqrt[3]{n-1})^5}\\=&\frac{2n+1}{(\sqrt[6]{n^2+2})^5+(\sqrt[6]{n^2+2})^4(\sqrt[3]{n-1})+\cdots+(\sqrt[3]{n-1})^5}\\=&\frac{2n^{-2/3}+n^{-5/3}}{(\sqrt[6]{1+2n^{-2}})^5+(\sqrt[6]{1+2n^{-2}})^4(\sqrt[3]{1-n^{-1}})+\cdots+(\sqrt[3]{1-n^{-1}})^5},\end{aligned}$$

所以根据数列极限的四则运算法则得, $\lim\limits_{n\to\infty}(\sqrt[6]{n^2+2}-\sqrt[3]{n-1})=\dfrac{0}{6}=0$.

(4) 由于 $1^2+2^2+\cdots+n^2=\dfrac{1}{6}n(n+1)(2n+1)$, 所以

$$\begin{aligned}1^2+3^2+\cdots+(2n-1)^2&=[1^2+2^2+\cdots+(2n)^2]-4(1^2+2^2+\cdots+n^2)\\&=\frac{1}{6}\cdot 2n(2n+1)(4n+1)-\frac{4}{6}n(n+1)(2n+1)\\&=\frac{n(4n^2-1)}{3},\end{aligned}$$

因此

$$\text{原式}=\lim_{n\to\infty}\frac{1}{n^3}\cdot\frac{n(4n^2-1)}{3}=\frac{4}{3}.$$ □

18. 设 $|a|<1$, $k\in\mathbb{R}$, 试证明: $\lim\limits_{n\to\infty}n^ka^n=0$.

证明 若 $a=0$, 则显然有 $\lim\limits_{n\to\infty}n^ka^n=\lim\limits_{n\to\infty}0=0$.

若 $0<|a|<1$, 则当 $k\leqslant 0$ 时, 有 $\lim\limits_{n\to\infty}n^k=0$ 或者 1, 于是

$$\lim_{n\to\infty}n^ka^n=\lim_{n\to\infty}n^k\cdot\lim_{n\to\infty}a^n=0.$$

当 $k>0$ 时, 令 $b=\dfrac{1}{|a|}$, 则 $b>1$, 于是当 $n>[k]+2$ 时, 有

$$0<|n^ka^n|=\frac{n^k}{b^n}\leqslant\frac{n^{[k]+1}}{\mathrm{C}_n^{[k]+2}(b-1)^{[k]+2}},$$

而

$$\lim_{n\to\infty}\frac{n^{[k]+1}}{\mathrm{C}_n^{[k]+2}(b-1)^{[k]+2}}=\frac{([k]+2)!}{(b-1)^{[k]+2}}\lim_{n\to\infty}\frac{1/n}{\left(1-\dfrac{1}{n}\right)\left(1-\dfrac{2}{n}\right)\cdots\left(1-\dfrac{[k]+1}{n}\right)}=0,$$

所以根据迫敛性定理得, $\lim\limits_{n\to\infty}n^ka^n=0$. □

20. 设 $\lim\limits_{n\to\infty}a_n=a$, 试证明: $\lim\limits_{n\to\infty}\dfrac{a_1+2a_2+\cdots+na_n}{1+2+\cdots+n}=a$.

证明 令 $b_n=a_n-a$, $n\in\mathbb{N}_+$, 则由条件得, $\lim\limits_{n\to\infty}b_n=0$, 下面证明:

$$\lim_{n\to\infty}\frac{b_1+2b_2+\cdots+nb_n}{1+2+\cdots+n}=0.$$

事实上, $\forall\varepsilon>0$, 由于 $\lim\limits_{n\to\infty}b_n=0$, 根据数列极限的“$\varepsilon$-$N$”定义得, 存在 $N_1\in\mathbb{N}_+$, 使当 $n>N_1$ 时, 有

$$|b_n-0|=|b_n|<\frac{\varepsilon}{2},\tag{1.7}$$

于是当 $n > N_1$ 时, 有

$$\begin{aligned}\left|\frac{b_1+2b_2+\cdots+nb_n}{1+2+\cdots+n}-0\right| &\leqslant \frac{|b_1|+\cdots+N_1|b_{N_1}|}{\frac{1}{2}n(n+1)} \\ &\quad+\frac{(N_1+1)|b_{N_1+1}|+(N_1+2)|b_{N_1+2}|+\cdots+n|b_n|}{\frac{1}{2}n(n+1)} \\ &< \frac{|b_1|+\cdots+N_1|b_{N_1}|}{n} \\ &\quad+\frac{(N_1+1)+(N_1+2)+\cdots+n}{\frac{1}{2}n(n+1)}\cdot\frac{\varepsilon}{2} \\ &< \frac{|b_1|+\cdots+N_1|b_{N_1}|}{n}+\frac{\varepsilon}{2},\end{aligned}$$

所以要使 $\left|\dfrac{b_1+2b_2+\cdots+nb_n}{1+2+\cdots+n}-0\right|<\varepsilon$, 只要 $\dfrac{|b_1|+\cdots+N_1|b_{N_1}|}{n}<\dfrac{\varepsilon}{2}$, 即

$$n > \frac{2(|b_1|+\cdots+N_1|b_{N_1}|)}{\varepsilon}.$$

因此取 $N=\max\left\{N_1, \dfrac{2(|b_1|+\cdots+N_1|b_{N_1}|)}{\varepsilon}\right\}$, 则当 $n > N$ 时, 有

$$\left|\frac{b_1+2b_2+\cdots+nb_n}{1+2+\cdots+n}-0\right|<\varepsilon,$$

故根据数列极限的“ε-N”定义得, $\lim\limits_{n\to\infty}\dfrac{b_1+2b_2+\cdots+nb_n}{1+2+\cdots+n}=0$. 从而

$$\lim_{n\to\infty}\frac{a_1+2a_2+\cdots+na_n}{1+2+\cdots+n}=\lim_{n\to\infty}\frac{b_1+2b_2+\cdots+nb_n}{1+2+\cdots+n}+a=0+a=a. \qquad \square$$

24. 如果 $\forall n\in\mathbb{N}_+$ 有 $|a_{n+1}-a_n|\leqslant b_n$, 且数列 $\{c_n\}=\{b_1+b_2+\cdots+b_n\}$ 收敛, 试证明: 数列 $\{a_n\}$ 收敛.

证明　由于数列 $\{c_n\}=\{b_1+b_2+\cdots+b_n\}$ 收敛, 根据 Cauchy 收敛准则得, $\forall\varepsilon>0, \exists N\in\mathbb{N}_+$, 使当 $n>N$ 时, $\forall p\in\mathbb{N}_+$, 有

$$|c_{n+p}-c_n|=b_{n+1}+b_{n+2}+\cdots+b_{n+p}<\varepsilon,$$

于是当 $n>N+1$ 时, $\forall p\in\mathbb{N}_+$, 有

$$\begin{aligned}|a_{n+p}-a_n| &\leqslant |a_{n+1}-a_n|+|a_{n+2}-a_{n+1}|+\cdots+|a_{n+p}-a_{n+p-1}| \\ &\leqslant b_n+b_{n+1}+\cdots+b_{n+p-1}<\varepsilon,\end{aligned}$$

所以根据 Cauchy 收敛准则得, 数列 $\{a_n\}$ 收敛. □

26. 设 $\lim\limits_{n\to\infty} a_n = +\infty$, 证明:

(1) $\lim\limits_{n\to\infty} \dfrac{a_1+a_2+\cdots+a_n}{n} = +\infty$;

(2) 若 $a_n > 0\,(n=1,2,\cdots)$, 则 $\lim\limits_{n\to\infty} \sqrt[n]{a_1a_2\cdots a_n} = +\infty$.

证明 (1) 由于 $\lim\limits_{n\to\infty} a_n = +\infty$, 所以 $\forall G>0$, $\exists N_1 \in \mathbb{N}_+$, 使当 $n > N_1$ 时有

$$a_n > 2G.$$

于是当 $n > 3N_1$ 时, 有

$$\begin{aligned}\frac{a_1+a_2+\cdots+a_n}{n} &= \frac{a_1+a_2+\cdots+a_{N_1}}{n} + \frac{a_{N_1+1}+\cdots+a_n}{n}\\ &> \frac{a_1+a_2+\cdots+a_{N_1}}{n} + \frac{n-N_1}{n}\cdot 2G\\ &> \frac{4G}{3} - \frac{|a_1+a_2+\cdots+a_{N_1}|}{n},\end{aligned}$$

所以要使 $\dfrac{a_1+a_2+\cdots+a_n}{n} > G$, 只要 $\dfrac{|a_1+a_2+\cdots+a_{N_1}|}{n} \leqslant \dfrac{G}{3}$, 即

$$n \geqslant \frac{3|a_1+a_2+\cdots+a_{N_1}|}{G},$$

因此存在 $N = \max\left\{N_1, \dfrac{3|a_1+a_2+\cdots+a_{N_1}|}{G}\right\} > 0$, 使当 $n > N$ 时有

$$\frac{a_1+a_2+\cdots+a_n}{n} > \frac{4G}{3} - \frac{G}{3} = G.$$

故根据定义得, $\lim\limits_{n\to\infty} \dfrac{a_1+a_2+\cdots+a_n}{n} = +\infty$.

(2) 由 $a_n > 0$ 及 $\lim\limits_{n\to\infty} a_n = +\infty$ 得, $\dfrac{1}{a_n} > 0$ 及 $\lim\limits_{n\to\infty} \dfrac{1}{a_n} = 0$, 于是

$$\lim_{n\to\infty} \sqrt[n]{\frac{1}{a_1}\cdot\frac{1}{a_2}\cdot\cdots\cdot\frac{1}{a_n}} = 0,$$

所以 $\lim\limits_{n\to\infty} \sqrt[n]{a_1a_2\cdots a_n} = +\infty$. □

第 2 章　函数与函数极限

习　题　2.1

1. 确定下列函数的定义域:

(3) $y = \arcsin\left(\ln \dfrac{x}{5}\right)$.

解　由于

$$\begin{cases} \dfrac{x}{5} > 0, \\ -1 \leqslant \ln \dfrac{x}{5} \leqslant 1 \end{cases} \Leftrightarrow \begin{cases} x > 0, \\ \dfrac{5}{\mathrm{e}} \leqslant x \leqslant 5\mathrm{e}, \end{cases}$$

所以函数 $y = \arcsin\left(\ln \dfrac{x}{5}\right)$ 的定义域是 $\left[\dfrac{5}{\mathrm{e}}, 5\mathrm{e}\right]$. □

3. 设 $f(x) = \begin{cases} x, & x \geqslant 0, \\ 2x, & x < 0, \end{cases}$ $g(x) = \begin{cases} -3x, & x \geqslant 0, \\ 5x, & x < 0, \end{cases}$ 求 $f \circ g$ 和 $g \circ f$, 并确定其定义域.

解　由题设条件可得, $f \circ g$ 与 $g \circ f$ 的定义域都是 $\mathbb{R}$, 且

$$f \circ g(x) = f(g(x)) = \begin{cases} g(x), & g(x) \geqslant 0, \\ 2g(x), & g(x) < 0 \end{cases} = \begin{cases} 0, & x = 0, \\ -6x, & x > 0, \\ 10x, & x < 0 \end{cases} = \begin{cases} -6x, & x \geqslant 0, \\ 10x, & x < 0, \end{cases}$$

$$g \circ f(x) = g(f(x)) = \begin{cases} -3f(x), & f(x) \geqslant 0, \\ 5f(x), & f(x) < 0 \end{cases} = \begin{cases} -3x, & x \geqslant 0, \\ 10x, & x < 0. \end{cases}$$ □

5. 分别叙述函数 f 在 D 上无上界、无下界的正面定义, 并应用它们证明如下结论:

(1) $f(x) = \dfrac{1}{x^3}$ 在 $(0,1)$ 内无上界;

(2) $f(x) = 1 - \dfrac{1}{x^2}$ 在 $(0,1)$ 内无下界.

解　函数 f 在 D 上无上界的正面定义是: $\forall M > 0, \exists x_0 \in D$, 使得 $f(x_0) > M$. 函数 f 在 D 上无下界的正面定义是: $\forall M > 0, \exists x_0 \in D$, 使得 $f(x_0) < -M$.

(1) $\forall M > 0$, 要使 $f(x) = \dfrac{1}{x^3} > M$, 只要 $\dfrac{1}{x^3} \geqslant M + 1$, 即 $x \leqslant \dfrac{1}{\sqrt[3]{M+1}}$, 所以存在 $x_0 = \dfrac{1}{\sqrt[3]{M+1}} \in (0,1)$, 使得

$$f(x_0)=M+1>M,$$

因此根据定义得 $f(x)=\dfrac{1}{x^3}$ 在 $(0,1)$ 内无上界.

(2) $\forall M>0$, 要使 $f(x)=1-\dfrac{1}{x^2}<-M$, 只要 $1-\dfrac{1}{x^2}\leqslant -M-1$, 即 $x\leqslant \dfrac{1}{\sqrt{M+2}}$, 所以存在 $x_0=\dfrac{1}{\sqrt{M+2}}\in(0,1)$, 使得

$$f(x_0)=1-(M+2)=-M-1<-M,$$

因此根据定义得, $f(x)=1-\dfrac{1}{x^2}$ 在 $(0,1)$ 内无下界. □

8. 证明: 函数 $f(x)=[x]$ 在 $\mathbb{R}$ 上递增, 但不是严格递增.

证明 任意取定 $x_1,x_2\in\mathbb{R}$, $x_1<x_2$, 往证: $[x_1]\leqslant[x_2]$.

事实上, 由于 $x_1<x_2$, 所以根据取整函数的性质得

$$[x_1]\leqslant x_1<x_2,$$

即 $[x_1]<x_2$, 而 $[x_2]$ 是不超过 x_2 的最大整数, 因此

$$[x_1]\leqslant[x_2],$$

故函数 $f(x)=[x]$ 是 $\mathbb{R}$ 上的递增函数.

又因为 $f(1.1)=[1.1]=1=[1.5]=f(1.5)$, 所以函数 $f(x)=[x]$ 在 $\mathbb{R}$ 上不是严格递增的. □

10. 求函数 $f(x)=\dfrac{ax+b}{cx+d}\,(ad-bc\neq 0)$ 的反函数, 并确定在什么条件下, 其反函数就是它本身?

解 (1) 由 $y=\dfrac{ax+b}{cx+d}$ 得

$$x=\frac{-dy+b}{cy-a},$$

于是 $y=\dfrac{-dx+b}{cx-a}$ 是函数 $y=\dfrac{ax+b}{cx+d}\,(ad-bc\neq 0)$ 的反函数.

(2) 现在确定在什么条件下, 函数 $y=\dfrac{ax+b}{cx+d}\,(ad-bc\neq 0)$ 的反函数就是它本身.

当 $c=0$ 时, 由 $ad-bc\neq 0$ 得, $a\neq 0, d\neq 0$. 此时函数 $y=\dfrac{ax+b}{cx+d}\,(ad-bc\neq 0)$ 和它的反函数可以分别变形为

$$y=\frac{a}{d}x+\frac{b}{d},\quad y=\frac{d}{a}x-\frac{b}{a}.$$

若 $b\neq 0, a=-d$ 或者 $b=0, a=\pm d$, 则 $\dfrac{a}{d}=\dfrac{d}{a}$, 且 $\dfrac{b}{d}=-\dfrac{b}{a}$, 此时函数 $y=\dfrac{ax+b}{cx+d}\,(ad-bc\neq 0)$ 的反函数就是它本身.

当 $c\neq 0$ 时, 函数 $y=\dfrac{ax+b}{cx+d}\,(ad-bc\neq 0)$ 和它的反函数可以分别变形为

$$y=\frac{\frac{a}{c}x+\frac{b}{c}}{x+\frac{d}{c}},\quad y=\frac{-\frac{d}{c}x+\frac{b}{c}}{x-\frac{a}{c}},$$

于是易见, 上述两个函数相同当且仅当 $a=-d$.

综上所述, 当 $c=0, b\neq 0, a=-d$, 或者 $b=c=0, a=\pm d$, 或者 $c\neq 0, a=-d$ 时, 函数 $y=\dfrac{ax+b}{cx+d}\,(ad-bc\neq 0)$ 的反函数就是它本身. □

11. 设函数 f 在 $(-a, a)\,(a>0)$ 上有定义, 试证明 f 可以表示为 $(-a, a)$ 上的一个奇函数与一个偶函数之和.

证明　设

$$F(x)=\frac{1}{2}[f(x)+f(-x)],\quad G(x)=\frac{1}{2}[f(x)-f(-x)],\quad x\in(-a, a),$$

则 $\forall x\in(-a, a)$, 有

$$F(-x)=\frac{1}{2}[f(-x)+f(x)]=F(x),\quad G(-x)=\frac{1}{2}[f(-x)-f(x)]=-G(x),$$

于是 $F(x)$ 是 $(-a, a)$ 上的奇函数, $G(x)$ 是 $(-a, a)$ 上的偶函数, 且

$$f(x)=F(x)+G(x).$$

□

12. 讨论 Dirichlet 函数 $D(x)$ 的奇偶性、单调性、周期性与有界性.

解　由于

$$D(x)=\begin{cases}1, & x\in\mathbb{Q},\\ 0, & x\in\mathbb{R}\backslash\mathbb{Q},\end{cases}$$

所以 $\forall x\in\mathbb{R}$, 有 $D(-x)=D(x)$, 因此 Dirichlet 函数 $D(x)$ 是 $\mathbb{R}$ 上的偶函数.

显然 Dirichlet 函数 $D(x)$ 不是单调函数, 但是它是有界函数 $(|D(x)|\leqslant 1)$ 和周期函数, 它以任何正有理数 r 为周期, 因为

$$D(x+r)=\begin{cases}1, & x+r\in\mathbb{Q},\\ 0, & x+r\in\mathbb{R}\backslash\mathbb{Q}\end{cases}=\begin{cases}1, & x\in\mathbb{Q},\\ 0, & x\in\mathbb{R}\backslash\mathbb{Q}\end{cases}=D(x),$$

所以它没有最小周期. □

习 题 2.2

1. 利用“ε-X”定义验证下列函数极限:

(3) $\lim\limits_{x\to\infty}\dfrac{2x^3+3x-4}{x^3-1}=2$;　　(4) $\lim\limits_{x\to+\infty}\dfrac{x^4-5x^3+3x^2+x-2}{x^5}=0$.

证明　(3) 不妨设 $|x|>2$. 由于

$$\left|\frac{2x^3+3x-4}{x^3-1}-2\right|=\left|\frac{3x-2}{x^3-1}\right|\leqslant\frac{3|x|+2}{|x|^3-1}\leqslant\frac{3(|x|+1)}{|x|^2-1}=\frac{3}{|x|-1},$$

所以, $\forall\varepsilon>0$, 要使 $\left|\dfrac{2x^3+3x-4}{x^3-1}-2\right|<\varepsilon$, 只要 $0<\dfrac{3}{|x|-1}<\varepsilon$, 即 $|x|>\dfrac{3}{\varepsilon}+1$, 因此存在 $X=\max\left\{\dfrac{3}{\varepsilon}+1,2\right\}>0$, 使当 $|x|>X$ 时, 有

$$\left|\frac{2x^3+3x-4}{x^3-1}-2\right|<\varepsilon,$$

故根据“ε-X”定义得, $\lim\limits_{x\to\infty}\dfrac{2x^3+3x-4}{x^3-1}=2$.

(4) 不妨设 $x>1$. 由于

$$\begin{aligned}\left|\frac{x^4-5x^3+3x^2+x-2}{x^5}-0\right|&\leqslant\frac{|x|^4+5|x|^3+3|x|^2+|x|+2}{|x|^5}\\&\leqslant\frac{(1+5+3+1+2)|x|^4}{|x|^5}=\frac{12}{x},\end{aligned}$$

所以, $\forall\varepsilon>0$, 要使 $\left|\dfrac{x^4-5x^3+3x^2+x-2}{x^5}-0\right|<\varepsilon$, 只要 $0<\dfrac{12}{x}<\varepsilon$, 即 $x>\dfrac{12}{\varepsilon}$, 因此存在 $X=\max\left\{\dfrac{12}{\varepsilon},1\right\}>0$, 使当 $x>X$ 时, 有

$$\left|\frac{x^4-5x^3+3x^2+x-2}{x^5}-0\right|<\varepsilon,$$

故根据“ε-X”定义得, $\lim\limits_{x\to+\infty}\dfrac{x^4-5x^3+3x^2+x-2}{x^5}=0$. □

2. 证明: (1) $\lim\limits_{x\to+\infty}\arctan x=\dfrac{\pi}{2}$.

证明　$\forall\varepsilon>0$ (不妨设 $\varepsilon<\pi/2$), 要使

$$\left|\arctan x-\frac{\pi}{2}\right|=\frac{\pi}{2}-\arctan x<\varepsilon,$$

只要 $\arctan x > \frac{\pi}{2} - \varepsilon$, 即 $x > \tan\left(\frac{\pi}{2} - \varepsilon\right) = \cot\varepsilon$, 因此存在 $X = \cot\varepsilon > 0$, 使当 $x > X$ 时, 有

$$\left|\arctan x - \frac{\pi}{2}\right| < \varepsilon,$$

故根据 "ε-X" 定义得, $\lim\limits_{x\to+\infty} \arctan x = \frac{\pi}{2}$. □

3. 证明: (1) $\lim\limits_{x\to+\infty} a^x = 0\,(0 < a < 1)$.

证明　注意到 $0 < a < 1$, $\forall\varepsilon > 0$ (不妨设 $\varepsilon < 1$), 要使

$$|a^x - 0| = a^x < \varepsilon,$$

只要 $x > \frac{\ln\varepsilon}{\ln a}$, 因此存在 $X = \frac{\ln\varepsilon}{\ln a} > 0$, 使当 $x > X$ 时, 有

$$|a^x - 0| < \varepsilon,$$

故根据 "ε-X" 定义得, $\lim\limits_{x\to+\infty} a^x = 0$. □

4. 写出定义 2.2.1 的否命题.

解　定义 2.2.1 的否命题是: 若 $\exists\varepsilon_0 > 0$, 使对任意 $X > 0$, $\exists x_0 > X$, 满足

$$|f(x_0) - A| \geqslant \varepsilon_0,$$

则称函数 $f(x)$ 当 x 趋于 $+\infty$ 时不以 A 为极限, 记作 $\lim\limits_{x\to+\infty} f(x) \neq A$. □

习　题　2.3

1. 利用 "ε-δ" 定义验证下列函数极限:

(2) $\lim\limits_{x\to1} \frac{3x^2 - x - 2}{x^2 - 1} = \frac{5}{2}$;

(4) $\lim\limits_{x\to-1^+} \sqrt{1 - x^2} = 0$.

证明　(2) 先限制 $0 < |x - 1| < 1$. 由于

$$\left|\frac{3x^2 - x - 2}{x^2 - 1} - \frac{5}{2}\right| = \left|\frac{3x + 2}{x + 1} - \frac{5}{2}\right| = \frac{|x - 1|}{2|x + 1|} \leqslant \frac{|x - 1|}{2(2 - |x - 1|)} < \frac{|x - 1|}{2},$$

所以 $\forall\varepsilon > 0$, 要使 $\left|\frac{3x^2 - x - 2}{x^2 - 1} - \frac{5}{2}\right| < \varepsilon$, 只要 $\frac{|x - 1|}{2} < \varepsilon$, 即 $|x - 1| < 2\varepsilon$, 于是取 $\delta = \min\{1, 2\varepsilon\} > 0$, 则当 $0 < |x - 1| < \delta$ 时, 有

$$\left|\frac{3x^2 - x - 2}{x^2 - 1} - \frac{5}{2}\right| < \varepsilon,$$

因此, 根据“ε-δ”定义得, $\lim\limits_{x\to1}\dfrac{3x^2-x-2}{x^2-1}=\dfrac{5}{2}$.

(4) 因为 $x\to-1^+$, 先限制 $0<x-(-1)=x+1<1$, 即 $-1<x<0$. 由于

$$|\sqrt{1-x^2}-0|=\sqrt{(1-x)(1+x)}<\sqrt{2(x+1)},$$

所以 $\forall\varepsilon>0$, 要使 $|\sqrt{1-x^2}-0|<\varepsilon$, 只要 $\sqrt{2(x+1)}<\varepsilon$, 即 $x+1<\varepsilon^2/2$, 于是取 $\delta=\min\{1,\varepsilon^2/2\}>0$, 则当 $0<x-(-1)<\delta$ 时, 有

$$|\sqrt{1-x^2}-0|<\varepsilon,$$

因此, 根据“ε-δ”定义得, $\lim\limits_{x\to-1^+}\sqrt{1-x^2}=0$. □

3. 证明: $\lim\limits_{x\to0}a^x=1\,(a>0)$.

证明 先证明当 $0<a<1$ 时, $\lim\limits_{x\to0}a^x=1$.

事实上, $\forall\varepsilon>0$(不妨设 $\varepsilon<1$), 要使

$$|a^x-1|<\varepsilon,$$

只要 $1-\varepsilon<a^x<1+\varepsilon$, 即

$$\frac{\ln(1+\varepsilon)}{\ln a}<x<\frac{\ln(1-\varepsilon)}{\ln a},$$

于是取 $\delta=\min\left\{\dfrac{\ln(1-\varepsilon)}{\ln a},-\dfrac{\ln(1+\varepsilon)}{\ln a}\right\}>0$, 则当 $0<|x-0|<\delta$ 时, 有

$$|a^x-1|<\varepsilon,$$

因此, 根据“ε-δ”定义得, $\lim\limits_{x\to0}a^x=1$.

再证明当 $a>1$ 时, $\lim\limits_{x\to0}a^x=1$.

事实上, $\forall\varepsilon>0$(不妨设 $\varepsilon<1$), 要使

$$|a^x-1|<\varepsilon,$$

只要 $1-\varepsilon<a^x<1+\varepsilon$, 即

$$\frac{\ln(1-\varepsilon)}{\ln a}<x<\frac{\ln(1+\varepsilon)}{\ln a},$$

于是取 $\delta=\min\left\{-\dfrac{\ln(1-\varepsilon)}{\ln a},\dfrac{\ln(1+\varepsilon)}{\ln a}\right\}>0$, 则当 $0<|x-0|<\delta$ 时, 有

$$|a^x-1|<\varepsilon,$$

因此, 根据“ε-δ”定义得, $\lim\limits_{x\to0}a^x=1$.

最后, 当 $a=1$ 时, 显然有 $\lim\limits_{x\to 0} a^x=\lim\limits_{x\to 0} 1=1$. □

5. 写出定义 2.3.1 的否命题, 即用“ε-δ”语言表达“$\lim\limits_{x\to x_0} f(x)\neq A$”这一陈述.

解 “$\lim\limits_{x\to x_0} f(x)\neq A$”的“$\varepsilon$-$\delta$”语言表达是: $\exists\varepsilon_0>0$, 使对任意 $\delta>0$, $\exists x_0'\in U^\circ(x_0;\delta)$, 满足

$$|f(x_0')-A|\geqslant\varepsilon_0.$$ □

6. 设 $\lim\limits_{x\to x_0} f(x)=A$, 试证明: $\lim\limits_{x\to x_0}|f(x)|=|A|$. 其逆命题是否成立?

证明 $\forall\varepsilon>0$, 由于 $\lim\limits_{x\to x_0} f(x)=A$, 所以根据“$\varepsilon$-$\delta$”定义得, $\exists\delta>0$, 使当 $0<|x-x_0|<\delta$ 时,

$$|f(x)-A|<\varepsilon,$$

而由三角不等式得 $||f(x)|-|A||\leqslant|f(x)-A|$, 因此当 $0<|x-x_0|<\delta$ 时, 有

$$||f(x)|-|A||<\varepsilon,$$

故根据“ε-δ”定义得, $\lim\limits_{x\to x_0}|f(x)|=|A|$.

其逆命题不成立. 例如, 设 $A=-1, x_0=0, f(x)=1+x$, 则 $\lim\limits_{x\to x_0}|f(x)|=1=|A|$, 但是

$$\lim_{x\to x_0} f(x)=\lim_{x\to 0}(1+x)=1\neq A.$$

这说明, 其逆命题不成立. □

习 题 2.4

1. 求下列极限:

(4) $\lim\limits_{x\to 1}\dfrac{x^k-1}{x^n-1}\ (k,n\in\mathbb{N}_+)$;

(6) $\lim\limits_{x\to-\infty} x(\sqrt{1+x^2}-\sqrt{2+x^2})$;

(8) $\lim\limits_{x\to+\infty}\dfrac{\sqrt{x+3}-\sqrt{x}}{\sqrt{x+2}-\sqrt{x+1}}$;

(10) $\lim\limits_{x\to\infty}\dfrac{x^3|\arctan x|}{x^3-1}$;

(12) $\lim\limits_{x\to\infty}\left(\dfrac{1}{x}+\dfrac{3}{x^2}+\dfrac{5}{x^3}+\cdots+\dfrac{2n-1}{x^n}\right)\ (n\in\mathbb{N}_+)$.

解 (4) 因为当 $x\neq 1$ 时,

$$\frac{x^k-1}{x^n-1}=\frac{(x-1)(x^{k-1}+x^{k-2}+\cdots+x+1)}{(x-1)(x^{n-1}+x^{n-2}+\cdots+x+1)}=\frac{x^{k-1}+x^{k-2}+\cdots+x+1}{x^{n-1}+x^{n-2}+\cdots+x+1},$$

所以

$$\lim_{x\to1}\frac{x^k-1}{x^n-1}=\lim_{x\to1}\frac{x^{k-1}+x^{k-2}+\cdots+x+1}{x^{n-1}+x^{n-2}+\cdots+x+1}$$
$$=\frac{\lim\limits_{x\to1}x^{k-1}+x^{k-2}+\cdots+x+1}{\lim\limits_{x\to1}x^{n-1}+x^{n-2}+\cdots+x+1}=\frac{k}{n}.$$

(6) 因为当 $x<0$ 时,

$$x(\sqrt{1+x^2}-\sqrt{2+x^2})=\frac{-x}{\sqrt{1+x^2}+\sqrt{2+x^2}}=\frac{1}{\sqrt{1+\dfrac{1}{x^2}}+\sqrt{1+\dfrac{2}{x^2}}},$$

所以

$$\lim_{x\to-\infty}x(\sqrt{1+x^2}-\sqrt{2+x^2})=\lim_{x\to-\infty}\frac{1}{\sqrt{1+\dfrac{1}{x^2}}+\sqrt{1+\dfrac{2}{x^2}}}=\frac{1}{2}.$$

(8) 利用根式有理化可得

$$\lim_{x\to+\infty}\frac{\sqrt{x+3}-\sqrt{x}}{\sqrt{x+2}-\sqrt{x+1}}=\lim_{x\to+\infty}\frac{(x+3-x)(\sqrt{x+2}+\sqrt{x+1})}{(x+2-x-1)(\sqrt{x+3}+\sqrt{x})}$$
$$=3\lim_{x\to+\infty}\frac{\sqrt{1+\dfrac{2}{x}}+\sqrt{1+\dfrac{1}{x}}}{\sqrt{1+\dfrac{3}{x}}+1}$$
$$=3\cdot\frac{1+1}{1+1}=3.$$

(10) 因为

$$\lim_{x\to\infty}\frac{x^3}{x^3-1}=\lim_{x\to\infty}\frac{1}{1-\dfrac{1}{x^3}}=1,$$

以及 $\lim\limits_{x\to\infty}|\arctan x|=\dfrac{\pi}{2}$, 所以

$$\lim_{x\to\infty}\frac{x^3|\arctan x|}{x^3-1}=\lim_{x\to\infty}\frac{x^3}{x^3-1}\cdot\lim_{x\to\infty}|\arctan x|=\frac{\pi}{2}.$$

(12) 因为

$$\lim_{x\to\infty}\frac{2k-1}{x^k}=(2k-1)\lim_{x\to\infty}\frac{1}{x^k}=0,\quad k=1,2,\cdots,n,$$

以及 n 是有限的, 所以

$$\begin{aligned}&\lim_{x\to\infty}\left(\frac{1}{x}+\frac{3}{x^2}+\frac{5}{x^3}+\cdots+\frac{2n-1}{x^n}\right)\\=&\lim_{x\to\infty}\frac{1}{x}+\lim_{x\to\infty}\frac{3}{x^2}+\cdots+\frac{2n-1}{x^n}\\=&0+0+\cdots+0=0.\end{aligned}$$ □

4. 如果 $\lim\limits_{x\to\infty}f(x)=A$, 且 $A<B$, 那么存在 $X>0$, 使当 $|x|>X$ 时, 有 $f(x)<B$.

证明　由于 $\lim\limits_{x\to\infty}f(x)=A$ 和 $A<B$, 所以根据"ε-X"定义得, 对 $\varepsilon=B-A>0$, 存在 $X>0$, 使当 $|x|>X$ 时, 有

$$|f(x)-A|<\varepsilon=B-A\Rightarrow f(x)<B-A+A=B.$$ □

5. 试分别确定常数 a,b 的值, 使下列极限等式成立:

(1) $\lim\limits_{x\to\infty}\left(\dfrac{x^2+x-1}{x-1}-ax-b\right)=0$.

解　由于 $\lim\limits_{x\to\infty}\left(\dfrac{x^2+x-1}{x-1}-ax-b\right)=0$ 和 $\lim\limits_{x\to\infty}\dfrac{1}{x}=0$, 所以

$$\begin{aligned}0=&\lim_{x\to\infty}\frac{1}{x}\cdot\left(\frac{x^2+x-1}{x-1}-ax-b\right)\\=&\lim_{x\to\infty}\left(\frac{1+\frac{1}{x}-\frac{1}{x^2}}{1-\frac{1}{x}}-a-\frac{b}{x}\right)\\=&1-a,\end{aligned}$$

因此 $a=1$.

另一方面, 由 $\lim\limits_{x\to\infty}\left(\dfrac{x^2+x-1}{x-1}-ax-b\right)=0$ 和 $a=1$ 可得

$$b=\lim_{x\to\infty}\left(\frac{x^2+x-1}{x-1}-x\right)=\lim_{x\to\infty}\frac{2x-1}{x-1}=\lim_{x\to\infty}\frac{2-\frac{1}{x}}{1-\frac{1}{x}}=2.$$ □

习　题　2.5

1. 求下列函数极限:

(1) $\lim\limits_{x\to\infty}\dfrac{[2x]}{3x}$;　　(3) $\lim\limits_{x\to+\infty}[x]\sin\dfrac{1}{x}$;

(7) $\lim\limits_{x\to0}\dfrac{\tan 3x}{5x}$;　　(9) $\lim\limits_{x\to\infty}\left(1-\dfrac{1}{x}\right)^x$;

(11) $\lim\limits_{x\to 0}\left(\dfrac{1+2x}{1-3x}\right)^{\frac{1}{x}}$.

解　(1) 先求 $\lim\limits_{x\to+\infty}\dfrac{[2x]}{3x}$. 事实上, 由于当 $x>0$ 时, $2x-1<[2x]\leqslant 2x$ 和 $\dfrac{1}{3x}>0$, 所以当 $x>0$ 时, 有

$$\frac{2}{3}-\frac{1}{3x}=\frac{2x-1}{3x}<\frac{[2x]}{3x}\leqslant\frac{2x}{3x}=\frac{2}{3}.$$

又因为

$$\lim_{x\to+\infty}\left(\frac{2}{3}-\frac{1}{3x}\right)=\frac{2}{3},$$

所以根据迫敛性定理得

$$\lim_{x\to+\infty}\frac{[2x]}{3x}=\frac{2}{3}.$$

再求 $\lim\limits_{x\to-\infty}\dfrac{[2x]}{3x}$. 事实上, 由于当 $x<0$ 时, $2x-1<[2x]\leqslant 2x$ 和 $\dfrac{1}{3x}<0$, 所以当 $x<0$ 时, 有

$$\frac{2}{3}-\frac{1}{3x}=\frac{2x-1}{3x}>\frac{[2x]}{3x}\geqslant\frac{2x}{3x}=\frac{2}{3}.$$

又因为

$$\lim_{x\to-\infty}\left(\frac{2}{3}-\frac{1}{3x}\right)=\frac{2}{3},$$

所以根据迫敛性定理得

$$\lim_{x\to-\infty}\frac{[2x]}{3x}=\frac{2}{3}.$$

因此 $\lim\limits_{x\to\infty}\dfrac{[2x]}{3x}=\dfrac{2}{3}$.

(3) 由于当 $x>1$ 时, $x-1<[x]\leqslant x$ 和 $\sin\dfrac{1}{x}>0$, 所以当 $x>1$ 时, 有

$$(x-1)\sin\frac{1}{x}<[x]\sin\frac{1}{x}\leqslant x\sin\frac{1}{x}.$$

又因为

$$\lim_{x\to+\infty}x\sin\frac{1}{x}=\lim_{x\to+\infty}\frac{\sin\frac{1}{x}}{\frac{1}{x}}=1,$$

$$\lim_{x\to+\infty}(x-1)\sin\frac{1}{x}=\lim_{x\to+\infty}x\sin\frac{1}{x}-\lim_{x\to+\infty}\sin\frac{1}{x}=1-0=1,$$

所以根据迫敛性定理得

$$\lim_{x\to+\infty}[x]\sin\frac{1}{x}=1.$$

(7) 由于 $\lim\limits_{t\to 0}\dfrac{\sin t}{t}=1$, 所以

$$\lim_{x\to 0}\frac{\tan 3x}{5x}=\frac{3}{5}\lim_{x\to 0}\left(\frac{\sin 3x}{3x}\cdot\frac{1}{\cos 3x}\right)=\frac{3}{5}.$$

(9) 由于 $\lim\limits_{x\to\infty}\left(1+\dfrac{1}{x}\right)^x=\mathrm{e}$, 所以

$$\lim_{x\to\infty}\left(1-\frac{1}{x}\right)^x=\left[\lim_{x\to\infty}\left(1+\frac{1}{-x}\right)^{-x}\right]^{-1}=\frac{1}{\mathrm{e}}.$$

(11) 由于 $\lim\limits_{x\to\infty}\left(1+\dfrac{1}{x}\right)^x=\mathrm{e}$, 所以

$$\begin{aligned}\lim_{x\to 0}\left(\frac{1+2x}{1-3x}\right)^{\frac{1}{x}}&=\lim_{x\to 0}\left(1+\frac{1}{\frac{1-3x}{5x}}\right)^{\frac{1-3x}{5x}\cdot 5+3}\\&=\left[\lim_{x\to 0}\left(1+\frac{1}{\frac{1-3x}{5x}}\right)^{\frac{1-3x}{5x}}\right]^5\cdot\lim_{x\to 0}\left(\frac{1+2x}{1-3x}\right)^3\\&=\mathrm{e}^5\cdot 1=\mathrm{e}^5.\end{aligned}$$

□

3. 应用归结原则求下列极限:

(3) $\lim\limits_{n\to\infty}n^2\left(1-\cos\dfrac{3}{n}\right)$;　　(4) $\lim\limits_{n\to\infty}\left(1+\dfrac{1}{n}+\dfrac{1}{n^2}\right)^n$.

解　(3) 由于 $\lim\limits_{t\to 0}\dfrac{\sin t}{t}=1$, 所以

$$\lim_{x\to 0}\frac{1-\cos x}{x^2}=\lim_{x\to 0}\frac{2\sin^2\frac{x}{2}}{x^2}=\frac{1}{2}\left(\lim_{x\to 0}\frac{\sin\frac{x}{2}}{\frac{x}{2}}\right)^2=\frac{1}{2}.$$

令 $x_n=\dfrac{3}{n}$, $n\in\mathbb{N}_+$, 则显然 $x_n\to 0\,(n\to\infty)$, 于是根据归结原则得

$$\begin{aligned}\lim_{n\to\infty}n^2\left(1-\cos\frac{3}{n}\right)&=9\lim_{n\to\infty}\frac{1-\cos x_n}{x_n^2}\\&=9\lim_{x\to 0}\frac{1-\cos x}{x^2}\\&=\frac{9}{2}.\end{aligned}$$

(4) 易见当 $n\in\mathbb{N}_+$ 时, 有

$$\begin{aligned}\left(1+\frac{1}{n}\right)^n &< \left(1+\frac{1}{n}+\frac{1}{n^2}\right)^n \\ &= \left(1+\frac{1}{\frac{n^2}{n+1}}\right)^{\frac{n^2}{n+1}} \cdot \left(1+\frac{1}{n}+\frac{1}{n^2}\right)^{\frac{n}{n+1}} \\ &< \left(1+\frac{1}{\frac{n^2}{n+1}}\right)^{\frac{n^2}{n+1}} \cdot \left(1+\frac{1}{n}+\frac{1}{n^2}\right).\end{aligned}$$

由于 $\lim\limits_{x\to\infty}\left(1+\dfrac{1}{x}\right)^x = \mathrm{e}$ 和 $\dfrac{n^2}{n+1}\to\infty\ (n\to\infty)$, 所以根据归结原则得

$$\lim_{n\to\infty}\left(1+\frac{1}{n}\right)^n = \mathrm{e},\quad \lim_{n\to\infty}\left[\left(1+\frac{1}{\frac{n^2}{n+1}}\right)^{\frac{n^2}{n+1}} \cdot \left(1+\frac{1}{n}+\frac{1}{n^2}\right)\right] = \mathrm{e},$$

因此根据迫敛性定理得

$$\lim_{n\to\infty}\left(1+\frac{1}{n}+\frac{1}{n^2}\right)^n = \mathrm{e}.$$ □

5. 设 $f(x)$ 是 $\mathbb{R}$ 上的周期函数, 且 $\lim\limits_{x\to+\infty} f(x) = 0$, 试证明: $f(x)\equiv 0$.

证明 任意取定 $x_0\in\mathbb{R}$, 往证: $f(x_0)=0$.

事实上, 设正数 T 是 $f(x)$ 的周期, 令 $x_n = x_0 + nT$, $n\in\mathbb{N}_+$, 则显然 $x_n\to+\infty\,(n\to\infty)$, 且

$$f(x_0) = f(x_0+T) = \cdots = f(x_0+nT) = f(x_n),\quad n\in\mathbb{N}_+,$$

于是

$$f(x_0) = \lim_{n\to\infty} f(x_n).$$

又因为 $\lim\limits_{x\to+\infty} f(x) = 0$, 所以根据归结原则得

$$f(x_0) = \lim_{n\to\infty} f(x_n) = \lim_{x\to+\infty} f(x) = 0,$$

因此由 x_0 的任意性得, $f(x)\equiv 0$. □

6. 根据 Cauchy 准则叙述 $\lim\limits_{x\to x_0^+} f(x)$ 不存在的充要条件, 并应用它证明 $\lim\limits_{x\to 0^+}\cos\dfrac{1}{x}$ 不存在.

解　$\lim\limits_{x\to x_0^+} f(x)$ 不存在的充要条件是: $\exists\, \varepsilon_0>0$, 使对任意 $\delta>0$, 存在 $x_0', x_0''\in U_+^\circ(x_0;\delta)$, 满足

$$|f(x_0')-f(x_0'')|\geqslant \varepsilon_0.$$

证明　$\exists\,\varepsilon_0=1>0$, 使对任意 $\delta>0$, 存在 $x_0'=\dfrac{1}{2\left(\left[\dfrac{1}{\delta}\right]+1\right)\pi}$, $x_0''=\dfrac{1}{2\left(\left[\dfrac{1}{\delta}\right]+1\right)\pi+\dfrac{\pi}{2}}$ 满足: $x_0', x_0''\in U_+^\circ(0;\delta)$ 和

$$\left|\cos\frac{1}{x_0'}-\cos\frac{1}{x_0''}\right|=|1-0|=1\geqslant\varepsilon_0,$$

于是根据 Cauchy 准则的否命题得, $\lim\limits_{x\to 0^+}\cos\dfrac{1}{x}$ 不存在. □

8. 设函数 $f(x)$ 在 $(a,+\infty)$ 内递增, 试证明: $\lim\limits_{x\to+\infty} f(x)$ 存在当且仅当 $f(x)$ 在 $(a,+\infty)$ 内有上界.

证明　先证必要性. 由于 $\lim\limits_{x\to+\infty} f(x)$ 存在, 所以根据局部有界性定理得, 存在 $X>a$, 存在 $M>0$, 使当 $x>X$ 时, 有

$$|f(x)|\leqslant M\Rightarrow f(x)\leqslant M.$$

又因为 $f(x)$ 在 $(a,+\infty)$ 内递增, 所以当 $x\in(a,X]$ 时, 有

$$f(x)\leqslant f(X+1)\leqslant M,$$

因此 $\forall x\in(a,+\infty)$, 有

$$f(x)\leqslant M,$$

即 $f(x)$ 在 $(a,+\infty)$ 内有上界.

再证充分性. 若 $f(x)$ 在 $(a,+\infty)$ 内有上界, 又因为 $f(x)$ 在 $(a,+\infty)$ 内递增, 所以根据定理 2.5.4 得, $\lim\limits_{x\to+\infty} f(x)$ 存在. □

10. 设函数 $f(x)$ 在 (a,b) 内递减, 证明:

(1) $\lim\limits_{x\to b^-} f(x)$ 存在当且仅当 $f(x)$ 在 (a,b) 内有下界.

证明　先证必要性. 由于 $\lim\limits_{x\to b^-} f(x)$ 存在, 所以根据局部有界性定理得, 存在 $\delta\in(0,b-a)$, 存在 $M>0$, 使当 $x\in(b-\delta,b)$ 时, 有

$$|f(x)|\leqslant M\Rightarrow f(x)\geqslant -M.$$

又因为 $f(x)$ 在 (a,b) 内递减, 所以当 $x\in(a,b-\delta]$ 时, 有

$$f(x)\geqslant f\left(b-\frac{\delta}{2}\right)\geqslant -M,$$

因此 $\forall x \in (a,b)$, 有

$$f(x) \geqslant -M,$$

即 $f(x)$ 在 (a,b) 内有下界.

再证充分性. 若 $f(x)$ 在 (a,b) 内有下界, 又因为 $f(x)$ 在 (a,b) 内递减, 所以函数 $-f(x)$ 在 (a,b) 内递增且有上界, 因此根据定理 2.5.5 得, $\lim\limits_{x\to b^-}(-f(x))$ 存在, 故 $\lim\limits_{x\to b^-} f(x)$ 存在. □

习 题 2.6

3. 若 $f(x)$ 是 $x \to x_0$ 时的无穷大量, $g(x)$ 在某个 $U^\circ(x_0;\delta_0)$ 内有界, 试证明 $f(x)+g(x)$ 是 $x \to x_0$ 时的无穷大量.

证明 由于 $g(x)$ 在某个 $U^\circ(x_0;\delta_0)$ 内有界, 所以存在 $M_1 > 0$, 使得 $\forall x \in U^\circ(x_0;\delta_0)$, 有

$$|g(x)| \leqslant M_1.$$

$\forall M > 0$, 由于 $f(x)$ 是 $x \to x_0$ 时的无穷大量, 所以存在 $\delta \in (0,\delta_0)$, 使得 $\forall x \in U^\circ(x_0;\delta)$, 有

$$|f(x)| > M + M_1,$$

此时有

$$|f(x)+g(x)| \geqslant |f(x)| - |g(x)| > M + M_1 - M_1 = M,$$

因此, 根据定义得, $f(x)+g(x)$ 是 $x \to x_0$ 时的无穷大量. □

4. 求下列极限:

(1) $\lim\limits_{x\to 0}\dfrac{\sin x-\tan x}{x^2\arctan x}$; (2) $\lim\limits_{x\to\infty}\dfrac{x\sin\dfrac{1}{x}}{x^2+1}$.

解 (1) 由于当 $x\to 0$ 时, $\tan x \sim x$, $\arctan x \sim x$, $1-\cos x \sim x^2/2$, 所以

$$\lim_{x\to 0}\frac{\sin x-\tan x}{x^2\arctan x} = -\lim_{x\to 0}\frac{\tan x\,(1-\cos x)}{x^2\arctan x} = -\lim_{x\to 0}\frac{x\cdot x^2/2}{x^2\cdot x} = -\frac{1}{2}.$$

(2) 由于当 $x\to\infty$ 时, $\sin\dfrac{1}{x} \sim \dfrac{1}{x}$, 所以

$$\lim_{x\to\infty}\frac{x\sin\dfrac{1}{x}}{x^2+1} = \lim_{x\to\infty}\frac{x\cdot\dfrac{1}{x}}{x^2+1} = \lim_{x\to\infty}\frac{x^{-2}}{1+x^{-2}} = 0.$$ □

5. 试确定 k 的值, 使下列函数与 x^k 是 $x\to 0$ 时的同阶无穷小量:

(3) $\sqrt[3]{2x^5-7x^2}$; (4) $\sqrt{1+x^2}-\sqrt{1-2x^2}$.

解　(3) 显然 $\sqrt[3]{2x^5-7x^2}=o(1)\,(x\to 0)$. 因为 $x^{\frac{2}{3}}=o(1)(x\to 0)$ 和

$$\lim_{x\to 0}\frac{\sqrt[3]{2x^5-7x^2}}{x^{2/3}}=\lim_{x\to 0}\sqrt[3]{2x^3-7}=-\sqrt[3]{7}\neq 0,$$

所以当 $k=2/3$ 时, 函数 $\sqrt[3]{2x^5-7x^2}$ 与 x^k 是 $x\to 0$ 时的同阶无穷小量.

(4) 显然 $\sqrt{1+x^2}-\sqrt{1-2x^2}=o(1)\,(x\to 0)$. 因为 $x^2=o(1)(x\to 0)$ 和

$$\lim_{x\to 0}\frac{\sqrt{1+x^2}-\sqrt{1-2x^2}}{x^2}=\lim_{x\to 0}\frac{3}{\sqrt{1+x^2}+\sqrt{1-2x^2}}=\frac{3}{2}\neq 0,$$

所以当 $k=2$ 时, 函数 $\sqrt{1+x^2}-\sqrt{1-2x^2}$ 与 x^k 是 $x\to 0$ 时的同阶无穷小量. □

6. 证明: $f(x)\sim g(x)\,(x\to x_0)\Leftrightarrow f(x)-g(x)=o(g(x))\,(x\to x_0)$.

证明　根据等价无穷小量的定义可得

$$\begin{aligned}&f(x)\sim g(x)\,(x\to x_0)\\ \Leftrightarrow&\lim_{x\to x_0}\frac{f(x)}{g(x)}=1\\ \Leftrightarrow&\lim_{x\to x_0}\frac{f(x)-g(x)}{g(x)}=0\\ \Leftrightarrow&f(x)-g(x)=o(g(x))\,(x\to x_0).\end{aligned}$$

□

复　习　题

3. 设 $f(x)$ 和 $g(x)$ 都为 (a,b) 内的严格递增函数, 试证明:

$$\varphi(x)=\max\{f(x),g(x)\},\quad \psi(x)=\min\{f(x),g(x)\},\quad x\in(a,b)$$

也都是 (a,b) 内的严格递增函数.

证明　先证明 $\varphi(x)$ 是 (a,b) 内的严格递增函数. 事实上, 任取 $x_1,x_2\in(a,b)$, 且 $x_1<x_2$, 由于 $f(x)$ 和 $g(x)$ 都为 (a,b) 内的严格递增函数, 所以

$$f(x_1)<f(x_2),\quad g(x_1)<g(x_2),$$

因此当 $f(x_1)\geqslant g(x_1)$ 时, 有

$$\varphi(x_1)=f(x_1)<f(x_2)\leqslant\varphi(x_2);$$

当 $f(x_1)<g(x_1)$ 时, 有

$$\varphi(x_1)=g(x_1)<g(x_2)\leqslant\varphi(x_2),$$

故 $\varphi(x_1)<\varphi(x_2)$, 从而 $\varphi(x)$ 是 (a,b) 内的严格递增函数.

再证明 $\psi(x)$ 是 (a,b) 内的严格递增函数. 事实上, 任取 $x_1, x_2 \in (a,b)$, 且 $x_1 < x_2$, 由于 $f(x)$ 和 $g(x)$ 都为 (a,b) 内的严格递增函数, 所以

$$f(x_1) < f(x_2), \quad g(x_1) < g(x_2),$$

因此当 $f(x_2) \geqslant g(x_2)$ 时, 有

$$\psi(x_2) = g(x_2) > g(x_1) \geqslant \psi(x_1);$$

当 $f(x_2) < g(x_2)$ 时, 有

$$\psi(x_2) = f(x_2) > f(x_1) \geqslant \psi(x_1),$$

故 $\psi(x_1) < \psi(x_2)$, 从而 $\psi(x)$ 是 (a,b) 内的严格递增函数. □

6. 求下列函数极限:

(4) $\lim\limits_{x\to-\infty}\left[\sqrt{x(x-1)}-\sqrt{x(x-2)}\right]$;

(6) $\lim\limits_{x\to+\infty}\left(\sqrt{x+2}-2\sqrt{x+1}+\sqrt{x}\right)$;

(8) $\lim\limits_{x\to+\infty}\left(\sqrt{x+\sqrt{x+\sqrt{x}}}-\sqrt{x}\right)$;

(10) $\lim\limits_{x\to 0}\dfrac{x\sin^3 x}{(\arctan x)^2(1-\cos x)}$.

解 (4) 由于当 $x<0$ 时, $-x=\sqrt{x^2}$, 所以利用根式有理化可得

$$\begin{aligned}\lim_{x\to-\infty}\left[\sqrt{x(x-1)}-\sqrt{x(x-2)}\right] &= \lim_{x\to-\infty}\frac{x(x-1)-x(x-2)}{\sqrt{x(x-1)}+\sqrt{x(x-2)}}\\ &= -\lim_{x\to-\infty}\frac{1}{\sqrt{1-\dfrac{1}{x}}+\sqrt{1-\dfrac{2}{x}}}\\ &= -\frac{1}{\sqrt{1-0}+\sqrt{1-0}} = -\frac{1}{2}.\end{aligned}$$

(6) 利用根式有理化可得

$$\begin{aligned}&\lim_{x\to+\infty}(\sqrt{x+2}-2\sqrt{x+1}+\sqrt{x})\\ =&\lim_{x\to+\infty}[(\sqrt{x+2}-\sqrt{x+1})-(\sqrt{x+1}-\sqrt{x})]\\ =&\lim_{x\to+\infty}\left(\frac{1}{\sqrt{x+2}+\sqrt{x+1}}-\frac{1}{\sqrt{x+1}+\sqrt{x}}\right)\\ =&\lim_{x\to+\infty}\left(\frac{\dfrac{1}{\sqrt{x}}}{\sqrt{1+\dfrac{2}{x}}-\sqrt{1+\dfrac{1}{x}}}-\frac{\dfrac{1}{\sqrt{x}}}{\sqrt{1+\dfrac{1}{x}}+1}\right)\end{aligned}$$

$$= \frac{0}{\sqrt{1+0}+\sqrt{1+0}} - \frac{0}{\sqrt{1+0}+\sqrt{1+0}} = 0.$$

(8) 利用根式有理化可得

$$\begin{aligned}\lim_{x\to+\infty}\left(\sqrt{x+\sqrt{x+\sqrt{x}}}-\sqrt{x}\right) &= \lim_{x\to+\infty}\frac{x+\sqrt{x+\sqrt{x}}-x}{\sqrt{x+\sqrt{x+\sqrt{x}}}+\sqrt{x}} \\ &= \lim_{x\to+\infty}\frac{\sqrt{1+\dfrac{1}{\sqrt{x}}}}{\sqrt{1+\sqrt{\dfrac{1}{x}+\dfrac{1}{x\sqrt{x}}}}+1} \\ &= \frac{\sqrt{1+0}}{\sqrt{1+0}+1} = \frac{1}{2}.\end{aligned}$$

(10) 由于当 $x \to 0$ 时, $\sin x \sim x$, $\arctan x \sim x$, $1-\cos x \sim x^2/2$, 所以

$$\lim_{x\to 0}\frac{x\sin^3 x}{(\arctan x)^2(1-\cos x)} = \lim_{x\to 0}\frac{x\cdot x^3}{x^2\cdot x^2/2} = 2.$$ □

8. 设 $\lim\limits_{u\to\infty} f(u) = A$, $\lim\limits_{x\to a} g(x) = \infty$, 试证明: $\lim\limits_{x\to a} f(g(x)) = A$.

证明 $\forall \varepsilon > 0$, 由 $\lim\limits_{u\to\infty} f(u) = A$ 得, 存在 $X > 0$, 使当 $|u| > X$ 时, 有

$$|f(u) - A| < \varepsilon.$$

又由于 $\lim\limits_{x\to a} g(x) = \infty$, 所以根据非正常极限的定义得, 对上述 $X > 0$, 存在 $\delta > 0$, 使当 $0 < |x-a| < \delta$ 时, 有

$$|u| = |g(x)| > X.$$

因此当 $0 < |x-a| < \delta$ 时, 有

$$|f(g(x)) - A| = |f(u) - A| < \varepsilon,$$

故根据 "ε-δ" 定义得, $\lim\limits_{x\to a} f(g(x)) = A$. □

9. 证明: $y = \cos\sqrt{x}$ 不是周期函数.

证明 用反证法. 假定 $y = \cos\sqrt{x}$ 是周期函数, 则存在 $T > 0$, 使 $\forall x \in [0, +\infty)$, 有

$$\cos\sqrt{x+T} = \cos\sqrt{x}.$$

分别取 $x = 0$ 和 $x = T$ 得

$$\cos\sqrt{2T} = \cos\sqrt{T} = \cos 0 = 1,$$

于是存在 $k,n\in\mathbb{N}_+$, 使得 $\sqrt{2T}=2k\pi$, $\sqrt{T}=2n\pi$, 所以 $\sqrt{2}=\dfrac{\sqrt{2T}}{\sqrt{T}}=\dfrac{k}{n}$ 是有理数, 这与 $\sqrt{2}$ 是无理数矛盾, 故 $y=\cos\sqrt{x}$ 不是周期函数. □

11. 设函数 $f(x)$ 在 $(-\infty,0)$ 内满足方程 $f(x^3)=f(x)$, 且

$$\lim_{x\to 0^-}f(x)=\lim_{x\to-\infty}f(x)=f(-1),$$

试证明: $f(x)\equiv f(-1)$, $x\in(-\infty,0)$.

证明 任意取定 $x_0\in(-\infty,0)$, 往证: $f(x_0)=f(-1)$.

当 $x_0=-1$ 时, 显然 $f(x_0)=f(-1)$.

当 $x_0\in(-1,0)$ 时, 由条件 $f(x^3)=f(x)$ 可得

$$f(x_0)=f(x_0^3)=f(x_0^{3^2})=\cdots=f(x_0^{3^n})=\cdots,\quad n\in\mathbb{N}_+,$$

于是

$$\lim_{n\to\infty}f(x_0^{3^n})=\lim_{n\to\infty}f(x_0)=f(x_0).$$

由于 $x_0^{3^n}\to 0^-\,(n\to\infty)$ 和 $\lim\limits_{x\to 0^-}f(x)=f(-1)$, 所以根据归结原则得

$$f(x_0)=\lim_{x\to 0^-}f(x)=f(-1).$$

当 $x_0\in(-\infty,-1)$ 时, 由条件 $f(x^3)=f(x)$ 可得

$$f(x_0)=f(x_0^3)=f(x_0^{3^2})=\cdots=f(x_0^{3^n})=\cdots,\quad n\in\mathbb{N}_+,$$

于是

$$\lim_{n\to\infty}f(x_0^{3^n})=\lim_{n\to\infty}f(x_0)=f(x_0).$$

由于 $x_0^{3^n}\to-\infty\,(n\to\infty)$ 和 $\lim\limits_{x\to-\infty}f(x)=f(-1)$, 所以根据归结原则得

$$f(x_0)=\lim_{x\to-\infty}f(x)=f(-1).$$

综上所述, $f(x_0)=f(-1)$, 而 x_0 任意, 故

$$f(x)\equiv f(-1),\quad x\in(-\infty,0).$$ □

13. 设函数 $f(x)$ 在 (a,b) 内递减, 且存在 x_n', $x_n''\in(a,b)$ $(n=1,2,\cdots)$ 满足 $x_n'\to a$, $x_n''\to b(n\to\infty)$, 使得 $\lim\limits_{n\to\infty}f(x_n')=A$, $\lim\limits_{n\to\infty}f(x_n'')=B$, 试证明: $\lim\limits_{x\to a^+}f(x)=A$, $\lim\limits_{x\to b^-}f(x)=B$.

证明 只证 $\lim\limits_{x\to a^+}f(x)=A$, 类似可以证明 $\lim\limits_{x\to b^-}f(x)=B$.

事实上, 对 $\varepsilon_0=1$, 由 $\lim\limits_{n\to\infty}f(x_n')=A$ 知, 存在 $N_1\in\mathbb{N}_+$, 使当 $n>N_1$ 时, 有

$$|f(x_n')-A|<\varepsilon_0=1\Rightarrow f(x_n')<A+1.$$

任意取定 $x_0\in(a,b)$, 由 $x_n'\to a\,(n\to\infty)$ 及 $a<x_0<b$ 得, 存在 $N_2>N_1$, 使得

$$x_{N_2}<x_0,\quad f(x_{N_2})<A+1.$$

于是, 由函数 $f(x)$ 在 (a,b) 内递减得

$$f(x_0)\leqslant f(x_{N_2})<A+1.$$

所以由 x_0 的任意性得, $f(x)$ 在 (a,b) 内有上界, 因此, 根据函数的单调有界定理得, $\lim\limits_{x\to a^+}f(x)$ 存在, 故根据归结原则得

$$\lim_{x\to a^+}f(x)=\lim_{n\to\infty}f(x_n')=A.$$ □

14. 若存在常数 $a>0,\ X>0,\ K>1$, 使当 $x>X$ 时有 $f(x)\geqslant a>0$ 和 $\dfrac{f(x+1)}{f(x)}>K$, 试证明: $\lim\limits_{x\to+\infty}f(x)=+\infty$.

证明 由于 $\forall x>X$ 有 $f(x)\geqslant a>0$ 和 $\dfrac{f(x+1)}{f(x)}>K$, 所以对任意 $x>X+2$ 有

$$\begin{aligned}f(x)&>Kf(x-1)>K^2f(x-2)>\cdots\\&>K^{[x-X-1]}f(x-[x-X-1])\\&>K^{[x-X-1]}a>K^{x-X-2}a.\end{aligned}$$

于是对任意的 $G>a>0$, 要使 $f(x)>G$, 只要 $K^{(x-X-2)}a>G$, 即 $x>X+2+\log_K\dfrac{G}{a}$.

取 $X_1=X+2+\log_K\dfrac{G}{a}>0$, 则当 $x>X_1$ 时, 有 $f(x)>G$, 因此, 根据非正常极限的定义得

$$\lim_{x\to+\infty}f(x)=+\infty.$$ □

17. 设 $f(x)$ 和 $g(x)$ 都是数集 D 上的初等函数, 试证明

$$|f(x)\pm g(x)|,\quad \varphi(x)=\max\{f(x),\,g(x)\},\quad \psi(x)=\min\{f(x),\,g(x)\}$$

也都是数集 D 上的初等函数.

证明 由于 $|f(x)\pm g(x)|=\sqrt{(f(x)\pm g(x))^2}$,

$$\varphi(x)=\frac{f(x)+g(x)+|f(x)-g(x)|}{2},\quad \psi(x)=\frac{f(x)+g(x)-|f(x)-g(x)|}{2},$$

所以根据题设和初等函数的定义得, $|f(x)\pm g(x)|$, $\varphi(x)$ 和 $\psi(x)$ 都是数集 D 上的初等函数. □

18. 设 $f(x)$ 和 $g(x)$ 都是数集 D 上的有界函数, 试证明

$$\sup_{x\in D}\{f(x)+g(x)\}\geqslant \sup_{x\in D}f(x)+\inf_{x\in D}g(x).$$

证明 由题设知, $f(x)+g(x)$ 是数集 D 上的有界函数, 于是根据确界原理得, $f(x)$, $g(x)$ 和 $f(x)+g(x)$ 在数集 D 上的上、下确界都存在.

$\forall x\in D$, 有

$$\inf_{t\in D}g(t)\leqslant g(x)\leqslant \sup_{t\in D}g(t),$$

于是

$$f(x)+\inf_{t\in D}g(t)\leqslant f(x)+g(x)\leqslant f(x)+\sup_{t\in D}g(t),$$

所以

$$\begin{aligned}\sup_{x\in D}\{f(x)+g(x)\}&\geqslant \sup_{x\in D}\left\{f(x)+\inf_{t\in D}g(t)\right\}\\&=\sup_{x\in D}f(x)+\inf_{t\in D}g(t)\\&=\sup_{x\in D}f(x)+\inf_{x\in D}g(x).\end{aligned}$$

□

20. 设 $\lim\limits_{u\to\infty}f(u)=A$, $\lim\limits_{x\to\infty}g(x)=\infty$, 试证明: $\lim\limits_{x\to\infty}f(g(x))=A$.

证明 $\forall\varepsilon>0$, 由 $\lim\limits_{u\to\infty}f(u)=A$ 得, 存在 $X_1>0$, 使当 $|u|>X_1$ 时, 有

$$|f(u)-A|<\varepsilon.$$

又由于 $\lim\limits_{x\to\infty}g(x)=\infty$, 所以根据函数的非正常极限的定义得, 对上述 $X_1>0$, 存在 $X>0$, 使当 $|x|>X$ 时, 有

$$|u|=|g(x)|>X_1.$$

因此, 当 $|x|>X$ 时, 有

$$|f(g(x))-A|=|f(u)-A|<\varepsilon,$$

故根据“ε-X”定义得, $\lim\limits_{x\to\infty}f(g(x))=A$. □

22. 如果有理函数 $f(x)=\dfrac{P_m(x)}{Q_n(x)}$ 是周期函数, 其中 $P_m(x),Q_n(x)$ 分别是 m, n 次多项式, 试证明: $f(x)$ 恒为常数.

证明 设正数 T 是 $f(x)$ 的周期, 则

$$f(x)=f(x+kT),\quad k=1,2,\cdots.$$

若 $f(x)\equiv 0$, 则本题得证. 若 $f(x)\not\equiv 0$, 则 $\exists a\in\mathbb{R}$, 使得 $f(a)\neq 0$, 于是方程

$$P_m(x)-f(a)\,Q_m(x)=0$$

有无穷多个根 $x_k=a+kT, k=0,1,\cdots$, 但是上述方程是不超过 $\max\{m,n\}$ 次的代数方程, 最多只有有限个根, 因此只能

$$P_m(x)-f(a)\,Q_m(x)\equiv 0,$$

即

$$f(x)=\frac{P_m(x)}{Q_n(x)}\equiv f(a).$$ □

24. 试证明: $\lim\limits_{x\to+\infty}f(x)=+\infty\Leftrightarrow$ 对任意数列 $\{x_n\}$, 且 $\lim\limits_{n\to\infty}x_n=+\infty$, 都有

$$\lim_{n\to\infty}f(x_n)=+\infty.$$

证明 ($\Rightarrow$) 若 $\lim\limits_{x\to+\infty}f(x)=+\infty$, 则对任意的 $G>0,\exists X>0$, 使得当 $x>X$ 时有

$$f(x)>G.$$

于是, 对任意的数列 $\{x_n\}$ 且 $\lim\limits_{n\to\infty}x_n=+\infty$, 存在 $N>0$, 使得当 $n>N$ 时, 有 $x_n>X$, 这样当 $n>N$ 时, 有

$$f(x_n)>G,$$

所以有 $\lim\limits_{n\to+\infty}f(x_n)=+\infty$.

($\Leftarrow$) 若对任意数列 $\{x_n\}$ 且 $x_n\to+\infty$, 有 $\lim\limits_{n\to\infty}f(x_n)=+\infty$, 则有 $\lim\limits_{x\to+\infty}f(x)=+\infty$. 如若不然, 假设 $\lim\limits_{x\to+\infty}f(x)\neq+\infty$, 则存在 $G_0>0$, $\forall X>0$, $\exists x_0>X$, 使得 $f(x_0)<G_0$.

于是对 $X=1$, 存在 $x_1>1$, 使得 $f(x_1)<G_0$.

对 $X=2$, 存在 $x_2>2$, 使得 $f(x_2)<G_0$.

如此下去, 对 $X=n$, 存在 $x_n>n$, 使得 $f(x_n)<G_0$. 这样得到一个数列 $\{x_n\}$, $x_n\to+\infty\,(n\to\infty)$, 但 $\lim\limits_{n\to\infty}f(x_n)\neq+\infty$, 这与题设矛盾. 因此假设不成立, 所以 $\lim\limits_{x\to+\infty}f(x)=+\infty$. □

第3章　函数的连续性

习　题　3.1

1. 讨论下列函数在其定义域内的连续性:

(1) $f(x)=\begin{cases}2x, & x\in\mathbb{Q},\\ 3, & x\in\mathbb{R}\backslash\mathbb{Q}.\end{cases}$

解　显然 $f(x)$ 的定义域是 $\mathbb{R}$.

由于 $f(x)=\begin{cases}2x, & x\in\mathbb{Q},\\ 3, & x\in\mathbb{R}\backslash\mathbb{Q},\end{cases}$ 以及 $2x=3\Leftrightarrow x=3/2$, 所以要分 $x_0=3/2$ 与 $x_0\neq 3/2$ 两种情况讨论函数 $f(x)$ 的连续性.

(a) 对于 $x_0=3/2$. $\forall\varepsilon>0$, 由于 $|f(x)-f(3/2)|\leqslant 2|x-3/2|$, 所以存在 $\delta=\dfrac{\varepsilon}{2}>0$, 使当 $|x-3/2|<\delta$ 时, 有

$$|f(x)-f(3/2)|<\varepsilon,$$

因此, 根据连续的"ε-δ"定义得, $f(x)$ 在 $x_0=3/2$ 处连续.

(b) 对于 $x_0\neq 3/2$, 分别取两个数列 $\{x_n'\}\subset\mathbb{Q}$, $\{x_n''\}\subset\mathbb{R}\backslash\mathbb{Q}$, 使得 $\lim\limits_{n\to\infty}x_n'=\lim\limits_{n\to\infty}x_n''=x_0$, 这样有

$$\lim_{n\to\infty}f(x_n')=\lim_{n\to\infty}2x_n'=2x_0,\quad \lim_{n\to\infty}f(x_n'')=\lim_{n\to\infty}3=3\neq 2x_0,$$

于是根据归结原则得, $\lim\limits_{x\to x_0}f(x)$ 不存在, 所以 $f(x)$ 在 $x_0\neq 3/2$ 处不连续.

综上所述, 便得 $f(x)$ 只在 $x=3/2$ 处连续, 在其他点都不连续. □

3. 设 $f(x)=\begin{cases}2x+a, & x>2,\\ 5-x^2, & x\leqslant 2,\end{cases}$ 试确定常数 a 的值, 使 $f(x)$ 在 $\mathbb{R}$ 上连续.

解　由于 $f(2)=5-2^2=1$ 和

$$\lim_{x\to 2^-}f(x)=\lim_{x\to 2^-}(5-x^2)=5-2^2=1,\quad \lim_{x\to 2^+}f(x)=\lim_{x\to 2^+}(2x+a)=4+a,$$

所以当且仅当 $1=4+a$ 即 $a=-3$ 时, $\lim\limits_{x\to 2^-}f(x)=\lim\limits_{x\to 2^+}f(x)=1=f(2)$, 此时, $f(x)$ 在 $x=2$ 处连续. 而利用连续的定义易证: $f(x)$ 在 $\mathbb{R}\backslash\{2\}$ 上连续. 因此当 $a=-3$ 时, $f(x)$ 在 $\mathbb{R}$ 上连续. □

5. 若 $|f(x)|$ 在 x_0 处连续, 试问 $f(x)$ 在 x_0 处是否连续? 为什么?

解　函数 $f(x)$ 在 x_0 处不一定连续. 例如, 对于函数 $f(x)=\begin{cases}1, & x>0,\\ -1, & x\leqslant 0,\end{cases}$ $|f(x)|\equiv 1$ 在 $x=0$ 处连续, 但是 $f(x)$ 在 $x=0$ 处不连续. 而对于函数 $g(x)=x^2$, $|g(x)|=g(x)=x^2$ 都在 $x=0$ 处连续. □

习　题　3.2

1. 指出下列函数的间断点, 并判别其类型.

(2) $f(x)=\dfrac{\sin x}{x}$;

(4) $f(x)=[x]$;

(7) $f(x)=\operatorname{sgn}(\sin x)$;

(8) $f(x)=\begin{cases}\sqrt[3]{x}\cdot\sin\dfrac{1}{x}, & x\neq 0,\\ 1, & x=0;\end{cases}$

(10) $f(x)=\begin{cases}x+\dfrac{3}{x}, & x<3,\\ 2x+1, & 3\leqslant x\leqslant 9,\\ 3x\sin\dfrac{1}{x-9}, & x>9.\end{cases}$

解　(2) 易见函数 $f(x)$ 的定义域是 $(-\infty,0)\cup(0,+\infty)$, $x_0=0$ 是 $f(x)$ 的所有可能的间断点.

因为

$$\lim_{x\to 0^+} f(x)=\lim_{x\to 0^+}\frac{\sin x}{x}=1,$$

所以 $x_0=0$ 是函数 $f(x)$ 的可去间断点.

(4) 易见函数 $f(x)=[x]$ 的定义域是 $\mathbb{R}$, $x_n=n, n\in\mathbb{Z}$ 是 $f(x)$ 的所有可能的间断点.

因为 $\forall n\in\mathbb{Z}$, 有

$$\lim_{x\to n^-} f(x)=\lim_{x\to n^-}[x]=n-1,\quad \lim_{x\to n^+} f(x)=\lim_{x\to n^+}[x]=n\neq n-1,$$

所以 $x_n=n, n\in\mathbb{Z}$ 都是函数 $f(x)$ 的跳跃间断点.

(7) 易见函数 $f(x)=\operatorname{sgn}(\sin x)$ 的定义域是 $\mathbb{R}$, 且

$$f(x)=\begin{cases}1, & \sin x>0,\\ 0, & \sin x=0,\\ -1, & \sin x<0\end{cases}=\begin{cases}1, & 2k\pi<x<(2k+1)\pi,\\ 0, & x=k\pi,\\ -1, & (2k+1)\pi<x<(2k+2)\pi,\end{cases}\qquad k\in\mathbb{Z}.$$

设 $x_n = n\pi, n = 0, \pm 1, \pm 2, \cdots$, 当 $n = 2k$ 为偶数时

$$\lim_{x\to x_n^+} \operatorname{sgn}(\sin x) = 1, \quad \lim_{x\to x_n^-} \operatorname{sgn}(\sin x) = -1;$$

当 $n = 2k-1$ 为奇数时

$$\lim_{x\to x_n^+} \operatorname{sgn}(\sin x) = -1, \quad \lim_{x\to x_n^-} \operatorname{sgn}(\sin x) = 1,$$

所以 $x_n = n\pi, n = 0, \pm 1, \pm 2, \cdots$ 都是 $f(x)$ 的跳跃间断点.

(8) 易见函数 $f(x)$ 的定义域是 $\mathbb{R}$, $x_0 = 0$ 是 $f(x)$ 的所有可能的间断点.

因为

$$\lim_{x\to 0} f(x) = \lim_{x\to 0} \sqrt[3]{x} \cdot \sin\frac{1}{x} = 0 \neq f(0) = 1,$$

所以 $x_0 = 0$ 是函数 $f(x)$ 的可去间断点.

(10) 易见函数 $f(x)$ 的定义域是 $(-\infty, 0) \cup (0, +\infty)$, $x_0 = 0, x_1 = 3, x_2 = 9$ 是 $f(x)$ 的所有可能的间断点.

对于点 $x_0 = 0$, 因为

$$\lim_{x\to 0^+} f(x) = \lim_{x\to 0^+} \left(x + \frac{3}{x}\right) = \infty,$$

所以 $x_0 = 0$ 是函数 $f(x)$ 的第二类间断点.

对于点 $x_1 = 3$, 由于

$$\lim_{x\to 3^-} f(x) = \lim_{x\to 3^-} \left(x + \frac{3}{x}\right) = 4, \quad \lim_{x\to 3^+} f(x) = \lim_{x\to 3^+} (2x+1) = 7,$$

所以 $x_1 = 3$ 是函数 $f(x)$ 的跳跃间断点.

对于 $x_2 = 9$, 由于 $\lim\limits_{x\to 9^+} f(x)$ 不存在, 所以 $x_2 = 9$ 是 $f(x)$ 的第二类间断点.

综上所述, $x_1 = 3$ 是函数 $f(x)$ 的跳跃间断点, $x_0 = 0, x_2 = 9$ 是 $f(x)$ 的第二类间断点. □

2. 讨论函数 $f(x) = \lim\limits_{n\to\infty} \dfrac{x - x^{2n}}{1 + x^{2n}}$ 的连续性. 若有间断点, 判别其类型.

解 当 $|x| < 1$ 时, 利用 $\lim\limits_{n\to\infty} x^{2n} = 0$, 可得 $f(x) = x$; 当 $x = 1$ 时, $f(x) = 0$; 当 $x = -1$ 时, $f(x) = -1$; 当 $|x| > 1$ 时,

$$f(x) = \lim_{n\to\infty} \frac{x - x^{2n}}{1 + x^{2n}} = \lim_{n\to\infty} \frac{\dfrac{1}{x^{2n-1}} - 1}{\dfrac{1}{x^{2n}} + 1} = -1.$$

所以

$$f(x)=\begin{cases}-1, & x\leqslant -1,\\ x, & -1<x<1,\\ 0, & x=1,\\ -1, & x>1.\end{cases}$$

显然函数 $f(x)$ 在 $(-\infty,-1)\cup(-1,1)\cup(1,+\infty)$ 内是连续的, $x=\pm1$ 是函数 $f(x)$ 的所有可能的间断点. 下面分别讨论.

由于

$$\lim_{x\to-1^-}f(x)=\lim_{x\to-1^-}(-1)=-1=f(-1),\quad \lim_{x\to-1^+}f(x)=\lim_{x\to-1^+}x=-1=f(-1),$$

所以, $f(x)$ 在 $x=-1$ 处左连续且右连续, 因此 $f(x)$ 在 $x=-1$ 处连续.

又因为

$$\lim_{x\to1^-}f(x)=\lim_{x\to1^-}x=1,\quad \lim_{x\to1^+}f(x)=\lim_{x\to1^+}-1=-1\neq1,$$

所以 $x=1$ 是函数 $f(x)$ 的跳跃间断点, 函数 $f(x)$ 在其余的点连续. □

习　题　3.3

1. 设 $p,q\in\mathbb{N}_+$, q 是奇数, 且 p, q 互质, 试证明:

(1) $f(x)=x^{\frac{1}{q}}$ 在其定义域 $(-\infty,+\infty)$ 内连续;

(2) $g(x)=x^{\frac{p}{q}}$ 在其定义域 $(-\infty,+\infty)$ 内连续;

(3) $h(x)=x^{-\frac{p}{q}}$ 在其定义域 $(-\infty,0)\cup(0,+\infty)$ 内连续.

证明　(1) 因为 $q\in\mathbb{N}_+$, q 是奇数, 不妨设 $q=2n+1, n=0,1,2,\cdots$.

任意取定 $x_0\in(-\infty,+\infty)$, 当 $x_0\geqslant0$ 时, 由于

$$\lim_{x\to x_0}f(x)=\sqrt[q]{\lim_{x\to x_0}x}=\sqrt[q]{x_0}=f(x_0),$$

所以根据连续的定义得, $f(x)=x^{\frac{1}{q}}$ 在 x_0 处连续.

当 $x_0<0$ 时, 由于 q 是奇数及 $-x_0>0$, 所以

$$\begin{aligned}\lim_{x\to x_0}f(x)&=-\lim_{x\to x_0}\sqrt[q]{-x}\\&=-\sqrt[q]{\lim_{x\to x_0}(-x)}\\&=-\sqrt[q]{-x_0}=\sqrt[q]{x_0}=f(x_0),\end{aligned}$$

因此, 根据连续的定义得, $f(x)=x^{\frac{1}{q}}$ 也在 x_0 处连续. 故由 x_0 的任意性得, $f(x)$ 在其定义域 $(-\infty,+\infty)$ 内连续.

(2) 任取 $x_0 \in (-\infty, +\infty)$, 根据 (1) 的结果和函数极限的四则运算可得

$$\lim_{x \to x_0} g(x) = \left(\lim_{x \to x_0} f(x)\right)^p = \left(x_0^{\frac{1}{q}}\right)^p = x_0^{\frac{p}{q}} = g(x_0),$$

所以 $g(x) = x^{\frac{p}{q}}$ 在 x_0 连续, 因此, 由 x_0 的任意性得, $g(x) = x^{\frac{p}{q}}$ 在其定义域 $(-\infty, +\infty)$ 内连续.

(3) 任取 $x_0 \in (-\infty, 0) \cup (0, +\infty)$, 有 $x_0 \neq 0$. 因为 $h(x) = \dfrac{1}{g(x)}$ 及 $g(x_0) = x_0^{\frac{p}{q}} \neq 0$, 所以, 根据 (2) 的结果和连续函数的四则运算得, $h(x) = x^{-\frac{p}{q}}$ 在 x_0 处连续, 因此, 由 x_0 的任意性得, $h(x)$ 在其定义域 $(-\infty, 0) \cup (0, +\infty)$ 内连续. □

3. 设 $f(x)$ 与 $g(x)$ 都在 $[a, b]$ 上连续, 试证明: $\max\{f(x), g(x)\}$ 和 $\min\{f(x), g(x)\}$ 也都在 $[a, b]$ 上连续.

证明 由于函数 $f(x)$ 与 $g(x)$ 都在 $[a, b]$ 上连续, 所以根据连续函数的运算性质得, $f(x) + g(x)$ 与 $|f(x) - g(x)| = \sqrt{(f(x) - g(x))^2}$ 都在 $[a, b]$ 上连续.

又因为

$$\max\{f(x), g(x)\} = \frac{1}{2}\left[f(x) + g(x) + |f(x) - g(x)|\right],$$

$$\min\{f(x), g(x)\} = \frac{1}{2}\left[f(x) + g(x) - |f(x) - g(x)|\right],$$

所以, 根据连续函数的运算性质得, 函数 $\max\{f(x), g(x)\}$ 和 $\min\{f(x), g(x)\}$ 也都在 $[a, b]$ 上连续. □

4. 求下列极限:

(2) $\lim\limits_{x \to b} \dfrac{a^x - a^b}{x - b}\ (a > 0)$;

(4) $\lim\limits_{x \to 0} (1 + \tan x)^{\frac{1}{\sin x}}$;

(6) $\lim\limits_{x \to +\infty} \arcsin(\sqrt{x + x^2} - x)$.

解 (2) 因为 $\mathrm{e}^u - 1 \sim u\ (u \to 0)$, 所以

$$\lim_{x \to b} \frac{a^x - a^b}{x - b} = a^b \lim_{x \to b} \frac{a^{x-b} - 1}{x - b} = a^b \lim_{x \to b} \frac{\mathrm{e}^{(x-b)\ln a} - 1}{x - b}$$
$$= a^b \lim_{x \to b} \frac{(x - b)\ln a}{x - b} = a^b \ln a.$$

(4) 因为 $\lim\limits_{u \to 0} (1 + u)^{\frac{1}{u}} = \mathrm{e}$ 和 $\lim\limits_{x \to 0} \tan x = 0$, 所以

$$\lim_{x \to 0} (1 + \tan x)^{\frac{1}{\tan x}} = \mathrm{e},$$

而 $\lim\limits_{x \to 0} \dfrac{1}{\cos x} = \dfrac{1}{\cos 0} = 1$, 因此

$$\lim_{x \to 0} (1 + \tan x)^{\frac{1}{\sin x}} = \lim_{x \to 0} \left[(1 + \tan x)^{\frac{1}{\tan x}}\right]^{\frac{1}{\cos x}} = \mathrm{e}^1 = \mathrm{e}.$$

(6) 因为

$$\lim_{x\to+\infty}(\sqrt{x+x^2}-x)=\lim_{x\to+\infty}\frac{x+x^2-x^2}{\sqrt{x+x^2}+x}=\lim_{x\to+\infty}\frac{1}{\sqrt{1+\dfrac{1}{x}}+1}=\frac{1}{2},$$

以及函数 $\arcsin u$ 在 $u=1/2$ 处连续, 所以

$$\lim_{x\to+\infty}\arcsin(\sqrt{x+x^2}-x)=\arcsin\lim_{x\to+\infty}(\sqrt{x+x^2}-x)=\arcsin\frac{1}{2}=\frac{\pi}{6}.\qquad\square$$

5. 设 $f(x)$ 在 $[a,b]$ 上连续, 且对任何 $r\in[a,b]\cap\mathbb{Q}$ 有 $f(r)\equiv c$, 试证明在 $[a,b]$ 上, $f(x)\equiv c$.

证明　任意取定 $x_0\in[a,b]$, 往证: $f(x_0)=c$.

事实上, 取数列 $r_n\in[a,b]\cap\mathbb{Q}$ 使得 $r_n\to x_0\,(n\to\infty)$, 则由条件知, $f(x)$ 在 $x=x_0$ 处连续 (或者右连续, 或者左连续), 且

$$f(r_n)=c,\quad n\in\mathbb{N}_+,$$

于是根据归结原则得

$$f(x_0)=\lim_{x\to x_0}f(x)=\lim_{n\to\infty}f(r_n)=\lim_{n\to\infty}c=c,$$

所以由 x_0 的任意性得, 在 $[a,b]$ 上, $f(x)\equiv c$. □

习　题　3.4

3. 设函数 $f(x)$ 在 $[a,b]$ 上连续, 且不等于 0 和 $f(a)>0$, 试证明在 $[a,b]$ 上 $f(x)>0$.

证明　用反证法. 假定存在 $x_0\in[a,b]$ 使得 $f(x_0)\leqslant 0$, 由于 $f(x)$ 在 $[a,b]$ 上不等于 0 和 $f(a)>0$, 所以

$$a<x_0\leqslant b,\quad f(x_0)<0.$$

因为函数 $f(x)$ 在 $[a,b]$ 上连续, 所以 $f(x)$ 在 $[a,x_0]$ 上连续, 根据零点定理得, 存在 $\xi\in(a,x_0)\subset(a,b)$, 使 $f(\xi)=0$, 这与条件“$f(x)$ 在 $[a,b]$ 上不等于 0”相矛盾. 因此, 在 $[a,b]$ 上, $f(x)>0$. □

4. 证明实系数方程 $x^3+px^2+qx+r=0$ 至少有一个实根.

证明　设 $f(x)=x^3+px^2+qx+r$, 则根据初等函数的连续性定理得, $f(x)$ 在 $\mathbb{R}$ 上连续.

因为

$$\lim_{x\to+\infty} f(x)=\lim_{x\to+\infty} x^3\left(1+\frac{p}{x}+\frac{q}{x^2}+\frac{r}{x^3}\right)=+\infty,$$
$$\lim_{x\to-\infty} f(x)=\lim_{x\to-\infty} x^3\left(1+\frac{p}{x}+\frac{q}{x^2}+\frac{r}{x^3}\right)=-\infty,$$

所以根据非正常极限的定义得, 存在 $x_1<0, x_2>0$, 使得 $f(x_1)<0, f(x_2)>0$, 因此根据零点定理得, 存在 $\xi\in(x_1, x_2)\subset\mathbb{R}$, 使 $f(\xi)=0$, 即实系数方程 $x^3+px^2+qx+r=0$ 至少有一个实根. □

7. 证明函数 $f(x)=\sin x$ 在 $(-\infty,+\infty)$ 上一致连续.

证明 由于对任意 $x_1, x_2\in(-\infty,+\infty)$, 有

$$\begin{aligned}|\sin x_1-\sin x_2|&=\left|2\cos\frac{x_1+x_2}{2}\sin\frac{x_1-x_2}{2}\right|\\&\leqslant 2\left|\sin\frac{x_1-x_2}{2}\right|\\&\leqslant 2\cdot\left|\frac{x_1-x_2}{2}\right|=|x_1-x_2|,\end{aligned}$$

所以 $\forall\varepsilon>0$, 存在 $\delta=\varepsilon>0$, 使当 $|x_1-x_2|<\delta$ 时, 有

$$|\sin x_1-\sin x_2|<\varepsilon,$$

因此根据一致连续的定义得, 函数 $f(x)=\sin x$ 在 $(-\infty,+\infty)$ 上一致连续. □

8. 证明函数 $f(x)=\dfrac{\sin x}{x}$ 在 $(0,1)$ 上一致连续.

证明 由于

$$\lim_{x\to0^+} f(x)=\lim_{x\to0^+}\frac{\sin x}{x}=1,$$

作辅助函数

$$F(x)=\begin{cases}\dfrac{\sin x}{x}, & x\in(0,1],\\ 1, & x=0,\end{cases}$$

则显然 $F(x)$ 在 $[0,1]$ 上连续, 且在 $(0,1)$ 上, $F(x)=f(x)$, 于是根据一致连续定理得, $F(x)$ 在 $[0,1]$ 上一致连续, 所以 $F(x)$ 在 $(0,1)$ 上一致连续, 即 $f(x)$ 在 $[0,1]$ 上一致连续. □

10. 证明: 方程 $x^3+4x^2-3x-1=0$ 有三个实根.

证明 设 $f(x)=x^3+4x^2-3x-1$, 则显然函数 $f(x)$ 在 $(-\infty,+\infty)$ 上连续, 且

$$f(0)=-1<0,\quad f(1)=1>0,\quad f(-1)=5>0,\quad f(-5)=-11<0,$$

即函数 $f(x)$ 在区间 $[-5,-1], [-1,0], [0,1]$ 中每个区间两端的函数值异号, 于是根据连续函数的零点定理得, 存在 $x_1\in(-5,-1), x_2\in(-1,0), x_3\in(0,1)$, 使得

$$f(x_1)=f(x_2)=f(x_3)=0,$$

所以方程 x^3+4x^2-3x-1 有三个实根. □

11. 设函数 $f(x)$ 在 $[a,+\infty)$ 上连续, 且 $\lim\limits_{x\to+\infty}f(x)$ 存在, 证明:

(1) $f(x)$ 在 $[a,+\infty)$ 上有界;

(2) $f(x)$ 在 $[a,+\infty)$ 上能取到最大值或最小值;

(3) $f(x)$ 在 $[a,+\infty)$ 上一致连续.

证明　(1)　由于 $\lim\limits_{x\to+\infty}f(x)$ 存在, 所以根据函数极限的局部有界性定理得, 存在 $X>|a|$, 存在 $M_1>0$, 使当 $x>X$ 时, 有

$$|f(x)|\leqslant M_1.$$

又因为 $f(x)$ 在 $[a,X]$ 上连续, 所以根据有界性定理得, 存在 $M_2>0$, 使当 $x\in[a,X]$ 时, 有

$$|f(x)|\leqslant M_2.$$

令 $M=\max\{M_1,M_2\}$, 则 $M>0$, 且 $\forall x\in[a,+\infty)$, 有

$$|f(x)|\leqslant M,$$

即 $f(x)$ 在 $[a,+\infty)$ 上有界.

(2) 设 $A=\lim\limits_{x\to+\infty}f(x)$, 下面分三种情况证明:

(a) 当 $f(x)\equiv A,x\in[a,+\infty)$ 时, 显然 $f(x)$ 在 $[a,+\infty)$ 上能取到最大值和最小值.

(b) 存在 $x_0\in[a,+\infty)$ 使 $f(x_0)>A$, 往证: $f(x)$ 在 $[a,+\infty)$ 上能取到最大值.

事实上, 由于 $\lim\limits_{x\to+\infty}f(x)=A<f(x_0)$, 所以存在 $X_1>x_0$, 使当 $x>X_1$ 时, 有

$$f(x)<f(x_0).$$

又由于 $f(x)$ 在 $[a,X_1]$ 上连续, 所以 $f(x)$ 在 $[a,X_1]$ 上能取到最大值 $M=f(\xi),\xi\in[a,X_1]$. 易证, $M=f(\xi)$ 也是 $f(x)$ 在 $[a,+\infty)$ 上的最大值.

(c) 存在 $x_0\in[a,+\infty)$ 使 $f(x_0)<A$, 往证: $f(x)$ 在 $[a,+\infty)$ 上能取到最小值.

事实上, 由于 $\lim\limits_{x\to+\infty}f(x)=A>f(x_0)$, 所以存在 $X_2>x_0$, 使当 $x>X_2$ 时, 有

$$f(x)>f(x_0).$$

又由于 $f(x)$ 在 $[a,X_2]$ 上连续, 所以 $f(x)$ 在 $[a,X_2]$ 上能取到最小值 $m=f(\zeta),\zeta\in[a,X_2]$. 易证, $m=f(\zeta)$ 也是 $f(x)$ 在 $[a,+\infty)$ 上的最小值.

综上所述, $f(x)$ 在 $[a,+\infty)$ 上能取到最大值或最小值.

(3) $\forall\varepsilon>0$, 由于 $\lim\limits_{x\to+\infty}f(x)$ 存在, 所以根据函数极限的 Cauchy 准则得, 存在 $X>|a|$, 使当 $x_1,x_2>X$ 时, 有

$$|f(x_1) - f(x_2)| < \varepsilon.$$

又由于 $f(x)$ 在 $[a, X+1]$ 上连续, 所以根据一致连续性定理得, $f(x)$ 在 $[a, X+1]$ 上一致连续, 因此根据一致连续的定义得, 对上述正数 ε, 存在 $\delta_1 > 0$, 使当 $x_1, x_2 \in [a, X+1]$ 且 $|x_1 - x_2| < \delta$ 时, 有

$$|f(x_1) - f(x_2)| < \varepsilon.$$

令 $\delta = \min\{\delta_1, 1\} > 0$, 则当 $x_1, x_2 \in [a, +\infty)$ 且 $|x_1 - x_2| < \delta$ 时, x_1, x_2 同时落在 $[a, X+1]$ 或者 $[X, +\infty)$ 内, 于是有

$$|f(x_1) - f(x_2)| < \varepsilon.$$

所以根据一致连续的定义得, $f(x)$ 在 $[a, +\infty)$ 上一致连续. □

复 习 题

3. 设函数 $f(x)$ 在 $\mathbb{R}$ 上连续, 试证明: 对任何 $a > 0$, 函数

$$F(x) = \begin{cases} -a, & f(x) < -a, \\ f(x), & |f(x)| \leqslant a, \\ a, & f(x) > a \end{cases}$$

也在 $\mathbb{R}$ 上连续.

证明　证法一 任意取定 $x_0 \in \mathbb{R}$, 下面分五种情况证明: $F(x)$ 在 x_0 处连续.

(1) 当 $f(x_0) < -a$ 时, 由于 $\lim\limits_{x \to x_0} f(x) = f(x_0) < -a$, 所以根据函数极限的保不等式性定理得, 存在 $\delta_1 > 0$, 使得 $\forall x \in U(x_0; \delta_1)$, 有 $f(x) < -a$, $F(x) = -a$, 因此

$$\lim_{x \to x_0} F(x) = \lim_{x \to x_0} (-a) = -a = F(x_0),$$

故 $F(x)$ 在 x_0 处连续.

(2) 当 $f(x_0) > a$ 时, 由于 $\lim\limits_{x \to x_0} f(x) = f(x_0) > a$, 所以根据函数极限的保不等式性定理得, 存在 $\delta_2 > 0$, 使得 $\forall x \in U(x_0; \delta_2)$, 有 $f(x) > a$, $F(x) = a$, 因此

$$\lim_{x \to x_0} F(x) = \lim_{x \to x_0} a = a = F(x_0),$$

故 $F(x)$ 在 x_0 处连续.

(3) 当 $-a < f(x_0) < a$ 时, 由于 $\lim\limits_{x \to x_0} f(x) = f(x_0) \in (-a, a)$, 所以根据函数极限的保不等式性定理得, 存在 $\delta_3 > 0$, 使得 $\forall x \in U(x_0; \delta_3)$, 有 $|f(x)| < a$, $F(x) = f(x)$, 因此

$$\lim_{x \to x_0} F(x) = \lim_{x \to x_0} f(x) = f(x_0) = F(x_0),$$

故 $F(x)$ 在 x_0 处连续.

(4) 当 $f(x_0)=-a$ 时, 由于 $\lim\limits_{x\to x_0} f(x)=f(x_0)=-a<a$, 所以根据函数极限的保不等式性定理得, 存在 $\delta_4>0$, 使得 $\forall x\in U(x_0;\delta_4)$, 有 $f(x)<a$, $F(x_0)=f(x_0)=-a$, 此时有

$$0\leqslant |F(x)-F(x_0)|\leqslant |f(x)-f(x_0)|,\quad \forall x\in U(x_0,\delta_4).$$

又因为 $\lim\limits_{x\to x_0}|f(x)-f(x_0)|=0$, 所以根据函数极限的迫敛性定理得

$$\lim_{x\to x_0}|F(x)-F(x_0)|=0\Rightarrow \lim_{x\to x_0}F(x)=F(x_0),$$

故 $F(x)$ 在 x_0 处连续.

(5) 当 $f(x_0)=a$ 时, 由于 $\lim\limits_{x\to x_0} f(x)=f(x_0)=a>-a$, 所以根据函数极限的保不等式性定理得, 存在 $\delta_5>0$, 使得 $\forall x\in U(x_0;\delta_5)$, 有 $f(x)>-a$, $F(x_0)=f(x_0)=a$, 此时有

$$0\leqslant |F(x)-F(x_0)|\leqslant |f(x)-f(x_0)|,\quad \forall x\in U(x_0,\delta_5).$$

又因为 $\lim\limits_{x\to x_0}|f(x)-f(x_0)|=0$, 所以根据函数极限的迫敛性定理得

$$\lim_{x\to x_0}|F(x)-F(x_0)|=0\Rightarrow \lim_{x\to x_0}F(x)=F(x_0),$$

故 $F(x)$ 在 x_0 处连续.

综上所述, $F(x)$ 在 x_0 处连续. 而 x_0 是任意的, 所以 $F(x)$ 在 $\mathbb{R}$ 上连续. □

证法二　易证, $F(x)=\max\{-a,\min\{a,f(x)\}\}$.

由于 $f(x)$ 在 $\mathbb{R}$ 上连续, 所以 $a+f(x)$ 与 $|a-f(x)|=\sqrt{(a-f(x))^2}$ 也在 $\mathbb{R}$ 上连续, 因此

$$\min\{a,f(x)\}=\frac{a+f(x)-|a-f(x)|}{2}$$

在 $\mathbb{R}$ 上连续, 故

$$F(x)=\frac{-a+\min\{a,f(x)\}+|-a-\min\{a,f(x)\}|}{2}$$

也在 $\mathbb{R}$ 上连续. □

4. 设函数 $f(x)$ 在区间 I 上连续. 如果对区间 I 上的任意两个有理数 r_1,r_2 : $r_1<r_2$ 有, $f(r_1)>f(r_2)$, 那么 $f(x)$ 在区间 I 上严格递减.

证明　任取 x_1, $x_2\in I$, 且 $x_1<x_2$, 则由有理数集在实数集中的稠密性知, 存在 r_1, $r_2\in\mathbb{Q}$, $r_1<r_2$, 满足

$$x_1<r_1<r_2<x_2,$$

进一步存在 $t_n, s_n \in \mathbb{Q}, n=1,2,\cdots$, 满足 $t_n \to x_1, s_n \to x_2\,(n\to\infty)$, 且

$$x_1 < t_n < r_1 < r_2 < s_n < x_2,$$

于是由条件可得

$$f(t_n) > f(r_1) > f(r_2) > f(s_n).$$

因为 $f(x)$ 在区间 I 上连续, 在上式中令 $n\to\infty$, 根据归结原则得

$$f(x_1) = \lim_{n\to\infty} f(t_n) \geqslant f(r_1) > f(r_2) \geqslant \lim_{n\to\infty} f(s_n) = f(x_2),$$

由此可得

$$f(x_1) > f(x_2),$$

所以 $f(x)$ 在 I 上严格递减. □

6. 设函数 $f(x)$ 在 $[a,b]$ 上连续, 且 $f([a,b]) \subset [a,b]$, 试证明: 至少存在一点 $x_0 \in [a,b]$, 使得 $f(x_0)=x_0$, 即 $f(x)$ 在 $[a,b]$ 上至少有一个不动点.

证明 设 $F(x)=f(x)-x$, 则由题设知, $F(x)$ 在 $[a,b]$ 上连续, 且 $f(a)\geqslant a$, $f(b)\leqslant b$, 于是

$$F(a)=f(a)-a\geqslant 0, \quad F(b)=f(b)-b\leqslant 0.$$

(1) 若 $f(a)=a$ 或者 $f(b)=b$, 则存在 $x_0=a$ 或 $b\in[a,b]$, 使得 $f(x_0)=x_0$.

(2) 若 $f(a)>a$, 且 $f(b)<b$, 则 $F(a)>0$, $F(b)<0$, 于是根据零点定理得, 存在 $x_0\in(a,b)$, 使得 $F(x_0)=0$, 即 $f(x_0)=x_0$.

综上所述, 至少存在一点 $x_0\in[a,b]$, 使得 $f(x_0)=x_0$, 即 $f(x)$ 在 $[a,b]$ 上至少有一个不动点. □

7. 证明: 实系数方程 $x^3+px+q=0\,(p>0)$ 有且只有一个实根.

证明 先证明实系数方程 $x^3+px+q=0\,(p>0)$ 有一个实根.

事实上, 设 $f(x)=x^3+px+q$, 则根据初等函数的连续性得, $f(x)$ 在 $\mathbb{R}$ 上连续. 因为

$$\lim_{x\to+\infty} f(x) = \lim_{x\to+\infty} x^3\left(1+\frac{p}{x^2}+\frac{q}{x^3}\right) = +\infty,$$
$$\lim_{x\to-\infty} f(x) = \lim_{x\to-\infty} x^3\left(1+\frac{p}{x^2}+\frac{q}{x^3}\right) = -\infty,$$

所以根据函数的非正常极限的定义得, 存在 $x_1<0$, $x_2>0$, 使得 $f(x_1)<0$, $f(x_2)>0$, 因此根据零点定理得, 存在 $x_0\in(x_1,x_2)\subset\mathbb{R}$, 使 $f(x_0)=0$, 即实系数方程 $x^3+px+q=0$ 有一个实根 x_0.

再证明: 方程 $f(x)=x^3+px+q=0\,(p>0)$ 只有一个实根.

设 x_0' 也是方程 $f(x)=0$ 的实根, 即 $f(x_0')=0$, 往证 $x_0'=x_0$. 事实上, 由 $f(x_0)=f(x_0')=0$ 得

$$x_0^3-{x_0'}^3+p(x_0-x_0')=0,$$

即

$$(x_0-x_0')(x_0^2+x_0\,x_0'+{x_0'}^2+p)=0.$$

而由 $p>0$ 可得

$$x_0^2+x_0\,x_0'+{x_0'}^2+p=\left(x_0+\frac{1}{2}\,x_0'\right)^2+\frac{3}{4}\,{x_0'}^2+p\geqslant p>0,$$

所以 $x_0-x_0'=0$, 即 $x_0'=x_0$, 故方程 $x^3+px+q=0$ 只有一个实根. □

8. 设函数 $f(x)$ 在 $[a,b]$ 上递减, 且值域为 $[f(b),f(a)]$, 试证明 $f(x)$ 在 $[a,b]$ 上连续.

证明 由于 $f(x)$ 在 $[a,b]$ 上递减, 所以对任意一点 $x_0\in[a,b]$, 必存在 $f(x_0-0)$ 与 $f(x_0+0)$ (当 $x_0=a$ 时, $f(a+0)$ 存在; 当 $x_0=b$ 时, $f(b-0)$ 存在). 下面证明: 当 $x_0\in(a,b)$ 时,

$$f(x_0-0)=f(x_0),\quad f(x_0+0)=f(x_0).$$

用反证法. 假若不然, 不妨设 $f(x_0+0)\neq f(x_0)$. 由于 $f(x)$ 在 $[a,b]$ 上递减, 所以 $f(x_0+0)<f(x_0)$, 且当 $a\leqslant x<x_0$ 时, $f(x)\geqslant f(x_0)$; 当 $x_0<x\leqslant b$ 时, $f(x)\leqslant f(x_0+0)$. 这说明, $f(x)$ 在 $[a,b]$ 上不能取到 $(f(x_0+0),f(x_0))$ 内的实数, 而 $(f(x_0+0),f(x_0))\subset[f(b),f(a)]$, 这与 $f(x)$ 的值域为 $[f(b),f(a)]$ 相矛盾, 故

$$f(x_0-0)=f(x_0+0)=f(x_0),$$

即 $f(x)$ 在 x_0 处连续.

同理可证, $f(x)$ 在 a 处右连续, 在 b 处左连续, 故 $f(x)$ 在 $[a,b]$ 上连续. □

9. 设函数 $f(x)$ 在 $[a,b]$ 上连续, 且对任何 $x_1\in[a,b]$, 存在 $x_2\in[a,b]$, 满足 $|f(x_2)|\leqslant\dfrac{2}{3}|f(x_1)|$, 试证明: 存在 $x_0\in[a,b]$, 使得 $f(x_0)=0$.

证明 由于 $f(x)$ 在 $[a,b]$ 上连续, 所以 $|f(x)|$ 也在 $[a,b]$ 上连续, 因此 $|f(x)|$ 在 $[a,b]$ 上存在最小值, 即存在 $x_0\in[a,b]$, 使 $\forall x\in[a,b]$, 有 $|f(x)|\geqslant|f(x_0)|$.

另一方面, 根据题设知, 对上述 $x_0\in[a,b]$, 存在 $x_0'\in[a,b]$, 使得

$$|f(x_0')|\leqslant\frac{2}{3}|f(x_0)|,$$

而 $|f(x_0)|\leqslant|f(x_0')|$, 所以 $0\leqslant\left(1-\dfrac{2}{3}\right)|f(x_0)|\leqslant 0$, 故 $f(x_0)=0$. □

10. 设函数 $f(x)$ 在 $[a,+\infty)$ 上连续, $g(x)$ 在 $[a,+\infty)$ 上一致连续, 且 $\lim\limits_{x\to+\infty}[f(x)-g(x)]$ 存在, 试证明: $f(x)$ 在 $[a,+\infty)$ 上一致连续.

证明 令 $F(x)=f(x)-g(x)$, $x\in[a,+\infty)$, 则由题设得, 函数 $F(x)$ 在 $[a,+\infty)$ 上连续, 且 $\lim\limits_{x\to+\infty}F(x)$ 存在, 于是利用习题 3.4 的第 11(3) 题的结论知, 函数 $F(x)$ 在 $[a,+\infty)$ 上一致连续.

又因为 $g(x)$ 在 $[a,+\infty)$ 上一致连续, 所以根据一致连续的性质得, $f(x)=F(x)+g(x)$ 在 $[a,+\infty)$ 上一致连续. □

11. 设函数 $f(x)$ 在 $(a,+\infty)$ 内连续, 且 $\lim\limits_{x\to a^+}f(x)=-\infty$, $\lim\limits_{x\to+\infty}f(x)=-\infty$, 试证明: $f(x)$ 在 $(a,+\infty)$ 内能取到最大值.

证明 令 $G=f(a+1)$, 因为 $\lim\limits_{x\to a^+}f(x)=-\infty$, $\lim\limits_{x\to+\infty}f(x)=-\infty$, 所以 $\exists x_1\in(a,a+1)$, $\exists x_2\in(a+1,+\infty)$, 使当 $x\in(a,x_1)$ 或 $x>x_2$ 时, 有

$$f(x)<G=f(a+1).$$

由于 $f(x)$ 在 $[x_1,x_2]$ 上连续, 所以 $f(x)$ 在 $[x_1,x_2]$ 上能取到最大值 $M=f(\xi)$, $\xi\in[x_1,x_2]$, 因此对任意 $x\in[x_1,x_2]$ 都有 $|f(x)|\leqslant M$. 而 $a+1\in[x_1,x_2]$, 这样当 $x\in(a,x_1)\cup(x_2,+\infty)$ 时, 有

$$f(x)<f(a+1)\leqslant M.$$

故对任意 $x\in[a,+\infty)$, 都有 $f(x)\leqslant M=f(\xi)$, 即函数 $f(x)$ 在 $(a,+\infty)$ 内能取到最大值 $M=f(\xi)$. □

12. 证明: 函数 $f(x)$ 在 (a,b) 内一致连续的充要条件是, $f(x)$ 在 (a,b) 内连续, 且 $\lim\limits_{x\to a^+}f(x)$ 和 $\lim\limits_{x\to b^-}f(x)$ 都存在.

证明 先证充分性. 如果函数 $f(x)$ 在 (a,b) 内连续, 且 $\lim\limits_{x\to a^+}f(x)$ 与 $\lim\limits_{x\to b^-}f(x)$ 存在, 设 $A=\lim\limits_{x\to a^+}f(x)$, $B=\lim\limits_{x\to b^-}f(x)$, 令

$$F(x)=\begin{cases}f(x), & x\in(a,b),\\ A, & x=a,\\ B, & x=b,\end{cases}$$

则显然 $F(x)$ 在 $[a,b]$ 上连续, 于是根据一致连续性定理得, $F(x)$ 在 $[a,b]$ 上一致连续, 所以 $F(x)$ 在 (a,b) 内一致连续, 即 $f(x)$ 在 (a,b) 内一致连续.

再证必要性. 若 $f(x)$ 在 (a,b) 内一致连续, 则 $f(x)$ 在 (a,b) 内连续, 且 $\forall\varepsilon>0$, $\exists\delta>0$, 使当 $x_1,x_2\in(a,b)$ 且 $|x_1-x_2|<\delta$ 时, 有

$$|f(x_1)-f(x_2)|<\varepsilon.$$

于是当 $x_1,x_2\in U_+^\circ(a;\delta)$ 或 $x_1,x_2\in U_-^\circ(b;\delta)$ 时, 有

$$|f(x_1)-f(x_2)|<\varepsilon.$$

所以根据函数极限的 Cauchy 准则得, $\lim\limits_{x\to a^+}f(x)$ 与 $\lim\limits_{x\to b^-}f(x)$ 都存在. □

14. 设函数 $f(x)$ 在 $(-\infty,+\infty)$ 内连续, 且 $\lim\limits_{x\to\infty}f(x)$ 存在, 证明: $f(x)$ 在 $(-\infty,+\infty)$ 内有界, 且一致连续.

证明 (1) 先证 $f(x)$ 在 $(-\infty,+\infty)$ 内有界.

由于 $\lim\limits_{x\to\infty}f(x)$ 存在, 所以根据函数极限的局部有界性定理得, 存在 $X>0$, 存在 $M_1>0$, 使当 $|x|>X$ 时, 有

$$|f(x)|\leqslant M_1.$$

又因为 $f(x)$ 在 $[-X,X]$ 上连续, 所以根据有界性定理得, 存在 $M_2>0$, 使当 $x\in[-X,X]$ 时, 有

$$|f(x)|\leqslant M_2.$$

令 $M=\max\{M_1,M_2\}$, 则 $M>0$, 且 $\forall x\in(-\infty,+\infty)$, 有

$$|f(x)|\leqslant M,$$

即 $f(x)$ 在 $(-\infty,+\infty)$ 内有界.

(2) 再证 $f(x)$ 在 $(-\infty,+\infty)$ 内一致连续.

事实上, $\forall\varepsilon>0$, 由于 $\lim\limits_{x\to\infty}f(x)$ 存在, 所以根据函数极限的 Cauchy 准则得, 存在 $X_1>0$, 使当 $|x_1|>X_1,|x_2|>X_2$ 时, 有

$$|f(x_1)-f(x_2)|<\varepsilon.$$

又由于 $f(x)$ 在 $[-X_1-1,X_1+1]$ 上连续, 所以根据一致连续性定理得, $f(x)$ 在 $[-X_1-1,X_1+1]$ 上一致连续, 因此根据一致连续的定义得, 对上述正数 ε, 存在 $\delta_1>0$, 使当 $x_1,x_2\in[-X_1-1,X_1+1]$ 且 $|x_1-x_2|<\delta$ 时, 有

$$|f(x_1)-f(x_2)|<\varepsilon.$$

令 $\delta=\min\{\delta_1,1\}>0$, 则当 $x_1,x_2\in(-\infty,+\infty)$ 且 $|x_1-x_2|<\delta$ 时, x_1,x_2 同时落在 $[-X_1-1,X_1+1]$ 或者 $|x_1|>X_1,|x_2|>X_1$, 于是有

$$|f(x_1)-f(x_2)|<\varepsilon.$$

所以根据一致连续的定义得, $f(x)$ 在 $(-\infty,+\infty)$ 内一致连续. □

15. 设函数 $f(x)$ 在 $(-\infty,+\infty)$ 内连续, 且 $\lim\limits_{x\to-\infty} f(x)=A$, $\lim\limits_{x\to+\infty} f(x)=B$ 和 $A\cdot B<0$, 试证明: 至少存在一点 $x_0\in(-\infty,+\infty)$, 使 $f(x_0)=0$.

证明 由于 $A\cdot B<0$, 不妨设 $A>0$, $B<0$, 于是根据题设得, 存在 $x_1<0$, $x_2>0$, 使得 $f(x_1)>\dfrac{A}{2}>0$, $f(x_2)<\dfrac{B}{2}<0$.

由于 $f(x)$ 在 $(-\infty,+\infty)$ 内连续, 所以 $f(x)$ 在 $[x_1,x_2]$ 上连续, 因此根据零点定理得, 存在一点 $x_0\in(x_1,x_2)\subset(-\infty,+\infty)$, 使

$$f(x_0)=0.$$

□

第 4 章　微分与导数

习　题　4.1

3. 设 $f(x_0)=0\,,f'(x_0)=4$, 试求极限 $\lim\limits_{\Delta x\to 0}\dfrac{f(x_0+\Delta x)}{\Delta x}$.

解　因为 $f(x_0)=0\,,f'(x_0)=4$, 所以

$$\lim_{\Delta x\to 0}\frac{f(x_0+\Delta x)}{\Delta x}=\lim_{\Delta x\to 0}\frac{f(x_0+\Delta x)-f(x_0)}{\Delta x}=f'(x_0)=4.$$

□

6. 已知 $f(x)=\begin{cases} x+x^2, & x\leqslant 0,\\ \cos x-1, & x>0,\end{cases}$ 求 f 在 $x=0$ 处的单侧导数及导数.

解　因为 $f(0)=0+0^2=0$ 和 $1-\cos x\sim\dfrac{1}{2}x^2\ (x\to 0)$, 所以

$$\lim_{\Delta x\to 0^-}\frac{f(0+\Delta x)-f(0)}{\Delta x}=\lim_{\Delta x\to 0^-}\frac{\Delta x+(\Delta x)^2-0}{\Delta x}=\lim_{\Delta x\to 0^-}(1+\Delta x)=1,$$

$$\lim_{\Delta x\to 0^+}\frac{f(0+\Delta x)-f(0)}{\Delta x}=\lim_{\Delta x\to 0^+}\frac{\cos\Delta x-1}{\Delta x}=\lim_{\Delta x\to 0^+}\frac{-\dfrac{1}{2}(\Delta x)^2}{\Delta x}=0,$$

因此 $f'_-(0)=1,\ f'_+(0)=0$, 故 f 在 $x=0$ 处不可导, 即 $f'(0)$ 不存在.　□

习　题　4.2

1. 设函数 f 在点 a 处可导, 求下列极限.

(3) $\lim\limits_{t\to 0}\dfrac{f(a+2t)-f(a)}{t}$;

(5) $\lim\limits_{t\to 0}\dfrac{f(a+\alpha t)-f(a+\beta t)}{t}$;

(6) $\lim\limits_{n\to\infty}n\left[f\left(a+\dfrac{1}{n}\right)-f(a)\right]$.

解　(3) 因为 f 在 a 处可导, 所以

$$\lim_{\Delta x\to 0}\frac{f(a+\Delta x)-f(a)}{\Delta x}=f'(a),$$

因此

$$\lim_{t\to0}\frac{f(a+2t)-f(a)}{t}=2\lim_{t\to0}\frac{f(a+2t)-f(a)}{2t}=2f'(a).$$

(5) 当 $\alpha\cdot\beta\neq0$ 时, 因为 f 在 a 处可导, 所以

$$\begin{aligned}\lim_{t\to0}\frac{f(a+\alpha t)-f(a+\beta t)}{t}&=\lim_{t\to0}\frac{f(a+\alpha t)-f(a)}{t}-\lim_{t\to0}\frac{f(a+\beta t)-f(a)}{t}\\&=\alpha\lim_{t\to0}\frac{f(a+\alpha t)-f(a)}{\alpha t}-\beta\lim_{t\to0}\frac{f(a+\beta t)-f(a)}{\beta t}\\&=\alpha f'(a)-\beta f'(a)=(\alpha-\beta)f'(a).\end{aligned}$$

当 $\alpha=0,\beta\neq0$ 时, 因为 f 在 a 处可导, 所以

$$\lim_{t\to0}\frac{f(a+\alpha t)-f(a+\beta t)}{t}=-\beta\lim_{t\to0}\frac{f(a+\beta t)-f(a)}{\beta t}=-\beta f'(a)=(\alpha-\beta)f'(a).$$

同理可得, $\alpha\neq0,\beta=0$ 或者 $\alpha=\beta=0$ 时, 也有

$$\lim_{t\to0}\frac{f(a+\alpha t)-f(a+\beta t)}{t}=(\alpha-\beta)f'(a).$$

综上所述, 原式 $=(\alpha-\beta)f'(a)$.

(6) 取 $x_n=\frac{1}{n}$, 则显然 $x_n=\frac{1}{n}\to0\,(n\to\infty)$, 于是由 f 在 a 处可导, 根据归结原则得

$$\lim_{n\to\infty}n\left[f\left(a+\frac{1}{n}\right)-f(a)\right]=\lim_{n\to\infty}\frac{f(a+x_n)-f(a)}{x_n}=f'(a).$$ □

2. 求下列函数的导数:

(2) $y=\frac{10^x}{1+\cos x}$; (4) $y=\frac{x^3+1}{x^2-x-2}$;

(6) $y=(2+7x^{\frac{1}{2}})(1+3x^2)$; (8) $y=x^2\cdot\arccos x\cdot\ln x$.

解 (2) 根据导数的运算法则和基本初等函数的求导公式可得

$$\begin{aligned}y'&=\frac{10^x\ln10\,(1+\cos x)-(-\sin x)10^x}{(1+\cos x)^2}\\&=\frac{10^x(\ln10+\ln10\cos x+\sin x)}{(1+\cos x)^2}.\end{aligned}$$

(4) 由于 $y=\frac{x^2-x+1}{x-2}\,(x\neq-1)$, 所以根据导数的运算法则和基本初等函数的求导公式可得

$$\begin{aligned}y'&=\frac{(2x-1)(x-2)-(x^2-x+1)}{(x-2)^2}\\&=\frac{x^2-4x+1}{(x-2)^2}\\&=1-\frac{3}{(x-2)^2}\quad(x\neq-1,x\neq2).\end{aligned}$$

(6) 根据导数的运算法则和基本初等函数的求导公式可得

$$
\begin{aligned}
y' &= \frac{7}{2}x^{-\frac{1}{2}}\left(1+3x^2\right)+6x\left(2+7x^{\frac{1}{2}}\right)\\
&= 12x+\frac{7}{2\sqrt{x}}+\frac{105}{2}x^{\frac{3}{2}}.
\end{aligned}
$$

(8) 根据导数的运算法则和基本初等函数的求导公式可得

$$
\begin{aligned}
y' &= 2x\arccos x\cdot\ln x+x^2\cdot\left(-\frac{1}{\sqrt{1-x^2}}\right)\ln x+x^2\cdot\arccos x\cdot\frac{1}{x}\\
&= x\arccos x\,(2\ln x+1)-\frac{x^2}{\sqrt{1-x^2}}\ln x.
\end{aligned}
$$

□

3. 求下列函数的导数:

(2) $y=\sqrt{\dfrac{1+x}{1-x}}$;

(4) $y=\sin 2x\cos 3x$;

(8) $y=x\ln(x+\sqrt{1+x^2})-\sqrt{1+x^2}$;

(12) $y=\arctan\dfrac{a}{x}+\ln\sqrt{\dfrac{x-a}{x+a}}$;

(15) $y=(\sin x)^x$;

(16) $y=(x-a_1)^{\alpha_1}(x-a_2)^{\alpha_2}\cdots(x-a_n)^{\alpha_n}\,(x>\max\{a_i|i=1,2,\cdots,n\})$.

解　(2) 根据复合函数的求导法则、导数的四则运算法则和基本初等函数的求导公式可得

$$
y'=\frac{1}{2\sqrt{\dfrac{1+x}{1-x}}}\left(\frac{1+x}{1-x}\right)'=\frac{1}{(1-x)^2}\sqrt{\frac{1-x}{1+x}}.
$$

(4) 根据复合函数的求导法则、导数的四则运算法则和基本初等函数的求导公式可得

$$
\begin{aligned}
y' &= 2\cos 2x\cos 3x+\sin 2x(-3\sin 3x)\\
&= \cos(3x+2x)+\cos(3x-2x)+\frac{3}{2}(\cos(3x+2x)-\cos(3x-2x))\\
&= \frac{1}{2}(5\cos 5x-\cos x).
\end{aligned}
$$

(8) 根据复合函数的求导法则、导数的四则运算法则和基本初等函数的求导公式可得

$$
\begin{aligned}
y' &= \ln(x+\sqrt{1+x^2})+x\cdot\frac{1}{x+\sqrt{1+x^2}}\cdot\left(1+\frac{2x}{2\sqrt{1+x^2}}\right)-\frac{2x}{2\sqrt{1+x^2}}\\
&= \ln(x+\sqrt{1+x^2}).
\end{aligned}
$$

(12) 根据复合函数的求导法则、导数的四则运算法则和基本初等函数的求导公式可得

$$
\begin{aligned}
y' &= \frac{1}{1+\left(\frac{a}{x}\right)^2}\left(-\frac{a}{x^2}\right)+\frac{1}{2}\left(\frac{1}{x-a}-\frac{1}{x+a}\right) \\
&= -\frac{a}{x^2+a^2}+\frac{a}{x^2-a^2}=\frac{2a^3}{x^4-a^4}.
\end{aligned}
$$

(15) 根据复合函数的求导法则、导数的四则运算法则和基本初等函数的求导公式可得

$$
\begin{aligned}
y' &= (\mathrm{e}^{x\ln\sin x})' \\
&= \mathrm{e}^{x\ln\sin x}\cdot\left(\ln\sin x + x\cdot\frac{\cos x}{\sin x}\right) \\
&= (\sin x)^x(\ln\sin x + x\cot x).
\end{aligned}
$$

(16) 应用对数求导法. 由于

$$
\begin{aligned}
\ln y &= \alpha_1\ln(x-\alpha_1)+\alpha_2\ln(x-\alpha_2)+\cdots+\alpha_n\ln(x-\alpha_n) \\
&\quad (x>\max\{a_i|i=1,2,\cdots,n\}),
\end{aligned}
$$

所以根据复合函数的求导法则, 将上述等式两边对 x 求导数得

$$
\begin{aligned}
\frac{y'}{y} &= \alpha_1\cdot\frac{1}{x-\alpha_1}+\alpha_2\cdot\frac{1}{x-\alpha_2}+\cdots+\alpha_n\cdot\frac{1}{x-\alpha_n} \\
&= \frac{\alpha_1}{x-\alpha_1}+\frac{\alpha_2}{x-\alpha_2}+\cdots+\frac{\alpha_n}{x-\alpha_n},
\end{aligned}
$$

因此

$$
y' = (x-a_1)^{\alpha_1}(x-a_2)^{\alpha_2}\cdots(x-a_n)^{\alpha_n}\left(\frac{\alpha_1}{x-\alpha_1}+\frac{\alpha_2}{x-\alpha_2}+\cdots+\frac{\alpha_n}{x-\alpha_n}\right). \quad \square
$$

5. 设函数 $f(x)=\begin{cases} x^m\sin\dfrac{1}{x}, & x\neq 0, \\ 0, & x=0 \end{cases}$ (m 为正整数), 试问:

(1) m 等于何值时, f 在 $x=0$ 处连续;

(2) m 等于何值时, f 在 $x=0$ 处可导;

(3) m 等于何值时, f' 在 $x=0$ 处连续.

解 (1) 当 m 为正整数时, f 在 $x=0$ 处连续.

事实上, 因为当 m 为正整数时, $x^m=o(1)\,(x\to 0)$ 及 $\left|\sin\dfrac{1}{x}\right|\leqslant 1$, 所以根据无

穷小量的性质得

$$\lim_{x\to 0} f(x) = \lim_{x\to 0} x^m \sin\frac{1}{x} = 0 = f(0),$$

因此 $f(x)$ 在 $x=0$ 处连续.

(2) 当 $m \geqslant 2$ 为正整数时, f 在 $x=0$ 处可导.

事实上, 因为当 $m \geqslant 2$ 为正整数时, $x^{m-1}=o(1)\,(x\to 0)$ 及 $\left|\sin\frac{1}{x}\right| \leqslant 1$, 所以根据无穷小量的性质得

$$\lim_{x\to 0}\frac{f(x)-f(0)}{x-0} = \lim_{x\to 0} x^{m-1}\sin\frac{1}{x} = 0,$$

因此 $f(x)$ 在 $x=0$ 处可导, 且 $f'(0)=0$. 当 $m=1$ 时, 由于

$$\lim_{x\to 0}\frac{f(x)-f(0)}{x-0} = \lim_{x\to 0}\sin\frac{1}{x}$$

不存在, 所以此时 $f(x)$ 在 $x=0$ 处不可导.

(3) 当 $m \geqslant 3$ 为正整数时, $f'(x)$ 在 $x=0$ 处连续.

事实上, 由 (2) 知, 当 $m \geqslant 2$ 为正整数时, $f'(0)=0$. 而当 $x \neq 0$ 时, 有

$$f'(x) = mx^{m-1}\sin\frac{1}{x} - x^{m-2}\cos\frac{1}{x},$$

所以

$$f'(x) = \begin{cases} mx^{m-1}\sin\dfrac{1}{x} - x^{m-2}\cos\dfrac{1}{x}, & x \neq 0, \\ 0, & x = 0. \end{cases}$$

又因为当 $m \geqslant 3$ 时, $x^{m-1}=o(1), x^{m-2}=o(1)\,(x\to 0)$ 及 $\left|\sin\frac{1}{x}\right| \leqslant 1$, $\left|\cos\frac{1}{x}\right| \leqslant 1$, 所以根据无穷小量的性质得

$$\lim_{x\to 0} f'(x) = \lim_{x\to 0}\left(mx^{m-1}\sin\frac{1}{x} - x^{m-2}\cos\frac{1}{x}\right) = 0 = f'(0),$$

因此 $f'(x)$ 在 $x=0$ 处连续. 当 $m=2$ 时, 由于

$$\lim_{x\to 0} f'(x) = \lim_{x\to 0}\left(2x\sin\frac{1}{x} - \cos\frac{1}{x}\right)$$

不存在, 所以此时 $f'(x)$ 在 $x=0$ 处不连续. □

7. 求函数 $f(x) = \begin{cases} x^2 e^{-x^2}, & |x| \leqslant 1, \\ \dfrac{1}{e}, & |x| > 1 \end{cases}$ 的导函数.

解 由条件, 根据求导公式, 有

$$f'(x)=\begin{cases}(x^2\mathrm{e}^{-x^2})'=2x(1-x^2)\mathrm{e}^{-x^2}, & |x|<1,\\ \left(\dfrac{1}{\mathrm{e}}\right)'=0, & |x|>1.\end{cases}$$

下面求函数 $f(x)$ 在 $x=\pm1$ 处的导数. 由于

$$\begin{aligned}\lim_{x\to1^-}\frac{f(x)-f(1)}{x-1}&=\lim_{x\to1^-}\frac{x^2\mathrm{e}^{-x^2}-\mathrm{e}^{-1}}{x-1}\\&=\lim_{x\to1}\mathrm{e}^{-x^2}\lim_{x\to1^-}\frac{x^2-1+1-\mathrm{e}^{x^2-1}}{x-1}\\&=\mathrm{e}^{-1}\left[\lim_{x\to1^-}(x+1)-\lim_{x\to1^-}(x+1)\cdot\frac{\mathrm{e}^{x^2-1}-1}{x^2-1}\right]\\&=\mathrm{e}^{-1}(2-2)=0,\\ \lim_{x\to1^+}\frac{f(x)-f(1)}{x-1}&=\lim_{x\to1^+}\frac{\mathrm{e}^{-1}-\mathrm{e}^{-1}}{x-1}=0,\end{aligned}$$

所以 $f'_-(1)=f'_+(1)=0$, 因此 $f'(1)=0$. 同理可得, $f'(-1)=0$, 故

$$f'(x)=\begin{cases}2x(1-x^2)\mathrm{e}^{-x^2}, & |x|<1,\\ 0, & |x|\geqslant1.\end{cases}$$ □

8. 证明:

(1) 可导的偶函数的导函数是奇函数;

(2) 可导的奇函数的导函数是偶函数.

证明 (1) 设 $y=f(x)$, $x\in(-a,a)\,(a>0)$ 是可导的偶函数, 则 $\forall x\in(-a,a)$, 有

$$f(-x)=f(x),$$

将上述等式两边对 x 求导数得

$$f'(-x)=-f'(x),\quad \forall x\in(-a,a),$$

所以导函数 $y'=f'(x)$, $x\in(-a,a)$ 是奇函数.

(2) 类似可以证明: 可导的奇函数的导函数是偶函数. □

习 题 4.3

2. 填空:

(1) $\dfrac{1}{2\sqrt{x}}\mathrm{d}x=\mathrm{d}(\qquad)$; (2) $\dfrac{1}{a^2+x^2}\mathrm{d}x=\mathrm{d}(\qquad)(a\neq0)$;

(3) $\dfrac{x}{\sqrt{1-x^2}}\mathrm{d}x=\mathrm{d}(\quad)$;　　(4) $\dfrac{\mathrm{e}^x}{1+\mathrm{e}^x}\mathrm{d}x=\mathrm{d}(\quad)$;

(5) $2\mathrm{e}^{\sin^2 x}\sin x\cos x\mathrm{d}x=(\quad)$.

解　(1) $\dfrac{1}{2\sqrt{x}}\mathrm{d}x=(\sqrt{x}\,)'\mathrm{d}x=\mathrm{d}(\sqrt{x}\,)$.

(2) $\dfrac{1}{a^2+x^2}\mathrm{d}x=\dfrac{1}{a}\dfrac{\mathrm{d}\left(\dfrac{x}{a}\right)}{1+\left(\dfrac{x}{a}\right)^2}=\mathrm{d}\left(\dfrac{1}{a}\arctan\dfrac{x}{a}\right)$.

(3) $\dfrac{x}{\sqrt{1-x^2}}\mathrm{d}x=-\dfrac{\mathrm{d}(1-x^2)}{2\sqrt{1-x^2}}=\mathrm{d}(-\sqrt{1-x^2})$.

(4) $\dfrac{\mathrm{e}^x}{1+\mathrm{e}^x}\mathrm{d}x=\dfrac{\mathrm{d}(1+\mathrm{e}^x)}{1+\mathrm{e}^x}=\mathrm{d}(\ln(1+\mathrm{e}^x))$.

(5) $2\mathrm{e}^{\sin^2 x}\sin x\cos x\mathrm{d}x=\mathrm{e}^{\sin^2 x}(\sin^2 x)'\mathrm{d}x=\mathrm{d}(\mathrm{e}^{\sin^2 x})$. □

习　题　4.4

2. 求下列函数的 n 阶导数及 n 阶微分:

(1) $y=\dfrac{1}{1-x^2}$;　　(2) $y=\dfrac{x^n}{1-x}$;

(3) $y=\mathrm{e}^x\sin x$.

解　(1) 因为 $y=\dfrac{1}{2}\left(\dfrac{1}{1-x}+\dfrac{1}{1+x}\right)$, 所以

$$y^{(n)}=\frac{1}{2}\left\{\left(\frac{1}{1-x}\right)^{(n)}+\left(\frac{1}{1+x}\right)^{(n)}\right\},$$

而用数学归纳法可以证明

$$\left(\frac{1}{1-x}\right)^{(n)}=\frac{n!}{(1-x)^{n+1}},$$
$$\left(\frac{1}{1+x}\right)^{(n)}=\frac{(-1)^n\cdot n!}{(1+x)^{n+1}},$$

因此

$$y^{(n)}=\frac{1}{2}\left\{\frac{n!}{(1-x)^{n+1}}+\frac{(-1)^n\cdot n!}{(1+x)^{n+1}}\right\}.$$

(2) 因为

$$y=\frac{(x^n-1)+1}{1-x}=\frac{1}{1-x}-(x^{n-1}+\cdots+x+1),$$

所以

$$y^{(n)}=\left(\frac{1}{1-x}\right)^{(n)}-(x^{n-1}+\cdots+x+1)^{(n)}$$
$$=\frac{n!}{(1-x)^{n+1}}-0=\frac{n!}{(1-x)^{n+1}}.$$

(3) 直接求导可得

$$y'=\mathrm{e}^x\sin x+\mathrm{e}^x\cos x=\sqrt{2}\,\mathrm{e}^x\sin\left(x+\frac{\pi}{4}\right),$$
$$y''=\sqrt{2}\,\mathrm{e}^x\sin\left(x+\frac{\pi}{4}\right)+\sqrt{2}\,\mathrm{e}^x\cos\left(x+\frac{\pi}{4}\right)=(\sqrt{2})^2\,\mathrm{e}^x\sin\left(x+\frac{2\pi}{4}\right),$$

下面用数学归纳法证明:

$$y^{(n)}=(\sqrt{2})^n\,\mathrm{e}^x\sin\left(x+\frac{n\pi}{4}\right),\quad n\in\mathbb{N}_+.$$

事实上, 当 $n=1$ 时, 上面已经证明该式成立. 假定 $n=k$ 时, 有

$$y^{(k)}=(\sqrt{2})^k\,\mathrm{e}^x\sin\left(x+\frac{k\pi}{4}\right),$$

则当 $n=k+1$ 时, 有

$$y^{(k+1)}=(y^{(k)})'=(\sqrt{2})^k\,\mathrm{e}^x\sin\left(x+\frac{k\pi}{4}\right)+(\sqrt{2})^k\,\mathrm{e}^x\cos\left(x+\frac{k\pi}{4}\right)$$
$$=(\sqrt{2})^{k+1}\,\mathrm{e}^x\sin\left(x+\frac{(k+1)\pi}{4}\right),$$

所以对所有 $n\in\mathbb{N}_+$, 有

$$y^{(n)}=(\sqrt{2})^n\,\mathrm{e}^x\sin\left(x+\frac{n\pi}{4}\right),\quad n\in\mathbb{N}_+.$$ □

6. 设 $y=\arctan x$.

(1) 试证明: $y=\arctan x$ 满足方程 $(1+x^2)y''+2xy'=0$;

(2) 求 $y^{(n)}|_{x=0}$.

解　(1) 因为 $y=\arctan x$, 所以

$$y'=\frac{1}{1+x^2},\quad y''=(y')'=-\frac{2x}{(1+x^2)^2},$$

因此

$$(1+x^2)y''+2xy'=(1+x^2)\cdot\frac{-2x}{(1+x^2)^2}+2x\cdot\frac{1}{1+x^2}=0,$$

即 $y=\arctan x$ 满足方程 $(1+x^2)y''+2xy'=0$.

(2) 由 (1) 知

$$y(0)=y''(0)=0,\quad y'(0)=1.$$

当 $n>2$ 时, 将方程 $(1+x^2)y''+2xy'=0$ 两边对 x 求 $n-2$ 阶导数得

$$\begin{aligned}&(1+x^2)y^{(n)}+(n-2)\cdot 2xy^{(n-1)}+\frac{(n-2)(n-3)}{2!}\cdot 2y^{(n-2)}\\&+2xy^{(n-1)}+(n-2)\cdot 2y^{(n-2)}=0,\end{aligned}$$

令 $x=0$ 得

$$y^{(n)}(0)=-(n-1)(n-2)y^{(n-2)}(0),\quad n\geqslant 2.$$

所以

$$y^{(n)}(0)=\begin{cases}0, & n=2m,\\(-1)^m\cdot(2m)!, & n=2m+1,\end{cases}\qquad m=0,1,\cdots.$$

□

习　题　4.5

2. 设 $x=a\cos^3 t\,,y=a\sin^3 t$.

(1) 求 $\dfrac{\mathrm{d}y}{\mathrm{d}x}$;

(2) 证明: 曲线的切线被坐标轴所截的长度为一常量.

解　(1) 因为

$$\frac{\mathrm{d}x}{\mathrm{d}t}=-3a\cos^2 t\sin t,\quad \frac{\mathrm{d}y}{\mathrm{d}t}=3a\sin^2 t\cos t,$$

所以

$$\frac{\mathrm{d}y}{\mathrm{d}x}=\frac{\dfrac{\mathrm{d}y}{\mathrm{d}t}}{\dfrac{\mathrm{d}x}{\mathrm{d}t}}=\frac{3a\sin^2 t\cos t}{-3a\cos^2 t\sin t}=-\tan t.$$

(2) 由 (1) 知, $\dfrac{\mathrm{d}y}{\mathrm{d}x}=-\tan t$.

设 $A(x_0,y_0)$ 是曲线上任意一点, 它对应 $t=t_0$, 则 $x_0=a\cos^3 t_0\,,y_0=a\sin^3 t_0$, 于是曲线过点 $A(x_0,y_0)$ 的切线方程是

$$y-a\sin^3 t_0=-\tan t_0(x-a\cos^3 t_0).$$

当 $y=0$ 时, 由上述方程可得

$$x=a\sin^2 t_0\cos t_0+a\cos^3 t_0=a\cos t_0,$$

当 $x=0$ 时, 由上述方程可得

$$x=a\sin^3 t_0+\tan t_0\cdot a\cos^3 t_0=a\sin t_0,$$

所以曲线过点 $A(x_0,y_0)$ 的切线与 x 轴和 y 轴的交点分别为 $B(a\cos t_0,0),C(0,a\sin t_0)$, 因此曲线过点 $A(x_0,y_0)$ 的切线被坐标轴所截的长度为

$$|BC|=\sqrt{(a\cos t_0)^2+(a\sin t_0)^2}=|a|,$$

故由点 $A(x_0,y_0)$ 的任意性得, 曲线的切线被坐标轴所截的长度为一常量. □

4. 求由下列参数方程所确定的函数的二阶导数 $\dfrac{\mathrm{d}^2y}{\mathrm{d}x^2}$:

(1) $\begin{cases} x=a\cos^3 t, \\ y=a\sin^3 t. \end{cases}$

解 因为

$$\frac{\mathrm{d}x}{\mathrm{d}t}=-3a\cos^2 t\sin t,\quad \frac{\mathrm{d}y}{\mathrm{d}t}=3a\sin^2 t\cos t,$$

所以

$$\frac{\mathrm{d}y}{\mathrm{d}x}=\frac{\dfrac{\mathrm{d}y}{\mathrm{d}t}}{\dfrac{\mathrm{d}x}{\mathrm{d}t}}=\frac{3a\sin^2 t\cos t}{-3a\cos^2 t\sin t}=-\tan t,$$

因此

$$\begin{aligned}\frac{\mathrm{d}^2y}{\mathrm{d}x^2}&=\frac{\mathrm{d}}{\mathrm{d}x}\left(\frac{\mathrm{d}y}{\mathrm{d}x}\right)=\frac{\dfrac{\mathrm{d}(-\tan t)}{\mathrm{d}t}}{\dfrac{\mathrm{d}x}{\mathrm{d}t}}\\&=\frac{-\sec^2 t}{-3a\cos^2 t\sin t}=\frac{1}{3a\sin t\cos^4 t}.\end{aligned}$$ □

5. 证明: 两条心脏线 $r=a(1+\cos\theta)$ 与 $r=a(1-\cos\theta)$ 在交点处的切线垂直.

证明 由方程组

$$\begin{cases} r=a(1+\cos\theta), \\ r=a(1-\cos\theta) \end{cases}$$

解得两个交点坐标分别为 $(r_1,\theta_1)=(a,\pi/2)$, $(r_2,\theta_2)=(a,3\pi/2)$.

由于心脏线 $r=a(1+\cos\theta)$ 在交点 $(r_1,\theta_1)=(a,\pi/2)$ 的切线斜率为

$$K_1(\theta_1)=\left.\frac{-a\sin\theta\sin\theta+a(1+\cos\theta)\cos\theta}{-a\sin\theta\cos\theta-a(1+\cos\theta)\sin\theta}\right|_{\theta=\pi/2}=1,$$

心脏线 $r=a(1-\cos\theta)$ 在交点 $(r_1,\theta_1)=(a,\pi/2)$ 的切线斜率为

$$K_2(\theta_1)=\left.\frac{a\sin\theta\sin\theta+a(1-\cos\theta)\cos\theta}{a\sin\theta\cos\theta-a(1-\cos\theta)\sin\theta}\right|_{\theta=\pi/2}=-1,$$

所以 $K_1(\theta_1)\cdot K_2(\theta_1)=-1$, 即两条心脏线 $r=a(1+\cos\theta)$ 与 $r=a(1-\cos\theta)$ 在交点 $(r_1,\theta_1)=(a,\pi/2)$ 处的切线垂直.

同理可以证明, 它们在交点 $(r_2,\theta_2)=(a,3\pi/2)$ 处的切线也垂直. □

复 习 题

4. 设函数 $f(x)$ 在 $\mathbb{R}$ 上满足函数方程 $f(x+y)=f(x)\cdot f(y)$, 且已知 $f'(0)=1$. 证明: $f(x)$ 在 $\mathbb{R}$ 上处处可导, 且成立 $f'(x)=f(x)$.

证明 先求 $f(0)$ 的值. 事实上, 由于 $f'(0)=1\neq 0$, 所以存在 $x_0\in\mathbb{R}$, 使 $f(x_0)\neq 0$, 因此由条件得, $f(x_0)=f(x_0+0)=f(x_0)\cdot f(0)$, 故 $f(0)=1$.

下面证明 $f(x)$ 在 $\mathbb{R}$ 上处处可导, 且 $f'(x)=f(x)$.

事实上, 由于 $f(x+y)=f(x)\cdot f(y)$ 在 $\mathbb{R}$ 上成立, 所以对任意 $x\in\mathbb{R}$ 及任取的 $\Delta x\in\mathbb{R}$, 有 $f(x+\Delta x)=f(x)\cdot f(\Delta x)$, 因此

$$\begin{aligned}\lim_{\Delta x\to 0}\frac{f(x+\Delta x)-f(x)}{\Delta x}&=\lim_{\Delta x\to 0}\frac{f(x)\cdot f(\Delta x)-f(x)}{\Delta x}\\&=f(x)\lim_{\Delta x\to 0}\frac{f(\Delta x)-f(0)}{\Delta x}\\&=f(x)f'(0)=f(x),\end{aligned}$$

故 f 在 x 处可导, 且 $f'(x)=f(x)$.

从而由 x 的任意性知, $f(x)$ 在 $\mathbb{R}$ 上可导, 且成立 $f'(x)=f(x)$. □

5. 证明: 函数 f 在点 x_0 可微的充分必要条件是 f 在 x_0 的某邻域内可以写成 $f(x)=f(x_0)+\varphi(x)(x-x_0)$, 其中 $\varphi(x)$ 于 x_0 处连续. (上述充要条件称为导数的 Carathéodory 定义)

证明 先证明必要性. 若函数 f 在点 x_0 可微, 则存在常数 A, 使在 x_0 的某邻域 $U(x_0;\delta)$ 内,

$$f(x)=f(x_0)+A\,(x-x_0)+o(x-x_0).$$

定义

$$\varphi(x)=\begin{cases}\dfrac{f(x)-f(x_0)}{x-x_0}, & x\in U^\circ(x_0;\delta),\\ A, & x=x_0,\end{cases}$$

则由

$$\lim_{x\to x_0}\varphi(x)=\lim_{x\to x_0}\frac{f(x)-f(x_0)}{x-x_0}=\lim_{x\to x_0}\frac{A(x-x_0)+o(x-x_0)}{x-x_0}=A=\varphi(x_0)$$

得, $\varphi(x)$ 在 x_0 处连续, 且在 x_0 的某邻域 $U(x_0;\delta)$ 内, 有

$$f(x)=f(x_0)+\varphi(x)(x-x_0).$$

即必要性得证.

再证明充分性. 若 f 在 x_0 的某邻域内可以写成 $f(x)=f(x_0)+\varphi(x)(x-x_0)$, 其中 $\varphi(x)$ 于 x_0 处连续, 则

$$\lim_{x\to x_0}\frac{f(x)-f(x_0)}{x-x_0}=\lim_{x\to x_0}\varphi(x)=\varphi(x_0),$$

于是 f 在 x_0 处可导, 所以 f 在点 x_0 可微. □

10. 设 f 在 $x\leqslant x_0$ 有定义, 且存在二阶导数, 问 a,b,c 取何值时, 函数

$$F(x)=\begin{cases}f(x), & x\leqslant x_0,\\ a(x-x_0)^2+b(x-x_0)+c, & x>x_0\end{cases}$$

在 $\mathbb{R}$ 上存在二阶导数.

解 由题设得, $F(x)$ 在 x_0 处连续, 且存在一阶和二阶导数, 于是

$$F(x_0)=f(x_0)=\lim_{x\to x_0^+}F(x)=\lim_{x\to x_0^+}(a(x-x_0)^2+b(x-x_0)+c)=c,$$

所以 $c=f(x_0)$.

因为 $F(x)$ 在 x_0 处可导, 且

$$\begin{aligned}F'_-(x_0)&=\lim_{x\to x_0^-}\frac{F(x)-F(x_0)}{x-x_0}=\lim_{x\to x_0^-}\frac{f(x)-f(x_0)}{x-x_0}=f'(x_0),\\ F'_+(x_0)&=\lim_{x\to x_0^+}\frac{F(x)-F(x_0)}{x-x_0}\\ &=\lim_{x\to x_0^+}\frac{a(x-x_0)^2+b(x-x_0)+c-f(x_0)}{x-x_0}\\ &=\lim_{x\to x_0^+}\frac{a(x-x_0)^2+b(x-x_0)+c-c}{x-x_0}=b,\end{aligned}$$

所以 $b=f'(x_0)=F'(x_0)$, 因此

$$F'(x)=\begin{cases}f'(x), & x<x_0,\\ f'(x_0), & x=x_0,\\ 2a(x-x_0)+f'(x_0), & x>x_0.\end{cases}$$

又因为 $F(x)$ 在 x_0 处存在二阶导数, 且

$$\lim_{x\to x_0^-}\frac{F'(x)-F'(x_0)}{x-x_0}=\lim_{x\to x_0^-}\frac{f'(x)-f'(x_0)}{x-x_0}=f''(x_0),$$
$$\lim_{x\to x_0^+}\frac{F'(x)-F'(x_0)}{x-x_0}=\lim_{x\to x_0^+}\frac{2a(x-x_0)+f'(x_0)-f'(x_0)}{x-x_0}=2a,$$

所以 $a=\frac{1}{2}f''(x_0)$. 而当 $x>x_0$ 时, $F(x)=a(x-x_0)^2+b(x-x_0)+c$ 有二阶导数, 当 $x<x_0$ 时, $F(x)=f(x)$ 也有二阶导数, 因此当 $a=\frac{1}{2}f''(x_0), b=f'(x_0), c=f(x_0)$ 时, $F(x)$ 在 $\mathbb{R}$ 上存在二阶导数. □

11. 设函数 $f_1(x)$, $f_2(x)$, $\cdots$, $f_n(x)$ 在 x 处皆可导, 且函数值皆不为 0. 若

$$g(x)=f_1(x)f_2(x)\cdots f_n(x),$$

试证明: 函数 $g(x)$ 在 x 处也可导, 且

$$g'(x)=g(x)\sum_{i=1}^{n}\frac{f_i'(x)}{f_i(x)}.$$

证明　先用数学归纳法证明:

$$g'(x)=\sum_{i=1}^{n}f_1(x)\cdots f_i'(x)\cdots f_n(x).$$

事实上, 当 $n=2$ 时, 有

$$g'(x)=(f_1(x)f_2(x))'=f_1'(x)f_2(x)+f_1(x)f_2'(x).$$

假定当 $n=k$ 时, 有

$$(f_1(x)f_2(x)\cdots f_k(x))'=\sum_{i=1}^{k}f_1(x)\cdots f_i'(x)\cdots f_k(x).$$

则当 $n=k+1$ 时, 有

$$\begin{aligned}&(f_1(x)f_2(x)\cdots f_k(x)f_{k+1}(x))'\\=&(f_1(x)f_2(x)\cdots f_k(x))'f_{k+1}(x)+(f_1(x)f_2(x)\cdots f_k(x))f_{k+1}'(x)\\=&\sum_{i=1}^{k}f_1(x)\cdots f_i'(x)\cdots f_k(x)f_{k+1}(x)+(f_1(x)f_2(x)\cdots f_k(x))f_{k+1}'(x)\\=&\sum_{i=1}^{k+1}f_1(x)\cdots f_i'(x)\cdots f_{k+1}(x).\end{aligned}$$

因此根据数学归纳法原理得, 对任意 $n \in \mathbb{N}_+$, 有

$$g'(x) = \sum_{i=1}^{n} f_1(x)\cdots f_i'(x)\cdots f_n(x).$$

又因为函数 $f_1(x)$, $f_2(x)$, $\cdots$, $f_n(x)$ 的函数值皆不为 0, 所以

$$g'(x) = g(x)\sum_{i=1}^{n} \frac{f_1(x)\cdots f_i'(x)\cdots f_n(x)}{g(x)} = g(x)\sum_{i=1}^{n}\frac{f_i'(x)}{f_i(x)}.$$ □

14. 证明双曲线 $xy = a$ 的切线与坐标轴所成三角形的面积为常数.

证明 设 $P(x_0, y_0)$ 是双曲线 $xy = a$ 上的任意一点, 则 $y_0 = \dfrac{a}{x_0}$, 于是由 $y' = \left(\dfrac{a}{x}\right)' = -\dfrac{a}{x^2}$ 易得, 双曲线 $xy = a$ 在点 $P(x_0, y_0)$ 的切线方程是

$$y - y_0 = -\frac{a}{x_0^2}(x - x_0) \quad \text{或者} \quad y = -\frac{a}{x_0^2}x + \frac{2a}{x_0}.$$

所以该切线与 y 轴 $(x = 0)$ 的交点是: $y_1 = \dfrac{2a}{x_0}$, 与 x 轴 $(y = 0)$ 的交点是: $x_1 = 2x_0$, 因此切线与坐标轴所成三角形的面积为

$$S = \frac{1}{2}\cdot|x_1||y_1| = \frac{1}{2}\cdot|2x_0|\left|\frac{2a}{x_0}\right| = 2|a|.$$

故由 $P(x_0, y_0)$ 的任意性得, 双曲线 $xy = a$ 的切线与坐标轴所成三角形的面积为常数 $2|a|$. □

15. 设 $y = y(x)$ 存在反函数, 满足方程

$$\frac{\mathrm{d}^2y}{\mathrm{d}x^2} + \left(\frac{\mathrm{d}y}{\mathrm{d}x}\right)^3 = 0,$$

且 $\dfrac{\mathrm{d}y}{\mathrm{d}x} \neq 0$. 试证反函数 $x = x(y)$ 满足方程

$$\frac{\mathrm{d}^2x}{\mathrm{d}y^2} = 1.$$

证明 首先, 由条件得

$$\frac{\mathrm{d}^2y}{\mathrm{d}x^2} = -\left(\frac{\mathrm{d}y}{\mathrm{d}x}\right)^3.$$

其次, 根据反函数的求导法则得, 反函数 $x = x(y)$ 也可导, 且满足

$$\frac{\mathrm{d}y}{\mathrm{d}x}\cdot\frac{\mathrm{d}x}{\mathrm{d}y} \equiv 1.$$

将上式两边对 x 求导, 得

$$\begin{aligned}\left(\frac{\mathrm{d}y}{\mathrm{d}x}\cdot\frac{\mathrm{d}x}{\mathrm{d}y}\right)' &= \left(\frac{\mathrm{d}y}{\mathrm{d}x}\right)'\cdot\frac{\mathrm{d}x}{\mathrm{d}y}+\frac{\mathrm{d}y}{\mathrm{d}x}\cdot\left(\frac{\mathrm{d}x}{\mathrm{d}y}\right)' \\ &= \frac{\mathrm{d}^2y}{\mathrm{d}x^2}\cdot\frac{\mathrm{d}x}{\mathrm{d}y}+\frac{\mathrm{d}y}{\mathrm{d}x}\cdot\frac{\mathrm{d}^2x}{\mathrm{d}y^2}\cdot\frac{\mathrm{d}y}{\mathrm{d}x} \\ &= -\left(\frac{\mathrm{d}y}{\mathrm{d}x}\right)^3\cdot\frac{\mathrm{d}x}{\mathrm{d}y}+\left(\frac{\mathrm{d}y}{\mathrm{d}x}\right)^2\cdot\frac{\mathrm{d}^2x}{\mathrm{d}y^2} \\ &= \left(\frac{\mathrm{d}y}{\mathrm{d}x}\right)^2\left(\frac{\mathrm{d}^2x}{\mathrm{d}y^2}-1\right)\equiv 0.\end{aligned}$$

又因为 $\dfrac{\mathrm{d}y}{\mathrm{d}x}\neq 0$, 所以

$$\frac{\mathrm{d}^2x}{\mathrm{d}y^2}=1.$$

□

16. 设 $f(x)=\begin{cases} x^{n+1}\sin(\ln|x|), & x\neq 0,\\ 0, & x=0\end{cases}$ $(n\in\mathbb{N}_+)$. 求证 f 在 $x=0$ 有直到 n 阶导数, 而 $n+1$ 阶导数不存在.

证明　当 $n=1$ 时, 由于

$$\lim_{x\to 0}\frac{f(x)-f(0)}{x-0}=\lim_{x\to 0}\frac{x^2\sin(\ln|x|)-0}{x}=\lim_{x\to 0}x\sin(\ln|x|)=0,$$

所以 $f'(0)=0$.

又因为

$$f'(x)=\begin{cases} 2x\sin(\ln x)+x\cos(\ln x), & x>0,\\ 2x\sin\ln(-x)+x\cos\ln(-x), & x<0,\end{cases}$$

所以

$$f'(x)=\begin{cases} x(2\sin\ln|x|+\cos\ln|x|), & x\neq 0,\\ 0, & x=0.\end{cases}$$

由于

$$\begin{aligned}\lim_{x\to 0}\frac{f'(x)-f'(0)}{x-0} &= \lim_{x\to 0}\frac{x(2\sin\ln|x|+\cos\ln|x|)-0}{x} \\ &= \lim_{x\to 0}(2\sin\ln|x|+\cos\ln|x|)\end{aligned}$$

不存在, 所以 $f''(0)$ 不存在. 即 $n=1$ 时, 结论成立.

假定 $n=k$ 时, 结论成立. 那么当 $n=k+1$ 时, 类似于 $n=1$ 的情况, 可得

$$f'(x)=\begin{cases} x^{k+1}[(k+2)\sin\ln|x|+\cos\ln|x|], & x\neq 0,\\ 0, & x=0.\end{cases}$$

用数学归纳法可以证明

$$f^{(j)}(x)=\begin{cases} x^{k+2-j}(a_j\sin\ln|x|+b_j\cos\ln|x|), & x\neq 0,\\ 0, & x=0,\end{cases}$$

其中 $a_j^2+b_j^2\neq 0, j=1,2,\cdots,k+1$. 所以 $f(x)$ 在 $x=0$ 有直到 $n=k+1$ 阶导数.

因为

$$\begin{aligned}\lim_{x\to 0}\frac{f^{(k+1)}(x)-f^{(k+1)}(0)}{x-0}&=\lim_{x\to 0}\frac{x(a_{k+1}\sin\ln|x|+b_{k+1}\cos\ln|x|)-0}{x}\\&=\lim_{x\to 0}(a_{k+1}\sin\ln|x|+b_{k+1}\cos\ln|x|)\end{aligned}$$

不存在, 所以 $f^{(k+2)}(0)$ 不存在. 即 $n=k+1$ 时, 结论成立. 因此根据数学归纳法原理, 对所有正整数 n, 本题结论成立. □

第 5 章　导数的应用

习　题　5.1

2. 证明 Dirichlet 函数 $D(x)$ 不可能是任意函数的导数.

证明　用反证法. 假定 $D(x)$ 是函数 $f(x)$ 的导数, 则

$$f'(x) = D(x) = \begin{cases} 1, & x \in \mathbb{Q}, \\ 0, & x \in \mathbb{R} \setminus \mathbb{Q}, \end{cases}$$

于是不存在 $\xi \in \mathbb{R}$, 使得 $f'(\xi) = \dfrac{1}{2}$, 这与 Darboux 导函数介值定理矛盾, 故 Dirichlet 函数 $D(x)$ 不是任意函数的导数. □

3. 设 $f(x)$ 在 (a,b) 内可导, 导函数 $f'(x)$ 在 (a,b) 内单调, 试证明: $f'(x)$ 在 (a,b) 内连续.

证明　由于 $f(x)$ 在 (a,b) 内可导, 根据教材第 131 页的例 1 的结论知, 导函数 $f'(x)$ 在 (a,b) 内没有第一类间断点.

又因为 $f'(x)$ 在 (a,b) 内单调, 所以根据单调函数的性质或定理 3.2.1 知, $f'(x)$ 在 (a,b) 内的间断点必是 $f'(x)$ 跳跃间断点, 而跳跃间断点是第一类间断点, 因此 $f'(x)$ 在 (a,b) 内没有间断点, 即 $f'(x)$ 在 (a,b) 内连续. □

习　题　5.2

1. 证明:

(1) 对于任何常数 c, 方程 $x^3 - 3x + c = 0$ 在 $[-1,1]$ 上至多有一个实根.

(2) 方程 $\mathrm{e}^x = ax^2 + bx + c$ (a,b,c 是常数) 的不同实根不多于三个.

证明　(1) 用反证法. 假定存在常数 c, 使方程 $x^3 - 3x + c = 0$ 在 $[-1,1]$ 上有多于一个实根. 设 $f(x) = x^3 - 3x + c$, 则存在 $x_1, x_2 \in [-1,1]$ 且 $x_1 < x_2$, 使得

$$f(x_1) = f(x_2) = 0,$$

显然 $f(x)$ 在 $[x_1, x_2]$ 上连续, 且可导, 于是根据 Rolle 中值定理得, 存在 $\xi \in (x_1, x_2) \subset (-1,1)$, 使得

$$f'(\xi) = 0,$$

这与 $f'(\xi)=3(\xi^2-1)<0$ 相矛盾, 故对于任何常数 c, 方程 $x^3-3x+c=0$ 在 $[-1,1]$ 上至多有一个实根. □

(2) 用反证法. 假定方程 $e^x=ax^2+bx+c$ 至少有四个不同实根. 令 $f(x)=e^x-ax^2-bx-c$, 则显然 $f(x)$ 在 $(-\infty,+\infty)$ 内任意阶可导, 且至少有四个不同零点, 于是根据 Rolle 中值定理得, $f'(x)$ 至少有三个不同零点, 所以根据 Rolle 中值定理得, $f''(x)$ 至少有两个不同零点, 因此又根据 Rolle 中值定理得, $f'''(x)$ 至少有一个零点, 这与 $f'''(x)=e^x\neq 0$ 相矛盾. 故方程 $e^x=ax^2+bx+c$ 的不同实根不多于三个. □

3. 证明下列不等式:

(1) $e^x>1+x,\ x\neq 0$;

(2) $|x|\leqslant|\tan x|, x\in\left(-\frac{\pi}{2},\frac{\pi}{2}\right)$.

证明 (1) 设 $f(t)=e^t$, 任意取定 $x\neq 0$, 则由于 $f(t)=e^t$ 在 $\mathbb{R}$ 上可导, 将 $f(t)$ 在区间 $[0,x]$ 或者 $[x,0]$ 上应用 Lagrange 中值定理得, 存在 $\xi\in(0,x)$ 或者 $\xi\in(x,0)$, 使得

$$e^x-1=f(x)-f(0)=f'(\xi)(x-0)=e^\xi x,$$

即 $e^x=1+e^\xi x$.

由于 $\xi\in(0,x)$ 或者 $\xi\in(x,0)$, 所以无论 $0<\xi<x$, 还是 $x<\xi<0$, 都有 $e^\xi x>x$, 即有

$$e^x>1+x,\quad x\neq 0.$$

(2) 当 $x=0$ 时, 显然有 $|x|=|\tan x|=0$. 现任意取定 $x\in\left(-\frac{\pi}{2},\frac{\pi}{2}\right)\Big\backslash\{0\}$, 设 $f(t)=\tan t$, 则由于 $f(t)$ 在 $\left(-\frac{\pi}{2},\frac{\pi}{2}\right)$ 内可导, 将 $f(t)$ 在区间 $[0,x]$ 或者 $[x,0]$ 上应用 Lagrange 中值定理得, 存在 ξ 介于 0 与 x 之间, 使得

$$\tan x=f(x)-f(0)=f'(\xi)(x-0)=x\sec^2\xi,$$

所以

$$|\tan x|=|x|\sec^2\xi\geqslant|x|,\quad x\in\left(-\frac{\pi}{2},\frac{\pi}{2}\right).$$ □

6. 设 $f(x)$ 在 $U(a)$ 内连续, 除 a 点外可导, 且存在 $\lim\limits_{x\to a}f'(x)=l$, 试证明: $f(x)$ 在点 a 可导且 $f'(a)=l$ (本题结果也称为导函数极限定理).

证明 只需证明: $f'_+(a)=l$, $f'_-(a)=l$.

任意取定 $x\in U_+^\circ(a)$, 由题目的条件知, $f(t)$ 在 $[a,x]$ 上连续, 在 (a,x) 内可导, 于是根据 Lagrange 中值定理得, 存在 $\xi\in(a,x)$, 使得

$$\frac{f(x)-f(a)}{x-a}=f'(\xi).$$

又因为 $\lim\limits_{x\to a} f'(x)=l$, 所以

$$\lim_{x\to a^+}\frac{f(x)-f(a)}{x-a}=\lim_{x\to a^+} f'(\xi)=\lim_{\xi\to a^+} f'(\xi)=l,$$

因此 $f'_+(a)=l$.

类似可以证明, $f'_-(a)=l$, 故 $f(x)$ 在点 a 可导, 且 $f'(a)=l$. □

8. 设函数 $f(x)$ 在 $(a,+\infty)$ 内可导, 且导函数有界, 试证明: $f(x)$ 在 $(a,+\infty)$ 内一致连续.

证明 由于 $f(x)$ 在 $(a,+\infty)$ 内的导函数有界, 所以存在 $M>0$, 使得当 $x\in(a,+\infty)$ 时, 有

$$|f'(x)|\leqslant M.$$

又对任意 $x_1,x_2\in(a,+\infty)$, 不妨设 $x_1<x_2$, 由题目的条件, 根据 Lagrange 中值定理得, 存在 $\xi\in(x_1,x_2)$, 使得

$$|f(x_1)-f(x_2)|=|f'(\xi)||x_1-x_2|\leqslant M|x_1-x_2|.$$

因此 $\forall\varepsilon>0,\ \exists\delta=\dfrac{\varepsilon}{M}>0$, 使得当 $x_1,x_2\in(a,+\infty),\ |x_1-x_2|<\delta$ 时, 有

$$|f(x_1)-f(x_2)|<M\delta=\varepsilon,$$

故根据一致连续的定义得, $f(x)$ 在 $(a,+\infty)$ 内一致连续. □

10. 证明: 若函数 $f(x)$ 在 $[a,b]$ 上连续, 在 (a,b) 内二阶可导, $f(a)=f(b)=0$, 且存在 $c\in(a,b)$, 使 $f(c)>0$, 则存在 $\xi\in(a,b)$, 使 $f''(\xi)<0$.

证明 由题目的条件知, $f(t)$ 在 $[a,c]$ 与 $[c,b]$ 上连续, 在 (a,c) 与 (c,b) 内可导, 于是根据 Lagrange 中值定理得, 存在 $\xi_1\in(a,c),\xi_2\in(c,b)$, 使得

$$f'(\xi_1)=\frac{f(c)-f(a)}{c-a}=\frac{f(c)}{c-a}>0,\quad f'(\xi_2)=\frac{f(b)-f(c)}{b-c}=-\frac{f(c)}{b-c}<0.$$

又将 $f'(t)$ 在 $[\xi_1,\xi_2]$ 上应用 Lagrange 中值定理得, 存在 $\xi\in(\xi_1,\xi_2)$, 使得

$$f''(\xi)=\frac{f'(\xi_2)-f'(\xi_1)}{\xi_2-\xi_1}<0.$$ □

11. 证明: 若函数 $f(x)$ 在 $[0,1]$ 上可导, $f(0)=0$, 且 $\forall x\in[0,1]$, 有 $|f'(x)|\leqslant|f(x)|$, 则 $f(x)\equiv0,\ x\in[0,1]$.

证明 先证明: $f(x)\equiv0,\ x\in[0,1)$.

事实上, 因为 $f(x)$ 在 $[0,1]$ 上可导, 所以 $f(x)$ 在 $[0,1]$ 上连续, 因此 $|f(x)|$ 在 $[0,1]$ 上连续.

任意取定 $t \in (0,1)$, 记 $M(t) = \max\limits_{x\in[0,t]} |f(x)|$, 则由连续函数最值定理得, 存在 $x_1 \in [0,t]$, 使

$$|f(x_1)| = M(t).$$

由题设条件, 根据 Lagrange 中值定理得, 存在 $\xi \in (0,x_1)$, 使

$$f(x_1) = f(x_1) - f(0) = f'(\xi)(x_1 - 0),$$

于是

$$M(t) = |f(x_1)| = |f'(\xi)| \cdot |x_1| \leqslant |f(\xi)|t \leqslant M(t)t,$$

所以 $M(t)\cdot(1-t) \leqslant 0$, 即 $M(t) \leqslant 0$.

因此对任意 $x \in [0,t]$, 有 $0 \leqslant |f(x)| \leqslant M(t) \leqslant 0$, 即 $f(x) \equiv 0,\ x \in [0,1)$.

而 $f(x)$ 在 $[0,1]$ 上连续, 所以

$$f(1) = \lim_{x\to 1^-} f(x) = \lim_{x\to 1^-} 0 = 0,$$

故 $f(x) \equiv 0,\ x \in [0,1]$. □

12. 设 $f(x)$ 在 $\mathbb{R}$ 上可导, 试证明: 在 $f(x)$ 的任何两个零点间一定有 $f(x)+f'(x)$ 的零点.

证明　设 x_1, x_2 是 $f(x)$ 的任何两个零点, 不妨设 $x_1 < x_2$, 往证: 存在 $\xi \in (x_1,x_2)$, 使得

$$f(\xi) + f'(\xi) = 0.$$

事实上, 令 $F(x) = \mathrm{e}^x f(x)$, 则由 $f(x_1) = f(x_2) = 0$ 得

$$F(x_1) = F(x_2) = 0.$$

又由题设条件, $F(x)$ 在 $[x_1,x_2]$ 上连续, 在 (x_1,x_2) 内可导, 于是根据 Rolle 中值定理得, 存在 $\xi \in (x_1,x_2)$, 使得

$$F'(\xi) = \mathrm{e}^{\xi}(f(\xi) + f'(\xi)) = 0.$$

所以

$$f(\xi) + f'(\xi) = 0.$$

因此由 x_1, x_2 的任意性, 本题得证. □

习　题　5.3

1. 应用 L' Hospital 法则求下列极限:

(2) $\lim\limits_{x\to 0} \dfrac{a^x - a^{\sin x}}{x^3}$;

(3) $\lim\limits_{x\to0^+}\left(\dfrac{\sin x}{x}\right)^{\frac{1}{x^2}}$;

(5) $\lim\limits_{x\to\frac{\pi}{2}}\dfrac{\tan x-6}{\sec x+7}$;

(7) $\lim\limits_{x\to0}\dfrac{x\cot x-1}{x^2}$;

(9) $\lim\limits_{x\to\infty}x\left[\left(1+\dfrac{1}{x}\right)^x-\mathrm{e}\right]$;

(11) $\lim\limits_{x\to1^-}\ln x\ln(1-x)$;

(13) $\lim\limits_{x\to0}\left(\dfrac{1}{\sin^2 x}-\dfrac{1}{x^2}\right)$.

解　(2) 这是“$\dfrac{0}{0}$”型不定式极限, 可以首先利用 $a^x-1\sim x\ln a\,(x\to0)$, 然后根据 L' Hospital 法则得

$$\begin{aligned}\lim_{x\to0}\frac{a^x-a^{\sin x}}{x^3}&=\lim_{x\to0}a^{\sin x}\cdot\lim_{x\to0}\frac{a^{x-\sin x}-1}{x^3}\\&=a^0\lim_{x\to0}\frac{(x-\sin x)\ln a}{x^3}\\&=\ln a\lim_{x\to0}\frac{1-\cos x}{3x^2}\\&=\ln a\lim_{x\to0}\frac{\sin x}{6x}=\frac{\ln a}{6}.\end{aligned}$$

(3) 这是“1^∞”型不定式极限, 先将函数式化为复合的指数函数, 其次化为“$\infty\cdot0$”型, 然后化为“$\dfrac{0}{0}$”型, 即

$$\left(\frac{\sin x}{x}\right)^{\frac{1}{x^2}}=\mathrm{e}^{\frac{1}{x^2}\cdot\ln\frac{\sin x}{x}}=\mathrm{e}^{\frac{\ln\sin x-\ln x}{x^2}}.$$

再应用 L' Hospital 法则得

$$\begin{aligned}\lim_{x\to0^+}\frac{\ln\sin x-\ln x}{x^2}&=\lim_{x\to0^+}\frac{\dfrac{\cos x}{\sin x}-\dfrac{1}{x}}{2x}\\&=\lim_{x\to0^+}\frac{x\cos x-\sin x}{2x^2\sin x}\\&=\lim_{x\to0^+}\frac{\cos x-x\sin x-\cos x}{4x\sin x+2x^2\cos x}\\&=\lim_{x\to0^+}\frac{-\sin x}{4\sin x+2x\cos x}\\&=\lim_{x\to0^+}\frac{-\cos x}{6\cos x-2x\sin x}=-\frac{1}{6},\end{aligned}$$

所以

$$\lim_{x\to0^+}\left(\frac{\sin x}{x}\right)^{\frac{1}{x^2}}=\mathrm{e}^{\lim\limits_{x\to0^+}\frac{\ln\sin x-\ln x}{x^2}}=\mathrm{e}^{-\frac{1}{6}}.$$

(5) 这是“$\dfrac{\infty}{\infty}$”型不定式极限, 可以根据 L' Hospital 法则得

$$\begin{aligned}\lim_{x\to\frac{\pi}{2}}\frac{\tan x-6}{\sec x+7}&=\lim_{x\to\frac{\pi}{2}}\frac{\sec^2 x}{\sec x\tan x}\\&=\lim_{x\to\frac{\pi}{2}}\frac{1}{\sin x}=1.\end{aligned}$$

(7) 这是“$\dfrac{0}{0}$”型不定式极限, 可以首先利用 $\sin x\sim x\,(x\to0)$, 然后根据 L' Hospital 法则得

$$\begin{aligned}\lim_{x\to0}\frac{x\cot x-1}{x^2}&=\lim_{x\to0}\frac{x\cos x-\sin x}{x^2\sin x}\\&=\lim_{x\to0}\frac{x\cos x-\sin x}{x^2\cdot x}\\&=\lim_{x\to0}\frac{-x\sin x}{3x^2}\\&=\lim_{x\to0}\frac{-\sin x}{3x}=-\frac{1}{3}.\end{aligned}$$

(9) 这是“$\infty\cdot0$”型不定式极限, 先将其化为“$\dfrac{0}{0}$”型, 再应用 L' Hospital 法则得

$$\begin{aligned}\lim_{x\to\infty}x\left[\left(1+\frac{1}{x}\right)^x-\mathrm{e}\right]&\xlongequal{令t=\frac{1}{x}}\lim_{t\to0}\frac{(1+t)^{\frac{1}{t}}-\mathrm{e}}{t}=\lim_{t\to0}\frac{\mathrm{e}^{\frac{1}{t}\ln(1+t)}-\mathrm{e}}{t}\\&=\lim_{t\to0}\frac{\mathrm{e}^{\frac{1}{t}\ln(1+t)}\left[\dfrac{1}{t(1+t)}-\dfrac{1}{t^2}\ln(1+t)\right]-0}{1}\\&=\lim_{t\to0}(1+t)^{\frac{1}{t}}\cdot\lim_{t\to0}\frac{t-(1+t)\ln(1+t)}{t^2(1+t)}\\&=\mathrm{e}\lim_{t\to0}\frac{-\ln(1+t)}{2t+3t^2}=\mathrm{e}\lim_{t\to0}\frac{-t}{2t+3t^2}=-\frac{\mathrm{e}}{2}.\end{aligned}$$

(11) 这是“$\infty\cdot0$”型不定式极限, 先将其化为“$\dfrac{\infty}{\infty}$”型, 再应用 L' Hospital 法则得

$$\begin{aligned}\lim_{x\to1^-}\ln x\ln(1-x)&=\lim_{x\to1^-}\frac{\ln(1-x)}{(\ln x)^{-1}}\\&=\lim_{x\to1^-}\frac{\dfrac{-1}{1-x}}{-\dfrac{1}{x(\ln x)^2}}\end{aligned}$$

$$= \lim_{x \to 1^-} \frac{2x(\ln x)^2}{1-x}$$
$$= \lim_{x \to 1^-} \frac{2(\ln x)^2 + 4\ln x}{-1} = 0.$$

(13) 这是“$\infty - \infty$” 型不定式极限, 先将其化为“$\frac{0}{0}$”型不定式极限, 然后根据 L' Hospital 法则和 $\sin x \sim x\,(x \to 0)$ 得

$$\begin{aligned}\lim_{x \to 0}\left(\frac{1}{\sin^2 x} - \frac{1}{x^2}\right) &= \lim_{x \to 0} \frac{x^2 - \sin^2 x}{x^2 \sin^2 x} = \lim_{x \to 0} \frac{x^2 - \sin^2 x}{x^2 \cdot x^2} \\ &= \lim_{x \to 0} \frac{2x - 2\sin x \cos x}{4x^3} \\ &= \lim_{x \to 0} \frac{1 - \cos^2 x + \sin^2 x}{6x^2} \\ &= \lim_{x \to 0} \frac{\sin^2 x}{3x^2} = \frac{1}{3}.\end{aligned}$$

□

3. 设

$$f(x) = \begin{cases} \dfrac{g(x)}{x}, & x \neq 0, \\ 0, & x = 0, \end{cases}$$

且 $g(0) = g'(0) = 0, g''(0) = 1$, 求 $f'(0)$.

解　由于 $g(0) = g'(0) = 0, g''(0) = 1$, 所以存在 $\delta > 0$, 使 $g'(x)$ 在 $U(0;\delta)$ 内存在, 因此根据 L' Hospital 法则和导数的定义得

$$\begin{aligned}\lim_{x \to 0} \frac{f(x) - f(0)}{x - 0} &= \lim_{x \to 0} \frac{g(x)}{x^2} = \lim_{x \to 0} \frac{g'(x)}{2x} \\ &= \frac{1}{2} \lim_{x \to 0} \frac{g'(x) - g'(0)}{x - 0} \\ &= \frac{1}{2} g''(0) = \frac{1}{2},\end{aligned}$$

故 $f'(0) = \frac{1}{2}$.　□

6. 试问 a, b 取何值时, 如下等式成立

$$\lim_{x \to 0}\left(\frac{\sin 3x}{x^3} + \frac{a}{x^2} + b\right) = 0.$$

解　由于 $\lim\limits_{x \to 0} x^2 = 0$, 所以根据题设条件可得

$$0 = \lim_{x \to 0} x^2 \cdot \left(\frac{\sin 3x}{x^3} + \frac{a}{x^2} + b\right)$$

$$
\begin{aligned}
&=\lim_{x\to 0}\left(3\cdot\frac{\sin 3x}{3x}+a+bx^2\right)\\
&=3+a,
\end{aligned}
$$

因此 $a=-3$, 故

$$
b=-\lim_{x\to 0}\frac{\sin 3x-3x}{x^3}=-\lim_{x\to 0}\frac{3\cos 3x-3}{3x^2}=-\lim_{x\to 0}\frac{-9\sin 3x}{6x}=\frac{9}{2}. \qquad \square
$$

8. 设 $f'_+(0)$ 存在, 且 $f(0)=0$, 试证明: $\lim\limits_{x\to 0^+}x^{f(x)}=1$.

证明 由于 $f'_+(0)$ 存在, $f(0)=0$, 所以

$$
\begin{aligned}
\lim_{x\to 0^+}x^{f(x)}&=\lim_{x\to 0^+}\mathrm{e}^{f(x)\ln x}=\mathrm{e}^{\lim\limits_{x\to 0^+}\frac{f(x)-f(0)}{x-0}\cdot\lim\limits_{x\to 0^+}\frac{\ln x}{1/x}}\\
&=\mathrm{e}^{f'_+(0)\lim\limits_{x\to 0^+}\frac{\frac{1}{x}}{-\frac{1}{x^2}}}=\mathrm{e}^{f'_+(0)\cdot 0}=1. \qquad \square
\end{aligned}
$$

习 题 5.4

1. 求下列函数带 Peano 型余项的 Maclaurin 公式:

(1) $f(x)=\cos x^2$; (3) $f(x)=\mathrm{e}^{-x}$.

解 (1) 因为

$$
\cos t=1-\frac{t^2}{2!}+\frac{t^4}{4!}-\frac{t^6}{6!}+\cdots+\frac{(-1)^m}{(2m)!}t^{2m}+o(t^{2m+2})\quad(t\to 0),
$$

所以函数 $f(x)=\cos x^2$ 带 Peano 型余项的 Maclaurin 公式是

$$
f(x)=\cos x^2=1-\frac{x^4}{2!}+\frac{x^8}{4!}-\frac{x^{12}}{6!}+\cdots+\frac{(-1)^m}{(2m)!}x^{4m}+o(x^{4m+2})\quad(x\to 0).
$$

(3) 因为

$$
\mathrm{e}^t=1+t+\frac{t^2}{2!}+\cdots+\frac{t^n}{n!}+o(t^n)\quad(t\to 0),
$$

所以函数 $f(x)=\mathrm{e}^{-x}$ 带 Peano 型余项的 Maclaurin 公式是

$$
f(x)=\mathrm{e}^{-x}=1-x+\frac{1}{2!}x^2+\cdots+\frac{(-1)^n}{n!}x^n+o(x^n)\quad(x\to 0). \qquad \square
$$

3. 利用 Taylor 公式求下列极限:

(1) $\lim\limits_{x\to 0}\dfrac{\mathrm{e}^x\sin x-x(1+x)}{x^3}$; (3) $\lim\limits_{x\to 0}\dfrac{\sqrt{3x+4}+\sqrt{4-3x}-4}{x^2}$.

解　(1) 因为 $\sin x = x - \dfrac{x^3}{3!} + o(x^4)\ (x \to 0)$ 和

$$e^x = 1 + x + \frac{x^2}{2!} + o(x^2) \quad (x \to 0),$$

所以

$$\begin{aligned}
&\lim_{x\to 0}\frac{e^x\sin x - x(1+x)}{x^3}\\
=&\lim_{x\to 0}\frac{\left(1+x+\dfrac{x^2}{2!}+o(x^2)\right)\left(x-\dfrac{x^3}{3!}+o(x^4)\right)-x(1+x)}{x^3}\\
=&\lim_{x\to 0}\left(\frac{1}{3}-\frac{x}{6}-\frac{x^2}{12}+o(1)\right)=\frac{1}{3}.
\end{aligned}$$

(3) 因为 $(1+x)^\alpha = 1 + \alpha x + \dfrac{\alpha(\alpha-1)}{2!}x^2 + o(x^2)\ (x \to 0)$, 所以

$$\begin{aligned}
\sqrt{3x+4}&=2\sqrt{1+\frac{3x}{4}}=2\left[1+\frac{1}{2}\frac{3x}{4}+\frac{\dfrac{1}{2}\left(\dfrac{1}{2}-1\right)}{2!}\left(\frac{3x}{4}\right)^2\right]+o(x^2)\\
&=2+\frac{3}{4}x-\frac{9}{64}x^2+o(x^2)\quad (x\to 0),\\
\sqrt{4-3x}&=2\sqrt{1-\frac{3x}{4}}=2\left[1-\frac{1}{2}\frac{3x}{4}+\frac{\dfrac{1}{2}\left(\dfrac{1}{2}-1\right)}{2!}\left(-\frac{3x}{4}\right)^2\right]+o(x^2)\\
&=2-\frac{3}{4}x-\frac{9}{64}x^2+o(x^2)\quad (x\to 0),
\end{aligned}$$

因此

$$\begin{aligned}
&\lim_{x\to 0}\frac{\sqrt{3x+4}+\sqrt{4-3x}-4}{x^2}\\
=&\lim_{x\to 0}\frac{\left(2+\dfrac{3}{4}x-\dfrac{9}{64}x^2+o(x^2)\right)+\left(2-\dfrac{3}{4}x-\dfrac{9}{64}x^2+o(x^2)\right)-4}{x^2}\\
=&\lim_{x\to 0}\left(-\frac{9}{32}+o(1)\right)=-\frac{9}{32}.
\end{aligned}$$

□

5. 试证明: 当 $x>0$ 时, $\mathrm{e}^x>1+x^2$.

证明 根据 Taylor 中值定理得, 存在 $\theta\in(0,1)$, 使得

$$\mathrm{e}^x=1+x+\frac{x^2}{2!}+\frac{\mathrm{e}^{\theta x}}{3!}x^3,$$

于是当 $x>0$ 时, $\mathrm{e}^x>1+x+\dfrac{x^2}{2}+\dfrac{x^3}{6}$.

另一方面, 由于当 $x>0$ 时, 有

$$\begin{aligned}1+x+\frac{x^2}{2}+\frac{x^3}{6}-(1+x^2)&=x-\frac{1}{2}x^2+\frac{x^3}{6}\\&=\frac{x}{6}\cdot(x^2-3x+6)\\&=\frac{x}{6}\cdot\left[\left(x-\frac{3}{2}\right)^2+\frac{15}{4}\right]>0,\end{aligned}$$

所以当 $x>0$ 时, $1+x+\dfrac{x^2}{2}+\dfrac{x^3}{6}>1+x^2$.

因此当 $x>0$ 时, $\mathrm{e}^x>1+x^2$. □

7. 证明数 e 是无理数.

证明 由于 $\mathrm{e}^x=1+x+\dfrac{x^2}{2!}+\cdots+\dfrac{x^n}{n!}+\dfrac{\mathrm{e}^{\theta x}}{(n+1)!}x^{n+1}$, $0<\theta<1$, 所以

$$\mathrm{e}=1+1+\frac{1}{2!}+\cdots+\frac{1}{n!}+\frac{\mathrm{e}^{\theta}}{(n+1)!},$$

因此

$$n!\mathrm{e}-\left(n!+n!+\frac{n!}{2}+\cdots+\frac{n!}{n!}\right)=\frac{\mathrm{e}^{\theta}}{n+1}.\tag{5.1}$$

用反证法. 假设 $\mathrm{e}=\dfrac{p}{q}\,(p,q\in\mathbb{N}_+)$ 为有理数, 则当 $n>q$ 时, $n!\mathrm{e}$ 为正整数, 于是 (5.1) 式左边是正整数, 而

$$0<\frac{\mathrm{e}^{\theta}}{n+1}<\frac{\mathrm{e}}{n+1}<\frac{3}{n+1},$$

所以当 $n>2$ 时, $\dfrac{\mathrm{e}^{\theta}}{n+1}$ 不是正整数, 因此当 $n>\max\{q,2\}$ 时, (5.1) 式左边是正整数, 右边不是正整数, 这就产生矛盾, 故 e 是无理数. □

8. 证明: 设 $f(x)$ 在点 a 的某邻域 $U(a;\delta)$ 内有 $n+1$ 阶导数, 且 $f^{(n+1)}(a)\neq0$, 其 Taylor 公式为

$$f(a+h)=f(a)+f'(a)h+\cdots+\frac{f^{(n-1)}(a)}{(n-1)!}h^{n-1}+\frac{f^{(n)}(a+\theta h)}{n!}h^n,$$
$$|h|<\delta,\quad \theta\in(0,1),$$

则 $\lim\limits_{h\to 0}\theta=\dfrac{1}{n+1}$.

证明 因为 $f(x)$ 在点 a 的某邻域 $U(a;\delta)$ 内有 $n+1$ 阶导数, 所以根据带 Peano 型余项的 Taylor 公式得

$$f(a+h)=f(a)+f'(a)h+\cdots+\frac{f^{(n+1)}(a)}{(n+1)!}h^{n+1}+o(h^{n+1})\quad(h\to 0).$$

将上式与题目中的 Taylor 公式相减得

$$0=\left[\frac{f^{(n)}(a)}{n!}-\frac{f^{(n)}(a+\theta h)}{n!}\right]h^n+\frac{f^{(n+1)}(a)}{(n+1)!}h^{n+1}+o(h^{n+1}),$$

于是

$$\theta\cdot\frac{f^{(n)}(a+\theta h)-f^{(n)}(a)}{\theta h}=\frac{1}{n+1}f^{(n+1)}(a)+o(1).$$

注意到 $f(x)$ 在 a 处 $n+1$ 阶可导, 且 $f^{(n+1)}(a)\neq 0$, 在上式两边令 $h\to 0$, 得

$$\lim_{h\to 0}\theta=\lim_{h\to 0}\frac{\dfrac{1}{n+1}f^{(n+1)}(a)+o(1)}{\dfrac{f^{(n)}(a+\theta h)-f^{(n)}(a)}{\theta h}}=\frac{\dfrac{1}{n+1}f^{(n+1)}(a)}{f^{(n+1)}(a)}=\frac{1}{n+1}.$$ □

9. 设 $f(x)$ 在 $[0,1]$ 上具有三阶连续导数, 且 $f(0)=1, f(1)=2, f'\left(\dfrac{1}{2}\right)=0$, 试证明: 在 $(0,1)$ 内至少存在一点 ξ, 使得 $|f'''(\xi)|\geqslant 24$.

证明 由题设条件, 根据带 Lagrange 型余项的 Taylor 公式得, 存在 $\xi_1\in\left(0,\dfrac{1}{2}\right)$, $\xi_2\in\left(\dfrac{1}{2},1\right)$, 使得

$$\begin{aligned}f(0)&=f\left(\frac{1}{2}\right)+f'\left(\frac{1}{2}\right)\left(0-\frac{1}{2}\right)+\frac{1}{2!}f''\left(\frac{1}{2}\right)\left(0-\frac{1}{2}\right)^2+\frac{f'''(\xi_1)}{3!}\left(0-\frac{1}{2}\right)^3\\&=f\left(\frac{1}{2}\right)+\frac{1}{8}f''\left(\frac{1}{2}\right)-\frac{1}{48}f'''(\xi_1),\\f(1)&=f\left(\frac{1}{2}\right)+f'\left(\frac{1}{2}\right)\left(1-\frac{1}{2}\right)+\frac{1}{2!}f''\left(\frac{1}{2}\right)\left(1-\frac{1}{2}\right)^2+\frac{f'''(\xi_2)}{3!}\left(1-\frac{1}{2}\right)^3\\&=f\left(\frac{1}{2}\right)+\frac{1}{8}f''\left(\frac{1}{2}\right)-\frac{1}{48}f'''(\xi_2),\end{aligned}$$

于是

$$1=f(1)-f(0)=\frac{1}{48}\Big[f'''(\xi_1)-f'''(\xi_2)\Big].$$

所以存在 $\xi\in(0,1)$, 使得 $|f'''(\xi)|=\max\{|f'''(\xi_1)|,|f'''(\xi_2)|\}$, 且有

$$1 \leqslant \frac{1}{48}\Big[|f'''(\xi_1)| + |f'''(\xi_2)|\Big] \leqslant \frac{1}{24} \cdot |f'''(\xi)|,$$

故 $|f'''(\xi)| \geqslant 24$. □

习 题 5.5

1. 确定下列函数的单调区间:

(3) $f(x) = \sin^2 x$;   (4) $f(x) = 1 - |x^3 - 1|$.

解 (3) 由 $f'(x) = 2\sin x\cos x = \sin 2x = 0$ 得, $x = \dfrac{k\pi}{2}$, $k \in \mathbb{Z}$.

由于 $\forall k \in \mathbb{Z}$, 当 $k\pi \leqslant x \leqslant k\pi + \dfrac{\pi}{2}$ 时, $f'(x) \geqslant 0$, 当 $k\pi + \dfrac{\pi}{2} \leqslant x \leqslant (k+1)\pi$ 时, $f'(x) \leqslant 0$, 所以 $f(x)$ 的递增区间是 $\left[k\pi, k\pi + \dfrac{\pi}{2}\right]$, $k \in \mathbb{Z}$, 递减区间是 $\left[k\pi + \dfrac{\pi}{2}, (k+1)\pi\right]$, $k \in \mathbb{Z}$.

(4) 由于$f(x) = \begin{cases} 2 - x^3, & x \geqslant 1, \\ x^3, & x < 1, \end{cases}$ 所以

$$f'(x) = \begin{cases} -3x^2 < 0, & x > 1, \\ 3x^2 \geqslant 0, & x < 1. \end{cases}$$

又因为 $f(x)$ 在 $\mathbb{R}$ 上连续, 因此 $f(x)$ 的递增区间是 $(-\infty, 1]$, 递减区间是 $[1, +\infty)$. □

2. 确定下列函数的凸性区间和拐点:

(1) $f(x) = x + \dfrac{1}{x}$;   (3) $f(x) = x + \sin x$.

解 (1) 由于 $f'(x) = 1 - \dfrac{1}{x^2}$, 以及

$$f''(x) = \frac{2}{x^3} = \begin{cases} > 0, & x > 0, \\ < 0, & x < 0, \end{cases}$$

所以函数 $f(x)$ 的上凸区间是 $(-\infty, 0)$, 下凸区间是 $(0, +\infty)$. 因为 $f(x)$ 在 $x = 0$ 处没有定义, 所以没有拐点.

(3) 由于 $f'(x) = 1 + \cos x$, 以及

$$f''(x) = -\sin x = \begin{cases} \geqslant 0, & x \in [2k\pi + \pi, 2k\pi + 2\pi], \\ \leqslant 0, & x \in [2k\pi, 2k\pi + \pi], \end{cases} \quad k \in \mathbb{Z},$$

所以函数 $f(x)$ 的上凸区间是 $[2k\pi, 2k\pi + \pi]$, $k \in \mathbb{Z}$, 下凸区间是 $[2k\pi + \pi, 2k\pi + 2\pi]$, $k \in \mathbb{Z}$, $(k\pi, k\pi)$, $k \in \mathbb{Z}$ 是拐点. □

3. 证明下列不等式:

(1) 当 $x>0$ 时, $x-\frac{x^2}{2}<\ln(1+x)$;

(3) $e^{\frac{x+y}{2}}\leqslant\frac{1}{2}(e^x+e^y)$.

证明 (1) 令 $f(x)=x-\frac{x^2}{2}-\ln(1+x),x\in[0,+\infty)$, 则 $f(0)=0$ 且

$$f'(x)=1-x-\frac{1}{1+x}=-\frac{x^2}{1+x}<0,\quad\forall x>0,$$

于是 $f(x)$ 在 $[0,+\infty)$ 上严格递减, 所以当 $x>0$ 时, $f(x)<f(0)=0$, 即当 $x>0$ 时,

$$x-\frac{x^2}{2}<\ln(1+x).$$

(3) 令 $f(x)=e^x$, 则

$$f''(x)=e^x>0,\quad\forall x\in\mathbb{R},$$

于是 $f(x)$ 是 $\mathbb{R}$ 上的下凸函数, 所以根据下凸函数的定义得, $\forall x,y\in\mathbb{R}$, 有

$$f\left(\frac{x+y}{2}\right)\leqslant\frac{1}{2}(f(x)+f(y)),$$

即 $e^{\frac{x+y}{2}}\leqslant\frac{1}{2}(e^x+e^y)$. □

5. 证明: 若 $f''(a)=0,f'''(a)\neq0$, 则 a 是拐点的横坐标.

证明 不妨设 $f'''(a)>0$, 由

$$f'''(a)=\lim_{x\to a}\frac{f''(x)-f''(a)}{x-a}>0,\quad f''(a)=0,$$

以及函数极限的局部保号性知, $\exists\delta>0$, 使当 $0<|x-a|<\delta$ 时,

$$\frac{f''(x)-f''(a)}{x-a}=\frac{f''(x)}{x-a}>0.$$

所以

$$f''(x)=\begin{cases}>0, & a<x<a+\delta,\\ <0, & a-\delta<x<a.\end{cases}$$

因此根据推论 5.5.4 得, a 是拐点 $(a,f(a))$ 的横坐标. □

7. 证明当 $h>-1,x\geqslant1$ 时, $(1+h)^x\geqslant1+xh$.

证明 令 $f(x)=(1+h)^x-1-xh,x\in[1,+\infty)$, 则 $f(1)=0$ 且

$$f'(x)=(1+h)^x\ln(1+h)-h.$$

注意到当 $h>-1, x\geqslant 1$ 时, 无论 $-1<h<0$, 或者 $h\geqslant 0$, 都有

$$(1+h)^x\ln(1+h)\geqslant(1+h)\ln(1+h),$$

以及

$$\ln(1+h)\geqslant\frac{h}{1+h},$$

所以

$$f'(x)\geqslant(1+h)\ln(1+h)-h=(1+h)\left(\ln(1+h)-\frac{h}{1+h}\right)\geqslant 0,$$

因此 $f(x)$ 在 $[1,+\infty)$ 上递增, 故当 $h>-1, x\geqslant 1$ 时, $f(x)\geqslant f(1)=0$, 即

$$(1+h)^x\geqslant 1+xh. \qquad \square$$

8. 证明: 若 $a<b<c<d, f(x)$ 在 $[a,c]$ 及 $[b,d]$ 上都为下凸函数, 则 $f(x)$ 在 $[a,d]$ 上也是下凸函数.

证明 用定理 5.5.3 证明. 在 $[a,d]$ 上任取三点 $x_1<x_2<x_3$, 往证:

$$\frac{f(x_2)-f(x_1)}{x_2-x_1}\leqslant\frac{f(x_3)-f(x_2)}{x_3-x_2}.$$

事实上, 若三点 x_1,x_2,x_3 同时属于 $[a,c]$ 或者同时属于 $[b,d]$, 则由于 $f(x)$ 在 $[a,c]$ 及 $[b,d]$ 上都为下凸函数, 所以根据定理 5.5.3 得

$$\frac{f(x_2)-f(x_1)}{x_2-x_1}\leqslant\frac{f(x_3)-f(x_2)}{x_3-x_2}.$$

若三点 x_1,x_2,x_3 不同时属于 $[a,c]$, 也不同时属于 $[b,d]$, 则必有 $x_1\in[a,b)$, $x_3\in(c,d]$. 下面分三种情况证明.

(1) 当 $x_2\in[b,c)$ 时, $x_1<x_2<c<x_3$, 由于 $f(x)$ 在 $[a,c]$ 及 $[b,d]$ 上都为下凸函数, 所以根据推论 5.5.2 得

$$\frac{f(x_2)-f(x_1)}{x_2-x_1}\leqslant\frac{f(c)-f(x_2)}{c-x_2}\leqslant\frac{f(x_3)-f(x_2)}{x_3-x_2},$$

所以

$$\frac{f(x_2)-f(x_1)}{x_2-x_1}\leqslant\frac{f(x_3)-f(x_2)}{x_3-x_2}.$$

(2) 当 $x_2\in[a,b)$ 时, $x_1<x_2<b<c<x_3$, 由于 $f(x)$ 在 $[a,c]$ 及 $[b,d]$ 上都为下凸函数, 所以根据推论 5.5.2 得

$$\frac{f(x_2)-f(x_1)}{x_2-x_1}\leqslant\frac{f(b)-f(x_2)}{b-x_2}\leqslant\frac{f(c)-f(b)}{c-b}\leqslant\frac{f(x_3)-f(b)}{x_3-b},$$

而由

$$\frac{f(b)-f(x_2)}{b-x_2}\leqslant\frac{f(x_3)-f(b)}{x_3-b},$$

可得

$$\frac{f(b)-f(x_2)}{b-x_2}\leqslant\frac{f(x_3)-f(x_2)}{x_3-x_2},$$

所以

$$\frac{f(x_2)-f(x_1)}{x_2-x_1}\leqslant\frac{f(x_3)-f(x_2)}{x_3-x_2}.$$

(3) 当 $x_2\in[c,d]$ 时, 令 $c'=c-\dfrac{c-b}{4}\in(b,c)$, 则 $x_1<b<c'<x_2<x_3$, 利用推论 5.5.2, 类似于 (2), 可证得

$$\frac{f(x_2)-f(x_1)}{x_2-x_1}\leqslant\frac{f(x_3)-f(x_2)}{x_3-x_2}.$$

综上所述, 对 $[a,d]$ 上任取的三点 $x_1<x_2<x_3$, 都有

$$\frac{f(x_2)-f(x_1)}{x_2-x_1}\leqslant\frac{f(x_3)-f(x_2)}{x_3-x_2},$$

故根据定理 5.5.3 得, $f(x)$ 在 $[a,d]$ 上也是下凸函数. □

9. 应用例 4 的结论证明 Young 不等式: 若 $a>0,b>0,p>1,\dfrac{1}{p}+\dfrac{1}{q}=1$, 则

$$ab\leqslant\frac{a^p}{p}+\frac{b^q}{q}.$$

证明 由例 4 的结论知, 对于 $0<\alpha<1$, $\forall x>0$, 有

$$x^\alpha-\alpha x\leqslant 1-\alpha.$$

令 $\alpha=\dfrac{1}{p}\in(0,1),x=\dfrac{a^p}{b^q}>0$, 注意到 $\dfrac{1}{p}+\dfrac{1}{q}=1$, 可得

$$\frac{a}{b^{\frac{q}{p}}}-\frac{1}{p}\frac{a^p}{b^q}\leqslant 1-\frac{1}{p}=\frac{1}{q},$$

所以

$$\frac{a^p}{p}+\frac{b^q}{q}=b^q\left(\frac{1}{p}\frac{a^p}{b^q}+\frac{1}{q}\right)\geqslant a\,b^{q-\frac{q}{p}}=ab.$$ □

10. 应用 Young 不等式证明 Hölder 不等式: 若 $a_i>0,\ b_i>0,i=1,2,\cdots,n;p>0,\ q>0,\dfrac{1}{p}+\dfrac{1}{q}=1$, 则

$$\sum_{i=1}^n a_ib_i\leqslant\left(\sum_{i=1}^n a_i^p\right)^{\frac{1}{p}}\left(\sum_{i=1}^n b_i^q\right)^{\frac{1}{q}}.$$

证明 令

$$a=\frac{a_i}{\left(\sum_{i=1}^{n}a_i^p\right)^{\frac{1}{p}}},\quad b=\frac{b_i}{\left(\sum_{i=1}^{n}b_i^q\right)^{\frac{1}{q}}},$$

则由 Young 不等式得

$$\frac{a_ib_i}{\left(\sum_{i=1}^{n}a_i^p\right)^{\frac{1}{p}}\left(\sum_{i=1}^{n}b_i^q\right)^{\frac{1}{q}}}\leqslant\frac{a_i^p}{p\sum_{i=1}^{n}a_i^p}+\frac{b_i^q}{q\sum_{i=1}^{n}b_i^q},$$

于是将上述不等式关于 i 从 1 到 n 求和, 得

$$\frac{\sum_{i=1}^{n}a_ib_i}{\left(\sum_{i=1}^{n}a_i^p\right)^{\frac{1}{p}}\left(\sum_{i=1}^{n}b_i^q\right)^{\frac{1}{q}}}\leqslant\frac{1}{p}+\frac{1}{q}=1,$$

即

$$\sum_{i=1}^{n}a_ib_i\leqslant\left(\sum_{i=1}^{n}a_i^p\right)^{\frac{1}{p}}\left(\sum_{i=1}^{n}b_i^q\right)^{\frac{1}{q}}.$$

□

习 题 5.6

1. 求下列函数的极值:

(1) $f(x)=1-(x-2)^{\frac{2}{3}}$; (2) $f(x)=|x(x^2-1)|$.

解 (1) 显然 $f(x)$ 的定义域是 $\mathbb{R}$. 由于 $f'(x)=-\dfrac{2}{3}(x-2)^{-\frac{1}{3}}\neq0\,(x\neq2)$, $x=2$ 是 $f(x)$ 的不可导点, 所以 $x=2$ 是 $f(x)$ 的唯一可能的极值点.

因为当 $x<2$ 时, $f'(x)>0$, 当 $x>2$ 时, $f'(x)<0$, 且 $f(x)$ 在 $x=2$ 处连续, 所以根据极值的第一判别法得, $f(x)$ 在 $x=2$ 处取得极大值 1.

(2) 显然 $f(x)$ 的定义域是 $\mathbb{R}$. 由于

$$f(x)=\begin{cases}x(x^2-1), & x\geqslant1,\\ -x(x^2-1), & 0\leqslant x<1,\\ x(x^2-1), & -1<x<0,\\ -x(x^2-1), & x\leqslant-1,\end{cases}$$

所以利用导数的定义易证, $f(x)$ 在 $x=0,\pm1$ 处都是不可导点.

应用求导法则可得

$$f'(x)=\begin{cases}3x^2-1>0, & x>1,\\ -3x^2+1, & 0<x<1,\\ 3x^2-1, & -1<x<0,\\ -3x^2+1<0, & x<-1.\end{cases}$$

由 $f'(x)=0$ 得 $f(x)$ 的稳定点有 $x=\pm\dfrac{\sqrt{3}}{3}$. 所以 $f(x)$ 的可能极值点有 $x_1=-1,x_2=-\dfrac{\sqrt{3}}{3},x_3=0,x_4=\dfrac{\sqrt{3}}{3},x_5=1$.

下面列表判断函数的极值:

x	$(-\infty,-1)$	-1	$\left(-1,-\frac{\sqrt{3}}{3}\right)$	$-\frac{\sqrt{3}}{3}$	$\left(-\frac{\sqrt{3}}{3},0\right)$	0
$f'(x)$	$-$	不存在	$+$	0	$-$	不存在
$f(x)$	↘	极小值 0	↗	极大值 $\frac{2\sqrt{3}}{9}$	↘	极小值 0
x	$\left(0,\frac{\sqrt{3}}{3}\right)$	$\frac{\sqrt{3}}{3}$	$\left(\frac{\sqrt{3}}{3},1\right)$	1	$(1,+\infty)$	
$f'(x)$	$+$	0	$-$	不存在	$+$	
$f(x)$	↗	极大值 $\frac{2\sqrt{3}}{9}$	↘	极小值 0	↗	

因此 $f(x)$ 在 $x=0,\pm1$ 处取得极小值 0, 在 $x=\pm\dfrac{\sqrt{3}}{3}$ 处取得极大值是 $\dfrac{2\sqrt{3}}{9}$. □

3. 求下列函数在指定区间上的最值:

(1) $f(x)=x+\sqrt{1-x},[-8,1]$;　　(3) $f(x)=\sin^3x+\cos^3x,\left[0,\dfrac{3\pi}{4}\right]$.

解　(1) 由

$$f'(x)=1-\frac{1}{2\sqrt{1-x}}=0$$

得稳定点 $x=\dfrac{3}{4}$. 所以比较

$$f(-8)=-8+\sqrt{1+8}=-5,\quad f\left(\frac{3}{4}\right)=\frac{5}{4},\quad f(1)=1$$

得, $f(x)$ 在 $x=-8$ 处取得最小值 -5, 在 $x=\dfrac{3}{4}$ 处取得最大值 $\dfrac{5}{4}$.

(3) 由

$$f'(x)=3\sin^2x\cos x-3\cos^2x\sin x=3\sin x\cos x(\sin x-\cos x)=0$$

得, $f(x)$ 在 $\left[0,\dfrac{3\pi}{4}\right]$ 内的稳定点 $x_1=0,x_2=\dfrac{\pi}{4},x_3=\dfrac{\pi}{2}$, 所以比较

$$f(0)=1,\quad f\left(\frac{\pi}{4}\right)=\frac{\sqrt{2}}{2},\quad f\left(\frac{\pi}{2}\right)=1,\quad f\left(\frac{3\pi}{4}\right)=0$$

得, $f(x)$ 在 $x=\dfrac{3\pi}{4}$ 处取得最小值 0, 在 $x=0,\dfrac{\pi}{2}$ 处取得最大值 1. □

6. 设函数 $f(x)=ax^3+bx^2+cx+d$, $x_1=-1$ 和 $x_2=2$ 分别是 $f(x)$ 的极大、极小值点, 对应的极大、极小值分别为 $8,-19$, 求 a,b,c,d 的值.

解　由于 $f(x)=ax^3+bx^2+cx+d$, 所以

$$f'(x)=3ax^2+2bx+c,\quad f''(x)=6ax+2b,$$

因此根据题设条件可得

$$\begin{cases}f'(-1)=3a-2b+c=0,\\ f'(2)=12a+4b+c=0,\\ f(-1)=-a+b-c+d=8,\\ f(2)=8a+4b+2c+d=-19,\end{cases}$$

解之得, $a=2,b=-3,c=-12,d=1$. 此时 $f(x)=2x^3-3x^2-12x+1$, 且

$$f''(-1)=-12+6=-6<0,\quad f''(2)=24-6=18>0,$$

即 $f(x)=2x^3-3x^2-12x+1$ 在 $x_1=-1$ 和 $x_2=2$ 分别取得极大值、极小值. 故 $a=2,b=-3,c=-12,d=1$ 是所求的值. □

7. 设函数 $f(x)$ 在点 a 存在 n 阶导数, 且

$$f'(a)=f''(a)=\cdots=f^{(n-1)}(a)=0,\quad f^{(n)}(a)\neq 0,$$

(1) n 是奇数时, 则 a 点不是函数 $f(x)$ 的极值点,

(2) n 是偶数时, 则 a 点是函数 $f(x)$ 的极值点:

当 $f^{(n)}(a)>0$ 时, a 点是函数 $f(x)$ 的极小值点;

当 $f^{(n)}(a)<0$ 时, a 点是函数 $f(x)$ 的极大值点.

证明　由于 $f(x)$ 在点 a 存在 n 阶导数, 以及 $f'(a)=f''(a)=\cdots=f^{(n-1)}(a)=0,f^{(n)}(a)\neq 0$, 所以根据带 Peano 型余项的 Taylor 中值定理得

$$\begin{aligned}f(x)&=f(a)+f'(a)(x-a)+\cdots+\frac{f^{(n)}(a)}{n!}(x-a)^n+o((x-a)^n)\\&=f(a)+\left[\frac{f^{(n)}(a)}{n!}+o(1)\right](x-a)^n,\quad x\to a.\end{aligned}$$

(1) 若 n 是奇数, 不妨设 $f^{(n)}(a)>0$, 则由

$$\lim_{x\to a}\left[\frac{f^{(n)}(a)}{n!}+o(1)\right]=\frac{f^{(n)}(a)}{n!}>0$$

得, 存在 $\delta>0$, 使当 $x\in U^\circ(a;\delta)$ 时, $\dfrac{f^{(n)}(a)}{n!}+o(1)>0$. 于是当 $a-\delta<x<a$ 时, $f(x)<f(a)$; 当 $a<x<a+\delta$ 时, $f(x)>f(a)$, 所以此时 a 点不是函数 $f(x)$ 的极值点.

例如, $f(x)=x^3$ 满足 $f'(0)=f''(0)=0$, $f'''(0)=6\neq 0$, 显然 $x=0$ 不是函数 $f(x)=x^3$ 的极值点.

(2) 若 n 是偶数, 当 $f^{(n)}(a)>0$ 时, 同上可得, $\forall x\in U(a;\delta)$, 有 $f(x)\geqslant f(a)$, 此时 a 点是函数 $f(x)$ 的极小值点.

当 $f^{(n)}(a)<0$ 时, 同理可证, a 点是函数 $f(x)$ 的极大值点. □

8. 求数列 $\{\sqrt[n]{n}\}$ 的最大项.

解 令 $f(x)=x^{\frac{1}{x}}$, $x\in(0,+\infty)$, 则由

$$f'(x)=\left(\mathrm{e}^{\frac{\ln x}{x}}\right)'=\mathrm{e}^{\frac{\ln x}{x}}\cdot\frac{1-\ln x}{x^2}=0$$

得, $x=\mathrm{e}$, 于是当 $0<x<\mathrm{e}$ 时, $f'(x)>0$, $f(x)$ 在 $(0,\mathrm{e}]$ 上严格递增; 当 $x>\mathrm{e}$ 时, $f'(x)<0$, $f(x)$ 在 $(\mathrm{e},+\infty)$ 内严格递减, 所以当 $n>3$ 时,

$$\sqrt[n]{n}=f(n)<f(3)=\sqrt[3]{3}.$$

又由于

$$2^3=8<9=3^2,$$

所以 $1<\sqrt{2}<\sqrt[3]{3}$, 因此数列 $\{\sqrt[n]{n}\}$ 的最大项是 $\sqrt[3]{3}$. □

习 题 5.7

1. 求下列曲线的渐近线:

(1) $f(x)=\dfrac{1}{x^2-4x-5}$; (4) $f(x)=x\mathrm{e}^{\frac{1}{x^2}}$.

解 (1) 由于 $f(x)=\dfrac{1}{(x+1)(x-5)}$, 所以

$$\lim_{x\to-1}f(x)=\infty,\quad \lim_{x\to5}f(x)=\infty,$$

因此直线 $x=-1$ 和直线 $x=5$ 都是曲线 $y=\dfrac{1}{x^2-4x-5}$ 的垂直渐近线.

又因为

$$\lim_{x\to\infty}f(x)=0,$$

所以 $y=0$ 是曲线 $y=\dfrac{1}{x^2-4x-5}$ 的水平渐近线.

(4) 由于

$$\lim_{x\to 0} f(x) = \lim_{x\to 0} \frac{\mathrm{e}^{\frac{1}{x^2}}}{\frac{1}{x}} = \lim_{t\to\infty} \frac{\mathrm{e}^{t^2}}{t} = \lim_{t\to\infty} 2t\mathrm{e}^{t^2} = \infty,$$

因此直线 $x=0$ 是曲线 $y = x\mathrm{e}^{\frac{1}{x^2}}$ 的垂直渐近线.

又因为

$$k = \lim_{x\to\infty} \frac{f(x)}{x} = \lim_{x\to\infty} \mathrm{e}^{\frac{1}{x^2}} = 1$$

和

$$b = \lim_{x\to\infty} (f(x) - kx) = \lim_{x\to\infty} x(\mathrm{e}^{\frac{1}{x^2}} - 1) = \lim_{x\to\infty} x \cdot \frac{1}{x^2} = 0,$$

所以 $y = x$ 是曲线 $y = \dfrac{1}{x^2 - 4x - 5}$ 的斜渐近线. □

复 习 题

2. 设 $a_1, a_2, \cdots, a_n$ 是 n 个正实数,

$$f(x) = \left(\frac{a_1^x + a_2^x + \cdots + a_n^x}{n}\right)^{\frac{1}{x}},$$

求 $\lim\limits_{x\to-\infty} f(x)$, $\lim\limits_{x\to+\infty} f(x)$.

解 令 $A = \min\{a_1, a_2, \cdots, a_n\}$, $B = \max\{a_1, a_2, \cdots, a_n\}$, 则

$$A \leqslant a_k \leqslant B, \quad k = 1, 2, \cdots, n.$$

于是当 $x < 0$ 时, 有

$$A^x < a_1^x + a_2^x + \cdots + a_n^x \leqslant n\, A^x \Rightarrow A \leqslant f(x) < A \cdot \frac{1}{n^{\frac{1}{x}}},$$

而

$$\lim_{x\to-\infty} A \cdot \frac{1}{n^{\frac{1}{x}}} = A,$$

所以根据迫敛性定理得

$$\lim_{x\to-\infty} f(x) = A = \min\{a_1, a_2, \cdots, a_n\}.$$

当 $x > 0$ 时, 有

$$B^x < a_1^x + a_2^x + \cdots + a_n^x \leqslant n\, B^x \Rightarrow B \cdot \frac{1}{n^{\frac{1}{x}}} < f(x) \leqslant B,$$

而

$$\lim_{x\to+\infty} B\cdot\frac{1}{n^{\frac{1}{x}}}=B,$$

所以根据迫敛性定理得

$$\lim_{x\to+\infty} f(x)=B=\max\{a_1,a_2,\cdots,a_n\}.\qquad\square$$

4. 设 $f(x),g(x)$ 都是 $[a,+\infty)$ 上的可微函数, 且当 $x\geqslant a$ 时, $|f'(x)|<g'(x)$, 试证明: 当 $x>a$ 时,

$$|f(x)-f(a)|<g(x)-g(a).$$

证明　由于当 $x\geqslant a$ 时, $|f'(x)|<g'(x)$, 即

$$-g'(x)<f'(x)<g'(x),$$

所以当 $x\geqslant a$ 时, 有

$$(f(x)-g(x))'=f'(x)-g'(x)<0,\quad (f(x)+g(x))'=f'(x)+g'(x)>0,$$

因此函数 $f(x)-g(x)$ 在 $[a,+\infty)$ 内严格递减, 函数 $f(x)+g(x)$ 在 $[a,+\infty)$ 内严格递增, 故当 $x>a$ 时,

$$f(x)-g(x)<f(a)-g(a),\quad f(x)+g(x)>f(a)+g(a),$$

从而当 $x>a$ 时, $-(g(x)-g(a))<f(x)-f(a)<g(x)-g(a)$, 即

$$|f(x)-f(a)|<g(x)-g(a).\qquad\square$$

5. 计算下列极限:

(1) $\lim\limits_{n\to\infty} n^2\left[\arctan\left(\dfrac{3}{n}\right)-\arctan\left(\dfrac{3}{n+1}\right)\right]$;　　(4) $\lim\limits_{x\to 0}\dfrac{\ln(1+x\mathrm{e}^x)}{\ln(x+\sqrt{1+x^2})}$.

解　(1)　因为

$$\begin{aligned}
&\lim_{x\to+\infty} x^2\left(\arctan\frac{3}{x}-\arctan\frac{3}{x+1}\right)\\
=&\lim_{x\to+\infty}\frac{\arctan\dfrac{3}{x}-\arctan\dfrac{3}{x+1}}{\dfrac{1}{x^2}}\\
=&\lim_{x\to+\infty}\frac{\dfrac{1}{1+\dfrac{9}{x^2}}\cdot\left(-\dfrac{3}{x^2}\right)-\dfrac{1}{1+\dfrac{9}{(x+1)^2}}\cdot\left(-\dfrac{3}{(x+1)^2}\right)}{-\dfrac{2}{x^3}}
\end{aligned}$$

$$=\frac{3}{2}\lim_{x\to+\infty}\frac{x^3(2x+1)}{(x^2+9)((x+1)^2+9)}$$

$$=\frac{3}{2}\lim_{x\to+\infty}\frac{2+\dfrac{1}{x}}{\left(1+\dfrac{9}{x^2}\right)\left(\left(1+\dfrac{1}{x}\right)^2+\dfrac{9}{x^2}\right)}=\frac{3}{2}\cdot 2=3,$$

根据归结原则得

$$\lim_{n\to\infty}n^2\left[\arctan\left(\frac{3}{n}\right)-\arctan\left(\frac{3}{n+1}\right)\right]=3.$$

(4) 因为当 $x\to 0$ 时, $\ln(1+x)\sim x$, 所以

$$\lim_{x\to 0}\frac{\ln(1+x\mathrm{e}^x)}{\ln(x+\sqrt{1+x^2})}=\lim_{x\to 0}\frac{x\mathrm{e}^x}{\ln(x+\sqrt{1+x^2})}=\lim_{x\to 0}\frac{(x+1)\mathrm{e}^x}{\dfrac{1}{\sqrt{1+x^2}}}=1.$$ □

6. 证明: 若 $x>0$, 则

(1) $\sqrt{x+1}-\sqrt{x}=\dfrac{1}{2\sqrt{x+\theta(x)}}$, 其中 $\dfrac{1}{4}<\theta(x)<\dfrac{1}{2}$;

(2) $\lim\limits_{x\to 0^+}\theta(x)=\dfrac{1}{4}$, $\lim\limits_{x\to+\infty}\theta(x)=\dfrac{1}{2}$.

证明 (1) 任意取定 $x>0$, 令 $f(t)=\sqrt{t}$, 将 $f(t)$ 在 $[x,x+1]$ 上应用 Lagrange 中值定理得, $\exists\theta(x)\in(0,1)$, 使得

$$\sqrt{x+1}-\sqrt{x}=f(x+1)-f(x)=f'(x+\theta(x)(x+1-x))(x+1-x)$$
$$=\frac{1}{2\sqrt{x+\theta(x)}},$$

于是

$$\theta(x)=\frac{1}{4}+\frac{\sqrt{x^2+x}-x}{2},\quad x\in(0,+\infty),$$

所以

$$\frac{1}{4}<\theta(x)=\frac{1}{4}+\frac{x}{2(\sqrt{x^2+x}+x)}<\frac{1}{2},\quad x\in(0,+\infty).$$

(2) 由 (1) 可得

$$\lim_{x\to+\infty}\theta(x)=\lim_{x\to+\infty}\left(\frac{1}{4}+\frac{x}{2(\sqrt{x^2+x}+x)}\right)$$
$$=\frac{1}{4}+\lim_{x\to+\infty}\frac{1}{2\left(\sqrt{1+\dfrac{1}{x}}+1\right)}=\frac{1}{2}$$

和

$$\lim_{x\to 0^+}\theta(x)=\lim_{x\to 0^+}\left(\frac{1}{4}+\frac{\sqrt{x^2+x}-x}{2}\right)=\frac{1}{4}.\qquad\square$$

7. 若 $f(x)$ 是区间 (a,b) 内的下凸函数, 且有界, 试证 $\lim\limits_{x\to a^+}f(x)$, $\lim\limits_{x\to b^-}f(x)$ 都存在.

证明　由于 $f(x)$ 在 (a,b) 内有界, 所以存在 $M>0$, 使 $\forall x\in(a,b)$, 有

$$|f(x)|\leqslant M.$$

任取 (a,b) 内三点 $x_0<x_1<x$, 由于 $f(x)$ 是区间 (a,b) 内的下凸函数, 所以函数 $\dfrac{f(x)-f(x_0)}{x-x_0}$ 关于 x 在 (x_1,b) 内单调递增.

又因为在 (x_1,b) 内,

$$\frac{f(x)-f(x_0)}{x-x_0}\leqslant\frac{M-f(x_0)}{x_1-x_0},$$

所以根据函数极限的单调有界定理得, $\lim\limits_{x\to b^-}\dfrac{f(x)-f(x_0)}{x-x_0}$ 存在.

设 $A=\lim\limits_{x\to b^-}\dfrac{f(x)-f(x_0)}{x-x_0}$, 则

$$\lim_{x\to b^-}f(x)=\lim_{x\to b^-}\left[(x-x_0)\frac{f(x)-f(x_0)}{x-x_0}+f(x_0)\right]=A(b-x_0)+f(x_0),$$

即 $\lim\limits_{x\to b^-}f(x)$ 存在.

同理可证, $\lim\limits_{x\to a^+}f(x)$ 也存在. $\square$

8. 若 $f(x)$ 是区间 (a,b) 内的下凸函数, 试证 $f(x)$ 在 (a,b) 的任意闭子区间 $[c,d]$ 上满足 Lipschitz 条件: $\exists L>0$, 使得 $\forall x_1,x_2\in[c,d]$ 有

$$|f(x_1)-f(x_2)|\leqslant L|x_1-x_2|.$$

证明　任意取定 (a,b) 的闭子区间 $[c,d]$, 下面证明: $\exists L>0$, 使得 $\forall x_1,x_2\in[c,d]$ 有

$$|f(x_1)-f(x_2)|\leqslant L|x_1-x_2|.$$

事实上, 取定 (a,b) 内的四点 $\alpha,\beta,\gamma,\delta$, 使得 $\alpha<\beta<c<d<\gamma<\delta$. 由于 $f(x)$ 是区间 (a,b) 内的下凸函数, 根据定理 5.5.3 得, $\forall x_1,x_2\in[c,d],x_1<x_2$, 有

$$\frac{f(\beta)-f(\alpha)}{\beta-\alpha}\leqslant\frac{f(x_1)-f(\beta)}{x_1-\beta}\leqslant\frac{f(x_2)-f(x_1)}{x_2-x_1}\leqslant\frac{f(\gamma)-f(x_2)}{\gamma-x_2}\leqslant\frac{f(\delta)-f(\gamma)}{\delta-\gamma}.$$

令 $L=\max\left\{\left|\dfrac{f(\beta)-f(\alpha)}{\beta-\alpha}\right|,\left|\dfrac{f(\delta)-f(\gamma)}{\delta-\gamma}\right|\right\}+1$, 则 $L>0$, 且

$$\left|\frac{f(x_2)-f(x_1)}{x_2-x_1}\right|\leqslant L,$$

所以 $\forall x_1,x_2\in[c,d]$ 有

$$|f(x_1)-f(x_2)|\leqslant L|x_1-x_2|. \qquad \square$$

9. 设 $f(x)$ 在 $[a,b]$ 上连续, 在 (a,b) 内二阶可导, 证明存在常数 $c\in(a,b)$, 使得

$$f(b)-2f\left(\frac{a+b}{2}\right)+f(a)=\frac{(b-a)^2}{4}f''(c).$$

证明 根据题设条件和 Taylor 公式得, 存在 $\xi_1\in\left(\dfrac{a+b}{2},b\right)$, $\xi_2\in\left(a,\dfrac{a+b}{2}\right)$, 使得

$$f(b)=f\left(\frac{a+b}{2}\right)+f'\left(\frac{a+b}{2}\right)\left(b-\frac{a+b}{2}\right)+\frac{1}{2}f''(\xi_1)\left(b-\frac{a+b}{2}\right)^2,$$
$$f(a)=f\left(\frac{a+b}{2}\right)+f'\left(\frac{a+b}{2}\right)\left(a-\frac{a+b}{2}\right)+\frac{1}{2}f''(\xi_2)\left(a-\frac{a+b}{2}\right)^2,$$

于是将上述两式相加可得

$$f(b)-2f\left(\frac{a+b}{2}\right)+f(a)=\frac{1}{8}(b-a)^2\left[f''(\xi_1)+f''(\xi_2)\right].$$

又根据题设条件和 Darboux 导函数介值定理得, 存在 $c\in(\xi_2,\xi_1)\subset(a,b)$, 使得

$$f''(c)=\frac{1}{2}\left[f''(\xi_1)+f''(\xi_2)\right],$$

所以

$$f(b)-2f\left(\frac{a+b}{2}\right)+f(a)=\frac{(b-a)^2}{4}f''(c). \qquad \square$$

11. 讨论方程 $x\mathrm{e}^{-x}=k, k>0$ 的实根个数.

解 令 $f(x)=x\mathrm{e}^{-x}-k$, 则

$$f'(x)=(1-x)\mathrm{e}^{-x}\begin{cases}>0, & x<1,\\ 0, & x=1,\\ <0, & x>1,\end{cases}$$

于是 $f(x)$ 在 $(-\infty,1]$ 上严格递增, 在 $[1,+\infty)$ 上严格递减, 所以 $f(1)=\dfrac{1}{\mathrm{e}}-k$ 是

$f(x)$ 在 $(-\infty,1]$ 上的最大值.

所以, (1) 当 $k>\dfrac{1}{\mathrm{e}}$ 时, $f(x)\leqslant f(1)=\dfrac{1}{\mathrm{e}}-k<0$, 此时原方程 $x\mathrm{e}^{-x}=k,k>0$ 没有实根.

(2) 当 $k=\dfrac{1}{\mathrm{e}}$ 时, $f(x)\leqslant f(1)=\dfrac{1}{\mathrm{e}}-k=0,x\neq 1$, 此时原方程 $x\mathrm{e}^{-x}=k,k>0$ 有且只有一个实根 $x=1$.

(3) 当 $0<k<\dfrac{1}{\mathrm{e}}$ 时, $f(1)=\dfrac{1}{\mathrm{e}}-k>0$, 此时原方程 $x\mathrm{e}^{-x}=k,k>0$ 有且只有两个实根.

事实上, 由于 $f(x)$ 在 $(-\infty,+\infty)$ 上连续, 以及

$$\lim_{x\to+\infty}f(x)=-k<0,\quad \lim_{x\to-\infty}f(x)=-\infty,$$

所以存在 $x_1>1,x_2<0$, 使得

$$f(x_1)<0,\quad f(x_2)<0.$$

因此根据零点定理得, $f(x)$ 在 $(-\infty,1)$ 与 $(1,+\infty)$ 上各有一个零点. 而 $f(x)$ 在 $(-\infty,1]$ 上严格递增, 在 $[1,+\infty)$ 上严格递减, 故 $f(x)$ 在 $(-\infty,1)$ 与 $(1,+\infty)$ 上都只有一个零点. 从而当 $0<k<\dfrac{1}{\mathrm{e}}$ 时, 原方程 $x\mathrm{e}^{-x}=k,k>0$ 有且只有两个实根. □

12. 证明函数

$$f(x)=\begin{cases}\mathrm{e}^{-\frac{1}{x^2}}, & x\neq 0,\\ 0, & x=0\end{cases}$$

在 $x=0$ 处 n 阶可导且 $f^{(n)}(0)=0$, 其中 n 为任意正整数.

证明 当 $x\neq 0$ 时, 由于 $f(x)=\mathrm{e}^{-\frac{1}{x^2}}$, 所以

$$\begin{aligned}f'(x)&=\frac{2}{x^3}\mathrm{e}^{-\frac{1}{x^2}},\\ f''(x)&=\left(-\frac{6}{x^4}+\frac{4}{x^6}\right)\mathrm{e}^{-\frac{1}{x^2}},\end{aligned}$$

用数学归纳法可以证明

$$f^{(n)}(x)=P_{3n}\left(\frac{1}{x}\right)\mathrm{e}^{-\frac{1}{x^2}}\quad (n=1,2,\cdots),$$

其中 $P_{3n}(t)$ 是 t 的 $3n$ 次多项式.

下面用数学归纳法证明: $f^{(n)}(0)=0,n=1,2,\cdots$.

首先, 根据导数的定义和 L' Hospital 法则可得

$$f'(0)=\lim_{x\to 0}\frac{f(x)-f(0)}{x-0}=\lim_{x\to 0}\frac{\mathrm{e}^{-\frac{1}{x^2}}}{x}=\lim_{t\to\infty}\frac{t}{\mathrm{e}^{t^2}}=\lim_{t\to\infty}\frac{1}{2t\mathrm{e}^{t^2}}=0.$$

其次, 假定当 $n=k$ 时有 $f^{(k)}(0)=0$, 则当 $n=k+1$ 时,

$$f^{(k+1)}(0)=\lim_{x\to 0}\frac{f^{(k)}(x)-f^{(k)}(0)}{x-0}=\lim_{x\to 0}\frac{P_{3k}\left(\dfrac{1}{x}\right)\mathrm{e}^{-\frac{1}{x^2}}}{x}=\lim_{t\to\infty}\frac{t\cdot P_{3n}(t)}{\mathrm{e}^{t^2}}=0.$$

故根据数学归纳法原理得, $f^{(n)}(0)=0, n=1,2,\cdots$. □

13. 证明: 若 a 为大于 $\ln 2-1$ 的实数, 则

$$x^2-2ax+1<\mathrm{e}^x \quad (x>0).$$

证明 设 $f(x)=\mathrm{e}^x-(x^2-2ax+1)$, 则 $f'(x)=\mathrm{e}^x-2x+2a$, 于是

$$f''(x)=\mathrm{e}^x-2\begin{cases}>0, & x>\ln 2,\\ <0, & 0<x<\ln 2.\end{cases}$$

(1) 当 $x>\ln 2$ 时. 由于 $f''(x)>0$, 所以 $f'(x)$ 在 $[\ln 2,+\infty)$ 上严格递增, 因此由 $a>\ln 2-1$ 得

$$f'(x)\geqslant f'(\ln 2)=2[a-(\ln 2-1)]>0,$$

故 $f(x)$ 在 $[\ln 2,+\infty)$ 上严格递增, 从而当 $x\geqslant\ln 2$ 时, 有

$$\begin{aligned}f(x)&\geqslant f(\ln 2)=2-(\ln^2 2-2a\ln 2+1)\\&>1-\ln^2 2+2\ln 2(\ln 2-1)=(1-\ln 2)^2>0.\end{aligned}$$

(2) 当 $0<x<\ln 2$ 时. 由于 $f''(x)<0$, 所以 $f'(x)$ 在 $(0,\ln 2]$ 上严格递减, 因此由 $a>\ln 2-1$ 得

$$f'(x)\geqslant f'(\ln 2)=2[a-(\ln 2-1)]>0,$$

故 $f(x)$ 在 $[0,\ln 2]$ 上严格递增, 从而当 $0<x<\ln 2$ 时, 有

$$f(x)>f(0)=0.$$

综上所述, 当 $x>0$ 时有 $f(x)>0$, 即 $x^2-2ax+1<\mathrm{e}^x$. □

16. 证明: (1) 设 $f(x)$ 在 $(a,+\infty)$ 内可导, $\lim\limits_{x\to+\infty}f(x)$, $\lim\limits_{x\to+\infty}f'(x)$ 都存在, 则

$$\lim_{x\to+\infty}f'(x)=0.$$

(2) 设 $f(x)$ 在 $(a,+\infty)$ 内 n 阶可导, $\lim\limits_{x\to+\infty}f(x)$, $\lim\limits_{x\to+\infty}f^{(n)}(x)$ 都存在, 则

$$\lim_{x\to+\infty}f^{(k)}(x)=0 \quad (k=1,2,\cdots,n).$$

证明　(1) 令 $x_n = a+n, n=1,2,\cdots$, 设 $\lim\limits_{x\to+\infty} f(x) = A$. 由于 $f(x)$ 在 $(a,+\infty)$ 内可导, 所以根据 Lagrange 中值定理, 存在 $\xi_n \in (x_n, x_{n+1})$, 使得

$$f(x_{n+1}) - f(x_n) = f'(\xi_n)(x_{n+1}-x_n) = f'(\xi_n), \quad n=1,2,\cdots.$$

注意到当 $n\to\infty$ 时, $x_n\to+\infty$, 因此 $\xi_n\to+\infty$, 由归结原则得

$$\lim_{n\to\infty} f'(\xi_n) = \lim_{n\to\infty}[f(x_{n+1})-f(x_n)] = A-A=0.$$

故由 $\lim\limits_{x\to+\infty} f'(x)$ 存在, 根据归结原则得

$$\lim_{x\to+\infty} f'(x) = \lim_{n\to\infty} f'(\xi_n) = 0.$$

(2) 任意取定 $x\in(a,+\infty)$, 由于 $f(x)$ 在 $(a,+\infty)$ 内 n 阶可导, 所以根据 Taylor 中值定理得, 存在 $\xi_j \in (x, x+j)$, 使得 $f(x+j)\,(j=1,2,\cdots,n-1)$ 在 x 处带 Lagrange 型余项的 Taylor 公式为

$$f(x+j) = f(x)+f'(x)j+\cdots+\frac{f^{(n-1)}(x)}{(n-1)!}j^{n-1}+\frac{f^{(n)}(\xi_j)}{n!}j^n, \quad j=1,2,\cdots,n-1.$$

由上述方程组成的方程组, 可以解出 $f'(x), f''(x),\cdots,f^{(n-1)}(x)$ 都是 $f(x+j)-f(x)$, $f^{(n)}(\xi_j)$, $j=1,2,\cdots,n-1$ 的线性组合.

又因为 $\lim\limits_{x\to+\infty} f(x)$, $\lim\limits_{x\to+\infty} f^{(n)}(x)$ 都存在及 $\lim\limits_{n\to\infty}\xi_j=+\infty$, 所以

$$\lim_{x\to+\infty}[f(x+j)-f(x)]=0, \quad \lim_{x\to+\infty} f^{(n)}(\xi_j) \text{ 存在}, \quad j=1,2,\cdots,n-1,$$

因此 $\lim\limits_{x\to+\infty} f^{(j)}(x)$, $j=1,2,\cdots,n-1$ 都存在.

故利用 (1) 的结论知, 由 $\lim\limits_{x\to+\infty} f^{(n-1)}(x)$, $\lim\limits_{x\to+\infty} f^{(n)}(x)$ 都存在, 可得

$$\lim_{x\to+\infty} f^{(n)}(x) = 0,$$

依次类推, 也可得

$$\lim_{x\to+\infty} f^{(k)}(x) = 0 \quad (k=1,2,\cdots,n-1).$$

□

19. 设 $f(x)$ 在 $[0,+\infty)$ 上可微, 且 $0\leqslant f'(x)\leqslant f(x)$, $f(0)=0$, 试证明: 对任意 $x\in[0,+\infty)$, $f(x)=0$.

证明　作辅助函数 $F(x)=\mathrm{e}^{-x}f(x), x\in[0,+\infty)$, 则根据题设条件得, $F(x)$ 在 $[0,+\infty)$ 上可微, 且

$$F'(x)=\mathrm{e}^{-x}(f'(x)-f(x))\leqslant 0, \quad \forall x\in[0,+\infty),$$

于是 $F(x)$ 在 $[0,+\infty)$ 上单调递减, 所以

$$0\leqslant F(x)=\mathrm{e}^{-x}f(x)\leqslant F(0)=0 \Rightarrow F(x)=0, \quad \forall x\in[0,+\infty),$$

因此 对任意 $x\in[0,+\infty)$, $f(x)=0$.

□

第 6 章　实数集的稠密性与完备性

习　题　6.1

1. 证明: 实数 x 的 n 位不足近似值和 n 位过剩近似值的性质 6.1.1 ~ 性质 6.1.4.

性质 6.1.1　对每个自然数 n 有, $x_n \leqslant x \leqslant \overline{x}_n$, 且 $\{x_n\}$ 是递增数列, $\{\overline{x}_n\}$ 是递减数列.

证明　任意取定自然数 n, 分两种情况证明:

(1) 当 $x = a_0.a_1a_2\cdots a_k\cdots \geqslant 0$ 时. 由于 $0 \leqslant a_k \leqslant 9$, $k = 0, 1, \cdots$, 所以

$$x - x_n = 0.00\cdots 0a_{n+1}\cdots \geqslant 0,$$

因此 $x_n \leqslant x$, 而

$$x = a_0.a_1a_2\cdots a_k\cdots \leqslant a_0.a_1a_2\cdots a_n 99\cdots = a_0.a_1a_2\cdots a_n + \frac{1}{10^n} = \overline{x}_n,$$

故 $x_n \leqslant x \leqslant \overline{x}_n$.

又因为

$$x_{k+j} - x_k = 0.00\cdots 0a_{k+1}\cdots a_{k+j} \geqslant 0, \quad \forall k \in \mathbb{N}, \quad j \in \mathbb{N}_+,$$

所以 $\{x_n\}$ 是递增数列, 而

$$\begin{aligned}\overline{x}_{k+j} - \overline{x}_k =& x_{k+j} - x_k + \frac{1}{10^{k+j}} - \frac{1}{10^k} \\ =& 0.00\cdots 0a_{k+1}\cdots a_{k+j} - \frac{10^j - 1}{10^{k+j}} \leqslant 0, \quad \forall k \in \mathbb{N}, \quad j \in \mathbb{N}_+,\end{aligned}$$

所以 $\{\overline{x}_n\}$ 是递减数列.

(2) 当 $x = -a_0.a_1a_2\cdots a_k\cdots < 0$ 时. 由于 $0 \leqslant a_k \leqslant 9$, $k = 0, 1, \cdots$, 所以

$$x - x_n = \frac{1}{10^n} - 0.00\cdots 0a_{n+1}\cdots \geqslant 0,$$

因此 $x_n \leqslant x$, 而

$$x = -a_0.a_1a_2\cdots a_k\cdots \leqslant -a_0.a_1a_2\cdots a_n = \overline{x}_n,$$

故 $x_n \leqslant x \leqslant \overline{x}_n$.

又因为

$$\begin{aligned} x_{k+j} - x_k &= -0.00\cdots 0a_{k+1}\cdots a_{k+j} - \frac{1}{10^{k+j}} + \frac{1}{10^k} \\ &= \frac{10^j - 1}{10^{k+j}} - 0.00\cdots 0a_{k+1}\cdots a_{k+j} \geqslant 0, \quad \forall k \in \mathbb{N}, \quad j \in \mathbb{N}_+, \end{aligned}$$

所以 $\{x_n\}$ 是递增数列, 而

$$\begin{aligned} \overline{x}_{k+j} - \overline{x}_k &= x_{k+j} - x_k + \frac{1}{10^{k+j}} - \frac{1}{10^k} \\ &= -0.00\cdots 0a_{k+1}\cdots a_{k+j} \leqslant 0, \quad \forall k \in \mathbb{N}, \quad j \in \mathbb{N}_+, \end{aligned}$$

所以 $\{\overline{x}_n\}$ 是递减数列. □

性质 6.1.2　当 $x < 0$ 时, 对每个自然数 n 有, $x_n = -\overline{(-x)}_n$, $\overline{x}_n = -(-x)_n$.

证明　当 $x = -a_0.a_1a_2\cdots a_k\cdots < 0$ 时, 其中 $0 \leqslant a_k \leqslant 9$, $k = 0, 1, \cdots$. 由于 $-x = a_0.a_1a_2\cdots a_k\cdots > 0$, 所以

$$(-x)_n = a_0.a_1a_2\cdots a_n, \quad \overline{(-x)}_n = a_0.a_1a_2\cdots a_n + \frac{1}{10^n},$$

因此

$$x_n = -a_0.a_1a_2\cdots a_n - \frac{1}{10^n} = -\left(a_0.a_1a_2\cdots a_n + \frac{1}{10^n}\right) = -\overline{(-x)}_n$$

和

$$\overline{x}_n = -a_0.a_1a_2\cdots a_n = -(-x)_n.$$ □

性质 6.1.3　设 $x \in \mathbb{R}$, n 是一个自然数, 则 $x = \overline{x}_n \Leftrightarrow x$ 为正数, 且 x 的小数位可为有限项 (至多 n 项).

证明　($\Rightarrow$) 若 $x = \overline{x}_n$, 由定义 6.1.2 知, x 必为正数, 因为当 $x \leqslant 0$ 时, $x \neq \overline{x}_n$. 此时 $x = \overline{x}_n$ 的小数位是有限项 (至多 n 项), 所以必要性得证.

($\Leftarrow$) 若 x 是正数, 且 x 的小数位可为有限项 (至多 n 项). 不妨设

$$x = a_0.a_1a_2\cdots a_n > 0, \quad a_n \geqslant 1,$$

则

$$x = a_0.a_1a_2\cdots a_{n-1}(a_n - 1)99\cdots,$$

于是

$$\overline{x}_n = a_0.a_1a_2\cdots a_{n-1}(a_n - 1) + \frac{1}{10^n} = a_0.a_1a_2\cdots a_n = x,$$

即充分性得证. □

性质 6.1.4　设 $x \in \mathbb{R}$, n 是一个自然数, 则 $x = x_n \Leftrightarrow x = 0$ 或 x 为负数, 且 x 的小数位可为有限项 (至多 n 项).

证明　($\Rightarrow$) 若 $x = x_n$, 由定义 6.1.2 知, $x = 0$ 或 x 为负数, 因为当 $x > 0$ 时, $x \neq x_n$.

当 x 为负数时, $x = x_n$ 的小数位是有限项 (至多 n 项), 所以必要性得证.

($\Leftarrow$) 若 $x = 0$ 或 x 为负数, 且 x 的小数位可为有限项 (至多 n 项). 当 $x = 0$ 时, $x_n = 0 = x$, 即结论成立.

当 x 为负数, 且 x 的小数位可为有限项 (至多 n 项) 时, 不妨设

$$x = -a_0.a_1a_2\cdots a_n < 0, \quad a_n \geqslant 1,$$

则

$$x = -a_0.a_1a_2\cdots a_{n-1}(a_n - 1)99\cdots,$$

于是

$$x_n = -a_0.a_1a_2\cdots a_{n-1}(a_n - 1) - \frac{1}{10^n} = -a_0.a_1a_2\cdots a_n = x,$$

即充分性得证. □

2. 证明: 对于每个 $x \in \mathbb{R}$, 存在递增数列 $\{x'_n\} \subset \mathbb{Q}$ 和递减数列 $\{x''_n\} \subset \mathbb{R}\backslash\mathbb{Q}$, 使得

$$\lim_{n\to\infty} x'_n = \lim_{n\to\infty} x''_n = x.$$

证明　任意取定 $x \in \mathbb{R}$, 先证: 存在递增数列 $\{x'_n\} \subset \mathbb{Q}$, 使得

$$\lim_{n\to\infty} x'_n = x.$$

事实上, 对于 $x - 1 < x$, 根据有理数集 $\mathbb{Q}$ 在实数集 $\mathbb{R}$ 中的稠密性得, 存在 $x'_1 \in \mathbb{Q}$, 使得 $x - 1 < x'_1 < x$.

又对于 $\max\left\{x - \frac{1}{2}, x'_1\right\} < x$, 根据有理数集 $\mathbb{Q}$ 在实数集 $\mathbb{R}$ 中的稠密性得, 存在 $x'_2 \in \mathbb{Q}$, 使得 $\max\left\{x - \frac{1}{2}, x'_1\right\} < x'_2 < x$, 这样有

$$x'_1 < x'_2, \quad x - \frac{1}{2} < x'_2 < x.$$

将这个过程无限进行下去, 便得数列 $\{x'_n\} \subset \mathbb{Q}$ 满足

$$x'_n < x'_{n+1}, \quad x - \frac{1}{n} < x'_n < x, \quad n = 1, 2, \cdots,$$

所以 $\{x'_n\}$ 是 $\mathbb{Q}$ 中的递增数列, 且由于

$$\lim_{n\to\infty}\left(x - \frac{1}{n}\right) = x,$$

根据迫敛性定理得

$$\lim_{n\to\infty} x_n' = x.$$

现在证明: 存在递减数列 $\{x_n''\} \subset \mathbb{R}\backslash\mathbb{Q}$, 使得

$$\lim_{n\to\infty} x_n'' = x.$$

事实上, 对于 $x < x+1$, 根据无理数集 $\mathbb{R}\backslash\mathbb{Q}$ 在实数集 $\mathbb{R}$ 中的稠密性得, 存在 $x_1'' \in \mathbb{R}\backslash\mathbb{Q}$, 使得 $x < x_1'' < x+1$.

又对于 $x < \min\left\{x+\frac{1}{2}, x_1''\right\}$, 根据无理数集 $\mathbb{R}\backslash\mathbb{Q}$ 在实数集 $\mathbb{R}$ 中的稠密性得, 存在 $x_2'' \in \mathbb{Q}$, 使得 $x < x_2'' < \min\left\{x+\frac{1}{2}, x_1''\right\}$, 这样有

$$x_1'' > x_2'', \quad x < x_2'' < x + \frac{1}{2}.$$

将这个过程无限进行下去, 便得数列 $\{x_n''\} \subset \mathbb{R}\backslash\mathbb{Q}$ 满足

$$x_n'' > x_{n+1}'', \quad x < x_n'' < x + \frac{1}{n}, \quad n = 1, 2, \cdots,$$

所以 $\{x_n''\}$ 是 $\mathbb{R}\backslash\mathbb{Q}$ 中的递减数列, 且由于

$$\lim_{n\to\infty}\left(x + \frac{1}{n}\right) = x,$$

根据迫敛性定理得

$$\lim_{n\to\infty} x_n'' = x. \qquad \square$$

习　题　6.2

1. 设 $\{(a_n, b_n)\}$ 是一个严格开区间套, 即满足

$$a_1 < a_2 < \cdots < a_n < b_n < \cdots < b_2 < b_1,$$

且 $\lim\limits_{n\to\infty}(b_n - a_n) = 0$. 证明存在唯一的点 ξ, 使得

$$a_n < \xi < b_n, \quad n = 1, 2, \cdots.$$

证明　由题设条件知, $\{a_n\}$ 是严格递增有上界数列, 于是根据单调有界定理得, $\{a_n\}$ 收敛, 设其极限为 ξ, 则有

$$a_n < \xi, \quad n = 1, 2, \cdots. \tag{6.1}$$

同理, 严格递减有下界数列 $\{b_n\}$ 也存在极限, 并根据题设条件, 有

$$\lim_{n\to\infty} b_n = \lim_{n\to\infty} a_n = \xi, \tag{6.2}$$

且

$$b_n > \xi, \quad n = 1, 2 \cdots . \tag{6.3}$$

所以联合 (6.1) 与 (6.3) 式得, 存在点 ξ, 使得

$$a_n < \xi < b_n, \quad n = 1, 2, \cdots .$$

最后证明 ξ 的唯一性. 事实上, 设数 ξ' 也满足

$$a_n \leqslant \xi' \leqslant b_n, \quad n = 1, 2, \cdots ,$$

则 $|\xi - \xi'| \leqslant b_n - a_n, n = 1, 2, \cdots$, 于是由 $\lim\limits_{n\to\infty}(b_n - a_n) = 0$ 得

$$0 \leqslant |\xi - \xi'| \leqslant \lim_{n\to\infty}(b_n - a_n) = 0,$$

所以 $\xi = \xi'$, 因此唯一性得证. □

2. 设 $H = \left\{\left(\dfrac{1}{n+2}, \dfrac{1}{n}\right) \middle| n = 1, 2, \cdots\right\}$, 问

(1) H 能否覆盖 $(0, 1)$?

(2) 能否从 H 中选出有限个开区间覆盖 ① $\left(0, \dfrac{1}{2}\right)$; ② $\left(\dfrac{1}{100}, 1\right)$?

解 (1) H 能覆盖 $(0, 1)$.

事实上, 任取 $x \in (0, 1)$, 则 $\dfrac{1}{x} > 1$, 于是当 $\dfrac{1}{x} \in \mathbb{N}_+$ 时, 取 $n = \dfrac{1}{x} - 1 \in \mathbb{N}_+$, 此时

$$n < \frac{1}{x} < \frac{1}{x} + 1 = n + 2 \Rightarrow x \in \left(\frac{1}{n+2}, \frac{1}{n}\right);$$

当 $\dfrac{1}{x} \notin \mathbb{N}_+$ 时, 取 $n = \left[\dfrac{1}{x}\right] \in \mathbb{N}_+$, 此时

$$n < \frac{1}{x} < \left[\frac{1}{x}\right] + 1 = n + 1 < n + 2 \Rightarrow x \in \left(\frac{1}{n+2}, \frac{1}{n}\right);$$

即存在 $\left(\dfrac{1}{n+2}, \dfrac{1}{n}\right) \in H$, 使得 $x \in \left(\dfrac{1}{n+2}, \dfrac{1}{n}\right)$, 所以根据覆盖的定义得, H 能覆盖 $(0, 1)$.

(2) ① 不能从 H 中选出有限个开区间覆盖 $\left(0, \dfrac{1}{2}\right)$.

因为对于 H 中任何有限个开区间

$$\left(\frac{1}{n_1+2}, \frac{1}{n_1}\right), \left(\frac{1}{n_2+2}, \frac{1}{n_2}\right), \cdots, \left(\frac{1}{n_k+2}, \frac{1}{n_k}\right),$$

令 $n_0 = \max\{n_1, n_2, \cdots, n_k\}$, 则 $n_0 \in \mathbb{N}_+$, 于是上述有限个开区间不能覆盖 $\left(0, \dfrac{1}{n_0+2}\right)$, 当然也不能覆盖 $\left(0, \dfrac{1}{2}\right)$.

② 能从 H 中选出有限个开区间覆盖 $\left(\dfrac{1}{100}, 1\right)$. 因为

$$\bigcup_{n=1}^{98}\left(\frac{1}{n+2}, \frac{1}{n}\right) \supset \left(\frac{1}{100}, 1\right),$$

即 H 中选出 98 个开区间就覆盖了 $\left(\dfrac{1}{100}, 1\right)$. □

4. 用区间套定理证明聚点定理.

证明　设 E 是有界无限点集, 则存在 $[a,b]$, 使得 $E \subset [a,b]$, 往证: E 至少有一个聚点.

事实上, 将区间 $[a,b]$ 等分为两个闭子区间 $\left[a, \dfrac{a+b}{2}\right]$, $\left[\dfrac{a+b}{2}, b\right]$, 则其中必有一个闭子区间中含有 E 中无限多个点, 记这个区间为 $[a_1, b_1]$, 显然 $b_1 - a_1 = \dfrac{b-a}{2}$.

再将 $[a_1, b_1]$ 等分为两个闭子区间 $\left[a_1, \dfrac{a_1+b_1}{2}\right]$, $\left[\dfrac{a_1+b_1}{2}, b_1\right]$, 则其中必有一个闭子区间中含有 E 中无限多个点, 记这个区间为 $[a_2, b_2]$, 显然 $b_2 - a_2 = \dfrac{b-a}{2^2}$.

将上述步骤连续进行下去, 得到一个闭区间列 $\{[a_n, b_n]\}$, 它满足

$$[a_1, b_1] \supset [a_2, b_2] \supset \cdots \supset [a_n, b_n] \supset \cdots,$$
$$\lim_{n\to\infty}(b_n - a_n) = \lim_{n\to\infty}\frac{b-a}{2^n} = 0,$$

以及每个闭区间 $[a_n, b_n]$ 都含有 E 中无限多个点, 所以根据区间套定理知, 存在唯一的 $\xi \in [a_n, b_n]$, $n = 1, 2, \cdots$.

又根据区间套的性质知, 对于 ξ 的任何邻域 $U(\xi, \delta)$, 存在 $N \in \mathbb{N}_+$, 使当 $n > N$ 时, 有

$$[a_n, b_n] \subset U(\xi, \delta),$$

再由每个区间 $[a_n, b_n]$ 中含有 E 的无限多个点得, ξ 是点集 E 的聚点. □

5. 证明定义 6.2.3、定义 6.2.3′ 和定义 6.2.3″ 等价.

证明　首先, 证明: 定义 6.2.3 ⇒ 定义 6.2.3′, 这是显然的.

其次, 证明: 定义 6.2.3′ ⇒ 定义 6.2.3″.

事实上, 设 ξ 满足定义 6.2.3′, 对于 $\varepsilon_1 = 1$, 根据定义 6.2.3′ 知, 存在 $x_1 \in S \cap U^\circ(\xi; \varepsilon_1)$, 于是有

$$x_1 \in S, \quad 0 < |x_1 - \xi| < 1.$$

对于 $\varepsilon_2=\min\left\{\dfrac{1}{2},|x_1-\xi|\right\}$, 根据定义 6.2.3′ 知, 存在 $x_2\in S\cap U^\circ(\xi;\varepsilon_2)$, 于是有

$$x_2\in S,\quad 0<|x_2-\xi|<\frac{1}{2},\quad |x_2-\xi|<|x_1-\xi|\Rightarrow x_2\neq x_1.$$

将这个过程无限进行下去, 可得 S 的一个各项互异的数列 $\{x_n\}$, 满足

$$0<|x_n-\xi|<\frac{1}{n},\quad n=1,2,\cdots,$$

所以根据迫敛性定理得, $\lim\limits_{n\to\infty}x_n=\xi$, 即 ξ 也满足定义 6.2.3″.

最后, 证明: 定义 6.2.3″ $\Rightarrow$ 定义 6.2.3.

事实上, 设 ξ 满足定义 6.2.3″, 根据定义 6.2.3″ 知, 存在 S 的一个各项互异的数列 $\{x_n\}$, 满足 $\lim\limits_{n\to\infty}x_n=\xi$, 于是对任意的 $\varepsilon>0$, 存在正整数 N, 当 $n>N$ 时, 有

$$x_n\in U(\xi;\varepsilon),$$

即 $U(\xi;\varepsilon)$ 中含有 S 的无穷个点, 故 ξ 也满足定义 6.2.3. □

7. 用有限覆盖定理证明零点定理.

证明 设 $f(x)$ 在 $[a,b]$ 上连续, 且 $f(a)\cdot f(b)<0$, 往证: 存在一点 $\xi\in(a,b)$, 使 $f(\xi)=0$.

事实上, 由 $f(a)\cdot f(b)<0$, 不妨设 $f(a)<0$, $f(b)>0$. 用反证法. 假设对任意 $x\in[a,b]$, 都有 $f(x)\neq0$, 则由函数 $f(t)$ 在 $[a,b]$ 上连续得, 对任意 $x\in(a,b)$, 都存在点 x 的某个邻域 $(x-\delta_x,x+\delta_x)$, 使得 $f(x)$ 在这个邻域中恒为正或者恒为负. 当 $x=a$ 时, 存在右半邻域 $[a,a+\delta_a)$, 使当 $x\in[a,a+\delta_a)$ 时, $f(x)<0$; 当 $x=b$ 时, 存在左半邻域 $(b-\delta_b,b]$, 使当 $x\in(b-\delta_b,b]$ 时, $f(x)>0$. 在 $(a,a+\delta_a)$ 取一点 a_1, 在 $(b-\delta_b,b)$ 取一点 b_1, 则 $f(a_1)<0$, $f(b_1)>0$.

设

$$H=\{(x-\delta_x,x+\delta_x)|x\in[a_1,b_1]\},$$

则 H 构成 $[a_1,b_1]$ 的一个开覆盖, 于是根据有限覆盖定理知, 存在有限个开区间, 它们的并集也覆盖 $[a_1,b_1]$. 设这有限个开区间为

$$(x_1-\delta_1,x_1+\delta_1),(x_2-\delta_2,x_2+\delta_2),\cdots,(x_n-\delta_n,x_n+\delta_n),$$

不妨设 $x_1<x_2<\cdots<x_n$, $a_1\in(x_1-\delta_1,x_1+\delta_1)$, $b_1\in(x_n-\delta_n,x_n+\delta_n)$, 且相邻两个开区间的交集不为空集.

由 $f(a_1)<0$ 得, 当 $x\in(x_1-\delta_1,x_1+\delta_1)$ 时, $f(x)<0$, 再由相邻两个开区间的交集不为空集知, 当 $x\in(x_2-\delta_2,x_2+\delta_2)$ 时, $f(x)<0$, 如此下去可得, 当 $x\in(x_n-\delta_n,x_n+\delta_n)$ 时, $f(x)<0$, 因此 $f(b_1)<0$, 这与 $f(b_1)>0$ 相矛盾, 故假设不成立, 即至少存在一点 $\xi\in(a,b)$ 使得 $f(\xi)=0$. □

习 题 6.3

1. 求如下数列的上、下极限:

(1) $\{2+(-1)^n\}$; (2) $\left\{\sin\dfrac{n\pi}{4}\right\}$;

(3) $\{7n+2\}$; (4) $\left\{\dfrac{n}{n+1}\cos\dfrac{n\pi}{8}\right\}$.

解 (1) 易见, 数列 $\{2+(-1)^n\}$ 的收敛子列的极限只有 $2-1=1$ 和 $2+1=3$, 即数列 $\{2+(-1)^n\}$ 的极限点只有 1 和 3, 所以根据上、下极限的定义得

$$\overline{\lim_{n\to\infty}}(2+(-1)^n)=3,\quad \underline{\lim_{n\to\infty}}(2+(-1)^n)=1.$$

(2) 易见, 数列 $\left\{\sin\dfrac{n\pi}{4}\right\}$ 的所有收敛子列的极限是 $\left\{0,\sin\dfrac{\pi}{4},1,-\sin\dfrac{\pi}{4},-1\right\}$, 即数列 $\left\{\sin\dfrac{n\pi}{4}\right\}$ 的所有极限点是 $\left\{0,1,-1,\dfrac{\sqrt{2}}{2},-\dfrac{\sqrt{2}}{2}\right\}$, 所以根据上、下极限的定义得

$$\overline{\lim_{n\to\infty}}\sin\frac{n\pi}{4}=1,\quad \underline{\lim_{n\to\infty}}\sin\frac{n\pi}{4}=-1.$$

(3) 易见, 数列 $\{7n+2\}$ 的极限点只有 $+\infty$, 所以根据上、下极限的定义得

$$\overline{\lim_{n\to\infty}}(7n+2)=+\infty,\quad \underline{\lim_{n\to\infty}}(7n+2)=+\infty.$$

(4) 易见, 数列 $\left\{\dfrac{n}{n+1}\cos\dfrac{n\pi}{8}\right\}$ 的所有收敛子列的极限是

$$\left\{1,\cos\frac{\pi}{8},\cos\frac{\pi}{4},\cos\frac{3\pi}{8},0,-\cos\frac{3\pi}{8},-\cos\frac{\pi}{4},-\cos\frac{\pi}{8},-1\right\},$$

即数列 $\left\{\dfrac{n}{n+1}\cos\dfrac{n\pi}{8}\right\}$ 的所有极限点是

$$\left\{1,\cos\frac{\pi}{8},\cos\frac{\pi}{4},\cos\frac{3\pi}{8},0,-\cos\frac{3\pi}{8},-\cos\frac{\pi}{4},-\cos\frac{\pi}{8},-1\right\},$$

所以根据上、下极限的定义得

$$\overline{\lim_{n\to\infty}}\frac{n}{n+1}\cos\frac{n\pi}{8}=1,\quad \underline{\lim_{n\to\infty}}\frac{n}{n+1}\cos\frac{n\pi}{8}=-1.$$ □

2. 证明: 若 $\{a_n\}$ 为递增数列, 则 $\overline{\lim\limits_{n\to\infty}}a_n=\underline{\lim\limits_{n\to\infty}}a_n$.

证明 分两种情况证明:

(1) 当数列 $\{a_n\}$ 有上界时, 由于 $\{a_n\}$ 为递增数列, 所以根据单调有界定理得, 数列 $\{a_n\}$ 收敛.

设 $\lim\limits_{n\to\infty} a_n = A$, 则数列 $\{a_n\}$ 的任何子列 $\{a_{n_k}\}$ 也收敛, 且 $\lim\limits_{k\to\infty} a_{n_k} = A$, 即数列 $\{a_n\}$ 只有 A 这一个极限点, 所以根据上、下极限的定义得

$$\overline{\lim_{n\to\infty}} a_n = A = \underline{\lim_{n\to\infty}} a_n.$$

(2) 当数列 $\{a_n\}$ 无上界时, 由于 $\{a_n\}$ 为递增数列, 所以 $\lim\limits_{n\to\infty} a_n = +\infty$, 且数列 $\{a_n\}$ 的任何子列 $\{a_{n_k}\}$ 也满足 $\lim\limits_{k\to\infty} a_{n_k} = +\infty$, 即数列 $\{a_n\}$ 只有 $+\infty$ 这一个极限点, 所以根据上、下极限的定义得

$$\overline{\lim_{n\to\infty}} a_n = \underline{\lim_{n\to\infty}} a_n = +\infty. \qquad \square$$

复 习 题

1. 举例说明七个完备性定理在有理数集中不成立.

解 (1) 例如, 数列 $\left\{\left(1+\dfrac{1}{n}\right)^n\right\}$ 是单调有界的有理数列, 但它的极限 e 是无理数, 不属于有理数集, 即该数列在有理数集中不存在极限, 或不收敛, 这说明单调有界定理在有理数集中不成立.

(2) 同样, 有界的有理数列 $\left\{\left(1+\dfrac{1}{n}\right)^n\right\}$ 的任何子列在有理数集中也不收敛, 这说明致密性定理在有理数集中不成立.

(3) 对于有理数列 $\{x_n\} = \left\{\left(1+\dfrac{1}{n}\right)^n\right\}$, 由于它在实数集中收敛到 e, 所以它在实数集中满足 Cauchy 收敛准则的条件, 即 $\forall \varepsilon > 0$, $\exists N \in \mathbb{N}_+$, 使当 $m, n > N$ 时, 有

$$|x_m - x_n| < \varepsilon.$$

特别地, 对任何正有理数 ε, $\exists N \in \mathbb{N}_+$, 使当 $m, n > N$ 时, 有

$$|x_m - x_n| < \varepsilon,$$

即它在有理数集中也满足 Cauchy 收敛准则的条件, 但是该数列在有理数集中不收敛, 这说明 Cauchy 收敛准则在有理数集中也不成立.

(4) 例如, 考虑数集 $S = \left\{\left(1+\dfrac{1}{n}\right)^n \middle| n \in \mathbb{N}_+\right\}$, 它是非空有上界的有理数集, 但它的上确界 e 是无理数, 不属于有理数集, 即该数集 S 在有理数集中不存在上确界, 这说明确界原理在有理数集中也不成立.

(5) 同样, 有理点集 $S=\left\{\left(1+\dfrac{1}{n}\right)^n \middle| n\in\mathbb{N}_+\right\}$ 是有界无限点集, 但它的唯一聚点 e 是无理点, 不属于有理点集, 这说明聚点定理在有理数集中也不成立.

(6) 例如, $\left\{\left[\left(1+\dfrac{1}{n}\right)^n,\left(1+\dfrac{1}{n}\right)^{n+1}\right]\cap\mathbb{Q}\right\}$ 是一个有理数集中的区间套, 但由它确定的数 e 是无理数, 不属于有理数集, 即该区间套在有理数集中不能确定唯一的有理数, 这说明区间套定理在有理数集中不成立.

(7) 例如, 对于有理数集中的闭区间 $E=[-\mathrm{e},\mathrm{e}]\cap\mathbb{Q}$, 开区间集

$$T=\left\{\left(-\left(1+\frac{1}{n}\right)^n,\left(1+\frac{1}{n}\right)^n\right)\cap\mathbb{Q}:n\in\mathbb{N}_+\right\}$$

是 E 的开覆盖, 但是 T 不存在 E 的有限子覆盖, 这说明有限覆盖定理在有理数集中不成立.

2. 用区间套定理证明致密性定理, 即用区间套定理证明: 若 $\{x_n\}$ 是有界数列, 则 $\{x_n\}$ 有收敛子列.

证明　由于 $\{x_n\}$ 是有界数列, 所以存在 $[a,b]$, 使得

$$x_n\in[a,b],\quad n=1,2,\cdots.$$

将 $[a,b]$ 等分为两个子区间, 则其中至少有一个子区间含有 $\{x_n\}$ 的无限多项, 记这个子区间为 $[a_1,b_1]$, 显然 $[a_1,b_1]\subset[a,b]$, 且 $b_1-a_1=\dfrac{1}{2}(b-a)$.

再将 $[a_1,b_1]$ 等分为两个子区间, 同样, 其中至少有一个子区间含有 $\{x_n\}$ 的无限多项, 记这个子区间为 $[a_2,b_2]$, 则 $[a_2,b_2]\subset[a_1,b_1]$, 且 $b_2-a_2=\dfrac{1}{2^2}(b-a)$.

重复上述步骤并不断进行下去, 则得到一个闭区间列 $\{[a_n,b_n]\}$, 它满足

$$[a_n,b_n]\supset[a_{n+1},b_{n+1}],\quad n=1,2,\cdots,$$
$$b_n-a_n=\frac{1}{2^n}(b-a)\to 0\quad(n\to\infty),$$

即 $\{[a_n,b_n]\}$ 是区间套, 且其中每一个闭区间都含有 $\{x_n\}$ 的无限多项.

于是根据区间套定理得, 存在唯一的一点 $\xi\in[a_n,b_n],n=1,2,\cdots$. 所以根据区间套的性质 (推论 6.2.1) 得, 对任给的 $\varepsilon>0$, 存在 $N\in\mathbb{N}_+$, 使当 $n>N$ 时, 有

$$[a_n,b_n]\subset U(\xi;\varepsilon),$$

即对任给的 $\varepsilon>0$, $U(\xi;\varepsilon)$ 都含有 $\{x_n\}$ 的无限多项.

下面利用 ε 的任意性证明: 存在 $\{x_n\}$ 的收敛子列以 ξ 为极限.

事实上, 取 $\varepsilon_1=1$, 则 $\exists x_{n_1}\in U(\xi;1)$.

取 $\varepsilon_2=\dfrac{1}{2}$, 则 $\exists x_{n_2}\in U\left(\xi;\dfrac{1}{2}\right)$, 要求 $n_1<n_2$, 这是可能的, 因为 $U(\xi;\varepsilon_2)$ 都含有 $\{x_n\}$ 的无限多项.

$\cdots\cdots$

取 $\varepsilon_k=\dfrac{1}{k}$, 则 $\exists x_{n_k}\in U\left(\xi;\dfrac{1}{k}\right)$, 要求 $n_{k-1}<n_k$.

$\cdots\cdots$

如此无限进行下去, 得到数列 $\{x_n\}$ 的子列 $\{x_{n_k}\}$.

因为 $\forall k\in\mathbb{N}_+$, 有 $|x_{n_k}-\xi|<\dfrac{1}{k}$, 所以根据迫敛性定理得, $\lim\limits_{k\to\infty}a_{n_k}=\xi$, 即子列 $\{a_{n_k}\}$ 收敛于 ξ. □

3. 用区间套定理证明确界原理.

证明 下面用区间套定理证明: 若 S 是非空有上界的数集, 则 S 必有上确界.

事实上, 由于 S 是非空有上界的数集, 所以存在 $[a,b]$, 使得 b 是 S 的上界, 且

$$S\cap[a,b]\neq\varnothing.$$

将 $[a,b]$ 等分为两个子区间, 则其中至少有一个子区间, 记之为 $[a_1,b_1]$, 满足 b_1 是 S 的上界, 且

$$S\cap[a_1,b_1]\neq\varnothing.$$

显然 $[a_1,b_1]\subset[a,b]$, 且 $b_1-a_1=\dfrac{1}{2}(b-a)$.

再将 $[a_1,b_1]$ 等分为两个子区间, 同样, 其中至少有一个子区间, 记之为 $[a_2,b_2]$, 满足 b_2 是 S 的上界, 且

$$S\cap[a_2,b_2]\neq\varnothing,$$

则 $[a_2,b_2]\subset[a_1,b_1]$, 且 $b_2-a_2=\dfrac{1}{2^2}(b-a)$.

重复上述步骤并不断进行下去, 则得到一个闭区间列 $\{[a_n,b_n]\}$, 它满足: b_n 是 S 的上界, 且

$$S\cap[a_n,b_n]\neq\varnothing,\quad [a_n,b_n]\supset[a_{n+1},b_{n+1}],\quad n=1,2,\cdots,$$

$$b_n-a_n=\frac{1}{2^n}(b-a)\to 0\quad (n\to\infty),$$

即 $\{[a_n,b_n]\}$ 是区间套, 且 b_n 是 S 的上界, $S\cap[a_n,b_n]\neq\varnothing$.

于是根据区间套定理得, 存在唯一的一点 $\xi\in[a_n,b_n], n=1,2,\cdots$, 且

$$\lim_{n\to\infty}a_n=\lim_{n\to\infty}b_n=\xi.$$

下面证明: $\sup S=\xi$. 事实上,

(1) $\forall x\in S$, 由于 b_n 是 S 的上界, 所以

$$x\leqslant b_n,\quad n=1,2,\cdots,$$

注意到 $\lim\limits_{n\to\infty}b_n=\xi$, 在上述不等式中令 $n\to\infty$ 得, $x\leqslant\xi$.

(2) $\forall\varepsilon>0$, 由 $\lim\limits_{n\to\infty}a_n=\xi$ 得, 存在 a_{n_0} 满足, $a_{n_0}>\xi-\varepsilon$. 于是由 $S\cap[a_{n_0},b_{n_0}]\neq\varnothing$ 得, 存在 $x_0\in S$, 使得

$$x_0\geqslant a_{n_0}>\xi-\varepsilon,$$

所以根据上确界的定义得, $\sup S=\xi$, 即 S 存在上确界. □

5. 证明数列有界的充分必要条件是它的每个子列有收敛子列.

证明 先证必要性. 若数列 $\{x_n\}$ 是有界数列, 则 $\{x_n\}$ 的任意子列 $\{x_{n_k}\}$ 也是有界数列, 于是根据致密性定理得, $\{x_{n_k}\}$ 有收敛子列, 所以必要性得证.

再证充分性. 若 $\{x_n\}$ 的任意子列 $\{x_{n_k}\}$ 都有收敛子列, 往证: 数列 $\{x_n\}$ 有界.

用反证法. 假定 $\{x_n\}$ 是无界数列, 则 $\{x_n\}$ 存在子列 $\{x_{n_k}\}$ 满足

$$\lim_{k\to\infty}x_{n_k}=\infty,$$

于是 $\{x_{n_k}\}$ 的任意子列都以 ∞ 为非正常极限, 即不收敛, 这与条件“$\{x_{n_k}\}$ 都有收敛子列”相矛盾, 所以假定不成立, 即 $\{x_n\}$ 是有界数列, 因此充分性得证. □

6. 证明: 若 $\{x_n\}$ 无界, 但不是无穷大数列, 则存在两个子列, 其中一个子列收敛, 另一个子列是无穷大数列.

证明 由于数列 $\{x_n\}$ 无界, 所以对任意 $M>0$, 存在 x_N, 使得 $|x_N|>M$.

分别取 $M=1,2,\cdots$, 则存在数列 $\{x_n\}$ 的一个子列 $\{x_{n_k}^{(1)}\}$, 使得 $|x_{n_k}^{(1)}|>k$, 于是 $\lim\limits_{n\to\infty}x_{n_k}^{(1)}=\infty$, 所以 $\{x_{n_k}^{(1)}\}$ 是无穷大数列.

又因为数列 $\{x_n\}$ 不是无穷大数列, 所以存在 $G>0$, 使对任意的 $N>0$, 存在 $n_0>N$, 使得 $|x_{n_0}|<G$.

分别取 $N=1,2,\cdots$, 则存在数列 $\{x_n\}$ 的一个子列 $\{x_{n_k}^{(2)}\}$, 使得 $|x_{n_k}^{(2)}|<G$, 于是根据致密性定理知, $\{x_{n_k}^{(2)}\}$ 存在收敛子列, 它也是数列 $\{x_n\}$ 的收敛子列. 故数列 $\{x_n\}$ 存在两个子列, 其中一个子列收敛, 另一个子列是无穷大数列. □

第7章　不定积分

习　题　7.1

1. 求下列不定积分:

(2) $\int \sin x \sin 3x \mathrm{d}x$;　　(4) $\int \frac{x^4+3}{x^2+1}\mathrm{d}x$;

(6) $\int \frac{1}{\sec^2 x \cdot \tan^2 x}\mathrm{d}x$;　　(8) $\int \frac{1-x+x^2}{x+x^3}\mathrm{d}x$;

(10) $\int 5^x \mathrm{e}^x \mathrm{d}x$;　　(12) $\int (\sin x - \cos x)^2 \mathrm{d}x$.

解　(2) 根据三角函数的积化和差公式和基本积分公式可得

$$\begin{aligned}\int \sin x \sin 3x \mathrm{d}x &= \int \frac{1}{2}[\cos(3x-x)-\cos(3x+x)]\mathrm{d}x \\ &= \frac{1}{4}\sin 2x - \frac{1}{8}\sin 4x + C.\end{aligned}$$

(4) 根据基本积分公式可得

$$\int \frac{x^4+3}{x^2+1}\mathrm{d}x = \int \left(x^2-1+\frac{4}{1+x^2}\right)\mathrm{d}x = \frac{1}{3}x^3 - x + 4\arctan x + C.$$

(6) 根据三角函数的恒等式和基本积分公式可得

$$\begin{aligned}\int \frac{1}{\sec^2 x \cdot \tan^2 x}\mathrm{d}x &= \int \frac{\sec^2 x - \tan^2 x}{\sec^2 x \cdot \tan^2 x}\mathrm{d}x = \int (\cot^2 x - \cos^2 x)\mathrm{d}x \\ &= \int \left(\csc^2 x - \frac{1}{2}\cos 2x - \frac{3}{2}\right)\mathrm{d}x \\ &= -\cot x - \frac{1}{4}\sin 2x - \frac{3x}{2} + C.\end{aligned}$$

(8) 根据基本积分公式可得

$$\begin{aligned}\int \frac{1-x+x^2}{x+x^3}\mathrm{d}x &= \int \frac{1+x^2-x}{x(1+x^2)}\mathrm{d}x \\ &= \int \left(\frac{1}{x}-\frac{1}{1+x^2}\right)\mathrm{d}x \\ &= \ln|x| - \arctan x + C.\end{aligned}$$

(10) 根据基本积分公式可得

$$\int 5^x \mathrm{e}^x \mathrm{d}x = \int (5\mathrm{e})^x \mathrm{d}x = \frac{(5\mathrm{e})^x}{\ln(5\mathrm{e})} + C = \frac{5^x \mathrm{e}^x}{\ln 5 + 1} + C.$$

(12) 根据三角函数的恒等式和基本积分公式可得

$$\begin{aligned}\int(\sin x-\cos x)^2\mathrm{d}x&=\int(\sin^2 x-2\sin x\cos x+\cos^2 x)\mathrm{d}x\\&=\int(1-\sin 2x)\mathrm{d}x=x+\frac{1}{2}\cos 2x+C.\end{aligned}$$ □

3. 设 $f(x)=\begin{cases}\mathrm{e}^x, & x\leqslant 0,\\ 2x+1, & x>0,\end{cases}$ 试求 $\int f(x)\mathrm{d}x$.

解　因为 $f(x)$ 在 $(-\infty,0)\cup(0,+\infty)$ 内连续, 以及

$$\lim_{x\to0^-}f(x)=\lim_{x\to0^-}\mathrm{e}^x=1=f(0),$$
$$\lim_{x\to0^+}f(x)=\lim_{x\to0^+}(2x+1)=1=f(0),$$

所以 $\lim\limits_{x\to0}f(x)=1=f(0)$, 因此 $f(x)$ 在 $\mathbb{R}$ 上连续, 故 $f(x)$ 在 $\mathbb{R}$ 上存在原函数.

又因为

$$\int f(x)\mathrm{d}x=\begin{cases}\displaystyle\int\mathrm{e}^x\mathrm{d}x=\mathrm{e}^x+C, & x\leqslant 0,\\ \displaystyle\int(2x+1)\mathrm{d}x=x^2+x+C_1, & x>0,\end{cases}$$

所以根据原函数的连续性得

$$\lim_{x\to0^+}(x^2+x+C_1)=C_1=\lim_{x\to0^-}(\mathrm{e}^x+C)=1+C,$$

因此

$$\int f(x)\mathrm{d}x=\begin{cases}\mathrm{e}^x+C, & x\leqslant 0,\\ x^2+x+1+C, & x>0\end{cases}=C+\begin{cases}\mathrm{e}^x, & x\leqslant 0,\\ x^2+x+1, & x>0.\end{cases}$$ □

习　题　7.2

1. 应用凑微分法求下列不定积分:

(1) $\displaystyle\int\tan x\mathrm{d}x$;　　(2) $\displaystyle\int\frac{\mathrm{d}x}{\sin x}$;

(7) $\displaystyle\int\sin^2 x\mathrm{d}x$;　　(8) $\displaystyle\int\frac{\mathrm{d}x}{x(\ln x+3)}$;

(9) $\displaystyle\int x^2\sin x^3\mathrm{d}x$;　　(10) $\displaystyle\int\frac{\mathrm{d}x}{1-\cos x}$;

(13) $\displaystyle\int\sin 2x\cos 3x\mathrm{d}x$;　　(14) $\displaystyle\int\frac{\mathrm{d}x}{\sin^3 x\cos x}$;

(15) $\displaystyle\int\frac{\mathrm{d}x}{\sqrt{x}\sqrt{1+\sqrt{x}}}$;　　(16) $\displaystyle\int\frac{\mathrm{d}x}{\sqrt{\mathrm{e}^{2x}-1}}$.

解　(1) 应用凑微分法可得

$$\int \tan x\mathrm{d}x = \int \frac{\sin x\mathrm{d}x}{\cos x} = -\int \frac{\mathrm{d}\cos x}{\cos x} = -\ln|\cos x| + C.$$

(2) 应用凑微分法可得

$$\begin{aligned}\int \frac{\mathrm{d}x}{\sin x} &= \int \csc x\mathrm{d}x = \int \frac{\csc x\cot x + \csc^2 x}{\csc x + \cot x}\mathrm{d}x \\ &= -\int \frac{\mathrm{d}(\csc x + \cot x)}{\csc x + \cot x} = -\ln|\csc x + \cot x| + C.\end{aligned}$$

(7) 应用凑微分法可得

$$\int \sin^2 x\mathrm{d}x = \int \frac{1}{2}(1 - \cos 2x)\mathrm{d}x = \frac{x}{2} - \frac{1}{4}\sin 2x + C.$$

(8) 应用凑微分法可得

$$\int \frac{\mathrm{d}x}{x(\ln x + 3)} = \int \frac{\mathrm{d}(\ln x + 3)}{\ln x + 3} = \ln|\ln x + 3| + C.$$

(9) 应用凑微分法可得

$$\int x^2 \sin x^3 \mathrm{d}x = \frac{1}{3}\int \sin x^3 \mathrm{d}(x^3) = -\frac{1}{3}\cos x^3 + C.$$

(10) 应用凑微分法可得

$$\int \frac{\mathrm{d}x}{1 - \cos x} = \int \frac{\mathrm{d}x}{2\sin^2 \frac{x}{2}} = \int \csc^2 \frac{x}{2}\mathrm{d}\left(\frac{x}{2}\right) = -\cot\frac{x}{2} + C.$$

(13) 应用凑微分法可得

$$\begin{aligned}\int \sin 2x\cos 3x\mathrm{d}x &= \int \frac{1}{2}(\sin(3x + 2x) - \sin(3x - 2x))\mathrm{d}x \\ &= \frac{1}{2}\cos x - \frac{1}{10}\cos 5x + C.\end{aligned}$$

(14) 应用凑微分法可得

$$\begin{aligned}\int \frac{\mathrm{d}x}{\sin^3 x\cos x} &= \int \frac{\mathrm{d}x}{\tan^3 x\cos^4 x} = \int \frac{\sec^2 x}{\tan^3 x}\mathrm{d}\tan x \\ &= \int \frac{\tan^2 x + 1}{\tan^3 x}\mathrm{d}\tan x = \int \left(\frac{1}{\tan x} + \frac{1}{\tan^3 x}\right)\mathrm{d}\tan x \\ &= \ln|\tan x| - \frac{1}{2\tan^2 x} + C.\end{aligned}$$

(15) 应用凑微分法可得

$$\int \frac{\mathrm{d}x}{\sqrt{x}\sqrt{1+\sqrt{x}}}=2\int \frac{\mathrm{d}(1+\sqrt{x})}{\sqrt{1+\sqrt{x}}}=4\sqrt{1+\sqrt{x}}+C.$$

(16) 应用凑微分法可得

$$\int \frac{\mathrm{d}x}{\sqrt{\mathrm{e}^{2x}-1}}=\int \frac{\mathrm{e}^{-x}\mathrm{d}x}{\sqrt{1-\mathrm{e}^{-2x}}}=-\int \frac{\mathrm{d}(\mathrm{e}^{-x})}{\sqrt{1-(\mathrm{e}^{-x})^2}}=\arccos(\mathrm{e}^{-x})+C. \qquad \square$$

2. 应用变量代换法求下列不定积分:

(1) $\displaystyle\int \frac{\sqrt{x-1}}{1+\sqrt[3]{x-1}}\mathrm{d}x$;　　(2) $\displaystyle\int \frac{\mathrm{d}x}{(x^2+a^2)^{\frac{3}{2}}}(a\neq 0)$;

(7) $\displaystyle\int \frac{x^3+5}{(x-1)^2}\mathrm{d}x$;　　(8) $\displaystyle\int \frac{\sqrt{x-1}+1}{\sqrt{x-1}-1}\mathrm{d}x$.

解　(1) 设 $x=t^6+1\,(t>0)$, 则 $\mathrm{d}x=6t^5\mathrm{d}t$, $t=\sqrt[6]{x-1}$, 于是

$$\begin{aligned}\int \frac{\sqrt{x-1}}{1+\sqrt[3]{x-1}}\mathrm{d}x&=\int \frac{t^3}{1+t^2}\cdot 6t^5\mathrm{d}t=6\int \frac{(t^8-1)+1}{1+t^2}\mathrm{d}t\\&=6\int \left[(t^4+1)(t^2-1)+\frac{1}{1+t^2}\right]\mathrm{d}t\\&=6\left(\frac{1}{7}t^7-\frac{1}{5}t^5+\frac{1}{3}t^3-t+\arctan t\right)+C\\&=\frac{6}{7}(x-1)^{\frac{7}{6}}-\frac{6}{5}(x-1)^{\frac{5}{6}}+2\sqrt{x-1}\\&\quad-6(x-1)^{\frac{1}{6}}+6\arctan(x-1)^{\frac{1}{6}}+C.\end{aligned}$$

(2) 设 $x=|a|\tan t\ \left(|t|<\dfrac{\pi}{2}\right)$, 则 $\mathrm{d}x=|a|\sec^2 t\,\mathrm{d}t$, 于是

$$\begin{aligned}\int \frac{\mathrm{d}x}{(x^2+a^2)^{\frac{3}{2}}}&=\int \frac{|a|\sec^2 t\,\mathrm{d}t}{|a|^3\sec^3 t}=\frac{1}{a^2}\int \cos t\mathrm{d}t\\&=\frac{1}{a^2}\sin t+C\\&=\frac{1}{a^2}\frac{\tan t}{\sqrt{1+\tan^2 t}}+C\\&=\frac{x}{a^2\sqrt{x^2+a^2}}+C.\end{aligned}$$

(7) 设 $x=t+1$, 则 $\mathrm{d}x=\mathrm{d}t$, $t=x-1$, 于是

$$\begin{aligned}\int \frac{x^3+5}{(x-1)^2}\mathrm{d}x&=\int \frac{(t+1)^3+5}{t^2}\mathrm{d}t=\int \left(t+3+\frac{3}{t}+\frac{6}{t^2}\right)\mathrm{d}t\\&=\frac{1}{2}t^2+3t+3\ln|t|-\frac{6}{t}+C\\&=\frac{1}{2}(x-1)^2+3(x-1)+3\ln|x-1|-\frac{6}{x-1}+C.\end{aligned}$$

(8) 设 $x=t^2+1\,(t>0)$, 则 $\mathrm{d}x=2t\mathrm{d}t$, $t=\sqrt{x-1}$, 于是

$$\begin{aligned}\int\frac{\sqrt{x-1}+1}{\sqrt{x-1}-1}\mathrm{d}x&=\int\frac{t+1}{t-1}2t\mathrm{d}t=2\int\left(t+2+\frac{2}{t-1}\right)\mathrm{d}t\\&=t^2+4t-4\ln|t-1|+C'\\&=x-1+4\sqrt{x-1}+4\ln|\sqrt{x-1}-1|+C'\\&=x+4\sqrt{x-1}+4\ln|\sqrt{x-1}-1|+C.\end{aligned}$$

□

3. 应用分部法求下列不定积分:

(2) $\int x^2\arctan x\mathrm{d}x$;　　(4) $\int\frac{\arcsin x}{\sqrt{x+1}}\mathrm{d}x$;

(6) $\int\sin(\ln x)\mathrm{d}x$;　　(7) $\int x\cos^2 x\mathrm{d}x$;

(8) $\int\sqrt{x}\ln^2 x\mathrm{d}x$;　　(10) $\int\frac{\cos\sqrt[3]{x}}{\sqrt[3]{x}}\mathrm{d}x$.

解　(2) 设 $u(x)=\arctan x$, $v(x)=\frac{x^3}{3}$, 则根据分部积分法可得

$$\begin{aligned}\int x^2\arctan x\mathrm{d}x&=uv-\int v\mathrm{d}u=\frac{x^3}{3}\arctan x-\int\frac{x^3}{3}\cdot\frac{1}{1+x^2}\mathrm{d}x\\&=\frac{1}{3}x^3\arctan x-\frac{1}{3}\int\left(x-\frac{x}{1+x^2}\right)\mathrm{d}x\\&=\frac{1}{3}x^3\arctan x-\frac{1}{6}x^2+\frac{1}{6}\ln(1+x^2)+C.\end{aligned}$$

(4) 设 $u(x)=\arcsin x$, $v(x)=2\sqrt{x+1}$, 则根据分部积分法可得

$$\begin{aligned}\int\frac{\arcsin x}{\sqrt{x+1}}\mathrm{d}x&=uv-\int v\mathrm{d}u=2\sqrt{x+1}\arcsin x-\int 2\sqrt{x+1}\cdot\frac{1}{\sqrt{1-x^2}}\mathrm{d}x\\&=2\sqrt{x+1}\arcsin x-\int\frac{2}{\sqrt{1-x}}\mathrm{d}x\\&=2\sqrt{x+1}\arcsin x+4\sqrt{1-x}+C.\end{aligned}$$

(6) 设 $u(x)=\sin(\ln x)$, $v(x)=x$, 则根据分部积分法可得

$$\begin{aligned}\int\sin(\ln x)\mathrm{d}x&=uv-\int v\mathrm{d}u=x\sin(\ln x)-\int x\cos(\ln x)\cdot\frac{1}{x}\mathrm{d}x\\&=x\sin(\ln x)-x\cos(\ln x)-\int x\sin(\ln x)\cdot\frac{1}{x}\mathrm{d}x\\&=x\big[\sin(\ln x)-\cos(\ln x)\big]-\int\sin(\ln x)\mathrm{d}x,\end{aligned}$$

于是

$$\int\sin(\ln x)\mathrm{d}x=\frac{x}{2}\big[\sin(\ln x)-\cos(\ln x)\big]+C.$$

(7) 根据三角函数倍角公式和分部积分法可得

$$\begin{aligned}\int x\cos^2 x\mathrm{d}x &= \frac{1}{2}\int x(1+\cos 2x)\mathrm{d}x = \frac{1}{4}x^2+\frac{1}{4}\int x\mathrm{d}\sin 2x\\ &= \frac{1}{4}x^2+\frac{1}{4}x\sin 2x-\frac{1}{4}\int \sin 2x\mathrm{d}x\\ &= \frac{1}{4}x^2+\frac{1}{4}x\sin 2x+\frac{1}{8}\cos 2x+C.\end{aligned}$$

(8) 设 $u(x)=\ln^2 x$, $v(x)=\dfrac{2}{3}x^{3/2}$, 则根据分部积分法可得

$$\begin{aligned}\int \sqrt{x}\ln^2 x\mathrm{d}x &= uv-\int v\mathrm{d}u = \frac{2}{3}x^{3/2}\ln^2 x-\int \frac{2}{3}x^{3/2}\cdot 2\ln x\cdot\frac{1}{x}\mathrm{d}x\\ &= \frac{2}{3}x^{3/2}\ln^2 x-\frac{8}{9}\int \ln x\mathrm{d}(x^{3/2})\\ &= \frac{2}{3}x^{3/2}\ln^2 x-\frac{8}{9}x^{3/2}\ln x+\frac{8}{9}\int x^{3/2}\cdot\frac{1}{x}\mathrm{d}x\\ &= \frac{2}{3}x^{3/2}\left(\ln^2 x-\frac{4}{3}\ln x+\frac{8}{9}\right)+C.\end{aligned}$$

(10) 设 $t=\sqrt[3]{x}$, 则 $x=t^3, \mathrm{d}x=3t^2\mathrm{d}t$, 于是根据分部积分法可得

$$\begin{aligned}\int \frac{\cos\sqrt[3]{x}}{\sqrt[3]{x}}\,\mathrm{d}x &= \int \frac{\cos t}{t}\cdot 3t^2\mathrm{d}t\\ &= 3\int t\mathrm{d}\sin t\\ &= 3t\sin t-3\int \sin t\mathrm{d}t\\ &= 3t\sin t+3\cos t+C,\end{aligned}$$

所以

$$\int \frac{\cos\sqrt[3]{x}}{\sqrt[3]{x}}\,\mathrm{d}x = 3\sqrt[3]{x}\sin\sqrt[3]{x}+3\cos\sqrt[3]{x}+C.$$ □

4. 求下列不定积分的递推公式:

(2) $J_n=\int x^n\mathrm{e}^{-x}\mathrm{d}x$; (4) $L_n=\int (\arccos x)^n\mathrm{d}x$.

解 (2) 由于当 $n\geqslant 1$ 时, 根据分部积分法可得

$$\begin{aligned}J_n &= -\int x^n\mathrm{d}(\mathrm{e}^{-x}) = -x^n\,\mathrm{e}^{-x}+\int nx^{n-1}\mathrm{e}^{-x}\mathrm{d}x\\ &= -x^n\,\mathrm{e}^{-x}+n\,J_{n-1},\end{aligned}$$

因此, 所求的递推公式为

$$J_n=-x^n\,\mathrm{e}^{-x}+n\,J_{n-1}\,(n\geqslant 1),\quad J_0=\int \mathrm{e}^{-x}\mathrm{d}x=-\mathrm{e}^{-x}+C.$$

(4) 由于当 $n \geqslant 2$ 时, 根据分部积分法可得

$$\begin{aligned}
L_n &= x(\arccos x)^n - \int x \cdot n(\arccos x)^{n-1} \cdot \frac{-1}{\sqrt{1-x^2}}\mathrm{d}x \\
&= x(\arccos x)^n - n\int (\arccos x)^{n-1}\mathrm{d}(\sqrt{1-x^2}) \\
&= x(\arccos x)^n - n\sqrt{1-x^2}(\arccos x)^{n-1} \\
&\quad + n\int \sqrt{1-x^2} \cdot (n-1)(\arccos x)^{n-2}\frac{-1}{\sqrt{1-x^2}}\mathrm{d}x \\
&= x(\arccos x)^n - n\sqrt{1-x^2}(\arccos x)^{n-1} - n(n-1)L_{n-2}, \\
L_0 &= \int \mathrm{d}x = x + C, \\
L_1 &= \int \arccos x \mathrm{d}x = x\arccos x - \int x \cdot \frac{-1}{\sqrt{1-x^2}}\mathrm{d}x \\
&= x\arccos x - \sqrt{1-x^2} + C,
\end{aligned}$$

因此, 所求的递推公式为

$$L_n = x(\arccos x)^n - n\sqrt{1-x^2}(\arccos x)^{n-1} - n(n-1)L_{n-2} \quad (n \geqslant 2),$$

$$L_0 = x + C, \quad L_1 = x\arccos x - \sqrt{1-x^2} + C.$$ □

5. 利用第 4 题的递推公式求下列不定积分:

(2) $\int x^4\mathrm{e}^{-x}\mathrm{d}x$; (4) $\int (\arccos x)^3\mathrm{d}x$.

解 (2) 根据第 4 题的递推公式和 $J_0 = -\mathrm{e}^{-x} + C'$, 可得

$$\begin{aligned}
\int x^4\mathrm{e}^{-x}\mathrm{d}x = J_4 &= -x^4\,\mathrm{e}^{-x} + 4\,J_3 \\
&= -x^4\,\mathrm{e}^{-x} + 4(-x^3\,\mathrm{e}^{-x} + 3J_2) \\
&= -x^4\,\mathrm{e}^{-x} - 4x^3\,\mathrm{e}^{-x} + 12(-x^2\,\mathrm{e}^{-x} + 2J_1) \\
&= -x^4\,\mathrm{e}^{-x} - 4x^3\,\mathrm{e}^{-x} - 12x^2\,\mathrm{e}^{-x} + 24(-x\mathrm{e}^{-x} + J_0) \\
&= -(x^4 + 4x^3 + 12x^2 + 24x + 24)\mathrm{e}^{-x} + C.
\end{aligned}$$

(4) 根据第 4 题的递推公式和 $L_1 = x\arccos x - \sqrt{1-x^2} + C'$, 可得

$$\begin{aligned}
\int (\arccos x)^3\mathrm{d}x = L_3 &= x(\arccos x)^3 - 3\sqrt{1-x^2}(\arccos x)^2 - 6L_1 \\
&= x(\arccos x)^3 - 3\sqrt{1-x^2}(\arccos x)^2 \\
&\quad - 6x\arccos x + 6\sqrt{1-x^2} + C.
\end{aligned}$$ □

习　题　7.3

1. 求下列有理函数的不定积分:

(2) $\displaystyle\int \frac{\mathrm{d}x}{(x-1)(x^2+1)}$;　(4) $\displaystyle\int \frac{1+x}{1+x^4}\mathrm{d}x$;

(6) $\displaystyle\int \frac{1}{1-x^3}\mathrm{d}x$;　(8) $\displaystyle\int \frac{x^2}{1-x^4}\mathrm{d}x$.

解　(2) 设 $\dfrac{1}{(x-1)(x^2+1)} \equiv \dfrac{A}{x-1} + \dfrac{Bx+C}{x^2+1}$, 其中 A, B 和 C 待定, 则

$$1 \equiv A(x^2+1) + (Bx+C)(x-1),$$

于是在上式中令 $x=1$ 得, $A=\dfrac{1}{2}$; 令 $x=0$ 得, $C=-\dfrac{1}{2}$; 再令 $x=-1$ 得, $B=-\dfrac{1}{2}$, 所以

$$\frac{1}{(x-1)(x^2+1)} = \frac{1}{2(x-1)} - \frac{x+1}{2(x^2+1)},$$

因此

$$\begin{aligned}\int \frac{\mathrm{d}x}{(x-1)(x^2+1)} &= \int \frac{\mathrm{d}x}{2(x-1)} - \int \frac{x+1}{2(x^2+1)}\mathrm{d}x \\ &= \frac{1}{2}\ln|x-1| - \frac{1}{4}\int \frac{\mathrm{d}(x^2+1)}{x^2+1} - \frac{1}{2}\int \frac{\mathrm{d}x}{x^2+1} \\ &= \frac{1}{2}\ln|x-1| - \frac{1}{4}\ln(x^2+1) - \frac{1}{2}\arctan x + C.\end{aligned}$$

(4) 设 $\dfrac{1+x}{1+x^4} \equiv \dfrac{Ax+B}{x^2-\sqrt{2}x+1} + \dfrac{Cx+D}{x^2+\sqrt{2}x+1}$, 其中 A, B, C 和 D 待定, 则

$$\begin{aligned}1+x &\equiv (Ax+B)(x^2+\sqrt{2}x+1) + (Cx+D)(x^2-\sqrt{2}x+1) \\ &= (A+C)x^3 + (\sqrt{2}A+B-\sqrt{2}C+D)x^2 \\ &\quad +(A+\sqrt{2}B+C-\sqrt{2}D)x + B + D,\end{aligned}$$

比较上述恒等式两边 x 的同次幂的系数得

$$\begin{cases} A+C=0, \\ \sqrt{2}A+B-\sqrt{2}C+D=0, \\ A+\sqrt{2}B+C-\sqrt{2}D=1, \\ B+D=1, \end{cases}$$

解之得, $A=-\dfrac{\sqrt{2}}{4}, B=\dfrac{2+\sqrt{2}}{4}, C=\dfrac{\sqrt{2}}{4}, D=\dfrac{2-\sqrt{2}}{4}$, 所以

$$\frac{1+x}{1+x^4} = -\frac{\sqrt{2}}{4}\frac{x-\sqrt{2}-1}{x^2-\sqrt{2}x+1} + \frac{\sqrt{2}}{4}\frac{x+\sqrt{2}-1}{x^2+\sqrt{2}x+1},$$

因此

$$\begin{aligned}\int\frac{1+x}{1+x^4}\mathrm{d}x=&-\frac{\sqrt{2}}{4}\int\frac{x-\sqrt{2}-1}{x^2-\sqrt{2}x+1}\mathrm{d}x+\frac{\sqrt{2}}{4}\int\frac{x+\sqrt{2}-1}{x^2+\sqrt{2}x+1}\mathrm{d}x\\ =&-\frac{\sqrt{2}}{8}\int\frac{(2x-\sqrt{2})-(\sqrt{2}+2)}{x^2-\sqrt{2}x+1}\mathrm{d}x+\frac{\sqrt{2}}{8}\int\frac{(2x+\sqrt{2})+(\sqrt{2}-2)}{x^2+\sqrt{2}x+1}\mathrm{d}x\\ =&-\frac{\sqrt{2}}{8}\ln|x^2-\sqrt{2}x+1|+\frac{\sqrt{2}}{8}\ln|x^2+\sqrt{2}x+1|\\ &+\frac{\sqrt{2}+1}{4}\int\frac{\mathrm{d}x}{x^2-\sqrt{2}x+1}+\frac{1-\sqrt{2}}{4}\int\frac{\mathrm{d}x}{x^2+\sqrt{2}x+1}\\ =&\frac{\sqrt{2}}{8}\ln\left|\frac{x^2+\sqrt{2}x+1}{x^2-\sqrt{2}x+1}\right|+\frac{\sqrt{2}-2}{4}\int\frac{\mathrm{d}(\sqrt{2}x+1)}{1+(\sqrt{2}x+1)^2}\\ &+\frac{\sqrt{2}+2}{4}\int\frac{\mathrm{d}(\sqrt{2}x+1)}{1+(\sqrt{2}x-1)^2}\\ =&\frac{\sqrt{2}}{8}\ln\left|\frac{x^2+\sqrt{2}x+1}{x^2-\sqrt{2}x+1}\right|+\frac{\sqrt{2}-2}{4}\arctan(\sqrt{2}x+1)\\ &+\frac{\sqrt{2}+2}{4}\arctan(\sqrt{2}x-1)+C.\end{aligned}$$

(6) 设 $\dfrac{1}{1-x^3}=\dfrac{1}{(1-x)(x^2+x+1)}\equiv\dfrac{A}{x-1}+\dfrac{Bx+C}{x^2+x+1}$, 其中 A,B 和 C 待定, 则

$$-1\equiv A(x^2+x+1)+(Bx+C)(x-1),$$

于是在上式中令 $x=1$ 得, $A=-\dfrac{1}{3}$; 令 $x=0$ 得, $C=\dfrac{2}{3}$; 再令 $x=-1$ 得, $B=\dfrac{1}{3}$, 所以

$$\frac{1}{1-x^3}=-\frac{1}{3(x-1)}+\frac{x+2}{3(x^2+x+1)},$$

因此

$$\begin{aligned}\int\frac{\mathrm{d}x}{1-x^3}=&-\int\frac{\mathrm{d}x}{3(x-1)}+\int\frac{x+2}{3(x^2+x+1)}\mathrm{d}x\\ =&-\frac{1}{3}\ln|x-1|+\frac{1}{6}\int\frac{\mathrm{d}(x^2+x+1)}{x^2+x+1}+\frac{1}{2}\int\frac{\mathrm{d}x}{\left(x+\frac{1}{2}\right)^2+\frac{3}{4}}\\ =&-\frac{1}{3}\ln|x-1|+\frac{1}{6}\ln(x^2+x+1)+\frac{\sqrt{3}}{3}\arctan\frac{2x+1}{\sqrt{3}}+C.\end{aligned}$$

(8) 由于

$$\begin{aligned}\frac{x^2}{x^4-1}&=\frac{1}{2}\left(\frac{1}{x^2-1}+\frac{1}{x^2+1}\right)\\&=\frac{1}{2}\left[\frac{1}{2}\left(\frac{1}{x-1}-\frac{1}{x+1}\right)+\frac{1}{x^2+1}\right]\\&=\frac{1}{4(x-1)}-\frac{1}{4(x+1)}+\frac{1}{2(x^2+1)},\end{aligned}$$

所以

$$\begin{aligned}\int\frac{x^2}{1-x^4}\mathrm{d}x&=-\int\frac{\mathrm{d}x}{4(x-1)}+\int\frac{\mathrm{d}x}{4(x+1)}-\int\frac{\mathrm{d}x}{2(x^2+1)}\\&=-\frac{1}{4}\ln|x-1|+\frac{1}{4}\ln|x+1|-\frac{1}{2}\arctan x+C\\&=\frac{1}{4}\ln\left|\frac{x+1}{x-1}\right|-\frac{1}{2}\arctan x+C.\end{aligned}$$

□

2. 求下列三角函数有理式的不定积分:

(1) $\displaystyle\int\frac{\mathrm{d}x}{3+5\sin x}$;　　(3) $\displaystyle\int\frac{\mathrm{d}x}{1-\tan x}$.

解　(1) 令 $t=\tan\dfrac{x}{2}\ (|x|<\pi)$, 则 $\mathrm{d}x=\dfrac{2\mathrm{d}t}{1+t^2}$, $\sin x=\dfrac{2t}{1+t^2}$, 于是

$$\begin{aligned}\int\frac{\mathrm{d}x}{3+5\sin x}&=\int\frac{1}{3+5\cdot\dfrac{2t}{1+t^2}}\cdot\frac{2\mathrm{d}t}{1+t^2}\\&=\int\frac{2\mathrm{d}t}{3t^2+10t+3}=\int\frac{2\mathrm{d}t}{(3t+1)(t+3)}\\&=\int\left[\frac{3}{4(3t+1)-\dfrac{1}{4(t+3)}}\right]\mathrm{d}t\\&=\frac{1}{4}\ln\left|\frac{3t+1}{t+3}\right|+C=\frac{1}{4}\ln\left|\frac{3\tan\dfrac{x}{2}+1}{\tan\dfrac{x}{2}+3}\right|+C.\end{aligned}$$

(3) 令 $t=\tan x\ \left(|x|<\dfrac{\pi}{2}\right)$, 则 $x=\arctan t$, $\mathrm{d}x=\dfrac{\mathrm{d}t}{1+t^2}$, 于是

$$\begin{aligned}\int\frac{\mathrm{d}x}{1-\tan x}&=\int\frac{1}{1-t}\cdot\frac{\mathrm{d}t}{1+t^2}=\frac{1}{2}\int\frac{\mathrm{d}t}{1-t}+\frac{1}{2}\int\frac{1+t}{1+t^2}\mathrm{d}t\\&=-\frac{1}{2}\ln|1-t|+\frac{1}{2}\int\frac{\mathrm{d}t}{1+t^2}+\frac{1}{4}\int\frac{\mathrm{d}(1+t^2)}{1+t^2}\end{aligned}$$

$$\begin{aligned}&=-\frac{1}{2}\ln|1-t|+\frac{1}{2}\arctan t+\frac{1}{4}\ln(1+t^2)+C\\&=\frac{1}{4}\ln\frac{1+\tan^2 x}{(1-\tan x)^2}+\frac{1}{2}x+C\\&=\frac{1}{2}x-\frac{1}{2}\ln|\cos x-\sin x|+C.\end{aligned}$$ □

3. 求下列无理根式的不定积分:

(2) $\displaystyle\int\frac{\mathrm{d}x}{\sqrt{x^2-x}}$; (4) $\displaystyle\int\sqrt{x^2-x+1}\mathrm{d}x$.

解 (2) 作 Euler 变换 $\sqrt{x^2-x}=x+t$, 则 $x=-\dfrac{t^2}{1+2t}$, $\mathrm{d}x=-\dfrac{2t+2t^2}{(1+2t)^2}\mathrm{d}t$,

$$\sqrt{x^2-x}=-\frac{t^2}{1+2t}+t=\frac{t+t^2}{1+2t},$$

于是

$$\begin{aligned}\int\frac{\mathrm{d}x}{\sqrt{x^2-x}}&=\int\frac{1}{\dfrac{t+t^2}{1+2t}}\cdot\frac{-(2t+2t^2)}{(1+2t)^2}\mathrm{d}t\\&=\int\frac{-2\mathrm{d}t}{1+2t}=-\int\frac{\mathrm{d}(1+2t)}{1+2t}\\&=-\ln|1+2t|+C=-\ln|1+2\sqrt{x^2-x}-2x|+C\\&=\ln|2\sqrt{x^2-x}+2x-1|+C.\end{aligned}$$

(4) 先作 Euler 变换 $\sqrt{x^2-x+1}=x+t$, 则 $x=\dfrac{1-t^2}{1+2t}$, $\mathrm{d}x=\dfrac{-2(1+t+t^2)}{(1+2t)^2}\mathrm{d}t$,

$$\sqrt{x^2-x+1}=\frac{1-t^2}{1+2t}+t=\frac{1+t+t^2}{1+2t},$$

于是

$$\begin{aligned}\int\sqrt{x^2-x+1}\mathrm{d}x&=\int\frac{1+t+t^2}{1+2t}\cdot\frac{-2(1+t+t^2)}{(1+2t)^2}\mathrm{d}t\\&=-2\int\frac{(1+t+t^2)^2}{(1+2t)^3}\mathrm{d}t.\end{aligned}$$

再令 $u=1+2t$, 则 $t=\dfrac{u-1}{2}$, $\mathrm{d}t=\dfrac{1}{2}\mathrm{d}u$,

$$\frac{(1+t+t^2)^2}{(1+2t)^3}=\frac{(3+1+4t+4t^2)^2}{16u^3}=\frac{(3+u^2)^2}{16u^3}=\frac{u}{16}+\frac{3}{8u}+\frac{9}{16u^3},$$

$$u=1+2t=2\sqrt{x^2-x+1}-2x+1,$$

$$\frac{1}{u}=\frac{2\sqrt{x^2-x+1}+2x-1}{3},$$

于是

$$\begin{aligned}\int \sqrt{x^2-x+1}\mathrm{d}x &= -\int \left(\frac{u}{16}+\frac{3}{8u}+\frac{9}{16u^3}\right)\mathrm{d}u \\ &= \frac{9}{32u^2}-\frac{u^2}{32}-\frac{3}{8}\ln|u|+C \\ &= \frac{2x-1}{4}\sqrt{x^2-x+1}+\frac{3}{8}\ln|2\sqrt{x^2-x+1}+2x-1|+C.\end{aligned}$$ □

复　习　题

1. 设函数 $f(x)$ 的一个原函数为 $(1+\sin x)\ln x$, 求 $\int xf'(x)\mathrm{d}x$.

解　因为 $f(x)$ 的一个原函数为 $(1+\sin x)\ln x$, 所以,

$$f(x) = \big((1+\sin x)\ln x\big)' = \cos x\ln x + \frac{1+\sin x}{x},$$

因此

$$\begin{aligned}\int xf'(x)\mathrm{d}x &= \int x\mathrm{d}f(x) = xf(x) - \int f(x)\mathrm{d}x \\ &= x\cdot\left(\cos x\ln x+\frac{1+\sin x}{x}\right) - (1+\sin x)\ln x + C' \\ &= (x\cos x - \sin x - 1)\ln x + \sin x + C.\end{aligned}$$ □

4. 设函数 $F(x)$ 是 $f(x)$ 在区间 I 上的一个原函数, 试证明:

(1) 函数 $g(x) = xf(x)$ 在区间 I 上也存在原函数;

(2) 若 $F(x) > 0\,(x \in I)$, 则函数 $h(x) = \dfrac{f(x)}{F(x)}$ 在区间 I 上也存在原函数.

证明　(1) 因为 $F(x)$ 是 $f(x)$ 在区间 I 上的一个原函数, 所以 $F(x)$ 在区间 I 上可导 (当然连续), 且

$$f(x) = F'(x), \quad x \in I,$$

于是 $F(x)$ 在区间 I 上存在原函数.

设 $\Phi(x)$ 是 $F(x)$ 在区间 I 上的一个原函数, 则

$$F(x) = \Phi'(x), \quad x \in I,$$

于是 $\forall x \in I$, 有

$$\big(xF(x) - \Phi(x)\big)' = F(x) + xF'(x) - \Phi'(x) = xF'(x) = xf(x),$$

所以 $xF(x)-\Phi(x)$ 是函数 $g(x)=xf(x)$ 在区间 I 上的一个原函数.

(2) 由 (1) 知, $f(x)=F'(x), x\in I$.

因为 $F(x)>0\,(x\in I)$, 所以 $\ln F(x)$ 在区间 I 上有定义, 且 $\forall x\in I$, 有

$$(\ln F(x))'=\frac{F'(x)}{F(x)}=\frac{f(x)}{F(x)}=h(x),$$

因此 $\ln F(x)$ 是函数 $h(x)$ 在区间 I 上的一个原函数. □

5. 求下列不定积分:

(2) $\displaystyle\int\frac{x+\sqrt{x}-2}{\sqrt[3]{x}-1}\mathrm{d}x$;　　(4) $\displaystyle\int\frac{\ln\cos x}{\sin^2 x}\mathrm{d}x$;

(6) $\displaystyle\int\frac{\mathrm{d}x}{1-\sqrt[3]{x}}$;　　(8) $\displaystyle\int\mathrm{e}^{-x}\left(\frac{1+x}{1+x^2}\right)^2\mathrm{d}x$;

(10) $\displaystyle\int\frac{x^5}{1+x^2}\mathrm{d}x$;　　(12) $\displaystyle\int\frac{2x-7}{x^3-3x^2+4}\mathrm{d}x$;

(14) $\displaystyle\int\frac{\arccos x}{x^2}\mathrm{d}x$;　　(16) $\displaystyle\int\sec^3 x\mathrm{d}x$;

(18) $\displaystyle\int\frac{\mathrm{d}x}{x(x^{10}+1)}$;　　(19) $\displaystyle\int\frac{1+x}{x(1+x\mathrm{e}^x)}\mathrm{d}x$;

(20) $\displaystyle\int\frac{x\ln(x+\sqrt{x^2+1})}{\sqrt{x^2+1}}\mathrm{d}x$;　　(22) $I_n=\displaystyle\int\tan^n x\mathrm{d}x\,(n\in\mathbb{N}_+)$.

解 (2) 令 $x=t^6\,(t>0)$, 则 $t=\sqrt[6]{x}, \mathrm{d}x=6t^5\mathrm{d}t$, 于是

$$\begin{aligned}\int\frac{x+\sqrt{x}-2}{\sqrt[3]{x}-1}\mathrm{d}x&=\int\frac{t^6+t^3-2}{t^2-1}\cdot 6t^5\mathrm{d}t=6\int\frac{t^{11}+t^8-2t^5}{t^2-1}\mathrm{d}t\\&=6\int\frac{t^{10}+t^9+t^8+2t^7+2t^6+2t^5}{t+1}\mathrm{d}t\\&=6\int\left(t^9+t^7+t^6+t^5+t^4-t^3+t^2-t+1-\frac{1}{t+1}\right)\mathrm{d}t\\&=\frac{3}{5}t^{10}+\frac{3}{4}t^8+\frac{6}{7}t^7+t^6+\frac{6}{5}t^5-\frac{3}{2}t^4+2t^3\\&\quad-3t^2+6t-6\ln|t+1|+C\\&=\frac{3}{5}x^{\frac{5}{3}}+\frac{3}{4}x^{\frac{4}{3}}+\frac{6}{7}x^{\frac{7}{6}}+x+\frac{6}{5}x^{\frac{5}{6}}-\frac{3}{2}x^{\frac{2}{3}}+2x^{\frac{1}{2}}\\&\quad-3x^{\frac{1}{3}}+6x^{\frac{1}{6}}-6\ln|x^{\frac{1}{6}}+1|+C.\end{aligned}$$

(4) 根据分部积分法可得

$$\begin{aligned}\int\frac{\ln\cos x}{\sin^2 x}\mathrm{d}x&=-\int\ln\cos x\mathrm{d}(\cot x)\\&=-\cot x\ln\cos x+\int\cot x\cdot\frac{-\sin x}{\cos x}\mathrm{d}x\\&=-\cot x\ln\cos x-x+C.\end{aligned}$$

(6) 令 $x=t^3\,(t>0)$, 则 $t=\sqrt[3]{x}, \mathrm{d}x=3t^2\mathrm{d}t$, 于是

$$\begin{aligned}\int\frac{\mathrm{d}x}{1-\sqrt[3]{x}}&=\int\frac{3t^2\mathrm{d}t}{1-t}=-3\int\left(t+1-\frac{1}{1-t}\right)\mathrm{d}t\\&=-\frac{3}{2}t^2-3t-3\ln|1-t|+C\\&=-\frac{3}{2}x^{\frac{2}{3}}-3\sqrt[3]{x}-3\ln|1-\sqrt[3]{x}|+C.\end{aligned}$$

(8) 根据分部积分法可得

$$\begin{aligned}\int\mathrm{e}^{-x}\left(\frac{1+x}{1+x^2}\right)^2\mathrm{d}x&=\int\mathrm{e}^{-x}\cdot\frac{1+x^2+2x}{(1+x^2)^2}\mathrm{d}x\\&=\int\frac{\mathrm{e}^{-x}}{1+x^2}\mathrm{d}x-\int\mathrm{e}^{-x}\mathrm{d}\left(\frac{1}{1+x^2}\right)\\&=\int\frac{\mathrm{e}^{-x}}{1+x^2}\mathrm{d}x-\frac{\mathrm{e}^{-x}}{1+x^2}-\int\frac{\mathrm{e}^{-x}}{1+x^2}\mathrm{d}x\\&=-\frac{\mathrm{e}^{-x}}{1+x^2}+C.\end{aligned}$$

(10) 令 $t=x^2$, 则 $x\mathrm{d}x=\frac{1}{2}\mathrm{d}t$, 于是

$$\begin{aligned}\int\frac{x^5}{1+x^2}\mathrm{d}x&=\frac{1}{2}\int\frac{t^2}{1+t}\mathrm{d}t=\frac{1}{2}\int\left(t-1+\frac{1}{1+t}\right)\mathrm{d}t\\&=\frac{1}{4}t^2-\frac{1}{2}t+\frac{1}{2}\ln|1+t|+C\\&=\frac{1}{4}x^4-\frac{1}{2}x^2+\frac{1}{2}\ln(1+x^2)+C.\end{aligned}$$

(12) 根据定理 7.3.1, 可设

$$\frac{2x-7}{x^3-3x^2+4}=\frac{2x-7}{(x+1)(x-2)^2}=\frac{A}{x+1}+\frac{B}{x-2}+\frac{C}{(x-2)^2},$$

其中常数 A,B,C 待定, 则

$$2x-7\equiv A(x-2)^2+B(x+1)(x-2)+C(x+1),$$

于是令 $x=-1$ 得, $A=-1$; 令 $x=2$ 得, $C=-1$; 将 $A=C=-1$ 代入上式得, $B=1$, 所以

$$\frac{2x-7}{x^3-3x^2+4}=\frac{2x-7}{(x+1)(x-2)^2}=-\frac{1}{x+1}+\frac{1}{x-2}-\frac{1}{(x-2)^2},$$

因此

$$\int \frac{2x-7}{x^3-3x^2+4}\mathrm{d}x = \int \left[-\frac{1}{x+1}+\frac{1}{x-2}-\frac{1}{(x-2)^2}\right]\mathrm{d}x$$
$$= \ln\left|\frac{x-2}{x+1}\right| + \frac{1}{x-2} + C.$$

(14) 根据分部积分法可得

$$\int \frac{\arccos x}{x^2}\mathrm{d}x = -\int \arccos x \mathrm{d}\left(\frac{1}{x}\right)$$
$$= -\frac{1}{x}\arccos x - \int \frac{\mathrm{d}x}{x\sqrt{1-x^2}}.$$

下面求 $\int \frac{\mathrm{d}x}{x\sqrt{1-x^2}}$, 为此, 作 Euler 变换 $\sqrt{1-x^2}=xt+1$, 则

$$x=\frac{-2t}{1+t^2},\quad \mathrm{d}x=\frac{2t^2-2}{(1+t^2)^2}\mathrm{d}t,\quad \sqrt{1-x^2}=xt+1=\frac{1-t^2}{1+t^2},$$

于是

$$\int \frac{\mathrm{d}x}{x\sqrt{1-x^2}} = \int \frac{1}{\frac{-2t}{1+t^2}\cdot\frac{1-t^2}{1+t^2}}\cdot\frac{2t^2-2}{(1+t^2)^2}\mathrm{d}t$$
$$= \int \frac{\mathrm{d}t}{t} = \ln|t| - C$$
$$= \ln\left|\frac{\sqrt{1-x^2}-1}{x}\right| - C,$$

所以

$$\int \frac{\arccos x}{x^2}\mathrm{d}x = -\frac{1}{x}\arccos x - \int \frac{\mathrm{d}x}{x\sqrt{1-x^2}}$$
$$= -\frac{1}{x}\arccos x - \ln\left|\frac{\sqrt{1-x^2}-1}{x}\right| + C$$
$$= -\frac{\arccos x}{x} + \ln\left|\frac{\sqrt{1-x^2}+1}{x}\right| + C.$$

(16) 根据分部积分法可得

$$\int \sec^3 x\mathrm{d}x = \int \sec x \mathrm{d}\tan x$$
$$= \tan x\sec x - \int \tan x\sec x\tan x\mathrm{d}x$$
$$= \tan x\sec x - \int \sec^3 x\mathrm{d}x + \int \sec x\mathrm{d}x,$$

所以

$$\int \sec^3 x\mathrm{d}x = \frac{1}{2}\tan x\sec x + \frac{1}{2}\int \sec x\mathrm{d}x = \frac{1}{2}\tan x\sec x + \frac{1}{2}\ln|\sec x + \tan x| + C.$$

(18) 令 $t = x^{10}$, 则 $x^9\mathrm{d}x = \dfrac{1}{10}\mathrm{d}t$, 于是

$$\begin{aligned}\int \frac{\mathrm{d}x}{x(x^{10}+1)} &= \frac{1}{10}\int \frac{\mathrm{d}t}{t(t+1)}\\ &= \frac{1}{10}\int\left(\frac{1}{t} - \frac{1}{t+1}\right)\mathrm{d}t = \frac{1}{10}\ln\left|\frac{t}{t+1}\right| + C\\ &= \frac{1}{10}\ln\left|\frac{x^{10}}{x^{10}+1}\right| + C.\end{aligned}$$

(19) 令 $t = x\mathrm{e}^x$, 则 $\mathrm{d}t = (1+x)\mathrm{e}^x\mathrm{d}x$, 于是

$$\begin{aligned}\int \frac{1+x}{x(1+x\mathrm{e}^x)}\mathrm{d}x &= \int \frac{(1+x)\mathrm{e}^x\mathrm{d}x}{x\mathrm{e}^x\,(1+x\mathrm{e}^x)}\\ &= \int \frac{\mathrm{d}t}{t(1+x)} = \int\frac{\mathrm{d}t}{t} - \int\frac{\mathrm{d}t}{1+t}\\ &= \ln|t| - \ln|1+t| + C = x + \ln\left|\frac{x}{1+x\mathrm{e}^x}\right| + C.\end{aligned}$$

(20) 根据分部积分法可得

$$\begin{aligned}\int \frac{x\ln(x+\sqrt{x^2+1})}{\sqrt{x^2+1}}\mathrm{d}x &= \int \ln(x+\sqrt{x^2+1})\mathrm{d}\sqrt{x^2+1}\\ &= \sqrt{x^2+1}\ln(x+\sqrt{x^2+1}) - \int\sqrt{x^2+1}\cdot\frac{\mathrm{d}t}{\sqrt{x^2+1}}\\ &= \sqrt{x^2+1}\ln(x+\sqrt{x^2+1}) - x + C.\end{aligned}$$

(22) 直接计算可得

$$I_0 = \int \mathrm{d}x - x + C,\quad I_1 = \int \tan x\mathrm{d}x = -\int\frac{\mathrm{d}\cos x}{\cos x} = -\ln|\cos x| + C.$$

当 $n \geqslant 2$ 时, 根据分部积分法可得

$$\begin{aligned}I_n &= \int \tan^n x\mathrm{d}x = \int \tan^{n-2} x\,(\sec^2 x - 1)\mathrm{d}x\\ &= \int \tan^{n-2} x\mathrm{d}\tan x - I_{n-2}\\ &= \frac{1}{n-1}\tan^{n-1} x - I_{n-2},\end{aligned}$$

所以所求的递推公式是

$$I_n = \frac{1}{n-1}\tan^{n-1}x - I_{n-2}\ (n \geqslant 2), \quad I_0 = x + C, \quad I_1 = -\ln|\cos x| + C. \qquad \square$$

6. 设函数 $y = f(x)$ 在 $x = 1$ 处有一极大值 16, 有一拐点 $(-1, 0)$, 且 $f'(x) = ax^2 + bx + c$, 求此函数 $y = f(x)$.

解 因为 $f'(x) = ax^2 + bx + c$, 所以,

$$f(x) = \int f'(x)\mathrm{d}x = \int (ax^2 + bx + c)\mathrm{d}x = \frac{a}{3}x^3 + \frac{b}{2}x^2 + cx + d,$$

其中常数 a, b, c, d 待定.

又因为函数 $y = f(x)$ 在 $x = 1$ 处有一极大值 16, 有一拐点 $(-1, 0)$, 所以

$$\begin{cases} f'(1) = a + b + c = 0, \\ f(1) = \dfrac{a}{3} + \dfrac{b}{2} + c + d = 16, \\ f(-1) = -\dfrac{a}{3} + \dfrac{b}{2} - c + d = 0, \\ f''(-1) = -2a + b = 0, \end{cases}$$

解之得, $a = -3, b = -6, c = 9, d = 11$, 因此 $f(x) = -x^3 - 3x^2 + 9x + 11$.

最后, 由于 $f''(1) = -6 - 6 = -12 < 0$ 和 $f''(x) = -6(x + 1)$ 在 $x = -1$ 处变号, 所以函数 $f(x) = -x^3 - 3x^2 + 9x + 11$ 在 $x = 1$ 处有一极大值, 有一拐点 $(-1, 0)$, 因此 $f(x) = -x^3 - 3x^2 + 9x + 11$ 是所求的函数. $\square$

第8章　定　积　分

习　题　8.1

2. 设 $f(x)$ 在 $[0,2]$ 上可积, 且满足 $f(x)=x^2+\frac{1}{3}\int_0^2 f(t)\mathrm{d}t$, 试求 $f(x)$.

解　因为 $f(x)$ 在 $[0,2]$ 上可积, 所以可令 $\alpha=\int_0^2 f(t)\mathrm{d}t$, 则

$$f(x)=x^2+\frac{\alpha}{3},$$

于是

$$\alpha=\int_0^2 f(t)\mathrm{d}t=\int_0^2\left(t^2+\frac{\alpha}{3}\right)\mathrm{d}t=\frac{8}{3}+\frac{2\alpha}{3},$$

所以 $\alpha=8$, 因此 $f(x)=x^2+\frac{8}{3}$. □

3. 试证明下列函数在 $[0,2]$ 上不可积:

(1) $f(x)=\begin{cases}2, & x\in\mathbb{Q},\\ 3, & x\notin\mathbb{Q}.\end{cases}$

证明　任取 $J\in\mathbb{R}$.

当 $J=6$ 时, 存在 $\varepsilon_0=1>0$, 使对任意 $\delta>0$, 取 $[0,2]$ 的一个分割 $T_0=\{x_0,x_1,x_2,\cdots,x_n\}$ 满足 $\|T_0\|<\delta$, 取 $\xi_i^{(0)}$ 为 $[x_{i-1},x_i]$ 中有理数, $i=1,2,\cdots,n$, 这样有

$$\left|\sum_{i=1}^n f(\xi_i^{(0)})\Delta x_i-J\right|=|4-6|=2>1=\varepsilon_0.$$

当 $J\neq 6$ 时, 存在 $\varepsilon_1=\frac{1}{2}|6-J|>0$, 使对任意 $\delta>0$, 取 $[0,2]$ 的一个分割 $T_1=\{x_0,x_1,x_2,\cdots,x_n\}$ 满足 $\|T_1\|<\delta$, 取 $\xi_i^{(0)}$ 为 $[x_{i-1},x_i]$ 中无理数, $i=1,2,\cdots,n$, 这样有

$$\left|\sum_{i=1}^n f(\xi_i^{(0)})\Delta x_i-J\right|=|6-J|>\frac{1}{2}|6-J|=\varepsilon_1.$$

所以, 根据定义 8.1.1 的否定说法得 $f(x)$ 在 $[0,2]$ 上不可积. □

4. 证明: 函数 $f(x)=\begin{cases}1, & x=\dfrac{1}{2},\\ 0, & x\in\left[0,\dfrac{1}{2}\right)\cup\left(\dfrac{1}{2},1\right]\end{cases}$ 在 $[0,1]$ 上可积.

证明　由于存在 $J=0$, $\forall\varepsilon>0, \exists\delta=\dfrac{\varepsilon}{2}>0$, 使对 $[0,1]$ 的任一分割

$$T: a=x_0<x_1<\cdots<x_n=b,$$

以及任意的 $\xi_i\in[x_{i-1},x_i](i=1,2,\cdots,n)$, 只要 $\|T\|<\delta$, 不妨设 $\dfrac{1}{2}\in[x_{k-1},x_k]$, 则总有

$$\left|\sum_{i=1}^{n}f(\xi_i)\Delta x_i-0\right|\leqslant 2\|T\|<\varepsilon,$$

所以根据定义 8.1.1 可得, $f(x)$ 在 $[0,1]$ 上可积, 且

$$\int_0^1 f(x)\mathrm{d}x=0.$$ □

5. 设 $f(x)$ 在 $[a,b]$ 上可积. 若 $\forall x\in[a,b]$ 有 $f(x)\geqslant 0$, 且存在 $x_0\in[a,b]$ 使 $\lim\limits_{x\to x_0}f(x)=A>0$, 试证明 $\displaystyle\int_a^b f(x)\mathrm{d}x>0$.

证明　不妨设 $x_0=a$, 因为存在 $x_0\in[a,b]$, 使 $\lim\limits_{x\to x_0}f(x)=A>0$, 所以根据函数极限的保不等式性质得, 存在 $\delta\in(0,b-a)$, 使当 $x\in(a,a+\delta)$ 时, 有

$$f(x)>\frac{A}{2},$$

又因为 $f(x)$ 在 $[a,b]$ 上可积, 且 $\forall x\in[a,b]$ 有 $f(x)\geqslant 0$, 所以

$$\begin{aligned}\int_a^b f(x)\mathrm{d}x&=\int_a^{a+\frac{\delta}{4}}f(x)\mathrm{d}x+\int_{a+\frac{\delta}{4}}^{a+\frac{3\delta}{4}}f(x)\mathrm{d}x+\int_{a+\frac{3\delta}{4}}^{b}f(x)\mathrm{d}x\\&\geqslant 0+\frac{A}{2}\cdot\frac{\delta}{2}+0=\frac{A\delta}{4}>0.\end{aligned}$$ □

7. 试证明下列积分不等式:

(1) $1<\displaystyle\int_0^1 \mathrm{e}^{3x^2}\mathrm{d}x<\mathrm{e}^3$.

证明　令 $f(x)=\mathrm{e}^{3x^2}-1, g(x)=\mathrm{e}^3-\mathrm{e}^{3x^2}$, 则因为 $f(x),g(x)$ 都在 $[0,1]$ 上连续, 且 $\forall x\in[0,1]$, 有

$$f(x)\geqslant 0,\quad f(x)\not\equiv 0,\quad g(x)\geqslant 0,\quad g(x)\not\equiv 0,$$

所以根据推论 8.1.2 得

$$\int_0^1 f(x)\mathrm{d}x>0,\quad \int_0^1 g(x)\mathrm{d}x>0,$$

因此

$$1=\int_0^1 \mathrm{d}x<\int_0^1 \mathrm{e}^{3x^2}\mathrm{d}x<\int_0^1 \mathrm{e}^3\mathrm{d}x=\mathrm{e}^3.$$ □

习 题 8.2

1. 求下列函数的导数:

(1) $\displaystyle\int_{x^2}^1 \sin t^3\mathrm{d}t$; (2) $\displaystyle\int_x^{x^2} \mathrm{e}^{t^2}\mathrm{d}t$.

解 (1) 令 $u=x^2$, 则显然 $\sin x^3$, x^2 在 $\mathbb{R}$ 上连续, 于是根据原函数存在定理得

$$\begin{aligned}\frac{\mathrm{d}}{\mathrm{d}x}\int_{x^2}^1 \sin t^3\mathrm{d}t&=\frac{\mathrm{d}}{\mathrm{d}u}\int_u^1 \sin t^3\mathrm{d}t\cdot\frac{\mathrm{d}u}{\mathrm{d}x}\\&=-\sin u^3\cdot 2x=-2x\sin(x^6).\end{aligned}$$

(2) 令 $u=x^2$, 则显然 e^{x^2}, x^2 在 $\mathbb{R}$ 上连续, 于是根据原函数存在定理得

$$\begin{aligned}\frac{\mathrm{d}}{\mathrm{d}x}\int_x^{x^2} \mathrm{e}^{t^2}\mathrm{d}t&=\frac{\mathrm{d}}{\mathrm{d}x}\int_1^{x^2} \mathrm{e}^{t^2}\mathrm{d}t-\frac{\mathrm{d}}{\mathrm{d}x}\int_1^x \mathrm{e}^{t^2}\mathrm{d}t\\&=\frac{\mathrm{d}}{\mathrm{d}u}\int_1^u \mathrm{e}^{t^2}\mathrm{d}t\cdot\frac{\mathrm{d}u}{\mathrm{d}x}-\frac{\mathrm{d}}{\mathrm{d}x}\int_1^x \mathrm{e}^{t^2}\mathrm{d}t\\&=\mathrm{e}^{u^2}\cdot 2x-\mathrm{e}^{x^2}=2x\mathrm{e}^{x^4}-\mathrm{e}^{x^2}.\end{aligned}$$ □

3. 计算极限 $\displaystyle\lim_{x\to+\infty}\frac{x\mathrm{e}^x}{\displaystyle\int_0^x t^3\mathrm{e}^t\mathrm{d}t}$.

解 因为当 $x>1$ 时,

$$\begin{aligned}\int_0^x t^3\mathrm{e}^t\mathrm{d}t&=\int_0^1 t^3\mathrm{e}^t\mathrm{d}t+\int_1^x t^3\mathrm{e}^t\mathrm{d}t\\&\geqslant 0+\int_1^x \mathrm{e}^t\mathrm{d}t=\mathrm{e}^x-\mathrm{e},\end{aligned}$$

以及 $\displaystyle\lim_{x\to+\infty}(\mathrm{e}^x-\mathrm{e})=+\infty$, 所以

$$\lim_{x\to+\infty}\int_0^x t^3\mathrm{e}^t\mathrm{d}t=+\infty.$$

显然 $\displaystyle\lim_{x\to+\infty}x\mathrm{e}^x=+\infty$, 所以根据 L'Hospital 法则和原函数存在定理得

$$\begin{aligned}\lim_{x\to+\infty}\frac{x\mathrm{e}^x}{\displaystyle\int_0^x t^3\mathrm{e}^t\mathrm{d}t}&=\lim_{x\to+\infty}\frac{(1+x)\mathrm{e}^x}{x^3\mathrm{e}^x}\\&=\lim_{x\to+\infty}\left(\frac{1}{x^3}+\frac{1}{x^2}\right)=0.\end{aligned}$$ □

4. 计算下列定积分:

(2) $\displaystyle\int_0^1 \frac{\mathrm{d}x}{\sqrt{4-x^2}}$;　　(3) $\displaystyle\int_{\frac{1}{\mathrm{e}}}^{\mathrm{e}} \frac{|\ln x|}{x}\mathrm{d}x$.

解　(2) 因为

$$\int \frac{\mathrm{d}x}{\sqrt{4-x^2}} = \arcsin\frac{x}{2} + C,$$

所以

$$\int_0^1 \frac{\mathrm{d}x}{\sqrt{4-x^2}} = \arcsin\frac{x}{2}\Big|_0^1 = \frac{\pi}{6}.$$

(3) 根据定积分关于积分区间的有限可加性得

$$\begin{aligned}\int_{\frac{1}{\mathrm{e}}}^{\mathrm{e}} \frac{|\ln x|}{x}\mathrm{d}x &= \int_{\frac{1}{\mathrm{e}}}^{1} \frac{|\ln x|}{x}\mathrm{d}x + \int_1^{\mathrm{e}} \frac{|\ln x|}{x}\mathrm{d}x \\ &= -\int_{\frac{1}{\mathrm{e}}}^{1} \frac{\ln x}{x}\mathrm{d}x + \int_1^{\mathrm{e}} \frac{\ln x}{x}\mathrm{d}x \\ &= -\frac{1}{2}\ln^2 x\Big|_{\frac{1}{\mathrm{e}}}^{1} + \frac{1}{2}\ln^2 x\Big|_1^{\mathrm{e}} = \frac{1}{2} + \frac{1}{2} = 1.\end{aligned}$$ □

5. 设 $f(x)$ 在 $[a,b]$ 上可积, $F(x)$ 在 $[a,b]$ 上连续, 且 $F'(x) = f(x)$, $x \in (a,b)$, 试证明:

$$\int_a^b f(t)\mathrm{d}t = F(b) - F(a).$$

证明　对 $[a,b]$ 的任何一个分割 T:

$$T:\ a = x_0 < x_1 < \cdots < x_n = b,$$

有 $F(b) - F(a) = \displaystyle\sum_{i=1}^{n}(F(x_i) - F(x_{i-1}))$.

由于 $F(x)$ 在 $[a,b]$ 上连续, 且 $F'(x) = f(x)$, $x \in (a,b)$, 所以根据 Lagrange 中值定理得, 对每个 $i = 1, 2, \cdots, n$, 存在 $\xi_i \in (x_{i-1}, x_i)$, 使得

$$F(x_i) - F(x_{i-1}) = F'(\xi_i)(x_i - x_{i-1}) = f(\xi_i)\Delta x_i,$$

因此

$$F(b) - F(a) = \sum_{i=1}^{n}(F(x_i) - F(x_{i-1})) = \sum_{i=1}^{n} f(\xi_i)\Delta x_i.$$

又由于 $f(x)$ 在 $[a,b]$ 上可积, 所以

$$\int_a^b f(x)\mathrm{d}x = \lim_{\|T\|\to 0}\sum_{i=1}^{n} f(\xi_i)\Delta x_i = \lim_{\|T\|\to 0}(F(b) - F(a)) = F(b) - F(a).$$ □

习 题 8.3

2. 设 $f(x)$ 在 $(-\infty,+\infty)$ 上连续, 且以 T 为周期, a 为任意实数, 试证明:

$$\int_a^{a+T} f(x)\mathrm{d}x=\int_0^T f(x)\mathrm{d}x.$$

证明 根据定积分关于积分区间的有限可加性得

$$\int_a^{a+T} f(x)\mathrm{d}x=\int_a^0 f(x)\mathrm{d}x+\int_0^T f(x)\mathrm{d}x+\int_T^{a+T} f(x)\mathrm{d}x.$$

作变换 $x=t+T$, 由于 $f(x)$ 在 $(-\infty,+\infty)$ 上连续, 且以 T 为周期, 所以

$$\int_T^{a+T} f(x)\mathrm{d}x=\int_0^a f(t+T)\mathrm{d}t=\int_0^a f(t)\mathrm{d}t=-\int_a^0 f(x)\mathrm{d}x,$$

因此

$$\int_a^{a+T} f(x)\mathrm{d}x=\int_a^0 f(x)\mathrm{d}x+\int_0^T f(x)\mathrm{d}x-\int_a^0 f(x)\mathrm{d}x=\int_0^T f(x)\mathrm{d}x. \qquad \square$$

3. 用换元法求下列定积分:

(2) $\displaystyle\int_{-2}^2\sqrt{4-x^2}\mathrm{d}x$; (4) $\displaystyle\int_0^{\frac{\pi}{2}}\frac{\sqrt{\sin x}}{\sqrt{\sin x}+\sqrt{\cos x}}\mathrm{d}x$;

(6) $\displaystyle\int_0^1\frac{\ln(1+x)}{1+x^2}\mathrm{d}x$.

解 (2) 作变换 $x=2\sin t$, 则当 x 由 -2 变到 2 时, t 由 $-\dfrac{\pi}{2}$ 变到 $\dfrac{\pi}{2}$, 于是

$$\begin{aligned}\int_{-2}^2\sqrt{4-x^2}\mathrm{d}x&=\int_{-\frac{\pi}{2}}^{\frac{\pi}{2}}2\cos t\cdot 2\cos t\mathrm{d}t\\&=2\int_{-\frac{\pi}{2}}^{\frac{\pi}{2}}(\cos 2t+1)\mathrm{d}t\\&=(\sin 2t+2t)\Big|_{-\frac{\pi}{2}}^{\frac{\pi}{2}}=2\pi.\end{aligned}$$

(4) 作变换 $x=\dfrac{\pi}{2}-t$, 则

$$\begin{aligned}\int_0^{\frac{\pi}{2}}\frac{\sqrt{\sin x}}{\sqrt{\sin x}+\sqrt{\cos x}}\mathrm{d}x&=\int_{\frac{\pi}{2}}^0\frac{\sqrt{\cos t}}{\sqrt{\cos t}+\sqrt{\sin t}}(-\mathrm{d}t)=\int_0^{\frac{\pi}{2}}\frac{\sqrt{\cos t}}{\sqrt{\sin t}+\sqrt{\cos t}}\mathrm{d}t\\&=\frac{1}{2}\int_0^{\frac{\pi}{2}}\left(\frac{\sqrt{\cos x}}{\sqrt{\sin x}+\sqrt{\cos x}}+\frac{\sqrt{\sin x}}{\sqrt{\sin x}+\sqrt{\cos x}}\right)\mathrm{d}x\\&=\frac{1}{2}\int_0^{\frac{\pi}{2}}\mathrm{d}x=\frac{\pi}{4}.\end{aligned}$$

(6) 作变换 $x=\tan t$, 则

$$\begin{aligned}\int_0^1 \frac{\ln(1+x)}{1+x^2}\mathrm{d}x &= \int_0^{\frac{\pi}{4}} \frac{\ln(1+\tan t)}{1+\tan^2 t}\cdot\sec^2 t\mathrm{d}t\\ &= \int_0^{\frac{\pi}{4}} \ln\frac{\cos t+\sin t}{\cos t}\mathrm{d}t\\ &= \int_0^{\frac{\pi}{4}} \ln\left(\sqrt{2}\cos\left(t-\frac{\pi}{4}\right)\right)\mathrm{d}t - \int_0^{\frac{\pi}{4}} \ln\cos t\mathrm{d}t\\ &= \frac{\pi}{8}\ln 2 + \int_0^{\frac{\pi}{4}} \ln\cos\left(t-\frac{\pi}{4}\right)\mathrm{d}t - \int_0^{\frac{\pi}{4}} \ln\cos t\mathrm{d}t.\end{aligned}$$

又作变换 $t=\frac{\pi}{4}-u$, 则

$$\int_0^{\frac{\pi}{4}} \ln\cos\left(t-\frac{\pi}{4}\right)\mathrm{d}t = \int_{\frac{\pi}{4}}^0 \ln\cos u(-\mathrm{d}u) = \int_0^{\frac{\pi}{4}} \ln\cos t\mathrm{d}t,$$

所以

$$\int_0^1 \frac{\ln(1+x)}{1+x^2}\mathrm{d}x = \frac{\pi}{8}\ln 2.$$

□

4. 用分部积分法求下列定积分:

(1) $\int_0^1 \ln\left(x+\sqrt{x^2+1}\right)\mathrm{d}x$; (4) $\int_1^{\mathrm{e}} \cos(\ln x)\mathrm{d}x$;

(6) $\int_{\frac{1}{\mathrm{e}}}^{\mathrm{e}} x|\ln x|\mathrm{d}x$.

解 (1) 应用分部积分法可得

$$\begin{aligned}\int_0^1 \ln\left(x+\sqrt{x^2+1}\right)\mathrm{d}x &= x\ln\left(x+\sqrt{x^2+1}\right)\Big|_0^1 - \int_0^1 x\cdot\frac{1}{\sqrt{x^2+1}}\mathrm{d}x\\ &= \ln\left(1+\sqrt{2}\right) - \sqrt{x^2+1}\Big|_0^1\\ &= \ln\left(1+\sqrt{2}\right) - \sqrt{2}+1.\end{aligned}$$

(4) 应用分部积分法可得

$$\begin{aligned}\int_1^{\mathrm{e}} \cos(\ln x)\mathrm{d}x &= x\cos(\ln x)\Big|_1^{\mathrm{e}} - \int_1^{\mathrm{e}} x\cdot(-\sin(\ln x))\cdot\frac{1}{x}\mathrm{d}x\\ &= \mathrm{e}\cos 1 - 1 + x\sin(\ln x)\Big|_1^{\mathrm{e}} - \int_1^{\mathrm{e}} x\cdot\cos(\ln x)\cdot\frac{1}{x}\mathrm{d}x\\ &= \mathrm{e}\cos 1 - 1 + \mathrm{e}\sin 1 - 0 - \int_1^{\mathrm{e}} \cos(\ln x)\mathrm{d}x,\end{aligned}$$

所以

$$\int_1^{\mathrm{e}} \cos(\ln x)\mathrm{d}x = \frac{\mathrm{e}}{2}(\sin 1+\cos 1) - \frac{1}{2}.$$

(6) 应用分部积分法可得

$$\begin{aligned}\int_{\frac{1}{e}}^{e} x\,|\ln x|\,dx &= \int_{\frac{1}{e}}^{1} x\,|\ln x|\,dx + \int_{1}^{e} x\,|\ln x|\,dx\\&= -\frac{1}{2}\int_{\frac{1}{e}}^{1}\ln x d(x^2) + \frac{1}{2}\int_{1}^{e}\ln x d(x^2)\\&= -\frac{1}{2}x^2\ln x\Big|_{\frac{1}{e}}^{1} + \frac{1}{2}\int_{\frac{1}{e}}^{1} x dx + \frac{1}{2}x^2\ln x\Big|_{1}^{e} - \frac{1}{2}\int_{1}^{e} x dx\\&= -\frac{1}{2e^2} + \frac{e^2}{2} + \frac{x^2}{4}\Big|_{\frac{1}{e}}^{1} - \frac{x^2}{4}\Big|_{1}^{e}\\&= -\frac{e^{-2}}{2} + \frac{e^2}{2} + \frac{1-e^{-2}}{4} - \frac{e^2-1}{4}\\&= \frac{e^2-3e^{-2}+2}{4}.\end{aligned}$$

□

5. 求下列极限:

(1) $\lim\limits_{n\to\infty}\left(\frac{1}{2n}+\frac{1}{2n+1}+\cdots+\frac{1}{3n}\right)$; (2) $\lim\limits_{n\to\infty}\sum\limits_{i=1}^{n}\frac{n}{n^2+i^2}$.

解 (1) 可将此极限化为某个积分和的极限, 再转化为定积分来计算. 事实上,

$$\begin{aligned}\lim_{n\to\infty}\left(\frac{1}{2n}+\frac{1}{2n+1}+\cdots+\frac{1}{3n}\right) &= \lim_{n\to\infty}\left(\frac{1}{2n}+\sum_{i=1}^{n}\frac{1}{2+\frac{i}{n}}\cdot\frac{1}{n}\right)\\&= \lim_{n\to\infty}\sum_{i=1}^{n}\frac{1}{2+\frac{i}{n}}\cdot\frac{1}{n}.\end{aligned}$$

易见上面的和式是函数 $f(x)=\frac{1}{2+x}$ $(x\in[0,1])$ 当分割 T 为 n 等份分割时在区间 $[0,1]$ 上的一个积分和 $\left(这里\Delta x_i=\frac{1}{n},\xi_i=x_i=\frac{i}{n}\in\left[\frac{i-1}{n},\frac{i}{n}\right],i=1,2,\cdots,n\right)$, 于是 $a=x_0=0,b=x_n=1$, 所以

$$原式=\int_0^1\frac{dx}{2+x}=\ln(2+x)\Big|_0^1=\ln\frac{3}{2}.$$

(2) 可将此极限化为某个积分和的极限, 再转化为定积分来计算. 事实上,

$$\lim_{n\to\infty}\sum_{i=1}^{n}\frac{n}{n^2+i^2}=\lim_{n\to\infty}\sum_{i=1}^{n}\frac{1}{1+\left(\frac{i}{n}\right)^2}\cdot\frac{1}{n}.$$

易见上面的和式是函数 $f(x)=\dfrac{1}{1+x^2}$ $(x\in[0,1])$ 当分割 T 为 n 等份分割时在区间 $[0,1]$ 上的一个积分和 $\left(这里\Delta x_i=\dfrac{1}{n},\xi_i=x_i=\dfrac{i}{n}\in\left[\dfrac{i-1}{n},\dfrac{i}{n}\right],i=1,2,\cdots,n\right)$, 于是 $a=x_0=0,b=x_n=1$, 所以

$$原式=\int_0^1\frac{\mathrm{d}x}{1+x^2}=\arctan x\Big|_0^1=\frac{\pi}{4}.$$

□

7. 求下列定积分, 这里 $m,\ n\in\mathbb{N}_+$:

(2) $\displaystyle\int_0^1 x^m(1-x)^n\mathrm{d}x$; (4) $\displaystyle\int_0^{\frac{\pi}{2}}\sin^n x\cos^m x\mathrm{d}x$.

解 (2) 记 $I_{m,n}=\displaystyle\int_0^1 x^m(1-x)^n\mathrm{d}x$, 则

$$\begin{aligned}I_{m,n}&=\frac{1}{m+1}\int_0^1(1-x)^n\mathrm{d}(x^{m+1})\\&=\frac{1}{m+1}x^{m+1}(1-x)^n\Big|_0^1+\frac{n}{m+1}\int_0^1 x^{m+1}(1-x)^{n-1}\mathrm{d}x\\&=\frac{n}{m+1}I_{m+1,n-1},\end{aligned}$$

于是

$$\begin{aligned}I_{m,n}&=\frac{n}{m+1}I_{m+1,n-1}=\frac{n}{m+1}\frac{n-1}{m+2}I_{m+2,n-2}=\cdots\\&=\frac{n!}{(m+1)\cdot(m+2)\cdot\cdots\cdot(m+n)}I_{m+n,0}\\&=\frac{m!n!}{(m+n)!}\frac{1}{m+n+1}=\frac{m!n!}{(m+n+1)!}.\end{aligned}$$

(4) 记 $J_{m,n}=\displaystyle\int_0^{\frac{\pi}{2}}\sin^n x\cos^m x\mathrm{d}x$, 则

$$\begin{aligned}J_{0,0}&=\int_0^{\frac{\pi}{2}}\mathrm{d}x=\frac{\pi}{2},\\J_{1,0}&=\int_0^{\frac{\pi}{2}}\cos x\mathrm{d}x=\sin x\Big|_0^{\frac{\pi}{2}}=1,\\J_{0,1}&=\int_0^{\frac{\pi}{2}}\sin x\mathrm{d}x=-\cos x\Big|_0^{\frac{\pi}{2}}=1,\\J_{1,1}&=\int_0^{\frac{\pi}{2}}\sin x\cos x\mathrm{d}x=\frac{1}{2}\sin^2 x\Big|_0^{\frac{\pi}{2}}=\frac{1}{2}.\end{aligned}$$

当 $m \geqslant 2$ 时, 有

$$\begin{aligned}J_{m,n}&=\int_0^{\frac{\pi}{2}}\cos^{m-1}x\mathrm{d}\left(\frac{\sin^{n+1}x}{n+1}\right)\\&=\frac{\cos^{m-1}x\sin^{n+1}x}{n+1}\bigg|_0^{\frac{\pi}{2}}+\frac{m-1}{n+1}\int_0^{\frac{\pi}{2}}\sin^{n+2}x\cos^{m-2}x\mathrm{d}x\\&=\frac{m-1}{n+1}J_{m-2,n}-\frac{m-1}{n+1}J_{m,n},\end{aligned}$$

于是

$$J_{m,n}=\frac{m-1}{m+n}J_{m-2,n}.$$

同理可得, 当 $n \geqslant 2$ 时, 有

$$J_{m,n}=\frac{n-1}{m+n}J_{m,n-2}.$$

所以

$$\begin{aligned}&J_{m,n}=\frac{n-1}{m+n}J_{m,n-2}=\frac{m-1}{m+n}J_{m-2,n},\quad m,n\geqslant 2,\\&J_{0,0}=\frac{\pi}{2},\quad J_{1,0}=J_{0,1}=1,\quad J_{1,1}=\frac{1}{2}.\end{aligned}$$

习　题　8.4

1. 设 $f(x)=\begin{cases}1, & x\in\mathbb{Q},\\-3, & x\notin\mathbb{Q},\end{cases}$ 试求 $f(x)$ 关于 $[0,1]$ 上任一分割 T 的 Darboux 上和、Darboux 下和及上积分、下积分, 并由此判断 $f(x)$ 在 $[0,1]$ 上是否可积.

解　对于 $[0,1]$ 上任一分割 T: $0=x_0<x_1<\cdots<x_{n-1}<x_n=1$, 由于

$$M_i=1,\quad m_i=-3,\quad i=1,2,\cdots,n,$$

所以

$$\begin{aligned}S(T)&=\sum_{i=1}^n M_i\Delta x_i=\sum_{i=1}^n(x_i-x_{i-1})=x_n-x_0=1,\\s(T)&=\sum_{i=1}^n m_i\Delta x_i=-3\sum_{i=1}^n(x_i-x_{i-1})=-3,\end{aligned}$$

因此 $S=\inf\limits_{T}\{S(T)\}=1, s=\sup\limits_{T}\{s(T)\}=-3\neq S$, 故根据可积准则 I 得, $f(x)$ 在 $[0,1]$ 上不可积. □

2. 设 $f(x)$, $g(x)$ 都在 $[a,b]$ 上可积, 试证明下列函数也在 $[a,b]$ 上可积:

(1) $f^2(x)$; (3) $\max\{f(x),g(x)\}$.

证明 (1) 由于 $f(x)$ 在 $[a,b]$ 上可积, 所以存在 $M>0$, 使对任意 $x\in[a,b]$, 有

$$|f(x)|\leqslant M.$$

又根据可积准则 II 得, 对任意 $\varepsilon>0$, 存在 $[a,b]$ 的分割 T, 使得

$$\sum_T \omega_i(f)\Delta x_i<\frac{\varepsilon}{2M}.$$

再由引理 8.4.1 得

$$\begin{aligned}\omega_i(f^2)&=\sup_{x',x''\in[x_{i-1},x_i]}|f^2(x')-f^2(x'')|\\&\leqslant\sup_{x',x''\in[x_{i-1},x_i]}\big(|f(x')|+|f(x'')|\big)\cdot|f(x')-f(x'')|\\&\leqslant 2M\omega_i(f),\end{aligned}$$

所以

$$\sum_T\omega_i(f^2)\Delta x_i\leqslant 2M\sum_T\omega_i(f)\Delta x_i<2M\cdot\frac{\varepsilon}{2M}=\varepsilon,$$

因此根据可积准则 II 得, $f^2(x)$ 在 $[a,b]$ 上可积.

(3) **证法一** 由于 f,g 都在 $[a,b]$ 上可积, 所以根据可积准则 II 得, 对任意 $\varepsilon>0$, 分别存在 $[a,b]$ 的分割 T', T'', 使得

$$\sum_{T'}\omega_i(f)\Delta x_i<\frac{\varepsilon}{2},\quad \sum_{T''}\omega_i(g)\Delta x_i<\frac{\varepsilon}{2}.$$

令 $F(x)=\max\{f(x),g(x)\}$, $T=T'+T''=\{x_0,x_1,\cdots,x_n\}$, 注意到

$$F(x)=\frac{f(x)+g(x)+|f(x)-g(x)|}{2},$$

则 $\forall x',x''\in[x_{i-1},x_i]$, 有

$$\begin{aligned}|F(x')-F(x'')|&\leqslant\frac12\{|f(x')+g(x')-f(x'')-g(x'')|+||f(x')-g(x')|-|f(x'')-g(x'')||\}\\&\leqslant\frac12\{|f(x')-f(x'')|+|g(x')-g(x'')|\}+\frac12|f(x')-g(x')-(f(x'')-g(x''))|\\&\leqslant|f(x')-f(x'')|+|g(x')-g(x'')|,\end{aligned}$$

于是由引理 8.4.1 可得

$$\begin{aligned}\omega_i\left(\max\{f,g\}\right)&=\sup_{x',x''\in[x_{i-1},x_i]}|F(x')-F(x'')|\\&\leqslant\sup_{x',x''\in[x_{i-1},x_i]}\{|f(x')-f(x'')|+|g(x')-g(x'')|\}\\&\leqslant\omega_i(f)+\omega_i(g),\end{aligned}$$

所以由性质 8.4.2 得

$$\begin{aligned}\sum_T\omega_i\big(\max\{f,g\}\big)\Delta x_i&\leqslant\sum_T\omega_i(f)\Delta x_i+\sum_T\omega_i(g)\Delta x_i\\&\leqslant\sum_{T'}\omega_i(f)\Delta x_i+\sum_{T''}\omega_i(g)\Delta x_i\\&<\frac{\varepsilon}{2}+\frac{\varepsilon}{2}=\varepsilon,\end{aligned}$$

因此根据可积准则 II 得, $\max\{f(x),g(x)\}$ 在 $[a,b]$ 上可积. □

证法二　由于 $f(x)$, $g(x)$ 都在 $[a,b]$ 上可积, 所以根据定积分的线性性质知, $f(x)+g(x)$, $f(x)-g(x)$ 也都在 $[a,b]$ 上可积, 因此根据定积分的绝对可积性知, $|f(x)-g(x)|$ 也在 $[a,b]$ 上可积.

又因为

$$F(x)=\frac{f(x)+g(x)+|f(x)-g(x)|}{2},$$

所以根据定积分的线性性质得, $\max\{f(x),g(x)\}=F(x)$ 在 $[a,b]$ 上可积. □

3. 设 $f(x)$ 在 $[a,b]$ 上可积, 且存在 $m>0$ 使得 $|f(x)|\geqslant m$, $x\in[a,b]$, 试证明下列函数也在 $[a,b]$ 上可积.

(2) $\sqrt[3]{|f(x)|}$.

证明　由于 $f(x)$ 都在 $[a,b]$ 上可积, 所以根据可积准则 II 得, 对任意 $\varepsilon>0$, 存在 $[a,b]$ 的分割 $T=\{x_0,x_1,\cdots,x_n\}$, 使得

$$\sum_T\omega_i(f)\Delta x_i<3m^{2/3}\varepsilon.$$

令 $F(x)=\sqrt[3]{|f(x)|}$, 则由于存在 $m>0$, 所以 $|f(x)|\geqslant m>0$, $x\in[a,b]$, 所以 $\forall x',x''\in[x_{i-1},x_i]$, 有

$$\begin{aligned}|F(x')-F(x'')|&=|\sqrt[3]{|f(x')|}-\sqrt[3]{|f(x'')|}|\\&=\frac{||f(x')|-|f(x'')||}{\sqrt[3]{|f(x')|^2}+\sqrt[3]{|f(x')|}\cdot\sqrt[3]{|f(x'')|}+\sqrt[3]{|f(x'')|^2}}\\&\leqslant\frac{|f(x')-f(x'')|}{3m^{2/3}},\end{aligned}$$

因此由引理 8.4.1 可得

$$\begin{aligned}\omega_i(F)&=\sup_{x',x''\in[x_{i-1},x_i]}|F(x')-F(x'')|\\&\leqslant\sup_{x',x''\in[x_{i-1},x_i]}\frac{|f(x')-f(x'')|}{3m^{2/3}}\\&\leqslant\frac{1}{3m^{2/3}}\,\omega_i(f),\end{aligned}$$

故

$$\sum_T\omega_i(\sqrt[3]{|f(x)|})\Delta x_i\leqslant\frac{1}{3m^{2/3}}\sum_T\omega_i(f)\Delta x_i<\frac{3m^{2/3}\varepsilon}{3m^{2/3}}=\varepsilon,$$

从而根据可积准则 II 得, $\sqrt[3]{|f(x)|}$ 在 $[a,b]$ 上可积. □

4. 设 $f(x)$ 在 $[a,b]$ 上可积, $g(x)$ 在 $[a,b]$ 上有界, $a<c<d<b$, 且 $g(x)=f(x)\,(x\in(a,c)\cup(c,d)\cup(d,b))$, 试证明 $g(x)$ 在 $[a,b]$ 上可积, 且 $\int_a^b f(x)\mathrm{d}x=\int_a^b g(x)\mathrm{d}x$.

证明 令 $F(x)=g(x)-f(x)$, $x\in[a,b]$, 则由题设知

$$F(x)=\begin{cases}g(x)-f(x), & x\in\{a,b,c,d\},\\0, & x\in(a,c)\cup(c,d)\cup(d,b).\end{cases}$$

下面首先证明: $F(x)$ 在 $[a,b]$ 上可积. 事实上, 由于 $f(x)$ 在 $[a,b]$ 上可积, 所以 $f(x)$ 在 $[a,b]$ 上有界, 又 $g(x)$ 在 $[a,b]$ 上有界, 所以存在 $M>1$, 使得 $\forall x\in[a,b]$, 有

$$|f(x)|\leqslant\frac{M}{2},\quad |g(x)|\leqslant\frac{M}{2}\Rightarrow|F(x)|\leqslant|f(x)|+|g(x)|\leqslant M.$$

对任意的 $\varepsilon\in(0,\min\{c-a,d-c,b-d\})$, 作 $[a,b]$ 的分割 T_0:

$$T_0: a=x_0<x_1<\cdots<x_6<x_7=b,$$

其中

$$\begin{aligned}&x_1=a+\frac{\varepsilon}{4M+1},\quad x_2=c-\frac{\varepsilon}{8M+2},\quad x_3=c+\frac{\varepsilon}{8M+2},\\&x_4=d-\frac{\varepsilon}{8M+2},\quad x_5=d+\frac{\varepsilon}{8M+2},\quad x_6=b-\frac{\varepsilon}{4M+1}.\end{aligned}$$

注意到

$$\begin{aligned}&\omega_1(F)\leqslant 2M,\quad \omega_3(F)\leqslant 2M,\quad \omega_5(F)\leqslant 2M,\quad \omega_7(F)\leqslant 2M,\\&\omega_2(F)=\omega_4(F)=\omega_6(F)=0,\\&\Delta x_1=x_1-x_0=\frac{\varepsilon}{4M+1},\quad \Delta x_3=x_3-x_2=\frac{\varepsilon}{4M+1}=\Delta x_5=\Delta x_7,\end{aligned}$$

所以

$$\sum_{i=1}^{7}\omega_i(F)\Delta x_i \leqslant 8M\cdot\frac{\varepsilon}{4M+1}+3\cdot 0<2\varepsilon,$$

因此根据可积准则 II 得, $F(x)$ 在 $[a,b]$ 上可积.

其次证明: $\int_a^b F(x)\mathrm{d}x=0$. 事实上, 对于 $[a,b]$ 的任一分割

$$T: a=x_0<x_1<x_2<\cdots<x_{n-1}<x_n=b,$$

取 $\xi_i\in[x_{i-1},x_i]\,(i=1,2,\cdots,n)$, 使得 $\xi_i\notin\{a,b,c,d\}$, 这样 $F(\xi_i)=0\,(i=1,2,\cdots,n)$, 所以由定积分的定义知

$$\int_a^b F(x)\mathrm{d}x=\lim_{\|T\|\to 0}\sum_{i=1}^{n}F(\xi_i)\Delta x_i=0.$$

最后, 由于 $f(x)$ 在 $[a,b]$ 上可积, 所以根据定积分的线性性质得, $g(x)=F(x)+f(x)$ 在 $[a,b]$ 上可积, 且

$$\int_a^b g(x)\mathrm{d}x=\int_a^b F(x)\mathrm{d}x+\int_a^b f(x)\mathrm{d}x=\int_a^b f(x)\mathrm{d}x.$$ □

7. 设 $f(x)$ 在 $[a,b]$ 上连续, $\varphi(u)$ 在 $[\alpha,\beta]$ 上可积, 且 $a\leqslant\varphi(u)\leqslant b\,(u\in[\alpha,\beta])$, 试证明 $f\circ\varphi(u)$ 在 $[\alpha,\beta]$ 上可积.

证明　由于 $f(x)$ 在 $[a,b]$ 上连续得, 所以 $f(x)$ 在 $[a,b]$ 上一致连续, 因此 $\forall\varepsilon>0,\exists\delta>0$, 使当 $x',x''\in[a,b]$ 且 $|x'-x''|<\delta$ 时, 有 $|f(x')-f(x'')|<\varepsilon$.

又因为 $\varphi(u)$ 在 $[\alpha,\beta]$ 上可积, 所以根据可积准则 III 得, 对上述 $\delta>0$ 及 $\varepsilon>0$, 存在 $[\alpha,\beta]$ 的分割 T, 使属于 T 的满足 $\omega_i'(\varphi)\geqslant\delta$ 的小区间 Δ_i'' 的总长 $\sum\limits_{i''}\Delta_{i''}<\varepsilon$, 于是

$$\begin{aligned}\sum_T\omega_i(f\circ\varphi)\Delta x_i&=\sum_{\omega_i'(\varphi)<\delta}\omega_i(f\circ\varphi)\Delta x_i+\sum_{\omega_i'(\varphi)\geqslant\delta}\omega_i(f\circ\varphi)\Delta x_i\\&\leqslant\varepsilon\cdot(b-a)+2M\cdot\varepsilon=(b-a+2M)\varepsilon,\end{aligned}$$

这里 $|f(x)|\leqslant M, x\in[a,b]$. 故根据可积准则 II 得, $f(\varphi(u))$ 在 $[\alpha,\beta]$ 上可积. □

习　题　8.5

1. 试证明: $\dfrac{\pi^2}{64}<\displaystyle\int_0^{\frac{\pi}{4}}\dfrac{x\mathrm{d}x}{1+\tan x}<\dfrac{\pi^2}{32}$.

证明 令 $f(x)=x,\ g(x)=\dfrac{1}{1+\tan x}$, 则显然 $f(x), g(x)$ 都在 $\left[0,\dfrac{\pi}{4}\right]$ 上连续, 且 $f(x)$ 在 $\left[0,\dfrac{\pi}{4}\right]$ 上不变号, 于是根据推广的积分第一中值定理得, 存在 $\xi\in\left(0,\dfrac{\pi}{4}\right)$, 使得

$$\int_0^{\frac{\pi}{4}}\frac{x\mathrm{d}x}{1+\tan x}=g(\xi)\int_0^{\frac{\pi}{4}}x\mathrm{d}x=g(\xi)\cdot\frac{x^2}{2}\bigg|_0^{\frac{\pi}{4}}=\frac{\pi^2}{32(1+\tan\xi)},$$

因此利用 $\tan x$ 在 $\left[0,\dfrac{\pi}{4}\right]$ 上的严格递增性得, $0<\tan\xi<1$, 故

$$\frac{\pi^2}{64}<\int_0^{\frac{\pi}{4}}\frac{x\mathrm{d}x}{1+\tan x}<\frac{\pi^2}{32}.$$ □

3. 设 $f(x)$ 在 $[0,1]$ 上连续, 试证明: $\displaystyle\lim_{n\to+\infty}\int_0^{\frac{1}{n}}\frac{n^2f(x)}{1+n^4x^2}\mathrm{d}x=\frac{\pi}{2}f(0)$.

证明 令 $x=\dfrac{t}{n}$, 则

$$\lim_{n\to+\infty}\int_0^{\frac{1}{n}}\frac{n^2f(x)}{1+n^4x^2}\mathrm{d}x=\lim_{n\to+\infty}\int_0^1\frac{n^2f\left(\dfrac{t}{n}\right)}{1+n^2t^2}\cdot\frac{\mathrm{d}t}{n}=\lim_{n\to+\infty}\int_0^1\frac{nf\left(\dfrac{t}{n}\right)}{1+n^2t^2}\mathrm{d}t.$$

由于 $f(x)$ 在 $[0,1]$ 上连续, 所以 $f\left(\dfrac{t}{n}\right)$ 在 $[0,1]$ 上连续, 当然可积, 又因为 $\dfrac{n}{1+n^2t^2}$ 在 $[0,1]$ 上不变号, 于是根据推广的积分第一中值定理得, 存在 $\xi_n\in[0,1]$, 使得

$$\int_0^1\frac{nf\left(\dfrac{t}{n}\right)}{1+n^2t^2}\mathrm{d}t=f\left(\frac{\xi_n}{n}\right)\int_0^1\frac{n\,\mathrm{d}t}{1+n^2t^2}=f\left(\frac{\xi_n}{n}\right)\cdot\arctan(nt)\bigg|_{t=0}^{t=1}=f\left(\frac{\xi_n}{n}\right)\arctan n,$$

所以

$$\lim_{n\to+\infty}\int_0^{\frac{1}{n}}\frac{n^2f(x)}{1+n^4x^2}\mathrm{d}x=\lim_{n\to+\infty}f\left(\frac{\xi_n}{n}\right)\cdot\lim_{n\to+\infty}\arctan n=\frac{\pi}{2}f(0).$$ □

5. 设 $f(x)$ 在 $[a,b]$ 上可导, $f'(x)$ 是 $[a,b]$ 上递减函数, 且 $f'(b)\geqslant m>0$, 试证明:

$$\left|\int_a^b\sin f(x)\mathrm{d}x\right|\leqslant\frac{2}{m}.$$

证明 由于 $f'(x)$ 是 $[a,b]$ 上递减函数, 且 $f'(b)\geqslant m>0$, 所以 $f'(x)$ 在 $[a,b]$ 上可积, $f'(x)\geqslant f'(b)\geqslant m>0,\ \forall x\in[a,b]$.

令 $F(x)=f'(x)\sin f(x)$, $G(x)=\dfrac{1}{f'(x)}$, 则 $F(x)$ 在 $[a,b]$ 上可积, $G(x)$ 在 $[a,b]$ 上递增, 且 $G(x)>0$, 所以根据积分第二中值定理得, 存在 $\xi\in[a,b]$, 使得

$$\begin{aligned}\int_a^b \sin f(x)\mathrm{d}x &= \int_a^b F(x)G(x)\mathrm{d}x = G(b)\int_\xi^b F(x)\mathrm{d}x\\ &= G(b)\int_\xi^b f'(x)\sin f(x)\mathrm{d}x = G(b)\cdot(-\cos f(x))\Big|_\xi^b\\ &= \frac{\cos f(\xi)-\cos f(b)}{f'(b)},\end{aligned}$$

因此

$$\left|\int_a^b \sin f(x)\mathrm{d}x\right| = \left|\frac{\cos f(\xi)-\cos f(b)}{f'(b)}\right| \leqslant \frac{2}{m}.$$ □

6. 设 $0<a<b$, 试证明: (1) $\left|\displaystyle\int_a^b \frac{\sin x}{x}\mathrm{d}x\right| \leqslant \dfrac{2}{a}$.

证明 令 $f(x)=\sin x$, $g(x)=\dfrac{1}{x}$, 则 $f(x)$ 在 $[a,b]$ 上可积, $g(x)$ 在 $[a,b]$ 上递减, 且 $g(x)>0$, 所以根据积分第二中值定理的推论得, 存在 $\xi\in[a,b]$, 使得

$$\begin{aligned}\int_a^b \frac{\sin x}{x}\mathrm{d}x &= \int_a^b f(x)g(x)\mathrm{d}x = g(a)\int_a^\xi f(x)\mathrm{d}x\\ &= g(a)\int_a^\xi \sin x\mathrm{d}x\\ &= \frac{\cos a-\cos\xi}{a},\end{aligned}$$

因此

$$\left|\int_a^b \frac{\sin x}{x}\mathrm{d}x\right| = \left|\frac{\cos a-\cos\xi}{a}\right| \leqslant \frac{2}{a}.$$ □

复 习 题

2. 设 $f(x)$ 在 $(0,+\infty)$ 上连续, 且对任何 $a>0$ 有

$$g(x)=\int_x^{ax} f(t)\mathrm{d}t \equiv \text{常数}, \quad \forall x\in(0,+\infty),$$

试证明: $f(x)=\dfrac{c}{x}, x\in(0,+\infty)$, 其中 c 为常数.

证明 由于 $\forall a>0, \forall x\in(0,+\infty)$, 有

$$g'(x)=af(ax)-f(x)\equiv 0,$$

所以

$$axf(ax)\equiv xf(x), \quad \forall a>0, \quad \forall x\in(0,+\infty).$$

任取 $x_1, x_2\in(0,+\infty)$, 在上式中令 $x=x_1$, $a=\dfrac{x_2}{x_1}$, 则

$$x_2f(x_2)=ax_1f(ax_1)=x_1f(x_1),$$

所以 $xf(x)\equiv c$(常数), $x\in(0,+\infty)$, 即 $f(x)=\dfrac{c}{x}, x\in(0,+\infty)$, 其中 c 为常数. □

4. 设 $f(x)$ 在 $[a,b]$ 上连续, $F(x)=\displaystyle\int_a^x f(t)(x-t)^2\mathrm{d}t$, 试求 $F'(x)$, 并证明:

$$F'''(x)=2f(x),\quad x\in[a,b].$$

解 由于 $f(x)$ 在 $[a,b]$ 上连续, 以及

$$F(x)=\int_a^x f(t)(x^2-2xt+t^2)\mathrm{d}t=x^2\int_a^x f(t)\mathrm{d}t-2x\int_a^x tf(t)\mathrm{d}t+\int_a^x t^2f(t)\mathrm{d}t,$$

所以根据原函数存在定理可得

$$\begin{aligned}F'(x)&=2x\int_a^x f(t)\mathrm{d}t+x^2f(x)-2\int_a^x tf(t)\mathrm{d}t-2x\cdot xf(x)+x^2f(x)\\&=2x\int_a^x f(t)\mathrm{d}t-2\int_a^x tf(t)\mathrm{d}t,\\F''(x)&=2\int_a^x f(t)\mathrm{d}t+2xf(x)-2xf(x)=2\int_a^x f(t)\mathrm{d}t,\end{aligned}$$

因此

$$F'''(x)=2f(x),\quad x\in[a,b].$$ □

5. 试证明下列不等式:

(1) $1<\displaystyle\int_0^{\frac{\pi}{2}}\frac{\sin x}{x}\mathrm{d}x<\frac{\pi}{2}$; (2) $3\sqrt{\mathrm{e}}<\displaystyle\int_{\mathrm{e}}^{4\mathrm{e}}\frac{\ln x}{\sqrt{x}}\mathrm{d}x<6$.

证明 (1) 由于当 $0<x<\dfrac{\pi}{2}$ 时

$$\sin x<x<\tan x\Rightarrow\cos x<\frac{\sin x}{x}<1,$$

且 $\dfrac{\sin x}{x}\not\equiv\cos x$, $\dfrac{\sin x}{x}\not\equiv1$, 所以根据推论 8.1.2 得

$$1=\int_0^{\frac{\pi}{2}}\cos x\mathrm{d}x<\int_0^{\frac{\pi}{2}}\frac{\sin x}{x}\mathrm{d}x<\int_0^{\frac{\pi}{2}}1\mathrm{d}x=\frac{\pi}{2}.$$

(2) 令 $f(x)=\dfrac{\ln x}{\sqrt{x}}$, 则显然 $f(x)$ 在 $[\mathrm{e},4\mathrm{e}]$ 上可导, 且

$$f'(x)=\frac{2-\ln x}{2x\sqrt{x}}\begin{cases}>0, & x\in[\mathrm{e},\mathrm{e}^2),\\=0, & x=\mathrm{e}^2,\\<0, & x\in(\mathrm{e}^2,4\mathrm{e}],\end{cases}$$

所以 $f(x)$ 在 $[\mathrm{e},\mathrm{e}^2]$ 上严格递增, 在 $[\mathrm{e}^2,4\mathrm{e}]$ 上严格递减, 即 $x=\mathrm{e}^2$ 是 $f(x)$ 在 $[\mathrm{e},4\mathrm{e}]$ 上的极大值点. 比较

$$f(\mathrm{e})=\frac{1}{\sqrt{\mathrm{e}}}<f(\mathrm{e}^2)=\frac{2}{\mathrm{e}},\quad f(\mathrm{e}^2)=\frac{2}{\mathrm{e}}>f(4\mathrm{e})=\frac{1+\ln 4}{2\sqrt{\mathrm{e}}}>\frac{1}{\sqrt{\mathrm{e}}}=f(\mathrm{e}),$$

得 $\forall x\in[\mathrm{e},4\mathrm{e}]$, 有

$$\frac{1}{\sqrt{\mathrm{e}}}=f(\mathrm{e})\leqslant f(x)\leqslant f(\mathrm{e}^2)=\frac{2}{\mathrm{e}},$$

且 $f(x)\not\equiv\frac{1}{\sqrt{\mathrm{e}}}$, $f(x)\not\equiv\frac{2}{\mathrm{e}}$, 所以根据推论 8.1.2 得

$$3\sqrt{\mathrm{e}}=\int_{\mathrm{e}}^{4\mathrm{e}}\frac{1}{\sqrt{\mathrm{e}}}\mathrm{d}x<\int_{\mathrm{e}}^{4\mathrm{e}}\frac{\ln x}{\sqrt{x}}\mathrm{d}x<\int_{\mathrm{e}}^{4\mathrm{e}}\frac{2}{\mathrm{e}}\mathrm{d}x=6.$$ □

6. 设 $f(x)$ 在 $[a,b]$ 上可积, 且 $\int_a^b f(x)\mathrm{d}x>0$, 试证明: 存在 $[c,d]\subset[a,b]$, 使 $f(x)>0$, $\forall x\in[c,d]$.

证明 用反证法. 假定结论不成立, 则对任意 $[c,d]\subset[a,b]$, 存在 $\xi\in[c,d]$, 使 $f(\xi)\leqslant 0$, 于是对 $[a,b]$ 的任意分割 T:

$$T:a=x_0<x_1<\cdots<x_n=b,$$

可取到 $\xi_i\in[x_{i-1},x_i]$, 使 $f(\xi_i)\leqslant 0$, $i=1,2,\cdots,n$, 所以由 $f(x)$ 在 $[a,b]$ 上可积得

$$\int_a^b f(x)\mathrm{d}x=\lim_{\|T\|\to 0}\sum_{i=1}^n f(\xi_i)\Delta x_i\leqslant 0.$$

这与条件 $\int_a^b f(x)\mathrm{d}x>0$ 矛盾, 故存在子区间 $[c,d]\subset[a,b]$, 使在区间 $[c,d]$ 上成立 $f(x)>0$. □

9. 设 $f(x),g(x)$ 都在 $[a,b]$ 上可积, 试证明:

$$\lim_{\|T\|\to 0}\sum_{k=1}^n f(\xi_k)g(\eta_k)\Delta x_k=\int_a^b f(x)g(x)\mathrm{d}x,$$

其中 ξ_k,η_k 是 T 所属区间 $[x_{k-1},x_k]\,(k=1,2,\cdots,n)$ 中的任意两点.

证明 由于函数 $f(x)$ 与 $g(x)$ 在 $[a,b]$ 上可积, 所以 $f(x)g(x)$ 在 $[a,b]$ 上可积, 且 $f(x)$ 在 $[a,b]$ 上有界, 即存在 $M>0$, $\forall x\in[a,b]$, 有 $|f(x)|\leqslant M$.

对任意分割 T, $\forall\xi_i,\eta_i\in[x_{i-1},x_i]\,(i=1,2,\cdots,n)$, 有

$$\sum_{i=1}^n f(\xi_i)g(\eta_i)\Delta x_i=\sum_{i=1}^n f(\xi_i)g(\xi_i)\Delta x_i+\sum_{i=1}^n f(\xi_i)(g(\eta_i)-g(\xi_i))\Delta x_i$$

和

$$\left|\sum_{i=1}^{n} f(\xi_i)(g(\eta_i)-g(\xi_i))\Delta x_i\right| \leqslant \sum_{i=1}^{n} |f(\xi_i)||g(\eta_i)-g(\xi_i)|\Delta x_i$$
$$\leqslant M\sum_{i=1}^{n} |g(\eta_i)-g(\xi_i)|\Delta x_i$$
$$\leqslant M\sum_{i=1}^{n} \omega_i(g)\Delta x_i.$$

由于 $g(x)$ 在 $[a,b]$ 上可积, 所以若记 g 的上和为 $S(T)$, 下和为 $s(T)$, 则

$$\lim_{\|T\|\to 0}[S(T)-s(T)]=0,$$

即 $\lim\limits_{\|T\|\to 0}\sum\limits_{i=1}^{n}\omega_i(g)\Delta x_i=0$. 于是

$$\lim_{\|T\|\to 0}\sum_{i=1}^{n} f(\xi_i)(g(\eta_i)-g(\xi_i))\Delta x_i=0.$$

又因为

$$\lim_{\|T\|\to 0}\sum_{i=1}^{n} f(\xi_i)g(\xi_i)\Delta x_i=\int_a^b f(x)g(x)\mathrm{d}x,$$

所以

$$\lim_{\|T\|\to 0}\sum_{i=1}^{n} f(\xi_i)g(\eta_i)\Delta x_i=\int_a^b f(x)g(x)\mathrm{d}x. \qquad \square$$

11. 试证明: $\lim\limits_{n\to+\infty}\int_0^{\frac{\pi}{2}}\sin^n x\mathrm{d}x=0$.

证明 对任意的 $\varepsilon\in(0,\pi)$, 有

$$0\leqslant\int_0^{\frac{\pi}{2}}\sin^n x\mathrm{d}x=\int_0^{\frac{\pi-\varepsilon}{2}}\sin^n x\mathrm{d}x+\int_{\frac{\pi-\varepsilon}{2}}^{\frac{\pi}{2}}\sin^n x\mathrm{d}x\leqslant\frac{\pi}{2}\sin^n\frac{\pi-\varepsilon}{2}+\frac{\varepsilon}{2}.$$

由于 $0<\sin\dfrac{\pi-\varepsilon}{2}<1$, 所以 $\lim\limits_{n\to\infty}\sin^n\dfrac{\pi-\varepsilon}{2}=0$, 因此对上述 $\varepsilon>0$, 存在 $N>0$, 使当 $n>N$ 时, 有 $0<\dfrac{\pi}{2}\sin^n\dfrac{\pi-\varepsilon}{2}<\dfrac{\varepsilon}{2}$, 故当 $n>N$ 时, 有

$$0\leqslant\int_0^{\frac{\pi}{2}}\sin^n x\mathrm{d}x<\varepsilon,$$

即 $\lim\limits_{n\to\infty}\int_0^{\frac{\pi}{2}}\sin^n x\mathrm{d}x=0$. $\square$

12. 试证明:

(1) $\ln(1+n)<1+\dfrac{1}{2}+\dfrac{1}{3}+\cdots+\dfrac{1}{n}<1+\ln n$;

(2) $\lim\limits_{n\to\infty}\dfrac{1+\dfrac{1}{2}+\dfrac{1}{3}+\cdots+\dfrac{1}{n}}{\ln n}=1.$

证明　(1) 由于

$$\begin{aligned}\ln(1+n)&=\int_1^{n+1}\frac{\mathrm{d}x}{x}=\sum_{k=1}^{n}\int_k^{k+1}\frac{\mathrm{d}x}{x}\\&<\sum_{k=1}^{n}\int_k^{k+1}\frac{\mathrm{d}x}{k}=\sum_{k=1}^{n}\frac{1}{k}\end{aligned}$$

和

$$\begin{aligned}1+\frac{1}{2}+\frac{1}{3}+\cdots+\frac{1}{n}&=1+\int_1^2\frac{\mathrm{d}x}{2}+\int_2^3\frac{\mathrm{d}x}{3}+\cdots+\int_{n-1}^{n}\frac{\mathrm{d}x}{n}\\&<1+\int_1^2\frac{\mathrm{d}x}{x}+\int_2^3\frac{\mathrm{d}x}{x}+\cdots+\int_{n-1}^{n}\frac{\mathrm{d}x}{x}\\&=1+\int_1^n\frac{\mathrm{d}x}{x}=1+\ln n,\end{aligned}$$

所以

$$\ln(1+n)<1+\frac{1}{2}+\frac{1}{3}+\cdots+\frac{1}{n}<1+\ln n.$$

(2) 由于

$$\frac{\ln(n+1)}{\ln n}<\frac{1+\dfrac{1}{2}+\dfrac{1}{3}+\cdots+\dfrac{1}{n}}{\ln n}<1+\frac{1}{\ln n}\quad(n>1)$$

和

$$\lim_{n\to\infty}\frac{\ln(n+1)}{\ln n}=\lim_{x\to+\infty}\frac{\ln(x+1)}{\ln x}=\lim_{x\to+\infty}\frac{\dfrac{1}{x+1}}{\dfrac{1}{x}}=1,$$

$$\lim_{n\to\infty}\left(1+\frac{1}{\ln n}\right)=1,$$

所以根据迫敛性定理得

$$\lim_{n\to\infty}\frac{1+\dfrac{1}{2}+\dfrac{1}{3}+\cdots+\dfrac{1}{n}}{\ln n}=1.$$ □

14. 设 $f(x)$ 在 $[a,b]$ 上可积, 且 $f(x)\geqslant 0$, 试证明: $\sqrt{f(x)}$ 也在 $[a,b]$ 上可积.

证明　由于 $f(x)$ 在 $[a,b]$ 上可积, 所以根据可积准则 II 得, 对任意的 $\varepsilon>0$, 存在 $[a,b]$ 的分割 $T=\{x_0,x_1,\cdots,x_n\}$, 使得

$$\sum_{i=1}^{n}\omega_i(f)\Delta x_i<\frac{\varepsilon^2}{b-a+1}.$$

又因为对任意的 $\xi_i', \xi_i'' \in [x_{i-1}, x_i]\,(i=1,2,\cdots,n)$, 由习题 1.1 的题 5 知

$$\left|\sqrt{f(\xi_i')}-\sqrt{f(\xi_i'')}\right| \leqslant \sqrt{|f(\xi_i')-f(\xi_i'')|},$$

所以 $\omega_i(\sqrt{f}\,) \leqslant \sqrt{\omega_i(f)}\,(i=1,2,\cdots,n)$. 因此根据 Hölder 不等式可得

$$\begin{aligned}\sum_{i=1}^{n}\omega_i(\sqrt{f}\,)\Delta x_i &\leqslant \sum_{i=1}^{n}\sqrt{\omega_i(f)}\Delta x_i = \sum_{i=1}^{n}\sqrt{\omega_i(f)\Delta x_i}\cdot\sqrt{\Delta x_i}\\ &\leqslant \sqrt{\sum_{i=1}^{n}\omega_i(f)\Delta x_i}\cdot\sqrt{\sum_{i=1}^{n}\Delta x_i}\\ &\leqslant \sqrt{\frac{\varepsilon^2}{b-a+1}}\cdot\sqrt{b-a} < \varepsilon,\end{aligned}$$

故根据可积准则 II 得, $\sqrt{f(x)}$ 在 $[a,b]$ 上可积. □

15. 设 $f(x)$ 在 $[a,b]$ 上二阶可导, 且 $f''(x) \geqslant 0$, 试证明:

(1) $f\left(\dfrac{a+b}{2}\right) \leqslant \dfrac{1}{b-a}\displaystyle\int_a^b f(x)\mathrm{d}x$;

(2) 又若 $f(x) \leqslant 0,\ x\in[a,b]$, 则

$$f(x) \geqslant \frac{2}{b-a}\int_a^b f(x)\mathrm{d}x, \quad x\in[a,b].$$

证明 (1) 由于 $f''(x) \geqslant 0$, 所以 $f(x)$ 是 $[a,b]$ 上的下凸函数, 于是 $\forall x,t\in[a,b]$ 有

$$f(x) \geqslant f(t)+f'(t)(x-t). \qquad (*)$$

在 $(*)$ 式中令 $t=\dfrac{a+b}{2}$, 得

$$f(x) \geqslant f\left(\frac{a+b}{2}\right)+f'\left(\frac{a+b}{2}\right)\left(x-\frac{a+b}{2}\right),$$

将以上不等式两边关于 x 在 $[a,b]$ 上积分得

$$\int_a^b f(x)\mathrm{d}x \geqslant f\left(\frac{a+b}{2}\right)(b-a)+f'\left(\frac{a+b}{2}\right)\int_a^b\left(x-\frac{a+b}{2}\right)\mathrm{d}x = f\left(\frac{a+b}{2}\right)(b-a),$$

所以

$$f\left(\frac{a+b}{2}\right) \leqslant \frac{1}{b-a}\int_a^b f(x)\mathrm{d}x.$$

(2) 将不等式 $(*)$ 两边关于 t 在 $[a,b]$ 上积分得，$\forall x \in [a,b]$, 有

$$\begin{aligned} f(x)(b-a) &= \int_a^b f(x)\mathrm{d}t \geqslant \int_a^b f(t)\mathrm{d}t + \int_a^b f'(t)(x-t)\mathrm{d}t \\ &= \int_a^b f(t)\mathrm{d}t + \int_a^b (x-t)\mathrm{d}f(t) \\ &= 2\int_a^b f(t)\mathrm{d}t + (x-t)f(t)\Big|_{t=a}^{t=b} \\ &= 2\int_a^b f(t)\mathrm{d}t + (x-b)f(b) - (x-a)f(a). \end{aligned}$$

由于 $f(x) \leqslant 0$, $x \in [a,b]$, 所以

$$(x-b)f(b) - (x-a)f(a) \geqslant 0, \quad \forall x \in [a,b],$$

因此

$$f(x)(b-a) \geqslant 2\int_a^b f(t)\mathrm{d}t = 2\int_a^b f(x)\mathrm{d}x,$$

故 $\forall x, t \in [a,b]$, 有

$$f(x) \geqslant \frac{2}{b-a}\int_a^b f(x)\mathrm{d}x. \qquad \square$$

16. 设 $f(x)$ 在 $[a,b]$ 上连续，且 $\int_a^b f(x)\mathrm{d}x = \int_a^b xf(x)\mathrm{d}x = 0$, 试证明：在 (a,b) 内至少存在两点 x_1, x_2, 使 $f(x_1) = f(x_2) = 0$.

证明　令 $F(x) = \int_a^x f(t)\mathrm{d}t$, $x \in [a,b]$, 则由题设知，$F(x)$ 在 $[a,b]$ 上可导，且 $F(a) = F(b) = 0$, 于是由 Rolle 中值定理得，$\exists x_1 \in (a,b)$, 使得

$$F'(x_1) = f(x_1) = 0.$$

假设 $f(x)$ 在 (a,b) 内只有一个零点 x_1, 则根据零点定理知，$f(x)$ 在 (a,x_1) 与 (x_1,b) 的每个区间内不变号，且

$$0 = \int_a^b f(x)\mathrm{d}x = \int_a^{x_1} f(x)\mathrm{d}x + \int_{x_1}^b f(x)\mathrm{d}x,$$

于是

$$\int_a^{x_1} f(x)\mathrm{d}x = -\int_{x_1}^b f(x)\mathrm{d}x,$$

所以 $f(x)$ 在 x_1 两边异号，而 $x-x_1$ 在 x_1 两边也异号，因此函数 $g(x) := (x-x_1)f(x)$ 在 x_1 两边同号，即 $g(x)$ 在 (a,b) 内除一个零点 x_1 外恒正或恒负，故由 $g(x)$ 的连续性得

$$\int_a^b g(x)\mathrm{d}x \neq 0,$$

这与

$$\int_a^b g(x)\mathrm{d}x = \int_a^b xf(x)\mathrm{d}x - x_1\int_a^b f(x)\mathrm{d}x = 0$$

相矛盾, 从而在 (a,b) 内至少存在两点 x_1, x_2, 使 $f(x_1)=f(x_2)=0$. □

19. 设 $f(x)$ 在 $[a,b]$ 上连续可微, 且 $f(a)=0$, 则

(1) $\displaystyle\int_a^b [f'(x)]^2\mathrm{d}x \geqslant \frac{2}{(b-a)^2}\int_a^b [f(x)]^2\mathrm{d}x$;

(2) 记 $M=\sup\limits_{a\leqslant x\leqslant b}|f(x)|$, 则 $\displaystyle\int_a^b [f'(x)]^2\mathrm{d}x \geqslant \frac{M^2}{b-a}$.

证明 (1) 所证不等式等价于

$$\int_a^b [f(x)]^2\mathrm{d}x \leqslant \frac{1}{2}(b-a)^2\int_a^b [f'(t)]^2\mathrm{d}t = \int_a^b (x-a)\mathrm{d}x\cdot\int_a^b [f'(t)]^2\mathrm{d}t.$$

为此只需证明: $\forall x\in[a,b]$, 有

$$f^2(x)\leqslant (x-a)\cdot\int_a^b [f'(t)]^2\mathrm{d}t.$$

事实上, 注意到 $f(a)=0$, 根据 Schwarz 不等式, $\forall x\in[a,b]$, 有

$$\begin{aligned} f^2(x) &= [f(x)-f(a)]^2 = \left[\int_a^x f'(t)\mathrm{d}t\right]^2 \\ &\leqslant \int_a^x [f'(t)]^2\mathrm{d}t\cdot\int_a^x 1\mathrm{d}t \\ &\leqslant (x-a)\int_a^b [f'(t)]^2\mathrm{d}t, \end{aligned}$$

所以 (1) 成立.

(2) 由于 $f(x)$ 在 $[a,b]$ 上连续, 所以 $\exists x_1\in[a,b]$, 使得 $|f(x_1)|=M$, 于是根据 Schwarz 不等式, 可得

$$\begin{aligned} M^2 &= f^2(x_1) = \left[\int_a^{x_1} f'(t)\mathrm{d}t\right]^2 \\ &\leqslant \int_a^{x_1} [f'(t)]^2\mathrm{d}t\cdot\int_a^{x_1} 1\mathrm{d}t \\ &\leqslant (b-a)\int_a^b [f'(x)]^2\mathrm{d}x, \end{aligned}$$

故

$$\int_a^b [f'(x)]^2\mathrm{d}x \geqslant \frac{M^2}{b-a}.$$ □

21. 设 $f(x)$ 在 $[a,b]$ 上可积, 试证明 $f(x)$ 在 $[a,b]$ 上必定存在无限个连续点, 且连续点全体在 $[a,b]$ 上处处稠密.

证明　首先证明 $f(x)$ 在 $[a,b]$ 上存在连续点.

因为 f 在 $[a,b]$ 上可积, 所以对 $\varepsilon_1 = 1 > 0$, 存在 $[a,b]$ 的分割 T_1, 使

$$\sum_{T_1} \omega_i \Delta x_i < \varepsilon_1 \cdot (b-a) = b-a.$$

由此易知, 在 T_1 的某个小区间 $\Delta_{k'} = [x_{k'-1}, x_{k'}]$ 上, f 的振幅 $\omega_{k'} = \omega(f;[x_{k'-1}, x_{k'}]) < 1\left(\text{否则, 将有} \sum_{T_1} \omega_i \Delta x_i \geqslant 1 \cdot \sum_{T_1} \Delta x_i = b-a, \text{矛盾!}\right)$.

现取 $[a_1, b_1] \subset (x_{k'-1}, x_{k'})$, 满足 $a < a_1 < b_1 < b$, 且 $b_1 - a_1 \leqslant \dfrac{1}{2}(b-a)$, 此时 $\omega(f;[a_1,b_1]) \leqslant \omega(f;[x_{k'-1}, x_{k'}]) < 1$.

以 $[a_1,b_1]$ 代替 $[a,b]$, 注意到 $f(x)$ 在 $[a_1,b_1]$ 上可积, 于是对 $\varepsilon_2 = \dfrac{1}{2}$, 同样存在 $[a_1,b_1]$ 的分割 T_2, 以及属于 T_2 的某一个小区间 $[a_2,b_2]$, 满足 $a_1 < a_2 < b_2 < b_1$, $b_2 - a_2 \leqslant \dfrac{1}{2}(b_1 - a_1)$ 且 $\omega(f;[a_2,b_2]) < \varepsilon_2 = \dfrac{1}{2}$.

这个过程可以无限进行下去, 得一区间套 $\{[a_n,b_n]\}$:

$$a < a_1 < a_2 < \cdots < a_n < \cdots < b_n < \cdots < b_2 < b_1 < b,$$
$$b_n - a_n \leqslant \frac{1}{2^n}(b-a) \to 0 \quad (n \to \infty),$$

且 $\omega(f;[a_n,b_n]) < \varepsilon_n = \dfrac{1}{n}$.

故根据区间套定理得: 存在 $x_0 \in (a_n, b_n) \subset (a,b)$, $n = 1, 2, \cdots$.

下证 x_0 为 $f(x)$ 的一个连续点. 事实上, $\forall \varepsilon > 0$, $\exists n$, 使 $\dfrac{1}{n} < \varepsilon$. 令 $\delta = \min\{x_0 - a_n, b_n - x_0\}$, 则 $U(x_0;\delta) \subset [a_n,b_n]$, 于是当 $x \in U(x_0;\delta)$ 时, $|f(x) - f(x_0)| \leqslant \omega(f;[a_n,b_n]) < \dfrac{1}{n} < \varepsilon$, 即 x_0 为 $f(x)$ 的一个连续点.

最后证明: $f(x)$ 在 $[a,b]$ 上的连续点在 $[a,b]$ 上处处稠密. 事实上, 对任给的 $(\alpha,\beta) \subset [a,b]$, 有 $[\alpha,\beta] \subset [a,b]$ 且 f 在 $[\alpha,\beta]$ 上可积. 由上面的证明可知, f 在 (α,β) 内存在连续点, 故 f 的连续点在 $[a,b]$ 上处处稠密.

22. 设 $f(x)$ 在 $[a,b]$ 上可积, 且 $f(x) > 0$. 试证明 $\displaystyle\int_a^b f(x)\mathrm{d}x > 0$.

证明　由于 $f(x)$ 在 $[a,b]$ 上可积, 所以根据题 21 的结果知, $f(x)$ 在 $[a,b]$ 上存在连续点.

不妨设 $x = a$ 是 $f(x)$ 的连续点, 则由题设得, $f(a) > 0$, 于是根据保号性定理得, 存在 $\delta \in \left(0, \dfrac{b-a}{2}\right)$, 使得 $\forall x \in [a, a+2\delta)$, 有

$$f(x) > \frac{f(a)}{2}.$$

所以

$$\int_a^b f(x)\mathrm{d}x = \int_a^{a+\delta} f(x)\mathrm{d}x + \int_{a+\delta}^b f(x)\mathrm{d}x \geqslant \int_a^{a+\delta} \frac{f(a)}{2}\mathrm{d}x + 0 = \frac{\delta f(a)}{2} > 0. \quad \Box$$

23. 试证明: 定理 8.5.2 中的 ξ 也能在 (a,b) 内取到.

证明 我们要证明: 至少存在一点 $\xi \in (a,b)$, 使

$$\int_a^b f(x)g(x)\mathrm{d}x = f(\xi)\int_a^b g(x)\mathrm{d}x. \qquad (**)$$

不妨设 $g(x) \geqslant 0, x \in [a,b]$. 由于 $f(x)$ 在 $[a,b]$ 上连续, 所以 $f(x)$ 在 $[a,b]$ 上存在最大值 M 和最小值 m, 即 $\exists x_1, x_2 \in [a,b]$(不妨设 $x_1 < x_2$), 使 $\forall x \in [a,b]$, 有

$$f(x_1) = m \leqslant f(x) \leqslant M = f(x_2),$$

因此

$$mg(x) \leqslant f(x)g(x) \leqslant Mg(x), \quad x \in [a,b],$$

故由积分的单调性得

$$m\int_a^b g(x)\mathrm{d}x \leqslant \int_a^b f(x)g(x)\mathrm{d}x \leqslant M\int_a^b g(x)\mathrm{d}x.$$

(1) 若 $\int_a^b g(x)\mathrm{d}x = 0$, 则有 $\int_a^b f(x)g(x)\mathrm{d}x = 0$. 于是 $\forall \xi \in (a,b)$, $(**)$ 式成立.

(2) 若 $\int_a^b g(x)\mathrm{d}x > 0$ 且 $m = M$, 则 $f(x) \equiv M$, 于是 $\forall \xi \in (a,b)$, $(**)$ 式成立.

(3) 若 $\int_a^b g(x)\mathrm{d}x > 0$ 且 $m < M$, 则

$$m \leqslant \frac{\int_a^b f(x)g(x)\mathrm{d}x}{\int_a^b g(x)\mathrm{d}x} \leqslant M.$$

(a) 当 $m < \dfrac{\int_a^b f(x)g(x)\mathrm{d}x}{\int_a^b g(x)\mathrm{d}x} < M$ 时, 由连续函数介值定理得: $\exists \xi \in (x_1, x_2) \subset (a,b)$ 使

$$f(\xi) = \frac{\int_a^b f(x)g(x)\mathrm{d}x}{\int_a^b g(x)\mathrm{d}x},$$

此时 $(**)$ 式成立.

(b) 当 $m=\dfrac{\int_a^b f(x)g(x)\mathrm{d}x}{\int_a^b g(x)\mathrm{d}x}$ 时,

$$\int_a^b f(x)g(x)\mathrm{d}x=m\int_a^b g(x)\mathrm{d}x.$$

我们要证明: 至少存在一点 $\xi\in(a,b)$, 使 $f(\xi)=m$. 事实上, 用反证法, 否则, $\forall x\in(a,b)$, 使 $f(x)>m$, 于是 $(f(x)-m)g(x)$ 在 $[a,b]$ 上非负, 且不恒为零.

由于 $\int_a^b g(x)\mathrm{d}x>0$, 所以利用题 6 的结果得, 存在 $[c,d]\subset(a,b)$, 使得

$$g(x)>0,\ \forall x\in[c,d]\Rightarrow(f(x)-m)g(x)>0,\ \forall x\in[c,d].$$

因此利用题 22 的结果得

$$\int_a^b(f(x)-m)g(x)\mathrm{d}x\geqslant\int_c^d(f(x)-m)g(x)\mathrm{d}x>0,$$

这与

$$\int_a^b(f(x)-m)g(x)\mathrm{d}x=\int_a^b f(x)g(x)\mathrm{d}x-m\int_a^b g(x)\mathrm{d}x=0$$

相矛盾, 故 $\exists\xi\in(a,b)$, 使 $f(\xi)=m$. 此时 $(**)$ 式成立.

(c) 当 $M=\dfrac{\int_a^b f(x)g(x)\mathrm{d}x}{\int_a^b g(x)\mathrm{d}x}$ 时, 类似可以证明: $\exists\xi\in(a,b)$, 使 $(**)$ 式成立. □

第 9 章　定积分应用和反常积分

习　题　9.2

1. 求由下列各曲线围成的平面图形的面积:

(1) $y=\dfrac{1}{2}x^2$ 与 $x^2+y^2=8$(两部分都要计算);

(4) $y=\ln x, y$ 轴与直线 $y=\ln a, y=\ln b(b>a>0)$.

解　(1) 首先, 由方程组

$$\begin{cases} y=\dfrac{1}{2}x^2, \\ 8=x^2+y^2 \end{cases}$$

解得, 两曲线的交点为 $(-2,2)$ 和 $(2,2)$.

其次, 设两曲线所围的上、下两部分的面积分别为 A_1 和 A_2, 如图 9.1(1) 所示. 由于两部分的图形都关于 y 轴对称, 所以面积 A_1 是其第一象限部分面积的两倍, 因此

$$A_1=2\int_0^2\left(\sqrt{8-x^2}-\frac{1}{2}x^2\right)\mathrm{d}x=2\int_0^2\sqrt{8-x^2}\mathrm{d}x-\int_0^2 x^2\mathrm{d}x.$$

对 $\displaystyle\int_0^2\sqrt{8-x^2}\mathrm{d}x$, 令 $x=2\sqrt{2}\sin\theta$, 则 $\mathrm{d}x=2\sqrt{2}\cos\theta\mathrm{d}\theta$, 于是

$$\begin{aligned}\int_0^2\sqrt{8-x^2}\mathrm{d}x&=\int_0^{\frac{\pi}{4}}2\sqrt{2}\cos\theta\cdot 2\sqrt{2}\cos\theta\mathrm{d}\theta\\&=4\int_0^{\frac{\pi}{4}}(1+\cos 2\theta)\mathrm{d}\theta\\&=4\theta\Big|_0^{\frac{\pi}{4}}+2\sin 2\theta\Big|_0^{\frac{\pi}{4}}=\pi+2,\end{aligned}$$

所以

$$A_1=2\int_0^2\left(\sqrt{8-x^2}-\frac{1}{2}x^2\right)\mathrm{d}x=2(\pi+2)-\frac{x^3}{3}\Big|_0^2=2\pi+\frac{4}{3}.$$

最后, 由题设易得, $A_1+A_2=\pi\cdot(2\sqrt{2})^2=8\pi$, 所以

$$A_2=8\pi-A_1=8\pi-\left(2\pi+\frac{4}{3}\right)=6\pi-\frac{4}{3}.$$

(4) 如图 9.1(2) 所示, 所求图形的面积 S 为

$$A=\int_{\ln a}^{\ln b}\mathrm{e}^{y}\mathrm{d}y=\mathrm{e}^{y}\Big|_{\ln a}^{\ln b}=b-a.$$

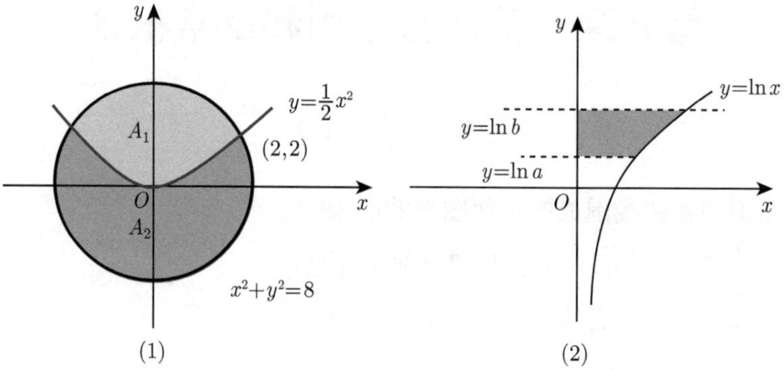

图 9.1

□

3. 求由星形线 $x=a\cos^3 t, y=a\sin^3 t(a>0)$(图 9.2(1)) 所围图形的面积.

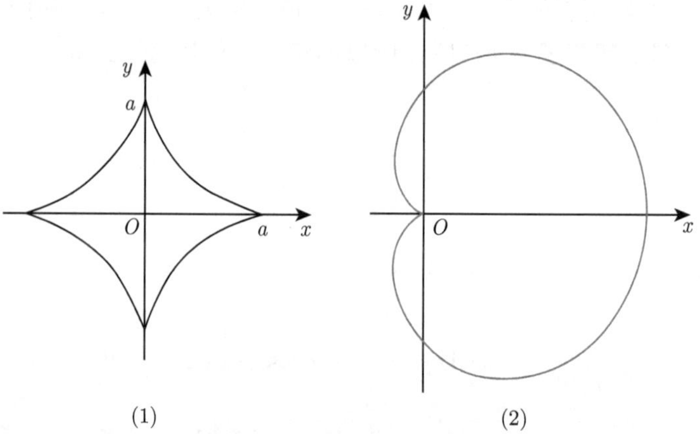

图 9.2

解　如图 9.2(1) 所示, 此图形关于 x 轴和 y 轴都对称, 因此其面积是第一象限部分面积的 4 倍, 在第一象限中, 星形线 $x=3a\cos^3 t$, $y=a\sin^3 t(a>0)$ 与 x 轴和 y 轴的交点分别是 $(a,0)$ 与 $(0,a)$.

由于在 $[0,\pi/2]$ 上 $x'(t)=3a\cos^2 t(-\sin t)\leqslant 0$ 且连续, 所以 $x(t)$ 在 $[0,\pi/2]$ 上严格递减, 因此所求图形的面积 A 为 (利用教材中公式 (9.2.2))

$$A\ =\ 4\int_0^{\frac{\pi}{2}}|(a\sin^3 t)3a\cos^2 t(-\sin t)|\mathrm{d}t$$

$$=12a^2\int_0^{\frac{\pi}{2}}(\sin^4 t-\sin^6 t)\mathrm{d}t$$
$$=12a^2\left(\frac{3!!}{4!!}\cdot\frac{\pi}{2}-\frac{5!!}{6!!}\cdot\frac{\pi}{2}\right)=\frac{3\pi a^2}{8}.\qquad\square$$

5. 求心脏线 $r=a(1+\cos\theta)(a>0)$(图 9.2(2)) 所围图形的面积.

解 由图形的对称性, 图形关于 x 轴对称, 所求面积为位于 x 轴上方面积的两倍. 设所求面积为 S, 取积分变量为 θ. 当 θ 由 0 变到 π 时, 得到曲线在 x 轴上方部分. 由极坐标系下面积的积分表达式, 有

$$\begin{aligned}A&=2\cdot\frac{1}{2}\int_0^{\pi}a^2(1+\cos\theta)^2\mathrm{d}\theta\\&=a^2\int_0^{\pi}(1+2\cos\theta+\cos^2\theta)\mathrm{d}\theta\\&=a^2\int_0^{\pi}\left(1+2\cos\theta+\frac{1+\cos 2\theta}{2}\right)\mathrm{d}\theta\\&=a^2\left(\frac{3}{2}\theta+\frac{\sin 2\theta}{4}+2\sin\theta\right)\Bigg|_0^{\pi}=\frac{3\pi}{2}a^2.\end{aligned}\qquad\square$$

7. 求由抛物线 $y^2=2px$ 及其在点 $\left(\frac{p}{2},p\right)$ 处的法线所围成图形的面积.

解 如图 9.3 所示, 由对称性知, 当 $p<0$ 或 $p>0$ 时所围图形面积都相等. 不妨设 $p>0$, 则抛物线 $y^2=2px$ 在点 $\left(\frac{p}{2},p\right)$ 附近的方程为 $y=\sqrt{2px}$, 于是

$$y'|_{x=\frac{p}{2}}=\sqrt{\frac{p}{2x}}\bigg|_{x=\frac{p}{2}}=1,$$

所以抛物线在点 $\left(\frac{p}{2},p\right)$ 的法线斜率为 $k=-1$, 法线方程为

$$y-p=-\left(x-\frac{p}{2}\right),\quad 即y=\frac{3}{2}p-x.$$

由方程组

$$\begin{cases}y^2=2px,\\y\ =\dfrac{3}{2}p-x\end{cases}$$

解得, 两曲线的交点为 $\left(\frac{p}{2},p\right)$ 和 $\left(\frac{9p}{2},-3p\right)$. 故所求面积 A 为

$$A=2\int_0^{\frac{p}{2}}\sqrt{2px}+\int_{\frac{p}{2}}^{\frac{9}{2}p}\left(\frac{3}{2}p-x+\sqrt{2px}\right)\mathrm{d}x$$

$$=\frac{4}{3}\sqrt{2p}x^{\frac{3}{2}}\Big|_0^{\frac{p}{2}}+\left(\frac{3}{2}px-\frac{1}{2}x^2+\frac{2}{3}\sqrt{2p}x^{\frac{3}{2}}\right)\Bigg|_{\frac{p}{2}}^{\frac{9}{2}p}$$

$$=\frac{13}{6}p^2.$$

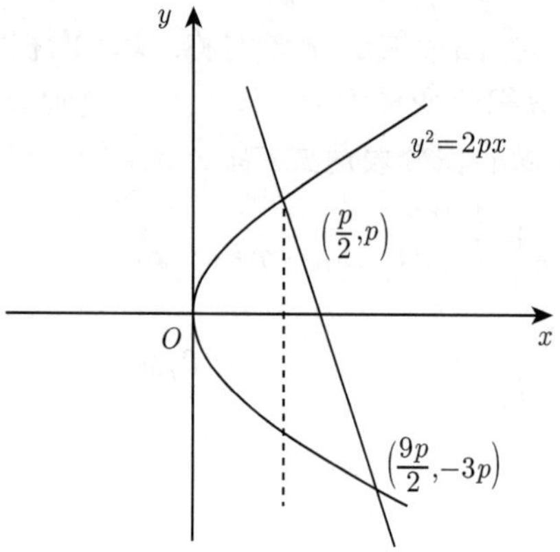

图 9.3

□

8. 求下列各曲线所围图形的公共部分的面积:

(2) $r=\sqrt{2}\sin\theta$ 及 $r^2=\cos 2\theta$.

解　由方程组

$$\begin{cases} r=\sqrt{2}\sin\theta, \\ r^2=\cos 2\theta \end{cases}$$

解得, 两曲线的交点为 $\begin{cases} r=\dfrac{\sqrt{2}}{2}, \\ \theta=\dfrac{\pi}{6} \end{cases}$ 和 $\begin{cases} r=\dfrac{\sqrt{2}}{2}, \\ \theta=\dfrac{5\pi}{6}. \end{cases}$

如图 9.4 所示, 当曲线 $r=\sqrt{2}\sin\theta$ 中 θ 从 0 变到 $\frac{\pi}{6}$, 且曲线 $r^2=\cos 2\theta$ 中 θ 从 $\frac{\pi}{6}$ 变到 $\frac{\pi}{4}$ 时即得到封闭图形, 由所求面积关于 y 轴对称. 故所求面积 A 为

$$A=2\left(\frac{1}{2}\int_0^{\frac{\pi}{6}}2\sin^2\theta\mathrm{d}\theta+\frac{1}{2}\int_{\frac{\pi}{6}}^{\frac{\pi}{4}}\cos 2\theta\mathrm{d}\theta\right)$$

$$=\left(\theta-\frac{\sin 2\theta}{2}\right)\Bigg|_0^{\frac{\pi}{6}}+\frac{\sin 2\theta}{2}\Bigg|_{\frac{\pi}{6}}^{\frac{\pi}{4}}$$

$$=\frac{\pi}{6}+\frac{1-\sqrt{3}}{2}.$$

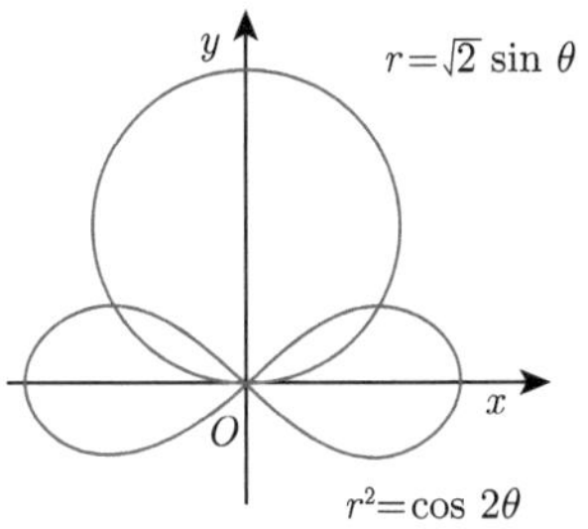

图 9.4

□

习 题 9.3

1. 求以半径为 R 的圆为底, 平行且长度等于底圆直径的线段为顶, 高为 h 的正劈锥体 (图 9.5) 的体积.

解 如图 9.5 所示, 因为所围体积具有对称性, 它是在第一象限所围体积的 4 倍, 对第一象限所围体积而言面上过圆心, 立体过点 x 且垂直于 x 轴的截面是一个直角三角形. 它的两条直角边的长分别为 y 及 h, 其中 $y=\sqrt{R^2-x^2}$, 因而截面积为 $S(x)=\dfrac{1}{2}\sqrt{R^2-x^2}h$. 于是所求立体体积为

$$V=4\int_0^R\frac{1}{2}\sqrt{R^2-x^2}h\mathrm{d}x=2h\cdot\frac{1}{4}\pi R^2=\frac{\pi}{2}hR^2.$$

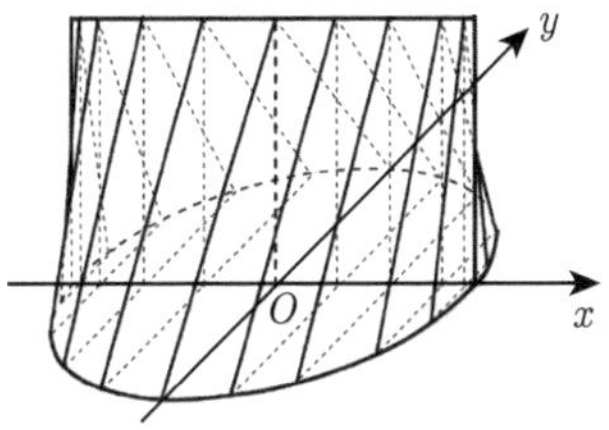

图 9.5

□

3. 求由椭球面 $\dfrac{x^2}{a^2}+\dfrac{y^2}{b^2}+\dfrac{z^2}{c^2}=1$ 所围立体 (椭球) 的体积.

解 以平面 $x=x_0(|x_0|\leqslant a)$ 截椭球面, 得椭圆 (它在 yOz 平面上的正投影)

$$\frac{y^2}{b^2\left(1-\dfrac{x^2}{a^2}\right)}+\frac{z^2}{c^2\left(1-\dfrac{x^2}{a^2}\right)}=1.$$

所以截面面积函数 (由课本第 67 页 9.2 节的例 4) 为

$$S(x) = \pi bc\left(1 - \frac{x^2}{a^2}\right), \quad \forall x \in [-a, a].$$

因此所求椭球体积为

$$\begin{aligned} V &= \int_{-a}^{a} \pi bc\left(1 - \frac{x^2}{a^2}\right) \mathrm{d}x \\ &= \pi bc\left(x - \frac{x^3}{3a^2}\right)\Big|_{-a}^{a} = \frac{4}{3}\pi abc. \end{aligned}$$

□

4. 计算由椭圆

$$\frac{x^2}{a^2} + \frac{y^2}{b^2} = 1$$

所围成的图形分别绕 x 轴、y 轴旋转一周而成的旋转体 (旋转椭球体) 的体积.

解　由旋转体体积公式知上述椭圆所围成的图形绕 y 轴旋转一周而成的旋转体 (旋转椭球体) 的体积为

$$\begin{aligned} V_y &= \pi \int_{-b}^{b} x^2 \mathrm{d}y = \pi \int_{-b}^{b} a^2\left(1 - \frac{y^2}{b^2}\right) \mathrm{d}y \\ &= 2\pi a^2 \int_{0}^{b} a^2\left(1 - \frac{y^2}{b^2}\right) \mathrm{d}y = \frac{4}{3}\pi a^2 b. \end{aligned}$$

由旋转体体积公式知上述椭圆所围成的图形绕 x 轴旋转一周而成的旋转体 (旋转椭球体) 的体积为

$$\begin{aligned} V_x &= \pi \int_{-a}^{a} y^2 \mathrm{d}x = \pi \int_{-a}^{a} b^2\left(1 - \frac{x^2}{a^2}\right) \mathrm{d}x \\ &= 2\pi b^2 \int_{0}^{a} a^2\left(1 - \frac{x^2}{a^2}\right) \mathrm{d}x = \frac{4}{3}\pi ab^2. \end{aligned}$$

□

5. 用积分方法证明图 9.6 中球缺的体积为 $V = \pi H^2\left(R - \frac{H}{3}\right)$.

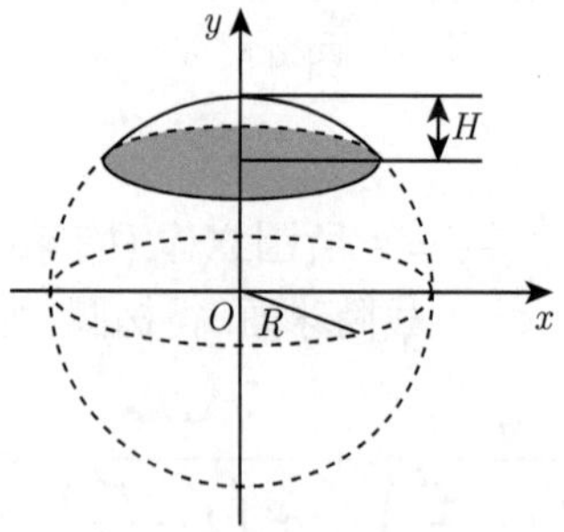

图 9.6

解　因为球缺的体积可视为由曲线 $x=\sqrt{R^2-y^2}(R-H\leqslant y\leqslant R)$ 与直线 $y=R-H$ 和 y 轴所围成的图形绕 y 轴旋转一周而生成的图形体积, 故

$$
\begin{aligned}
V&=\pi\int_{R-H}^{R}x^2\mathrm{d}y=\pi\int_{R-H}^{R}(R^2-y^2)\mathrm{d}y\\
&=\pi\left(R^2y-\frac{y^3}{3}\right)\Big|_{R-H}^{H}=\pi H^2\left(R-\frac{H}{3}\right).
\end{aligned}
$$

□

7. 求由 $r=a(1+\cos\theta)(a>0)$ 绕极轴旋转一周所围立体的体积.

解　由图形关于极轴的对称性, 只需计算上半部分 $0\leqslant\theta\leqslant\pi$ 的情形, 此时所求的旋转体的体积为

$$
\begin{aligned}
V&=\frac{2\pi}{3}\int_0^{\pi}r^3\sin\theta\mathrm{d}\theta\\
&=\frac{2\pi}{3}\int_0^{\pi}a^3(1+\cos\theta)^3\sin\theta\mathrm{d}\theta\\
&=\frac{2\pi a^3}{3}\int_0^{\pi}(1+\cos\theta)^3\mathrm{d}(-\cos\theta)\\
&=\frac{2\pi a^3}{3}\int_{-1}^{1}(1+t)^3\mathrm{d}t\quad(t=\cos\theta)\\
&=\frac{2\pi a^3}{3}\cdot\frac{1}{4}(1+t)^4\Big|_{-1}^{1}=\frac{8}{3}\pi a^3.
\end{aligned}
$$

□

8. 证明: 由平面图形 $0\leqslant a\leqslant x\leqslant b,0\leqslant y\leqslant f(x)$ 绕 y 轴旋转一周所成的旋转体的体积为 $V=2\pi\displaystyle\int_a^b xf(x)\mathrm{d}x$, 其中 $f(x)$ 在 $[a,b]$ 上连续.

证法一　如图 9.7, 对于区间 $[a,b]$ 的任一个分割

$$
T:a=x_0<x_1<\cdots<x_{n-1}<x_n=b,
$$

在每个小区间 $[x_{i-1},x_i]$ 上任取一点 ξ_i, 作以 $f(\xi_i)$ 为高, $\Delta x_i=x_i-x_{i-1}$ 为底的小矩形绕 y 轴旋转一周所得到的环形薄片近似代替相应小曲边梯形绕 y 轴旋转一周所得到的薄片, 即

$$
\begin{aligned}
\Delta V_i&\approx\pi(x_i^2-x_{i-1}^2)f(\xi_i)=\pi(x_i+x_{i-1})(x_i-x_{i-1})f(\xi_i)\\
&\approx\pi2\xi_i\Delta x_if(\xi_i)\quad(i=1,2\cdots,n).
\end{aligned}
$$

于是

$$
V=\sum_{i=1}^{n}\Delta V_i\approx\sum_{i=1}^{n}2\pi\xi_if(\xi_i)\Delta x_i.
$$

若当 $\|T\| \to 0$ 时, 并利用定积分的定义, 有

$$V = \sum_{i=1}^{n} 2\pi\xi_i f(\xi_i)\Delta x_i = 2\pi \int_a^b x f(x)\mathrm{d}x.$$

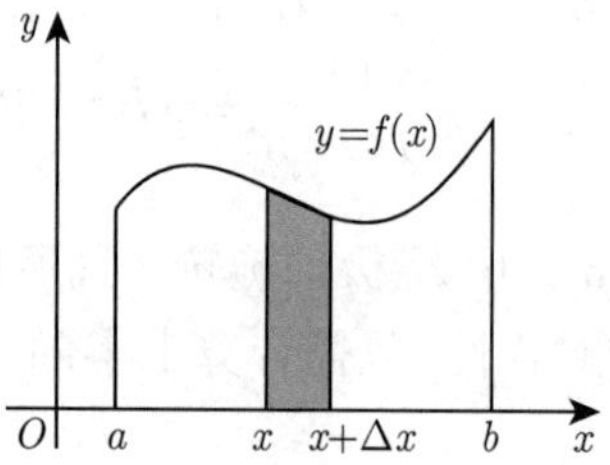

图 9.7

证法二 用"微元法"证明. 如图 9.8 所示, 任取 $[x, x+\Delta x] \subset [a,b]$, 则

$$\begin{aligned}\Delta V &\approx \pi(x+\Delta x)^2 f(x) - \pi x^2 f(x)\\ &= 2\pi x f(x)\Delta x + \pi(\Delta x)^2 f(x)\\ &\approx 2\pi x f(x)\Delta x,\\ \frac{|\Delta V - 2\pi x f(x)\Delta x|}{\Delta x} &\leqslant \frac{1}{\Delta x}\Big\{[\pi(x+\Delta x)^2 M - \pi x^2 M]\\ &\quad -[\pi(x+\Delta x)^2 m - \pi x^2 m]\Big\}\\ &= 2\pi x(M-m) + \pi(M-m)\Delta x \to 0 \quad (\Delta x \to 0),\end{aligned}$$

这里 $M = \max\limits_{t\in[x,x+\Delta x]} f(t)$, $m = \min\limits_{t\in[x,x+\Delta x]} f(t)$, 于是 $\Delta V = 2\pi x f(x)\Delta x + o(\Delta x)$, 即 $\mathrm{d}V = 2\pi x f(x)\mathrm{d}x$, 故所求体积为 $V = 2\pi \int_a^b x f(x)\mathrm{d}x$.

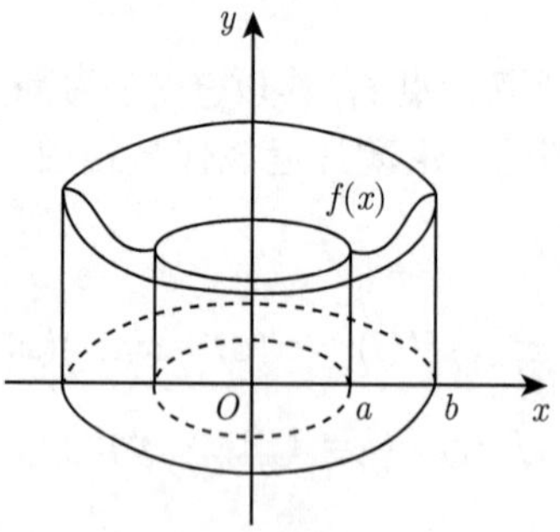

图 9.8

□

习 题 9.4

1. 求悬链线 $y=\dfrac{e^x+e^{-x}}{2}$ 从 $x=0$ 到 $x=a>0$ 那一段的弧长.

解 由于 $y'=\dfrac{e^x-e^{-x}}{2}$, $1+(y')^2=\dfrac{(e^x+e^{-x})^2}{4}$, 于是所求弧长 L 为

$$\begin{aligned}L&=\int_0^a\sqrt{1+(y')^2}\mathrm{d}x\\&=\int_0^a\frac{e^x+e^{-x}}{2}\mathrm{d}x\\&=\frac{e^x-e^{-x}}{2}\Big|_0^a=\frac{e^a-e^{-a}}{2}.\end{aligned}$$

□

2. 求下列曲线的弧长:

(2) $y=\ln x$, 由 $x=1$ 到 $x=\sqrt{3}$;

(4) $x=a(\cos t+t\sin t)$, $y=a(\sin t-t\cos t)$, $0\leqslant t\leqslant 2\pi$;

(6) $r=a(1+\cos\theta)(a>0)$.

解 (2) 由于 $y'=\dfrac{1}{x}$, 于是所求弧长 L 为

$$L=\int_1^{\sqrt{3}}\sqrt{1+\frac{1}{x^2}}\mathrm{d}x=\int_1^{\sqrt{3}}\frac{\sqrt{1+x^2}}{x}\mathrm{d}x.$$

令 $x=\sqrt{t^2-1}$, $t>1$, 则 $\mathrm{d}x=\dfrac{t}{\sqrt{t^2-1}}\mathrm{d}t$, 当 x 从 1 变到 $\sqrt{3}$ 时, t 从 $\sqrt{2}$ 变到 2, 所以

$$\begin{aligned}\int_1^{\sqrt{3}}\frac{\sqrt{1+x^2}}{x}\mathrm{d}x&=\int_{\sqrt{2}}^2\frac{t}{\sqrt{t^2-1}}\cdot\frac{t}{\sqrt{t^2-1}}\mathrm{d}t\\&=\int_{\sqrt{2}}^2\frac{t^2}{t^2-1}\mathrm{d}t=\int_{\sqrt{2}}^2\frac{t^2-1+1}{t^2-1}\mathrm{d}t\\&=\int_{\sqrt{2}}^2\mathrm{d}t+\int_{\sqrt{2}}^2\frac{1}{t^2-1}\mathrm{d}t\\&=\int_{\sqrt{2}}^2\mathrm{d}t+\frac{1}{2}\int_{\sqrt{2}}^2\left(\frac{1}{t-1}-\frac{1}{t+1}\right)\mathrm{d}t\\&=(2-\sqrt{2})+\frac{1}{2}\ln\frac{t-1}{t+1}\Big|_{\sqrt{2}}^2\\&=2-\sqrt{2}+\ln(1+\sqrt{2})-\frac{1}{2}\ln 3.\end{aligned}$$

□

(4) 由于 $x' = at\cos t$, $y' = at\sin t$, 于是所求弧长 L 为

$$\begin{aligned}L &= \int_0^{2\pi} \sqrt{(x')^2 + (y')^2}\mathrm{d}t \\ &= \int_0^{2\pi} \sqrt{(at\cos t)^2 + (at\sin t)^2}\mathrm{d}t \\ &= \int_0^{2\pi} at\mathrm{d}t = \left.\frac{at^2}{2}\right|_0^{2\pi} = 2\pi^2 a.\end{aligned}$$

□

(6) 由于 $r = a(1+\cos\theta)$, 则 $r' = -a\sin\theta$, 于是所求弧长 L 为

$$\begin{aligned}L &= \int_0^{2\pi} \sqrt{r^2 + (r')^2}\mathrm{d}\theta \\ &= \int_0^{2\pi} \sqrt{(a(1+\cos\theta))^2 + (-a\sin\theta)^2}\mathrm{d}\theta \\ &= \int_0^{2\pi} \sqrt{2a^2(1+\cos\theta)}\mathrm{d}\theta \\ &= 2a\int_0^{2\pi} \sqrt{\cos^2\frac{\theta}{2}}\mathrm{d}\theta \\ &= 2a\left(\int_0^{\pi} \cos\frac{\theta}{2}\mathrm{d}\theta - \int_{\pi}^{2\pi} \cos\frac{\theta}{2}\mathrm{d}\theta\right) \\ &= \left.4a\sin\frac{\theta}{2}\right|_0^{\pi} - \left.4a\sin\frac{\theta}{2}\right|_{\pi}^{2\pi} = 8a.\end{aligned}$$

□

习　题　9.5

1. 求下列平面曲线绕指定轴旋转一周所得旋转曲面的面积:

(1) $y = \cos x, 0 \leqslant x \leqslant \pi$, 绕 x 轴;

(3) $\dfrac{x^2}{a^2} + \dfrac{y^2}{b^2} = 1$ 分别绕 x 轴, y 轴;

(4) $(x-a)^2 + (y-b)^2 = r^2 (0 < r < \min\{a, b\})$, 分别绕 x 轴, y 轴.

解　(1) 由对称性知, 所求旋转曲面的面积为 $y = \cos x$, $0 \leqslant x \leqslant \dfrac{\pi}{2}$ 绕 x 轴旋转一周所得面积的 2 倍.

由于 $y' = -\sin x$, 于是所求旋转曲面的面积 S_x 为

$$\begin{aligned}S_x &= 4\pi\int_0^{\frac{\pi}{2}} y(x)\sqrt{1+[y'(x)]^2}\mathrm{d}x \\ &= 4\pi\int_0^{\frac{\pi}{2}} \cos x\sqrt{1+(-\sin x)^2}\mathrm{d}x \\ &= 4\pi\int_0^{\frac{\pi}{2}} \sqrt{1+\sin^2 x}\,\mathrm{d}\sin x.\end{aligned}$$

令 $t=\sin x$, 则当 x 从 0 变到 $\frac{\pi}{2}$ 时, 有 t 从 0 变到 1, 于是有

$$\begin{aligned}\int_0^{\frac{\pi}{2}}\sqrt{1+\sin^2 x}\,\mathrm{d}\sin x&=\int_0^1\sqrt{1+t^2}\mathrm{d}t\\&=t\sqrt{1+t^2}\Big|_0^1-\int_0^1 t\mathrm{d}\sqrt{1+t^2}\\&=\sqrt{2}-\int_0^1\frac{t^2+1-1}{\sqrt{1+t^2}}\mathrm{d}t\\&=\sqrt{2}-\int_0^1\sqrt{1+t^2}\mathrm{d}t+\int_0^1\frac{1}{\sqrt{1+t^2}}\mathrm{d}t,\end{aligned}$$

所以

$$\begin{aligned}\int_0^{\frac{\pi}{2}}\sqrt{1+\sin^2 x}\,\mathrm{d}\sin x=\int_0^1\sqrt{1+t^2}\mathrm{d}t&=\frac{\sqrt{2}}{2}+\frac{1}{2}\int_0^1\frac{1}{\sqrt{1+t^2}}\mathrm{d}t\\&=\frac{\sqrt{2}}{2}+\frac{1}{2}\ln\left(t+\sqrt{t^2+1}\right)\Big|_0^1\\&=\frac{\sqrt{2}}{2}+\frac{1}{2}\ln(1+\sqrt{2}).\end{aligned}$$

综上所述, 有

$$S_x=2\pi\left(\sqrt{2}+\ln(\sqrt{2}+1)\right).$$

(3) **方法一** 利用参数方程.

首先求 $\frac{x^2}{a^2}+\frac{y^2}{b^2}=1$ 绕 x 轴旋转一周所得旋转曲面的面积.

注意到 $\frac{x^2}{a^2}+\frac{y^2}{b^2}=1$ 是一个以原点为对称点的椭圆, 即它关于 x 和 y 轴对称, 于是所求曲面的面积为第一象限曲线 $x=|a|\cos t, y=|b|\sin t, 0\leqslant t\leqslant\frac{\pi}{2}$ 绕 x 轴旋转一周所得旋转曲面面积的 2 倍, 所以有

$$S_x=2\cdot 2\pi\int_0^{\frac{\pi}{2}}|b|\sin t\sqrt{a^2\sin^2 t+b^2\cos^2 t}\,\mathrm{d}t.$$

(a) 当 $a=b$ 时, 有

$$S_x=4\pi a^2\int_0^{\frac{\pi}{2}}\sin t\mathrm{d}t=4\pi a^2(-\cos t)\Big|_0^{\frac{\pi}{2}}=4\pi a^2.$$

(b) 当 $a>b$ 时, 令 $c^2=a^2-b^2$, 有

$$\begin{aligned}S_x&=2\cdot 2\pi\int_0^{\frac{\pi}{2}}|b|\sin t\sqrt{a^2\sin^2 t+b^2\cos^2 t}\mathrm{d}t\\&=4\pi\int_0^{\frac{\pi}{2}}|b|\sin t\sqrt{a^2-(a^2-b^2)\cos^2 t}\mathrm{d}t\end{aligned}$$

$$
\begin{aligned}
&=4\pi\int_0^{\frac{\pi}{2}}|b|\sqrt{a^2-c^2\cos^2 t}\mathrm{d}(-\cos t)\\
&=4\pi|b|\int_0^1\sqrt{a^2-c^2t^2}\mathrm{d}t\quad(t=\cos t)\\
&=4\pi|b||c|\int_0^1\sqrt{\frac{a^2}{c^2}-t^2}\mathrm{d}t\\
&=4\pi|b||c|\left(\frac{a^2}{2c^2}\arcsin\frac{|c|x}{|a|}+\frac{x}{2}\sqrt{\frac{a^2}{c^2}-x^2}\right)\Bigg|_0^1\\
&=2\pi\frac{|b|a^2}{\sqrt{a^2-b^2}}\arcsin\frac{\sqrt{a^2-b^2}}{|a|}+2\pi b^2.
\end{aligned}
$$

(c) 当 $a<b$ 时, 令 $c^2=b^2-a^2$, 有

$$
\begin{aligned}
S_x&=2\cdot 2\pi\int_0^{\frac{\pi}{2}}|b|\sin t\sqrt{a^2\sin^2 t+b^2\cos^2 t}\mathrm{d}t\\
&=4\pi\int_0^{\frac{\pi}{2}}|b|\sin t\sqrt{a^2+(b^2-a^2)\cos^2 t}\mathrm{d}t\\
&=4\pi\int_0^{\frac{\pi}{2}}|b|\sqrt{a^2+c^2\cos^2 t}\mathrm{d}(-\cos t)\\
&=4\pi|b|\int_0^1\sqrt{a^2+c^2t^2}\mathrm{d}t\quad(t=\cos t)\\
&=4\pi|b||c|\int_0^1\sqrt{\frac{a^2}{c^2}+t^2}\mathrm{d}t\\
&=4\pi|b||c|\cdot\frac{1}{2}\left(x\sqrt{x^2+\frac{a^2}{c^2}}+\frac{a^2}{c^2}\ln\left|x+\sqrt{x^2+\frac{a^2}{c^2}}\right|\right)\Bigg|_0^1\\
&=2\pi b^2+\frac{2\pi|b|a^2}{\sqrt{b^2-a^2}}\ln\left(\frac{|b|+\sqrt{b^2-a^2}}{|a|}\right).
\end{aligned}
$$

其次求 $\dfrac{x^2}{a^2}+\dfrac{y^2}{b^2}=1$ 绕 y 轴旋转一周所得旋转曲面的面积. 此时, 与上述求绕 x 轴旋转曲面面积的情形相类似, 结果为上述结果把 a 和 b 互换位置.

方法二 应用直角坐标系下显式表达.

首先求 $\dfrac{x^2}{a^2}+\dfrac{y^2}{b^2}=1$ 绕 x 轴旋转一周所得旋转曲面的面积. 注意到 $\dfrac{x^2}{a^2}+\dfrac{y^2}{b^2}=1$ 是一个以原点为对称点的椭圆, 即它关于 x 和 y 轴对称, 于是所求曲面的面积为第一象限曲线 $y(x)=|b|\sqrt{1-\dfrac{x^2}{a^2}}, 0\leqslant x\leqslant |a|$ 绕 x 轴旋转一周所得旋转曲面面积的 2

倍, 注意到

$$y'(x)=\left(|b|\sqrt{1-\frac{x^2}{a^2}}\right)'=\frac{-|b|x}{|a|\sqrt{a^2-x^2}},$$

故有

$$\begin{aligned}S_x&=2\cdot 2\pi\int_0^{|a|}y(x)\sqrt{1+(y')^2}\mathrm{d}x\\&=4\pi\int_0^{|a|}\left(|b|\sqrt{1-\frac{x^2}{a^2}}\right)\sqrt{1+\frac{b^2x^2}{a^2(a^2-x^2)}}\mathrm{d}x\\&=4\pi\frac{|b|}{a^2}\int_0^{|a|}\sqrt{a^4+(b^2-a^2)x^2}\mathrm{d}x.\end{aligned}$$

(a) 当 $a=b$ 时, 有

$$\begin{aligned}S_x&=4\pi\frac{|b|}{a^2}\int_0^{|a|}\sqrt{a^4+(b^2-a^2)x^2}\mathrm{d}x\\&=4\pi\frac{|b|}{a^2}\int_0^{a}a^2\mathrm{d}x=4\pi|b|\cdot|a|=4\pi a^2.\end{aligned}$$

(b) 当 $a>b$ 时, 有

$$\begin{aligned}S_x&=4\pi\frac{|b|}{a^2}\int_0^{|a|}\sqrt{a^4+(b^2-a^2)x^2}\mathrm{d}x\\&=4\pi\frac{|b|}{a^2}\int_0^{|a|}\sqrt{a^4-(a^2-b^2)x^2}\mathrm{d}x\\&=4\pi\frac{|b|\sqrt{a^2-b^2}}{a^2}\int_0^{|a|}\sqrt{\frac{a^4}{a^2-b^2}-x^2}\mathrm{d}x\\&=2\pi\frac{|b|a^2}{\sqrt{a^2-b^2}}\arcsin\frac{\sqrt{a^2-b^2}}{|a|}+2\pi b^2.\end{aligned}$$

(c) 当 $a<b$ 时, 有

$$\begin{aligned}S_x&=4\pi\frac{|b|}{a^2}\int_0^{|a|}\sqrt{a^4+(b^2-a^2)x^2}\mathrm{d}x\\&=4\pi\frac{|b|\sqrt{b^2-a^2}}{a^2}\int_0^{|a|}\sqrt{\frac{a^4}{b^2-a^2}+x^2}\mathrm{d}x\\&=2\pi b^2+\frac{2\pi|b|a^2}{\sqrt{b^2-a^2}}\ln\left(\frac{|b|+\sqrt{b^2-a^2}}{|a|}\right).\end{aligned}$$

其次求 $\dfrac{x^2}{a^2}+\dfrac{y^2}{b^2}=1$ 绕 y 轴旋转一周所得旋转曲面的面积. 此时, 与上述求绕

x 轴旋转曲面面积的情形相类似, 结果为上述结果把 a 和 b 互换位置.

(4) **方法一**　应用参数方程.

由已知条件 $0<r<\min\{a,b\}$ 可知, $a>0,b>0$, 且该圆与 x 轴和 y 轴均没有交点. 可设圆 $(x-a)^2+(y-b)^2=r^2(0<r<\min\{a,b\})$ 的参数方程为

$$\begin{cases} x=a+r\cos\theta, \\ y=b+r\sin\theta, \end{cases} \quad 0\leqslant\theta\leqslant 2\pi,$$

则有

$$\begin{cases} x'(\theta)=-r\sin\theta, \\ y'(\theta)=r\cos\theta, \end{cases} \quad 0\leqslant\theta\leqslant 2\pi.$$

首先求 $(x-a)^2+(y-b)^2=r^2(0<r<\min\{a,b\})$ 绕 x 轴旋转一周所得旋转曲面的面积. 由参数方程绕 x 轴旋转一周所得旋转曲面的面积公式有

$$\begin{aligned} S_x &= 2\pi\int_\alpha^\beta y(t)\sqrt{x'^2(t)+y'^2(t)}\mathrm{d}t \\ &= 2\pi\int_0^{2\pi}(b+r\sin\theta)\sqrt{(-r\sin\theta)^2+(r\cos\theta)^2}\mathrm{d}t \\ &= 2\pi r\int_0^{2\pi}(b+r\sin\theta)\mathrm{d}t \\ &= 2\pi r(bt-r\cos\theta)\Big|_0^{2\pi}=4\pi^2 br. \end{aligned}$$

其次求 $(x-a)^2+(y-b)^2=r^2(0<r<\min\{a,b\})$ 绕 y 轴旋转一周所得旋转曲面的面积. 由参数方程绕 y 轴旋转一周所得旋转曲面的面积公式, 有

$$\begin{aligned} S_y &= 2\pi\int_\alpha^\beta x(t)\sqrt{x'^2(t)+y'^2(t)}\mathrm{d}t \\ &= 2\pi\int_0^{2\pi}(a+r\cos\theta)\sqrt{(-r\sin\theta)^2+(r\cos\theta)^2}\mathrm{d}t \\ &= 2\pi r\int_0^{2\pi}(a+r\cos\theta)\mathrm{d}t \\ &= 2\pi r(at+r\sin\theta)\Big|_0^{2\pi}=4\pi^2 ar. \end{aligned}$$

方法二　应用直角坐标系下显式表达.

由已知条件 $0<r<\min\{a,b\}$ 知, $a>0,b>0$, 且该圆与 x 轴和 y 轴均没有交点.

首先求 $(x-a)^2+(y-b)^2=r^2(0<r<\min\{a,b\})$ 绕 x 轴旋转一周所得旋转曲面的面积. 注意到 $y=b$ 把圆 $(x-a)^2+(y-b)^2=r^2(0<r<\min\{a,b\})$ 分为上

下两个半圆

$$y=\begin{cases} b+\sqrt{r^2-(x-a)^2}, \\ b-\sqrt{r^2-(x-a)^2}, \end{cases} \quad a-r\leqslant x\leqslant a+r.$$

于是有

$$y'=\begin{cases} -\dfrac{x-a}{\sqrt{r^2-(x-a)^2}}, \\ \dfrac{x-a}{\sqrt{r^2-(x-a)^2}}, \end{cases} \quad a-r\leqslant x\leqslant a+r.$$

由显式方程绕 x 轴旋转一周所得旋转曲面的面积公式, 有

$$\begin{aligned} S_x&=2\pi\int_{a-r}^{a+r}\left(b+\sqrt{r^2-(x-a)^2}\right)\sqrt{1+\left(-\frac{x-a}{\sqrt{r^2-(x-a)^2}}\right)^2}\mathrm{d}x \\ &\quad+2\pi\int_{a-r}^{a+r}\left(b-\sqrt{r^2-(x-a)^2}\right)\sqrt{1+\left(\frac{x-a}{\sqrt{r^2-(x-a)^2}}\right)^2}\mathrm{d}x \\ &=4\pi\int_{a-r}^{a+r}b\sqrt{\frac{r^2}{r^2-(x-a)^2}}\mathrm{d}x \\ &=4\pi br\int_{a-r}^{a+r}\frac{1}{\sqrt{r^2-(x-a)^2}}\mathrm{d}x \\ &=4\pi br\int_{-r}^{r}\frac{1}{\sqrt{r^2-t^2}}\mathrm{d}t \quad (t=x-a) \\ &=4\pi br\arcsin\frac{t}{r}\bigg|_{-r}^{r}=4\pi^2br. \end{aligned}$$

其次求 $(x-a)^2+(y-b)^2=r^2(0<r<\min\{a,b\})$ 绕 y 轴旋转一周所得旋转曲面的面积. 此时, 与上述绕 x 轴旋转的情形相类似, 结果为上述结果把 a 和 b 互换位置.

事实上, 注意到 $x=a$ 把圆 $(x-a)^2+(y-b)^2=r^2(0<r<\min\{a,b\})$ 分为左右两个半圆

$$x=\begin{cases} a-\sqrt{r^2-(y-b)^2}, \\ a+\sqrt{r^2-(y-b)^2}, \end{cases} \quad b-r\leqslant y\leqslant b+r,$$

则有

$$x'=\begin{cases} -\dfrac{y-b}{\sqrt{r^2-(y-b)^2}}, \\ \dfrac{y-b}{\sqrt{r^2-(y-b)^2}}, \end{cases} \quad b-r\leqslant y\leqslant b+r.$$

于是由显式方程绕 y 轴旋转一周所得旋转曲面的面积公式, 有

$$\begin{aligned}S_y=&2\pi\int_{b-r}^{b+r}\left(a-\sqrt{r^2-(y-b)^2}\right)\sqrt{1+\left(-\frac{y-b}{\sqrt{r^2-(y-b)^2}}\right)^2}\mathrm{d}x\\&+2\pi\int_{b-r}^{b+r}\left(a+\sqrt{r^2-(y-b)^2}\right)\sqrt{1+\left(-\frac{y-b}{\sqrt{r^2-(y-b)^2}}\right)^2}\mathrm{d}x\\=&4\pi\int_{b-r}^{b+r}a\sqrt{\frac{r^2}{r^2-(y-b)^2}}\mathrm{d}x\\=&4\pi ar\int_{b-r}^{b+r}\frac{1}{\sqrt{r^2-(y-b)^2}}\mathrm{d}x\\=&4\pi ar\int_{-r}^{r}\frac{1}{\sqrt{r^2-t^2}}\mathrm{d}t\quad(t=y-b)\\=&4\pi ar\arcsin\frac{t}{r}\Big|_{-r}^{r}=4\pi^2ar.\end{aligned}$$

□

2. 试求下列极坐标方程给出曲线绕极轴旋转一周所得旋转曲面的面积.

(2) 双纽线 $r^2=2\cos 2\theta$.

解 由于双纽线 $r^2=2\cos 2\theta$ 关于 x 轴和 y 轴对称, 故所求旋转曲面的面积是曲线 $r=\sqrt{2\cos 2\theta}$, $0\leqslant\theta\leqslant\dfrac{\pi}{4}$ 绕极轴旋转一周所得旋转曲面的面积的 2 倍. 注意到 $r'=\dfrac{-4\sin\theta}{2\sqrt{2\cos\theta}}$, $0\leqslant\theta\leqslant\dfrac{\pi}{4}$, 则由极坐标方程绕极轴旋转一周所得旋转曲面的面积公式, 有

$$\begin{aligned}S=&2\cdot 2\pi\int_0^{\frac{\pi}{4}}\sqrt{2\cos 2\theta}\sin\theta\sqrt{2\cos 2\theta+\left(\frac{-4\sin 2\theta}{2\sqrt{2\cos 2\theta}}\right)^2}\mathrm{d}\theta\\=&2\cdot 2\pi\int_0^{\frac{\pi}{4}}\sqrt{2\cos 2\theta}\sin\theta\sqrt{2\cos 2\theta+\frac{2\sin^2 2\theta}{\cos 2\theta}}\mathrm{d}\theta\\=&2\cdot 2\pi\int_0^{\frac{\pi}{4}}\sqrt{2\cos 2\theta}\sin\theta\sqrt{\frac{2\cos^2 2\theta+2\sin^2 2\theta}{\cos 2\theta}}\mathrm{d}\theta\\=&8\pi\int_0^{\frac{\pi}{4}}\sin\theta\mathrm{d}\theta=8\left(1-\frac{\sqrt{2}}{2}\right)\pi.\end{aligned}$$

□

习 题 9.6

2. 一半径为 2m 的圆形薄板垂直浸入水中, 圆心到水面的距离为 4m, 求该圆形薄板之一侧所受的压力.

解 如图 9.9 所示建立坐标系.

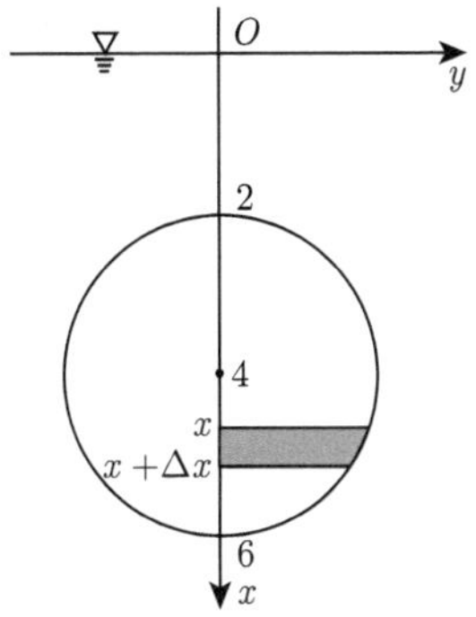

图 9.9

由对称性, 只需要考虑第一象限部分所受的压力 P, 则圆形薄板一侧所受总压力为 $2P$. 已知水中各点的压强等于水的密度 ρ、重力加速度 g 与深度 x 的乘积, 现考虑水深为 x 到 $x+\Delta x$ 一层圆形薄板 ΔS 所受的压力 ΔP.

当 Δx 充分小时, ΔS 中各点的压强都近似地看成 $\rho g x$, ΔS 的面积近似为

$$\Delta S=\sqrt{2^2-(x-4)^2}\cdot\Delta x,\quad 2\leqslant x\leqslant 6.$$

于是

$$\Delta P\approx\rho g x\sqrt{2^2-(x-4)^2}\cdot\Delta x,\quad 2\leqslant x\leqslant 6,$$

$$dP=\rho g x\sqrt{2^2-(x-4)^2}\mathrm{d}x,\quad 2\leqslant x\leqslant 6.$$

所以

$$\begin{aligned}P&=\int_2^6\rho g x\sqrt{2^2-(x-4)^2}\mathrm{d}x\\&=\int_{-2}^{2}\rho g(t+4)\sqrt{2^2-t^2}\mathrm{d}t\\&=8\rho g\int_0^2\sqrt{2^2-t^2}\mathrm{d}t\\&=8\rho g\left(2\arcsin\frac{x}{2}+\frac{x}{2}\sqrt{2^2-x^2}\right)\Bigg|_0^2\\&=8\rho g\pi.\end{aligned}$$

故圆形薄片所受侧压力即闸门所受的压力为

$$2P=16\rho g\pi=16\times10^3\times9.8\times\pi=1.568\times10^5\pi.$$

□

3. 求密度均匀的椭圆 $\dfrac{x^2}{a^2}+\dfrac{y^2}{b^2}\leqslant 1$ 形薄板在第一象限部分的重心.

解　设薄板的质量为 M, 重心坐标为 (x_0,y_0), 则薄板对 x 轴, y 轴的静力矩分别为

$$M_x=M\cdot y_0,\quad M_y=M\cdot x_0.$$

下求 M_x, M_y. 设密度 $\rho=1$.

取一宽为 Δx 的薄板, 并近似地看成高为 $b\sqrt{1-\dfrac{x^2}{a^2}}$, 底为 Δx 的矩形, 而该矩形的重心坐标为 $\left(x+\dfrac{1}{2}\Delta x,\dfrac{1}{2}b\sqrt{1-\dfrac{x^2}{a^2}}\right)$, 则

$$\Delta M_x\approx b\sqrt{1-\frac{x^2}{a^2}}\Delta x\cdot\frac{1}{2}b\sqrt{1-\frac{x^2}{a^2}}\Rightarrow \mathrm{d}M_x=\frac{b^2}{2}\left(1-\frac{x^2}{a^2}\right)\mathrm{d}x.$$

于是

$$M_x=\int_0^a\frac{b^2}{2}\left(1-\frac{x^2}{a^2}\right)\mathrm{d}x=\frac{b^2}{2}\left(x-\frac{x^3}{3a^2}\right)\Bigg|_0^a=\frac{1}{3}ab^2.$$

同理

$$\Delta M_y\approx\frac{b}{2}\sqrt{1-\frac{x^2}{a^2}}\Delta x\left(x+\frac{\Delta x}{2}\right)\Rightarrow \mathrm{d}M_y=\frac{b}{2}x\sqrt{1-\frac{x^2}{a^2}}\mathrm{d}x.$$

于是

$$M_y=\frac{b}{2}\int_0^a x\sqrt{1-\frac{x^2}{a^2}}\mathrm{d}x=\frac{ba^2}{2}\int_0^a\frac{x}{a}\sqrt{1-\frac{x^2}{a^2}}\mathrm{d}\left(\frac{x}{a}\right).$$

令 $t=\dfrac{x}{a}$, 则

$$\int_0^a\frac{x}{a}\sqrt{1-\frac{x^2}{a^2}}\mathrm{d}\left(\frac{x}{a}\right)=\int_0^1 t\sqrt{1-t^2}\mathrm{d}t=-\frac{2}{3}(1-t^2)^{\frac{3}{2}}\Big|_0^1=\frac{2}{3}.$$

于是

$$M_y=\frac{1}{3}a^2b.$$

所以

$$M=\frac{\pi ab}{4}.$$

因此, 所求重心坐标为

$$x_0=\frac{M_y}{M}=\frac{4a}{3\pi},\quad y_0=\frac{M_x}{M}=\frac{4b}{3\pi}.$$ □

5. 有一正圆锥形容器盛满了水, 其上底半径为 r, 高是 h, 而下端锥顶处有一面积是 a 的小孔, 已知水深为 x 时, 水从小孔流出的速度 $V=\sqrt{2gx}$, 其中 g 为重力加速度, 当小孔全开时, 问水全部流出需多少时间?

解　如图 9.10 所示, 假设水深为 x, 且在很小的一段时间 $\mathrm{d}t$ 内, 圆锥形容器降低的深度为 $\mathrm{d}x$, 由已知条件可知, 有

$$\pi\left(\frac{x}{h}r\right)^2\mathrm{d}x = Va\mathrm{d}t = \sqrt{2gx}a\mathrm{d}t.$$

因此有

$$\mathrm{d}t = \frac{\pi r^2 x^{\frac{3}{2}}}{\sqrt{2g}ah^2}\mathrm{d}x,\quad x\in[0,h],$$

所以水全部流出所需时间

$$t=\int_0^h \frac{\pi r^2 x^{\frac{3}{2}}}{\sqrt{2g}ah^2}\mathrm{d}x = \frac{\pi r^2}{\sqrt{2g}ah^2}\int_0^h x^{\frac{3}{2}}\mathrm{d}x = \frac{\pi r^2}{\sqrt{2g}ah^2}\frac{2}{5}x^{\frac{5}{2}}\bigg|_0^h = \frac{2\pi r^2\sqrt{h}}{5a\sqrt{2g}}.$$

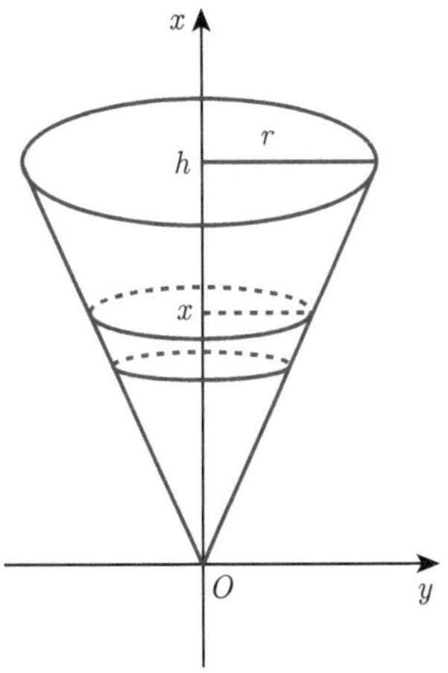

图 9.10

□

习　题　9.7

1. 判断下列各反常积分的敛散性, 如果收敛, 计算反常积分的值:

(3) $\int_0^{+\infty}\mathrm{e}^{-ax}\sin bx\mathrm{d}x (a>0,b>0)$;　　(6) $\int_0^2\frac{\mathrm{d}x}{x\sqrt{(1-x)^2}}$;

(8) $\int_1^{\mathrm{e}}\frac{\mathrm{d}x}{x\sqrt{1-(\ln x)^2}}$;　　(9) $\int_0^1\frac{\mathrm{d}x}{\sqrt{x-x^2}}$;

(10) $\int_0^1\frac{\mathrm{d}x}{x(-\ln x)^p}$.

解　(3) 记 $I(u)=\int_0^u \mathrm{e}^{-ax}\sin bx\mathrm{d}x$, 则

$$
\begin{aligned}
I(u) &= -\frac{1}{b}\int_0^u \mathrm{e}^{-ax}\mathrm{d}(\cos bx) \\
&= -\frac{1}{b}\left(\mathrm{e}^{-ax}\cos bx\Big|_0^u + a\int_0^u \mathrm{e}^{-ax}\cos bx\mathrm{d}x\right) \\
&= -\frac{1}{b}(\mathrm{e}^{-au}\cos bu - 1) - \frac{a}{b^2}\int_0^u \mathrm{e}^{-ax}\mathrm{d}\sin bx \\
&= \frac{1}{b} - \frac{1}{b}\mathrm{e}^{-au}\cos bu - \frac{a}{b^2}\left(\mathrm{e}^{-ax}\sin bx\Big|_0^u + a\int_0^u \mathrm{e}^{-ax}\sin bx\mathrm{d}x\right) \\
&= \frac{1}{b} - \frac{1}{b}\mathrm{e}^{-au}\cos bu - \frac{a}{b^2}\left(\mathrm{e}^{-au}\sin bu + aI(u)\right),
\end{aligned}
$$

于是

$$
I(u) = \frac{1}{b} - \frac{1}{b}\mathrm{e}^{-au}\cos bu - \frac{a}{b^2}\mathrm{e}^{-au}\sin bu - \frac{a^2}{b^2}I(u),
$$

$$
I(u) = \frac{b^2}{a^2+b^2}\left(\frac{1}{b} - \frac{1}{b}\mathrm{e}^{-au}\cos bu - \frac{a}{b^2}\mathrm{e}^{-au}\sin bu\right),
$$

因此

$$
\lim_{u\to+\infty} I(u) = \frac{b}{a^2+b^2},
$$

故反常积分 $\int_0^{\infty} \mathrm{e}^{-ax}\sin bx\mathrm{d}x$ 收敛, 且积分值为 $\frac{b}{a^2+b^2}$.

(6) 显然函数 $\frac{1}{x\sqrt{(1-x)^2}}$ 在 $(0,1)\cup(1,2)$ 内连续, $x=0$, $x=1$ 为其瑕点, 所以瑕积分 $\int_0^2 \frac{\mathrm{d}x}{x\sqrt{(1-x)^2}}$ 当且仅当如下三个瑕积分都收敛:

$$
\int_0^{\frac{1}{2}} \frac{\mathrm{d}x}{x\sqrt{(1-x)^2}},\quad \int_{\frac{1}{2}}^1 \frac{\mathrm{d}x}{x\sqrt{(1-x)^2}},\quad \int_1^2 \frac{\mathrm{d}x}{x\sqrt{(1-x)^2}}.
$$

因为当 $0<u<\frac{1}{2}$ 时, 有

$$
\begin{aligned}
\int_u^{\frac{1}{2}} \frac{\mathrm{d}x}{x\sqrt{(1-x)^2}} &= \int_u^{\frac{1}{2}} \frac{\mathrm{d}x}{x(1-x)} = \int_u^{\frac{1}{2}}\left(\frac{1}{x}+\frac{1}{1-x}\right)\mathrm{d}x \\
&= [\ln x - \ln(1-x)]\Big|_u^{\frac{1}{2}} = -\ln u + \ln(1-u),
\end{aligned}
$$

所以

$$
\lim_{u\to0^+}\int_u^{\frac{1}{2}} \frac{\mathrm{d}x}{x\sqrt{(1-x)^2}} = \lim_{u\to0^+}[-\ln u + \ln(1-u)] = +\infty,
$$

因此瑕积分 $\int_0^{\frac{1}{2}} \frac{\mathrm{d}x}{x\sqrt{(1-x)^2}}$ 发散, 故根据定义得, 瑕积分 $\int_0^2 \frac{\mathrm{d}x}{x\sqrt{(1-x)^2}}$ 发散.

(8) 作变换 $t=\ln x$, 则

$$\int_1^{\mathrm{e}}\frac{\mathrm{d}x}{x\sqrt{1-(\ln x)^2}}=\int_1^{\mathrm{e}}\frac{\mathrm{d}\ln x}{\sqrt{1-(\ln x)^2}}=\int_0^1\frac{\mathrm{d}t}{\sqrt{1-t^2}},$$

其中上面最后一个瑕积分以 $t=1$ 为瑕点.

因为对任意的 $0<u<1$, 有

$$\int_0^u\frac{\mathrm{d}t}{\sqrt{1-t^2}}=\arcsin t\Big|_0^u=\arcsin u,$$

所以有

$$\lim_{u\to1^-}\int_0^u\frac{\mathrm{d}t}{\sqrt{1-t^2}}=\lim_{u\to1^-}\arcsin u=\frac{\pi}{2},$$

因此反常积分 $\displaystyle\int_1^e\frac{\mathrm{d}x}{x\sqrt{1-(\ln x)^2}}$ 收敛, 且其值为 $\dfrac{\pi}{2}$.

(9) 显然 $x=0$ 和 $x=1$ 均为 $\displaystyle\int_0^1\frac{\mathrm{d}x}{\sqrt{x-x^2}}$ 的瑕点.

任取 $a\in(0,1)$. 下面分别讨论 $\displaystyle\int_0^a\frac{\mathrm{d}x}{\sqrt{x-x^2}}$ 和 $\displaystyle\int_a^1\frac{\mathrm{d}x}{\sqrt{x-x^2}}$ 的敛散性. 由于

$$\begin{aligned}\lim_{u\to0^+}\int_u^a\frac{\mathrm{d}x}{\sqrt{x-x^2}}&=\lim_{u\to0^+}\int_u^a\frac{\mathrm{d}x}{\sqrt{\dfrac14-\left(x-\dfrac12\right)^2}}\\&=\lim_{u\to0^+}\int_{u-\frac12}^{a-\frac12}\frac{\mathrm{d}t}{\sqrt{\dfrac14-t^2}}\quad\left(t=x-\frac12\right)\\&=\lim_{u\to0^+}\arcsin 2t\Big|_{u-\frac12}^{a-\frac12}=\arcsin(2a-1)-\arcsin(-1)\\&=\arcsin(2a-1)+\frac{\pi}{2}\end{aligned}$$

和

$$\begin{aligned}\lim_{u\to1^-}\int_a^u\frac{\mathrm{d}x}{\sqrt{x-x^2}}&=\lim_{u\to1^-}\int_a^u\frac{\mathrm{d}x}{\sqrt{\dfrac14-\left(x-\dfrac12\right)^2}}\\&=\lim_{u\to1^-}\int_{a-\frac12}^{u-\frac12}\frac{\mathrm{d}t}{\sqrt{\dfrac14-t^2}}\quad\left(t=x-\frac12\right)\\&=\lim_{u\to1^-}\arcsin 2t\Big|_{a-\frac12}^{u-\frac12}=\arcsin(1)-\arcsin(2a-1)\\&=\frac{\pi}{2}-\arcsin(2a-1),\end{aligned}$$

所以

$$\int_0^a \frac{\mathrm{d}x}{\sqrt{x-x^2}} = \arcsin(2a-1)+\frac{\pi}{2},\quad \int_a^1 \frac{\mathrm{d}x}{\sqrt{x-x^2}} = \frac{\pi}{2}-\arcsin(2a-1),$$

因此反常积分 $\int_0^1 \frac{\mathrm{d}x}{\sqrt{x-x^2}}$ 收敛, 且其值为

$$\begin{aligned}\int_a^1 \frac{\mathrm{d}x}{\sqrt{x-x^2}} &= \int_0^a \frac{\mathrm{d}x}{\sqrt{x-x^2}} + \int_a^1 \frac{\mathrm{d}x}{\sqrt{x-x^2}} \\ &= \left(\arcsin(2a-1)+\frac{\pi}{2}\right)+\left(\frac{\pi}{2}-\arcsin(2a-1)\right)=\pi.\end{aligned}$$

(10) 令 $t=-\ln x$, 则 $\int_0^1 \frac{\mathrm{d}x}{x(-\ln x)^p}$ 与 $\int_0^{+\infty} \frac{\mathrm{d}t}{t^p}$ 同敛态. 由课本第 86 页的注 (2) 可知, 对任意实数 p, 反常积分 $\int_0^1 \frac{\mathrm{d}x}{x-(-\ln x)^p}$ 发散. □

2. 试举例说明: 当瑕积分 $\int_a^b f(x)\mathrm{d}x$ 收敛时, $\int_a^b f^2(x)\mathrm{d}x$ 不一定收敛.

解　如取 $f_1(x)=\frac{1}{\sqrt{x-a}}$ 和 $f_2(x)=\frac{1}{\sqrt[4]{x-a}}$, 由教材第 86 页的注 (1) 可知: 瑕积分

$$\int_a^b f_1(x)\mathrm{d}x,\quad \int_a^b f_2(x)\mathrm{d}x$$

都是收敛的, 但瑕积分 $\int_a^b f_1^2(x)\mathrm{d}x$, 即 $\int_a^b \frac{\mathrm{d}x}{x-a}$ 是发散的, 而瑕积分

$$\int_a^b f_2^2(x)\mathrm{d}x = \int_a^b \frac{1}{\sqrt{x-a}}\mathrm{d}x$$

却是收敛的. □

3. 设 $\int_a^{+\infty} f(x)\mathrm{d}x$ 收敛, 且存在极限 $\lim\limits_{x\to+\infty} f(x)=A$, 试证明 $A=0$.

证明　用反证法. 假设 $\lim\limits_{x\to+\infty} f(x)=A\neq 0$, 不妨设 $A>0$, 当 $A<0$ 时类似可证.

由函数极限的局部保号性, 对 $\varepsilon=\frac{A}{2}>0$, 存在 $M>a$, 使得当 $x>M$ 时, 有 $f(x)>\frac{A}{2}$, 于是

$$\int_M^u f(x)\mathrm{d}x > \int_M^u \frac{A}{2}\mathrm{d}x = \frac{A(M-u)}{2},\quad \forall u>M.$$

所以

$$\lim_{u\to+\infty}\int_M^u f(x)\mathrm{d}x=+\infty,$$

因此根据定义得, $\int_M^{+\infty} f(x)\mathrm{d}x$ 发散, 故 $\int_a^{+\infty} f(x)\mathrm{d}x$ 也发散, 这与已知条件矛盾, 从而

$$\lim_{x\to+\infty} f(x) = 0.$$ □

习 题 9.8

1. 讨论下列反常积分的敛散性:

(4) $\int_0^1 \frac{\ln x}{1-x}\mathrm{d}x$; (5) $\int_0^{+\infty} \frac{\mathrm{d}x}{\sqrt[3]{x^2(x-1)^2}}$;

(6) $\int_0^{+\infty} \frac{\mathrm{d}x}{x^p(1+x^2)}$; (7) $\int_0^{\frac{\pi}{2}} \frac{1-\cos x}{x^p}\mathrm{d}x$.

解 (4) 因为

$$\lim_{t\to 1^-} \frac{\ln x}{1-x} = \lim_{t\to 1^-} \frac{1}{-x} = -1,$$

所以 $x=1$ 不是瑕点. 显然 $x=0$ 是瑕点, 由于

$$\lim_{x\to 0^+} \sqrt{x}(-\ln x) = \lim_{x\to 0^+} \frac{-\ln x}{x^{-\frac{1}{2}}} = \lim_{x\to 0^+} 2\sqrt{x} = 0,$$

所以

$$\lim_{x\to 0^+} \sqrt{x}\left|\frac{\ln x}{1-x}\right| = \lim_{x\to 0^+} \frac{1}{1-x} \cdot \lim_{x\to 0^+} \sqrt{x}(-\ln x) = 1\cdot 0 = 0,$$

因此由 Cauchy 判别法得, $\int_0^1 \frac{\ln x}{1-x}\mathrm{d}x$ 绝对收敛, 故收敛.

(5) 显然 $x=0,1$ 都为瑕点, 根据反常积分的定义知, 反常积分 $\int_0^{+\infty} \frac{\mathrm{d}x}{\sqrt[3]{x^2(x-1)^2}}$ 收敛当且仅当如下四个反常积分都收敛:

$$\int_0^{\frac{1}{2}} \frac{\mathrm{d}x}{\sqrt[3]{x^2(x-1)^2}},\quad \int_{\frac{1}{2}}^1 \frac{\mathrm{d}x}{\sqrt[3]{x^2(x-1)^2}},\quad \int_1^2 \frac{\mathrm{d}x}{\sqrt[3]{x^2(x-1)^2}},\quad \int_2^{+\infty} \frac{\mathrm{d}x}{\sqrt[3]{x^2(x-1)^2}}.$$

- 考虑 $\int_0^{\frac{1}{2}} \frac{\mathrm{d}x}{\sqrt[3]{x^2(x-1)^2}}$, 其以 $x=0$ 为瑕点. 因为 $\frac{1}{\sqrt[3]{x^2(x-1)^2}} > 0$, 且

$$\lim_{x\to 0^+} x^{\frac{2}{3}} \cdot \frac{1}{\sqrt[3]{x^2(x-1)^2}} = \lim_{x\to 0^+} \frac{1}{\sqrt[3]{(x-1)^2}} = 1,$$

所以由 Cauchy 判别法知, $\int_0^{\frac{1}{2}} \frac{\mathrm{d}x}{\sqrt[3]{x^2(x-1)^2}}$ 收敛.

• 考虑 $\int_{\frac{1}{2}}^{1}\frac{\mathrm{d}x}{\sqrt[3]{x^2(x-1)^2}}$, 其以 $x=1$ 为瑕点. 因为 $\frac{1}{\sqrt[3]{x^2(x-1)^2}}>0$, 且

$$\lim_{x\to1^-}(1-x)^{\frac{2}{3}}\cdot\frac{1}{\sqrt[3]{x^2(x-1)^2}}=\lim_{x\to1^-}\frac{1}{\sqrt[3]{x^2}}=1,$$

所以由推论 9.8.5 得, $\int_{\frac{1}{2}}^{1}\frac{\mathrm{d}x}{\sqrt[3]{x^2(x-1)^2}}$ 收敛.

• 考虑 $\int_{1}^{2}\frac{\mathrm{d}x}{\sqrt[3]{x^2(x-1)^2}}$, 其以 $x=1$ 为瑕点. 因为 $\frac{1}{\sqrt[3]{x^2(x-1)^2}}>0$, 且

$$\lim_{x\to1^+}(x-1)^{\frac{2}{3}}\cdot\frac{1}{\sqrt[3]{x^2(x-1)^2}}=\lim_{x\to1^+}\frac{1}{\sqrt[3]{x^2}}=1,$$

所以由瑕积分的 Cauchy 判别法得, $\int_{1}^{2}\frac{\mathrm{d}x}{\sqrt[3]{x^2(x-1)^2}}$ 收敛.

• 考虑 $\int_{2}^{+\infty}\frac{\mathrm{d}x}{\sqrt[3]{x^2(x-1)^2}}$. 因为 $\frac{1}{\sqrt[3]{x^2(x-1)^2}}>0$, 且

$$\lim_{x\to+\infty}x^{\frac{4}{3}}\cdot\frac{1}{\sqrt[3]{x^2(x-1)^2}}=\lim_{x\to+\infty}\frac{1}{\sqrt[3]{1-\dfrac{2}{x}+\dfrac{1}{x^2}}}=1,$$

所以由推论 9.8.3 得, $\int_{2}^{+\infty}\frac{\mathrm{d}x}{\sqrt[3]{x^2(x-1)^2}}$ 收敛.

综上所述, 反常积分 $\int_{0}^{+\infty}\frac{\mathrm{d}x}{\sqrt[3]{x^2(x-1)^2}}$ 收敛.

(6) 对 p 进行分类讨论:

(a) 当 $p\leqslant 0$ 时, 积分 $\int_{0}^{+\infty}\frac{\mathrm{d}x}{x^p(1+x^2)}$ 是无穷积分. 因为 $\frac{1}{x^p(1+x^2)}>0$, 且

$$\lim_{x\to+\infty}x^{2+p}\cdot\frac{1}{x^p(1+x^2)}=\lim_{x\to+\infty}\frac{1}{x^{-2}+1}=1,$$

所以由 Cauchy 判别法可知: 当 $2+p>1$ 或 $-1<p\leqslant 0$ 时, 反常积分 $\int_{0}^{+\infty}\frac{\mathrm{d}x}{x^p(1+x^2)}$ 收敛; 当 $2+p\leqslant 1$ 或 $p\leqslant -1$ 时, 反常积分 $\int_{0}^{+\infty}\frac{\mathrm{d}x}{x^p(1+x^2)}$ 发散.

(b) 当 $p>0$ 时, 反常积分 $\int_{0}^{+\infty}\frac{\mathrm{d}x}{x^p(1+x^2)}$ 是无穷限积分且含有瑕点 $x=0$. 于是由反常积分的定义知, $\int_{0}^{+\infty}\frac{\mathrm{d}x}{x^p(1+x^2)}$ 收敛当且仅当 $\int_{0}^{1}\frac{\mathrm{d}x}{x^p(1+x^2)}$ 与 $\int_{1}^{+\infty}\frac{\mathrm{d}x}{x^p(1+x^2)}$ 都收敛.

对于前一个反常积分 $\int_0^1 \frac{\mathrm{d}x}{x^p(1+x^2)}$, 由于 $\frac{1}{x^p(1+x^2)}>0$, 且

$$\lim_{x\to0^+} x^p\cdot\frac{1}{x^p(1+x^2)}=\lim_{x\to0^+}\frac{1}{1+x^2}=1,$$

所以由瑕积分的 Cauchy 判别法知, 当 $0<p<1$ 时, 反常积分 $\int_0^1 \frac{\mathrm{d}x}{x^p(1+x^2)}$ 收敛; 当 $p\geqslant 1$ 时, 反常积分 $\int_0^1 \frac{\mathrm{d}x}{x^p(1+x^2)}$ 发散.

对于后一个反常积分 $\int_1^{+\infty} \frac{\mathrm{d}x}{x^p(1+x^2)}$, 类似于 (a) 可得, 反常积分

$$\int_1^{+\infty} \frac{\mathrm{d}x}{x^p(1+x^2)}$$

当 $p>0$ 时收敛.

故仅当 $0<p<1$ 时, $\int_0^1 \frac{\mathrm{d}x}{x^p(1+x^2)}$ 和 $\int_1^{+\infty} \frac{\mathrm{d}x}{x^p(1+x^2)}$ 同时收敛, 此时有 $\int_0^{+\infty} \frac{\mathrm{d}x}{x^p(1+x^2)}$ 收敛. 当 $p\geqslant 1$ 时, $\int_0^{+\infty} \frac{\mathrm{d}x}{x^p(1+x^2)}$ 发散.

综合 (a) 和 (b) 得, 反常积分 $\int_0^{+\infty} \frac{\mathrm{d}x}{x^p(1+x^2)}$ 当 $|p|<1$ 时收敛; 当 $|p|\geqslant 1$ 时发散.

(7) 注意到当 $x\to0^+$ 时, $1-\cos x\sim\frac{1}{2}x^2$ 及

$$\frac{1-\cos x}{x^p}=\frac{2}{x^{p-2}}\frac{1-\cos x}{2x^2},$$

可知当 $p\leqslant 2$ 时,

$$\lim_{x\to0^+}\frac{1-\cos x}{x^p}=\lim_{x\to0^+}\frac{2}{x^{p-2}}\frac{1-\cos x}{2x^2}=\begin{cases}0\cdot\frac{1}{4}=0, & p<2,\\ 2\cdot\frac{1}{4}=\frac{1}{2}, & p=2,\end{cases}$$

此时 $x=0$ 不是瑕点, 故 $\int_0^{\frac{\pi}{2}}\frac{1-\cos x}{x^p}\mathrm{d}x$ 收敛.

当 $p>2$ 时, $x=0$ 为瑕点. 由于 $\frac{1-\cos x}{x^p}\geqslant 0$, 且

$$\lim_{x\to0^+}x^{p-2}\cdot\frac{1-\cos x}{x^p}=\lim_{x\to0^+}\frac{1-\cos x}{x^2}=\lim_{x\to0^+}\frac{\sin x}{2x}=\frac{1}{2},$$

所以由瑕积分的 Cauchy 判别法知, 当 $0<p-2<1$ 或 $2<p<3$ 时, 积分 $\int_0^{\frac{\pi}{2}}\frac{1-\cos x}{x^p}\mathrm{d}x$ 收敛; 当 $p-2\geqslant 1$ 或 $p\geqslant 3$ 时, 积分 $\int_0^{\frac{\pi}{2}}\frac{1-\cos x}{x^p}\mathrm{d}x$ 发散.

综上所述, 积分 $\int_0^{\frac{\pi}{2}}\frac{1-\cos x}{x^p}\mathrm{d}x$ 当 $p<3$ 时收敛, 当 $p\geqslant 3$ 时发散. □

2. 判别下列反常积分是绝对收敛还是条件收敛:

(1) $\displaystyle\int_0^{+\infty}\frac{\sqrt{x}\sin x}{100+x}\mathrm{d}x$.

解 根据无穷积分的性质知, $\displaystyle\int_0^{+\infty}\frac{\sqrt{x}\sin x}{2(100+x)}\mathrm{d}x$ 与 $\displaystyle\int_{100}^{+\infty}\frac{\sqrt{x}\sin x}{2(100+x)}\mathrm{d}x$ 同敛散.

由于

$$\frac{\mathrm{d}}{\mathrm{d}x}\frac{\sqrt{x}}{100+x}=\frac{100-x}{2\sqrt{x}(100+x)^2}<0,\quad x>100,$$

所以函数 $\dfrac{\sqrt{x}}{100+x}$ 在 $[100,+\infty)$ 上单调递减, 且

$$\lim_{x\to+\infty}\frac{\sqrt{x}}{100+x}=0,$$

以及对任意的 $u\in(100,+\infty)$, 有

$$\left|\int_{100}^{u}\sin x\mathrm{d}x\right|=|\cos 100-\cos u|\leqslant 2,$$

因此由 Dirichlet 判别法知, $\displaystyle\int_{100}^{+\infty}\frac{\sqrt{x}\sin x}{100+x}\mathrm{d}x$ 收敛, 故 $\displaystyle\int_0^{+\infty}\frac{\sqrt{x}\sin x}{100+x}\mathrm{d}x$ 收敛.

下面证明 $\displaystyle\int_0^{+\infty}\left|\frac{\sqrt{x}\sin x}{100+x}\right|\mathrm{d}x$ 发散. 事实上, 因为

$$\left|\frac{\sqrt{x}\sin x}{100+x}\right|\geqslant\frac{\sqrt{x}}{100+x}\cdot\sin^2 x=\frac{\sqrt{x}}{2(100+x)}-\frac{\sqrt{x}\cos 2x}{2(100+x)}$$

及

$$\lim_{x\to+\infty}x^{\frac{1}{2}}\cdot\frac{\sqrt{x}}{2(100+x)}\mathrm{d}x=\lim_{x\to+\infty}\frac{1}{2\left(\dfrac{100}{x}+1\right)}=\frac{1}{2},$$

所以由推论 9.8.3 知, $\displaystyle\int_{100}^{+\infty}\frac{\sqrt{x}}{2(100+x)}\mathrm{d}x$ 发散, 而类似于前面, 由 Dirichlet 判别法易得, $\displaystyle\int_{100}^{+\infty}\frac{\sqrt{x}\cos 2x}{2(100+x)}\mathrm{d}x$ 收敛. 因此根据比较判别法得, 无穷积分 $\displaystyle\int_{100}^{+\infty}\left|\frac{\sqrt{x}\sin x}{100+x}\right|\mathrm{d}x$ 发散. 故无穷积分 $\displaystyle\int_0^{+\infty}\left|\frac{\sqrt{x}\sin x}{100+x}\right|\mathrm{d}x$ 发散. 从而 $\displaystyle\int_0^{+\infty}\frac{\sqrt{x}\sin x}{100+x}\mathrm{d}x$ 是条件收敛. □

3. 设 $f(x)$ 与 $g(x)$ 是定义在 $[a,+\infty)$ 上的函数, 在任一 $[a,u)\subset[a,+\infty)$ 上可积. 若 $\displaystyle\int_a^{+\infty}f^2(x)\mathrm{d}x$ 与 $\displaystyle\int_a^{+\infty}g^2(x)\mathrm{d}x$ 收敛,

(1) 试证明: $\displaystyle\int_a^{+\infty}f(x)g(x)\mathrm{d}x$ 与 $\displaystyle\int_a^{+\infty}[f(x)+g(x)]^2\mathrm{d}x$ 也都收敛.

(2) 还可推出哪些反常积分收敛?

解 (1) 由 $\int_a^{+\infty} f^2(x)\mathrm{d}x$ 与 $\int_a^{+\infty} g^2(x)\mathrm{d}x$ 收敛及无穷积分性质知

$$\int_a^{+\infty} k[f^2(x)+g^2(x)]\mathrm{d}x \quad (k\in\mathbb{R})$$

也收敛.

首先由

$$0\leqslant |f(x)\cdot g(x)|\leqslant \frac{1}{2}[f^2(x)+g^2(x)]$$

可知, $\int_a^{+\infty} f(x)g(x)\mathrm{d}x$ 绝对收敛.

进一步, 由

$$[f(x)+g(x)]^2=f^2(x)+g^2(x)+2f(x)g(x)$$

可得, $\int_a^{+\infty}[f(x)+g(x)]^2\mathrm{d}x$ 也收敛.

(2) 利用无穷积分的性质知, 还可推出

$$\int_a^{+\infty}\left[\alpha f^2(x)+\beta g^2(x)+\gamma f(x)g(x)\right]\mathrm{d}x, \quad \alpha,\beta,\gamma\in\mathbb{R}$$

也收敛. □

5. 讨论下列积分的敛散性. 若收敛, 是绝对收敛, 还是条件收敛:

(3) $\int_0^1(\ln x)^n\mathrm{d}x, n\in\mathbb{N}_+$; (4) $\int_0^1\frac{x^\alpha}{\sqrt{1-x}}\mathrm{d}x(\alpha\in\mathbb{R})$.

解 (3) 应用 Cauchy 判别法. 显然 $x=0$ 是瑕点, 因为

$$\lim_{x\to 0^+}x^{\frac{1}{2}}|\ln^n x|=\left|\left(\lim_{x\to 0^+}\frac{\ln x}{x^{-\frac{1}{2n}}}\right)^n\right|=\left|\left(\lim_{x\to 0^+}\frac{\frac{1}{x}}{-\frac{1}{2n}x^{-\frac{1}{2n}-1}}\right)^n\right|=0,$$

所以由瑕积分的 Cauchy 判别法知, $\int_0^1(\ln x)^n\mathrm{d}x$ 绝对收敛.

(4) 当 $\alpha\geqslant 0$ 时, 只有 $x=1$ 是瑕点. 由

$$\lim_{x\to 1^-}(1-x)^{\frac{1}{2}}\left|\frac{x^\alpha}{\sqrt{1-x}}\right|=\lim_{x\to 1^-}x^\alpha=1,$$

以及推论 9.8.5 知, $\int_0^1\frac{x^\alpha}{\sqrt{1-x}}\mathrm{d}x$ 绝对收敛.

当 $\alpha<0$ 时, $x=0$ 和 $x=1$ 都为瑕点, 所以根据反常积分的定义知, 对任意的 $a\in(0,1)$, $\int_0^1\frac{x^\alpha}{\sqrt{1-x}}\mathrm{d}x$ 收敛当且仅当 $\int_0^a\frac{x^\alpha}{\sqrt{1-x}}\mathrm{d}x$ 与 $\int_a^1\frac{x^\alpha}{\sqrt{1-x}}\mathrm{d}x$ 都收敛.

首先考虑 $\int_0^a \frac{x^\alpha}{\sqrt{1-x}}\mathrm{d}x$, 注意到 $x=0$ 为其瑕点, 由于 $\frac{x^\alpha}{\sqrt{1-x}}>0$, 且

$$\lim_{x\to0^+} x^{-\alpha}\frac{x^\alpha}{\sqrt{1-x}}=\lim_{x\to0^+}\frac{1}{\sqrt{1-x}}=1,$$

所以由瑕积分的 Cauchy 判别法可知, 当 $-\alpha<1$ 或 $\alpha>-1$ 时, $\int_0^a \frac{x^\alpha}{\sqrt{1-x}}\mathrm{d}x$ 绝对收敛; 当 $-\alpha\geqslant 1$ 或 $\alpha\leqslant -1$ 时 $\int_0^a \frac{x^\alpha}{\sqrt{1-x}}\mathrm{d}x$ 发散.

其次考虑 $\int_a^1 \frac{x^\alpha}{\sqrt{1-x}}\mathrm{d}x$. 注意到 $x=1$ 为其瑕点, 由于 $\frac{x^\alpha}{\sqrt{1-x}}>0$, 且

$$\lim_{x\to1^-}(1-x)^{\frac12}\frac{x^\alpha}{\sqrt{1-x}}=\lim_{x\to1^-}x^\alpha=1,$$

所以由瑕积分的 Cauchy 判别法知, $\int_a^1 \frac{x^\alpha}{\sqrt{1-x}}\mathrm{d}x$ 当 $\alpha<0$ 时绝对收敛.

综上所述, 当 $\alpha>-1$ 时, $\int_0^1 \frac{x^\alpha}{\sqrt{1-x}}\mathrm{d}x$ 绝对收敛. 当 $\alpha\leqslant -1$ 时, $\int_0^1 \frac{x^\alpha}{\sqrt{1-x}}\mathrm{d}x$ 发散. □

复 习 题

3. 求由曲线 $x=t-t^3, y=1-t^4$ 所围图形的面积.

解 由题意得方程组 $\begin{cases} x=t-t^3, \\ y=1-t^4. \end{cases}$

令 $x=y=0$, 解得 $t=-1$ 或 $t=1$. 如图 9.11 所示, 故所求图形面积 A 为

$$\begin{aligned} A&=\int_{-1}^1 |y(t)x'(t)|\mathrm{d}t \\ &=\int_{-1}^1 [(1-t^4)(1-3t^2)]\mathrm{d}t \\ &=\int_{-1}^1 (1-t^4-3t^2+3t^6)\mathrm{d}t \\ &=\left(t-\frac{t^5}{5}-t^3+\frac{3}{7}t^7\right)\Big|_{-1}^1=\frac{16}{35}. \end{aligned}$$

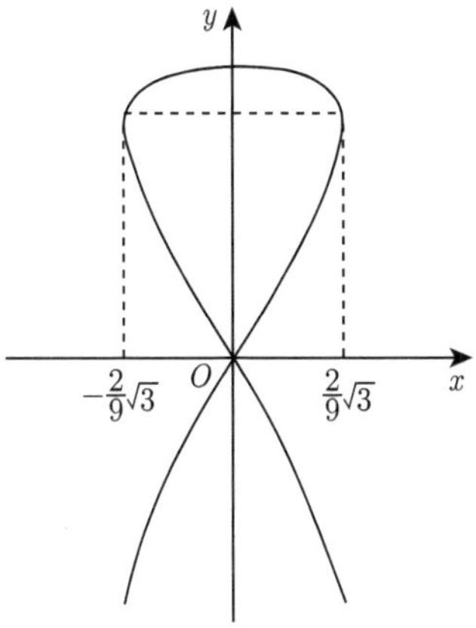

图 9.11

□

4. 设阿基米德螺线方程为 $r = a\theta(a > 0)$, 并设每相邻两卷螺线之间部分的面积依次为 $A_0, A_1, A_2, \cdots$ (图 9.12). 证明: $A_1, A_2, \cdots$ 成等差数列.

证明 如图 9.12 所示, 利用极坐标情形的面积公式 (教材中公式 (9.2.10)), 有

$$\begin{aligned} S(x) &= \frac{1}{2}\int_x^{x+2\pi}(a\theta)^2 \mathrm{d}\theta = \frac{a^2}{6}\theta^3\Big|_x^{x+2\pi} \\ &= \frac{a^2}{6}[(x+2\pi)^3 - x^3] = \frac{a^2\pi}{3}(3x^2 + 6\pi x + 4\pi^2). \end{aligned}$$

由题意, 当 $k \geqslant 1$ 时, 有

$$\begin{aligned} A_k &= S(2k\pi) - S(2(k-1)\pi) \\ &= \frac{a^2\pi}{3}\left[4(3k^2\pi^2 - 3(k-1)^2\pi^2) + 6\pi(2k\pi - 2(k-1)\pi)\right] \\ &= 8a^2\pi^3 k. \end{aligned}$$

从而证得 $A_1, A_2, \cdots$ 成等差数列, 公差为 $8a^2\pi^3$.

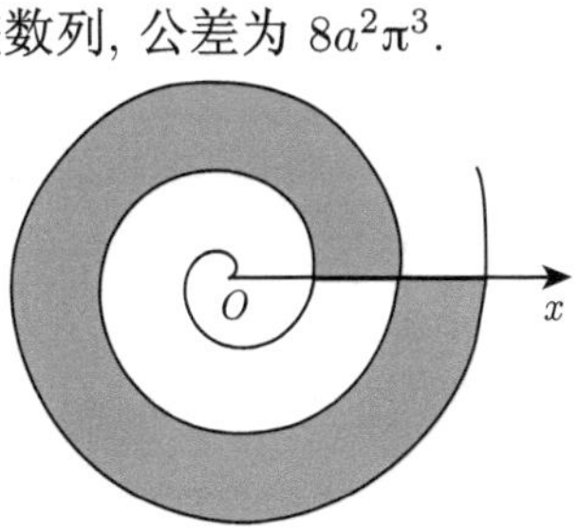

图 9.12

□

6. 讨论下列反常积分的敛散性, 若是收敛, 还需讨论是条件收敛还是绝对收敛:

(1) $\int_0^{+\infty} x\sin^4 x\mathrm{d}x$;　　(3) $\int_1^{+\infty}\ln\left(\cos\frac{1}{x}+\sin\frac{1}{x}\right)\mathrm{d}x$;

(5) $\int_0^{\frac{\pi}{2}}\frac{\mathrm{d}x}{\sin^m x\cos^n x}$.

解　(1) **方法一**　应用无穷积分发散的 Cauchy 准则.

事实上, 存在 $\varepsilon_0=1$, 对任意的 $G\geqslant 0$, 取 $u_1=2n\pi+\frac{\pi}{4}, u_2=2n\pi+\frac{\pi}{2}$, 其中 $n>G$, 则显然有 $u_1,u_2>G$, 且有

$$\begin{aligned}\left|\int_{u_1}^{u_2} x\sin^4 x\mathrm{d}x\right|&=\left|\int_{2n\pi+\frac{\pi}{2}}^{2n\pi+\frac{\pi}{4}} x\sin^4 x\mathrm{d}x\right|\\&\geqslant\left(2n\pi+\frac{\pi}{4}\right)\left(\frac{\sqrt{2}}{2}\right)^4\cdot\frac{\pi}{4}\\&=\frac{\pi}{16}\left(2n\pi+\frac{\pi}{4}\right)>1=\varepsilon_0,\end{aligned}$$

故根据无穷积分发散的 Cauchy 准则得, $\int_0^{+\infty} x\sin^4 x\mathrm{d}x$ 发散.

方法二　应用比较判别法.

根据无穷积分的性质知, $\int_0^{+\infty} x\sin^4 x\mathrm{d}x$ 与 $\int_1^{+\infty} x\sin^4 x\mathrm{d}x$ 同敛散.

对 $\int_1^{+\infty} x\sin^4 x\mathrm{d}x$, 由于

$$x\sin^4 x+\frac{1}{x^2}\geqslant 2\sqrt{x\sin^4 x\cdot\frac{1}{x^2}}=\frac{2\sin^2 x}{x^{\frac{1}{2}}}=\frac{1-\cos 2x}{x^{\frac{1}{2}}}\geqslant 0,\quad x\in[1,+\infty),$$

而 $\int_1^{+\infty}\frac{1}{x^{\frac{1}{2}}}\mathrm{d}x$ 发散, 以及由 Dirichlet 判别法易知, $\int_1^{+\infty}\frac{\cos 2x}{x^{\frac{1}{2}}}\mathrm{d}x$ 收敛, 所以根据比较判别法得, $\int_1^{+\infty}\left(x\sin^4 x+\frac{1}{x^2}\right)\mathrm{d}x$ 发散.

又因为 $\int_1^{+\infty}\frac{1}{x^2}\mathrm{d}x$ 收敛, 所以 $\int_1^{+\infty} x\sin^4 x\mathrm{d}x$ 发散, 因此 $\int_0^{+\infty} x\sin^4 x\,\mathrm{d}x$ 发散.

(3) 令 $t=x^{-1}$, 则 $\int_1^{+\infty}\ln\left(\cos\frac{1}{x}+\sin\frac{1}{x}\right)\mathrm{d}x$ 与 $\int_0^1\frac{\ln(\cos t+\sin t)}{t^2}\mathrm{d}t$ 同敛散.

显然 $t=0$ 是瑕积分 $\int_0^1\frac{\ln(\cos t+\sin t)}{t^2}\mathrm{d}t$ 的瑕点, 且有

$$\cos t+\sin t=\sqrt{2}\sin\left(t+\frac{\pi}{4}\right)\geqslant\sqrt{2}\sin\frac{\pi}{4}=1,\quad\forall t\in(0,1],$$

所以 $\ln(\cos t+\sin t)\geqslant 0, \forall t\in(0,1]$.

因为

$$\lim_{t\to0^+} t\cdot\frac{\ln(\cos t+\sin t)}{t^2}=\lim_{t\to0^+}\frac{\ln(\cos t+\sin t)}{t}=\lim_{t\to0^+}\frac{-\sin t+\cos t}{\cos t+\sin t}=1,$$

所以由瑕积分的 Cauchy 判别法得, $\int_0^1\frac{\ln(\cos t+\sin t)}{t^2}\mathrm{d}t$ 发散. 因此 $\int_1^{+\infty}\ln\left(\cos\frac{1}{x}+\sin\frac{1}{x}\right)\mathrm{d}x$ 发散.

(5) 因为 $x=0, x=\frac{\pi}{2}$ 都是瑕点, 所以根据反常积分的定义知, $\int_0^{\frac{\pi}{2}}\frac{\mathrm{d}x}{\sin^m x\cos^n x}$ 收敛当且仅当 $\int_0^{\frac{\pi}{4}}\frac{\mathrm{d}x}{\sin^m x\cos^n x}$ 与 $\int_{\frac{\pi}{4}}^{\frac{\pi}{2}}\frac{\mathrm{d}x}{\sin^m x\cos^n x}$ 都收敛.

首先考虑 $\int_0^{\frac{\pi}{4}}\frac{\mathrm{d}x}{\sin^m x\cos^n x}$. 当 $m\leqslant0$ 时, 它是连续函数的定积分且 $\frac{1}{\sin^m x\cos^n x}>0$, 所以此时 $\int_0^{\frac{\pi}{4}}\frac{\mathrm{d}x}{\sin^m x\cos^n x}$ 绝对收敛.

当 $m>0$ 时, 它是瑕积分, $x=0$ 为瑕点, 且满足 $\frac{1}{\sin^m x\cos^n x}>0$ 和

$$\lim_{x\to0^+}x^m\frac{1}{\sin^m x\cos^n x}=\lim_{x\to0^+}\left(\frac{x}{\sin x}\right)^m\lim_{x\to0^+}\frac{1}{\cos^n x}=1,$$

所以由瑕积分的 Cauchy 判别法知, 瑕积分 $\int_0^{\frac{\pi}{4}}\frac{\mathrm{d}x}{\sin^m x\cos^n x}$ 当 $0<m<1$ 时绝对收敛, 当 $m\geqslant1$ 时发散.

其次考虑 $\int_{\frac{\pi}{4}}^{\frac{\pi}{2}}\frac{\mathrm{d}x}{\sin^m x\cos^n x}$. 当 $n\leqslant0$ 时, 它是连续函数的定积分且 $\frac{1}{\sin^m x\cos^n x}>0$, 所以此时 $\int_{\frac{\pi}{4}}^{\frac{\pi}{2}}\frac{\mathrm{d}x}{\sin^m x\cos^n x}$ 绝对收敛.

当 $n>0$ 时, 它是瑕积分, $x=\frac{\pi}{2}$ 为瑕点, 且满足 $\frac{1}{\sin^m x\cos^n x}>0$ 和

$$\lim_{x\to\left(\frac{\pi}{2}\right)^-}\left(\frac{\pi}{2}-x\right)^n\frac{1}{\sin^m x\cos^n x}=\lim_{t\to0^+}\left(\frac{t}{\sin t}\right)^n\lim_{t\to0^+}\frac{1}{\cos^m t}=1,\quad t=\frac{\pi}{2}-x,$$

所以由瑕积分的 Cauchy 判别法知, 瑕积分 $\int_{\frac{\pi}{4}}^{\frac{\pi}{2}}\frac{\mathrm{d}x}{\sin^m x\cos^n x}$ 当 $0<n<1$ 时绝对收敛, 当 $n\geqslant1$ 时发散.

综上所述, 当 $m<1, n<1$ 时, $\int_0^{\frac{\pi}{2}}\frac{\mathrm{d}x}{\sin^m x\cos^n x}$ 绝对收敛, 否则发散. □

7. 设 $f'(x)$ 在 $[0,1]$ 上连续且 $f'(x)$ 处处大于 0, 证明: 反常积分 $\int_0^1\frac{f(x)-f(0)}{x^p}\mathrm{d}x$ 在 $1<p<2$ 时收敛, $p\geqslant2$ 时发散.

证明 因为 $f'(x)$ 在 [0,1] 上连续且 $f'(x)$ 处处大于 0, 所以

$$\lim_{x\to 0^+}\frac{f(x)-f(0)}{x}=f'(0)>0,\quad \frac{f(x)-f(0)}{x^p}\geqslant 0,\quad \forall x\in(0,1].$$

注意到 $\dfrac{f(x)-f(0)}{x^p}=\dfrac{1}{x^{p-1}}\cdot\dfrac{f(x)-f(0)}{x}$, 易知当 $p>1$ 时, $\displaystyle\int_0^1\frac{f(x)-f(0)}{x^p}\mathrm{d}x$ 是瑕积分, $x=0$ 是瑕点. 又因为

$$\lim_{x\to 0^+}x^{p-1}\cdot\frac{f(x)-f(0)}{x^p}=\lim_{x\to 0^+}\frac{f(x)-f(0)}{x}=f'(0)>0,$$

所以根据 Cauchy 判别法得, 瑕积分 $\displaystyle\int_0^1\frac{f(x)-f(0)}{x^p}\mathrm{d}x$ 当 $0<p-1<1$ 或 $1<p<2$ 时收敛, 当 $p-1\geqslant 1$ 或 $p\geqslant 2$ 时发散. □

10. 设 $a_1,\cdots,a_n$ 为互不相同的实数, $p_1,\cdots,p_n>0$. 试讨论反常积分

$$\int_{-\infty}^{+\infty}\frac{\mathrm{d}x}{|x-a_1|^{p_1}\cdot|x-a_2|^{p_2}\cdot\cdots\cdot|x-a_n|^{p_n}}$$

的敛散性.

解 因为 $a_1,\cdots,a_n$ 为互不相同的实数, 不妨设

$$a_1<a_2<\cdots<a_n.$$

记 $f(x)=\dfrac{1}{|x-a_1|^{p_1}\cdot|x-a_2|^{p_2}\cdot\cdots\cdot|x-a_n|^{p_n}}$, 则根据反常积分的定义知, $\displaystyle\int_{-\infty}^{+\infty}f(x)\mathrm{d}x$ 收敛当且仅当如下 $2n+2$ 个反常积分都收敛:

$$\int_{-\infty}^{-|a_1|-1}f(x)\mathrm{d}x,\quad \int_{-|a_1|-1}^{a_1}f(x)\mathrm{d}x,\quad \int_{a_1}^{\frac{a_1+a_2}{2}}f(x)\mathrm{d}x,\quad \int_{\frac{a_1+a_2}{2}}^{a_2}f(x)\mathrm{d}x,\ \cdots,$$
$$\int_{\frac{a_{n-1}+a_n}{2}}^{a_n}f(x)\mathrm{d}x,\quad \int_{a_n}^{|a_n|+1}f(x)\mathrm{d}x,\quad \int_{|a_n|+1}^{+\infty}f(x)\mathrm{d}x.$$

对于无穷积分 $\displaystyle\int_{-\infty}^{-|a_1|-1}f(x)\mathrm{d}x$ 与 $\displaystyle\int_{|a_n|+1}^{+\infty}f(x)\mathrm{d}x$, 因为 $f(x)>0$ 且

$$\lim_{x\to+\infty}x^{p_1+p_2+\cdots+p_n}\cdot f(x)=\lim_{x\to+\infty}\frac{1}{\left|1-\dfrac{a_1}{x}\right|^{p_1}\cdot\left|1-\dfrac{a_2}{x}\right|^{p_2}\cdot\cdots\cdot\left|1-\dfrac{a_n}{x}\right|^{p_n}}=1,$$

以及

$$\lim_{x\to-\infty}(-x)^{p_1+p_2+\cdots+p_n}\cdot f(x)=\lim_{x\to-\infty}\frac{1}{\left|1+\dfrac{a_1}{x}\right|^{p_1}\cdot\left|1+\dfrac{a_2}{x}\right|^{p_2}\cdot\cdots\cdot\left|1+\dfrac{a_n}{x}\right|^{p_n}}=1,$$

所以根据 Cauchy 判别法得, 这两个无穷积分当 $\sum_{j=1}^{n} p_j > 1$ 时收敛, 当 $\sum_{j=1}^{n} p_j \leqslant 1$ 时发散.

对于瑕积分 $\int_{-|a_1|-1}^{a_1} f(x)\mathrm{d}x$, 因为 $x = a_1$ 是瑕点, $f(x) > 0$, 且

$$\lim_{x \to a_1^-} (a_1 - x)^{p_1} \cdot f(x) = \frac{1}{|a_1 - a_2|^{p_2} \cdots |a_1 - a_n|^{p_n}} \in (0, +\infty),$$

所以根据 Cauchy 判别法得, 此瑕积分当 $0 < p_1 < 1$ 时收敛, 当 $p_1 \geqslant 1$ 时发散.

同理可得, 瑕积分 $\int_{a_k}^{\frac{a_k + a_{k+1}}{2}} f(x)\mathrm{d}x$ 当 $0 < p_k < 1$ 时收敛, 当 $p_k \geqslant 1$ 时发散, 瑕积分 $\int_{\frac{a_k + a_{k+1}}{2}}^{a_{k+1}} f(x)\mathrm{d}x$ 当 $0 < p_{k+1} < 1$ 时收敛, 当 $p_{k+1} \geqslant 1$ 时发散 $(k = 1, 2, \cdots, n-1)$; 瑕积分 $\int_{a_n}^{|a_n|+1} f(x)\mathrm{d}x$ 当 $0 < p_n < 1$ 时收敛, 当 $p_n \geqslant 1$ 时发散.

综上所述, $\int_{-\infty}^{+\infty} \frac{\mathrm{d}x}{|x - a_1|^{p_1} \cdot |x - a_2|^{p_2} \cdot \cdots \cdot |x - a_n|^{p_n}}$ 当 $\sum_{j=1}^{n} p_j > 1$, 且 $0 < p_k < 1\,(k = 1, 2, \cdots, n)$ 时收敛, 否则发散. □

第10章　数项级数

习　题　10.1

1. 讨论下列级数的敛散性, 如果收敛求出级数的和:

(2) $\sum_{n=1}^{\infty}\frac{2n-1}{3^n}$;　　(3) $\sum_{n=1}^{\infty}(\sqrt{n+2}-2\sqrt{n+1}+\sqrt{n})$.

解　(2) 因为

$$\begin{aligned}2S_n=3S_n-S_n&=\sum_{k=1}^{n}\frac{2k-1}{3^{k-1}}-\sum_{k=1}^{n}\frac{2k-1}{3^k}\\&=\left(1+\sum_{k=2}^{n}\frac{2k-1}{3^{k-1}}\right)-\left(\sum_{k=1}^{n-1}\frac{2k-1}{3^k}+\frac{2n-1}{3^n}\right)\\&=1+\sum_{k=1}^{n-1}\left(\frac{2(k+1)-1}{3^k}-\frac{2k-1}{3^k}\right)-\frac{2n-1}{3^n}\\&=1+\sum_{k=1}^{n-1}\frac{2}{3^k}-\frac{2n-1}{3^n}\\&=1+2\frac{\frac{1}{3}\cdot\left(1-\left(\frac{1}{3}\right)^{n-1}\right)}{1-\frac{1}{3}}-\frac{2n-1}{3^n}\\&=1+\left(1-\left(\frac{1}{3}\right)^{n-1}\right)-\frac{2n-1}{3^n}\to 2,\quad n\to\infty,\end{aligned}$$

所以, 级数 $\sum_{n=1}^{\infty}\frac{2n-1}{3^n}$ 收敛, 且

$$\sum_{n=1}^{\infty}\frac{2n-1}{3^n}=\lim_{n\to\infty}S_n=1.$$

(3) 原级数通项为

$$\begin{aligned}a_n&=(\sqrt{n+2}-\sqrt{n+1})-(\sqrt{n+1}-\sqrt{n})\\&=\frac{1}{\sqrt{n+2}+\sqrt{n+1}}-\frac{1}{\sqrt{n+1}+\sqrt{n}},\end{aligned}$$

由此可得其前 n 项部分和为

$$\begin{aligned}S_n&=\sum_{k=1}^{n}\left(\frac{1}{\sqrt{k+2}+\sqrt{k+1}}-\frac{1}{\sqrt{k+1}+\sqrt{k}}\right)\\&=\frac{1}{\sqrt{n+2}+\sqrt{n+1}}-\frac{1}{\sqrt{2}+1}\to-\frac{1}{\sqrt{2}+1}=1-\sqrt{2},\quad n\to\infty,\end{aligned}$$

因此, 级数 $\sum\limits_{n=1}^{\infty}(\sqrt{n+2}-2\sqrt{n+1}+\sqrt{n})$ 收敛, 且

$$\sum_{n=1}^{\infty}(\sqrt{n+2}-2\sqrt{n+1}+\sqrt{n})=\lim_{n\to\infty}S_n=1-\sqrt{2}.$$ □

3. 证明下列级数是发散的:

(1) $\sum\limits_{n=1}^{\infty}\sin n$; (2) $\sum\limits_{n=1}^{\infty}(-1)^n\dfrac{n^2+1}{3n^2-2}$.

证明 (1) 下面用反证法证明: $\lim\limits_{n\to\infty}\sin n=0$ 不成立.

假定 $\lim\limits_{n\to\infty}\sin n=0$, 则由三角公式有

$$\sin(n+2)-\sin n=2\sin 1\cos(n+1)\Rightarrow\cos(n+1)=\frac{\sin(n+2)-\sin n}{2\sin 1},$$

于是有

$$\lim_{n\to\infty}\cos(n+1)=\lim_{n\to\infty}\frac{\sin(n+2)-\sin n}{2\sin 1}=\frac{0-0}{2\sin 1}=0,$$

这与

$$\lim_{n\to\infty}\cos^2(n+1)=\lim_{n\to\infty}(1-\sin^2(n+1))=1$$

相矛盾. 所以 $\lim\limits_{n\to\infty}\sin n=0$ 不成立, 因此, 根据级数收敛的必要条件得, $\sum\limits_{n=1}^{\infty}\sin n$ 发散.

(2) 因为当 $n\to\infty$ 时, 数列 $\left\{(-1)^n\dfrac{n^2+1}{3n^2-2}\right\}$ 的偶子列和奇子列

$$(-1)^{2k}\frac{(2k)^2+1}{3(2k)^2-2},\quad(-1)^{2k-1}\frac{(2k-1)^2+1}{3(2k-1)^2-2}$$

分别收敛于 $\dfrac{1}{3}$ 和 $-\dfrac{1}{3}$, 所以 $\lim\limits_{n\to\infty}(-1)^n\dfrac{n^2+1}{3n^2-2}$ 不存在, 因此根据级数收敛的必要条件得, $\sum\limits_{n=1}^{\infty}(-1)^n\dfrac{n^2+1}{3n^2-2}$ 发散. □

4. 设 $\sum\limits_{n=1}^{\infty}a_n$ 收敛, 证明 $\sum\limits_{n=1}^{\infty}(a_n-b_n)$ 与 $\sum\limits_{n=1}^{\infty}b_n$ 同敛散.

证明 首先, 由于 $\sum_{n=1}^{\infty} a_n$ 和 $\sum_{n=1}^{\infty}(a_n-b_n)$ 都收敛, 以及

$$b_n = a_n - (a_n - b_n),$$

所以根据收敛级数的线性性质知, $\sum_{n=1}^{\infty} b_n$ 也收敛.

其次, 证明: 若 $\sum_{n=1}^{\infty}(a_n-b_n)$ 发散, 则 $\sum_{n=1}^{\infty} b_n$ 发散.

用反证法, 假定 $\sum_{n=1}^{\infty} b_n$ 收敛, 则由 $\sum_{n=1}^{\infty} a_n$ 收敛, 根据收敛级数的线性性质知, $\sum_{n=1}^{\infty}(a_n-b_n)$ 也收敛, 这与已知条件相矛盾, 故 $\sum_{n=1}^{\infty} b_n$ 发散. □

6. 应用 Cauchy 收敛准则判定下列级数的敛散性:

(1) $\sum_{n=1}^{\infty} \frac{\cos 3^n}{3^n}$; (2) $\sum_{n=1}^{\infty} \frac{1}{\sqrt{n^2+2n}}$.

解 (1) 令 $a_n = \frac{\cos 3^n}{3^n}$, 则对任意的正整数 n, p, 有

$$\begin{aligned}
|a_{n+1}+a_{n+2}+\cdots+a_{n+p}| &= \left|\frac{\cos 3^{n+1}}{3^{n+1}} + \frac{\cos 3^{n+2}}{3^{n+2}} + \cdots + \frac{\cos 3^{n+p}}{3^{n+p}}\right| \\
&\leqslant \frac{1}{3^{n+1}} + \frac{1}{3^{n+2}} + \cdots + \frac{1}{3^{n+p}} \\
&= \frac{1}{3} \cdot \frac{\frac{1}{3}\cdot\left(1-\left(\frac{1}{3}\right)^p\right)}{1-\frac{1}{3}} \\
&= \frac{1-\left(\frac{1}{3}\right)^p}{2\cdot 3^n} < \frac{1}{2\cdot 3^n} < \frac{1}{3^n}.
\end{aligned}$$

于是对任意的 $\varepsilon > 0$(不妨设 $\varepsilon < 1$), 存在正整数 $N = \left[\frac{\ln\frac{1}{\varepsilon}}{\ln 3}\right] + 1$, 使得 $n > N$ 时, 对任意的正整数 p, 有

$$|a_{n+1}+a_{n+2}+\cdots+a_{n+p}| < \varepsilon,$$

所以根据 Cauchy 收敛准则得 $\sum_{n=1}^{\infty} \frac{\cos 3^n}{3^n}$ 收敛.

(2) 令 $a_n=\dfrac{1}{\sqrt{n^2+2n}}$, 则存在 $\varepsilon_0=\dfrac{1}{3}$, 对任意的正整数 N, 存在 $n_0=N+1>N$ 时, 存在正整数 $p_0=N+1$, 满足

$$\begin{aligned}&|a_{n_0+1}+a_{n_0+2}+\cdots+a_{n_0+p_0}|\\=&\left|\frac{1}{\sqrt{(n_0+1)^2+2(n_0+1)}}+\frac{1}{\sqrt{(n_0+2)^2+2(n_0+2)}}+\cdots+\frac{1}{\sqrt{(n_0+p_0)^2+2(n_0+p_0)}}\right|\\\geqslant&\frac{n_0}{\sqrt{(2n_0)^2+4n_0}}=\frac{1}{\sqrt{4+\dfrac{4}{n_0}}}>\frac{1}{3}=\varepsilon_0,\end{aligned}$$

所以根据 Cauchy 收敛准则得, $\sum\limits_{n=1}^{\infty}\dfrac{1}{\sqrt{n^2+2n}}$ 发散. □

8. 设 $\lim\limits_{n\to\infty}na_n=a\neq0$, 证明 $\sum\limits_{n=1}^{\infty}a_n$ 发散.

证明　由于 $\lim\limits_{n\to\infty}na_n=a\neq0$, 不妨设 $a>0$, 则由极限的局部保号性, 存在 $N_0\in\mathbb{N}_+$, 当 $n>N_0$ 时, 有 $na_n>\dfrac{a}{2}>0$, 即有

$$a_n>\frac{a}{2n}.$$

下面利用 Cauchy 收敛准则的否定形式证明 $\sum\limits_{n=1}^{\infty}a_n$ 发散. 事实上, 存在 $\varepsilon_0=\dfrac{a}{4}$, 对任意的 $N\in\mathbb{N}^+$, 存在 $n_0=N+N_0+1>N$ 和 $p_0=n_0$, 满足

$$|a_{n_0+1}+\cdots+a_{n_0+p_0}|=a_{n_0+1}+\cdots+a_{2n_0}\geqslant\frac{a}{2n_0}\cdot n_0=\frac{a}{2}>\frac{a}{4}=\varepsilon_0,$$

故由 Cauchy 收敛准则的否定形式知, $\sum\limits_{n=1}^{\infty}a_n$ 发散. □

10. 证明: 若数列 $\{na_n\}$ 收敛, 且级数 $\sum\limits_{n=1}^{\infty}n(a_{n+1}-a_n)$ 收敛, 则级数 $\sum\limits_{n=1}^{\infty}a_n$ 也收敛.

证明　记 S_n 为 $\sum\limits_{n=1}^{\infty}n(a_{n+1}-a_n)$ 的前 n 项和, 则

$$S_n=\sum_{k=1}^{n}n(a_{k+1}-a_k)=(n+1)a_{n+1}-(a_1+a_2+\cdots+a_{n+1}).$$

因为数列 na_n 和级数 $\sum\limits_{n=1}^{\infty}n(a_{n+1}-a_n)$ 收敛, 不妨设

$$\lim_{n\to\infty}na_n=B,\quad\lim_{n\to\infty}S_n=A,$$

则由上式可知

$$\lim_{n\to\infty}(a_1+a_2+\cdots+a_n)=\lim_{n\to\infty}[(n+1)a_{n+1}-S_n]=B-A,$$

所以根据级数收敛的定义得, 级数 $\sum_{n=1}^{\infty}a_n$ 也收敛. □

习　题　10.2

1. 用 Cauchy 积分判别法判定下列级数的敛散性:

(2) $\sum_{n=2}^{\infty}\frac{1}{n^p\ln n}$, $p>0$;　　(4) $\sum_{n=3}^{\infty}\frac{1}{n(\ln n)^\sigma(\ln\ln n)}$, $\sigma>0$.

解　(2) 令 $f(x)=\frac{1}{x^p\ln x}(p>0)$, 因为 $x^p\ln x$ 在 $[2,+\infty)$ 上单调递增且为正的, 所以 $f(x)$ 在 $[2,+\infty)$ 上非负且单调递减, 故根据 Cauchy 积分判别法得, 级数 $\sum_{n=2}^{\infty}\frac{1}{n^p\ln n}$ 与无穷积分 $\int_2^{+\infty}\frac{1}{x^p\ln x}\mathrm{d}x$ 同敛散. 下面分三种情况考虑无穷积分 $\int_2^{+\infty}\frac{1}{x^p\ln x}\mathrm{d}x$ 的敛散性:

(i) 当 $p>1$ 时, 因为

$$\lim_{x\to+\infty}x^p\cdot\frac{1}{x^p\ln x}=\lim_{x\to+\infty}\frac{1}{\ln x}=0,$$

所以根据 Cauchy 判别法得, $\int_2^{+\infty}\frac{1}{x^p\ln x}\mathrm{d}x$ 收敛.

(ii) 当 $0<p<1$ 时, 存在 $\varepsilon>0$, 使得 $p+\varepsilon<1$, 因为

$$\lim_{x\to+\infty}x^{p+\varepsilon}\cdot\frac{1}{x^p\ln x}=\lim_{x\to+\infty}\frac{x^\varepsilon}{\ln x}=\lim_{x\to+\infty}\frac{\varepsilon x^{\varepsilon-1}}{\frac{1}{x}}=+\infty,$$

所以根据 Cauchy 判别法得, $\int_2^{+\infty}\frac{1}{x^p\ln x}\mathrm{d}x$ 发散.

(iii) 当 $p=1$ 时, 因为

$$\lim_{u\to+\infty}\int_2^u\frac{\mathrm{d}x}{x^p\ln x}=\lim_{u\to+\infty}\int_2^u\frac{\mathrm{d}x}{x\ln x}=\lim_{u\to+\infty}(\ln\ln u-\ln\ln 2)=+\infty,$$

所以根据无穷积分的定义得, 无穷积分 $\int_2^{+\infty}\frac{1}{x^p\ln x}\mathrm{d}x$ 发散.

综上所述, $\sum_{n=2}^{\infty}\frac{1}{n^p\cdot\ln n}$ 当 $p>1$ 时收敛, 当 $0<p\leqslant 1$ 时发散.

(4) 令 $f(x)=\dfrac{1}{x(\ln x)^\sigma(\ln\ln x)}$. 因为 $x(\ln x)^\sigma(\ln\ln x)$ 在 $[3,+\infty)$ 上单调递增且为正的, 所以 $f(x)$ 在 $[3,+\infty)$ 上非负且单调递减. 作变换 $u=\ln x$, 则无穷积分 $\displaystyle\int_3^{+\infty}\frac{1}{x(\ln x)^\sigma(\ln\ln x)}\mathrm{d}x$ 与 $\displaystyle\int_{\ln 3}^{+\infty}\frac{\mathrm{d}u}{u^\sigma\ln u}$ 同敛散.

由题 (2) 的结论得, 无穷积分 $\displaystyle\int_3^{+\infty}\frac{1}{x(\ln x)^\sigma(\ln\ln x)}\mathrm{d}x$ 当 $\sigma>1$ 时收敛, 当 $0<\sigma\leqslant 1$ 时发散, 所以根据 Cauchy 积分判别法得, 当 $\sigma>1$ 时, $\displaystyle\sum_{n=3}^{\infty}\frac{1}{n\ln n(\ln\ln n)^p}$ 收敛, 当 $0<\sigma\leqslant 1$ 时, $\displaystyle\sum_{n=3}^{\infty}\frac{1}{n\ln n(\ln\ln n)^p}$ 发散. □

2. 用比较法判定下列级数的敛散性:

(1) $\displaystyle\sum_{n=1}^{\infty}\frac{1}{n+2^n}$; (3) $\displaystyle\sum_{n=1}^{\infty}\frac{1}{n}\sin\frac{1}{n}$; (5) $\displaystyle\sum_{n=2}^{\infty}\frac{1}{(\ln n)^n}$.

解 (1) 由于 $n>1$ 时,

$$0<\frac{1}{2^n+n}<\frac{1}{2^n},$$

而 $\displaystyle\sum_{n=1}^{\infty}\frac{1}{2^n}$ 是收敛的等比级数, 所以由比较判别法知, $\displaystyle\sum_{n=1}^{\infty}\frac{1}{n+2^n}$ 收敛.

(3) 由于 $n>1$ 时,

$$0<\frac{1}{n}\sin\frac{1}{n}<\frac{1}{n}\cdot\frac{1}{n}=\frac{1}{n^2},$$

其中上面利用了不等式 $\sin x<x, x\in(0,+\infty)$. 注意到 $\displaystyle\sum_{n=1}^{\infty}\frac{1}{n^2}$ 是收敛的 p- 级数, 所以由比较判别法知, $\displaystyle\sum_{n=1}^{\infty}\frac{1}{n}\sin\frac{1}{n}$ 收敛.

(5) 由于 $n\geqslant \mathrm{e}^2$ 时,

$$0<\frac{1}{(\ln n)^n}\leqslant\frac{1}{2^n},$$

而 $\displaystyle\sum_{n=1}^{\infty}\frac{1}{2^n}$ 是收敛的等比级数, 所以由比较判别法知, $\displaystyle\sum_{n=2}^{\infty}\frac{1}{(\ln n)^n}$ 收敛. □

3. 用 Cauchy 根值法或 D'Alembert 比值法判定下列级数的敛散性:

(2) $\displaystyle\sum_{n=1}^{\infty}\frac{n^2}{3^n}$; (4) $\displaystyle\sum_{n=1}^{\infty}n^n\sin^n\frac{1}{2n}$.

解 (2) **方法一** 用 D'Alembert 比值法. 设 $a_n=\dfrac{n^2}{3^n}$, 注意到 $\displaystyle\sum_{n=1}^{\infty}a_n$ 是正项级数且

$$\lim_{n\to\infty}\frac{a_{n+1}}{a_n}=\lim_{n\to\infty}\frac{(n+1)^2 3^n}{n^2 3^{n+1}}=\lim_{n\to\infty}\left(\frac{n+1}{n}\right)^2\cdot\frac{1}{3}=\frac{1}{3}<1,$$

故由 D'Alembert 比值法的极限形式知, $\sum_{n=1}^{\infty}\frac{n^2}{3^n}$ 收敛.

方法二 用 Cauchy 根值法. 设 $a_n=\frac{n^2}{3^n}$, 注意到 $\sum_{n=1}^{\infty}a_n$ 是正项级数, 且

$$\lim_{n\to\infty}\sqrt[n]{a_n}=\lim_{n\to\infty}\sqrt[n]{\frac{n^2}{3^n}}=\lim_{n\to\infty}\frac{\sqrt[n]{n^2}}{3}=\frac{1}{3}<1,$$

故由 Cauchy 根值法的极限形式知, $\sum_{n=1}^{\infty}\frac{n^2}{3^n}$ 收敛.

(4) 设 $a_n=n^n\sin^n\frac{1}{2n}$, 注意到 $\sum_{n=1}^{\infty}a_n$ 是正项级数, 且

$$\lim_{n\to\infty}\sqrt[n]{a_n}=\lim_{n\to\infty}\sqrt[n]{n^n\sin^n\frac{1}{2n}}=\lim_{n\to\infty}n\sin\frac{1}{2n}=\frac{1}{2}\lim_{n\to\infty}\frac{\sin\frac{1}{2n}}{\frac{1}{2n}}=\frac{1}{2}<1,$$

故由 Cauchy 根值法的极限形式知, $\sum_{n=1}^{\infty}n^n\sin^n\frac{1}{2n}$ 收敛. □

4. 用级数收敛的必要条件证明下列等式:

(1) $\lim_{n\to\infty}\frac{n^n}{(n!)^2}=0$.

证明 令 $a_n=\frac{n^n}{(n!)^2}$, 考虑正项级数 $\sum_{n=1}^{\infty}\frac{n^n}{(n!)^2}$, 由于

$$\lim_{n\to\infty}\frac{a_{n+1}}{a_n}=\lim_{n\to\infty}\frac{(n+1)^{(n+1)}}{((n+1)!)^2}\cdot\frac{(n!)^2}{n^n}=\lim_{n\to\infty}\left(\frac{n+1}{n}\right)^n\frac{1}{n+1}=\mathrm{e}\cdot 0=0<1,$$

所以由 D'Alembert 比值法的极限形式知, $\sum_{n=1}^{\infty}\frac{n^n}{(n!)^2}$ 收敛. 故由级数收敛的必要条件得

$$\lim_{n\to\infty}\frac{n^n}{(n!)^2}=0. \qquad □$$

5. 设 $\sum_{n=1}^{\infty}a_n$ 与 $\sum_{n=1}^{\infty}b_n$ 为两个正项级数, 且存在正整数 N, 使对一切的 $n>N$ 有

$$\frac{a_{n+1}}{a_n}\leqslant\frac{b_{n+1}}{b_n}.$$

证明

(1) 若级数 $\sum_{n=1}^{\infty}b_n$ 收敛, 则级数 $\sum_{n=1}^{\infty}a_n$ 也收敛;

(2) 若级数 $\sum_{n=1}^{\infty} a_n$ 发散, 则级数 $\sum_{n=1}^{\infty} b_n$ 也发散.

证明 (1) 由题意知, 当 $n > N$ 时, $\frac{a_{n+1}}{a_n} \leqslant \frac{b_{n+1}}{b_n}$, 即有

$$0 < \frac{a_{n+1}}{b_{n+1}} \leqslant \frac{a_n}{b_n} \leqslant \cdots \leqslant \frac{a_{N+1}}{b_{N+1}},$$

故 $0 < a_n \leqslant \frac{a_{N+1}}{b_{N+1}} b_n$. 注意到 $\frac{a_{N+1}}{b_{N+1}}$ 是常数, 级数 $\sum_{n=1}^{\infty} b_n$ 收敛, 所以级数 $\sum_{n=1}^{\infty} \frac{a_{N+1}}{b_{N+1}} b_n$ 收敛, 因此由比较判别法知, 正项级数 $\sum_{n=1}^{\infty} a_n$ 收敛.

(2) 由 (1) 可知, $b_n \geqslant \frac{b_{N+1}}{a_{N+1}} a_n > 0$. 注意到 $\frac{b_{N+1}}{a_{N+1}}$ 是正常数, 级数 $\sum_{n=1}^{\infty} a_n$ 发散, 所以级数 $\sum_{n=1}^{\infty} \frac{b_{N+1}}{a_{N+1}} a_n$ 发散, 因此由比较判别法知, 正项级数 $\sum_{n=1}^{\infty} b_n$ 也发散. □

7. 证明: 若 $\{a_n\}$ 是等差数列, 且 $a_n \neq 0$, 则级数 $\sum_{n=1}^{\infty} \frac{1}{a_n}$ 发散.

证明 设 $\{a_n\}$ 是以 a_0 为首项, d 为公差的等差数列, 则 $a_n = a_0 + (n-1)d$, 所以

$$\frac{1}{a_n} = \frac{1}{a_0 + (n-1)d}.$$

(1) 当 $d > 0$ 时, 总存在正整数 $n_0 \geqslant 2$, 使得 $|a_0| < (n_0 - 1)d$, 于是当 $n \geqslant n_0$ 时, 总有 $0 < a_0 + (n-1)d < 2(n-1)d$, 所以

$$\frac{1}{a_0 + (n-1)d} > \frac{1}{2(n-1)d} > \frac{1}{2nd} > 0,$$

注意到正项级数 $\sum_{n=n_0}^{\infty} \frac{1}{2nd}$ 发散, 故由正项级数的比较判别法知, $\sum_{n=1}^{\infty} \frac{1}{a_n}$ 发散.

(2) 当 $d = 0$ 时, 由于 $a_n = a_0 \neq 0$, 所以 $\lim_{n\to\infty} \frac{1}{a_n} = \frac{1}{a_0} \neq 0$, 故由级数收敛的必要条件知, $\sum_{n=1}^{\infty} \frac{1}{a_n}$ 发散.

(3) 当 $d < 0$ 时, 将此级数的各项乘以 -1 转化为 $d > 0$ 的情形.

综上所述, 不论 d 为何值, 级数 $\sum_{n=1}^{\infty} \frac{1}{a_n} = \sum_{n=1}^{\infty} \frac{1}{a_0 + (n-1)d}$ 均发散. □

9. 设正项级数 $\sum_{n=1}^{\infty} a_n$ 收敛, 证明: 级数 $\sum_{n=1}^{\infty} \sqrt{a_n a_{n+1}}$ 也收敛. 举例说明其逆不真. 但若 $\{a_n\}$ 为单调递减数列, 则逆命题为真.

证明 因为 $a_n > 0$ 及对任意的正整数 n, 有

$$0 < \sqrt{a_n\, a_{n+1}} \leqslant \frac{1}{2}(a_n + a_{n+1}),$$

而由级数 $\sum_{n=1}^{\infty} u_n$ 收敛知, $\sum_{n=1}^{\infty} \frac{a_n + a_{n+1}}{2}$ 也收敛, 故由正项级数的比较判别法知, 级数 $\sum_{n=1}^{\infty} \sqrt{a_n\, a_{n+1}}$ 收敛.

其逆不真. 反例: 设 $a_n = \frac{1+(-1)^n}{2}$, 则 $a_{n+1} = \frac{1+(-1)^{n+1}}{2}$, 于是

$$a_n a_{n+1} = \frac{1+(-1)^n}{2} \cdot \frac{1+(-1)^{n+1}}{2} = \frac{(-1)^n + (-1)^{n+1}}{4} = 0,$$

所以 $\sum_{n=1}^{\infty} \sqrt{a_n a_{n+1}}$ 收敛. 但是 $\sum_{n=1}^{\infty} a_n$ 显然不收敛.

若 a_n 为单调递减数列, 则其逆也真.

事实上, 因为 $0 < a_{n+1} < a_n$, 所以

$$0 < a_{n+1} < \sqrt{a_n a_{n+1}}, \quad n = 1, 2, \cdots,$$

因此由 $\sum_{n=1}^{\infty} \sqrt{a_n a_{n+1}}$ 收敛及比较判别法知, $\sum_{n=1}^{\infty} a_n$ 收敛. □

10. 设 $a_n \geqslant 0$, 证明: 级数 $\sum_{n=1}^{\infty} \frac{a_n}{(1+a_1)(1+a_2)\cdots(1+a_n)}$ 收敛.

证明 注意到, 当 $k \geqslant 2$ 时,

$$\frac{a_k}{(1+a_1)(1+a_2)\cdots(1+a_k)} = \frac{1}{(1+a_1)\cdots(1+a_{k-1})} - \frac{1}{(1+a_1)\cdots(1+a_k)}.$$

记 S_n 为级数 $\sum_{n=1}^{\infty} \frac{a_n}{(1+a_1)(1+a_2)\cdots(1+a_n)}$ 的前 n 项部分和, 则

$$\begin{aligned}
S_n &= \frac{a_1}{1+a_1} + \sum_{k=2}^{n} \frac{a_k}{(1+a_1)(1+a_2)\cdots(1+a_k)} \\
&= \frac{a_1}{1+a_1} + \sum_{k=2}^{n} \left[\frac{1}{(1+a_1)(1+a_2)\cdots(1+a_{k-1})} - \frac{1}{(1+a_1)(1+a_2)\cdots(1+a_k)} \right] \\
&= \frac{a_1}{1+a_1} + \left(\frac{1}{1+a_1} - \frac{1}{(1+a_1)(1+a_2)\cdots(1+a_n)} \right) \\
&= 1 - \frac{1}{(1+a_1)(1+a_2)\cdots(1+a_n)} \leqslant 1.
\end{aligned}$$

又因为 $a_n \geqslant 0, S_n = S_{n-1} + \dfrac{a_n}{(1+a_1)(1+a_2)\cdots(1+a_n)}$, 所以 S_n 单调递增且有上界 1, 因此根据定理 10.2.1 得, 级数 $\sum\limits_{n=1}^{\infty} \dfrac{a_n}{(1+a_1)(1+a_2)\cdots(1+a_n)}$ 收敛. □

11. 用 Raabe 判别法判定下列级数的敛散性:

(3) $\sum\limits_{n=1}^{\infty} \dfrac{1}{3^{\ln n}}$; (4) $\sum\limits_{n=1}^{\infty} a^{1+\frac{1}{2}+\cdots+\frac{1}{n}}$, $a>0, a \neq \dfrac{1}{\mathrm{e}}$.

解 (3) 令 $a_n = \dfrac{1}{3^{\ln n}}$, 则

$$\begin{aligned}
\lim_{n\to\infty} n\left(\frac{a_n}{a_{n+1}}-1\right) &= \lim_{n\to\infty} n\left(\frac{1}{3^{\ln n}}\cdot 3^{\ln(n+1)}-1\right) \\
&= \lim_{n\to\infty} n\left(3^{\ln(1+\frac{1}{n})}-1\right) \\
&= \lim_{n\to\infty} \frac{3^{\ln(1+\frac{1}{n})}-1}{\ln\left(1+\dfrac{1}{n}\right)}\cdot n\ln\left(1+\frac{1}{n}\right) \\
&= \lim_{n\to\infty} \frac{3^{\ln(1+\frac{1}{n})}-1}{\ln\left(1+\dfrac{1}{n}\right)}\cdot \frac{\ln\left(1+\dfrac{1}{n}\right)}{\dfrac{1}{n}} \\
&= \ln 3\cdot 1 = \ln 3 > 1,
\end{aligned}$$

其中上式利用了

$$\lim_{x\to 0}\frac{a^x-1}{x} = \lim_{x\to 0}\frac{a^x\ln a}{1} = \ln a, \quad \lim_{x\to 0}\frac{\ln(1+x)}{x} = \lim_{x\to 0}\frac{1}{1+x} = 1.$$

于是由 Raabe 判别法知, 原级数收敛.

(4) 令 $a_n = a^{1+\frac{1}{2}+\cdots+\frac{1}{n}}$, 则

$$\begin{aligned}
\lim_{n\to\infty} n\left(\frac{a_n}{a_{n+1}}-1\right) &= \lim_{n\to\infty} n\left(a^{-\frac{1}{n+1}}-1\right) \\
&= \lim_{n\to\infty} \frac{a^{-\frac{1}{n+1}}-1}{-\dfrac{1}{n+1}}\cdot\frac{-n}{n+1} \\
&= -\ln a,
\end{aligned}$$

因为 $a>0, a\neq \dfrac{1}{\mathrm{e}}$, 于是由 Raabe 判别法知:

(a) 当 $-\ln a > 1$, 即 $0 < a < \dfrac{1}{\mathrm{e}}$ 时, 级数 $\sum\limits_{n=1}^{\infty} a^{1+\frac{1}{2}+\cdots+\frac{1}{n}}$ 收敛;

(b) 当 $-\ln a < 1$, 即 $a > \dfrac{1}{\mathrm{e}}$ 时, 级数 $\sum\limits_{n=1}^{\infty} a^{1+\frac{1}{2}+\cdots+\frac{1}{n}}$ 发散. □

习　题　10.3

1. 讨论下列级数的敛散性 (绝对收敛, 条件收敛, 发散):

(1) $\sum\limits_{n=1}^{\infty}(-1)^{n-1}\dfrac{\sqrt{n}}{n+1}$;　　(3) $\sum\limits_{n=1}^{\infty}(-1)^{n-1}\sin\dfrac{1}{n}$;

(5) $\sum\limits_{n=1}^{\infty}(-1)^{n-1}\dfrac{\ln(n+1)}{n}$.

解　(1) 令 $f(x)=x+\dfrac{1}{x}$, 则 $f'(x)=1-\dfrac{1}{x^2}\geqslant 0, x\in[1,+\infty)$, 即 $f(x)$ 在 $[1,+\infty)$ 上是正的且单调递增, 于是 $\left(\sqrt{n}+\dfrac{1}{\sqrt{n}}\right)^{-1}=\dfrac{\sqrt{n}}{n+1}$ 当 $n\geqslant 1$ 时是正的且单调递减, 且满足

$$\lim_{n\to\infty}\frac{\sqrt{n}}{n+1}=\lim_{n\to\infty}\frac{n^{-\frac{1}{2}}}{1+n^{-1}}=\frac{0}{1+0}=0,$$

所以 $\sum\limits_{n=1}^{\infty}(-1)^{n-1}\dfrac{\sqrt{n}}{n+1}$ 是 Leibniz 级数, 因此根据 Leibniz 判别法可知其收敛.

注意到

$$\frac{\sqrt{n}}{n+1}=\frac{1}{\sqrt{n}+(\sqrt{n})^{-1}}\geqslant\frac{1}{2\sqrt{n}}>0,$$

而 $\sum\limits_{n=1}^{\infty}\dfrac{1}{2\sqrt{n}}$ 是发散的, 所以由正项级数的比较判别法知, $\sum\limits_{n=1}^{\infty}\left|(-1)^{n-1}\dfrac{\sqrt{n}}{n+1}\right|$ 发散.

综上所述, $\sum\limits_{n=1}^{\infty}(-1)^{n-1}\dfrac{\sqrt{n}}{n+1}$ 是条件收敛.

(3) 由于 $\left\{\sin\dfrac{1}{n}\right\}$ 是正的单调递减数列, 且

$$\lim_{n\to\infty}\sin\frac{1}{n}=0,$$

所以 $\sum\limits_{n=1}^{\infty}(-1)^{n-1}\sin\dfrac{1}{n}$ 是 Leibniz 级数. 因此根据 Leibniz 判别法可知其收敛.

又由第一类重要极限 $\lim\limits_{x\to 0}\dfrac{\sin x}{x}=1$ 及归结原则知

$$\lim_{n\to\infty}\frac{\sin\dfrac{1}{n}}{\dfrac{1}{n}}=1.$$

注意到 $\sum_{n=1}^{\infty}\sin\frac{1}{n}$ 和 $\sum_{n=1}^{\infty}\frac{1}{n}$ 都是正项级数, 且 $\sum_{n=1}^{\infty}\frac{1}{n}$ 发散, 故由比较判别法的极限形式知, $\sum_{n=1}^{\infty}\left|(-1)^{n-1}\sin\frac{1}{n}\right|$ 发散.

综上所述, $\sum_{n=1}^{\infty}(-1)^{n-1}\sin\frac{1}{n}$ 条件收敛.

(5) 当 $x>1$ 时,

$$\left(\frac{\ln(x+1)}{x}\right)'=\frac{\frac{x}{x+1}-\ln(x+1)}{x^2}<0,$$

知 $\frac{\ln(n+1)}{n}$ 是正的单调递减数列, 且由归结原则及 L'Hospital 法则, 有

$$\lim_{n\to\infty}\frac{\ln(n+1)}{n}=\lim_{x\to\infty}\frac{\ln(x+1)}{x}=\lim_{x\to\infty}\frac{1}{x+1}=0,$$

所以 $\sum_{n=1}^{\infty}(-1)^{n-1}\frac{\ln(n+1)}{n}$ 是 Leibniz 级数. 因此根据 Leibniz 判别法可知其收敛.

又因为

$$\frac{\ln(n+1)}{n}>\frac{1}{n}>0,\quad n\geqslant 2,$$

以及 $\sum_{n=1}^{\infty}\frac{1}{n}$ 发散, 所有由正项级数的比较判别法知, $\sum_{n=1}^{\infty}\frac{\ln(n+1)}{n}$ 发散.

综上所述, $\sum_{n=1}^{\infty}(-1)^{n-1}\frac{\ln(n+1)}{n}$ 是条件收敛. □

2. 应用 Dirichlet 判别法或 Abel 判别法判定下列级数的敛散性:

(1) $\sum_{n=1}^{\infty}\frac{x^n}{1+x^n}\ (x>0)$;　　(4) $\sum_{n=1}^{\infty}\frac{1}{\sqrt{n}}\cos\frac{n\pi}{3}$.

解　(1) 当 $0<x<1$ 时,

$$\frac{1}{1+x^n}<\frac{1}{1+x^{n+1}}$$

且 $0<\frac{1}{1+x^n}<1$, 故 $\frac{1}{1+x^n}$ 单调递减并有界. 又 $\sum_{n=1}^{\infty}x^n$ 收敛. 所以由 Abel 判别法知, $\sum_{n=1}^{\infty}\frac{x^n}{1+x^n}$ 收敛.

当 $x=1$ 时,

$$\frac{x^n}{1+x^n}=\frac{1}{2}\to\frac{1}{2},\quad n\to\infty.$$

故 $\sum_{n=1}^{\infty}\frac{x^n}{1+x^n}$ 发散.

当 $x>1$ 时,

$$\frac{x^n}{1+x^n}=\frac{x^n+1-1}{1+x^n}=1-\frac{1}{1+x^n},$$

而 $\sum_{n=1}^{\infty}1$ 发散. 由于 $0<\frac{1}{1+x^n}<\frac{1}{x^n}$ 及 $\sum_{n=1}^{\infty}\frac{1}{x^n}$ 是收敛的等比级数, 所以由比较判别法知, $\sum_{n=1}^{\infty}\frac{1}{1+x^n}$ 收敛. 因此, $\sum_{n=1}^{\infty}\frac{x^n}{1+x^n}$ 发散.

综上所述, 原级数当 $0<x<1$ 时收敛, 当 $x\geqslant 1$ 时发散.

(4) 利用三角公式:

$$\sin\alpha\cos\beta=\frac{\sin(\alpha+\beta)+\sin(\alpha-\beta)}{2}.$$

对任何的 $x\in(0,2\pi)$, 有

$$\begin{aligned}2\sin\frac{x}{2}\left(\frac{1}{2}+\sum_{k=1}^{n}\cos kx\right)&=\sin\frac{x}{2}+\left(\sin\frac{3x}{2}-\sin\frac{x}{2}\right)+\cdots\\&\quad+\left[\sin\left(n+\frac{1}{2}\right)x-\sin\left(n-\frac{1}{2}\right)x\right]\\&=\sin\left(n+\frac{1}{2}\right)x.\end{aligned}$$

而 $\sin\frac{x}{2}\neq 0$, 所以

$$\left|\sum_{k=1}^{n}\cos kx\right|=\left|\frac{\sin\left(n+\frac{1}{2}\right)x}{2\sin\frac{x}{2}}-\frac{1}{2}\right|\leqslant\frac{1}{\sin\frac{x}{2}},$$

即当 $x\in(0,2\pi)$ 时, 级数 $\sum_{n=1}^{\infty}\cos nx$ 的前 n 项部分和数列有界. 因此当 $x=\frac{\pi}{3}$ 时, $\sum_{n=1}^{\infty}\cos\frac{n\pi}{3}$ 的前 n 项部分和数列有界. 又因为 $\left\{\frac{1}{\sqrt{n}}\right\}$ 单调递减且

$$\lim_{n\to\infty}\frac{1}{\sqrt{n}}=0,$$

故由 Dirichlet 判别法知, $\sum_{n=1}^{\infty}\frac{1}{\sqrt{n}}\cos\frac{n\pi}{3}$ 收敛. □

5. 设 $a_n \geqslant a_{n+1} > 0,\ n = 1, 2, \cdots$, 且 $\lim\limits_{n\to\infty} a_n = 0$. 证明下列级数收敛

$$\sum_{n=1}^{\infty}(-1)^{n-1}\frac{a_1 + a_2 + \cdots + a_n}{n}.$$

证明 设 $u_n = \dfrac{a_1 + a_2 + \cdots + a_n}{n} > 0$, 则由 $a_n \geqslant a_{n+1} > 0,\ n = 1, 2, \cdots$ 得

$$\begin{aligned} u_n - u_{n-1} &= \frac{(n+1)(a_1 + a_2 + \cdots + a_n) - n(a_1 + a_2 + \cdots + a_{n+1})}{n(n+1)} \\ &= \frac{(a_1 - a_{n+1}) + (a_2 - a_{n+1}) + \cdots + (a_n - a_{n+1})}{n(n+1)} \\ &\geqslant 0, \end{aligned}$$

所以数列 $\{u_n\}$ 单调递减.

又由 $\lim\limits_{n\to\infty} a_n = 0$ 知

$$\lim_{n\to\infty} u_n = \lim_{n\to\infty} \frac{a_1 + a_2 + \cdots + a_n}{n} = 0,$$

所以 $\sum\limits_{n=1}^{\infty}(-1)^{n-1}\dfrac{a_1 + a_2 + \cdots + a_n}{n}$ 是 Leibniz 级数. 因此, 根据 Leibniz 判别法得, 其收敛. □

6. 设 $a_n > 0,\ \lim\limits_{n\to\infty} n\left(\dfrac{a_n}{a_{n+1}} - 1\right) > 0$. 证明交错级数 $\sum\limits_{n=1}^{\infty}(-1)^{n-1}a_n$ 收敛.

证明 **方法一** 应用 Taylor 公式. 设 $\lim\limits_{n\to\infty} n\left(\dfrac{a_n}{a_{n+1}} - 1\right) = \gamma > 0$.

首先, 由收敛数列的保号性可知, 当 n 充分大时, $\dfrac{a_n}{a_{n+1}} > 1$, 即 $\{a_n\}$ 单调递减.

其次, 取满足条件 $\gamma > \beta > \alpha > 0$ 的正常数 α, β. 由条件 $\lim\limits_{n\to\infty} n\left(\dfrac{a_n}{a_{n+1}} - 1\right) = \gamma, \gamma > \beta > \alpha > 0$ 及数列极限的定义, 对 $\varepsilon_0 = \gamma - \beta > 0$, 存在 $N_0 \in \mathbb{N}_+$, 当 $n > N_0$ 时, 有

$$\left|n\left(\frac{a_n}{a_{n+1}} - 1\right) - \gamma\right| < \varepsilon_0 \Rightarrow n\left(\frac{a_n}{a_{n+1}} - 1\right) > \beta.$$

利用上式和

$$\frac{a_n}{a_{n+1}} > 1 + \frac{\beta}{n} > 1 + \frac{\alpha}{n} + o\left(\frac{\alpha}{n}\right) = \left(1 + \frac{1}{n}\right)^{\alpha} = \frac{(n+1)^{\alpha}}{n^{\alpha}} \quad (n \to \infty),$$

其中上式第二个不等号利用无穷小量的性质, 第一个等号利用了如下 Taylor 展开

$$(1+x)^{\alpha} = 1 + \alpha x + \frac{\alpha(\alpha-1)}{2!}x^2 + \cdots + \frac{\alpha(\alpha-1)\cdots(\alpha-n+1)}{n!}x^n + o(x^n) \quad (x \to 0).$$

从而证得

$$(n+1)^{\alpha}a_{n+1} < n^{\alpha}a_n.$$

这说明当 n 充分大时, 数列 $\{n^{\alpha}a_n\}$ 也是单调递减的, 于是存在它的一个上界 $M=a_1$, 满足

$$0 < n^{\alpha}a_n \leqslant M \Rightarrow 0 < a_n \leqslant \frac{M}{n^{\alpha}},$$

故由 $\alpha>0$ 及利用迫敛性, 有

$$\lim_{n\to\infty} a_n = 0.$$

因此交错级数 $\sum\limits_{n=1}^{\infty}(-1)^{n-1}a_n$ 是 Leibniz 级数, 故由 Leibniz 判别法知, 该级数收敛.

方法二　迭代法. 因为 $\sum\limits_{n=1}^{\infty}(-1)^{n-1}a_n$ 是交错级数, 故由 Leibniz 判别法可知, 要证明该级数收敛, 只需要证明: 当 n 充分大时, $\{a_n\}$ 单调递减和 $\lim\limits_{n\to\infty} a_n = 0$.

事实上, 首先, 由 $a_n>0$ 及 $\lim\limits_{n\to\infty} n\left(\dfrac{a_n}{a_{n+1}}-1\right)>0$ 可知, 当 n 充分大时, $\dfrac{a_n}{a_{n+1}}>1$, 即 $\{a_n\}$ 单调递减.

其次, 设 $\lim\limits_{n\to\infty} n\left(\dfrac{a_n}{a_{n+1}}-1\right)=r>0$, 下面对 r 的取值进行分类讨论:

(1) 当 $r>1$ 时, 由 Raabe 判别法知, $\sum\limits_{n=1}^{\infty}a_n$ 收敛. 故 $\sum\limits_{n=1}^{\infty}(-1)^{n-1}a_n$ 收敛.

(2) 当 $0<r\leqslant 1$ 时, 由 $\lim\limits_{n\to\infty} n\left(\dfrac{a_n}{a_{n+1}}-1\right)=r$, 以及数列极限的定义, 对 $\varepsilon_0=\dfrac{r}{2}>0$, 存在 $N_0\in\mathbb{N}_+$, 当 $n>N_0$ 时, 有

$$\lim_{n\to\infty}\left|n\left(\frac{a_n}{a_{n+1}}-1\right)-r\right| < \frac{r}{2} \Rightarrow n\left(\frac{a_n}{a_{n+1}}-1\right) > \frac{r}{2},$$

即有

$$\frac{a_{n+1}}{a_n} < \frac{n}{n+\dfrac{r}{2}}.$$

于是, 应用上式迭代 n 次有

$$0 < a_{n+1} < \frac{n}{n+\dfrac{r}{2}}a_n < \frac{n(n-1)}{\left(n+\dfrac{r}{2}\right)\left(n-1+\dfrac{r}{2}\right)}a_{n-1} < \cdots$$

$$< \frac{n(n-1)\cdots 1}{\left(n+\frac{r}{2}\right)\left(n-1+\frac{r}{2}\right)\cdots\left(1+\frac{r}{2}\right)} a_1$$
$$= \frac{1}{\left(1+\frac{r}{2n}\right)\left(1+\frac{r}{2(n-1)}\right)\cdots\left(1+\frac{r}{2}\right)} a_1 \leqslant \frac{a_1}{\sum\limits_{k=1}^{n}\frac{r}{2k}},$$

以及

$$\lim_{n\to\infty}\frac{a_1}{\sum\limits_{k=1}^{n}\frac{r}{2k}}=0,$$

所以由迫敛性得, $\lim\limits_{n\to\infty} a_n = 0$.

综上所述, 根据 Leibniz 判别法知, 级数 $\sum\limits_{n=1}^{\infty}(-1)^{n-1}a_n$ 收敛. □

习 题 10.4

1. 证明: 将收敛级数 $\sum\limits_{n=1}^{\infty} a_n$ 相邻奇偶项交换位置后所得的新级数仍收敛, 且具有相同的和数.

证明 设 $\sum\limits_{n=1}^{\infty} b_n$ 是将收敛级数 $\sum\limits_{n=1}^{\infty} a_n$ 相邻奇偶项交换位置后所得的新级数, 记 T_n, S_n 分别是 $\sum\limits_{n=1}^{\infty} b_n$ 与 $\sum\limits_{n=1}^{\infty} a_n$ 的前 n 项部分和, 则由题意得 $\lim\limits_{n\to\infty} S_n$ 存在, 且

$$\begin{aligned} T_n - S_n &= (b_1+b_2+\cdots+b_{n-1})+b_n-((a_1+a_2+\cdots+a_{n-1})+a_n) \\ &= (b_1+b_2+\cdots+b_{n-1})-(a_1+a_2+\cdots+a_{n-1})+(b_n-a_n), \end{aligned}$$

于是

$$T_n - S_n = \begin{cases} 0, & n \text{ 是偶数}, \\ a_{n+1}-a_n, & n \text{ 是奇数}. \end{cases}$$

又因为 $\sum\limits_{n=1}^{\infty} a_n$ 收敛, 所以由收敛级数的必要条件知, $\lim\limits_{n\to\infty} a_n = 0$, 因此

$$\lim_{n\to\infty}(T_n - S_n) = \lim_{n\to\infty}(a_{n+1}-a_n) = 0.$$

故 $\sum\limits_{n=1}^{\infty} b_n$ 的前 n 项部分和数列 $\{T_n\}$ 收敛, 且

$$\lim_{n\to\infty} T_n = \lim_{n\to\infty} S_n,$$

即 $\sum\limits_{n=1}^{\infty} b_n$ 与 $\sum\limits_{n=1}^{\infty} a_n$ 具有相同的和数. □

3. 写出下列级数的乘积:

(1) $\left(\sum\limits_{n=1}^{\infty} x^{n-1}\right)\left(\sum\limits_{n=1}^{\infty}(-1)^{n-1}x^{n-1}\right)$; (2) $\left(\sum\limits_{n=0}^{\infty}\frac{1}{n!}\right)\left(\sum\limits_{n=0}^{\infty}(-1)^{n-1}\frac{1}{n!}\right)$.

解 (1) 级数 $\left(\sum\limits_{n=1}^{\infty} x^{n-1}\right)$ 和 $\left(\sum\limits_{n=1}^{\infty}(-1)^{n-1}x^{n-1}\right)$, 当 $|x|<1$ 时均绝对收敛, 由定理 10.4.4 知, $a_i\,b_j(i,j=1,2,\cdots)$ 按任意方式排列成的级数都是绝对收敛, 故两个级数相乘后, 并按"三角形方式"排列乘积各项的顺序, 得到

$$\begin{aligned}c_n&=\sum_{i+j=n+1}a_ib_j=a_1b_n+a_2b_{n-1}+\cdots+a_nb_1\\&=(-1)^{n-1}x^{n-1}+x\cdot(-1)^{n-2}x^{n-2}+x^2\cdot(-1)^{n-3}x^{n-3}+\cdots\\&\quad+x^{n-1}\cdot(-1)^0x^0\\&=x^{n-1}\sum_{k=1}^{n}(-1)^{n-1},\end{aligned}$$

从而有

$$c_n=\begin{cases}0, & n=2k,\\1, & n=2k+1.\end{cases}$$

故

$$\left(\sum_{n=1}^{\infty}x^{n-1}\right)\left(\sum_{n=1}^{\infty}(-1)^{n-1}x^{n-1}\right)=\sum_{n=1}^{\infty}c_n=\sum_{n=1}^{\infty}x^{2n}.$$

(2) 因为

$$\left(\sum_{m=0}^{\infty}\frac{1}{m!}\right)\left(\sum_{n=0}^{\infty}(-1)^{n-1}\frac{1}{n!}\right)=-\left(\sum_{m=0}^{\infty}\frac{1^m}{m!}\right)\left(\sum_{n=0}^{\infty}\frac{(-1)^n}{n!}\right),$$

由例 10.4.1 知, $\sum\limits_{m=0}^{\infty}\frac{1^m}{m!},\sum\limits_{n=0}^{\infty}\frac{(-1)^n}{n!}$ 都绝对收敛, 由定理 10.4.4 知, $a_i\,b_j(i,j=1,2,\cdots)$ 按任意方式排列成的级数都是绝对收敛, 故两个级数相乘后, 并按"三角形方式"排列乘积各项的顺序, 得到

$$\begin{aligned}\left(\sum_{m=0}^{\infty}\frac{1^m}{m!}\right)\left(\sum_{n=0}^{\infty}\frac{(-1)^n}{n!}\right)&=\sum_{p=0}^{\infty}\left(\sum_{k=0}^{p}\frac{1^k(-1)^{p-k}}{k!(p-k)!}\right)\\&=\sum_{p=0}^{\infty}\frac{(1+(-1))^p}{p!}\\&=1+\sum_{p=1}^{\infty}\frac{(1+(-1))^p}{p!}=1.\end{aligned}$$

从而求得

$$\left(\sum_{m=0}^{\infty}\frac{1}{m!}\right)\left(\sum_{n=0}^{\infty}(-1)^{n-1}\frac{1}{n!}\right)=-1. \qquad \square$$

5. 证明: 级数 $\sum\limits_{n=1}^{\infty}(-1)^{n-1}\frac{1}{n}$ 自乘的 Cauchy 乘积收敛.

证明 利用级数 Cauchy 乘积的定义, 有

$$\left(\sum_{n=1}^{\infty}(-1)^{n-1}\frac{1}{n}\right)\left(\sum_{n=1}^{\infty}(-1)^{n-1}\frac{1}{n}\right)=\sum_{n=1}^{\infty}c_n,$$

其中

$$\begin{aligned}c_n=\sum_{k=1}^{n}a_k\,b_{n+1-k}&=\sum_{k=1}^{n}(-1)^{k-1}\frac{1}{k}\cdot(-1)^{n-k}\frac{1}{n+1-k}\\&=(-1)^{n-1}\sum_{k=1}^{n}\frac{1}{k(n+1-k)}\\&=(-1)^{n-1}\sum_{k=1}^{n}\frac{1}{n+1}\left(\frac{1}{k}+\frac{1}{n+1-k}\right)\\&=\frac{(-1)^{n-1}\cdot 2}{n+1}\left(1+\frac{1}{2}+\cdots+\frac{1}{n}\right).\end{aligned}$$

因为数列 $\left\{\dfrac{1+\frac{1}{2}+\cdots+\frac{1}{n}}{n+1}\right\}$ 单调递减趋于 0, 所以 $\sum\limits_{n=1}^{\infty}c_n$ 是 Leibniz 级数, 故根据 Leibniz 判别法得, 级数 $\sum\limits_{n=1}^{\infty}c_n$ 收敛. □

复 习 题

1. 判别下列级数的敛散性, 如果收敛, 求其和:

(1) $\sum\limits_{n=1}^{\infty}\left[\frac{\sin(n+2)}{n+2}-2\frac{\sin(n+1)}{n+1}+\frac{\sin n}{n}\right]$;　　(4) $\sum\limits_{n=1}^{\infty}\frac{2n-1}{a^n}\ (a>1)$.

解 (1) 设 $a_n=\frac{\sin(n+2)}{n+2}-2\frac{\sin(n+1)}{n+1}+\frac{\sin n}{n}$, 由于

$$\lim_{n\to\infty}\left(\frac{\sin(n+1)}{n+1}-\frac{\sin n}{n}\right)=0,$$

所以

$$\begin{aligned}S_n&=\sum_{k=1}^{n}\left[\frac{\sin(k+2)}{k+2}-2\frac{\sin(k+1)}{k+1}+\frac{\sin k}{k}\right]\\&=\left(\frac{\sin(n+2)}{n+2}-\frac{\sin(n+1)}{n+1}\right)-\left(\frac{\sin 2}{2}-\sin 1\right)\\&=\frac{\sin(n+2)}{n+2}-\frac{\sin(n+1)}{n+1}-\frac{\sin 2}{2}-\sin 1\to\sin 1-\frac{\sin 2}{2},\quad n\to\infty.\end{aligned}$$

因此原级数收敛, 且其和为 $\sin 1-\dfrac{\sin 2}{2}$.

(4) 设 $a_n=\dfrac{2n-1}{a^n}$, 则 $\lim\limits_{n\to\infty}\dfrac{a_{n+1}}{a_n}=\lim\limits_{n\to\infty}\dfrac{1}{a}\cdot\dfrac{2n+1}{2n-1}=\dfrac{1}{a}<1$. 所以根据正项级数的比值法得, 级数 $\sum\limits_{n=1}^{\infty}\dfrac{2n-1}{a^n}$ 收敛.

设 $s=\sum\limits_{n=1}^{\infty}\dfrac{2n-1}{a^n}$, 则

$$\begin{aligned}s&=\frac{1}{a}+\sum_{n=2}^{\infty}\frac{2n-1}{a^n}\\&=\frac{1}{a}+\frac{1}{a}\sum_{n=2}^{\infty}\frac{[2(n-1)-1]+2}{a^{n-1}}\\&=\frac{1}{a}+\frac{1}{a}s+\frac{1}{a}\cdot\sum_{n=2}^{\infty}\frac{2}{a^{n-1}}\\&=\frac{1}{a}+\frac{1}{a}s+\frac{\frac{2}{a^2}}{1-\frac{1}{a}}=\frac{1}{a}s+\frac{a+1}{a(a-1)},\end{aligned}$$

所以

$$s=\frac{a+1}{(a-1)^2}.$$

□

2. 证明: 若级数 $\sum\limits_{n=1}^{\infty}(a_{2n-1}+a_{2n})$ 收敛且 $\lim\limits_{n\to\infty}a_n=0$, 则级数 $\sum\limits_{n=1}^{\infty}a_n$ 收敛.

证明　设 $\sum\limits_{n=1}^{\infty}a_n$ 与 $\sum\limits_{n=1}^{\infty}(a_{2n-1}+a_{2n})$ 的部分和分别为 A_n 与 B_n, 依题可设

$$\lim_{n\to\infty}B_n=B,$$

则

$$A_{2n}=a_1+a_2+a_3+a_4+\cdots+a_{2n-1}+a_{2n}=B_n.$$

于是有 $\lim\limits_{n\to\infty} A_{2n}=\lim\limits_{n\to\infty} B_n=B$.

又因为

$$\begin{aligned}A_{2n-1}&=a_1+a_2+a_3+a_4+\cdots+a_{2n-2}+a_{2n-1}\\&=B_{n-1}+a_{2n-1},\end{aligned}$$

所以 $\lim\limits_{n\to\infty} A_{2n-1}=\lim\limits_{n\to\infty}(B_{n-1}+a_{2n-1})=B+0=B$.

由于 $\{A_n\}$ 的偶子列和奇子列都收敛于 B, 故 $\lim\limits_{n\to\infty} A_n=B$. 因此 $\sum\limits_{n=1}^{\infty} a_n$ 收敛. □

4. 证明: 若级数 $\sum\limits_{n=1}^{\infty} a_n$ 收敛, 则 $\lim\limits_{n\to\infty}\dfrac{1}{n}\sum\limits_{k=1}^{n} ka_k=0$.

证明 设 $\sum\limits_{n=1}^{\infty} a_n=s$, $s_n=\sum\limits_{k=1}^{n} a_k$, $n=1,2,\cdots$, 则

$$\lim_{n\to\infty} s_n=s,$$

且

$$\sum_{k=1}^{n} ka_k=s_1+\sum_{k=2}^{n} k(s_k-s_{k-1})=ns_n-\sum_{k=1}^{n-1} s_k,$$

于是

$$\begin{aligned}\lim_{n\to\infty}\frac{1}{n}\sum_{k=1}^{n} ka_k&=\lim_{n\to\infty}\left(s_n-\frac{s_1+s_2+\cdots+s_{n-1}}{n}\right)\\&=\lim_{n\to\infty} s_n-\lim_{n\to\infty}\left[\frac{s_1+s_2+\cdots+s_{n-1}}{n-1}\cdot\left(1-\frac{1}{n}\right)\right],\end{aligned}$$

所以

$$\lim_{n\to\infty}\frac{1}{n}\sum_{k=1}^{n} ka_k=s-s\cdot 1=0.$$ □

5. 证明: 若数列 $\{a_n\}$ 单调递减, 且 $\lim\limits_{n\to\infty} a_n=0$, 并对任意正整数 $n\geqslant 2$, 有

$$(a_1-a_n)+(a_2-a_n)+\cdots+(a_{n-1}-a_n)$$

有界, 则级数 $\sum\limits_{n=1}^{\infty} a_n$ 收敛.

证明 由于数列 $\{a_n\}$ 单调递减, 且 $\lim\limits_{n\to\infty} a_n=0$, 所以 $a_n\geqslant 0$, $n=1,2,\cdots$. 令 $s_n=\sum\limits_{k=1}^{n} a_k$. 由条件知, 存在 $M>0$, 使得 $\forall n\in\mathbb{N}_+$, 有

$$0\leqslant\sum_{k=1}^{n}(a_k-a_n)=s_n-na_n\leqslant M$$

且对任意正整数 p 和 n, 有

$$\begin{aligned}na_n - na_{n+p} &\leqslant a_1 + \cdots + a_{n+p} - pa_{n+p} - na_{n+p}\\ &= s_{n+p} - (n+p)a_{n+p} \leqslant M.\end{aligned}$$

由于 $\lim\limits_{n\to\infty} a_n = 0$, 所以在上述不等式两边令 $p\to\infty$, 可得 $na_n \leqslant M$, 因此

$$s_n \leqslant M + na_n \leqslant 2M,$$

即部分和数列 $\{s_n\}$ 有上界. 故根据正项级数的一般判别法知, 级数 $\sum\limits_{n=1}^{\infty} a_n$ 收敛. □

8. 证明: 若正项级数 $\sum\limits_{n=1}^{\infty} a_n$ 发散, $S_n = a_1 + a_2 + \cdots + a_n$, 则级数 $\sum\limits_{n=1}^{\infty} \dfrac{a_n}{S_n}$ 也发散.

证明　取 $\varepsilon_0 = \dfrac{1}{2}$. 令 $u_n = \dfrac{a_n}{S_n}$, 则由于 $\sum\limits_{n=1}^{\infty} a_n$ 是正项级数, 所以 $\{S_n\}$ 是单调递增数列, 因此对任意正整数 n, p, 有

$$\begin{aligned}\left|\sum_{k=n+1}^{n+p} \frac{a_k}{S_k}\right| &= \frac{a_{n+1}}{S_{n+1}} + \frac{a_{n+2}}{S_{n+2}} + \cdots + \frac{a_{n+p}}{S_{n+p}}\\ &\geqslant \frac{a_{n+1}}{S_{n+p}} + \frac{a_{n+2}}{S_{n+p}} + \cdots + \frac{a_{n+p}}{S_{n+p}}\\ &= \frac{a_{n+1} + a_{n+2} + \cdots + a_{n+p}}{S_{n+p}} = 1 - \frac{S_n}{S_{n+p}}.\end{aligned}$$

另一方面, 因为正项级数 $\sum\limits_{n=1}^{\infty} a_n$ 发散, 所以对任意正整数 N, 存在正整数 $n_0 > N$ 和 p_0, 满足 $S_{n_0+p_0} > 2S_{n_0}$, 因此有

$$\left|\sum_{k=n_0+1}^{n_0+p_0} \frac{a_k}{S_k}\right| \geqslant 1 - \frac{S_{n_0}}{S_{n_0+p_0}} > 1 - \frac{1}{2} = \varepsilon_0,$$

故根据数项级数 Cauchy 准则的否定形式得, 级数 $\sum\limits_{n=1}^{\infty} \dfrac{a_n}{S_n}$ 发散. □

10. 设数列 $\{a_n\}$ 为单调递增正数列, 且发散到 $+\infty$, 证明: 级数 $\sum\limits_{n=1}^{\infty} \left(1 - \dfrac{a_n}{a_{n+1}}\right)$ 发散.

证明 取 $\varepsilon_0=\dfrac{1}{2}$. 令 $u_n=1-\dfrac{a_n}{a_{n+1}}$, 由于 $\{a_n\}$ 是单调递增正数列, 所以

$$
\begin{aligned}
&|u_{n+1}+u_{n+2}+\cdots+u_{n+p}|\\
=&\left(1-\frac{a_{n+1}}{a_{n+2}}\right)+\left(1-\frac{a_{n+2}}{a_{n+3}}\right)+\cdots+\left(1-\frac{a_{n+p}}{a_{n+p+1}}\right)\\
\geqslant&\sum_{k=n+1}^{n+p}\frac{a_{k+1}-a_k}{a_{n+p+1}}=1-\frac{a_{n+1}}{a_{n+p+1}}.
\end{aligned}
$$

由于数列 $\{a_n\}$ 为单调递增正数列, 且发散到 $+\infty$, 所以对任意正整数 N, 存在正整数 $n_0>N$ 和 p_0, 满足 $a_{n_0+p_0+1}>2a_{n_0+1}$, 因此有

$$|u_{n_0+1}+u_{n_0+2}+\cdots+u_{n_0+p_0}|\geqslant 1-\frac{a_{n_0+1}}{a_{n_0+p_0+1}}>1-\frac{1}{2}=\varepsilon_0,$$

故根据数项级数 Cauchy 准则的否定形式得, 级数 $\sum\limits_{n=1}^{\infty}\left(1-\dfrac{a_n}{a_{n+1}}\right)$ 发散. □

12. 证明下面的命题:

(1) 若对任意的满足 $\lim\limits_{n\to\infty}b_n=0$ 的数列 $\{b_n\}$, 级数 $\sum\limits_{n=1}^{\infty}a_nb_n$ 都收敛, 则 $\sum\limits_{n=1}^{\infty}a_n$ 绝对收敛.

(2) 设 $\sum\limits_{n=1}^{\infty}a_n$ 收敛, 且 $\lim\limits_{n\to\infty}na_n=0$, 则级数 $\sum\limits_{n=1}^{\infty}n(a_n-a_{n+1})=\sum\limits_{n=1}^{\infty}a_n$.

证明 (1) 用反证法. 假定级数 $\sum\limits_{n=1}^{\infty}a_n$ 不是绝对收敛, 则 $\sum\limits_{n=1}^{\infty}|a_n|=+\infty$, 即

$$\lim_{n\to\infty}\sum_{k=1}^{n}|a_k|=+\infty.$$

取 $n_1=0$, 由上述极限知, 对 $M=1$, 存在正整数 n_2, 使

$$\sum_{n=n_1+1}^{n_{1+1}}|a_n|=\sum_{k=1}^{n_2}|a_k|\geqslant 1.$$

对 $M=2$, 存在正整数 $n_3>n_2$, 使

$$\sum_{k=1}^{n_3}|a_k|\geqslant 2+\sum_{k=1}^{n_2}|a_k|\Rightarrow\sum_{n=n_2+1}^{n_{2+1}}|a_n|\geqslant 2.$$

这个过程可以继续进行下去, 得到对每个 $k=2,3,\cdots$, 存在正整数 $n_k>n_{k-1}$, 使

$$\sum_{n=n_k+1}^{n_{k+1}}|a_n|\geqslant k.$$

所以可以取

$$b_n=\frac{\operatorname{sgn}(a_n)}{k},\quad n_k<n\leqslant n_{k+1},\quad k\in\mathbb{N}_+,$$

因此由 b_n 的定义和 $n_k<n\leqslant n_{k+1}$ 及 n_k 是 k 的严格递增函数, 可得 $b_n\to 0\ (n\to\infty)$, 但是级数 $\sum\limits_{n=1}^{\infty}a_nb_n=+\infty$ 发散, 这与假定矛盾. 故 $\sum\limits_{n=1}^{\infty}a_n$ 绝对收敛.

(2) 令 $S_n=\sum\limits_{k=1}^{n}(a_k-a_{k+1})=a_1-a_{n+1}$, $S_0=0$, 则由 Abel 变换知

$$\begin{aligned}\sum_{k=1}^{n}k(a_k-a_{k+1})&=\sum_{k=1}^{n}k(S_k-S_{k-1})\\&=nS_n+\sum_{k=1}^{n-1}S_k[k-(k+1)]\\&=-\sum_{k=1}^{n-1}(a_1-a_{k+1})+n(a_1-a_{n+1})\\&=\sum_{k=1}^{n}a_k-(n+1)a_{n+1}+a_{n+1}.\end{aligned}$$

再利用题设条件, 便得结论成立. □

13. 证明: 若正项级数 $\sum\limits_{n=1}^{\infty}a_n$ 收敛, $r_n=\sum\limits_{k=n}^{\infty}a_k$, 则级数 $\sum\limits_{n=1}^{\infty}\frac{a_n}{r_n}$ 发散.

证明 明显地, $\{r_n\}$ 为严格递减数列, $\frac{a_n}{r_n}>0$, 且 $\forall n,p\in\mathbb{N}_+$, 有

$$\begin{aligned}\left|\frac{a_{n+1}}{r_{n+1}}+\frac{a_{n+2}}{r_{n+2}}+\cdots+\frac{a_{n+p}}{r_{n+p}}\right|&\geqslant\frac{a_{n+1}+a_{n+2}+\cdots+a_{n+p}}{r_{n+1}}\\&=\frac{r_{n+1}-r_{n+p+1}}{r_{n+1}}=1-\frac{r_{n+p+1}}{r_{n+1}}.\end{aligned}$$

取 $\varepsilon_0=\frac{1}{2}$, $\forall N\in\mathbb{N}_+$, $\exists n_0=N+1>N$. 注意到 $\sum\limits_{n=1}^{\infty}a_n$ 收敛, 知 $\lim\limits_{n\to\infty}r_n=0$, 于是

$$\lim_{p\to\infty}r_{n_0+p+1}=0<\frac{1}{2}r_{n_0+1},$$

所以存在 $p_0\in\mathbb{N}_+$, 使得 $r_{n_0+p_0+1}<\frac{1}{2}r_{n_0+1}$, 或 $\frac{r_{n_0+p_0+1}}{r_{n_0+1}}<\frac{1}{2}$, 因此

$$\left|\frac{a_{n_0+1}}{r_{n_0+1}}+\frac{a_{n_0+2}}{r_{n_0+2}}+\cdots+\frac{a_{n_0+p_0}}{r_{n_0+p_0}}\right|\geqslant 1-\frac{r_{n_0+p_0+1}}{r_{n_0+1}}=1-\frac{1}{2}=\frac{1}{2}\geqslant\varepsilon_0,$$

故根据 Cauchy 收敛准则知, 级数 $\sum\limits_{n=1}^{\infty}\frac{a_n}{r_n}$ 发散. □

14. 证明: 若级数 $\sum\limits_{n=1}^{\infty}a_n$ 收敛, 且有数列 $\{b_n\}$, 存在 $M>0$, 对任意的 $n\in\mathbb{N}_+$, 有

$$\sum_{k=2}^{n}|b_k-b_{k-1}|\leqslant M,$$

则级数 $\sum\limits_{n=1}^{\infty}a_nb_n$ 收敛.

证明 记 $A_{n,0}=0, A_{n,p}=\sum\limits_{j=n+1}^{n+p}a_j$, 由于级数 $\sum\limits_{n=1}^{\infty}a_n$ 收敛, 根据数项级数的 Cauchy 收敛准则知, 对任意 $\varepsilon>0$, 存在正整数 N, 使当 $n>N$ 时, 对任意 $p\in\mathbb{N}_+$, 有

$$|A_{n,p}|=|a_{n+1}+\cdots+a_{n+p}|<\frac{\varepsilon}{4M+|b_1|}.$$

对 $\sum\limits_{k=n+1}^{n+p}a_kb_k$ 应用 Abel 变换得

$$\begin{aligned}\sum_{k=n+1}^{n+p}a_kb_k&=\sum_{k=n+1}^{n+p}b_k(A_{n,k-n}-A_{n,k-n-1})\\&=\sum_{k=n+1}^{n+p}b_kA_{n,k-n}-\sum_{k=n+1}^{n+p}b_kA_{n,k-n-1}\\&=b_{n+p}A_{n,p}+\sum_{k=n+1}^{n+p-1}(b_k-b_{k+1})A_{n,k-n},\end{aligned}$$

于是利用题设条件可得, 当 $n>N$ 时, 对任意 $p\in\mathbb{N}_+$, 有

$$\begin{aligned}\left|\sum_{k=n+1}^{n+p}a_kb_k\right|&\leqslant|b_{n+p}||A_{n,p}|+\sum_{k=n+1}^{n+p-1}|b_k-b_{k+1}||A_{n,k-n}|\\&\leqslant\frac{\varepsilon}{4M+|b_1|}\left(|b_{n+p}|+\sum_{k=n+1}^{n+p-1}|b_k-b_{k+1}|\right)\\&\leqslant\frac{\varepsilon}{4M+|b_1|}\cdot(M+|b_1|+2M)<\varepsilon,\end{aligned}$$

所以根据 Cauchy 收敛准则得, 级数 $\sum\limits_{n=1}^{\infty}a_nb_n$ 收敛. □

16. 设级数 $\sum_{n=1}^{\infty} a_n$ 和 $\sum_{n=1}^{\infty} b_n$ 收敛, 证明它们的 Cauchy 乘积收敛的充分必要条件为

$$\lim_{n\to\infty}\sum_{k=1}^{n} a_k(b_n+b_{n-1}+\cdots+b_{n-k+1})=0.$$

证明 设 $a_0=b_0=0$, $\sum_{n=1}^{\infty} a_n=A$, $\sum_{n=1}^{\infty} b_n=B$, 则

$$\sum_{n=0}^{\infty} a_n=A,\quad \sum_{n=0}^{\infty} b_n=B.$$

易证: 级数 $\sum_{n=1}^{\infty} a_n$ 与 $\sum_{n=1}^{\infty} b_n$ 的 Cauchy 乘积与级数 $\sum_{n=0}^{\infty} a_n$ 与 $\sum_{n=0}^{\infty} b_n$ 的 Cauchy 乘积同敛散, 且收敛时, 它们的和相同.

先证充分性. 记 $A_n=\sum_{k=0}^{n} a_k$, $B_n=\sum_{k=0}^{n} b_k$, $\sigma_n=\sum_{k=0}^{n} c_k$, 其中 $c_k=a_0b_k+a_1b_{k-1}+\cdots+a_kb_0$, 则

$$\lim_{n\to\infty} A_n=A,\quad \lim_{n\to\infty} B_n=B$$

和

$$\begin{aligned}\sigma_n=\sum_{k=0}^{n} c_k&=a_0b_0\\&\quad+a_0b_1+a_1b_0\\&\quad+a_0b_2+a_1b_1+a_2b_0+\cdots\\&\quad+a_0b_n+a_1b_{n-1}+\cdots+a_nb_0\\&=a_0B_n+a_1B_{n-1}+\cdots+a_nB_0,\end{aligned}$$

于是利用 Abel 变换可得

$$\begin{aligned}\sum_{k=1}^{n} a_k(b_n+b_{n-1}+\cdots+b_{n-k+1})&=\sum_{k=1}^{n} a_k(B_n-B_{n-k})\\&=B_n(A_n-a_0)-\sum_{k=1}^{n} a_kB_{n-k}\\&=A_nB_n-\sum_{k=0}^{n} a_kB_{n-k}\\&=A_nB_n-\sigma_n,\end{aligned}$$

所以由条件得

$$\lim_{n\to\infty}\sigma_n=\lim_{n\to\infty}(A_nB_n)-\lim_{n\to\infty}\sum_{k=1}^{n}a_k(b_n+b_{n-1}+\cdots+b_{n-k+1})=\lim_{n\to\infty}A_n\lim_{n\to\infty}B_n=AB,$$

即 Cauchy 乘积收敛, 且其和为 AB.

再证必要性. 如果它们的 Cauchy 乘积收敛, 设其和为 σ, 则

$$\lim_{n\to\infty}\sigma_n=\sigma.$$

下面证明 $\sigma=AB$. 事实上, 类似于上面可得

$$\sigma_0+\sigma_1+\cdots+\sigma_n=A_0B_n+A_1B_{n-1}+\cdots+A_nB_0,$$

所以

$$\sigma=\lim_{n\to\infty}\frac{\sigma_0+\sigma_1+\cdots+\sigma_n}{n+1}=\lim_{n\to\infty}\frac{A_0B_n+A_1B_{n-1}+\cdots+A_nB_0}{n+1}=AB,$$

因此

$$\lim_{n\to\infty}\sum_{k=1}^{n}a_k(b_n+b_{n-1}+\cdots+b_{n-k+1})=\lim_{n\to\infty}(A_nB_n-\sigma_n)=AB-\sigma=0.\quad\square$$

第 11 章　函数项级数

习　题　11.1

1. 讨论下列函数列 $\{f_n\}$ 在指定区间上的一致收敛性:

(2) $f_n(x)=\sin\dfrac{x}{n}$,　(i) $x\in[0,1]$,　(ii) $x\in(-\infty,+\infty)$;

(4) $f_n(x)=\dfrac{x^n}{1+x^n}$,　(i) $x\in[0,1]$,　(ii) $x\in[0,r]$, $0<r<1$;

(6) $f_n(x)=\begin{cases}-(n+1)x+1, & 0\leqslant x\leqslant\dfrac{1}{n+1},\\ 0, & \dfrac{1}{n+1}<x<1;\end{cases}$

(7) $f_n(x)=n\left(\sqrt{x+\dfrac{1}{n}}-\sqrt{x}\right), x\in(0,+\infty)$.

解　(2) 当 $x\in(-\infty,+\infty)$ 时, 由函数的连续性, 有

$$\lim_{n\to\infty}f_n(x)=\lim_{n\to\infty}\sin\frac{x}{n}=\sin\left(\lim_{n\to\infty}\frac{x}{n}\right)=\sin 0=0,$$

于是极限函数 $f(x)=0, x\in(-\infty,+\infty)$.

(i) 注意到

$$|f_n(x)-f(x)|=\sin\frac{x}{n}\leqslant\frac{x}{n}\leqslant\frac{1}{n},\quad x\in[0,1],$$

所以, 对任意的 $\varepsilon>0$, 存在 $N=\left[\dfrac{1}{\varepsilon}\right]+1$, 使当 $n>N$ 时, 有

$$|f_n(x)-f(x)|=\sin\frac{x}{n}\leqslant\frac{1}{n}<\varepsilon,\quad x\in[0,1].$$

故由定义 11.1.3 知, $\{f_n(x)\}$ 在 $[0,1]$ 内一致收敛于 $f(x)=x$.

(ii) 当 $x\in(-\infty,+\infty)$ 时, 存在 $\varepsilon_0=1$, 使对任意正整数 N, 存在正整数 $n_0=N+1>N$ 和 $x_0=\dfrac{(N+1)\pi}{2}\in(-\infty,+\infty)$ 满足

$$|f_{n_0}(x_0)-f(x_0)|=\left|\sin\frac{x_0}{n_0}-0\right|=\left|\sin\frac{\pi}{2}\right|=1\geqslant\varepsilon_0.$$

于是, 由函数列不一致收敛的定义知, 函数列 $\{f_n(x)\}$ 在 $(-\infty,+\infty)$ 上不一致收敛.

(4) (i) 当 $x \in [0,1]$ 时, 存在 $\varepsilon_0 = \dfrac{2}{15}$, 使对任意的正整数 N, 存在正整数 $n_0 = N+1 > N, m_0 = 2N+2 > N$ 和 $x_0 = \sqrt[N+1]{\dfrac{1}{2}} \in (0,1)$, 满足

$$|f_{n_0}(x_0) - f_{m_0}(x_0)| = \left|\frac{x_0^{n_0} - x_0^{m_0}}{(1+x_0^{n_0})(1+x_0^{m_0})}\right| = \left|\frac{\frac{1}{2} - \left(\frac{1}{2}\right)^2}{\left(1+\frac{1}{2}\right)\left(1+\frac{1}{4}\right)}\right| = \frac{2}{15} \geqslant \varepsilon_0,$$

于是, 由函数列一致收敛的 Cauchy 准则知: 函数列 $\{f_n(x)\}$ 在 $[0,1]$ 内不一致收敛.

(ii) 当 $x \in [0,r], 0 < r < 1$ 时, 有

$$0 \leqslant \frac{x^n}{1+x^n} \leqslant \frac{r^n}{1+r^n}$$

及 $\lim\limits_{n\to\infty} \dfrac{r^n}{1+r^n} = \dfrac{0}{1+0} = 0$, 根据迫敛性定理, 有

$$\lim_{n\to\infty} f_n(x) = \lim_{n\to\infty} \frac{x^n}{1+x^n} = 0.$$

于是得到极限函数为 $f(x) = 0$.

对于任意 n 及 $x \in [0,r]$, 由

$$f_n'(x) = \frac{nx^{n-1}}{(1+x^n)^2} = 0,$$

得 $x = 0$, 于是当 $x > 0$ 时, $f_n'(x) > 0$; 当 $x < 0$, $f_n'(x) < 0$. 所以 $\{f_n(x)\}$ 在区间 $[0,r]$ 上严格递增, 因此 $x = r$ 是 $f_n(x)$ 在 $[0,1]$ 上的最大值点, 故

$$\sup_{x\in[0,r]} |f_n(x) - f(x)| = \max_{x\in[0,1]} f_n(x) = f_n(r) = \frac{r^n}{1+r^n} \to 0 \quad (n \to \infty).$$

故根据余项定理得, $\{f_n(x)\}$ 在 $[0,1]$ 上一致收敛.

(6) 首先, 求函数列 $\{f_n(x)\}$ 在区间 $[0,1]$ 上的极限函数. 显然 $\lim\limits_{n\to\infty} f_n(0) = 1$.

当 $0 < x \leqslant 1$ 时, 只要 $n > \dfrac{1}{x} - 1$, 就有 $f_n(x) = 0$, 于是 $\lim\limits_{n\to\infty} f_n(x) = 0$, 所以在 $[0,1]$ 上的极限函数为

$$f(x) = \begin{cases} 1, & x = 0, \\ 0, & 0 < x < 1. \end{cases}$$

其次, 证明函数列 $\{f_n(x)\}$ 在区间 $[0,1]$ 上不一致收敛.

事实上, 存在 $\varepsilon_0 = \dfrac{1}{3} > 0$, 使对任意的正整数 N, 存在正整数 $n_0 = N+1 >$

$N, m_0 = 2n_0 > N$ 和 $x_0 = \dfrac{1}{3n_0} \in \left[0, \dfrac{1}{m_0+1}\right] \subset \left[0, \dfrac{1}{n_0+1}\right]$ 满足

$$\begin{aligned}|f_{n_0}(x_0) - f_{m_0}(x_0)| &= \Big|[-(n_0+1)x_0+1] - [-(m_0+1)x_0+1]\Big| \\ &= |(m_0-n_0)x_0| = \frac{1}{3} \geqslant \varepsilon_0,\end{aligned}$$

于是, 根据函数列不一致收敛的 Cauchy 准则知, 函数列 $\{f_n(x)\}$ 在 $[0,1]$ 上不一致收敛.

(7) 因为

$$f_n(x) = n\left(\sqrt{x+\frac{1}{n}} - \sqrt{x}\right) = n\frac{\frac{1}{n}}{\sqrt{x+\frac{1}{n}}+\sqrt{x}} = \frac{1}{\sqrt{x+\frac{1}{n}}+\sqrt{x}},$$

所以

$$\lim_{n\to\infty} f_n(x) = \lim_{n\to\infty} \frac{1}{\sqrt{x+\frac{1}{n}}+\sqrt{x}} = \frac{1}{2\sqrt{x}},$$

即 $\{f_n(x)\}$ 在区间 $(0,+\infty)$ 上的极限函数 $f(x) = \dfrac{1}{2\sqrt{x}}$.

注意到

$$\begin{aligned}\sup_{x\in[0,1]} |f_n(x) - f(x)| &\geqslant \left|f_n\left(\frac{1}{n}\right) - f\left(\frac{1}{n}\right)\right| \\ &= \left|n\left(\sqrt{\frac{1}{n}+\frac{1}{n}} - \sqrt{\frac{1}{n}}\right) - \frac{1}{2\sqrt{\frac{1}{n}}}\right| \\ &= \left(\frac{3}{2} - \sqrt{2}\right)\sqrt{n} \to +\infty \quad (n\to\infty).\end{aligned}$$

所以根据余项定理得, $\{f_n(x)\}$ 在 $(0,+\infty)$ 上不一致收敛. □

3. 设函数列 $\{f_n(x)\}$ 和 $\{g_n(x)\}$ 在区间 I 上分别一致收敛于 $f(x)$ 和 $g(x)$, 且 $f(x)$ 和 $g(x)$ 都在 I 上有界. 证明函数列 $\{f_n(x)g_n(x)\}$ 在区间 I 上一致收敛于 $f(x)g(x)$.

证明　因为 $f(x)$ 和 $g(x)$ 都在 I 上有界, 则存在 $M>1$, 使得

$$|f(x)| \leqslant M, \quad |g(x)| \leqslant M, \quad x \in I. \tag{11.1}$$

又因为 $\{f_n(x)\}$ 和 $\{g_n(x)\}$ 在区间 I 上分别一致收敛于 $f(x)$ 和 $g(x)$, 所以对任意的 $\varepsilon \in (0,1)$, 存在 $N_1 = N_1(\varepsilon) > 0$, 使得当 $n > N_1$ 时有

$$|f_n(x) - f(x)| < \frac{\varepsilon}{4M}. \tag{11.2}$$

同理, 对上述的 ε, 存在 $N_2=N_2(\varepsilon)>0$, 使得当 $n>N_2$ 时有

$$|g_n(x)-g(x)|<\frac{\varepsilon}{2M},\quad x\in I. \tag{11.3}$$

进一步, 由三角不等式和 (11.3), 还可得到: 当 $n>N_2$ 时, 有

$$|g_n(x)|<|g(x)|+|g_n(x)-g(x)|<M+\frac{\varepsilon}{2M}<2M,\quad x\in I. \tag{11.4}$$

令 $N=\max\{N_1(\varepsilon),N_2(\varepsilon)\}>0$, 利用三角不等式和 (11.1) 和 (11.4), 则当 $n>N$ 时, 有

$$\begin{aligned}|f_n(x)g_n(x)-f(x)g(x)|&=|f_n(x)g_n(x)-f(x)g_n(x)+f(x)g_n(x)-f(x)g(x)|\\&\leqslant|f_n(x)-f(x)||g_n(x)|+|g_n(x)-g(x)||f(x)|\\&<\frac{\varepsilon}{2}+\frac{\varepsilon}{2}=\varepsilon,\quad x\in I.\end{aligned}$$

所以由定义 11.1.3 知, 函数列 $\{f_n(x)g_n(x)\}$ 在区间 I 上一致收敛于 $f(x)g(x)$. □

5. 设 $f(x)$ 为定义在 (a,b) 内的任一函数, 记

$$f_n(x)=\frac{[nf(x)]}{n},\quad n=1,2,\cdots.$$

证明函数列 $\{f_n(x)\}$ 在 (a,b) 内一致收敛于 $f(x)$.

证明 由于

$$|f_n(x)-f(x)|=\frac{1}{n}\left|[nf(x)]-nf(x)\right|\leqslant\frac{1}{n},$$

所以对任意的 $\varepsilon>0$, 存在 $N=\left[\dfrac{1}{\varepsilon}\right]+1$, 使得当 $n>N$ 时, 有

$$|f_n(x)-f(x)|<\frac{1}{n}<\varepsilon,\quad x\in(a,b).$$

所以由定义 11.1.3 知, 函数列 $\{f_n(x)\}$ 在 (a,b) 内一致收敛于 $f(x)$. □

6. 设可微函数列 $\{f_n(x)\}$ 在 $[a,b]$ 上收敛, 且 $\{f_n'(x)\}$ 在 $[a,b]$ 上一致有界, 即存在 $M>0$, 使 $|f_n'(x)|\leqslant M$, $x\in[a,b]$, $n\in\mathbb{N}_+$. 证明 $\{f_n(x)\}$ 在 $[a,b]$ 上一致收敛.

证明 由可微函数列 $\{f_n(x)\}$ 在 $[a,b]$ 上收敛, 不妨设 $f_n(x)$ 在 $[a,b]$ 上的极限函数为 $f(x)$.

首先证明: $f(x)$ 在 $[a,b]$ 上连续.

事实上, 对任意的 $\varepsilon>0$, 存在 $\delta=\dfrac{\varepsilon}{M}>0$, 对任意的 $x_1,x_2\in[a,b]$ 且 $|x_1-x_2|<\delta$ 时, 对任意的 $n\in\mathbb{N}$, 利用 Lagrange 中值定理, 有

$$|f_n(x_1)-f_n(x_2)|=|f_n'(c)||x_1-x_2|<M\cdot\frac{\varepsilon}{M}<\varepsilon,$$

其中 c 介于 x_1, x_2 之间. 在上式, 令 $n \to +\infty$, 则有

$$|f(x_1) - f(x_2)| \leqslant \varepsilon,$$

所以 $f(x)$ 在 $[a,b]$ 上一致连续, 因此在 $[a,b]$ 上连续.

其次证明: $\{f_n(x)\}$ 在 $[a,b]$ 上一致收敛于 $f(x)$.

事实上, 由上面的证明知: 对任意的 $\varepsilon > 0$, 存在 $\delta = \dfrac{\varepsilon}{3M} > 0$, 对任意的 $x_1, x_2 \in [a,b]$ 且 $|x_1 - x_2| < \delta$ 时

$$|f_n(x_1) - f_n(x_2)| < \frac{\varepsilon}{3}.$$

将区间 $[a,b]$ 进行 k 等分, 使得

$$\frac{b-a}{k} < \frac{\varepsilon}{3M}, \quad a = a_0 < a_1 < a_2 < \cdots < a_k = b.$$

因为

$$\lim_{n\to\infty} f_n(x) = f(x), \quad x \in [a,b].$$

所以对上述的 $\varepsilon > 0$, 存在 $N_i > 0\ (i = 0,1,2,\cdots,k)$, 当 $n > N_i$ 时, 有

$$|f_n(a_i) - f(a_i)| < \frac{\varepsilon}{3}.$$

令 $N = \max\{N_0, N_1, \cdots, N_k\}$, 则当 $n > N$ 时, 有

$$|f_n(a_i) - f(a_i)| < \frac{\varepsilon}{3}, \quad i = 0,1,2,\cdots,k.$$

综上所述, 对任意的 $\varepsilon > 0$, 存在 $N > 0$, 使得当 $n > N$ 时, 有

$$\begin{aligned}|f_n(x) - f(x)| &\leqslant |f_n(x) - f_n(a_i)| + |f_n(a_i) - f(a_i)| + |f(a_i) - f(x)| \\ &< \frac{\varepsilon}{3} + \frac{\varepsilon}{3} + \frac{\varepsilon}{3} = \varepsilon, \quad \forall x \in [a,b]\end{aligned}$$

(因为对任意的 $x \in [a,b]$, x 必落在 $[a_{i-1}, a_i] (i = 0,1,2,\cdots,k)$ 的某一个区间内), 所以由定义 11.1.3 知 $\{f_n(x)\}$ 在 $[a,b]$ 上一致收敛. □

习　题　11.2

1. 设 $f_n(x) = n^{\alpha} x \mathrm{e}^{-nx}$, 其中 α 是参数, 求 α 的取值范围, 使满足

(1) 函数列 $\{f_n(x)\}$ 在 $[0,1]$ 上一致收敛;

(2) 积分运算与极限运算可交换, 即

$$\lim_{n\to\infty} \int_0^1 f_n(x)\mathrm{d}x = \int_0^1 \lim_{n\to\infty} f_n(x)\mathrm{d}x;$$

(3) 在 $[0,1]$ 上求导运算与极限运算可交换, 即

$$\lim_{n\to\infty}\frac{\mathrm{d}}{\mathrm{d}x}f_n(x)=\frac{\mathrm{d}}{\mathrm{d}x}\Big(\lim_{n\to\infty}f_n(x)\Big),\quad \forall x\in[0,1].$$

解 (1) 首先, 求 $\{f_n(x)\}$ 在 $[0,1]$ 上的极限函数 $f(x)$. 显然,

$$\lim_{n\to\infty}f_n(0)=\lim_{n\to\infty}0=0.$$

当 $0<x\leqslant 1$ 时, 利用归结原理及 L'Hospital 法则, 可知

$$\lim_{n\to\infty}f_n(x)=\lim_{n\to\infty}\frac{xn^\alpha}{\mathrm{e}^{nx}}=0,$$

所以 $\{f_n(x)\}$ 在 $[0,1]$ 上的极限函数 $f(x)\equiv 0$.

其次, 讨论函数列 $\{f_n(x)\}$ 在 $[0,1]$ 上的一致收敛性.

事实上, 对于任意的 $n\in\mathbb{N}$ 及 $x\in[0,1]$, 由

$$f_n'(x)=n^\alpha\mathrm{e}^{-nx}(1-nx)=0,$$

得 $x=\dfrac{1}{n}$, 于是当 $x<\dfrac{1}{n}$ 时, $f_n'(x)>0$; 当 $x>\dfrac{1}{n}$ 时, $f_n'(x)<0$. 所以, $\{f_n(x)\}$ 在 $\left[0,\dfrac{1}{n}\right]$ 上严格单调递增, 在 $\left[\dfrac{1}{n},1\right]$ 上严格单调递减, 因此 $x=\dfrac{1}{n}$ 是 $f_n(x)$ 在区间 $[0,1]$ 上的最大值点, 故

$$\sup_{x\in[0,1]}|f_n(x)-f(x)|=\max_{x\in[0,1]}f_n(x)=f_n\left(\frac{1}{n}\right)=\frac{n^{\alpha-1}}{\mathrm{e}},$$

从而由定理 11.1.1 知, $f_n(x)$ 在区间 $[0,1]$ 上一致收敛的充要条件是

$$\lim_{n\to\infty}\frac{n^{\alpha-1}}{e}=0\Leftrightarrow\alpha<1.$$

(2) 由 (1) 知 $\lim\limits_{n\to\infty}f_n(x)=f(x)=0$, 于是

$$\int_0^1\lim_{n\to\infty}f_n(x)\mathrm{d}x=0.$$

注意到

$$\begin{aligned}\int_0^1 f_n(x)\mathrm{d}x&=\int_0^1 n^\alpha x\mathrm{e}^{-nx}\mathrm{d}x\\&=n^\alpha\left(-\frac{1}{n}\int_0^1 x\mathrm{d}\mathrm{e}^{-nx}\right)\\&=-n^{\alpha-1}\left(x\mathrm{e}^{-nx}\Big|_0^1-\int_0^1\mathrm{e}^{-nx}\mathrm{d}x\right)\end{aligned}$$

$$=n^{\alpha-2}[1-\mathrm{e}^{-n}(n+1)],$$

所以要使

$$\lim_{n\to\infty}\int_0^1 f_n(x)\mathrm{d}x=\int_0^1\lim_{n\to\infty}f_n(x)\mathrm{d}x=0$$

成立, 当且仅当有

$$\lim_{n\to\infty}n^{\alpha-2}[1-\mathrm{e}^{-n}(n+1)]=\lim_{n\to\infty}n^{\alpha-2}=0\Leftrightarrow\alpha<2.$$

(3) 由 (1) 知, $\lim\limits_{n\to\infty}f_n(x)=0$, 则

$$\frac{\mathrm{d}}{\mathrm{d}x}\left(\lim_{n\to\infty}f_n(x)\right)=0.$$

又

$$\frac{\mathrm{d}}{\mathrm{d}x}f_n(x)=n^{\alpha}\mathrm{e}^{-nx}(1-nx).$$

记 $g_n(x)=n^{\alpha}\mathrm{e}^{-nx}(1-nx)$, 由

$$\begin{aligned}g_n'(x)&=n^{\alpha}\mathrm{e}^{-nx}(-n)(1-nx)+n^{\alpha}\mathrm{e}^{-nx}(-n)\\&=n^{\alpha+2}\mathrm{e}^{-nx}\left(x-\frac{2}{n}\right)=0,\end{aligned}$$

得 $x=\dfrac{2}{n}$. 于是当 $x<\dfrac{2}{n}$ 时, $g_n'(x)<0$; 当 $x>\dfrac{2}{n}$ 时, $g_n'(x)>0$. 所以 $\{g_n(x)\}$ 在 $\left[0,\dfrac{2}{n}\right]$ 上严格单调递减, 在 $\left[\dfrac{2}{n},1\right]$ 上严格单调递增, 因此 $x=0,1$ 可能是 $g_n(x)$ 在区间 $[0,1]$ 上的最大值点. 而

$$g_n(0)=n^{\alpha}>g_n(1)=n^{\alpha}\mathrm{e}^{-n}(1-n),$$

于是 $g_n(0)=n^{\alpha}$ 是 $g_n(x)$ 在区间 $[0,1]$ 上的最大值, 所以要使

$$\frac{\mathrm{d}}{\mathrm{d}x}\left(\lim_{n\to\infty}f_n(x)\right)=\lim_{n\to\infty}\frac{\mathrm{d}}{\mathrm{d}x}f_n(x)=0,$$

必有 $\lim\limits_{n\to\infty}n^{\alpha}=0$, 即 $\alpha<0$. □

2. 设 $\{f_n(x)\}$ 为定义在 $[a,b]$ 上的连续函数列, 且 $f_n(x)\rightrightarrows f(x)$, $n\to\infty$, $x\in[a,b]$, 又 $\{x_n\}\subset[a,b]$ 且 $x_n\to x_0$, $n\to\infty$. 证明

$$\lim_{n\to\infty}f_n(x_n)=f(x_0).$$

证明 由于 $\{f_n(x)\}$ 为定义在 $[a,b]$ 上的连续函数列, 且 $f_n(x) \rightrightarrows f(x), n\to\infty$, $x\in[a,b]$, 所以根据一致收敛函数列的连续性定理知, $f(x)$ 在 $[a,b]$ 上连续. 特别地, 在点 x_0 连续, 即对任意的 $\varepsilon>0$, 存在 $\delta>0$, 使得当 $|x-x_0|<\delta$ 时, 有

$$|f(x)-f(x_0)|<\frac{\varepsilon}{2}.$$

又因为 $\{x_n\}\subset[a,b]$ 且 $x_n\to x_0, n\to\infty$, 所以对上述的 $\delta>0$, 存在 $N_1\in\mathbb{N}_+$, 使得当 $n>N_1$ 时, 有 $|x_n-x_0|<\delta$, 此时, 有

$$|f(x_n)-f(x_0)|<\frac{\varepsilon}{2}.$$

注意到 $f_n(x)\rightrightarrows f(x), n\to\infty, x\in[a,b]$, 根据一致收敛的定义得, 对上述 $\varepsilon>0$, 存在 $N_2\in\mathbb{N}_+$, 使得当 $n>N_2$ 时, 有

$$|f_n(x)-f(x)|<\frac{\varepsilon}{2},\quad x\in[a,b].$$

特别地, 当 $n>N_2$ 时, 有

$$|f_n(x_n)-f(x_n)|<\frac{\varepsilon}{2}.$$

综上所述, 对任意的 $\varepsilon>0$, 存在 $N=\max\{N_1,N_2\}\in\mathbb{N}_+$, 使得当 $n>N$ 时, 有

$$\begin{aligned}|f_n(x_n)-f(x_0)| &= |f_n(x_n)-f(x_n)+f(x_n)-f(x_0)|\\ &\leqslant |f_n(x_n)-f(x_n)|+|f(x_n)-f(x_0)|\\ &<\frac{\varepsilon}{2}+\frac{\varepsilon}{2}=\varepsilon,\end{aligned}$$

故根据数列极限的定义得, $\lim\limits_{n\to\infty} f_n(x_n)=f(x_0)$. □

3. 讨论下列各函数列 $\{f_n(x)\}$ 在所定义的区间上是否有定理 11.2.1、定理 11.2.3、定理 11.2.4 中的结论?

(2) $f_n(x)=x\mathrm{e}^{-nx^2}$, $x\in[0,1]$.

解 因为对任意的 $x\in[0,1]$, 有

$$\lim_{n\to\infty} f_n(x)=\lim_{n\to\infty}\frac{x}{\mathrm{e}^{nx^2}}=0,$$

所以 $\{f_n(x)\}$ 在 $[0,1]$ 上的极限函数 $f(x)\equiv 0$.

直接计算得, 任取 $x_0\in[0,1]$, 有

$$\lim_{x\to x_0}\lim_{n\to\infty} f_n(x)=\lim_{x\to x_0} 0=0,\quad \lim_{n\to\infty}\lim_{x\to x_0} f_n(x_0)=\lim_{n\to\infty} x_0^2\mathrm{e}^{-nx_0^2}=0$$

和

$$\lim_{n\to\infty}\int_0^1 f_n(x)\mathrm{d}x=\lim_{n\to\infty}\int_0^1 x\mathrm{e}^{-nx^2}\mathrm{d}x=\lim_{n\to\infty}\left(\frac{1}{2n}-\frac{1}{2n\mathrm{e}^n}\right)=0,$$

$$\int_0^1\lim_{n\to\infty}f_n(x)\mathrm{d}x=\int_0^1 0\mathrm{d}x=0.$$

从而有定理 11.2.1 和定理 11.2.3 相应的结论.

又因为导函数列 $\{f_n'(x)\}=\{(1-2nx^2)\mathrm{e}^{-nx^2}\}$ 在 $[0,1]$ 上连续, 其极限函数

$$\lim_{n\to\infty}f_n'(x)=\lim_{n\to\infty}(1-2nx^2)\mathrm{e}^{-nx^2}=\varphi(x):=\begin{cases}1, & x=0,\\ 0, & 0<x\leqslant 1\end{cases}$$

在 $[0,1]$ 上不连续, 所以根据定理 11.2.1 知, 导函数列 $\{f_n'(x)\}=\{(1-2nx^2)\mathrm{e}^{-nx^2}\}$ 在 $[0,1]$ 上不一致收敛, 从而没有定理 11.2.4 中的结论, 实际上, $f'(x)=\varphi(x)$ 在 $[0,1]$ 上不成立.

事实上, 由

$$f_n'(x)=\mathrm{e}^{-nx^2}-2nx^2\mathrm{e}^{-nx^2}=(1-2nx^2)\mathrm{e}^{-nx^2}=0,$$

得 $x=\dfrac{1}{\sqrt{2n}}$. 于是当 $x<\dfrac{1}{\sqrt{2n}}$ 时, $f_n'(x)>0$; 当 $x>\dfrac{1}{\sqrt{2n}}$ 时, $f_n'(x)<0$. 所以 $\{f_n(x)\}$ 在 $\left[0,\dfrac{1}{\sqrt{2n}}\right]$ 上严格单调递增, 在 $\left[\dfrac{1}{\sqrt{2n}},1\right]$ 上严格单调递减, 因此 $x=\dfrac{1}{\sqrt{2n}}$ 是 $f_n(x)$ 在区间 $[0,1]$ 上的最大值点, 故

$$\sup_{x\in[0,1]}|f_n(x)-f(x)|=\max_{x\in[0,1]}f_n(x)=f_n\left(\frac{1}{\sqrt{2n}}\right)=\frac{1}{\sqrt{2n}}\mathrm{e}^{-\frac{1}{2}}\to 0\quad(n\to\infty).$$

从而由定理 11.1.1 知, $\{f_n(x)\}$ 在区间 $[0,1]$ 上一致收敛于 $f(x)=0$, 故其满足定理 11.2.1 和定理 11.2.3 的条件, 从而有相应的结论. 但是 $f'(x)=\varphi(x)$ 在 $[0,1]$ 上不成立, 所以定理 11.2.4 中的结论不成立. □

4. 设函数列 $\{f_n(x)\}$ 在 $U^\circ(x_0;\delta)$ 内一致收敛于 $f(x)$, 且对每个 n, $\lim\limits_{x\to x_0}f_n(x)=a_n$. 证明: $\lim\limits_{n\to\infty}a_n$ 和 $\lim\limits_{x\to x_0}f(x)$ 均存在且相等.

证明　先证 $\{a_n\}$ 是收敛数列.

由于 $\{f_n(x)\}$ 在 $U^\circ(x_0;\delta)$ 内一致收敛于 $f(x)$, 则对任意的 $\varepsilon>0$, 存在 $N\in\mathbb{N}_+$, 当 $n>N$ 时, 对任意的正整数 p 有

$$|f_n(x)-f_{n+p}(x)|<\varepsilon,\quad \forall x\in U^\circ(x_0;\delta).$$

对上式两边令 $x\to x_0$ 取极限, 并利用绝对值函数是一个连续函数, 有

$$|a_n-a_{n+p}|=\left|\lim_{x\to x_0}(f_n(x)-f_{n+p}(x))\right|=\lim_{x\to x_0}|f_n(x)-f_{n+p}(x)|\leqslant\varepsilon,$$

所以由数列的 Cauchy 收敛准则得, 数列 $\{a_n\}$ 收敛, 设 $\lim\limits_{n\to\infty} a_n = A$.

再证 $\lim\limits_{x\to x_0} f(x) = A$.

由于 $\{f_n(x)\}$ 在 $U^\circ(x_0;\delta)$ 内一致收敛于 $f(x)$ 以及 a_n 收敛于 A, 所以对任意的 $\varepsilon > 0$, 存在 $N \in \mathbb{N}_+$, 当 $n > N$ 时, 有

$$|f_n(x) - f(x)| < \frac{\varepsilon}{3}, \quad \forall x \in U^\circ(x_0;\delta)$$

和 $|a_n - A| < \dfrac{\varepsilon}{3}$ 同时成立. 特别取 $n = N+1$, 有

$$|f_{N+1}(x) - f(x)| < \frac{\varepsilon}{3}, \ \forall x \in U^\circ(x_0;\delta); \quad |a_{N+1} - A| < \frac{\varepsilon}{3}.$$

又因为

$$\lim_{x\to x_0} f_{N+1}(x) = a_{N+1},$$

所以存在 $\delta' > 0(\delta > \delta')$, 当 $0 < |x - x_0| < \delta$ 时, 有

$$|f_{N+1}(x) - a_{N+1}| < \frac{\varepsilon}{3}.$$

这样, 当 $0 < |x - x_0| < \delta'$ 时, 有

$$\begin{aligned}|f(x) - A| &\leqslant |f(x) - f_{N+1}(x) + f_{N+1}(x) - a_{N+1} + a_{N+1} - A| \\ &\leqslant |f(x) - f_{N+1}(x)| + |f_{N+1}(x) - a_{N+1}| + |a_{N+1} - A| \\ &< \frac{\varepsilon}{3} + \frac{\varepsilon}{3} + \frac{\varepsilon}{3} = \varepsilon,\end{aligned}$$

即证得, $\lim\limits_{x\to x_0} f(x) = A$. □

习 题 11.3

1. 讨论下列函数项级数在所指定区间上的敛散性:

(1) $\displaystyle\sum_{n=2}^{\infty} \frac{1-2n}{(x^2+n^2)[x^2+(n-1)^2]}, D = [-1,1]$;

(4) $\displaystyle\sum_{n=1}^{\infty} \frac{x^2}{(1+x^2)^n}, D = (-\infty,+\infty)$.

解 (1) **方法一** 求前 n 项和. 记 $S_n(x)$ 为 $\displaystyle\sum_{n=2}^{\infty} \frac{1-2n}{(x^2+n^2)[x^2+(n-1)^2]}$ 的前 n 项部分和, 则

$$S_n(x) = \sum_{k=2}^{n+1} \frac{1-2k}{(x^2+k^2)[x^2+(k-1)^2]}$$

$$=\sum_{k=2}^{n+1}\left(\frac{1}{x^2+k^2}-\frac{1}{x^2+(k-1)^2}\right)$$
$$=\frac{1}{x^2+(n+1)^2}-\frac{1}{x^2+1}.$$

因此, 可求得极限函数

$$\lim_{n\to\infty}S_n(x)=\lim_{n\to\infty}\left(\frac{1}{x^2+(n+1)^2}-\frac{1}{x^2+1}\right)=-\frac{1}{x^2+1},\quad x\in[-1,1],$$

故证得, $\sum_{n=1}^{\infty}\frac{1-2n}{(x^2+n^2)[x^2+(n-1)^2]}$ 在 $[-1,1]$ 上逐点收敛于 $-\frac{1}{x^2+1}$.

方法二　用 Cauchy 收敛准则. 令 $u_n=\frac{1-2n}{(x^2+n^2)[x^2+(n-1)^2]}$, 注意到

$$\begin{aligned}|u_{n+1}(x)+u_{n+2}(x)+\cdots+u_{n+p}(x)|&=\left|\sum_{k=n+1}^{n+p}\frac{1-2k}{(x^2+k^2)[x^2+(k-1)^2]}\right|\\&=\left|\sum_{k=n+1}^{n+p}\left(\frac{1}{x^2+k^2}-\frac{1}{x^2+(k-1)^2}\right)\right|\\&=\left|\frac{1}{x^2+(n+p)^2}-\frac{1}{x^2+n^2}\right|\\&<\frac{1}{x^2+n^2}\leqslant\frac{1}{n},\end{aligned}$$

所以对任意的 $\varepsilon>0$, 存在 $N=\left[\frac{1}{\varepsilon}\right]\in N_+$, 使当 $n>N$ 时, 对一切 $x\in D$ 和 $p\in N_+$, 都有

$$|u_{n+1}(x)+u_{n+2}(x)+\cdots+u_{n+p}(x)|<\varepsilon,$$

因此根据一致收敛的 Cauchy 准则得, $\sum_{n=1}^{\infty}\frac{1-2n}{(x^2+n^2)[x^2+(n-1)^2]}$ 在 $[-1,1]$ 上一致收敛, 故在 $[-1,1]$ 上收敛.

(4) 记 $S_n(x)$ 为 $\sum_{n=1}^{\infty}\frac{x^2}{(1+x^2)^n}$ 的前 n 项部分和, 则当 $x=0$ 时, $S_n(0)=0$; 当 $x\in(-\infty,0)\cup(0,+\infty)$ 时,

$$S_n(x)=\sum_{k=1}^{n}\frac{x^2}{(1+x^2)^k}=\frac{\frac{x^2}{1+x^2}\cdot\left(1-\frac{1}{(1+x^2)^n}\right)}{1-\frac{1}{1+x^2}}=1-\frac{1}{(1+x^2)^n}\to 1,\quad n\to\infty,$$

于是 $S_n(x)$ 在 $(-\infty,+\infty)$ 上逐点收敛于极限函数

$$S(x)=\begin{cases}0, & x=0,\\ 1, & x\in(-\infty,0)\cup(0,+\infty).\end{cases}$$

2. 判定下列函数项级数在所指定区间上的一致收敛性:

(2) $\displaystyle\sum_{n=1}^{\infty}\frac{x(x+n)^n}{n^{2+n}}, x\in[0,1]$; (4) $\displaystyle\sum_{n=1}^{\infty}(-1)^{n-1}\frac{x^{2n+1}}{2n+1}, x\in(-1,1)$;

(6) $\displaystyle\sum_{n=2}^{\infty}\frac{(-1)^{n-1}}{n+\sin x}, x\in(-\infty,+\infty)$.

解 (2) 由于对任意的 $x\in[0,1]$, 有

$$\left|\frac{x(x+n)^n}{n^{n+2}}\right|\leqslant\frac{(1+n)^n}{n^{n+2}}=\left(\frac{1+n}{n}\right)^n\cdot\frac{1}{n^2}<3\cdot\frac{1}{n^2},$$

以及级数 $\displaystyle\sum_{n=1}^{\infty}3\cdot\frac{1}{n^2}=3\sum_{n=1}^{\infty}\frac{1}{n^2}$ 是收敛的 (p-级数乘以 3), 所以根据 M 判别法知, $\displaystyle\sum_{n=1}^{\infty}\frac{x(x+n)^n}{n^{n+2}}$ 在 $[0,1]$ 上一致收敛.

(4) 记 $u_n(x)=(-1)^{n-1}, v_n(x)=\dfrac{x^{2n+1}}{2n+1}, n=1,2,\cdots$, 则

$$\left|\sum_{k=1}^{n}u_k(x)\right|=\left|\sum_{k=1}^{n}(-1)^{k-1}\right|\leqslant 1,\quad \forall n\in\mathbb{N}_+.$$

又因为 $v_n(x)$ 对每个 $x\in(-1,1)$ 关于 n 单调递减且

$$\lim_{n\to\infty}\frac{x^{2n+1}}{2n+1}=0,\qquad \sup_{x\in(-1,1)}\left|\frac{x^{2n+1}}{2n+1}\right|=\frac{1}{2n+1}\to 0,\quad n\to\infty,$$

所以由定理 11.1.1 知, $v_n(x)$ 在 $(-1,1)$ 内一致收敛于 0, 因此根据 Dirichlet 判别法知, $\displaystyle\sum_{n=1}^{\infty}(-1)^{n-1}\frac{x^{2n+1}}{2n+1}$ 在 $(-1,1)$ 内一致收敛.

(6) 记 $u_n(x)=(-1)^{n-1}, v_n(x)=\dfrac{1}{n+\sin x}(n=2,3,\cdots)$, 则

$$\left|\sum_{k=1}^{n}u_k(x)\right|=\left|\sum_{k=1}^{n}(-1)^{k-1}\right|\leqslant 1,\quad \forall n\in\mathbb{N}_+.$$

又因为 $v_n(x)$ 对每个 $x \in (-\infty, +\infty)$ 关于 n 单调递减且

$$\lim_{n\to\infty} \frac{1}{n+\sin x} = 0, \quad \sup_{x\in(-\infty,+\infty)} \left|\frac{1}{n+\sin x}\right| = \frac{1}{n-1} \to 0, \quad n\to\infty,$$

故由定理 11.1.1 知, $v_n(x)$ 在 $(-\infty, +\infty)$ 上一致收敛于 0, 所以根据 Dirichlet 判别法知, $\sum_{n=1}^{\infty}(-1)^{n-1}\frac{1}{n+\sin x}$ 在 $(-\infty, +\infty)$ 上一致收敛. □

5. 证明: 若级数 $\sum_{n=1}^{\infty} a_n$ 收敛, 则函数项级数 $\sum_{n=1}^{\infty} a_n \mathrm{e}^{-nx}$ 在 $[0, +\infty)$ 上一致收敛.

证明　令 $u_n(x) = \mathrm{e}^{-nx}$, 则函数列 $\{u_n(x)\}$ 对每个取定的 $x \in [0, +\infty)$ 关于 n 都是单调递减的, 且

$$|u_n(x)| = |\mathrm{e}^{-nx}| \leqslant 1, \quad \forall n \in \mathbb{N}_+, \quad x \in [0, +\infty).$$

又因为级数 $\sum_{n=1}^{\infty} a_n$ 是收敛的常数项级数, 所以它在 $[0, +\infty)$ 上一致收敛, 因此根据 Abel 判别法得, $\sum_{n=1}^{\infty} a_n \mathrm{e}^{-nx}$ 在 $[0, +\infty)$ 上一致收敛. □

6. 证明: 若函数项级数 $\sum_{n=1}^{\infty} |u_n(x)|$ 在 $[a, b]$ 上一致收敛, 则函数项级数 $\sum_{n=1}^{\infty} u_n(x)$ 在 $[a, b]$ 上一致收敛. 逆命题是否成立? 证明或举例说明之.

证明　因为 $\sum_{n=1}^{\infty} |u_n(x)|$ 在 $[a, b]$ 上一致收敛, 所以根据 Cauchy 准则得, 对任意的 $\varepsilon > 0$, 存在 $N \in \mathbb{N}_+$, 使得当 $n > N$ 时, 对一切 $p \in \mathbb{N}_+$, 有

$$|u_{n+1}(x)| + |u_{n+2}(x)| + \cdots + |u_{n+p}(x)| < \varepsilon \quad (\forall x \in [a, b]),$$

此时有

$$\begin{aligned}
&|u_{n+1}(x) + u_{n+2}(x) + \cdots + u_{n+p}(x)| \\
\leqslant &|u_{n+1}(x)| + |u_{n+2}(x)| + \cdots + |u_{n+p}(x)| \\
< &\varepsilon\, (\forall x \in [a, b]),
\end{aligned}$$

故由一致收敛的 Cauchy 准则得, 函数项级数 $\sum_{n=1}^{\infty} u_n(x)$ 在 $[a, b]$ 上也一致收敛.

逆命题不成立. 例如, 设 $u_n(x)=\dfrac{(-1)^n x^2}{n}, x\in[0,2]$, 则 $\sum\limits_{n=1}^{\infty}u_n(x)$ 在 $[0,2]$ 上也一致收敛. 事实上, 令 $a_n(x)=(-1)^n, b_n=\dfrac{x^2}{n}(n=1,2,\cdots)$, 则有

$$\left|\sum_{k=1}^{n}a_k(x)\right|=\left|\sum_{k=1}^{n}(-1)^k\right|\leqslant 1\quad(\forall n\in\mathbb{N}_+).$$

又因为 $b_n(x)$ 对每个 $x\in[0,2]$ 关于 n 单调递减且

$$\sup_{x\in[0,2]}\left|\frac{x^2}{n}\right|=\frac{4}{n}\to 0\quad n\to\infty,$$

于是 $b_n(x)$ 在 $[0,2]$ 上一致收敛于 0, 所以根据 Dirichlet 判别法知, $\sum\limits_{n=1}^{\infty}\dfrac{(-1)^n x^2}{n}$ 在 $[0,2]$ 上一致收敛.

另一方面, 存在 $\varepsilon_0=\dfrac{1}{2}$, $\forall N\in\mathbb{N}_+$, $\exists n_0=N+1>N$, $\exists p_0=n_0\in\mathbb{N}_+$, $\exists x_0=1\in[0,2]$, 使得

$$\begin{aligned}&\big||u_{n_0+1}(x_0)|+|u_{n_0+2}(x_0)|+\cdots+|u_{n_0+p}(x_0)|\big|\\=&\frac{x_0^2}{n_0+1}+\frac{x_0^2}{n_0+2}+\cdots+\frac{x_0^2}{n_0+n_0}\\\geqslant&\frac{n_0}{2n_0}=\frac{1}{2}\geqslant\varepsilon_0,\end{aligned}$$

所以根据由一致收敛的 Cauchy 准则的否定形式知, 函数项级数 $\sum\limits_{n=1}^{\infty}|u_n(x)|$ 在 $[0,2]$ 上不一致收敛. □

7. 证明函数项级数 $\sum\limits_{n=1}^{\infty}(-1)^{n-1}\dfrac{x^n}{n}$ 在 $[0,1]$ 上一致收敛, 但 $\sum\limits_{n=1}^{\infty}\dfrac{x^n}{n}$ 在 $[0,1]$ 上不是一致收敛.

证明 记 $u_n(x)=(-1)^{n-1}, v_n(x)=\dfrac{x^n}{n}(n=1,2,\cdots)$, 则

$$\left|\sum_{k=1}^{n}u_k(x)\right|=\left|\sum_{k=1}^{n}(-1)^{k-1}\right|\leqslant 1,\quad\forall n\in\mathbb{N}_+.$$

又因为 $v_n(x)$ 对每个 $x\in[0,1]$ 关于 n 单调递减且

$$\sup_{x\in[0,1]}\left|\frac{x^n}{n}\right|=\frac{1}{n}\to 0\quad(n\to\infty),$$

所以由定理 11.1.1 知, $v_n(x)$ 在 $[0,1]$ 上一致收敛于 0, 因此根据 Dirichlet 判别法得, $\sum\limits_{n=1}^{\infty}(-1)^{n-1}\frac{x^n}{n}$ 在 $[0,1]$ 上一致收敛.

对于函数项级数 $\sum\limits_{n=1}^{\infty}\frac{x^n}{n}, x\in[0,1]$, 存在 $\varepsilon_0=\frac{1}{2}$, 对任意 $N\in\mathbb{N}_+$, 存在 $p_0=n_0=N+1>N$, 以及 $x_0=1$ 有

$$\begin{aligned}&|v_{n_0+1}(x_0)+v_{n_0+2}(x_0)+\cdots+v_{n_0+p_0}(x_0)|\\=&\frac{1}{n_0+1}+\frac{1}{n_0+2}+\cdots+\frac{1}{n_0+n_0}\\>&\frac{n_0}{2n_0}=\frac{1}{2},\end{aligned}$$

故根据一致收敛的 Cauchy 准则的否定形式得, 函数项级数 $\sum\limits_{n=1}^{\infty}\frac{x^n}{n}$ 在 $[0,1]$ 上不一致收敛. □

习　题　11.4

2. 证明: $\int_0^{2\pi}\left(\sum\limits_{n=0}^{\infty}r^n\cos nx\right)\mathrm{d}x=2\pi(0<r<1)$.

证明　记 $u_n(x)=r^n\cos nx$, 则 $u_n(x)$ 作为初等函数在区间 $[0,2\pi]$ 上连续. 又

$$|u_n(x)|=|r^n\cos nx|\leqslant r^n,\quad 0<r<1,$$

以及 $\sum\limits_{n=1}^{\infty}r^n(0<r<1)$ 收敛, 所以由 M 判别法知 $\sum\limits_{n=0}^{\infty}r^n\cos nx$ 在 $[0,2\pi]$ 上一致收敛, 因此根据定理 11.4.3 得

$$\begin{aligned}\int_0^{2\pi}\left(\sum_{n=0}^{\infty}r^n\cos nx\right)\mathrm{d}x&=\sum_{n=0}^{\infty}\int_0^{2\pi}r^n\cos nx\mathrm{d}x\\&=\sum_{n=1}^{\infty}\int_0^{2\pi}r^n\cos nx\mathrm{d}x+\int_0^{2\pi}1\mathrm{d}x\\&=\sum_{n=1}^{\infty}\frac{r^n}{n}\sin nx\Big|_0^{2\pi}+2\pi=2\pi,\end{aligned}$$

故结论得证. □

3. 设 $S(x)=\sum\limits_{n=1}^{\infty}n\mathrm{e}^{-nx}, x\in(0,+\infty)$, 计算积分 $\int_{\ln 2}^{\ln 3}S(t)\mathrm{d}t$.

解　记 $u_n(x)=n\mathrm{e}^{-nx}$, 则 $u_n'(x)=-n^2\mathrm{e}^{-nx}<0$, $x\in(0,+\infty)$, 所以 $u_n(x)$ 关于 x 在 $(0,+\infty)$ 上单调减少, 即有

$$|n\mathrm{e}^{-nx}|=n\mathrm{e}^{-nx}\leqslant n\mathrm{e}^{-n\ln 2},\quad x\in[\ln 2,\ln 3].$$

对正项级数 $\sum\limits_{n=1}^{\infty}n\mathrm{e}^{-n\ln 2}$, 有

$$\lim_{n\to\infty}\sqrt[n]{n\mathrm{e}^{-n\ln 2}}=\lim_{n\to\infty}\frac{\sqrt[n]{n}}{\mathrm{e}^{\ln 2}}=\lim_{n\to\infty}\frac{\sqrt[n]{n}}{2}=\frac{1}{2}.$$

于是由根式判别法知, $\sum\limits_{n=1}^{\infty}n\mathrm{e}^{-n\ln 2}$ 收敛, 所以由 M 判别法知, $\sum\limits_{n=1}^{\infty}n\mathrm{e}^{-nx}$ 在 $[\ln 2,\ln 3]$ 上一致收敛. 又因为 $u_n(x)=n\mathrm{e}^{-nx}$ 在 $[\ln 2,\ln 3]$ 上连续, 所以由定理 11.4.3 知

$$\begin{aligned}\int_{\ln 2}^{\ln 3}S(t)\mathrm{d}t&=\int_{\ln 2}^{\ln 3}\sum_{n=1}^{\infty}n\mathrm{e}^{-nx}\mathrm{d}t=\sum_{n=1}^{\infty}\int_{\ln 2}^{\ln 3}n\mathrm{e}^{-nt}\mathrm{d}t\\&=\sum_{n=1}^{\infty}(-\mathrm{e}^{-nt})\Big|_{\ln 2}^{\ln 3}=\sum_{n=1}^{\infty}\left(\frac{1}{2^n}-\frac{1}{3^n}\right)\\&=\frac{\frac{1}{2}}{1-\frac{1}{2}}-\frac{\frac{1}{3}}{1-\frac{1}{3}}=\frac{1}{2}.\end{aligned}$$

□

5. 证明: 函数 $f(x)=\sum\limits_{n=1}^{\infty}\frac{\cos nx}{n^3}$ 在 $(-\infty,+\infty)$ 内连续, 且有连续的导函数, 并求 $f'(x)$.

证明　记 $u_n(x)=\frac{\cos nx}{n^3}, u_n'(x)=-\frac{\sin nx}{n^2}$, 则 $u_n(x), u_n'(x)$ 在 $(-\infty,+\infty)$ 上连续, 即 $u_n(x)$ 在 $(-\infty,+\infty)$ 上连续可导. 又因为

$$|u_n(x)|\leqslant\frac{1}{n^3},\quad |u_n'(x)|\leqslant\frac{1}{n^2},\quad x\in(-\infty,+\infty),$$

以及 $\sum\limits_{n=1}^{\infty}\frac{1}{n^3}$ 和 $\sum\limits_{n=1}^{\infty}\frac{1}{n^2}$ 都收敛, 所以由 M 判别法知, $\sum\limits_{n=1}^{\infty}u_n(x)$ 和 $\sum\limits_{n=1}^{\infty}u_n'(x)$ 在 $(-\infty,+\infty)$ 上都一致收敛, 因此由定理 11.4.1 和 11.4.4 得, $f(x)$ 在 $(-\infty,+\infty)$ 内连续, 且有连续的导函数,

$$f'(x)=\left(\sum_{n=1}^{\infty}\frac{\cos nx}{n^3}\right)'=-\sum_{n=1}^{\infty}\frac{\sin nx}{n^2}.$$

□

7. 证明: 函数 $f(x)=\sum\limits_{n=1}^{\infty}\dfrac{\sin nx}{n^4}$ 在 $(-\infty,+\infty)$ 内有连续的二阶导函数, 并求 $f''(x)$.

证明 首先, 函数项级数 $\sum\limits_{n=1}^{\infty}\dfrac{\sin nx}{n^4}$ 满足:

(1) $u_n(x)=\dfrac{\sin nx}{n^4}(n=1,2,\cdots)$ 在 $(-\infty,+\infty)$ 上连续可导;

(2) $\sum\limits_{n=1}^{\infty}\dfrac{\sin nx}{n^4}$ 在某点 $x_0=0$ 处收敛到 0;

(3) 由于

$$\left|\frac{\cos nx}{n^3}\right|=|u_n'(x)|\leqslant\frac{1}{n^3},\quad x\in(-\infty,+\infty),$$

以及级数 $\sum\limits_{n=1}^{\infty}\dfrac{1}{n^3}$ 收敛, 所以由 M 判别法知, $\sum\limits_{n=1}^{\infty}\dfrac{\cos nx}{n^3}$ 在 $(-\infty,+\infty)$ 上一致收敛. 因此根据定理 11.4.4 得, 函数项级数 $\sum\limits_{n=1}^{\infty}\dfrac{\sin nx}{n^4}$ 在 $(-\infty,+\infty)$ 一致收敛, 且满足

$$f'(x)=\sum_{n=1}^{\infty}\left(\frac{\sin nx}{n^4}\right)'=\sum_{n=1}^{\infty}\frac{\cos nx}{n^3}.$$

其次, 函数项级数 $\sum\limits_{n=1}^{\infty}\dfrac{\cos nx}{n^3}$ 满足:

(1) $u_n'(x)=\dfrac{\cos nx}{n^3}(n=1,2,\cdots)$ 在 $(-\infty,+\infty)$ 上连续可导;

(2) $\sum\limits_{n=1}^{\infty}\dfrac{\cos nx}{n^3}$ 在某点 $x_0=0$ 处收敛;

(3) 由于

$$\left|-\frac{\sin nx}{n^2}\right|=|u_n''(x)|\leqslant\frac{1}{n^2},$$

以及级数 $\sum\limits_{n=1}^{\infty}\dfrac{1}{n^2}$ 收敛, 所以由 M 判别法知 $\sum\limits_{n=1}^{\infty}\left(-\dfrac{\sin nx}{n^2}\right)$ 在 $(-\infty,+\infty)$ 上一致收敛. 因此根据定理 11.4.4 得, 函数项级数 $\sum\limits_{n=1}^{\infty}\dfrac{\cos nx}{n^3}$ 在 $(-\infty,+\infty)$ 上一致收敛, 且满足

$$f''(x)=\sum_{n=1}^{\infty}\left(\frac{\cos nx}{n^3}\right)'=-\sum_{n=1}^{\infty}\frac{\sin nx}{n^2}.$$

□

复 习 题

2. 设 $f(x)$ 在开区间 (a,b) 内有连续的导函数 $f'(x)$, 且

$$f_n(x)=n\left[f\left(x+\frac{1}{n}\right)-f(x)\right].$$

证明: 在闭区间 $[\alpha,\beta]\subset(a,b)$ 上, $\{f_n(x)\}$ 一致收敛于 $f'(x)$.

证明 对任意的 $x\in(a,b)$, 由导数的定义及归结原则, 有

$$\lim_{n\to\infty}f_n(x)=f'(x),$$

即 $f'(x)$ 是函数列 $\{f_n(x)\}$ 的极限函数. 下证其内闭一致收敛.

事实上, 对任意的 $[\alpha,\beta]\subset(a,b)$, 存在 $\gamma=\min\{\alpha-a,b-\beta\}>0$. 由已知条件 $f'(x)$ 在 (a,b) 内连续可知, $f'(x)$ 在 $\left[a+\frac{\gamma}{2},b-\frac{\gamma}{2}\right]$ 上一致连续, 即对任意的 $\varepsilon>0$, 存在 $\delta>0$, 使得对任意的 $x',x''\in\left[a+\frac{\gamma}{2},b-\frac{\gamma}{2}\right]$, 只要 $|x'-x''|<\delta$, 就有

$$|f'(x')-f'(x'')|<\varepsilon.$$

取 $N=\max\left\{\left[\frac{1}{\delta}\right],\left[\frac{1}{b-\beta-\gamma/2}\right]\right\}$, 则当 $n>N$ 且 $x\in[\alpha,\beta]$ 时, 有

$$x+\frac{1}{n}\in\left[a+\frac{\gamma}{2},b-\frac{\gamma}{2}\right],$$

此时由 Lagrange 中值定理得, $\exists\xi_n\in\left(x,x+\frac{1}{n}\right)$, 使得 $f_n(x)=f'(\xi_n)$, 于是当 $n>N$ 且 $x\in[\alpha,\beta]$ 时, 有

$$|f_n(x)-f'(x)|=|f'(\xi_n)-f'(x)|<\varepsilon,$$

故结论得证. □

3. 证明: (1) 如果 $\{f_n(x)\}$ 在 I 上一致收敛于 $f(x)$, 且 $f(x)$ 在 I 上有界, 则 $\{f_n(x)\}$ 至多除有限项之外在 I 上一致有界;

(2) 如果 $\{f_n(x)\}$ 在 I 上一致收敛于 $f(x)$, 且对每个正整数 n, $f_n(x)$ 在 I 上有界, 则 $\{f_n(x)\}$ 在 I 上一致有界.

证明 (1) 因为 $f(x)$ 在 I 上有界, 所以 $\exists M>0$, 使 $\forall x\in I$, 有 $|f(x)|\leqslant M$.

又因为 $\{f_n(x)\}$ 在 I 上一致收敛于 $f(x)$, 所以对 $\varepsilon=1,\exists N\in\mathbb{N}_+$, 当 $n>N$ 时,

$$|f_n(x)|-|f(x)|\leqslant|f_n(x)-f(x)|<1,\quad\forall x\in I,$$

进而, $\forall n > N$, 有

$$|f_n(x)| \leqslant |f(x)| + 1 \leqslant M + 1, \quad \forall x \in I,$$

即证得 $\{f_n(x)\}$ 至多除有限项之外在 I 上一致有界.

(2) 由于对每个 $n, f_n(x)$ 在 I 上有界, 于是 $\exists M_n$, 使得

$$|f_n(x)| \leqslant M_n, \quad \forall x \in I.$$

由 (1) 知, 若能证明 f 在 I 上有界, 则 $\{f_n(x)\}$ 至多除有限项之外在 I 上一致有界. 再注意到每个 $f_n(x)$ 是有界的, 则得到 $\{f_n(x)\}$ 在 I 上一致有界. 由此, 只需要证明: 若 $f_n(x) \rightrightarrows f(x), n \to \infty, \forall x \in I$, 则有 $f(x)$ 在 I 上一致有界.

事实上, 由于 $f_n(x) \rightrightarrows f(x), n \to \infty, \forall x \in I$, 则对 $\varepsilon = 1, \exists N_0 \in \mathbb{N}_+$, 使得当 $\forall n > N_0$ 时

$$|f_n(x) - f(x)| < \varepsilon = 1, \quad \forall x \in I.$$

特别地, $\forall x \in I$, 有

$$|f(x)| \leqslant |f_{N_0+1}(x)| + 1 \leqslant M_{N_0+1} + 1,$$

即 $f(x)$ 在 I 上一致有界. 再利用 (1), 不妨设 $\{f_n(x)\}$ 至多除有限项 $f_1, f_2, \cdots, f_N$ 之外是一致有界的, 即 $\exists M' > 0, \forall n > N$, 有

$$|f_n(x)| \leqslant M', \quad \forall x \in I.$$

取 $M = \max\{M', M_1, M_2, \cdots, M_N\}$, 则 $\forall n \in \mathbb{N}_+$ 和 $\forall x \in I$, 有

$$|f_n(x)| \leqslant M,$$

即证得 $\{f_n(x)\}$ 在 I 上一致有界. □

4. 设 $f(x)$ 为 $[0,1]$ 上的连续函数, 证明:

(1) $\{x^n f(x)\}$ 在 $[0,1]$ 上收敛;

(2) $\{x^n f(x)\}$ 在 $[0,1]$ 上一致收敛的充要条件是 $f(1) = 0$.

证明 (1) 由 $f(x)$ 为 $[0,1]$ 上的连续函数知, $f(x)$ 在 $[0,1]$ 上是有界的 (存在最大和最小值), 而 $\lim\limits_{n\to\infty} x^n = 0, x \in [0,1)$, 所以 $\{x^n f(x)\}$ 在 $[0,1]$ 上收敛, 且极限函数为

$$\varphi(x) = \lim_{n\to\infty} x^n f(x) = \begin{cases} 0, & 0 \leqslant x < 1, \\ f(1), & x = 1. \end{cases}$$

(2) “ $\Rightarrow$” 这是明显的. 因为 $\{x^n f(x)\}$ 在 $[0,1]$ 一致收敛, 且其每项 $x^n f(x)$ 在 $[0,1]$ 上连续, 所以根据定理 11.2.1 得, 其极限函数必连续, 因此

$$f(1) = \lim_{x\to1^-} \varphi(x) = \lim_{x\to1^-} 0 = 0.$$

下证 “$\Leftarrow$”. 若 $f(1)=0$, 往证 $\{x^n f(x)\}$ 在 $[0,1]$ 上一致收敛.

事实上, 由于 $f(x)$ 在 $x=1$ 处左连续且 $f(1)=0$, 所以由左连续的定义得

$$\lim_{x\to 1-0} f(x)=f(1)=0.$$

于是, 对任意的 $\varepsilon>0, \exists \delta\in\left(0,\dfrac{1}{2}\right)$, 当 $x\in(1-\delta,1]$ 时, $|f(x)|<\varepsilon$, 此时

$$|x^n f(x)|<\varepsilon,\quad n=1,2,\cdots.$$

再注意到 $f(x)$ 在 $[0,1]$ 上有界, 所以, $\exists M>0, \forall x\in[0,1]$, 有

$$|f(x)|\leqslant M,$$

因此对上述的 $\varepsilon>0$ 及 $\forall x\in[0,1-\delta]$, 有

$$|x^n f(x)|\leqslant(1-\delta)^n M\to 0,\quad n\to\infty,$$

故 $\exists N\in\mathbb{N}_+, \forall n>N$, 有

$$|x^n f(x)|<\varepsilon,\quad x\in[0,1-\delta].$$

综上所述, 对任意的 $\varepsilon>0, \exists N\in\mathbb{N}_+, \forall n>N$, 有

$$|x^n f(x)|<\varepsilon,\quad x\in[0,1],$$

即 $\{x^n f(x)\}$ 在 $[0,1]$ 上一致收敛于 $f(x)=0$. □

7. 试确定函数项级数 $\displaystyle\sum_{n=1}^{\infty}\left(x+\frac{1}{n}\right)^n$ 的收敛域, 并讨论和函数的连续性.

解 首先用根式判别法求出收敛域. 因为

$$\sqrt[n]{\left(1+\frac{1}{n}\right)^n}=\left|x+\frac{1}{n}\right|\to|x|,\quad n\to\infty,$$

于是当 $|x|<1$ 时原级数收敛, $|x|>1$ 时原级数发散.

而当 $x=1$ 时, $\left(1+\dfrac{1}{n}\right)^n\to \mathrm{e}\neq 0, n\to\infty$, 因此 $\displaystyle\sum_{n=1}^{\infty}\left(1+\frac{1}{n}\right)^n$ 发散.

又当 $x=-1$ 时, $\left(-1+\dfrac{1}{n}\right)^n=(-1)^n\left(1-\dfrac{1}{n}\right)^n\not\to 0, n\to\infty$ $\Bigg($事实上, 其偶数项收敛于 e, 奇数项收敛于 $-\mathrm{e}$, 所以 $\left\{\left(-1+\dfrac{1}{n}\right)^n\right\}$ 不收敛$\Bigg)$, 故 $\displaystyle\sum_{n=1}^{\infty}\left(-1+\frac{1}{n}\right)^n$

发散.

综上所述, 函数项级数 $\sum_{n=1}^{\infty}\left(x+\frac{1}{n}\right)^n$ 的收敛域为 $(-1,1)$.

下面用内闭一致收敛性来证 $f(x)$ 在 $(-1,1)$ 内的连续性.

事实上, $\forall x_0\in(-1,1), \exists\, 0<c<1$, 使 $x_0\in(-c,c)$, 当 $|x|\leqslant c$ 时, 有

$$\left|\left(x+\frac{1}{n}\right)^n\right|\leqslant\left(c+\frac{1}{n}\right)^n,$$

而级数 $\sum_{n=1}^{\infty}\left(c+\frac{1}{n}\right)^n$ 是收敛的, 于是由 M 判别法知, $\sum_{n=1}^{\infty}\left(x+\frac{1}{n}\right)^n$ 在 $[-c,c]$ 上一致收敛, 所以由连续性定理知, $f(x)$ 在 $[-c,c]$ 上连续, 特别地, $f(x)$ 在 x_0 处连续.

又由 x_0 的任意性, 得 $f(x)$ 在 $(-1,1)$ 内连续. □

9. 证明函数项级数 $\sum_{n=1}^{\infty}x^n(1-x)^2$ 在 $[0,1]$ 上一致收敛. 但 $\sum_{n=1}^{\infty}x^n(1-x)$ 在 $[0,1]$ 上不一致收敛.

证明 (1) 对于级数 $\sum_{n=1}^{\infty}x^n(1-x)^2, x\in[0,1]$, 它的前 n 项部分和为

$$S_n(x)=\sum_{k=1}^{n}x^k(1-x)^2=\begin{cases}x(1-x)(1-x^n), & 0\leqslant x<1,\\ 0, & x=1,\end{cases}$$

于是求得和函数为

$$S(x)=\lim_{n\to\infty}S_n(x)=\begin{cases}x(1-x), & 0\leqslant x<1,\\ 0, & x=1,\end{cases}$$

所以

$$|S(x)-S_n(x)|=\begin{cases}x^{n+1}(1-x), & 0\leqslant x<1,\\ 0, & x=1.\end{cases}$$

又由

$$(x^{n+1}(1-x))'=(n+1)x^n-(n+2)x^{n+1}=(n+2)x^n\left(\frac{n+1}{n+2}-x\right)=0$$

解得, 极值点 $x_0=\frac{n+1}{n+2}$, 易证其为函数 $|S(x)-S_n(x)|$ 的最大值点, 于是

$$\sup_{x\in[0,1]}|S(x)-S_n(x)|=\left(\frac{n+1}{n+2}\right)^{n+1}\cdot\frac{1}{n+2}\to 0,\quad n\to\infty,$$

故根据定理 11.1.1 得, $\{S_n(x)\}$ 在 [0,1] 上一致收敛, 即 $\sum\limits_{n=1}^{\infty} x^n(1-x)^2$ 在 $[0,1]$ 上一致收敛.

(2) 对于级数 $\sum\limits_{n=1}^{\infty} x^n(1-x)$, 有

$$S_n(x) = \begin{cases} x(1-x^n), & 0 \leqslant x < 1, \\ 0, & x = 1, \end{cases}$$

$$S(x) = \lim_{n\to\infty} S_n(x) = \begin{cases} x, & 0 \leqslant x < 1, \\ 0, & x = 1, \end{cases}$$

于是

$$|R_n(x)| = |S(x) - S_n(x)| = \begin{cases} x^{n+1}, & 0 \leqslant x < 1, \\ 0, & x = 1, \end{cases}$$

所以

$$\sup_{x\in[0,1]} R_n(x) = 1 \to 1 \neq 0, \quad n \to \infty,$$

因此根据定理 11.3.2 得, $\sum\limits_{n=1}^{\infty} x^n(1-x)$ 在 $[0,1]$ 上不一致收敛. □

10. 设函数 $u_n(x)$, $n = 0, 1, 2, \cdots$, 都在区间 I 上有定义, 且满足

(1) $|u_0(x)| \leqslant M$;

(2) $\sum\limits_{n=0}^{m} \big|u_n(x) - u_{n+1}(x)\big| \leqslant M$, $m = 1, 2, \cdots$,

其中 M 为常数. 证明: 若级数 $\sum\limits_{n=1}^{\infty} a_n$ 收敛, 则函数项级数 $\sum\limits_{n=1}^{\infty} a_n u_n(x)$ 必在 I 上一致收敛.

证明 记 $\sigma_k^{(n)} = a_{n+1} + a_{n+2} + \cdots + a_{n+k}$, $k = 1, 2, \cdots$. 因为 $\sum\limits_{n=1}^{\infty} a_n$ 收敛, 所以根据 Cauchy 收敛准则知, $\forall \varepsilon > 0$, $\exists N \in \mathbb{N}_+$, 使得 $\forall n > N$ 和 $\forall p \in \mathbb{N}_+$, 有

$$|\sigma_p^{(n)}| = \left|\sum_{k=n+1}^{n+p} a_k\right| < \frac{\varepsilon}{3M}.$$

又由条件 (1),(2) 可得, 当 $n > N, \forall p \in \mathbb{N}_+$ 时, 有

$$\begin{aligned} |u_{n+p}(x)| &\leqslant |u_0(x)| + |u_0(x) - u_{n+p}(x)| \\ &\leqslant |u_0(x)| + \big[|u_0(x) - u_1(x)| + |u_1(x) - u_2(x)| + \cdots \end{aligned}$$

$$+|u_{n+p-1}(x)-u_{n+p}(x)|]\leqslant 2M.$$

下面证明: $\sum\limits_{n=1}^{\infty}a_nu_n(x)$ 在 I 上一致收敛. 事实上, 当 $n>N,\forall p\in\mathbb{N}_+$ 时, 注意到 $a_{n+1}=\sigma_1^{(n)}$, $a_{n+k}=\sigma_k^{(n)}-\sigma_{k-1}^{(n)},k=2,3,\cdots$, 有

$$\begin{aligned}\left|\sum_{k=n+1}^{n+p}a_ku_k(x)\right|&=\left|\sigma_1^{(n)}u_{n+1}+\sum_{k=2}^{p}(\sigma_k^{(n)}-\sigma_{k-1}^{(n)})u_{n+k}(x)\right|\\&=\left|\sum_{k=1}^{p-1}(u_{n+k}(x)-u_{n+k+1}(x))\sigma_k^{(n)}+u_{n+p}(x)\sigma_p^{(n)}\right|\\&\leqslant\left[\sum_{k=1}^{p-1}|u_{n+k}(x)-u_{n+k+1}(x)|+|u_{n+p}(x)|\right]\cdot\frac{\varepsilon}{3M}\\&\leqslant 3M\cdot\frac{\varepsilon}{3M}=\varepsilon,\end{aligned}$$

于是根据一致收敛的 Cauchy 准则知, $\sum\limits_{n=1}^{\infty}a_nu_n(x)$ 在 I 上一致收敛. □

第 12 章　幂级数与 Fourier 级数

习　题　12.1

1. 求下列幂级数的收敛半径和收敛域:

(3) $\sum\limits_{n=1}^{\infty}\frac{(2n)!}{(n!)^2}x^n$;　　(5) $\sum\limits_{n=1}^{\infty}\frac{(x+1)^{2n+1}}{n+1}$;

(6) $\sum\limits_{n=1}^{\infty}\frac{5^n+(-3)^n}{n(n+1)}(x-2)^n$;　　(7) $\sum\limits_{n=1}^{\infty}\left(1+\frac{1}{3}+\cdots+\frac{1}{2n-1}\right)x^n$.

解　(3) 设 $a_n=\frac{(2n)!}{(n!)^2}$, 由于

$$\begin{aligned}\lim_{n\to\infty}\left|\frac{a_{n+1}}{a_n}\right|&=\lim_{n\to\infty}\left|\frac{\frac{(2(n+1))!}{((n+1)!)^2}}{\frac{(2n)!}{(n!)^2}}\right|\\&=\lim_{n\to\infty}\frac{(2n+2)(2n+1)}{(n+1)^2}\\&=\lim_{n\to\infty}\frac{4n^2+6n+2}{n^2+2n+1}=4,\end{aligned}$$

由定理 12.1.3 知, 收敛半径 $R=\frac{1}{4}$.

当 $x=-\frac{1}{4}$ 时, 级数为交错级数 $\sum\limits_{i=1}^{\infty}(-1)^n u_n$, 其中 $u_n=\frac{(2n)!}{(n!)^2}\cdot\frac{1}{4^n}>0$. 由于

$$\frac{u_{n+1}}{u_n}=\frac{(2n+2)(2n+1)}{4(n+1)^2}=\frac{2n+1}{2n+2}<1$$

和 (参考数学分析 (一) 第 1 章复习题 22)

$$\frac{1}{2\sqrt{n+1}}<u_n=\frac{(2n-1)!!}{(2n)!!}<\frac{1}{\sqrt{2n+1}},$$

所以 $\{u_n\}$ 单调递减且收敛于 0, 因此根据 Leibniz 判别法得, $\sum\limits_{i=1}^{\infty}\frac{(2n)!}{(n!)^2}\cdot\left(-\frac{1}{4}\right)^n$ 收敛.

当 $x=\dfrac{1}{4}$ 时, 级数为正项级数 $\sum\limits_{i=1}^{\infty}u_n$, 其中 $u_n=\dfrac{(2n)!}{(n!)^2}\cdot\dfrac{1}{4^n}>0$. 由于

$$u_n=\frac{(2n-1)!!}{(2n)!!}>\frac{1}{2\sqrt{n+1}}>\frac{1}{3\sqrt{n}},$$

而 $\sum\limits_{i=1}^{\infty}\dfrac{1}{3\sqrt{n}}$ 发散, 所以根据比较判别法得, 级数 $\sum\limits_{i=1}^{\infty}\dfrac{(2n)!}{(n!)^2}\cdot\dfrac{1}{4^n}$ 发散.

综上所述, 原幂级数的收敛域为 $\left[-\dfrac{1}{4},\dfrac{1}{4}\right)$.

(5) 设 $y=x+1$, 则

$$\sum_{n=1}^{\infty}\frac{(x+1)^{2n+1}}{n+1}=\sum_{n=1}^{\infty}\frac{y^{2n+1}}{n+1},$$

于是幂级数 $\sum\limits_{n=1}^{\infty}\dfrac{y^{2n+1}}{n+1}$ 的偶次幂系数为 0. 因此, 不能直接利用定理 12.1.3 求收敛半径, 现用数项级数的根值法求收敛域. 对固定的 y, 令 $a_n=\dfrac{y^{2n+1}}{n+1}$, 由于

$$\lim_{n\to\infty}\sqrt[n]{|a_n|}=\lim_{n\to\infty}\frac{1}{\sqrt[n]{n+1}}|y|^2\sqrt[n]{|y|}=|y|^2,$$

因此, 由根值法知, 当 $|y|^2<1$ 时, 即 $|y|<1$ 时级数绝对收敛; 当 $|y|>1$ 时级数发散. 而当 $y=1$ 时, 级数 $\sum\limits_{n=1}^{\infty}\dfrac{1}{n+1}$ 发散, 当 $y=-1$ 时, 级数 $\sum\limits_{n=1}^{\infty}(-1)^{2n+1}\dfrac{1}{n+1}=-\sum\limits_{n=1}^{\infty}\dfrac{1}{n+1}$ 也发散, 故幂级数 $\sum\limits_{n=1}^{\infty}\dfrac{y^{2n+1}}{n+1}$ 的收敛半径是 $R=1$, 收敛域是 $(-1,1)$. 从而幂级数 $\sum\limits_{n=1}^{\infty}\dfrac{x^{2n+1}}{n+1}$ 的收敛半径是 $R=1$, 收敛域是 $(-2,0)$.

(6) 设 $y=x-2$, 则

$$\sum_{n=1}^{\infty}\frac{5^n+(-3)^n}{n(n+1)}(x-2)^n=\sum_{n=1}^{\infty}\frac{5^n+(-3)^n}{n(n+1)}y^n.$$

对 $\sum\limits_{n=1}^{\infty}\dfrac{5^n+(-3)^n}{n(n+1)}y^n$, 令 $a_n=\dfrac{5^n+(-3)^n}{n(n+1)}$, 由于

$$\lim_{n\to\infty}\left|\frac{a_{n+1}}{a_n}\right|=\lim_{n\to\infty}\left|\frac{\dfrac{5^{n+1}+(-3)^{n+1}}{(n+2)(n+1)}}{\dfrac{5^n+(-3)^n}{n(n+1)}}\right|$$

$$=\lim_{n\to\infty}\frac{n}{n+2}\cdot\frac{5^{n+1}+(-3)^{n+1}}{5^n+(-3)^n}$$

$$=\lim_{n\to\infty}\frac{n}{n+2}\cdot\frac{1+\left(-\frac{3}{5}\right)^{n+1}}{\frac{1}{5}+\left(-\frac{3}{5}\right)^n\cdot\frac{1}{5}}=5,$$

所以, 根据定理 12.1.3 知, $\sum_{n=1}^{\infty}\frac{5^n+(-3)^n}{n(n+1)}y^n$ 的收敛半径 $R=\frac{1}{5}$.

当 $y=\frac{1}{5}$ 时, 级数

$$\sum_{n=1}^{\infty}\frac{5^n+(-3)^n}{n(n+1)}\left(\frac{1}{5}\right)^n=\sum_{n=1}^{\infty}\frac{1+\left(\frac{3}{5}\right)^n}{n(n+1)}=\sum_{n=1}^{\infty}\frac{1}{n(n+1)}+\sum_{n=1}^{\infty}\frac{\left(-\frac{3}{5}\right)^n}{n(n+1)},$$

而$\sum_{n=1}^{\infty}\frac{1}{n(n+1)}$收敛, $\sum_{n=1}^{\infty}\frac{\left(-\frac{3}{5}\right)^n}{n(n+1)}$作为 Leibniz 级数也收敛, 故$\sum_{n=1}^{\infty}\frac{5^n+(-3)^n}{n(n+1)}\cdot\left(\frac{1}{5}\right)^n$ 收敛.

当 $y=-\frac{1}{5}$ 时, 级数

$$\sum_{n=1}^{\infty}\frac{5^n+(-3)^n}{n(n+1)}\left(-\frac{1}{5}\right)^n=\sum_{n=1}^{\infty}\frac{(-1)^n+\left(\frac{3}{5}\right)^n}{n(n+1)}.$$

注意由

$$\left|\frac{5^n+(-3)^n}{n(n+1)}\left(-\frac{1}{5}\right)^n\right|\leqslant\frac{2}{n(n+1)}$$

知, $\sum_{n=1}^{\infty}\frac{5^n+(-3)^n}{n(n+1)}\left(-\frac{1}{5}\right)^n$ 绝对收敛.

综上所述, $\sum_{n=1}^{\infty}\frac{5^n+(-3)^n}{n(n+1)}y^n$ 的收敛域为 $\left[-\frac{1}{5},\frac{1}{5}\right]$, 故 $\sum_{n=1}^{\infty}\frac{5^n+(-3)^n}{n(n+1)}(x-2)^n$ 的收敛半径为 $\frac{1}{5}$, 收敛域为 $\left[\frac{9}{5},\frac{11}{5}\right]$.

(7) 设 $a_n=1+\frac{1}{3}+\cdots+\frac{1}{2n-1}$, 由于

$$1\leqslant\frac{1+\frac{1}{3}+\cdots+\frac{1}{2n+1}}{1+\frac{1}{3}+\cdots+\frac{1}{2n-1}}=1+\frac{\frac{1}{2n+1}}{1+\frac{1}{3}+\cdots+\frac{1}{2n-1}}\leqslant1+\frac{\frac{1}{2n+1}}{\frac{n}{2n-1}},$$

所以

$$\lim_{n\to\infty}\left|\frac{a_{n+1}}{a_n}\right|=\lim_{n\to\infty}\frac{1+\dfrac{1}{3}+\cdots+\dfrac{1}{2n+1}}{1+\dfrac{1}{3}+\cdots+\dfrac{1}{2n-1}}=1,$$

因此由定理 12.1.3 知, 收敛半径 $R=1$.

当 $x=\pm1$ 时, 级数 $\sum\limits_{n=1}^{\infty}\left(1+\dfrac{1}{3}+\cdots+\dfrac{1}{2n-1}\right)x^n$ 发散. 事实上, 因为

$$\left|\left(1+\frac{1}{3}+\cdots+\frac{1}{2n-1}\right)x^n\right|>1,$$

所以由级数收敛的必要条件知, 结论成立.

综上所述, 幂级数 $\sum\limits_{n=1}^{\infty}\left(1+\dfrac{1}{3}+\cdots+\dfrac{1}{2n-1}\right)x^n$ 的收敛域是 $(-1,1)$. □

3. 求下列幂级数的和函数 (并指出它们的定义域):

(2) $x+3x^3+5x^5+\cdots+(2n-1)x^{2n-1}+\cdots$;

(4) $\dfrac{x}{1\cdot2\cdot3}+\dfrac{x^2}{2\cdot3\cdot4}+\cdots+\dfrac{x^n}{n(n+1)(n+2)}+\cdots$.

解　(2) 对固定的 x, 令 $a_n=(2n-1)x^{2n-1}$, 由于

$$\lim_{n\to\infty}\sqrt[n]{|a_n|}=\lim_{n\to\infty}\sqrt[n]{2n-1}\cdot|x|^{2-\frac{1}{n}}=|x|^2,$$

因此, 根据 Cauchy 根值法知, 当 $|x|^2<1$ 时, 原级数绝对收敛; 当 $|x|^2>1$ 时, 原级数发散. 而当 $x=\pm1$ 时,

$$|a_n|=2n-1\geqslant1,$$

所以 $\lim\limits_{n\to\infty}a_n\neq0$, 因此原级数当 $x=\pm1$ 时发散, 故原级数的收敛域是 $(-1,1)$.

设原级数的和函数是 $S(x)$, 则对任意的 $x\in(-1,1)$, 有

$$\begin{aligned}S(x)&=\sum_{n=1}^{\infty}(2n-1)x^{2n-1}=x\sum_{n=1}^{\infty}(x^{2n-1})'\\&=x\left(\sum_{n=1}^{\infty}x^{2n-1}\right)'=x\left(\frac{x}{1-x^2}\right)'\\&=x\frac{x^2+1}{(1-x^2)^2}=\frac{x^3+x}{(1-x^2)^2}.\end{aligned}$$

故 $x+3x^3+5x^5+\cdots+(2n-1)x^{2n-1}+\cdots$ 的和函数为 $\dfrac{x^3+x}{(1-x^2)^2},x\in(-1,1)$.

(4) 设 $a_n = \dfrac{1}{n(n+1)(n+2)}$, 则

$$\lim_{n\to\infty}\left|\frac{a_{n+1}}{a_n}\right| = \lim_{n\to\infty}\frac{n(n+1)(n+2)}{(n+1)(n+2)(n+3)} = \lim_{n\to\infty}\frac{n}{n+3} = 1,$$

于是由定理 12.1.3 知, 收敛半径为 $R = 1$.

当 $x = \pm 1$ 时, 由于

$$\left|\frac{x^n}{n(n+1)(n+2)}\right| = \frac{1}{n(n+1)(n+2)} \leqslant \frac{1}{n^3},$$

以及 $\sum\limits_{n=1}^{\infty}\dfrac{1}{n^3}$ 收敛, 所以根据比较判别法知, $\sum\limits_{n=0}^{\infty}\dfrac{x^n}{n(n+1)(n+2)}$ 在 $x = \pm 1$ 处绝对收敛, 因此 $\sum\limits_{n=0}^{\infty}\dfrac{x^n}{n(n+1)(n+2)}$ 的收敛域是 $[-1,1]$. 故根据推论 12.1.1 知, 它在 $[-1,1]$ 上有连续的和函数 $S(x)$, 即对任意的 $x \in [-1,1]$, 有

$$\begin{aligned} S(x) &= \sum_{n=1}^{\infty}\frac{x^n}{n(n+1)(n+2)} \\ &= \frac{x}{1\cdot\cdots\cdot 2\cdot 3} + \frac{x^2}{2\cdot 3\cdot 4} + \cdots + \frac{x^n}{n(n+1)(n+2)} + \cdots . \end{aligned}$$

令

$$g(x) = x^2 S(x) = \sum_{n=1}^{\infty}\frac{x^{n+2}}{n(n+1)(n+2)}, \quad x \in [-1,1], \tag{12.1}$$

则由逐项求导 (定理 12.1.7) 可知

$$g'(x) = \sum_{n=1}^{\infty}\left(\frac{x^{n+2}}{n(n+1)(n+2)}\right)' = \sum_{n=1}^{\infty}\frac{x^{n+1}}{n(n+1)} = h(x), \tag{12.2}$$

其中 $h(x) = \sum\limits_{n=0}^{\infty}\dfrac{x^{n+1}}{n(n+1)}$.

易知 $h(x)$ 的收敛域是 $[-1,1]$, 于是在 $(-1,1)$ 内利用逐项求导 (定理 12.1.7), 有

$$h'(x) = \left(\sum_{n=1}^{\infty}\frac{x^{n+1}}{n(n+1)}\right)' = \sum_{n=1}^{\infty}\frac{x^n}{n}, \quad x \in (-1,1),$$

$$h''(x) = \left(\sum_{n=1}^{\infty}\frac{x^{n+1}}{n(n+1)}\right)'' = \sum_{n=1}^{\infty}x^{n-1} = \frac{1}{1-x}, \quad x \in (-1,1).$$

所以

$$h'(x)=\int_0^x \frac{1}{1-t}\mathrm{d}t=-\ln(1-x),\quad x\in(-1,1).$$

因此

$$h(x)=-\int_0^x \ln(1-t)\mathrm{d}t=x+(1-x)\ln(1-x),\quad x\in(-1,1).$$

将上式代入 (12.2), 并求积分, 有

$$\begin{aligned}g(x)&=\int_0^x g'(t)\mathrm{d}t=\int_0^x (t+(1-t)\ln(1-t))\mathrm{d}t\\&=-\frac{(1-x)^2}{2}\ln(1-x)-\frac{x}{2}+\frac{3}{4}x^2,\quad x\in(-1,1).\end{aligned}$$

最后, 将上式代入 (12.1), 并注意到 $g(x)$ 在 $[-1,1]$ 上连续, 可求得

$$S(x)=\frac{g(x)}{x^2}=\begin{cases}-\dfrac{(1-x)^2}{2x^2}\ln(1-x)-\dfrac{1}{2x}+\dfrac{3}{4}, & x\in[-1,0)\cup(0,1).\\ \dfrac{1}{4}, & x=1\end{cases}$$

特别地, 当 $x=0$ 时, $S(0)=0$.

综上所述.

$$\sum_{n=1}^{\infty}\frac{x^n}{n(n+1)(n+2)}=\begin{cases}-\dfrac{(1-x)^2}{2x^2}\ln(1-x)-\dfrac{1}{2x}+\dfrac{3}{4}, & 0<|x|<1,\\ 0, & x=0,\\ -2\ln 2+\dfrac{5}{4}, & x=-1,\\ \dfrac{1}{4}, & x=1.\end{cases}$$ □

4. 应用幂级数的性质求下列级数的和:

(1) $\displaystyle\sum_{n=1}^{\infty}(-1)^{n-1}\frac{n^2}{3^n}$;　　(3) $\displaystyle\sum_{n=0}^{\infty}\frac{n}{2^n}$.

解　(1) 先考虑幂级数 $\displaystyle\sum_{n=1}^{\infty}n^2x^n$, 设 $a_n=n^2$, 由于

$$\lim_{n\to\infty}\left|\frac{a_{n+1}}{a_n}\right|=\lim_{n\to\infty}\frac{(n+1)^2}{n^2}=1,$$

所以根据定理 12.1.3 知, 其收敛半径 $R=1$. 设其和函数为 $S(x)$, 则对任意的 $x\in(-1,1)$, 有

$$S(x)=\sum_{n=1}^{\infty}n^2x^n$$

和

$$\sum_{n=1}^{\infty}(-1)^{n-1}\frac{n^2}{3^n}=-S\left(-\frac{1}{3}\right),$$

于是

$$\begin{aligned}S(x)&=x\sum_{n=1}^{\infty}n(x^n)'=x\left(\sum_{n=1}^{\infty}nx^n\right)'\\&=x\left(x\sum_{n=1}^{\infty}(x^n)'\right)'=x\left[x\left(\sum_{n=1}^{\infty}x^n\right)'\right]'\\&=x\left[x\left(\frac{x}{1-x}\right)'\right]'=x\left[\frac{x}{(1-x)^2}\right]'\\&=\frac{x(x+1)}{(1-x)^3},\quad x\in(-1,1),\end{aligned}$$

所以

$$\sum_{n=1}^{\infty}(-1)^{n-1}\frac{n^2}{3^n}=-S\left(-\frac{1}{3}\right)=-\frac{\left(-\frac{1}{3}\right)^2-\frac{1}{3}}{\left(1+\frac{1}{3}\right)^3}=\frac{3}{32}.$$

(3) 考虑级数 $\sum\limits_{n=0}^{\infty}nx^n$, 由于

$$\lim_{n\to\infty}\frac{n+1}{n}=1,$$

所以根据定理 12.1.3 知, 其收敛半径 $R=1$. 设其和函数为 $S(x)$, 则对任意的 $x\in(-1,1)$, 有

$$S(x)=\sum_{n=0}^{\infty}nx^n$$

和

$$\sum_{n=0}^{\infty}\frac{n}{2^n}=S\left(\frac{1}{2}\right),$$

于是

$$\begin{aligned}S(x)&=x\sum_{n=0}^{\infty}(x^n)'=x\left(\sum_{n=0}^{\infty}x^n\right)'\\&=x\left(\frac{1}{1-x}\right)'=\frac{x}{(1-x)^2},\quad x\in(-1,1),\end{aligned}$$

在上式中令 $x=\frac{1}{2}$, 有

$$\sum_{n=0}^{\infty}\frac{n}{2^n}=S\left(\frac{1}{2}\right)=\frac{\frac{1}{2}}{\left(1-\frac{1}{2}\right)^2}=2.$$

□

5. 设幂级数 $\sum_{n=0}^{\infty} a_n x^n$ 在 $|x|<R$ 内收敛于 $f(x)$. 如果级数 $\sum_{n=0}^{\infty} \frac{a_n}{n+1} R^{n+1}$ 收敛, 试证明:

$$\int_0^R f(x)\mathrm{d}x = \sum_{n=0}^{\infty} \frac{a_n}{n+1} R^{n+1}.$$

证明 由于级数 $\sum_{n=0}^{\infty} a_n x^n$ 在 $|x|<R$ 内收敛于 $f(x)$, 所以由定理 12.1.7 知

$$\int_0^x f(t)\mathrm{d}t = \int_0^x \sum_{n=0}^{\infty} a_n t^n \mathrm{d}t = \sum_{n=0}^{\infty} \frac{a_n}{n+1} x^{n+1}, \quad x \in (-R, R).$$

而 $\sum_{n=0}^{\infty} \frac{a_n}{n+1} x^{n+1}$ 在 $[0,R)$ 上收敛和级数 $\sum_{n=0}^{\infty} \frac{a_n}{n+1} R^{n+1}$ 收敛, 因此由 Abel 第二定理 (定理 12.1.5) 知, $\sum_{n=0}^{\infty} \frac{a_n}{n+1} x^{n+1}$ 在 $[0,R]$ 上一致收敛, 故 $\sum_{n=0}^{\infty} \frac{a_n}{n+1} x^{n+1}$ 的和函数在 $[0,R]$ 上连续, 特别地, 它在 $x=R$ 处左连续, 从而

$$\lim_{u\to R^-} \int_0^u f(x)\mathrm{d}x = \lim_{u\to R^-} \sum_{n=0}^{\infty} \frac{a_n}{n+1} u^{n+1} = \sum_{n=0}^{\infty} \frac{a_n}{n+1} R^{n+1},$$

即

$$\int_0^R f(x)\mathrm{d}x = \sum_{n=0}^{\infty} \frac{a_n}{n+1} R^{n+1}.$$

□

7. 设 $f(x) = \sum_{n=1}^{\infty} \frac{x^n}{n^2}$, $0<x<1$. 证明: $\forall x \in (0,1)$, 有

(1) $f(x) + f(1-x) + (\ln x)\ln(1-x) = C$(常数);

(2) $C = f(1) = \sum_{n=1}^{\infty} \frac{1}{n^2}$.

证明 (1) 设 $a_n = \frac{1}{n^2}$, 由于

$$\lim_{n\to\infty} \left|\frac{a_{n+1}}{a_n}\right| = \lim_{n\to\infty} \frac{n^2}{(n+1)^2} = 1,$$

所以根据定理 12.1.3 知, 其收敛半径 $R=1$, 因此由定理 12.1.7 知, 幂级数 $f(x) = \sum_{n=1}^{\infty} \frac{x^n}{n^2}$ 在 $0<x<1$ 内可逐项求导.

同理, $f(1-x)=\sum_{n=1}^{\infty}\frac{(1-x)^n}{n^2}$ 在 $0<x<1$ 内也可逐项求导, 于是

$$\begin{aligned}&(f(x)+f(1-x)+\ln x\ln(1-x))'\\=&f'(x)-f'(1-x)+\frac{\ln(1-x)}{x}-\frac{\ln x}{1-x}\\=&\sum_{n=1}^{\infty}\frac{x^{n-1}}{n}-\sum_{n=1}^{\infty}\frac{(1-x)^{n-1}}{n}+\frac{\ln(1-x)}{x}-\frac{\ln x}{1-x}.\end{aligned}$$

而由 12.1 节的例 5 知

$$\ln(1-x)=-x-\frac{x^2}{2}-\frac{x^3}{3}-\cdots-\frac{x^n}{n}-\cdots=-\sum_{n=1}^{\infty}\frac{x^n}{n},$$

$$\ln x=\ln[1-(1-x)]=-\sum_{n=1}^{\infty}\frac{(1-x)^n}{n},$$

所以

$$\begin{aligned}&(f(x)+f(1-x)+\ln x\ln(1-x))'\\=&-\frac{\ln(1-x)}{x}+\frac{\ln x}{1-x}-\frac{\ln x}{1-x}=0,\quad\forall x\in(0,1),\end{aligned}$$

因此 $f(x)+f(1-x)+\ln x\ln(1-x)=C,\forall x\in(0,1)$.

(2) 由于级数 $\sum_{n=1}^{\infty}\frac{x^n}{n^2}$ 在 $[0,1]$ 上收敛, 所以根据推论 12.1.1 得, 其和函数 $f(x)$ 在 $[0,1]$ 上连续, 因此由 (1) 式得

$$C=\lim_{x\to1^-}[f(x)-f(1-x)+\ln x\ln(1-x)]=f(1)=\sum_{n=1}^{\infty}\frac{1}{n^2}.$$ □

习 题 12.2

1. 应用间接法求下列函数的 Maclaurin 展开式, 并确定它收敛于该函数的区间:

(5) $\arctan\frac{x+3}{x-3}$; (6) $(1+x^2)\arctan x$;

(7) $\frac{1+x}{(1-x)(1+x^2)}$; (8) $\int_0^x\frac{1-\cos t}{t}\mathrm{d}t$.

解 (5) **方法一** 利用公式

$$\arctan x=\sum_{n=0}^{\infty}(-1)^n\frac{x^{2n+1}}{2n+1},\quad x\in[-1,1],$$

以及如下三角公式

$$A+B=\arctan(\tan(A+B))=\arctan\left(\frac{\tan A+\tan B}{1-\tan A\cdot\tan B}\right),$$

可得

$$\begin{aligned}\arctan\frac{x+3}{x-3}&=\arctan\frac{\dfrac{x}{3}+1}{\dfrac{x}{3}-1}=-\arctan\frac{1+\dfrac{x}{3}}{1-1\cdot\dfrac{x}{3}}\\&=-\left(\arctan 1+\arctan\frac{x}{3}\right)\\&=-\frac{\pi}{4}-\sum_{n=0}^{\infty}(-1)^n\frac{\left(\dfrac{x}{3}\right)^{2n+1}}{2n+1}\\&=-\frac{\pi}{4}-\sum_{n=0}^{\infty}\frac{(-1)^n}{3^{2n+1}(2n+1)}x^{2n+1},\quad x\in(-3,3).\end{aligned}$$

方法二　利用复合函数求导, 有

$$\begin{aligned}\left(\arctan\frac{x+3}{x-3}\right)'&=\frac{1}{1+\left(\dfrac{x+3}{x-3}\right)^2}\cdot\left(\frac{x+3}{x-3}\right)'\\&=-\frac{3}{x^2+9}=-\frac{1}{3}\cdot\frac{1}{\left(\dfrac{x}{3}\right)^2+1}\\&=-\frac{1}{3}\sum_{n=0}^{\infty}(-1)^n\left(\frac{x}{3}\right)^{2n}\\&=-\sum_{n=0}^{\infty}(-1)^n\frac{1}{3^{2n+1}}x^{2n},\end{aligned}$$

其中上面倒数第二个等号利用了 $\dfrac{1}{t+1}=\sum\limits_{n=0}^{\infty}(-1)^n t^n(t\in(-1,1))$.

于是对任意的 $x\in(-3,3)$, 将上式两边从 0 到 x 积分, 得

$$\begin{aligned}\arctan\frac{x+3}{x-3}&=\int_0^x\left(\arctan\frac{t+3}{t-3}\right)'\mathrm{d}t+\arctan(-1)\\&=\int_0^x\left(-\sum_{n=0}^{\infty}(-1)^n\frac{1}{3^{2n+1}}t^{2n}\right)\mathrm{d}t-\frac{\pi}{4}\\&=-\sum_{n=0}^{\infty}(-1)^n\frac{1}{3^{2n+1}}\int_0^x t^{2n}\mathrm{d}t-\frac{\pi}{4}\end{aligned}$$

$$= -\sum_{n=0}^{\infty}(-1)^n\frac{1}{3^{2n+1}}\frac{t^{2n+1}}{2n+1}\bigg|_0^x - \frac{\pi}{4}$$

$$= -\frac{\pi}{4} - \sum_{n=0}^{\infty}\frac{(-1)^n}{3^{2n+1}(2n+1)}x^{2n+1}, \quad x\in(-3,3).$$

(6) 利用公式

$$\arctan x = \sum_{n=0}^{\infty}(-1)^n\frac{x^{2n+1}}{2n+1}, \quad x\in[-1,1],$$

有

$$\begin{aligned}(1+x^2)\arctan x &= \arctan x + x^2\arctan x\\ &= \sum_{n=0}^{\infty}(-1)^n\frac{x^{2n+1}}{2n+1} + \sum_{n=0}^{\infty}(-1)^n\frac{x^{2n+3}}{2n+1}\\ &= x + \sum_{n=1}^{\infty}(-1)^n\frac{x^{2n+1}}{2n+1} + \sum_{n=1}^{\infty}(-1)^{n-1}\frac{x^{2n+1}}{2n-1}\\ &= x + \sum_{n=1}^{\infty}(-1)^{n-1}\frac{2}{4n^2-1}x^{2n+1}, \quad x\in[-1,1].\end{aligned}$$

(7) 由于

$$\frac{1+x}{(1-x)(1+x^2)} = \frac{1}{1-x} + \frac{x}{1+x^2}$$

且

$$\frac{1}{1-x} = \sum_{n=0}^{\infty}x^n, \quad x\in(-1,1),$$

$$\frac{1}{1+x^2} = \sum_{n=0}^{\infty}(-1)^n(x^2)^n, \quad x\in(-1,1),$$

所以

$$\frac{x}{1+x^2} = \sum_{n=0}^{\infty}(-1)^n x^{2n+1}, \quad x\in(-1,1),$$

故有

$$\frac{1+x}{(1-x)(1+x^2)} = \sum_{n=0}^{\infty}x^n + \sum_{n=0}^{\infty}(-1)^n x^{2n+1} = \sum_{n=0}^{\infty}c_n x^n, \quad x\in(-1,1),$$

其中

$$c_n = \begin{cases} 1, & n=2k,\\ 1+(-1)^k, & n=2k+1,\end{cases} \qquad k\in\mathbb{N}.$$

(8) 由于

$$\cos t = \sum_{n=0}^{\infty} \frac{(-1)^n}{(2n)!} t^{2n}, \quad x \in \mathbb{R},$$

所以

$$\frac{1-\cos t}{t} = \sum_{n=1}^{\infty} \frac{(-1)^{n+1}}{(2n)!} t^{2n-1}, \quad x \in \mathbb{R}$$

对上式两边求积分, 并应用幂级数的逐项求积得

$$\begin{aligned}\int_0^x \frac{1-\cos t}{t} \mathrm{d}t &= \int_0^x \sum_{n=1}^{\infty} \frac{(-1)^{n+1}}{(2n)!} t^{2n-1} \mathrm{d}t \\ &= \sum_{n=1}^{\infty} \int_0^x \frac{(-1)^{n+1}}{(2n)!} t^{2n-1} \mathrm{d}t \\ &= \sum_{n=1}^{\infty} \frac{(-1)^{n+1}}{2n \cdot (2n)!} t^{2n} \bigg|_0^x \\ &= \sum_{n=1}^{\infty} \frac{(-1)^{n+1}}{2n \cdot (2n)!} x^{2n}, \quad x \in \mathbb{R}.\end{aligned}$$

□

2. 求下列函数在 $x=2$ 处的 Taylor 展开式.

(1) $f(x) = \ln(x^2 - 9x + 20)$.

解　由

$$f(x) = \ln[(x-4)(x-5)],$$

知 $f(x)$ 的定义域为 $x > 5$ 或 $x < 4$. 题设只要求在 $x=2$ 处展开, 故只需讨论 $x < 4$ 的情形, 此时

$$f(x) = \ln(4-x) + \ln(5-x).$$

而利用公式 $\ln(1+u) = \sum\limits_{n=1}^{\infty} \frac{(-1)^{n-1}}{n} \cdot u^n, u \in [-1,1]$, 可得

$$\begin{aligned}\ln(4-x) &= \ln(2-(x-2)) = \ln\left[2\left(1 - \frac{x-2}{2}\right)\right] \\ &= \ln 2 + \ln\left(1 - \frac{x-2}{2}\right) \\ &= \ln 2 + \sum_{n=1}^{\infty} (-1)^{n-1} \frac{(-1)^n}{n \cdot 2^n} (x-2)^n \\ &= \ln 2 - \sum_{n=1}^{\infty} \frac{(x-2)^n}{n \cdot 2^n}.\end{aligned}$$

类似地, 可得

$$\begin{aligned}\ln(5-x) &= \ln(3-(x-2)) = \ln\left(1-\frac{x-2}{3}\right)+\ln 3\\ &= \ln 3+\sum_{n=1}^{\infty}(-1)^{n-1}\frac{(-1)^n}{n\cdot 3^n}(x-2)^n\\ &= \ln 3-\sum_{n=1}^{\infty}\frac{(x-2)^n}{n\cdot 3^n},\end{aligned}$$

于是 $f(x)=\ln(x^2-9x+20)$ 在 $x=2$ 处的 Taylor 展开式为

$$\begin{aligned}f(x) &= \ln 2-\sum_{n=1}^{\infty}\frac{(x-2)^n}{n\cdot 2^n}+\ln 3-\sum_{n=1}^{\infty}\frac{(x-2)^n}{n\cdot 3^n}\\ &= \ln 6-\sum_{n=1}^{\infty}\frac{1}{n}\left(\frac{1}{2^n}+\frac{1}{3^n}\right)(x-2)^n\\ &= \ln 6-\sum_{n=0}^{\infty}\frac{1}{n+1}\left(\frac{1}{2^{n+1}}+\frac{1}{3^{n+1}}\right)(x-2)^{n+1}.\end{aligned}$$

□

3. 设 $f(x)$ 在 (x_0-R,x_0+R) 内存在任意阶导数, 且存在 $M>1$, 使

$$|f^{(n)}(x)|\leqslant M^n,\quad \forall x\in(x_0-R,x_0+R),$$

试证明 $f(x)$ 在 (x_0-R,x_0+R) 内可以展开成 Taylor 级数.

证明　利用 Lagrange 型余项, $\forall x\in(x_0-R,x_0+R)$, 有

$$0\leqslant|R_n(x)|\leqslant\frac{f^{(n+1)}(\xi)}{(n+1)!}|x-x_0|^{n+1}\leqslant\frac{M^{n+1}}{(n+1)!}|x-x_0|^{n+1}\to 0,\quad n\to\infty,$$

其中 ξ 介于 x_0 与 x 之间. 利用正项级数的比值法易得, 级数 $\sum\limits_{n=1}^{\infty}\frac{M^{n+1}}{(n+1)!}|x-x_0|^{n+1}$ 收敛, 所以

$$\frac{M^{n+1}}{(n+1)!}|x-x_0|^{n+1}\to 0,\quad n\to\infty.$$

因此根据迫敛性定理得

$$\lim_{n\to\infty}R_n(x)=0,\quad \forall x\in(x_0-R,x_0+R),$$

故根据定理(定理 12.2.3)得, $f(x)$ 在(x_0-R,x_0+R)内可以展开成 Taylor 级数. □

5. 证明: $\int_0^1 x^{-x}\mathrm{d}x=\sum\limits_{n=1}^{\infty}\frac{1}{n^n}$.

证明 因为 $x^{-x}=\mathrm{e}^{-x\ln x}$, 函数 $\mathrm{e}^{-x\ln x}$ 的幂级数展开式为

$$\mathrm{e}^{-x\ln x}=\sum_{n=0}^{\infty}\frac{1}{n!}(-x\ln x)^n.$$

对上式两边同时求积分, 并利用逐项求积, 有

$$\int_0^1 x^{-x}\mathrm{d}x=\int_0^1\left(\sum_{n=0}^{\infty}\frac{1}{n!}(-x\ln x)^n\right)\mathrm{d}x=\sum_{n=0}^{\infty}\int_0^1\frac{1}{n!}(-x\ln x)^n\mathrm{d}x.$$

故下面只需证明

$$\int_0^1\frac{1}{n!}(-x\ln x)^n\mathrm{d}x=\frac{1}{(n+1)^{n+1}}.$$

事实上, 利用分部积分公式, 有

$$\begin{aligned}\int_0^1\frac{1}{n!}(-x\ln x)^n\mathrm{d}x&=(-1)^n\int_0^1\frac{1}{n!}(x\ln x)^n\mathrm{d}x\\&=(-1)^n\frac{1}{n+1}\int_0^1\frac{\ln^n x}{n!}\mathrm{d}x^{n+1}\\&=(-1)^n\frac{1}{n!(n+1)}\left(x^{n+1}\ln^n x\Big|_0^1-n\int_0^1 x^n\ln^{n-1}x\mathrm{d}x\right)\\&=(-1)^n\frac{1}{n!}\cdot\frac{-n}{(n+1)}\int_0^1 x^n\ln^{n-1}x\mathrm{d}x,\end{aligned}$$

再次利用分部积分公式, 有

$$\begin{aligned}\int_0^1 x^n\ln^{n-1}x\mathrm{d}x&=\frac{1}{n+1}\int_0^1\ln^{n-1}x\mathrm{d}x^{n+1}\\&=\frac{1}{n+1}x^{n+1}\ln^{n-1}x\Big|_0^1-\frac{n-1}{n+1}\int_0^1 x^n\ln^{n-2}x\mathrm{d}x\\&=-\frac{n-1}{n+1}\int_0^1 x^n\ln^{n-2}x\mathrm{d}x.\end{aligned}$$

所以

$$\begin{aligned}\int_0^1\frac{1}{n!}(-x\ln x)^n\mathrm{d}x&=(-1)^n\frac{1}{n!}\cdot\frac{-n}{n+1}\cdot\frac{-(n-1)}{n+1}\cdot\cdots\cdot\frac{-1}{n+1}\int_0^1 x^n\mathrm{d}x\\&=(-1)^n\cdot(-1)^n\frac{1}{(n+1)^{n+1}}\\&=\frac{1}{(n+1)^{n+1}},\end{aligned}$$

故 $\displaystyle\int_0^1 x^{-x}\mathrm{d}x=\sum_{n=1}^{\infty}\frac{1}{n^n}$. □

习 题 12.3

1. 求下列周期函数的 Fourier 级数:

(1) $f(x)=\cos^4 x$; (3) $f(x)=|\sin x|$.

解 (1) 由于

$$\begin{aligned}f(x)=\cos^4 x=&\left(\frac{1+\cos 2x}{2}\right)^2\\=&\frac{1+\cos^2 2x+2\cos 2x}{4}\\=&\frac{1+\dfrac{1+\cos 4x}{2}+2\cos 2x}{4}\\=&\frac{3}{8}+\frac{1}{2}\cos 2x+\frac{1}{8}\cos 4x,\end{aligned}$$

以及 $f(x)$ 是 $\left[-\dfrac{\pi}{2},\dfrac{\pi}{2}\right]$ 上以 π 为周期的偶函数, 其中 $l=\dfrac{\pi}{2}$, 所以 $b_n=0(n=1,2,\cdots)$, 而

$$a_0=\frac{2}{\frac{\pi}{2}}\int_0^{\frac{\pi}{2}}\left(\frac{3}{8}+\frac{1}{2}\cos 2x+\frac{1}{8}\cos 4x\right)\mathrm{d}x=\frac{3}{4},$$

$$a_n=\frac{2}{\frac{\pi}{2}}\int_0^{\frac{\pi}{2}}\left(\frac{3}{8}+\frac{1}{2}\cos 2x+\frac{1}{8}\cos 4x\right)\cos 2nx\mathrm{d}x=\begin{cases}0, & n\neq 1,n\neq 2,\\ \dfrac{1}{2}, & n=1,\\ \dfrac{1}{8}, & n=2,\end{cases}$$

因此

$$f(x)\sim\frac{3}{8}+\frac{1}{2}\cos 2x+\frac{1}{8}\cos 4x.$$

(3) 因为 $f(x)=|\sin x|$ 是 $\left[-\dfrac{\pi}{2},\dfrac{\pi}{2}\right]$ 上以 π 为周期的偶函数, 所以 $b_n=0(n=1,2,\cdots)$ 和

$$\begin{aligned}a_0=&\frac{2}{\frac{\pi}{2}}\int_0^{\frac{\pi}{2}}|\sin x|\mathrm{d}x=\frac{4}{\pi}\int_0^{\frac{\pi}{2}}\sin x\mathrm{d}x=\frac{4}{\pi},\\a_n=&\frac{2}{\frac{\pi}{2}}\int_0^{\frac{\pi}{2}}|\sin x|\cos 2nx\mathrm{d}x=\frac{4}{\pi}\int_0^{\frac{\pi}{2}}\sin x\cos 2nx\mathrm{d}x\\=&\frac{4}{\pi}\int_0^{\frac{\pi}{2}}\frac{\sin(2n+1)x-\sin(2n-1)x}{2}\mathrm{d}x\end{aligned}$$

$$= \frac{2}{\pi}\left[\frac{\cos(2n-1)x}{2n-1} - \frac{\cos(2n+1)x}{2n+1}\right]\Bigg|_0^{\frac{\pi}{2}}$$

$$= -\frac{4}{\pi(4n^2-1)}, \quad n = 1, 2, \cdots,$$

因此

$$f(x) \sim \frac{2}{\pi} - \frac{4}{\pi}\sum_{n=1}^{\infty}\frac{\cos 2nx}{4n^2-1}. \qquad \square$$

2. 求下列函数在指定区间上以 2π 为周期的 Fourier 级数:

(1) $f(x) = x,\ x \in [-\pi, \pi)$;　　(3) $f(x) = \begin{cases} x, & -\pi < x \leqslant 0, \\ 2x, & 0 < x \leqslant \pi. \end{cases}$

解　(1) 将 $f(x) = x,\ x \in [-\pi, \pi)$ 以 2π 为周期延拓到整个数轴上, 仍用 $f(x)$ 表示延拓后的函数, 则有

$$a_0 = \frac{1}{\pi}\int_{-\pi}^{\pi} f(x)\mathrm{d}x = \frac{1}{\pi}\int_{-\pi}^{\pi} x\mathrm{d}x = 0.$$

当 $n \geqslant 1$ 时, 有

$$a_n = \frac{1}{\pi}\int_{-\pi}^{\pi} x\cos nx\mathrm{d}x = 0,$$

其中上式利用了奇函数在对称积分区域上的积分值为零这一性质.

$$\begin{aligned} b_n &= \frac{1}{\pi}\int_{-\pi}^{\pi} x\sin nx\mathrm{d}x \\ &= -\frac{1}{n\pi}x\cos nx\Big|_{-\pi}^{\pi} + \frac{1}{n\pi}\int_{-\pi}^{\pi}\cos nx\mathrm{d}x \\ &= -\frac{2\cos nx}{n} + \frac{\sin nx}{n^2\pi}\Big|_{-\pi}^{\pi} \\ &= \frac{2(-1)^{n+1}}{n}, \end{aligned}$$

所以在区间 $[-\pi, \pi)$ 上

$$f(x) \sim 2\sum_{n=1}^{\infty}(-1)^{n+1}\frac{\sin nx}{n}.$$

(3) 首先, 将 $f(x)$ 以 2π 为周期延拓到整个数轴, 仍用 $f(x)$ 表示周期延拓后的函数. 其次, 计算周期延拓函数 $f(x)$ 的 Fourier 系数,

$$\begin{aligned} a_0 &= \frac{1}{\pi}\int_{-\pi}^{\pi} f(x)\mathrm{d}x \\ &= \frac{1}{\pi}\int_{-\pi}^{0} x\mathrm{d}x + \frac{1}{\pi}\int_{0}^{\pi} 2x\mathrm{d}x = \frac{\pi}{2}, \end{aligned}$$

$$
\begin{aligned}
a_n &= \frac{1}{\pi}\int_{-\pi}^{\pi} f(x)\cos nx\mathrm{d}x \\
&= \frac{1}{\pi}\int_{-\pi}^{0} x\cos nx\mathrm{d}x + \frac{1}{\pi}\int_{0}^{\pi} 2x\cos nx\mathrm{d}x \\
&= \frac{(-1)^n-1}{n^2\pi}, \quad n=1,2,\cdots, \\
b_n &= \frac{1}{\pi}\int_{-\pi}^{\pi} f(x)\sin nx\mathrm{d}x \\
&= \frac{1}{\pi}\int_{-\pi}^{0} x\sin nx\mathrm{d}x + \frac{1}{\pi}\int_{0}^{\pi} 2x\sin nx\mathrm{d}x \\
&= \frac{3(-1)^{n+1}}{n}, \quad n=1,2,\cdots,
\end{aligned}
$$

所以

$$
f(x) \sim \frac{\pi}{4} + \sum_{n=1}^{\infty}\left(\frac{(-1)^n-1}{n^2\pi}\cos nx + \frac{3(-1)^{n+1}}{n}\sin nx\right). \qquad \square
$$

3. 求下列函数以 π 为周期的正弦级数:

(2) $f(x) = \begin{cases} 2x, & x\in\left[0,\dfrac{\pi}{4}\right), \\ \dfrac{\pi}{2}, & x\in\left[\dfrac{\pi}{4},\dfrac{\pi}{2}\right]. \end{cases}$

解 首先将 $f(x)$ 以 π 为周期, 奇式周期延拓到整个数轴, 实际上, 令

$$
F_{\mathrm{o}}(x) = \begin{cases} f(x), & 0\leqslant x\leqslant \pi, \\ -f(-x), & -\pi < x < 0, \end{cases}
$$

然后根据 $F_{\mathrm{o}}(x+k\pi) = F_{\mathrm{o}}(x)$, $k\in\mathbb{Z}$ 便可将 $F_{\mathrm{o}}(x)$ 的定义域扩展到整个数轴.

其次, 计算周期函数 $F_o(x)$ 的 Fourier 系数

$$
\begin{aligned}
a_n &= \frac{1}{\frac{\pi}{2}}\int_{-\frac{\pi}{2}}^{\frac{\pi}{2}} F_{\mathrm{o}}(x)\cos 2nx\mathrm{d}x = 0, \quad n=0,1,\cdots, \\
b_n &= \frac{2}{\frac{\pi}{2}}\int_{0}^{\frac{\pi}{2}} f(x)\sin 2nx\mathrm{d}x \\
&= \frac{4}{\pi}\int_{0}^{\frac{\pi}{4}} 2x\sin 2nx\mathrm{d}x + \frac{4}{\pi}\int_{\frac{\pi}{4}}^{\frac{\pi}{2}} \frac{\pi}{2}\sin 2nx\mathrm{d}x \\
&= -\frac{4}{n\pi}x\cos 2nx\Big|_0^{\frac{\pi}{4}} + \frac{2}{n^2\pi}\sin 2nx\Big|_0^{\frac{\pi}{4}} - \frac{1}{n}\cos 2nx\Big|_{\frac{\pi}{4}}^{\frac{\pi}{2}} \\
&= \frac{2}{n^2\pi}\sin\frac{n\pi}{2} + \frac{(-1)^{n-1}}{n},
\end{aligned}
$$

因此 $f(x)$ 在 $\left[0,\dfrac{\pi}{2}\right]$ 上的正弦级数为

$$f(x)\sim\sum_{n=1}^{\infty}\left[\frac{2}{n^2\pi}\sin\frac{n\pi}{2}+\frac{(-1)^{n-1}}{n}\right]\sin 2nx.\qquad\square$$

4. 求下列函数以 2π 为周期的余弦级数:

(2) $f(x)=\mathrm{e}^x, x\in[0,\pi]$.

解　首先, 将 $f(x)$ 以 2π 为周期偶延拓到整个数轴, 实际上, 令

$$F_{\mathrm{e}}(x)=\begin{cases}f(x), & 0\leqslant x\leqslant\pi,\\ f(-x), & -\pi<x<0,\end{cases}$$

然后根据 $F_{\mathrm{e}}(x+2k\pi)=F_{\mathrm{e}}(x),\ k\in\mathbb{Z}$ 便可将 $F_{\mathrm{e}}(x)$ 的定义域扩展到整个数轴.

其次, 计算周期函数 $F_{\mathrm{e}}(x)$ 的 Fourier 系数

$$\begin{aligned}a_0&=\frac{2}{\pi}\int_0^{\pi}F_{\mathrm{e}}(x)\mathrm{d}x=\frac{2}{\pi}\int_0^{\pi}\mathrm{e}^x\mathrm{d}x=\frac{2\mathrm{e}^{\pi}-2}{\pi},\\ a_n&=\frac{1}{\pi}\int_{-\pi}^{\pi}F_{\mathrm{e}}(x)\cos nx\mathrm{d}x\\ &=\frac{2}{\pi}\int_0^{\pi}\mathrm{e}^x\cos nx\mathrm{d}x=\frac{2(-1)^n\mathrm{e}^{\pi}-2}{(n^2+1)\pi},\quad n=1,2,\cdots,\\ b_n&=\frac{1}{\pi}\int_{-\pi}^{\pi}F_{\mathrm{e}}(x)\sin nx\mathrm{d}x=0,\quad n=1,2,\cdots,\end{aligned}$$

所以函数 $f(x)$ 在 $[0,\pi]$ 上以 π 为周期的余弦级数为

$$f(x)\sim\frac{\mathrm{e}^{\pi}-1}{\pi}+\sum_{n=1}^{\infty}\frac{2(-1)^n\mathrm{e}^{\pi}-2}{(n^2+1)\pi}\cos nx.\qquad\square$$

5. 设 $f(x)$ 在 $\left(0,\dfrac{\pi}{2}\right)$ 上可积, 应分别对它进行怎样的延拓, 才能使它在 $[-\pi,\pi]$ 上的 Fourier 级数的形式为

(1) $f(x)\sim\displaystyle\sum_{n=1}^{\infty}a_n\cos(2n-1)x$.

解　首先要将 $f(x)$ 从 $\left(0,\dfrac{\pi}{2}\right)$ 延拓到 $[0,\pi]$, 然后将 $f(x)$ 从 $[0,\pi]$ 偶延拓到 $[-\pi,\pi]$, 这样可以使 $f(x)$ 在 $[-\pi,\pi]$ 上的 Fourier 级数是余弦级数, 即

$$f(x)\sim\frac{A_0}{2}+\sum_{n=1}^{\infty}A_n\cos nx,$$

其中

$$A_n=\frac{2}{\pi}\int_0^{\pi}f(x)\cos nx\mathrm{d}x,\quad n=0,1,\cdots.$$

为了使延拓后的函数具有所要求形式的 Fourier 级数, 必须使 $f(x)$ 从 $\left(0,\frac{\pi}{2}\right)$ 到 $[0,\pi]$ 的延拓满足

$$A_{2k}=0,\quad k=0,1,\cdots.$$

由于

$$\begin{aligned}A_{2k}&=\frac{2}{\pi}\int_0^{\pi}f(x)\cos 2kx\mathrm{d}x\\&=\frac{2}{\pi}\int_0^{\frac{\pi}{2}}f(x)\cos 2kx\mathrm{d}x+\frac{2}{\pi}\int_{\frac{\pi}{2}}^{\pi}f(x)\cos 2kx\mathrm{d}x\\&=\frac{2}{\pi}\int_0^{\frac{\pi}{2}}f(x)\cos 2kx\mathrm{d}x+\frac{2}{\pi}\int_{\frac{\pi}{2}}^{0}f(\pi-t)\cos 2k(\pi-t)(-\mathrm{d}t)\\&=\frac{2}{\pi}\int_0^{\frac{\pi}{2}}[f(x)+f(\pi-x)]\cos 2kx\mathrm{d}x,\quad k=0,1,\cdots,\end{aligned}$$

所以只要满足 $f(x)+f(\pi-x)=0,\forall x\in\left(0,\frac{\pi}{2}\right)$, 即 $f(x)=-f(\pi-x),\forall x\in\left[\frac{\pi}{2},\pi\right)$, 就可以使延拓后的函数具有所要求形式的 Fourier 级数, 因此要将 $f(x)$ 进行如下延拓:

$$F(x)=\begin{cases}f(x), & x\in\left(0,\frac{\pi}{2}\right),\\-f(\pi-x), & x\in\left(\frac{\pi}{2},\pi\right),\\0, & x=0,\frac{\pi}{2},\pi,\\F(-x), & x\in[-\pi,0),\end{cases}$$

才能使它在 $[-\pi,\pi]$ 上的 Fourier 级数的形式为 $f(x)\sim\sum\limits_{n=1}^{\infty}a_n\cos(2n-1)x$. □

6. 设 $f(x)$ 在 $[-\pi,\pi]$ 上可积且在 $\mathbb{R}$ 上以 2π 为周期, 证明:

(1) 若 $\forall x\in[-\pi,\pi]$, $f(x)=f(x+\pi)$, 则 $a_{2n-1}=b_{2n-1}=0$.

证明 因为 $\forall x\in[-\pi,\pi], f(x)=f(x+\pi)$, 所以

$$f(x+2\pi)=f(x+\pi+\pi)=f(x+\pi)=f(x),$$

因此 $f(x)$ 是 $\mathbb{R}$ 上以 2π 为周期的函数.

又因为 $f(x)$ 在 $[-\pi,\pi]$ 上可积, 所以

$$\begin{aligned}a_n&=\frac{1}{\pi}\int_{-\pi}^{\pi}f(x)\cos nx\mathrm{d}x\\&=\frac{1}{\pi}\int_{-\pi}^{0}f(x)\cos nx\mathrm{d}x+\frac{1}{\pi}\int_0^{\pi}f(x)\cos nx\mathrm{d}x\end{aligned}$$

$$
\begin{aligned}
&= \frac{1}{\pi}\int_0^{\pi} f(x)\cos nx\mathrm{d}x + \frac{1}{\pi}\int_{-\pi}^{0} f(x+\pi)\cos nx\mathrm{d}x \\
&\xlongequal{x+\pi=y} \frac{1}{\pi}\int_0^{\pi} f(x)\cos nx\mathrm{d}x + \frac{1}{\pi}\int_0^{\pi} f(y)\cos n(y-\pi)\mathrm{d}x \\
&= \frac{1}{\pi}\int_0^{\pi}[(-1)^n+1]f(x)\cos nx\mathrm{d}x,
\end{aligned}
$$

同理可得

$$
\begin{aligned}
b_n &= \frac{1}{\pi}\int_{-\pi}^{\pi} f(x)\sin nx\mathrm{d}x \\
&= \frac{1}{\pi}\int_0^{\pi} f(x)\sin nx\mathrm{d}x + \frac{1}{\pi}\int_{-\pi}^{0} f(x+\pi)\sin nx\mathrm{d}x \\
&\xlongequal{x+\pi=y} \frac{1}{\pi}\int_0^{\pi} f(x)\sin nx\mathrm{d}x + \frac{1}{\pi}\int_0^{\pi} f(y)\sin n(y-\pi)\mathrm{d}x \\
&= \frac{1}{\pi}\int_0^{\pi}[(-1)^n+1]f(x)\sin nx\mathrm{d}x,
\end{aligned}
$$

因此有 $a_{2n-1}=0, b_{2n-1}=0(n=1,2,\cdots)$. □

习 题 12.4

1. 将下列函数以 2π 为周期展开成 Fourier 级数, 并讨论收敛性:

(1) $f(x)=x^2, x\in[0,2\pi)$; (2) $f(x)=\dfrac{\pi-x}{2}, x\in[0,2\pi)$.

解 (1) 将 $f(x)=x^2$, $x\in[0,2\pi)$ 以 2π 为周期延拓到整个数轴上, 仍用 $f(x)$ 表示周期延拓后的函数, 下面计算其 Fourier 系数,

$$
\begin{aligned}
a_0 &= \frac{1}{\pi}\int_0^{2\pi} f(x)\mathrm{d}x = \frac{1}{\pi}\int_0^{2\pi} x^2\mathrm{d}x = \frac{1}{3\pi}x^3\Big|_0^{2\pi} = \frac{8\pi^2}{3}, \\
a_n &= \frac{1}{\pi}\int_0^{2\pi} f(x)\cos nx\mathrm{d}x = \frac{1}{\pi}\int_0^{2\pi} x^2\cos nx\mathrm{d}x \\
&= \frac{1}{n\pi}\left(x^2\sin nx\Big|_0^{2\pi} - 2\int_0^{2\pi} x\sin nx\mathrm{d}x\right) \\
&= \frac{2}{n^2\pi}\left(x\cos nx\Big|_0^{2\pi} - \int_0^{2\pi}\cos nx\mathrm{d}x\right) = \frac{4}{n^2}, \\
b_n &= \frac{1}{\pi}\int_0^{2\pi} f(x)\sin nx\mathrm{d}x = \frac{1}{\pi}\int_0^{2\pi} x^2\sin nx\mathrm{d}x \\
&= -\frac{1}{n\pi}\left(x^2\cos nx\Big|_0^{2\pi} - 2\int_0^{2\pi} x\cos nx\mathrm{d}x\right)
\end{aligned}
$$

$$= \frac{-4\pi^2\cos 2n\pi}{n\pi} + \frac{2}{n^2\pi}\left(x\sin nx\Big|_0^{2\pi} - \int_0^{2\pi}\sin nx\mathrm{d}x\right)$$
$$= -\frac{4\pi}{n}.$$

因为$f(x)$是以2π为周期的, 显然 $f(x)$ 在 $[0,2\pi]$ 上逐段可微, $x=0$ 与 2π 为 $f(x)$ 的不连续点, 且

$$\frac{f(0+0)+f(0-0)}{2} = \frac{f(2\pi+0)+f(2\pi-0)}{2} = 2\pi^2.$$

所以根据定理 12.4.1 得, $f(x)$ 在 $(0,2\pi)$ 上可以展开为 Fourier 级数, 即

$$f(x) = \frac{4\pi^2}{3} + \sum_{n=1}^{\infty}\left(\frac{4}{n^2}\cos nx - \frac{4\pi}{n}\sin nx\right), \quad x\in(0,2\pi),$$

$f(x)$ 的 Fourier 级数在点 $x=0$ 与 2π 都收敛到 $2\pi^2$.

(2) 将 $f(x)$ 以 2π 为周期延拓到整个数轴上.

因为 $f(x)$ 是以 2π 为周期的函数, 下面计算其 Fourier 系数

$$a_0 = \frac{1}{\pi}\int_0^{2\pi} f(x)\mathrm{d}x = \frac{1}{\pi}\int_0^{2\pi}\frac{\pi-x}{2}\mathrm{d}x = -\frac{(\pi-x)^2}{4\pi}\Big|_0^{2\pi} = 0,$$
$$a_n = \frac{1}{\pi}\int_0^{2\pi} f(x)\cos nx\mathrm{d}x = \frac{1}{\pi}\int_0^{2\pi}\frac{\pi-x}{2}\cos nx\mathrm{d}x$$
$$= \frac{1}{n\pi}\left(\frac{\pi-x}{2}\sin nx\Big|_0^{2\pi} + \frac{1}{2}\int_0^{2\pi}\sin nx\mathrm{d}x\right) = 0$$
$$b_n = \frac{1}{\pi}\int_0^{2\pi} f(x)\sin nx\mathrm{d}x = \frac{1}{\pi}\int_0^{2\pi}\frac{\pi-x}{2}\sin nx\mathrm{d}x$$
$$= -\frac{1}{n\pi}\left(\frac{\pi-x}{2}\cos nx\Big|_0^{2\pi} + \frac{1}{2}\int_0^{2\pi}\cos nx\mathrm{d}x\right) = \frac{1}{n}.$$

因为 $f(x)$ 是以 2π 为周期的, 且在 $[0,2\pi]$ 上逐段可微, 事实上 $f(x)$ 在 $(0,2\pi)$ 内,

$$f'(x) = -\frac{1}{2}, x\in(0,2\pi)$$

$f(0+0)=f(2\pi+0)=\dfrac{\pi}{2}, f(0-0)=f(2\pi-0)=-\dfrac{\pi}{2}$ 都存在且

$$\lim_{t\to0^+}\frac{f(0+t)-f(0+0)}{t} = -\frac{1}{2}, \quad \lim_{t\to0^-}\frac{f(2\pi+t)-f(2\pi-0)}{t} = -\frac{1}{2},$$

因此, $f(x)$ 在 $[0,2\pi]$ 上逐段可微, $x=0$ 与 2π 为 $f(x)$ 的不连续点, 故由定理 12.4.1 知, $f(x)$ 在 $(0,2\pi)$ 内可以展开为 Fourier 级数, 即

$$f(x) = \sum_{n=1}^{\infty}\frac{\sin nx}{n}, \quad x\in(0,2\pi),$$

$f(x)$ 的 Fourier 级数在点 $x=0$ 与 2π 都收敛到 0. □

2. 设 $f(x)$ 为 $[-\pi,\pi]$ 上连续函数. 若 $f(x)$ 的 Fourier 级数在 $[-\pi,\pi]$ 上一致收敛于 $f(x)$, 证明 Parseval 等式:

$$\frac{1}{\pi}\int_{-\pi}^{\pi}|f(x)|^2\mathrm{d}x=\frac{a_0^2}{2}+\sum_{n=1}^{\infty}(a_n^2+b_n^2)$$

成立, 这里 a_n,b_n 为 $f(x)$ 的 Fourier 系数.

证明　因为 $f(x)$ 的 Fourier 级数在 $[-\pi,\pi]$ 上一致收敛于 $f(x)$, 所以

$$f(x)=\frac{a_0}{2}+\sum_{n=1}^{\infty}(a_n\cos nx+b_n\sin nx),\quad x\in[-\pi,\pi],$$

因此

$$\begin{aligned}\frac{1}{\pi}\int_{-\pi}^{\pi}|f(x)|^2\mathrm{d}x&=\frac{1}{\pi}\int_{-\pi}^{\pi}f(x)\left(\frac{a_0}{2}+\sum_{n=1}^{\infty}(a_n\cos nx+b_n\sin nx)\right)\mathrm{d}x\\&=\frac{a_0}{2}\frac{1}{\pi}\int_{-\pi}^{\pi}f(x)\mathrm{d}x+\frac{1}{\pi}\int_{-\pi}^{\pi}f(x)\sum_{n=1}^{\infty}(a_n\cos nx+b_n\sin nx)\mathrm{d}x\\&=\frac{a_0^2}{2}+\frac{1}{\pi}\int_{-\pi}^{\pi}\sum_{n=1}^{\infty}(a_nf(x)\cos nx+b_nf(x)\sin nx)\mathrm{d}x.\end{aligned}$$

由于 $f(x)$ 为 $[-\pi,\pi]$ 上连续函数, 所以 $f(x)$ 在 $[-\pi,\pi]$ 上可积且有界, 而

$$\frac{a_0}{2}+\sum_{n=1}^{\infty}(a_n\cos nx+b_n\sin nx)$$

在 $[-\pi,\pi]$ 上一致收敛, 因此由 11.3 节的习题 3 知, $\sum\limits_{n=1}^{\infty}(a_nf(x)\cos nx+b_nf(x)\sin nx)$ 在 $[-\pi,\pi]$ 上一致收敛, 故

$$\begin{aligned}\frac{1}{\pi}\int_{-\pi}^{\pi}|f(x)|^2\mathrm{d}x&=\frac{a_0^2}{2}+\frac{1}{\pi}\int_{-\pi}^{\pi}f(x)\sum_{n=1}^{\infty}(a_n\cos nx+b_n\sin nx)\mathrm{d}x\\&=\frac{a_0^2}{2}+\sum_{n=1}^{\infty}\left(\frac{a_n}{\pi}\int_{-\pi}^{\pi}f(x)\cos nx\mathrm{d}x+\frac{b_n}{\pi}\int_{-\pi}^{\pi}f(x)\sin nx\mathrm{d}x\right)\\&=\frac{a_0^2}{2}+\sum_{n=1}^{\infty}(a_n^2+b_n^2).\end{aligned}$$

此即证明了 Parseval 等式成立. □

3. 证明: 若三角级数

$$\frac{a_0}{2}+\sum_{n=1}^{\infty}(a_n\cos nx+b_n\sin nx)$$

中的系数 a_n,b_n 满足

$$\max\{|n^3a_n|,|n^3b_n|\}\leqslant M,$$

M 为常数, 则上述三角级数收敛, 且其和具有连续的导函数.

证明 由 $\max\{|n^3a_n|,|n^3b_n|\}\leqslant M$, 知

$$|a_n|\leqslant\frac{M}{n^3},\qquad |b_n|\leqslant\frac{M}{n^3}\quad(n=1,2,\cdots).$$

因为对任意的 $n\in\mathbb{N}_+$, 有

$$|a_n\cos nx+b_n\sin nx|\leqslant|a_n\cos nx|+|b_n\sin nx|\leqslant|a_n|+|b_n|\leqslant\frac{2M}{n^3},$$

且级数 $\sum\limits_{n=1}^{\infty}\frac{2M}{n^3}$ 收敛, 所以级数 $\frac{a_0}{2}+\sum\limits_{n=1}^{\infty}(a_n\cos nx+b_n\sin nx)$ 在 $\mathbb{R}$ 上一致收敛.

记 $\sum\limits_{n=0}^{\infty}u_n(x)=\frac{a_0}{2}+\sum\limits_{n=1}^{\infty}(a_n\cos nx+b_n\sin nx)$, 则

$$\sum_{n=0}^{\infty}u_n'(x)=\sum_{n=1}^{\infty}(nb_n\cos nx-na_n\sin nx).$$

又由于

$$\begin{aligned}|nb_n\cos nx-na_n\sin nx|&\leqslant|nb_n\cos nx|+|na_n\sin nx|\\&\leqslant|nb_n|+|na_n|\leqslant\frac{2M}{n^2}\quad(n\in\mathbb{N}_+),\end{aligned}$$

以及级数 $\sum\limits_{n=1}^{\infty}\frac{2M}{n^2}$ 收敛, 所以级数 $\sum\limits_{n=1}^{\infty}(nb_n\cos nx-na_n\sin nx)$ 在 $\mathbb{R}$ 上一致收敛. 因此根据定理 11.4.1 和定理 11.4.4 知, 上述三角级数具有连续的导数. □

6. 设 $f(x)$ 以 2π 为周期且具有二阶连续的导数, 证明 $f(x)$ 的 Fourier 级数在 $(-\infty,+\infty)$ 内一致收敛于 f.

证明 因为 $f(x)$ 是以 2π 为周期且具有二阶连续的导数, 所以

$$f(x)=\frac{a_0}{2}+\sum_{n=1}^{\infty}(a_n\cos nx+b_n\sin nx).$$

又因为 $f'(x)$ 连续, 所以 $f'(x)$ 在 $[-\pi,\pi]$ 上可积. 下面计算 $f'(x)$ 的 Fourier 系数 a_0', a_n', b_n'.

$$a_0' = \frac{1}{\pi}\int_{-\pi}^{\pi} f'(x)\mathrm{d}x = \frac{1}{\pi}(f(\pi) - f(-\pi)) = 0.$$

$$\begin{aligned}
a_n' =& \frac{1}{\pi}\int_{-\pi}^{\pi} f'(x)\cos nx\mathrm{d}x = \frac{1}{\pi}\int_{-\pi}^{\pi}\cos nx\mathrm{d}f(x) \\
=& \frac{1}{\pi}\cos nx f(x)\Big|_{-\pi}^{\pi} + \frac{n}{\pi}\int_{-\pi}^{\pi} f(x)\sin nx\mathrm{d}x \\
=& \frac{n}{\pi}\int_{-\pi}^{\pi} f(x)\sin nx\mathrm{d}x = nb_n, \\
b_n' =& \frac{1}{\pi}\int_{-\pi}^{\pi} f'(x)\sin nx\mathrm{d}x = \frac{1}{\pi}\int_{-\pi}^{\pi}\sin nx\mathrm{d}f(x) \\
=& \frac{1}{\pi}\sin nx f(x)\Big|_{-\pi}^{\pi} - \frac{n}{\pi}\int_{-\pi}^{\pi} f(x)\cos nx\mathrm{d}x \\
=& -\frac{n}{\pi}\int_{-\pi}^{\pi} f(x)\cos nx\mathrm{d}x = -na_n,
\end{aligned}$$

即 $f'(x)$ 与 $f(x)$ 的 Fourier 系数关系是

$$a_0' = 0, \quad a_n' = nb_n, \quad b_n' = -na_n \quad (n = 1, 2, \cdots),$$

因此

$$\begin{aligned}
|a_n| + |b_n| &= \frac{|a_n'|}{n} + \frac{|b_n'|}{n} \\
&\leqslant \frac{1}{2}\left({a_n'}^2 + \frac{1}{n^2}\right) + \frac{1}{2}\left({b_n'}^2 + \frac{1}{n^2}\right) \\
&= \frac{1}{2}\left({a_n'}^2 + {b_n'}^2\right) + \frac{1}{n^2}.
\end{aligned}$$

由 Bessel 不等式知, 级数 $\sum\limits_{n=1}^{\infty}({a_n'}^2 + {b_n'}^2)$ 收敛, 而级数 $\sum\limits_{n=1}^{\infty}\frac{1}{n^2}$ 也收敛, 所以根据正项级数的比较判别法知, $\frac{|a_0|}{2} + \sum\limits_{n=1}^{\infty}(|a_n| + |b_n|)$ 收敛. 因此由

$$|a_n\cos nx + b_n\sin nx| \leqslant |a_n| + |b_n|,$$

根据 M 判别法得, $f(x)$ 的 Fourier 级数在 $(-\infty, +\infty)$ 内一致收敛于 f. □

复 习 题

2. 证明: (1) 幂级数 $S(x)=1+\sum_{n=1}^{\infty}\frac{(2n-1)!!}{(2n)!!}x^n$ 的收敛半径 $R=1$, 收敛域是 $[-1,1)$;

(2) $2S'(x)-2xS'(x)=S(x), S(x)=\frac{1}{\sqrt{1-x}}, x\in[-1,1)$;

(3) $1+\sum_{n=1}^{\infty}(-1)^n\frac{(2n-1)!!}{(2n)!!}=\frac{1}{\sqrt{2}}$.

证明 (1) 设 $a_n=\frac{(2n-1)!!}{(2n)!!}$, 则

$$\lim_{n\to\infty}\frac{a_{n+1}}{a_n}=\lim_{n\to\infty}\frac{2n+1}{2n}=1,$$

于是得, 幂级数 $S(x)=1+\sum_{n=1}^{\infty}\frac{(2n-1)!!}{(2n)!!}x^n$ 的收敛半径 $R=1$.

注意到

$$\frac{1}{2\sqrt{n+1}}<\frac{(2n-1)!!}{(2n)!!}<\frac{1}{\sqrt{2n+1}},$$

易得, 幂级数 $1+\sum_{n=1}^{\infty}\frac{(2n-1)!!}{(2n)!!}x^n$ 当 $x=1$ 时发散, 当 $x=-1$ 时收敛, 故其收敛域为 $[-1,1)$.

(2) 因为

$$S'(x)=\sum_{n=1}^{\infty}\frac{(2n-1)!!}{(2n)!!}nx^{n-1}=\frac{1}{2}+\sum_{k=1}^{\infty}\frac{(2k+1)!!}{(2k+2)!!}(k+1)x^k,$$

$$xS'(x)=\sum_{n=1}^{\infty}\frac{(2n-1)!!}{(2n)!!}nx^n,$$

于是

$$\begin{aligned}(1-x)S'(x)&=\frac{1}{2}+\sum_{n=1}^{\infty}\frac{(2n-1)!!}{(2n)!!}\left(\frac{2n+1}{2n+2}\cdot(n+1)-n\right)x^n\\&=\frac{1}{2}+\frac{1}{2}\sum_{n=1}^{\infty}\frac{(2n-1)!!}{(2n)!!}x^n\\&=\frac{1}{2}S(x),\quad \forall x\in[-1,1),\end{aligned}$$

所以

$$2(1-x)S'(x)=S(x),\quad \forall x\in[-1,1).$$

因此 $\dfrac{S'(x)}{S(x)}=\dfrac{1}{2(1-x)}$, 注意到 $S(1)=1$, 积分得

$$\int_0^x \frac{S'(t)}{S(t)}\mathrm{d}t=\int_0^x \frac{1}{2(1-t)}\mathrm{d}t,$$

故

$$S(x)=\frac{1}{\sqrt{1-x}},\quad \forall x\in[-1,1).$$

(3) $1+\displaystyle\sum_{n=1}^{\infty}(-1)^n\frac{(2n-1)!!}{(2n)!!}=\lim_{x\to-1^+}\frac{1}{\sqrt{1-x}}=\frac{1}{\sqrt{2}}.$ □

4. 设 $f(x)$ 在 $(-\infty,+\infty)$ 上无穷次可导, 且满足

(1) 存在 $M>0$, 使得 $|F^{(k)}(x)|\leqslant M$, $\forall x\in(-\infty,+\infty)$, $k=0,1,2,\cdots$;

(2) $f\left(\dfrac{1}{2^n}\right)=0, n=1,2,\cdots$.

证明: $f(x)\equiv 0$, $\forall x\in(-\infty,+\infty)$.

证明　由于 $|f^{(k)}(x)|\leqslant M$, $\forall x\in(-\infty,+\infty), k=0,1,2,\cdots$, 于是由定理 12.2.4 知 $f(x)$ 在 $(-\infty,+\infty)$ 上可以展开为 Taylor 级数, 即

$$f(x)=\sum_{n=0}^{\infty}\frac{f^{(n)}(0)}{n!}x^n,\quad x\in(-\infty,+\infty).$$

又因为 $f(x)$ 具有无穷次导数, 所以

$$f(0)=\lim_{n\to\infty}f\left(\frac{1}{2^n}\right)=0,\quad f'(0)=\lim_{n\to\infty}\frac{f\left(\dfrac{1}{2^n}\right)-f(0)}{\dfrac{1}{2^n}}=0.$$

因此根据 Lagrange 中值定理得, 存在 $\eta_n^{(1)}\in\left(0,\dfrac{1}{2^n}\right)$, 使得

$$f'(\eta_n^{(1)})=2^n\left(f\left(\frac{1}{2^n}\right)-f(0)\right)=0,\quad \eta_n^{(1)}\to 0\quad (n\to\infty),$$

由此可得

$$f''(0)=\lim_{n\to\infty}\frac{f'(\eta_n^{(1)})-f'(0)}{\eta_n^{(1)}}=0.$$

因此根据数学归纳法可得, $f^{(n)}(0)=0, n=0,1,\cdots$, 故

$$f(x)\equiv 0,\quad \forall x\in(-\infty,+\infty).$$ □

5. 证明: (Tauber 定理) 设在 $(-1,1)$ 上有

$$f(x)=\sum_{n=0}^{\infty}a_nx^n,\quad \lim_{n\to\infty}na_n=0.$$

如果 $\lim\limits_{x\to1-0}f(x)=S$, 则 $\sum\limits_{n=0}^{\infty}a_n$ 收敛, 且其和为 S.

证明 令 $\sigma_n=\dfrac{1}{n}\sum\limits_{k=0}^{n}k|a_k|$, 易知 $\lim\limits_{n\to\infty}\sigma_n=0$.

由于 $\lim\limits_{x\to1-0}f(x)=S$, 所以

$$\lim_{n\to\infty}f\left(1-\frac{1}{n}\right)=S.$$

于是 $\forall\varepsilon>0$, 存在 $N\in\mathbb{N}_+$, 当 $n>N$ 时, 有

$$\left|f\left(1-\frac{1}{n}\right)-S\right|<\frac{\varepsilon}{3},\quad |\sigma_n|<\frac{\varepsilon}{3},\quad n|a_n|<\frac{\varepsilon}{3}.$$

记 $S_n=\sum\limits_{k=0}^{n}a_k$, 于是有

$$S_n-S=f(x)-S+\sum_{k=0}^{n}a_k(1-x^k)-\sum_{k=n+1}^{\infty}a_kx^k.$$

注意到, 对 $\forall k$ 和 $x\in(0,1)$, 有

$$(1-x^k)=(1-x)(1+x+\cdots+x^{k-1})\leqslant k(1-x).$$

因此当 $n>N$, 且 $0<x<1$ 时, 有

$$|S_n-S|\leqslant|f(x)-S|+(1-x)\sum_{k=0}^{n}k|a_k|+\frac{\varepsilon}{3n(1-x)}.$$

在上式中 x 取为 $x_n=1-\dfrac{1}{n}$, 即当 $n>N$, 且 $0<x<1$ 时, 有

$$|S_n-S|<\frac{\varepsilon}{3}+\frac{\varepsilon}{3}+\frac{\varepsilon}{3}=\varepsilon.$$

所以 $\sum\limits_{n=0}^{\infty}a_n$ 收敛, 且其和为 S. □

6. 设函数 $f(x)$ 在 $[0,2]$ 上连续, 且 $f(x)>0$. 令 $M_n=\int_0^2x^nf(x)\mathrm{d}x$. 试求幂级数 $\sum\limits_{n=0}^{\infty}\dfrac{x^n}{M_n}$ 的收敛域.

解 由于 $f(x)$ 在 $[0,2]$ 上连续, 则 $f(x)$ 在 $[0,2]$ 上有界.

设 $0<m\leqslant f(x)\leqslant M,\ \forall x\in[0,2]$, 则

$$\frac{m}{n+1}\cdot 2^{n+1}=m\int_0^2 x^n\mathrm{d}x\leqslant\int_0^2 f(x)x^n\mathrm{d}x\leqslant M\int_0^2 x^n\mathrm{d}x=\frac{M}{n+1}\cdot 2^{n+1},$$

而

$$\lim_{n\to\infty}\sqrt[n]{\frac{m}{n+1}\cdot 2^{n+1}}=\lim_{n\to\infty}\sqrt[n]{\frac{M}{n+1}\cdot 2^{n+1}}=2,$$

所以

$$\lim_{n\to\infty}\sqrt[n]{M_n}=\lim_{n\to\infty}\sqrt[n]{\int_0^2 f(x)x^n\mathrm{d}x}=2.$$

由此得, 级数 $\sum\limits_{n=0}^{\infty}\dfrac{x^n}{M_n}$ 的收敛半径为 $R=2$.

又因为

$$\lim_{n\to\infty}\frac{2^n}{M_n}\geqslant\lim_{n\to\infty}\frac{2^n}{\dfrac{M}{n+1}\cdot 2^{n+1}}=+\infty,$$

所以原级数在 $x=2$ 时发散, 同理原级数当 $x=-2$ 时也发散, 故 $\sum\limits_{n=0}^{\infty}\dfrac{x^n}{M_n}$ 的收敛域为 $(-2,2)$. □

8. 设 $f(x)=10-x(5<x<15), f(x+10)=f(x)$, 试求 $f(x)$ 的 Fourier 级数.

解 因为 $f(x)$ 以 10 为周期, 所以

$$f(x)=f(x+10)=[10-(x+10)]=-x,\quad -5<x<5,$$

即 $f(x)$ 在 $[-5,5]$ 上是一个奇函数, 于是, $a_n=0, n=0,1,2,\cdots$,

$$b_n=\frac{2}{5}\int_0^5(-x)\sin\frac{n\pi x}{5}\mathrm{d}x=(-1)^n\frac{10}{n\pi}.$$

由此可得

$$f(x)\sim\sum_{n=1}^{\infty}(-1)^n\frac{10}{n\pi}\sin\frac{n\pi x}{5},\quad -5<x<5.$$ □

11. 求下列极限:

(1) $\lim\limits_{n\to\infty}\displaystyle\int_0^{\pi}\sqrt{x}\sin^2 nx\mathrm{d}x$; (2) $\lim\limits_{\lambda\to\infty}\displaystyle\int_0^1\frac{\cos^2\lambda x}{1+x}\mathrm{d}x$.

解 (1)

$$\int_0^{\pi}\sqrt{x}\sin^2 nx\mathrm{d}x=\frac{1}{2}\int_0^{\pi}\sqrt{x}(1-\cos 2nx)\mathrm{d}x.$$

由 Riemman 引理知

$$\lim_{n\to\infty}\int_0^{\pi}\sqrt{x}\cos 2nx\mathrm{d}x=0,$$

于是

$$\lim_{n\to\infty}\int_0^{\pi}\sqrt{x}\sin^2 nx\mathrm{d}x=\frac{1}{2}\int_0^{\pi}\sqrt{x}\mathrm{d}x=\frac{1}{3}\pi^{\frac{3}{2}}.$$

(2) 根据 Riemman 引理知

$$\lim_{\lambda\to\infty}\int_0^1\frac{1}{1+x}\cdot\cos 2\lambda x\mathrm{d}x=0,$$

所以

$$\begin{aligned}\lim_{\lambda\to\infty}\int_0^1\frac{\cos^2\lambda x}{1+x}\mathrm{d}x&=\frac{1}{2}\lim_{\lambda\to\infty}\int_0^1\frac{1}{1+x}(1+\cos 2\lambda x)\mathrm{d}x\\&=\frac{1}{2}\int_0^1\frac{1}{1+x}\mathrm{d}x=\frac{1}{2}\ln 2.\end{aligned}$$

□

12. 设 $f(x)$ 是 $[0,2\pi]$ 上单调函数. 证明: $a_k=O\left(\frac{1}{k}\right),b_k=O\left(\frac{1}{k}\right)$, 其中 a_k,b_k 是 $f(x)$ 在 $[0,2\pi]$ 上 Fourier 系数.

证明 由第二积分中值定理, 知

$$\begin{aligned}a_n&=\frac{1}{\pi}\int_0^{2\pi}f(x)\cos nx\mathrm{d}x\\&=\frac{f(0)}{\pi}\int_0^{\xi}\cos nx\mathrm{d}x+\frac{f(2\pi)}{\pi}\int_{\xi}^{2\pi}\cos nx\mathrm{d}x\\&=\frac{f(0)-f(2\pi)}{n\pi}\sin n\xi.\end{aligned}$$

于是 $n|a_n|\leqslant\frac{|f(0)-f(2\pi)|}{\pi}$, 即 $a_k=O\left(\frac{1}{k}\right)$.

同理,

$$\begin{aligned}b_n&=\frac{1}{\pi}\int_0^{2\pi}f(x)\sin nx\mathrm{d}x\\&=\frac{f(0)}{\pi}\int_0^{\xi}\sin nx\mathrm{d}x+\frac{f(2\pi)}{\pi}\int_{\xi}^{2\pi}\sin nx\mathrm{d}x\\&=\frac{f(0)-f(2\pi)}{n\pi}(1-\cos n\xi).\end{aligned}$$

于是 $n|b_n|\leqslant\frac{2|f(0)-f(2\pi)|}{\pi}$, 即 $b_k=O\left(\frac{1}{k}\right)$. □

13. 设 $f(x)$ 及其所有导数在 $[0,R]$ 上非负, 则 $f(x)$ 的 Taylor 级数在 $[0,R)$ 上收敛于 $f(x)$, 即

$$\sum_{n=0}^{\infty}\frac{f^{(n)}(0)}{n!}x^n=f(x),\quad 0\leqslant x<R.$$

证明　运用积分余项的 Taylor 公式

$$f(x)=\sum_{k=0}^{n}\frac{f^{(k)}(0)}{k!}x^k+R_n(x),$$

其中

$$R_n(x)=\frac{1}{n!}\int_0^x(x-t)^nf^{(n+1)}(t)\mathrm{d}t=\frac{x^{n+1}}{n!}\int_0^1u^nf^{(n+1)}(x-xu)\mathrm{d}u\quad(x-t=ux).$$

由于 $f(x)$ 及其所有导数在 $[0,R]$ 上非负, 所以其导函数 $f^{(n+1)}(t)$ 在 $[0,R]$ 上递增, 即有

$$f^{(n+1)}(x-xu)\leqslant f^{(n+1)}[R(1-u)],\quad 0\leqslant u\leqslant 1,\quad 0\leqslant x\leqslant R$$

和

$$R_n(R)=f(R)-\sum_{k=0}^{n}\frac{f^{(k)}(0)}{k!}R^k\leqslant f(R).$$

因此, 当 $0\leqslant x<R$ 时,

$$\begin{aligned}R_n(x)&\leqslant\frac{x^{n+1}}{n!}\int_0^1u^nf^{(n+1)}[R(1-u)]\mathrm{d}u\\&=\left(\frac{x}{R}\right)^{n+1}\frac{R^{n+1}}{n!}\int_0^1u^nf^{(n+1)}(R-Ru)\mathrm{d}u\\&=\left(\frac{x}{R}\right)^{n+1}R_n(R)\\&\leqslant\left(\frac{x}{R}\right)^{n+1}f(R),\end{aligned}$$

而 $\lim\limits_{n\to\infty}\left(\frac{x}{R}\right)^{n+1}f(R)=0\ (0\leqslant x<R)$, 故根据迫敛性定理得

$$\lim_{n\to\infty}R_n(x)=0\quad(0\leqslant x<R),$$

从而由定理 12.2.3 得, $f(x)$ 的 Taylor 级数在 $[0,R)$ 上收敛于 $f(x)$. □

第 13 章　多元函数及其微分学

习　题　13.1

1. 用 Cauchy 不等式证明平面上向量的三角形不等式和距离的三角形不等式.

证明　$\mathbb{R}^2$ 中的 Cauchy 不等式: 设 $\boldsymbol{r}_1=(x_1,x_2)$, $\boldsymbol{r}_2=(y_1,y_2)$, 则

$$|\boldsymbol{r}_1\cdot\boldsymbol{r}_2|=|x_1y_1+x_1y_1|\leqslant\sqrt{x_1^2+x_1^2}\cdot\sqrt{y_1^2+y_1^2}=\|\boldsymbol{r}_1\|\cdot\|\boldsymbol{r}_2\|.$$

下面证明: 平面上向量的三角形不等式和距离的三角形不等式. 因为

$$\begin{aligned}\|\boldsymbol{r}_1+\boldsymbol{r}_2\|^2&=\|\boldsymbol{r}_1\|^2+\|\boldsymbol{r}_2\|^2+2\boldsymbol{r}_1\cdot\boldsymbol{r}_2\\&\leqslant\|\boldsymbol{r}_1\|^2+\|\boldsymbol{r}_2\|^2+2\|\boldsymbol{r}_1\|\cdot\|\boldsymbol{r}_2\|\\&=(\|\boldsymbol{r}_1\|+\|\boldsymbol{r}_2\|)^2,\end{aligned}$$

所以

$$\|\boldsymbol{r}_1+\boldsymbol{r}_2\|\leqslant\|\boldsymbol{r}_1\|+\|\boldsymbol{r}_2\|.$$

同理

$$\|\boldsymbol{r}_1-\boldsymbol{r}_2\|\leqslant\|\boldsymbol{r}_1\|+\|\boldsymbol{r}_2\|.$$

进而,

$$\begin{aligned}\|P_1-P_2\|&=\|\overrightarrow{P_2P_1}\|=\|\overrightarrow{P_3P_1}+\overrightarrow{P_2P_3}\|\\&\leqslant\|\overrightarrow{P_3P_1}\|+\|\overrightarrow{P_2P_3}\|=\|P_1-P_3\|+\|P_3-P_2\|.\end{aligned}$$

□

2. 设 $E\subset\mathbb{R}^2$. 证明 E 是有界集的充要条件是 $d(E)<\infty$.

证明　充分性　设 $d(E)<\infty$. 取定 $P_0\in E$, 令 $M=\|P_0\|+d(E)<\infty$, 则 $\forall P\in E$, 有

$$\|P\|\leqslant\|P-P_0\|+\|P_0\|\leqslant d(E)+\|P_0\|=M,$$

所以, E 是有界集.

必要性　设 E 是有界集, 则 $\exists M>0$, 使得 $\forall P\in E$, 有 $\|P\|\leqslant M$, 于是

$$\|P''-P'\|\leqslant\|P''\|+\|P'\|\leqslant M+M=2M,\quad\forall P',P''\in E,$$

因此

$$d(E)=\sup\{\|P''-P'\|\mid P',P''\in E\}\leqslant 2M<\infty.$$

□

4. 证明 $U(P_0)$ 是开集.

证明　不妨设 $U(P_0)=U(P_0;\delta)$. 下面证明 $U(P_0)$ 是开集, 即证明 $U(P_0)$ 的任意一点 P 都是 $U(P_0)$ 的内点.

首先, P_0 显然为 $U(P_0)$ 的内点; 其次, 设 $P\in U(P_0)$, $P\neq P_0$, 则

$$\exists\delta_P=\min\{\|P-P_0\|,\delta-\|P-P_0\|\}>0,$$

且 $B(P;\delta_P)\subset U(P_0)$, 所以, P 也是 $U(P_0)$ 的内点, 故集合 $U(P_0)$ 是一个开集. □

5. 证明: P_0 是 E 的聚点等价于在 P_0 的任何一个去心邻域 $U^\circ(P_0)$ 中都有 E 的点.

证明　根据聚点的定义知, 必要性是显然的, 下面证明充分性.

用反证法. 设在 P_0 的任何一个邻域 $U^\circ(P_0)$ 中都有 E 的点, 但 P_0 不是 E 的聚点, 则 $\exists\delta_0>0$, 使得 $U^\circ(P_0;\delta_0)\cap E$ 是一个有限集. 设 $U^\circ(P_0)\cap E=\{P_1,P_2,\cdots,P_n\}$, 令

$$\delta'=\min\{\|P_1-P_0\|,\cdots,\|P_n-P_0\|\}>0,$$

则 $U^\circ(P_0;\delta')\cap E=\varnothing$, 与题设矛盾. 所以假设不真, 故 P_0 是 E 的聚点. □

9. 证明: 任意点集 E 与其边界 ∂E 的并集 $E\cup\partial E$ 是闭集.

证明　只需证明 $E\cup\partial E$ 的余集 $(E\cup\partial E)^{\mathrm{C}}$ 是开集即可.

设 $P\in(E\cup\partial E)^{\mathrm{C}}$, 则点 P 不属于集合 E, 也不是 E 的边界点.

因为 P 不是 E 的边界点, 所以 $\exists\delta>0$, 使得 $U(P;\delta)\subset E^{\mathrm{C}}$ 或 $\exists\delta'>0$, 于是 $U(P;\delta')\subset E$. 但 P 不属于集合 E, 因此只能是 $\exists\delta>0$, 使得 $U(P;\delta)\subset E^{\mathrm{C}}$, 又根据边界点的定义易得, $U(P;\delta)\subset(\partial E)^{\mathrm{C}}$, 因此

$$U(P;\delta)\subset(E\cup\partial E)^{\mathrm{C}}=(\partial E)^{\mathrm{C}}\cap E^{\mathrm{C}},$$

即点 P 是 $(E\cup\partial E)^{\mathrm{C}}$ 的内点. 故根据 P 的任意性得, $(E\cup\partial E)^{\mathrm{C}}$ 是一个开集, 从而 $E\cup\partial E$ 是闭集. □

注　集合 $E\cup\partial E$ 称为集合 E 的闭包, 记作 $\overline{E}$. 集合 E 的闭包 $\overline{E}$ 是包含集合 E 的最小闭集, 即若 F 是闭集, 且 $E\subset F$, 则 $\overline{E}\subset F$. 进一步, 可以验证

$$\overline{E}=E\cup\partial E=E^\circ\cup\partial E=E\cup E'.$$

习　题　13.2

1. 证明致密性定理 (推论 13.2.1).

证明 设 $\{P_n\}=\{(x_n,y_n)\}$ 是 $\mathbb{R}^2$ 中的一个有界点列, 则 $\{x_n\}$ 与 $\{y_n\}$ 都是有界数列, 于是根据 $\mathbb{R}$ 的致密性定理, 数列 $\{x_n\}$ 存在收敛子列 $\{x_{n_k}\}$.

注意到 $\{y_n\}$ 的子列 $\{y_{n_k}\}$ 为有界数列, 所以根据 $\mathbb{R}$ 的致密性定理得, 存在 $\{y_{n_k}\}$ 的收敛子列 $\{y_{n_{k_j}}\}$, 进而 $\{x_{n_{k_j}}\}$ 与 $\{y_{n_{k_j}}\}$ 分别是数列 $\{x_n\}$ 与 $\{y_n\}$ 的收敛子列, 因此 $\{P_{n_{k_j}}\}=\{(x_{n_{k_j}},y_{n_{k_j}})\}$ 是点列 $\{P_n\}$ 的收敛子列. □

2. 证明基本点列必有界.

证明 设 $\{P_n\}$ 是一个基本点列, 则对 $\varepsilon_0=1$, 存在正整数 N_0, 当 $n>N_0$ 时, 有

$$\|P_n-P_{N_0}\|<\varepsilon_0=1,$$

所以, 当 $n>N_0$ 时, 有

$$\|P_n\|\leqslant\|P_n-P_{N_0}\|+\|P_{N_0}\|<1+\|P_{N_0}\|.$$

令 $M=\max\{\|P_1\|+1,\cdots,\|P_{N_0}\|+1\}>0$, 则对任意正整数 n, 有 $\|P_n\|\leqslant M$, 即 $\{P_n\}$ 是有界点列. □

3. 证明 P_0 是 E 的聚点等价于存在一个各项互异的点列 $\{P_n\}\subset E$ 使得 $P_n\to P_0$(当 $n\to\infty$).

证明 **充分性** 设存在一个各项互异的点列 $\{P_n\}\subset E$ 使得 $P_n\to P_0\,(n\to\infty)$, 则 $\forall\varepsilon>0$, 存在正整数 N, 当 $n>N$ 时, 有 $P_n\in U(P_0;\varepsilon)$, 所以 P_0 的任意邻域都含有集合 E 中的无穷多个点, 故 P_0 是 E 的聚点.

必要性 设 P_0 是 E 的聚点, 则 $\forall\varepsilon>0$, 存在 $P\in U^\circ(P_0;\varepsilon)\cap E$. 所以对 $\varepsilon_1=1$, 取 $P_1\in U^\circ(P_0;\varepsilon_1)\cap E$, 当 $n\geqslant 2$ 时, 令 $\varepsilon_n=\min\left\{\dfrac{1}{n},\|P_{n-1}-P_0\|\right\}>0$, 取 $P_n\in U^\circ(P_0;\varepsilon_n)\cap E$, 于是根据归纳原理, 可得一个各项互异的点列 $\{P_n\}\subset E$, 并且满足

$$\|P_n-P_0\|<\varepsilon_n\leqslant\frac{1}{n},\quad n=1,2,\cdots,$$

所以 $P_n\to P_0$(当 $n\to\infty$). □

4. 试用闭集套定理证明聚点定理.

证明 设集合 E 是 $\mathbb{R}^2$ 中的有界无限点集, 则存在 $M>0$, 使得

$$E\subset[-M,M]\times[-M,M]\triangleq D.$$

将闭集 D 等分为四个闭正方形, 选取其中一个闭正方形设为 D_1, 使得 $D_1\cap E$ 是无限点集.

将闭集 D_1 再等分为四个闭正方形, 选取其中一个闭正方形设为 D_2, 使得 $D_2\cap E$ 是无限点集, $\cdots$, 重复以上步骤, 可得一闭集套

$$D_1\supset D_2\supset\cdots\supset D_n\supset\cdots,$$

满足

$$\lim_{n\to\infty} \mathrm{d}(D_n) = \lim_{n\to\infty} \frac{\mathrm{d}(D)}{2^n} = 0,$$

而且 $D_n \cap E, n = 1, 2, \cdots$ 都是无限点集.

根据闭集套定理存在 P_0, 使得 $P_0 \in D_n$, $n = 1, 2, 3, \cdots$, 且对 P_0 的任一邻域 $U(P_0)$, 当 n 充分大时满足 $D_n \subset U(P_0)$, 从而会含有 E 的无穷多点, 故 P_0 是 E 的一个聚点. □

5. 用致密性定理证明 Cauchy 收敛准则的充分性部分 (提示: 利用第 2 题的结论, 并证明 Cauchy 列如果有一个子列收敛, 则其本身也是收敛的).

证明　设 $\{P_n\}$ 是一个基本点列, 根据第 2 题结论, $\{P_n\}$ 是有界点列, 于是由致密性定理可知, $\{P_n\}$ 存在一个收敛点列设为 $\{P_{n_k}\}$, 且可设 $\lim\limits_{k\to\infty} P_{n_k} = P_0$.

$\forall \varepsilon > 0$, 存在正整数 N_1, 当 $n, m > N_1$ 时, $\|P_m - P_n\| < \varepsilon$; 存在正整数 K, 当 $k > K$ 时, $\|P_{n_k} - P_0\| < \varepsilon$.

取 $N = \max\{N_1 + 1, K + 1\}$, 则当 $n > N$ 时, 有

$$\|P_n - P_0\| \leqslant \|P_n - P_{n_N}\| + \|P_{n_N} - P_0\| < 2\varepsilon,$$

故 $\lim\limits_{n\to\infty} P_n = P_0$. □

习　题　13.3

1. 用重极限的定义证明 $\lim\limits_{(x,y)\to(2,-1)} (x^2 - 4xy - 3y^2) = 9$.

证明　利用三角不等式可得

$$\begin{aligned}|x^2 - 4xy - 3y^2 - 9| &= |(x^2 - 4) - 4x(y+1) + 4(x-2) - 3(y^2 - 1)| \\ &\leqslant |x+2||x-2| + 4|x||y+1| + 4|x-2| \\ &\quad + 3|y+1||y-1|.\end{aligned}$$

因为 $(x, y) \to (2, -1)$, 所以可以限制 $|x-2| < 1, |y+1| < 1$, 于是

$$\begin{aligned}|x+2| &= |(x-2) + 4| \leqslant |x-2| + 4 < 5; \\ |x| &= |(x-2) + 2| \leqslant |x-2| + 2 < 3; \\ |y-1| &= |(y+1) - 2| \leqslant |y-1| + 2 < 3.\end{aligned}$$

因此

$$\begin{aligned}|x^2 - 4xy - 3y^2 - 9| &\leqslant |x+2||x-2| + 4|x||y+1| + 4|x-2| \\ &\quad + 3|y+1||y-1| \\ &\leqslant 5|x-2| + 12|y+1| + 4|x-2| + 9|y+1| \\ &= 9|x-2| + 21|y+1|.\end{aligned}$$

故 $\forall \varepsilon > 0$, $\exists \delta = \min\left\{\dfrac{\varepsilon}{30}, 1\right\} > 0$, 当 $|x-2| < \delta$, $|y+1| < \delta$, $(x,y) \neq (2,-1)$ 时, 有

$$|x^2 - 4xy - 3y^2 - 9| \leqslant 9|x-2| + 21|y+1| < 30\delta < \varepsilon,$$

从而根据定义得, $\lim\limits_{(x,y)\to(2,-1)}(x^2 - 4xy - 3y^2) = 9$. □

2. 求下列重极限:

(2) $\lim\limits_{(x,y)\to(0,0)} \dfrac{x^2y^2}{x^2+y^2}$;

(4) $\lim\limits_{(x,y)\to(0,0)} \dfrac{x^2+y^2}{1-\sqrt{(1+x^2)(1+y^2)}}$.

解 (2) 由于 $\forall (x,y) \neq (0,0)$ 有

$$0 \leqslant \frac{x^2y^2}{x^2+y^2} \leqslant \frac{\left(\dfrac{x^2+y^2}{2}\right)^2}{x^2+y^2} = \frac{x^2+y^2}{4},$$

以及 $\lim\limits_{(x,y)\to(0,0)} \dfrac{x^2+y^2}{4} = 0$, 所以根据迫敛性定理得, $\lim\limits_{(x,y)\to(0,0)} \dfrac{x^2y^2}{x^2+y^2} = 0$.

(4) 因为

$$\frac{x^2+y^2}{1-\sqrt{(1+x^2)(1+y^2)}} = -\frac{x^2+y^2}{x^2y^2+x^2+y^2} \cdot [1+\sqrt{(1+x^2)(1+y^2)}],$$

且有

$$\frac{x^2+y^2}{x^2y^2+x^2+y^2} = \frac{1}{\dfrac{x^2y^2}{x^2+y^2}+1},$$

所以利用 (2) 的结论可得

$$\lim_{(x,y)\to(0,0)} \frac{x^2+y^2}{1-\sqrt{(1+x^2)(1+y^2)}} = -\frac{1}{0+1} \cdot (1+1) = -2.$$ □

3. 讨论当 $(x,y) \to (0,0)$ 时函数 $f(x,y)$ 的重极限和累次极限:

(2) $f(x,y) = (x+y)\sin\dfrac{1}{x}\sin\dfrac{1}{y}$;

(4) $f(x,y) = \dfrac{x^2y^2}{x^3+y^3}$.

解 (2) 当 $y \neq 0$ 时, $\lim\limits_{x\to 0} x\sin\dfrac{1}{x}\sin\dfrac{1}{y} = 0$, $\lim\limits_{x\to 0} y\sin\dfrac{1}{x}\sin\dfrac{1}{y}$ 不存在, 于是易得,

$$\lim_{x\to 0}(x+y)\sin\frac{1}{x}\sin\frac{1}{y}$$

不存在; 当 $x \neq 0$ 时, 类似可得,

$$\lim_{y\to 0}(x+y)\sin\frac{1}{x}\sin\frac{1}{y}$$

不存在, 所以累次极限 $\lim\limits_{x\to 0}\lim\limits_{y\to 0}(x+y)\sin\dfrac{1}{x}\sin\dfrac{1}{y}$ 与 $\lim\limits_{y\to 0}\lim\limits_{x\to 0}(x+y)\sin\dfrac{1}{x}\sin\dfrac{1}{y}$ 都不存在; 但是当 $x \neq 0, y \neq 0$ 时,

$$0 \leqslant \left|(x+y)\sin\frac{1}{x}\sin\frac{1}{y}\right| \leqslant |x|+|y|,$$

所以 $\lim\limits_{(x,y)\to(0,0)}(x+y)\sin\dfrac{1}{x}\sin\dfrac{1}{y}=0.$

(4) 易知

$$\lim_{x\to 0}\lim_{y\to 0}\frac{x^2y^2}{x^3+y^3}=\lim_{y\to 0}\lim_{x\to 0}\frac{x^2y^2}{x^3+y^3}=0,$$

而当 $y=kx^2-x,\ x\to 0(k\neq 0)$ 时, 有

$$f(x,kx^2-x)=\frac{k^2x^2-2kx+1}{k^3x^2-3k^2x+3k}\to\frac{1}{3k},$$

极限值与参数 k 有关 $(k\neq 0)$, 所以二重极限 $\lim\limits_{(x,y)\to(0,0)}f(x,y)$ 不存在. □

5. 指出下列二元函数的不连续点, 并说明理由:

(1) $f(x,y)=\begin{cases}\dfrac{x}{x+y}, & x+y\neq 0,\\ 0, & x+y=0.\end{cases}$

解　任取 $P_0(x_0,y_0)\in\mathbb{R}^2$, 分三种情况讨论:

当 $x_0+y_0\neq 0$ 时, 由于

$$\lim_{(x,y)\to(x_0,y_0)}f(x,y)=\frac{x_0}{x_0+y_0}=f(x_0,y_0),$$

所以 f 在点 $P_0(x_0,y_0)$ 连续;

当 $x_0+y_0=0$, 且 $x_0\neq 0$ 时, 由于

$$\lim_{(x_0,y)\to(x_0,y_0)}\frac{x}{x+y}=\infty,$$

所以此时 f 在点 $P_0(x_0,y_0)$ 不连续;

当 $P_0(x_0,y_0)=(0,0)$ 时, 取 $y=kx,\ x\to 0(k\neq -1)$, 得 $f(x,kx)=\dfrac{1}{1+k}\to\dfrac{1}{1+k}$, 极限值与参数 k 有关, 所以 $\lim\limits_{(x,y)\to(0,0)}f(x,y)$ 不存在, 因此函数 f 在原点不连续.

综上讨论, 函数在 $\{(x,y)\mid x+y\neq 0\}$ 上连续, 但是在 $\{(x,y)\mid x+y=0\}$ 上不连续. □

7. 设 $f(x,y)$ 在开区域 D 内对 x 连续, 对 y(关于 x) 一致连续, 证明 f 在 D 内连续.

证明 设 $P_0(x_0,y_0)\in D$, 则由 D 为开区域得，存在 $\delta_0>0$, 使得 $U(P_0;\delta_0)\subset D$. 任取 $\varepsilon>0$.

根据题设可知, $f(x,y_0)$ 相对于区域 D 在 $x=x_0$ 处连续, 所以 $\exists\,\delta_1>0$, 当 $(x,y_0)\in D$ 且 $|x-x_0|<\delta_1$ 时, 有

$$|f(x,y_0)-f(x_0,y_0)|<\varepsilon.$$

而 $f(x,y)$ 相对于区域 D 在 $y=y_0$ 处 (关于 x 一致) 连续, 所以 $\exists\delta_2>0$, $\forall(x,y_0),(x,y)\in D$, 当 $|y-y_0|<\delta_2$ 时, 有

$$|f(x,y)-f(x,y_0)|<\varepsilon.$$

因此可取 $\delta=\min\{\delta_0,\delta_1,\delta_2\}>0$, 当 $(x,y)\in D$ 且 $|x-x_0|<\delta$, $|y-y_0|<\delta$ 时, 有 $(x,y_0)\in D$, 且

$$|f(x,y)-f(x_0,y_0)|\leqslant|f(x,y)-f(x,y_0)|+|f(x,y_0)-f(x_0,y_0)|<2\varepsilon.$$

这表明 $f(x,y)$ 相对于区域 D 在 $P_0(x_0,y_0)$ 处连续, 根据 P_0 的任意性, f 在 D 内连续. □

注 本题证明中的 δ_0 依赖于 D,x_0 和 y_0, δ_1 至多依赖于 x_0 和 ε, δ_2 至多依赖于 y_0 和 ε, 所以 δ 至多依赖于 D,x_0, y_0 与 ε, 因此 δ 的选取是合适的.

8. 证明: 若 f 在 $\mathbb{R}^2$ 上每一点都连续且 $\lim\limits_{\|P\|\to+\infty}f(P)$ 存在且有限, 则 f 在 $\mathbb{R}^2$ 中一致连续.

证明 因为 $\lim\limits_{\|P\|\to+\infty}f(P)$ 存在, 所以根据 Cauchy 准则得, $\forall\varepsilon>0$, $\exists M>0$, 使得当 $\|P'\|>M$, $\|P''\|>M$ 时, 有

$$|f(P'')-f(P')|<\varepsilon.$$

因为函数 f 在闭圆盘区域 $\overline{B}_{M+1}(O)$ 上一致连续, 所以对以上 $\varepsilon>0$, 存在正数 $\delta_1=\delta_1(\varepsilon)$, 当 $\|P''-P'\|<\delta_1$, 且 $\|P'\|\leqslant M+1$, $\|P''\|\leqslant M+1$ 时, 有

$$|f(P'')-f(P')|<\varepsilon.$$

取 $\delta=\min\{1,\delta_1\}>0$, 当 $\|P''-P'\|<\delta$ 时, 要么有 $\|P'\|>M$, $\|P''\|>M$, 要么有 $\|P''-P'\|<\delta_1$, 且 $\|P'\|\leqslant M+1$, $\|P''\|\leqslant M+1$, 总之必有

$$|f(P'')-f(P')|<\varepsilon,$$

所以 f 在 $\mathbb{R}^2$ 上一致连续. □

9. 设 $D\subset\mathbb{R}^2$ 有界, $f(x,y)$ 在 D 上连续且对于任意的 $P\in D'$, $\lim\limits_{Q\to P,\,Q\in D} f(Q)$ 存在, 证明 f 在 D 上一致连续.

证明　因为 $D\subset\mathbb{R}^2$ 有界, 所以 D 的闭包 $\overline{D}=D\cup D'$ 是一个有界闭集, 故根据一致连续性定理, 只需证明函数 f 可以连续延拓到闭包 $\overline{D}$ 上. 证明分两步.

第一步, 构造函数 f 在闭包 $\overline{D}$ 上的延拓函数.

令 $\widehat{f}(P)=\begin{cases} f(P), & P\in D,\\ \lim\limits_{Q\to P,\,Q\in D} f(Q), & P\in D', \end{cases}$ 则

(A) 当 $P\in D\cap D'$ 时, $\widehat{f}(P)=f(P)$, 且 $\widehat{f}(P)=\lim\limits_{Q\to P,\,Q\in D} f(Q)$, 注意到 f 在集合 D 上连续, 所以会有

$$f(P)=\lim_{Q\to P,\,Q\in D} f(Q),$$

这表明函数 $\widehat{f}$ 定义是合理的.

(B) 当 $P\in D$ 时, $\widehat{f}(P)=f(P)$, 所以 $\widehat{f}$ 是函数 f 在闭包 $\overline{D}$ 上的一个延拓函数.

第二步, 证明 $\widehat{f}$ 在 $\overline{D}$ 上连续.

设 $P_0\in\overline{D}$, 且 P_0 是 $\overline{D}$ 的孤立点, 则根据连续的定义, $\widehat{f}$ 在点 P_0 处关于 $\overline{D}$ 连续.

设 $P_0\in\overline{D}$, 且 P_0 是 $\overline{D}$ 的聚点, 以下证明 $\widehat{f}(P_0)=\lim\limits_{P\to P_0,\,P\in\overline{D}}\widehat{f}(P)$, 故函数 $\widehat{f}$ 在点 P_0 处关于 $\overline{D}$ 连续.

由 $D''\subseteq D'$, $(\overline{D})'=(D\cup D')'=D'\cup D''=D'$, 得 $P_0\in(\overline{D})'\Leftrightarrow P_0\in D'$, 因此 $\widehat{f}(P_0)=\lim\limits_{Q\to P_0,\,Q\in D} f(Q)$.

$\forall\varepsilon>0$, 因为 $\widehat{f}(P_0)=\lim\limits_{Q\to P_0,\,Q\in D} f(Q)$, 所以 $\exists\delta>0$, 当 $Q\in B^\circ(P_0;\delta)\cap D$ 时, 有

$$|f(Q)-\widehat{f}(P_0)|<\frac{\varepsilon}{2}.$$

设 $P\in B^\circ(P_0;\delta)\cap\overline{D}$. 若 $P\in D'$, 则 $\widehat{f}(P)=\lim\limits_{Q\to P,\,Q\in D} f(Q)$, 故 $\exists\delta_P>0$, 使得当 $Q\in B^\circ(P;\delta_P)\cap D$ 时, 有

$$|f(Q)-\widehat{f}(P)|<\frac{\varepsilon}{2}.$$

取 δ_P 充分小, 使之满足 $B^\circ(P;\delta_P)\subset B^\circ(P_0;\delta)$, 则当 $Q\in B^\circ(P;\delta_P)\cap D$ 时, 必有 $Q\in B^\circ(P_0;\delta)\cap D$, 进而有

$$|f(Q)-\widehat{f}(P_0)|<\frac{\varepsilon}{2},$$

所以

$$|\widehat{f}(P)-\widehat{f}(P_0)|\leqslant|f(Q)-\widehat{f}(P)|+|f(Q)-\widehat{f}(P_0)|<\varepsilon.$$

设 $P\in B^{\circ}(P_0;\delta)\cap\overline{D}$. 若 $P\in D$, 则 $|\widehat{f}(P)-\widehat{f}(P_0)|=|f(P)-\widehat{f}(P_0)|<\varepsilon$ 显然成立. 因此当 $P_0\in\overline{D}$, 且 P_0 是 $\overline{D}$ 的聚点时, $\widehat{f}$ 在点 P_0 处也连续.

综合以上讨论, 当 $P_0\in\overline{D}$ 时, $\widehat{f}$ 在点 P_0 处连续. 根据 P_0 的任意性, $\widehat{f}$ 在 $\overline{D}$ 上连续. □

注 根据本题的证明可得到以下两个推论.

推论 1 设函数 $f(x,y)$ 在非空集合 $D(\subset\mathbb{R}^2)$ 上连续, $D'\neq\varnothing$, 且对于任意的 $P\in D'$, $\lim\limits_{Q\to P,\,Q\in D}f(Q)$ 存在, 则函数 $f(x,y)$ 可以连续延拓到集合 D 的闭包 $\overline{D}=D\cup D'$ 上.

推论 2 设函数 $f(x,y)$ 在非空开集 $D(\subset\mathbb{R}^2)$ 上连续, $\partial D\neq\varnothing$, 且对于任意的 $P\in\partial D$, $\lim\limits_{Q\to P,\,Q\in D}f(Q)$ 存在, 则函数 $f(x,y)$ 可以连续延拓到集合 D 的闭包 $\overline{D}=D\cup\partial D$ 上. 以上两个结论我们可称为连续延拓定理.

10. 设 $f(x,y)$ 在 $\mathbb{R}^2$ 中连续, 如果 $\lim\limits_{\|P\|\to+\infty}f(P)=+\infty$, 则 $f(x,y)$ 有最小值; 如果 $\lim\limits_{\|P\|\to+\infty}f(P)=-\infty$, 则 $f(x,y)$ 有最大值.

证明 根据 $\lim\limits_{\|P\|\to+\infty}f(P)=+\infty$ 可知, $\exists X_0>0$, 当 $\|P\|\geqslant X_0$ 时, 有 $f(P)>f(0,0)$.

函数 $f(x,y)$ 在有界闭区域 $\overline{B}_{X_0}(O)$ 上连续, 所以 $\exists P_0\in\overline{B}_{X_0}(O)$, 使得 $\forall P\in\overline{B}_{X_0}(O)$, 都有 $f(P)\geqslant f(P_0)$, 特别地, 有 $f(0,0)\geqslant f(P_0)$.

综上所述, $\forall P\in\mathbb{R}^2$, 有 $f(P)\geqslant f(P_0)$, 即当 $f(x,y)$ 在 $\mathbb{R}^2$ 中连续, 且

$$\lim_{\|P\|\to+\infty}f(P)=+\infty$$

时, $f(x,y)$ 有最小值 $f(P_0)$.

类似可证明, 如果 $\lim\limits_{\|P\|\to+\infty}f(P)=-\infty$, 则 $f(x,y)$ 有最大值. □

习 题 13.4

6. 考察函数 $f(x,y)$ 在点 $(0,0)$ 的可微性:

$$f(x,y)=\begin{cases}xy\sin\dfrac{1}{x^2+y^2}, & (x,y)\neq(0,0),\\ 0, & (x,y)=(0,0).\end{cases}$$

解　根据偏导数的定义可得

$$\left.\frac{\partial f}{\partial x}\right|_{(0,0)}=\lim_{x\to 0}\frac{f(x,0)-f(0,0)}{x}=\lim_{x\to 0}0=0.$$

同理可得

$$\left.\frac{\partial f}{\partial y}\right|_{(0,0)}=0.$$

注意到当 $(x,y)\neq(0,0)$ 时,

$$f(x,y)-f(0,0)-\frac{\partial f}{\partial x}(0,0)x-\frac{\partial f}{\partial y}(0,0)y=xy\sin\frac{1}{x^2+y^2}$$

和

$$0\leqslant\left|\frac{xy\sin\dfrac{1}{x^2+y^2}}{\sqrt{x^2+y^2}}\right|\leqslant\frac{|xy|}{\sqrt{x^2+y^2}}\leqslant\frac{1}{2}\sqrt{x^2+y^2},$$

所以 $\lim\limits_{(x,y)\to(0,0)}\dfrac{xy\sin\dfrac{1}{x^2+y^2}}{\sqrt{x^2+y^2}}=0$, 因此

$$f(x,y)-f(0,0)-\frac{\partial f}{\partial x}(0,0)x-\frac{\partial f}{\partial y}(0,0)y=o(\sqrt{x^2+y^2}),\quad (x,y)\to(0,0),$$

故函数 $f(x,y)$ 在点 $(0,0)$ 可微. □

7. 证明: 函数 $f(x,y)$ 在点 $(0,0)$ 连续, 偏导数存在但不连续, 而函数在点 $(0,0)$ 可微,

$$f(x,y)=\begin{cases}(x^2+y^2)\sin\dfrac{1}{x^2+y^2}, & (x,y)\neq(0,0),\\ 0, & (x,y)=(0,0).\end{cases}$$

证明　第一步, 证明函数 $f(x,y)$ 在点 $(0,0)$ 偏导数存在.

当 $(x,y)=(0,0)$ 时, 根据偏导数的定义可得

$$\left.\frac{\partial f}{\partial x}\right|_{(0,0)}=\lim_{x\to 0}\frac{f(x,0)-f(0,0)}{x}=\lim_{x\to 0}x\sin\frac{1}{x^2}=0,$$

当 $(x,y)\neq(0,0)$ 时, 根据偏导数的求导法则可得

$$\begin{aligned}\frac{\partial f}{\partial x}&=2x\sin\frac{1}{x^2+y^2}+(x^2+y^2)\cdot\frac{-2x}{(x^2+y^2)^2}\cos\frac{1}{x^2+y^2}\\&=2x\sin\frac{1}{x^2+y^2}-\frac{2x}{x^2+y^2}\cos\frac{1}{x^2+y^2},\end{aligned}$$

所以

$$\frac{\partial f}{\partial x}=\begin{cases}2x\sin\frac{1}{x^2+y^2}-\frac{2x}{x^2+y^2}\cos\frac{1}{x^2+y^2}, & (x,y)\neq(0,0),\\ 0, & (x,y)=(0,0).\end{cases}$$

同理可得

$$\frac{\partial f}{\partial y}=\begin{cases}2y\sin\frac{1}{x^2+y^2}-\frac{2y}{x^2+y^2}\cos\frac{1}{x^2+y^2}, & (x,y)\neq(0,0),\\ 0, & (x,y)=(0,0).\end{cases}$$

第二步, 证明函数 $f(x,y)$ 在点 $(0,0)$ 可微, 从而得函数 $f(x,y)$ 在点 $(0,0)$ 连续.

事实上, 注意到当 $(x,y)\neq(0,0)$ 时,

$$f(x,y)-f(0,0)-\frac{\partial f}{\partial x}(0,0)x-\frac{\partial f}{\partial y}(0,0)y=(x^2+y^2)\sin\frac{1}{x^2+y^2}$$

和

$$0\leqslant\left|\frac{(x^2+y^2)\sin\frac{1}{x^2+y^2}}{\sqrt{x^2+y^2}}\right|\leqslant\sqrt{x^2+y^2},$$

所以 $\lim\limits_{(x,y)\to(0,0)}\dfrac{(x^2+y^2)\sin\frac{1}{x^2+y^2}}{\sqrt{x^2+y^2}}=0$, 因此

$$f(x,y)-f(0,0)-\frac{\partial f}{\partial x}(0,0)x-\frac{\partial f}{\partial y}(0,0)y=o(\sqrt{x^2+y^2}),\quad (x,y)\to(0,0),$$

故 $f(x,y)$ 在点 $(0,0)$ 可微, 从而在点 $(0,0)$ 处也连续.

第三步, 证明函数 $f(x,y)$ 的偏导数在点 $(0,0)$ 不连续.

取 $x_n=\sqrt{\dfrac{1}{2n\pi}}$, $y_n=0$, $n=1,2,\cdots$, 则

$$\lim_{n\to\infty}\frac{\partial f}{\partial x}(x_n,y_n)=-\infty,$$

所以根据归结原则, 极限 $\lim\limits_{(x,y)\to(0,0)}\dfrac{\partial f}{\partial x}$ 不存在, 因此 $\dfrac{\partial f}{\partial x}$ 在点 $(0,0)$ 不连续.

类似可证明, $\dfrac{\partial f}{\partial y}$ 在点 $(0,0)$ 也不连续. □

8. 证明: 如果二元函数 $z=f(x,y)$ 在点 (x_0,y_0) 可微, 则 $z=f(x,y)$ 在点 (x_0,y_0) 连续.

证明 设二元函数 $z=f(x,y)$ 在点 (x_0,y_0) 处可微, 则根据全微分的概念可得

$$\Delta z=\frac{\partial f}{\partial x}(x_0,y_0)\Delta x+\frac{\partial f}{\partial y}(x_0,y_0)\Delta y+o(\rho),$$

其中 $\rho=\sqrt{\Delta x)^2+(\Delta y)^2}$. 于是

$$\lim_{(\Delta x,\Delta y)\to(0,0)}\Delta z=\lim_{(\Delta x,\Delta y)\to(0,0)}\left(\frac{\partial f}{\partial x}(x_0,y_0)\Delta x+\frac{\partial f}{\partial y}(x_0,y_0)\Delta y+o(\rho)\right)=0,$$

所以 $z=f(x,y)$ 在点 (x_0,y_0) 连续. □

9. 证明: 如果二元函数 $z=f(x,y)$ 在点 $P_0(x_0,y_0)$ 某邻域中偏导存在且有界, 则 $z=f(x,y)$ 在该邻域中连续.

证明 据题设, $\exists\delta>0,\exists M>0$, 使得函数 $z=f(x,y)$ 在 $U(P_0;\delta)$ 内满足条件

$$|f_x(x,y)|\leqslant M,\quad |f_y(x,y)|\leqslant M.$$

根据二元函数中值定理, 在点 $P_0(x_0,y_0)$ 的邻域 $U(P_0;\delta)$ 内有

$$\begin{aligned}|f(x,y)-f(x_0,y_0)|&=|f_x(\xi,y)(x-x_0)+f_y(x_0,\eta)(y-y_0)|\\&\leqslant M|x-x_0|+M|y-y_0|,\end{aligned}$$

这里 ξ 介于 x_0 与 x 之间, η 介于 y_0 与 y 之间, 所以根据连续的定义易得, $z=f(x,y)$ 在点 $P_0(x_0,y_0)$ 连续.

对任意的 $P_1(x_1,y_1)\in U^\circ(P_0;\delta)$, 取 $\delta_1=\delta-\|P_1-P_0\|>0$, 则显然

$$U(P_1;\delta_1)\subset U(P_0;\delta),$$

于是在 $U(P_1;\delta_1)$ 内应用上述方法, 类似可得, $z=f(x,y)$ 在点 $P_1(x_1,y_1)$ 连续, 所以由 $P_1(x_1,y_1)$ 的任意性得, $z=f(x,y)$ 在该邻域 $U(P_0;\delta)$ 中连续. □

10. 证明: 函数 $f(x,y)$ 在点 $(0,0)$ 连续且偏导数存在, 但不可微, 其中

$$f(x,y)=\begin{cases}\dfrac{x^2y}{x^2+y^2}, & (x,y)\neq(0,0),\\ 0, & (x,y)=(0,0).\end{cases}$$

证明 第一步, 证明函数 $f(x,y)$ 在点 $(0,0)$ 连续.

因为

$$0\leqslant|f(x,y)|=\left|\frac{x^2y}{x^2+y^2}\right|\leqslant|y|,$$

所以 $\lim\limits_{(x,y)\to(0,0)}f(x,y)=0=f(0,0)$, 因此函数 $f(x,y)$ 在点 $(0,0)$ 连续.

第二步, 证明函数 $f(x,y)$ 在点 $(0,0)$ 处偏导数存在.

根据偏导数的定义可得

$$\left.\frac{\partial f}{\partial x}\right|_{(0,0)}=\lim_{x\to 0}\frac{f(x,0)-f(0,0)}{x}=0,\quad \left.\frac{\partial f}{\partial y}\right|_{(0,0)}=\lim_{y\to 0}\frac{f(0,y)-f(0,0)}{y}=0,$$

所以函数 $f(x,y)$ 在点 $(0,0)$ 的偏导数存在.

第三步, 证明函数 $f(x,y)$ 在点 $(0,0)$ 处不可微.

事实上, 注意到当 $(x,y)\neq(0,0)$ 时,

$$f(x,y)-f(0,0)-\frac{\partial f}{\partial x}(0,0)x-\frac{\partial f}{\partial y}(0,0)y=\frac{x^2y}{x^2+y^2}$$

和

$$\frac{\dfrac{x^2y}{x^2+y^2}}{\sqrt{x^2+y^2}}=\frac{x^2y}{(x^2+y^2)^{\frac{3}{2}}},$$

而当 $x=y>0$ 时,

$$\lim_{(x,y)\to(0,0)}\frac{x^2y}{(x^2+y^2)^{\frac{3}{2}}}=\frac{1}{2\sqrt{2}},$$

当 $x=\sqrt{3}y>0$ 时,

$$\lim_{(x,y)\to(0,0)}\frac{x^2y}{(x^2+y^2)^{\frac{3}{2}}}=\frac{3}{8},$$

所以二重极限 $\lim\limits_{(x,y)\to(0,0)}\dfrac{x^2y}{(x^2+y^2)^{\frac{3}{2}}}$ 不存在, 因此

$$f(x,y)-f(0,0)-\frac{\partial f}{\partial x}(0,0)x-\frac{\partial f}{\partial y}(0,0)y\neq o(\sqrt{x^2+y^2}),$$

故函数 $f(x,y)$ 在点 $(0,0)$ 不可微. □

习 题 13.5

5. 求下列复合函数的偏导数 (设所涉及的函数都具有连续的偏导数):

(3) $u=f\left(\dfrac{x}{y}+\dfrac{y}{z}+\dfrac{z}{x},xyz\right)$, 求 u_x, u_y 和 u_z;

(4) $u=f(\sqrt[3]{x^2+y^2+z^2})$, 求 u_x, u_y 和 u_z.

解　(3) 利用一阶微分的形式不变性, 可得

$$\begin{aligned}
\mathrm{d}u &= f_1'\mathrm{d}\left(\frac{x}{y}+\frac{y}{z}+\frac{z}{x}\right)+f_2'\mathrm{d}(xyz)\\
&= f_1'\left(\mathrm{d}\left(\frac{x}{y}\right)+\mathrm{d}\left(\frac{y}{z}\right)+\mathrm{d}\left(\frac{z}{x}\right)\right)+f_2'\mathrm{d}(xyz)\\
&= f_1'\left(\frac{y\mathrm{d}x-x\mathrm{d}y}{y^2}+\frac{z\mathrm{d}y-y\mathrm{d}z}{z^2}+\frac{x\mathrm{d}z-z\mathrm{d}x}{x^2}\right)\\
&\quad + f_2'(yz\mathrm{d}x+zx\mathrm{d}y+xy\mathrm{d}z)\\
&= \left(\left(\frac{1}{y}-\frac{z}{x^2}\right)f_1'+yzf_2'\right)\mathrm{d}x+\left(\left(\frac{1}{z}-\frac{x}{y^2}\right)f_1'+zxf_2'\right)\mathrm{d}y\\
&\quad + \left(\left(\frac{1}{x}-\frac{y}{z^2}\right)f_1'+xyf_2'\right)\mathrm{d}z,
\end{aligned}$$

于是根据微分的唯一性得

$$u_x=\left(\frac{1}{y}-\frac{z}{x^2}\right)f_1'+yzf_2',$$

$$u_y=\left(\frac{1}{z}-\frac{x}{y^2}\right)f_1'+zxf_2',\quad u_z=\left(\frac{1}{x}-\frac{y}{z^2}\right)f_1'+xyf_2'.$$

(4) 利用一阶微分的形式不变性, 可得

$$\begin{aligned}
\mathrm{d}u &= f'\mathrm{d}(\sqrt[3]{x^2+y^2+z^2})\\
&= \frac{1}{3}\cdot\frac{f'}{\sqrt[3]{(x^2+y^2+z^2)^2}}\mathrm{d}(x^2+y^2+z^2)\\
&= \frac{2}{3}\cdot\frac{f'}{\sqrt[3]{(x^2+y^2+z^2)^2}}(x\mathrm{d}x+y\mathrm{d}y+z\mathrm{d}z).
\end{aligned}$$

于是根据微分的唯一性得

$$u_x=\frac{2}{3}\cdot\frac{xf'}{\sqrt[3]{(x^2+y^2+z^2)^2}},\quad u_y=\frac{2}{3}\cdot\frac{yf'}{\sqrt[3]{(x^2+y^2+z^2)^2}},$$

$$u_z=\frac{2}{3}\cdot\frac{zf'}{\sqrt[3]{(x^2+y^2+z^2)^2}}.$$

□

6. 求下列复合函数的全微分 (设所涉及的函数都具有连续的偏导数):

(1) $z=f\left(x+y,xy,\dfrac{x}{y}\right)$, 求 $\mathrm{d}z$.

解　利用一阶微分的形式不变性, 可得

$$\begin{aligned}
\mathrm{d}z &= f_1'\mathrm{d}(x+y)+f_2'\mathrm{d}(xy)+f_3'\mathrm{d}\left(\frac{x}{y}\right)\\
&= f_1'(\mathrm{d}x+\mathrm{d}y)+f_2'(y\mathrm{d}x+x\mathrm{d}y)+f_3'\left(\frac{y\mathrm{d}x-x\mathrm{d}y}{y^2}\right),
\end{aligned}$$

所以

$$\mathrm{d}z=\left(f_1'+yf_2'+\frac{1}{y}f_3'\right)\mathrm{d}x+\left(f_1'+xf_2'-\frac{x}{y^2}f_3'\right)\mathrm{d}y.$$ □

8. 称 $u=f(x,y,z)$ 是 n 次齐次函数, 如果对任何的 $t\in\mathbb{R}$, 成立

$$f(tx,ty,tz)=t^nf(x,y,z).$$

证明: 如果 $u=f(x,y,z)$ 是可微的 n 次齐次函数, 则 u 满足

$$x\frac{\partial u}{\partial x}+y\frac{\partial u}{\partial y}+z\frac{\partial u}{\partial z}=nu.$$

证明 对方程两边关于自变量 t 求偏导数, 得

$$x\frac{\partial u}{\partial x}(tx,ty,tz)+y\frac{\partial u}{\partial y}(tx,ty,tz)+z\frac{\partial u}{\partial z}(tx,ty,tz)=nt^{n-1}u,$$

令 $t=1$ 即为所证. □

10. 求所指定的偏导数 (以下均假定所涉及的函数具有所需要阶数的连续偏导数).

(2) $u=f\left(\dfrac{x}{y}+\dfrac{y}{z}+\dfrac{z}{x}\right)$, 求 $\dfrac{\partial^2u}{\partial x^2},\dfrac{\partial^2u}{\partial x\partial y},\dfrac{\partial^2u}{\partial y^2}$;

(4) $z=f(x,x^2,x^3)$, 求 $\dfrac{\mathrm{d}^2z}{\mathrm{d}x^2}$.

解 (2) 利用一阶微分的形式不变性, 得 $\mathrm{d}u=f'\mathrm{d}\left(\dfrac{x}{y}+\dfrac{y}{z}+\dfrac{z}{x}\right)$. 于是由微分的乘积法则, 知

$$\begin{aligned}\mathrm{d}^2u=\mathrm{d}(\mathrm{d}u)&=\mathrm{d}\left(f'\mathrm{d}\left(\frac{x}{y}+\frac{y}{z}+\frac{z}{x}\right)\right)\\&=\mathrm{d}\left(\frac{x}{y}+\frac{y}{z}+\frac{z}{x}\right)\mathrm{d}f'+f'\mathrm{d}^2\left(\frac{x}{y}+\frac{y}{z}+\frac{z}{x}\right)\\&=\left(\mathrm{d}\left(\frac{x}{y}+\frac{y}{z}+\frac{z}{x}\right)\right)^2f''+f'\mathrm{d}^2\left(\frac{x}{y}+\frac{y}{z}+\frac{z}{x}\right).\end{aligned}$$

注意到

$$\mathrm{d}\left(\frac{x}{y}+\frac{y}{z}+\frac{z}{x}\right)=\frac{y\mathrm{d}x-x\mathrm{d}y}{y^2}+\frac{z\mathrm{d}y-y\mathrm{d}z}{z^2}+\frac{x\mathrm{d}z-z\mathrm{d}x}{x^2},$$

从而

$$\begin{aligned}\mathrm{d}^2\left(\frac{x}{y}+\frac{y}{z}+\frac{z}{x}\right)&=\mathrm{d}\left(\frac{y\mathrm{d}x-x\mathrm{d}y}{y^2}+\frac{z\mathrm{d}y-y\mathrm{d}z}{z^2}+\frac{x\mathrm{d}z-z\mathrm{d}x}{x^2}\right)\\&=\frac{-2y^2\mathrm{d}x\mathrm{d}y+2xy\mathrm{d}y^2}{y^4}+\frac{-2z^2\mathrm{d}y\mathrm{d}z+2yz\mathrm{d}z^2}{z^4}\\&\quad+\frac{-2x^2\mathrm{d}z\mathrm{d}x+2zx\mathrm{d}x^2}{x^4}.\end{aligned}$$

因此

$$\begin{aligned}\mathrm{d}^2u =&\left(\left(\frac{1}{y}-\frac{z}{x^2}\right)^2 f''+\frac{2z}{x^3}f'\right)\mathrm{d}x^2\\&+\left(\left(\frac{1}{z}-\frac{x}{y^2}\right)^2 f''+\frac{2x}{y^3}f'\right)\mathrm{d}y^2\\&+\left(\left(\frac{1}{x}-\frac{y}{z^2}\right)^2 f''+\frac{2y}{z^3}f'\right)\mathrm{d}z^2\\&+2\left(\left(\frac{1}{y}-\frac{z}{x^2}\right)\left(\frac{1}{z}-\frac{x}{y^2}\right)f''-\frac{1}{y^2}f'\right)\mathrm{d}x\mathrm{d}y\\&+2\left(\left(\frac{1}{y}-\frac{z}{x^2}\right)\left(\frac{1}{x}-\frac{y}{z^2}\right)f''-\frac{1}{x^2}f'\right)\mathrm{d}x\mathrm{d}z\\&+2\left(\left(\frac{1}{z}-\frac{x}{y^2}\right)\left(\frac{1}{x}-\frac{y}{z^2}\right)f''-\frac{1}{z^2}f'\right)\mathrm{d}y\mathrm{d}z.\end{aligned}$$

又

$$\begin{aligned}\mathrm{d}^2u =&\frac{\partial^2 u}{\partial x^2}\mathrm{d}x^2+\frac{\partial^2 u}{\partial y^2}\mathrm{d}y^2+\frac{\partial^2 u}{\partial z^2}\mathrm{d}z^2\\&+2\frac{\partial^2 u}{\partial x\partial y}\mathrm{d}x\mathrm{d}y+2\frac{\partial^2 u}{\partial x\partial z}\mathrm{d}x\mathrm{d}z+2\frac{\partial^2 u}{\partial y\partial z}\mathrm{d}y\mathrm{d}z,\end{aligned}$$

故由微分的唯一性, 得

$$\begin{aligned}\frac{\partial^2 u}{\partial x^2}&=\left(\frac{1}{y}-\frac{z}{x^2}\right)^2 f''+\frac{2z}{x^3}f';\\\frac{\partial^2 u}{\partial y^2}&=\left(\frac{1}{z}-\frac{x}{y^2}\right)^2 f''+\frac{2x}{y^3}f';\\\frac{\partial^2 u}{\partial z^2}&=\left(\frac{1}{x}-\frac{y}{z^2}\right)^2 f''+\frac{2y}{z^3}f';\\\frac{\partial^2 u}{\partial x\partial y}&=\left(\frac{1}{y}-\frac{z}{x^2}\right)\left(\frac{1}{z}-\frac{x}{y^2}\right)f''-\frac{1}{y^2}f';\\\frac{\partial^2 u}{\partial x\partial z}&=\left(\frac{1}{y}-\frac{z}{x^2}\right)\left(\frac{1}{x}-\frac{y}{z^2}\right)f''-\frac{1}{x^2}f';\\\frac{\partial^2 u}{\partial y\partial z}&=\left(\frac{1}{z}-\frac{x}{y^2}\right)\left(\frac{1}{x}-\frac{y}{z^2}\right)f''-\frac{1}{z^2}f'.\end{aligned}$$

(4) 利用一阶微分的形式不变性, 得 $\mathrm{d}u=f_1'\mathrm{d}x+f_2'\mathrm{d}(x^2)+f_3'\mathrm{d}(x^3)$. 于是由微分的乘积法则, 知

$$\begin{aligned}\mathrm{d}^2u&=\mathrm{d}\big(f_1'\mathrm{d}x+f_2'\mathrm{d}(x^2)+f_3'\mathrm{d}(x^3)\big)\\&=\mathrm{d}f_1'\mathrm{d}x+\mathrm{d}f_2'\mathrm{d}(x^2)+f_2'\mathrm{d}^2(x^2)+\mathrm{d}f_3'\mathrm{d}(x^3)+f_3'\mathrm{d}^2(x^3)\\&=\mathrm{d}f_1'\,\mathrm{d}x+2x\mathrm{d}f_2'\,\mathrm{d}x+2f_2'\,\mathrm{d}x^2+3x^2\mathrm{d}f_3'\,\mathrm{d}x+6xf_3'\,\mathrm{d}x^2.\end{aligned}$$

注意到

$$\mathrm{d}f_1' = f_{11}''\mathrm{d}x + 2xf_{12}''\mathrm{d}x + 3x^2 f_{13}''\mathrm{d}x,$$
$$\mathrm{d}f_2' = f_{21}''\mathrm{d}x + 2xf_{22}''\mathrm{d}x + 3x^2 f_{23}''\mathrm{d}x,$$
$$\mathrm{d}f_3' = f_{31}''\mathrm{d}x + 2xf_{32}''\mathrm{d}x + 3x^2 f_{33}''\mathrm{d}x,$$

从而得

$$\begin{aligned}\mathrm{d}^2u &= \mathrm{d}f_1'\mathrm{d}x + 2x\mathrm{d}f_2'\mathrm{d}x + 2f_2'\mathrm{d}x^2 + 3x^2\mathrm{d}f_3'\mathrm{d}x + 6xf_3'\mathrm{d}x^2 \\ &= \left(f_{11}'' + 4xf_{12}'' + 6x^2 f_{13}'' + +4x^2 f_{22}'' + 12x^3 f_{23}'' + 9x^4 f_{33}'' + 2f_2' + 6xf_3'\right)\mathrm{d}x^2.\end{aligned}$$

所以 $\dfrac{d^2u}{\mathrm{d}x^2} = f_{11}'' + 4\,x\,f_{12}'' + 6\,x^2\,f_{13}'' + 4\,x^2\,f_{22}'' + 12\,x^3\,f_{23}'' + 9x^4\,f_{33}'' + 2f_2' + 6x\,f_3'$. □

注 第 5, 10 题都是通过微分的唯一性计算各阶偏导数, 这种做法具有较强的通用性. 但是使用这种方法除了要熟练掌握微分的知识之外, 还要特别注意的是在计算二阶微分时, 自变量 x 和 $\mathrm{d}x$ 是相互独立的, $\mathrm{d}x$ 在二次微分时相当于常量, 即 $\mathrm{d}^2x = 0$, 对其他自变量亦同此理.

13. 证明复合函数的可微性定理 (即定理 13.5.3).

证明 分三步.

第一步, 因为函数 $z = f(u, v)$ 在 (u, v) 处可微, 所以根据微分的定义

$$\Delta z = f_u(u, v)\Delta u + f_v(u, v)\Delta v + \alpha\Delta u + \beta\Delta u,$$

其中 α, β 是当 $(\Delta u, \Delta v) \to (0, 0)$ 时的无穷小量, 即

$$\lim_{(\Delta u, \Delta v)\to(0,0)} \alpha = 0, \qquad \lim_{(\Delta u, \Delta v)\to(0,0)} \beta = 0.$$

第二步, 由于函数 $u = \varphi(x, y)$ 与 $v = \psi(x, y)$ 在 $(x,\ y)$ 可微, 故可得

$$\Delta u = \varphi_x(x, y)\Delta x + \varphi_y(x, y)\Delta y + \gamma\Delta x + \delta\Delta y,$$

$$\Delta v = \psi_x(x, y)\Delta x + \psi_y(x, y)\Delta y + \lambda\Delta x + \mu\Delta y,$$

其中 $\gamma, \delta, \lambda, \mu$ 是当 $(\Delta x, \Delta y) \to (0, 0)$ 时的无穷小量, 即

$$\lim_{(\Delta x, \Delta y)\to(0,0)} \gamma = 0, \qquad \lim_{(\Delta x, \Delta y)\to(0,0)} \delta = 0,$$
$$\lim_{(\Delta x, \Delta y)\to(0,0)} \lambda = 0, \qquad \lim_{(\Delta x, \Delta y)\to(0,0)} \mu = 0.$$

第三步, 将第二步中的 Δu 与 Δv 代第一步中的 Δz, 重新整理, 得

$$\Delta z = (f_u\varphi_x + f_v\psi_x)\Delta x + (f_u\varphi_y + f_v\psi_y)\Delta y + \xi\Delta x + \eta\Delta y,$$

其中

$$\xi=\gamma f_u(u,v)+\lambda f_v(u,v)+\alpha\varphi_x(x,y)+\alpha\gamma+\alpha\psi_x(x,y)+\alpha\lambda,$$
$$\eta=\delta f_u(u,v)+\mu f_v(u,v)+\alpha\varphi_y(x,y)+\alpha\delta+\beta\psi_y(x,y)+\beta\mu,$$

注意到 $u=\varphi(x,y), v=\psi(x,y)$ 在 (x,y) 处连续, 可得当 $(\Delta x,\Delta y)\to(0,0)$ 时, $(\Delta u,\Delta v)\to(0,0)$, 于是 $\alpha\to 0,\beta\to 0$, 所以利用复合函数的极限定理得, ξ,η 是当 $(\Delta x,\Delta y)\to(0,0)$ 时的无穷小量, 故函数 $z=f(\varphi(x,y),\psi(x,y))$ 在 (x,y) 可微. □

14. 设 $z=f(x,y)$ 具有连续的一阶偏导数. 证明:

(1) 如果满足方程 $xf_x(x,y)+yf_y(x,y)=0$, 则可以写 $f(r\cos\theta,r\sin\theta)=F(\theta)$;

(2) 如果满足方程 $yf_x(x,y)-xf_y(x,y)=0$, 则可以写 $f(r\cos\theta,r\sin\theta)=G(r)$.

证明　当 $r>0$ 时, 令 $H(r,\theta)=f(r\cos\theta,r\sin\theta)$, 则

$$\begin{aligned}\frac{\partial H}{\partial r}&=\cos\theta f_x(r\cos\theta,r\sin\theta)+\sin\theta f_y(r\cos\theta,r\sin\theta)\\&=\frac{1}{r}(xf_x(x,y)+yf_y(x,y)),\\\frac{\partial H}{\partial\theta}&=-r\sin\theta f_x(r\cos\theta,r\sin\theta)+r\cos\theta f_y(r\cos\theta,r\sin\theta)\\&=-yf_x(x,y)+xf_y(x,y).\end{aligned}$$

(1) 若满足方程 $xf_x(x,y)+yf_y(x,y)=0$, 则满足 $\dfrac{\partial H}{\partial r}=0$, 所以函数 $H(r,\theta)$ 与自变量 r 无关, 从而 $f(r\cos\theta,r\sin\theta)=H(r,\theta)=F(\theta)$.

(2) 若满足方程 $yf_x(x,y)-xf_y(x,y)=0$, 则满足 $\dfrac{\partial H}{\partial\theta}=0$, 所以函数 $H(r,\theta)$ 与自变量 θ 无关, 从而 $f(r\cos\theta,r\sin\theta)=H(r,\theta)=G(r)$. □

复　习　题

1. 求下列重极限:

(1) $\displaystyle\lim_{(x,y)\to(0,0)}\frac{x^3+y^3}{x^2+y^2}$;

(2) $\displaystyle\lim_{(x,y)\to(0,0)}(x^2+y^2)^{xy}$.

解　(1) 因为当 $(x,y)\neq(0,0)$ 时, 有

$$\frac{x^3+y^3}{x^2+y^2}=\frac{(x+y)(x^2-xy+y^2)}{x^2+y^2}=(x+y)\frac{x^2-xy+y^2}{x^2+y^2},$$

及

$$0\leqslant\left|\frac{x^2-xy+y^2}{x^2+y^2}\right|\leqslant\frac{x^2+\dfrac{x^2+y^2}{2}+y^2}{x^2+y^2}=\frac{3}{2}<2,$$

所以
$$0 \leqslant \left|\frac{x^3+y^3}{x^2+y^2}\right| \leqslant 2(|x|+|y|),$$
因此 $\lim\limits_{(x,y)\to(0,0)} \dfrac{x^3+y^3}{x^2+y^2} = 0.$

(2) 令 $x=\rho\cos\theta$, $y=\rho\sin\theta$, 则 $(x^2+y^2)^{xy} = \rho^{\rho^2\sin 2\theta} = \mathrm{e}^{\rho^2\sin 2\theta\ln\rho}$, 注意到
$$0 \leqslant |\rho^2\sin 2\theta\ln\rho| \leqslant |\rho^2\ln\rho|, \text{ 且 } \lim_{\rho\to 0^+}\rho^2\ln\rho = 0,$$
所以 $\lim\limits_{(x,y)\to(0,0)}(x^2+y^2)^{xy} = \mathrm{e}^0 = 1.$ □

4. 设 $f(x,y)$ 在开区域 D 中分别对 x,y 连续, 且对其中一个单调. 证明 f 在 D 内连续.

证明 不妨假设 $f(x,y)$ 在开区域 D 中对 y 单调递增, 任取点 $P_0(x_0,y_0)\in D$, 则由 D 为开区域得，存在 $\delta_0>0$, 使得 $U(P_0;\delta_0)\subset D$. 往证: f 在点 $P_0(x_0,y_0)$ 连续.

事实上, $\forall\varepsilon>0$, 因为函数 $f(x_0,y)$ 在 $y=y_0$ 处连续, 所以 $\exists\delta_1(x_0,y_0,\varepsilon)\in(0,\delta_0)$, 当 $(x_0,y)\in D$ 且 $|y-y_0|\leqslant\delta_1$ 时, 有
$$|f(x_0,y)-f(x_0,y_0)|<\frac{\varepsilon}{2},$$
特别地, 有
$$|f(x_0,y_0-\delta_1)-f(x_0,y_0)|<\frac{\varepsilon}{2} \Rightarrow f(x_0,y_0-\delta_1)>f(x_0,y_0)-\frac{\varepsilon}{2}$$
和
$$|f(x_0,y_0+\delta_1)-f(x_0,y_0)|<\frac{\varepsilon}{2} \Rightarrow f(x_0,y_0+\delta_1)<f(x_0,y_0)+\frac{\varepsilon}{2}.$$
因为 $f(x,y_0-\delta_1)$ 在 $x=x_0$ 连续, 所以 $\exists\delta_2(x_0,y_0,\varepsilon)\in(0,\delta_0)$, 当 $(x,y_0-\delta_1)\in D$ 且 $|x-x_0|\leqslant\delta_2$ 时, 有
$$|f(x,y_0-\delta_1)-f(x_0,y_0-\delta_1)|<\frac{\varepsilon}{2} \Rightarrow f(x,y_0-\delta_1)>f(x_0,y_0-\delta_1)-\frac{\varepsilon}{2}.$$
因为 $f(x,y_0+\delta_1)$ 在 $x=x_0$ 连续, 所以 $\exists\delta_3(x_0,y_0,\varepsilon)\in(0,\delta_0)$, 当 $(x,y_0+\delta_1)\in D$ 且 $|x-x_0|\leqslant\delta_3$ 时, 有
$$|f(x,y_0+\delta_1)-f(x_0,y_0+\delta_1)|<\frac{\varepsilon}{2} \Rightarrow f(x,y_0+\delta_1)<f(x_0,y_0+\delta_1)+\frac{\varepsilon}{2}.$$
取 $\delta=\min\{\delta_1,\ \delta_2,\ \delta_3\}>0$, 则当 $(x,y)\in D$ 且 $|x-x_0|<\delta$, $|y-y_0|<\delta$ 时, 由前段的不等式估计结合 $f(x,y)$ 对 y 的单调递增性可得
$$f(x,y)\leqslant f(x,y_0+\delta_1)<f(x_0,y_0+\delta_1)+\frac{\varepsilon}{2}<\left(f(x_0,y_0)+\frac{\varepsilon}{2}\right)+\frac{\varepsilon}{2}=f(x_0,y_0)+\varepsilon$$

且

$$f(x,y) \geqslant f(x,y_0-\delta_1) > f(x_0,y_0-\delta_1) - \frac{\varepsilon}{2} > \left(f(x_0,y_0) - \frac{\varepsilon}{2}\right) - \frac{\varepsilon}{2} = f(x_0,y_0) - \varepsilon,$$

此即 $|f(x,y) - f(x_0,y_0)| < \varepsilon$, 所以 $f(x,y)$ 在 P_0 处连续, 因此根据 P_0 的任意性得, 函数在开区域 D 内连续. □

注　本题的证明思路是先利用单变量连续性得到在方形邻域 $U(P_0,\,\delta_0)$ 的顶边和底边处的函数值估计, 然后再借助单调性得到在整个方形邻域 $U(P_0,\,\delta_0)$ 内的函数值估计.

5. 设 $(x(t),y(t))$ 是当 $t=t_0$ 时过 $P_0(x_0,y_0)$ 的连续曲线. 证明如果对任意的这样的曲线, $\varphi(t)=f(x(t),y(t))$ 都在 t_0 连续, 则 $f(x,y)$ 在 $P_0(x_0,y_0)$ 连续.

证明　用反证法. 假定 $f(x,y)$ 在 (x_0,y_0) 处不连续, 根据连续定义的否定叙述, $\exists\,\varepsilon_0>0$, 存在各点互异的点列 $\{(x_n,y_n)\}$, 使得

$$|f(x_n,y_n) - f(x_0,y_0)| \geqslant \varepsilon_0,\ n=1,2,3,\cdots,\ \text{且}\ \lim_{n\to\infty} x_n = x_0,\ \lim_{n\to\infty} y_n = y_0.$$

利用 $\{x_n\}$ 和 $\{y_n\}$, 构造如下无穷分段函数 $\phi\colon\,[0,1]\longrightarrow\mathbb{R}$ 与 $\psi\colon\,[0,1]\longrightarrow\mathbb{R}$ 使得

$$\begin{aligned}&\phi(0)=x_0,\\&\phi\big|_{\left[\frac{1}{n+1},\,\frac{1}{n}\right]}(t) = n\big((n+1)t-1\big)x_n + (n+1)(1-nt)x_{n+1},\quad n=1,2,3,\cdots\end{aligned}$$

与

$$\begin{aligned}&\psi(0)=y_0,\\&\psi\big|_{\left[\frac{1}{n+1},\,\frac{1}{n}\right]}(t) = n\big((n+1)t-1\big)y_n + (n+1)(1-nt)y_{n+1},\quad n=1,2,3,\cdots\end{aligned}$$

可以证明函数 ϕ 与 ψ 在 $[0,1]$ 上连续. 事实上, 根据 ϕ 和 ψ 粘接定义可知, 只需验证函数 ϕ 和 ψ 在 $t=0$ 处连续即可, 下面以函数 ϕ 为例验证之.

当 $t\in\left[\dfrac{1}{n+1},\dfrac{1}{n}\right]$ 时, 有估计式 $\min\{x_n,\ x_{n+1}\}\leqslant\phi(t)\leqslant\max\{x_n,\ x_{n+1}\}$ 成立, 所以当 $t\in\left(0,\dfrac{1}{n}\right]=\bigcup\limits_{k=1}^{\infty}\left[\dfrac{1}{n+k},\dfrac{1}{n-1+k}\right]$ 时, 有

$$\inf\{x_n,x_{n+1},\cdots\}\leqslant\phi(t)\leqslant\sup\{x_n,x_{n+1},\cdots\},\quad n=1,2,3,\cdots,$$

注意到

$$\lim_{n\to\infty}\inf\{x_n,x_{n+1},\cdots\} = \lim_{n\to\infty} x_n = x_0$$

且

$$\lim_{n\to\infty}\sup\{x_n,x_{n+1},\cdots\} = \lim_{n\to\infty} x_n = x_0,$$

当 $t \to 0^+$ 时, $n = \left[\dfrac{1}{t}\right] \to +\infty$, 所以根据迫敛性定理得, $\lim\limits_{t\to 0^+} \phi(t) = x_0$, 因此 ϕ 在 $t = 0$ 处连续. 同理可以验证 ψ 在 $t = 0$ 处连续, 从而 ϕ 与 ψ 在 $[0,1]$ 上连续.

所以曲线 $(\phi(t), \psi(t))$ 是当 $t = 0$ 时过 $P_0(x_0, y_0)$ 的连续曲线, 因此根据题设, 函数 $\varphi(t) = f(x(t), y(t))$ 在 $t = 0$ 连续.

但当 $t_n = \dfrac{1}{n} \to 0^+$ 时, 序列 $\{\varphi(t_n)\} = \{f(\phi(t_n), \psi(t_n))\} = \{f(x_n, y_n)\}$ 是不收敛于 $\varphi(0) = f(x_0, y_0)$ 的, 因此根据归结原则, $\varphi(t) = f(\phi(t), \psi(t))$ 在 $t = 0$ 处不连续, 于是矛盾. 故 $f(x, y)$ 在 $P_0(x_0, y_0)$ 连续. □

6. 设 $f(x, y)$ 在开区域 $D \subset \mathbb{R}^2$ 中关于 x 连续, 关于 y 满足 Lipschitz 条件, 即存在常数 L, 使得

$$|f(x, y') - f(x, y'')| \leqslant L|y' - y''|, \quad \forall (x, y'), (x, y'') \in D.$$

证明 $f(x, y)$ 在 D 中连续.

证明 设 $P_0(x_0, y_0) \in D$, 则由 D 为开区域得，存在 $\delta_0 > 0$, 使得 $U(P_0; \delta_0) \subset D$. 任取 $\varepsilon > 0$.

根据题设可知, $f(x, y_0)$ 在 $x = x_0$ 处连续, 所以 $\exists \delta_1 > 0$, 当 $(x, y_0) \in D$ 且 $|x - x_0| < \delta_1$ 时, 有

$$|f(x, y_0) - f(x_0, y_0)| < \varepsilon.$$

而 $f(x, y)$ 关于 y 满足 Lipschitz 条件, 所以 $\exists \delta_2 = \dfrac{\varepsilon}{L} > 0$, 当 $|y - y_0| < \delta_2$ 时, 有

$$|f(x, y) - f(x, y_0)| \leqslant L|y - y_0| < \varepsilon.$$

因此可取 $\delta = \min\{\delta_0, \delta_1, \delta_2\} = \delta(x_0, y_0, \varepsilon) > 0$, 当 $(x, y) \in D$ 且 $|x - x_0| < \delta$, $|y - y_0| < \delta$ 时, 有 $(x, y_0) \in D$ 且

$$|f(x, y) - f(x_0, y_0)| \leqslant |f(x, y) - f(x, y_0)| + |f(x, y_0) - f(x_0, y_0)| < 2\varepsilon.$$

这表明 $f(x, y)$ 在 $P_0(x_0, y_0)$ 处连续, 故根据 P_0 的任意性得, f 在 D 内连续. □

7. 设 $f(x, y) = \begin{cases} (x^2 + y^2)\sin(x^2 + y^2)^{-1/2}, & x^2 + y^2 \neq 0, \\ 0, & x^2 + y^2 = 0, \end{cases}$ 试证明如下的事实:

(1) $f(x, y)$ 在原点 $(0, 0)$ 连续;

(2) $f(x, y)$ 的偏导数在原点 $(0, 0)$ 不连续;

(3) $f(x, y)$ 在原点 $(0, 0)$ 可微.

证明　第一步, 证明 $f(x,y)$ 在原点 $(0,0)$ 的邻域内偏导数存在.

因为 $(x,y)=(0,0)$ 时, $\left.\dfrac{\partial f}{\partial x}\right|_{(0,0)}=\lim\limits_{x\to 0}\dfrac{f(x,0)-f(0,0)}{x}=0$, 所以可得

$$\frac{\partial f}{\partial x}=\begin{cases}2x\sin\dfrac{1}{\sqrt{x^2+y^2}}-\dfrac{x}{\sqrt{x^2+y^2}}\cos\dfrac{1}{\sqrt{x^2+y^2}}, & (x,y)\neq(0,0),\\ 0, & (x,y)=(0,0).\end{cases}$$

同理可得

$$\frac{\partial f}{\partial y}=\begin{cases}2y\sin\dfrac{1}{\sqrt{x^2+y^2}}-\dfrac{y}{\sqrt{x^2+y^2}}\cos\dfrac{1}{\sqrt{x^2+y^2}}, & (x,y)\neq(0,0),\\ 0, & (x,y)=(0,0).\end{cases}$$

第二步, 证明 $f(x,y)$ 在原点 $(0,0)$ 处可微, 进而证得 $f(x,y)$ 在原点 $(0,0)$ 处连续.

因为当 $(x,y)\neq(0,0)$ 时,

$$f(x,y)-f(0,0)-\left.\frac{\partial f}{\partial x}\right|_{(0,0)}x-\left.\frac{\partial f}{\partial y}\right|_{(0,0)}y=(x^2+y^2)\sin\frac{1}{\sqrt{x^2+y^2}}$$

和

$$0\leqslant\left|\frac{(x^2+y^2)\sin\dfrac{1}{\sqrt{x^2+y^2}}}{\sqrt{x^2+y^2}}\right|\leqslant\sqrt{x^2+y^2},$$

所以 $\lim\limits_{(x,y)\to(0,0)}\dfrac{(x^2+y^2)\sin\dfrac{1}{\sqrt{x^2+y^2}}}{\sqrt{x^2+y^2}}=0$, 因此

$$f(x,y)-f(0,0)-\left.\frac{\partial f}{\partial x}\right|_{(0,0)}x-\left.\frac{\partial f}{\partial y}\right|_{(0,0)}y=o(\sqrt{x^2+y^2}),\quad (x,y)\to(0,0),$$

故函数 $f(x,y)$ 在点 $(0,0)$ 处可微, 从而也在点 $(0,0)$ 连续.

第三步, $f(x,y)$ 的偏导数在原点 $(0,0)$ 不连续.

取 $x_n'=0, y_n'=\dfrac{1}{2n\pi}, n=1,2,\cdots$, 则 $\lim\limits_{n\to\infty}\dfrac{\partial f}{\partial x}f(x_n',y_n')=0$;

取 $x_n''=\dfrac{1}{2n\pi}, y_n''=0, n=1,2,\cdots$, 则 $\lim\limits_{n\to\infty}\dfrac{\partial f}{\partial x}f(x_n'',y_n'')=-1$.

所以根据归结原则, $\lim\limits_{(x,y)\to(0,0)}\dfrac{\partial f}{\partial x}$ 不存在, 从而 $\dfrac{\partial f}{\partial x}$ 在点 $(0,0)$ 不连续.

类似可证明 $\dfrac{\partial f}{\partial y}$ 在点 $(0,0)$ 不连续. □

12. 设 $F(t)=f(a+th,b+tk)$, 其中 $f(x,y)$ 是 n 阶连续可微函数, a,b,h 和 k 是常数. 证明:

$$F^{(m)}(t)=\left(h\frac{\partial}{\partial x}+k\frac{\partial}{\partial y}\right)^m f(a+th,b+tk)\quad(m=1,2,\cdots,n).$$

证明 用数学归纳法证明. 因为

$$F'(t)=f_x(a+th,b+tk)h+f_y(a+th,b+tk)k=\left(h\frac{\partial}{\partial x}+k\frac{\partial}{\partial y}\right)f(a+th,b+tk),$$

所以当 $m=1$ 时结论成立.

假设当 $K=m<n$ 时结论成立, 即

$$F^{(m)}(t)=\left(h\frac{\partial}{\partial x}+k\frac{\partial}{\partial y}\right)^m f(a+th,b+tk),$$

则当 $K=m+1$ 时, 有

$$\begin{aligned}
F^{(m+1)}(t)=&(F^{(m)}(t))'=\left(\left(h\frac{\partial}{\partial x}+k\frac{\partial}{\partial y}\right)^m f(a+th,b+tk)\right)'\\
=&\left(\sum_{i=0}^{m}\mathrm{C}_m^i h^i k^{m-i}\frac{\partial^m}{\partial x^i\partial y^{m-i}}f(a+th,b+tk)\right)'\\
=&\sum_{i=0}^{m}\mathrm{C}_m^i\left(h^{i+1}k^{m-i}\frac{\partial^{m+1}}{\partial x^{i+1}\partial y^{m-i}}\right.\\
&\left.+\ h^i k^{m-i+1}\frac{\partial^{m+1}}{\partial x^i\partial y^{m-i+1}}\right)f(a+th,b+tk)\\
=&\sum_{i=1}^{m+1}\mathrm{C}_m^{i-1}h^i k^{m-i+1}\frac{\partial^{m+1}}{\partial x^i\partial y^{m-i+1}}f(a+th,b+tk)\\
&+\sum_{i=0}^{m}\mathrm{C}_m^i h^i k^{m-i+1}\frac{\partial^{m+1}}{\partial x^i\partial y^{m-i+1}}f(a+th,b+tk)\\
=&\left(h^{m+1}\frac{\partial^{m+1}}{\partial x^{m+1}}+\sum_{i=1}^{m}(\mathrm{C}_m^{i-1}+\mathrm{C}_m^i)h^i k^{m-i+1}\frac{\partial^{m+1}}{\partial x^i\partial y^{m-i+1}}\right.\\
&\left.+\ k^{m+1}\frac{\partial^{m+1}}{\partial y^{m+1}}\right)f(a+th,b+tk)\\
=&\sum_{i=0}^{m+1}\mathrm{C}_{m+1}^i h^i k^{m-i+1}\frac{\partial^{m+1}}{\partial x^i\partial y^{m-i+1}}f(a+th,b+tk)\\
=&\left(h\frac{\partial}{\partial x}+k\frac{\partial}{\partial y}\right)^{m+1}f(a+th,b+tk),
\end{aligned}$$

所以当 $K = m+1$ 时结论也成立, 因此根据数学归纳法原理及条件得, 当 $m \leqslant n$ 时结论得证. □

13. 证明: 如果 $u = f(x,y,z)$ 是可微函数, 且满足

$$x\frac{\partial u}{\partial x} + y\frac{\partial u}{\partial y} + z\frac{\partial u}{\partial z} = nu,$$

则 $u = f(x,y,z)$ 是 n 次齐次函数.

证明　只需证明 $f(tx,ty,tz) \equiv t^n f(x,y,z)$. 当 $t \neq 0$ 时, 令

$$F(t) = \frac{f(tx,ty,tz)}{t^n}, \quad x_1 = tx, \quad y_1 = ty, \quad z_1 = tz,$$

则由题设条件可得

$$F'(t) = \frac{x_1\dfrac{\partial u}{\partial x_1} + y_1\dfrac{\partial u}{\partial y_1} + z_1\dfrac{\partial u}{\partial z} - nf(x_1,y_1,z_1)}{t^{n+1}} \equiv 0,$$

于是 $F(t)$ 关于 t 是常值函数, 所以 $F(t) \equiv F(1)$, 即

$$\frac{f(tx,ty,tz)}{t^n} \equiv f(x,y,z),$$

因此 $f(tx,ty,tz) \equiv t^n f(x,y,z)$. □

第 14 章　多元函数微分法的应用

习　题　14.2

2. 在原点的邻域中将下列函数展开至二阶带 Peano 型余项的 Taylor 公式:

(1) $f(x,y)=\mathrm{e}^{xy}$;

(2) $f(x,y)=\sin(x+y)$;

(3) $f(x,y)=\mathrm{e}^{x^2}\ln(1+y^2)$.

解　(1) 由 Taylor 公式 $\mathrm{e}^u=1+u+o(u)$ 得

$$f(x,y)=\mathrm{e}^{xy}=1+xy+o(xy).$$

又因为 $\rho=\sqrt{x^2+y^2}$ 和

$$\left|\frac{o(xy)}{\rho^2}\right|=|o(1)|\cdot\frac{|xy|}{x^2+y^2}\leqslant\frac{1}{2}|o(1)|,$$

所以 $\lim\limits_{(x,y)\to(0,0)}\dfrac{o(xy)}{\rho^2}=0$, 即 $o(xy)=o(\rho^2)$, 因此根据 Taylor 公式的唯一性得, 所求 Taylor 公式是 $f(x,y)=1+xy+o(\rho^2)$.

(2) 由 $\sin u=u+o(u^2)$ 可知

$$f(x,y)=\sin(x+y)=x+y+o((x+y)^2).$$

又因为

$$\left|\frac{o((x+y)^2)}{\rho^2}\right|=|o(1)|\cdot\frac{|(x+y)^2|}{x^2+y^2}\leqslant 2|o(1)|,$$

所以 $\lim\limits_{(x,y)\to(0,0)}\dfrac{o((x+y)^2)}{\rho^2}=0$, 即 $o((x+y)^2)=o(\rho^2)$, 因此根据 Taylor 公式的唯一性得, 所求 Taylor 公式是 $f(x,y)=x+y+o(\rho^2)$.

(3) 由 Taylor 公式 $\mathrm{e}^u=1+u+o(u)$ 与 $\ln(1+u)=u+o(u)$ 可知, 有如下间接展开式

$$\begin{aligned}f(x,y)&=\mathrm{e}^{x^2}\ln(1+y^2)\\&=(1+x^2+o(x^2))(y^2+o(y^2))\\&=y^2+\big(o(y^2)+x^2y^2+x^2o(y^2)+o(x^2)y^2+o(x^2)o(y^2)\big).\end{aligned}$$

又因为 $\rho=\sqrt{x^2+y^2}$ 和

$$\begin{aligned}&\left|\frac{o(y^2)+x^2y^2+x^2o(y^2)+o(x^2)y^2+o(x^2)o(y^2)}{\rho^2}\right|\\ \leqslant&|o(1)|+y^2+|o(y^2)|+|o(x^2)|+|o(1)o(y^2)|=|o(1)|,\end{aligned}$$

所以 $o(y^2)+x^2y^2+x^2o(y^2)+o(x^2)y^2+o(x^2)o(y^2)=o(\rho^2)$, 因此根据 Taylor 公式的唯一性得, 所求 Taylor 公式是 $f(x,y)=y^2+o(\rho^2)$. □

注 本题利用了一元函数带 Peano 余项的 Taylor 公式对多元函数进行间接展开得到多元函数带 Peano 余项的 Taylor 公式, 这种做法具有较强的通用性. 使用这种做法需要记忆一元函数的常用 Taylor 公式.

3. 设 $D\subset\mathbb{R}^2$ 是凸开域, $f_x(x,y),f_y(x,y)$ 在 D 上存在且有界. 证明 $f(x,y)$ 在 D 上一致连续.

注 本题证明的难点在于条件 (偏导数存在且有界) 并不保证函数可微, 所以二元中值公式 (《数学分析 (三)》, p58, 推论 14.2.1) 在 D 上不能直接使用.

另外, 条件凸开域只保证当 $P'\in D$, $P''\in D$ 时, 直线段 $P'P''\subset D$, 但并不保证 D 会包含连接 P' 与 P'' 折线段, 因此二元中值定理 (《数学分析 (三)》, p38, 定理 13.4.3) 在 D 上直接使用也不合适.

证明 下证 f 在 D 内满足 Lipschitz 条件, 即 $\forall P'(x',y'),\ P''(x'',y'')\in D$, 有

$$|f(P'')-f(P')|\leqslant M\big(|x''-x'|+|y''-y'|\big),$$

这里 $M>0$ 为 $|f_x(x,y)|$ 与 $|f_y(x,y)|$ 在 D 内的上界.

若 P' 与 P'' 的坐标满足条件 $x'=x''$ 或 $y'=y''$ 时, 直线段 $P'P''$ 是垂直线段或是水平线段, 此时可对 P' 与 P'' 关于自变量 y 或 x 直接使用 Lagrange 中值定理证得结论成立.

若 P' 与 P'' 的坐标满足条件 $x'\neq x''$ 且 $y'\neq y''$ 时, 则这一事实并非显然. 以下在此条件下给予详细证明.

设由直线段 $P'P''$ 上的点组成的有界闭集是 S. 由 D 是凸开域知 $S\subset D$, 故对直线段 $P'P''$ 上任一点 Q, 存在方形领域 $U(Q;\delta_Q)\subset D$. 开集簇

$$H=\left\{U\left(Q;\frac{\delta_Q}{2}\right)\,\middle|\,Q\in S\right\}$$

是 S 的开覆盖. 取有限覆盖 $\left\{U\left(Q_1;\frac{\delta_{Q_1}}{2}\right),\ U\left(Q_2;\frac{\delta_{Q_2}}{2}\right),\cdots,U\left(Q_m;\frac{\delta_{Q_m}}{2}\right)\right\}$, 这些开集的并集 E 及边界 ∂E 含于 D, 且 $S\subset E^{\circ}$. 由于 $S,\partial E$ 都为有界闭集, 且 $S\cap\partial E=\varnothing$, 所以 $\delta=d(S,\partial E)>0$.

取线段 $P'P''$ 的一个分割 $T=\{P'=P_1,\ P_2,\cdots,\ P_n=P''\}$, 使得分割 T 的模满足 $\|T\|=\max\limits_{1\leqslant i\leqslant n-1}\{\|P_iP_{i+1}\|\}<\dfrac{\delta}{2}$. 设 $P_i=P_i(x_i,y_i)$, $P_i'=P_i'(x_{i+1},y_i)$, 且不妨假设 $x'=x_1<x_2<\cdots<x_n=x''$, 则有

(1) $\operatorname{sgn}(x_2-x_1)=\operatorname{sgn}(x_3-x_2)=\cdots=\operatorname{sgn}(x_n-x_{n-1})$;

(2) $\operatorname{sgn}(y_2-y_1)=\operatorname{sgn}(y_3-y_2)=\cdots=\operatorname{sgn}(y_n-y_{n-1})$;

(3) 直角形折线段$\overline{P_i\,P_i'\,P}_{i+1}\subset U(P_i;\ \delta)\subset E^\circ\subset D$.

所以

$$
\begin{aligned}
\left|f(P'')-f(P')\right| &=\left|\sum_{i=1}^{n-1}\Big((f(P_{i+1})-f(P_i'))+(f(P_i')-f(P_i))\Big)\right|\\
&\leqslant\sum_{i=1}^{n-1}\left|f(P_{i+1})-f(P_i')\right|+\sum_{i=1}^{n-1}\left|f(P_i')-f(P_i)\right|\\
&=\sum_{i=1}^{n-1}\left|f(x_{i+1},y_{i+1})-f(x_{i+1},y_i)\right|+\sum_{i=1}^{n-1}\left|f(x_{i+1},y_i)-f(x_i,y_i)\right|\\
&=\sum_{i=1}^{n-1}\left|f_y(x_{i+1},\xi)(y_{i+1}-y_i)\right|+\sum_{i=1}^{n-1}\left|f_x(\eta,y_i)(x_{i+1}-x_i)\right|\\
&\leqslant\sum_{i=1}^{n-1}M\left|y_{i+1}-y_i\right|+\sum_{i=1}^{n-1}M\left|x_{i+1}-x_i\right|\\
&=M\left|\sum_{i=1}^{n-1}(y_{i+1}-y_i)\right|+M\left|\sum_{i=1}^{n-1}(x_{i+1}-x_i)\right|\\
&=M\Big(\left|y_n-y_1\right|+\left|x_n-x_1\right|\Big)=M\Big(\left|x''-x'\right|+\left|y''-y'\right|\Big).
\end{aligned}
$$

综上所述, f 在 D 上满足 Lipschitz 条件, 即当 $P'(x',y')$, $P''(x'',y'')\in D$ 时, 有

$$\left|f(P'')-f(P')\right|\leqslant M\Big(\left|x''-x'\right|+\left|y''-y'\right|\Big),$$

从而 $f(x,y)$ 在 D 上一致连续. □

4. 设 $\boldsymbol{p}$ 和 $\boldsymbol{q}$ 是 $\mathbb{R}^2$ 中线性无关的向量, $f(x,y)$ 是可微函数. 证明: 如果

$$\frac{\partial f}{\partial \boldsymbol{p}}\equiv 0,\quad \frac{\partial f}{\partial \boldsymbol{q}}\equiv 0,$$

则 $f(x,y)$ 是常值函数.

证明 不妨设 $\boldsymbol{p}$ 与 $\boldsymbol{q}$ 是单位向量, 且 $\boldsymbol{p}=(\cos\alpha,\cos\beta)$, $\boldsymbol{q}=(\cos\gamma,\cos\delta)$. 注意到 $\boldsymbol{p}$ 和 $\boldsymbol{q}$ 线性无关, 故 $\cos\alpha\cos\delta-\cos\gamma\cos\beta\neq 0$. 因为

$$\frac{\partial f}{\partial \boldsymbol{p}}=\frac{\partial f}{\partial x}\cos\alpha+\frac{\partial f}{\partial x}\cos\beta=0,$$

$$\frac{\partial f}{\partial \boldsymbol{q}}=\frac{\partial f}{\partial x}\cos\gamma+\frac{\partial f}{\partial x}\cos\delta=0,$$

又 $\cos\alpha\cos\delta-\cos\gamma\cos\beta\neq 0$, 所以 $\dfrac{\partial f}{\partial x}=\dfrac{\partial f}{\partial y}\equiv 0$, 因此 $f(x,y)$ 是常值函数. □

习 题 14.3

1. 求下列二元函数的极值:

(4) $z=(x^2+y^2)\mathrm{e}^{-(x^2+y^2)}$.

解 注意到

$$\begin{cases}\dfrac{\partial z}{\partial x}=2x\big(1-x^2-y^2\big)\mathrm{e}^{-(x^2+y^2)}=0,\\ \dfrac{\partial z}{\partial y}=2y\big(1-x^2-y^2\big)\mathrm{e}^{-(x^2+y^2)}=0\end{cases}\Rightarrow\begin{cases}x=0,\\ y=0,\end{cases}$$ 或 $x^2+y^2=1$, 所以原点和圆周 $x^2+y^2=1$ 上的点是函数 $z=(x^2+y^2)\mathrm{e}^{-(x^2+y^2)}$ 在 $\mathbb{R}^2$ 上的所有可疑极值点.

当 $(x,y)=(0,0)$ 时, 显然有 $z(0,0)=0\leqslant z(x,y)$, 所以函数在原点处取得极小值, 且极小值为 $z(0,0)=0$, 事实上也是函数在 $\mathbb{R}^2$ 上的最小值.

当 $(x,y)\neq(0,0)$ 时, 令 $t=x^2+y^2>0$, 则 $z=f(t)=t\mathrm{e}^{-t}$, $t\in(0,\ +\infty)$. 因为

$$f'(t)=(1-t)\mathrm{e}^{-t},\quad f''(t)=(t-2)\mathrm{e}^{-t},$$

所以 $f(t)$ 在 $(0,+\infty)$ 内有唯一驻点 $t=1$, 且 $f''(1)=-\mathrm{e}^{-1}<0$. 故 $f(t)$ 在 $(0,+\infty)$ 内有唯一极值, 且是极大值.

于是, 函数 $z=(x^2+y^2)\mathrm{e}^{-(x^2+y^2)}$ 在圆周 $x^2+y^2=1$ 上各点取得极大值, 且极大值为 $\dfrac{1}{\mathrm{e}}$, 而且可以验证也是函数在 $\mathbb{R}^2$ 上的最大值. □

2. 设 $f(x,y)=(y-x^2)(y-3x^2)$. 证明: (1) 函数 $f(x,y)$ 在原点无极值; (2) 沿过原点的任意直线, 函数 $f(x,y)$ 均在原点取得极值.

证明 (1) 在取原点邻域 $U(O)$, x 充分小时, $\exists P'(x,2x^2)$, $P''(x,4x^2)\in U^\circ(O)$, 使得

$$f(P')=-x^4<0=f(0,0),\quad f(P'')=3x^4>0=f(0,0).$$

所以函数 $f(x,y)$ 在原点的函数值既不是极小值也不是极大值.

(2) 令 $F(x)=f(x,kx)=(kx-x^2)(kx-3x^2)=3x^4-4kx^3+k^2x^2$, 则

$$F'(x)=12x^3-12kx^2+2k^2x,\quad F''(x)=36x^2-24kx+2k^2.$$

所以当 $k\neq 0$ 时, $F'(0)=0$, $F''(0)=2k^2>0$, 因此沿过原点的任意直线 $y=kx(k\neq 0)$, 函数 $f(x,y)$ 均在原点取得极小值.

当 $k=0$ 时, $F(x)=3x^4$ 显然也以 $x=0$ 为极小值点, 即沿过原点的直线 $y=0$, 函数 $f(x,y)$ 在原点取得极小值; 当 $x=0$ 时, $f(x,y)=f(0,y)=y^2$ 显然以 $y=0$ 为极小值点, 故沿过原点的任意直线, 函数 $f(x,y)$ 均在原点取得极值, 且都取得极小值. □

4. 求三角形, 使得其三个角的正弦之积取得最大值.

解　设三角形的两个内角分别是 x 与 y, 则三角形三个角的正弦之积的函数可以表示为

$$f(x,y)=\sin x\sin y\sin(x+y),\quad 0<x,\ y,\ x+y<\pi.$$

设由直线 $x=0$, $y=0$, $x+y=\pi$ 围成的有界闭区域是 D, 则根据最值定理得, 函数 f 在 D 上可以取到最大值, 且如果最大值在 D 的内部达到, 即为所求的三角形的三个角的正弦之积所取得的最大值.

注意到

$$f_x(x,y)=\cos x\sin y\sin(x+y)+\sin x\sin y\cos(x+y),$$

$$f_y(x,y)=\sin x\cos y\sin(x+y)+\sin x\sin y\cos(x+y),$$

因为 $\sin x>0$, $\sin y>0$, 所以在 D 内可得唯一驻点 $\left(\dfrac{\pi}{3},\dfrac{\pi}{3}\right)$. 而 $f(x,y)\Big|_{\partial D}=0$, 故当 $x=y=\dfrac{\pi}{3}$ 时, 函数 f 在 D 上取到最大值 $\dfrac{3\sqrt{3}}{8}$, 该最大值是在 D 的内部达到, 从而得正三角形的正弦之积为三角形三个角的正弦之积所取得的最大值: $\dfrac{3\sqrt{3}}{8}$. □

6. 证明: 在圆的所有外切三角形中, 以正三角形的面积为最小.

证明　设圆的半径是 $R>0$, 其外切三角形的两个半内角分别是 x 与 y, 则三角形的面积可以表示为

$$S=R^2(\cot x+\cot y+\tan(x+y))=R^2f(x,y),\quad 0<x,y,x+y<\frac{\pi}{2},$$

其中

$$f(x,y)=\cot x+\cot y+\tan(x+y),\quad 0<x,\ y,\ x+y<\frac{\pi}{2}.$$

因为 $0<x,\ y,\ x+y<\dfrac{\pi}{2}$, 所以当 $x\to 0^+$ 或 $y\to 0^+$ 或 $(x+y)\to\dfrac{\pi}{2}^-$ 时, 函数 $f(x,y)\to+\infty$, 因此 f 在 $0<x,\ y,\ x+y<\dfrac{\pi}{2}$ 内可取到最小值, 从而是极小值. 此时外切三角形的面积达到最小值.

注意到

$$f_x(x,y) = -\csc^2 x + \sec^2(x+y),$$

$$f_y(x,y) = -\csc^2 y + \sec^2(x+y),$$

因为 $\sin x > 0$, $\sin y > 0$, 所以可求得唯一驻点 $\left(\frac{\pi}{6}, \frac{\pi}{6}\right)$, 故一定是最小值点.

因此, 当外切三角形的面积达到最小值时, 外切三角形的两个内角均为 $2x = 2y = \frac{\pi}{3}$, 即此时外切三角形是等边三角形. □

8. 给出定理 14.3.2(2) 的详细证明.

证明 设

$$\Delta f = \frac{\rho^2}{4}\left(A + C + \sqrt{(A+C)^2 - 4H}\sin(2\theta + \alpha) + o(1)\right) = \frac{\rho^2}{4}(R(\theta) + o(1)).$$

当 $H < 0$ 时, $R(\theta) = A + C + \sqrt{(A+C)^2 - 4H}\sin(2\theta+\alpha)$ 在闭区间 $[0, 2\pi]$ 上的最大值 M 和最小值 m 分别为

$$M = A + C + \sqrt{(A+C)^2 - 4H} > 0, \quad m = A + C - \sqrt{(A+C)^2 - 4H} < 0,$$

不妨设 $R(\theta_1) = M > 0$, $R(\theta_2) = m < 0$.

对于点 P_0 的任意一个空心邻域 $B^\circ(P_0)$, 可以选择一个充分小的 $\rho > 0$, 使得满足条件

$$P_1\big(\rho\cos\theta_1, \rho\sin\theta_1\big), P_2\big(\rho\cos\theta_2, \rho\sin\theta_2\big) \in B^\circ(P_0),$$

并且 $M + o(1) > 0$, $m + o(1) < 0$. 于是

$$\Delta f\big|_{P_1} = \frac{\rho^2}{4}(M + o(1)) > 0, \quad \Delta f\big|_{P_2} = \frac{\rho^2}{4}(m + o(1)) < 0,$$

故 f 在点 P_0 既不是极大值也不是极小值. □

习 题 14.4

1. 判断方程 $\cos x + \sin y = \ln(\mathrm{e} + xy)$ 能否在原点的某邻域中确定函数 $y = f(x)$ 或 $x = g(y)$.

解 令 $F(x,y) = \cos x + \sin y - \ln(\mathrm{e} + xy)$, 则 F 在原点的某邻域有一阶连续偏导数, 且 $F_y(0,0) = 1 \neq 0$, $F_x(0,0) = 0$, 故 $\cos x + \sin y - \ln(\mathrm{e}+xy) = 0$ 在原点的某邻域中可以确定隐函数 $y = f(x)$, 但是无法根据隐函数存在定理判别在原点的某邻域中确定隐函数 $x = g(y)$.

根据隐函数存在定理, 隐函数 $y=f(x)$ 在某一开区间 $(-\alpha,\alpha)$ 内连续可微, 且

$$f(0)=0,\quad f'(x)=-\frac{F_x(x,y)}{F_y(x,y)}=\frac{\sin x+\dfrac{y}{\mathrm{e}+xy}}{\cos y-\dfrac{x}{\mathrm{e}+xy}}.$$

注意到 $f(0)=f'(0)=0$, 所以 $y=f(0)+f'(0)x+o(x)=o(x)$, 进而得无穷小估计

$$\frac{y}{\mathrm{e}+xy}=\frac{o(x)}{\mathrm{e}+xo(x)}=o(x),\quad \sin x+\frac{y}{\mathrm{e}+xy}=\sin x+o(x)=\sin x+o(\sin x)$$

与

$$f'(x)=\frac{\sin x+\dfrac{y}{\mathrm{e}+xy}}{\cos y-\dfrac{x}{\mathrm{e}+xy}}=(\sin x+o(\sin x))\cdot\frac{1}{\cos y-\dfrac{x}{\mathrm{e}+xy}}\sim\sin x+o(\sin x).$$

这表明 $|x|$ 充分小时, $f'(x)$ 与 $\sin x$ 同号; 所以当 x 充分小且 $x>0$ 时, $f'(x)>0$; 当 x 充分小且 $x<0$ 时, $f'(x)<0$, 因此 $f(x)$ 在 $x=0$ 处取到极小值 $f(0)=0$.

故对充分小的 y, 在 $x=0$ 的充分小邻域内, 会有两个不同实数 $x',x''\in(-\alpha,\alpha)$ 使得 $f(x')=y=f(x'')$, 此时 $F(x',y)=F(x'',y)=0$, 此即表明有两个不同的 x',x'' 经由方程 $F(x,y)=0$ 与上述 y 对应, 从而在原点附近的某邻域内由 $F(x,y)=0$ 不能确定隐函数 $x=g(y)$. □

6. 求由方程 $\cos^2x+\cos^2y+\cos^2z=1$ 所确定的隐函数 $z=z(x,y)$ 的二阶偏导数.

解 将 z 看作 x,y 的函数, 对上述方程两边分别关于自变量 x,y 求偏导数得

$$-2\cos x\sin x-2\cos z\sin z\frac{\partial z}{\partial x}=0\Rightarrow\sin 2x+\sin 2z\frac{\partial z}{\partial x}=0,\tag{14.1}$$

$$-2\cos y\sin y-2\cos z\sin z\frac{\partial z}{\partial y}=0\Rightarrow\sin 2y+\sin 2z\frac{\partial z}{\partial y}=0,\tag{14.2}$$

对方程 (14.1) 两边分别关于自变量 x 求导, 可得

$$2\cos 2x+2\cos 2z\frac{\partial z}{\partial x}\frac{\partial z}{\partial x}+\sin 2z\frac{\partial^2 z}{\partial x^2}=0,\tag{14.3}$$

对方程 (14.1) 两边分别关于自变量 y 求导, 可得

$$2\cos 2z\frac{\partial z}{\partial x}\frac{\partial z}{\partial y}+\sin 2z\frac{\partial^2 z}{\partial x\partial y}=0,\tag{14.4}$$

对方程 (14.2) 两边分别关于自变量 y 求导, 可得

$$2\cos 2y+2\cos 2z\frac{\partial z}{\partial y}\frac{\partial z}{\partial y}+\sin 2z\frac{\partial^2 z}{\partial y^2}=0.\tag{14.5}$$

从方程 (14.1)~(14.5) 依次解出各阶偏导数, 得

$$\frac{\partial z}{\partial x}=-\frac{\sin 2x}{\sin 2z},\quad \frac{\partial z}{\partial y}=-\frac{\sin 2y}{\sin 2z},$$

$$\frac{\partial^2 z}{\partial x^2}=-\frac{2\cos 2x+2\cos 2z\dfrac{\partial z}{\partial x}\dfrac{\partial z}{\partial x}}{\sin 2z}=-\frac{2\cos 2x\sin^2 2z+2\cos 2z\sin^2 2x}{\sin^3 2z},$$

$$\frac{\partial^2 z}{\partial x\partial y}=-\frac{2\cos 2z\dfrac{\partial z}{\partial x}\dfrac{\partial z}{\partial y}}{\sin 2z}=-\frac{2\cos 2z\sin 2y\sin 2x}{\sin^3 2z},$$

$$\frac{\partial^2 z}{\partial y^2}=-\frac{2\cos 2y+2\cos 2z\dfrac{\partial z}{\partial y}\dfrac{\partial z}{\partial y}}{\sin 2z}=-\frac{2\cos 2y\sin^2 2z+2\cos 2z\sin^2 2y}{\sin^3 2z}.$$ □

7. 证明: 由方程 $x-az=\varphi(y-bz)$ 所确定的隐函数 $z=z(x,y)$ 满足如下的微分方程 (φ 是连续可微函数):

$$a\frac{\partial z}{\partial x}+b\frac{\partial z}{\partial y}=1.$$

证明 对方程 $x-az=\varphi(y-bz)$ 的两边微分, 可得

$$\mathrm{d}x-a\mathrm{d}z=\varphi'(y-bz)(\mathrm{d}y-b\mathrm{d}z),$$

整理得

$$(b\varphi'(y-bz)-a)\mathrm{d}z=-\mathrm{d}x+\varphi'(y-bz)\mathrm{d}y,$$

所以当 $b\varphi'(y-bz)-a\neq 0$ 时, 得

$$\mathrm{d}z=-\frac{1}{b\varphi'(y-bz)-a}\mathrm{d}x+\frac{\varphi'(y-bz)}{b\varphi'(y-bz)-a}\mathrm{d}y,$$

因此当 $b\varphi'(y-bz)-a\neq 0$ 时, 有

$$\frac{\partial z}{\partial x}=-\frac{1}{b\varphi'(y-bz)-a},\quad \frac{\partial z}{\partial y}=\frac{\varphi'(y-bz)}{b\varphi'(y-bz)-a},$$

故将 $\dfrac{\partial z}{\partial x}$ 与 $\dfrac{\partial z}{\partial y}$ 的表达式代入等式左边, 得

$$a\frac{\partial z}{\partial x}+b\frac{\partial z}{\partial y}=1.$$ □

8. 证明: 由方程 $F\left(x+\dfrac{z}{y},y+\dfrac{z}{x}\right)=0$ 所确定的隐函数 $z=z(x,y)$ 满足

$$x\frac{\partial z}{\partial x}+y\frac{\partial z}{\partial y}=z-xy.$$

证明 对方程 $F\left(x+\dfrac{z}{y}, y+\dfrac{z}{x}\right)=0$ 的两边微分, 可得

$$F_u\left(\mathrm{d}x+\frac{y\mathrm{d}z-z\mathrm{d}y}{y^2}\right)+F_v\left(\mathrm{d}y+\frac{x\mathrm{d}z-z\mathrm{d}x}{x^2}\right)=0,$$

整理得

$$(x^2yF_u+xy^2F_v)\mathrm{d}z=(y^2zF_v-x^2y^2F_u)\mathrm{d}x+(x^2zF_u-x^2y^2F_v)\mathrm{d}y,$$

所以当 $x^2yF_u+xy^2F_v\neq 0$ 时, 由上式解得

$$\mathrm{d}z=\frac{y^2zF_v-x^2y^2F_u}{x^2yF_u+xy^2F_v}\mathrm{d}x+\frac{x^2zF_u-x^2y^2F_v}{x^2yF_u+xy^2F_v}\mathrm{d}y,$$

因此当 $x^2yF_u+xy^2F_v\neq 0$ 时, 有

$$\frac{\partial z}{\partial x}=\frac{y^2zF_v-x^2y^2F_u}{x^2yF_u+xy^2F_v},\quad \frac{\partial z}{\partial y}=\frac{x^2zF_u-x^2y^2F_v}{x^2yF_u+xy^2F_v},$$

故将 $\dfrac{\partial z}{\partial x}$ 与 $\dfrac{\partial z}{\partial y}$ 的表达式代入等式左边, 得

$$x\frac{\partial z}{\partial x}+y\frac{\partial z}{\partial y}=z-xy.$$ □

注 利用微分法计算多元隐函数的偏导数是一个高效的方法.

10. 设函数 $z=f(x,y)$ 在区域 D 上可微, 则 f 的梯度与 f 的等高线的切线正交.

证明 因为当函数 $z=f(x,y)$ 在区域 D 上可微时, 等高线 $f(x,y)=c$ 是光滑曲线, 且等高线在 $P(x,y)$ 处的切向量是 $\boldsymbol{\tau}=\left(\dfrac{\partial f}{\partial y},-\dfrac{\partial f}{\partial x}\right)$, 于是等高线在 $P(x,y)$ 处的法向量是 $\boldsymbol{n}=\left(\dfrac{\partial f}{\partial x},\dfrac{\partial f}{\partial y}\right)=\mathbf{grad}f$, 所以函数 $z=f(x,y)$ 在区域 D 上可微时, f 的梯度 $\mathbf{grad}f$ 与 f 的等高线的切线垂直. □

习 题 14.5

5. 方程组 $\begin{cases} u=f(xu,y+v), \\ v=g(u-x,v^2y) \end{cases}$ 确定了 u,v 是 x,y 的函数, 试求 $\dfrac{\partial u}{\partial x}$, $\dfrac{\partial v}{\partial x}$, $\dfrac{\partial u}{\partial y}$ 和 $\dfrac{\partial v}{\partial y}$.

解　对上述方程组的两边微分, 得

$$\begin{cases} \mathrm{d}u = (u\mathrm{d}x + x\mathrm{d}u)f_1' + (\mathrm{d}y + \mathrm{d}v)f_2', \\ \mathrm{d}v = (\mathrm{d}u - \mathrm{d}x)g_1' + (2vy\mathrm{d}v + v^2\mathrm{d}y)g_2', \end{cases}$$

整理之, 得

$$\begin{cases} (1 - xf_1')\mathrm{d}u - f_2'\mathrm{d}v = uf_1'\mathrm{d}x + f_2'\mathrm{d}y, \\ -g_1'\mathrm{d}u + (1 - 2vyg_2')\mathrm{d}v = -g_1'\mathrm{d}x + v^2g_2'\mathrm{d}y. \end{cases}$$

视 $\mathrm{d}u$ 与 $\mathrm{d}v$ 为未知元, 当 $1+2xyvf_1'g_2'-xf_1'-2vyg_2'-f_1'g_2' \neq 0$ 时, 利用 Cramer 法则解出线性方程组, 得

$$\begin{aligned} \mathrm{d}u = &\frac{uf_1' - 2yuvf_1'g_2' - f_2'g_1'}{1 + 2xyvf_1'g_2' - xf_1' - 2vyg_2' - f_2'g_1'}\mathrm{d}x \\ &+ \frac{f_2' - 2vyf_2'g_2' + v^2f_2'g_2'}{1 + 2xyvf_1'g_2' - xf_1' - 2vyg_2' - f_2'g_1'}\mathrm{d}y \end{aligned}$$

与

$$\begin{aligned} \mathrm{d}v = &\frac{-g_1' + xf_1'g_1' + uf_1'g_1'}{1 + 2xyvf_1'g_2' - xf_1' - 2vyg_2' - f_2'g_1'}\mathrm{d}x \\ &+ \frac{v^2g_2' - xv^2f_1'g_2' + f_2'g_1'}{1 + 2xyvf_1'g_2' - xf_1' - 2vyg_2' - f_2'g_1'}\mathrm{d}y. \end{aligned}$$

所以

$$u_x = \frac{uf_1' - 2yuvf_1'g_2' - f_2'g_2'}{1 + 2xyvf_1'g_2' - xf_1' - 2vyg_2' - f_2'g_1'},$$

$$u_y = \frac{f_2' - 2vyf_2'g_2' + v^2f_2'g_2'}{1 + 2xyvf_1'g_2' - xf_1' - 2vyg_2' - f_2'g_1'}$$

与

$$v_x = \frac{-g_1'txf_1'g_1' + uf_1'g_1'}{1 + 2xyvf_1'g_2' - xf_1' - 2vyg_2' - f_2'g_1'},$$

$$v_y = \frac{v^2g_2' - xv^2f_1'g_2' + f_2'g_1'}{1 + 2xyvf_1'g_2' - xf_1' - 2vyg_2' - f_2'g_1'}.$$

□

6. 方程组 $\begin{cases} x = u + v, \\ y = u^2 + v^2 \end{cases}$ 确定了反函数组, 试求 $\dfrac{\partial u}{\partial x}, \dfrac{\partial v}{\partial x}, \dfrac{\partial u}{\partial y}$ 和 $\dfrac{\partial v}{\partial y}$.

解　对上述方程组的两个方程两边微分, 得

$$\begin{cases} \mathrm{d}x = \mathrm{d}u + \mathrm{d}v, \\ \mathrm{d}y = 2u\mathrm{d}u + 2v\mathrm{d}v, \end{cases}$$

整理之, 得

$$\begin{cases} \mathrm{d}u + \mathrm{d}v = \mathrm{d}x, \\ 2u\mathrm{d}u + 2v\mathrm{d}v = \mathrm{d}y. \end{cases}$$

视 $\mathrm{d}u$ 与 $\mathrm{d}v$ 为未知元, 当 $v-u\neq 0$ 时, 利用 Cramer 法则解出线性方程组, 可得

$$\begin{cases} \mathrm{d}u = \dfrac{v}{v-u}\mathrm{d}x - \dfrac{1}{2v-2u}\mathrm{d}y, \\ \mathrm{d}v = -\dfrac{u}{v-u}\mathrm{d}x + \dfrac{1}{2v-2u}\mathrm{d}y. \end{cases}$$

所以 $u_x = \dfrac{v}{v-u}$, $u_y = \dfrac{1}{2u-2v}$, $v_x = \dfrac{u}{u-v}$, $v_y = \dfrac{1}{2v-2u}$. □

7. 参照两曲面交曲线的参数化定理的证明给出反函数组的存在唯一性定理的证明.

证明 约定 $P_0=(x_0,y_0)$, $P_0'=(u_0,v_0)$, $P_0\times P_0'=(x_0,y_0,u_0,v_0)$, 并且约定证明中所涉及邻域均为方形邻域.

根据定理条件, $\exists\delta_0>0$, 使得 $u(x,y)$ 与 $v(x,y)$ 在 $U(P_0;\delta_0)$ 内具有一阶连续的偏导数, 且在邻域 $U(P_0;\delta_0)$ 内有 $\dfrac{\partial(u,v)}{\partial(x,y)}\neq 0$.

令 $F(x,y,u,v)=u-u(x,y)$, $G(x,y,u,v)=v-v(x,y)$, 则 F,G 在 $P_0\times P_0'$ 的邻域 $U(P_0;\delta_0)\times U(P_0';\delta_0)$ 内具有一阶连续偏导数, 且有

$$F(x_0,y_0,u_0,v_0)=G(x_0,y_0,u_0,v_0)=0$$

与

$$\left.\frac{\partial(F,G)}{\partial(x,y)}\right|_{(x_0,y_0,u_0,v_0)} = \left.\frac{\partial(u,v)}{\partial(x,y)}\right|_{P_0}\neq 0.$$

不失一般性, 设 $\left.\dfrac{\partial F}{\partial x}\right|_{P_0\times P_0'}\neq 0$, 则 $F(x,y,u,v)=0$ 在 $P_0\times P_0'$ 的某邻域内确定隐函数 $x=f(y,u,v)$, 故 $\exists\delta_1<\delta_0$, 当 $|y-y_0|<\delta_1, |u-u_0|<\delta_1, |v-v_0|<\delta_1$ 时, 有

(1) $x_0=f(y_0,u_0,v_0)$, $|x-x_0|<\delta_0$;

(2) $F(f(y,u,v),y,u,v)\equiv 0$;

(3) $\dfrac{\partial f}{\partial y}=-\dfrac{\partial u}{\partial y}\Big/\dfrac{\partial u}{\partial x}$.

令 $H(y,u,v)=G\big(f(y,u,v),y,u,v\big)=v-v\big(f(y,u,v),y\big)$, 容易验证可得如下结论成立:

(4) $H(y_0,u_0,v_0)=v_0-v(x_0,y_0)=v_0-v_0=0$;

(5) $\left.\dfrac{\partial H}{\partial y}\right|_{(y_0,u_0,v_0)}=\left.\left(\dfrac{\partial G}{\partial x}\cdot\dfrac{\partial f}{\partial y}+\dfrac{\partial G}{\partial y}\right)\right|_{(y_0,u_0,v_0)}=\left.\left(-\dfrac{1}{\dfrac{\partial u}{\partial x}}\cdot\dfrac{\partial(u,v)}{\partial(x,y)}\right)\right|_{P_0}\neq 0.$

故 $H(y,u,v)=0$ 在 (y_0,u_0,v_0) 的某邻域内可以确定一个隐函数 $y=y(u,v)$, 从而 $\exists\delta'<\delta_1$, 当 $|u-u_0|<\delta', |v-v_0|<\delta'$ 时, 有

(6) $y_0=y(u_0,v_0),\ |y-y_0|<\delta_1$;

(7) $H(y(u,v),u,v)\equiv 0$.

令 $x=f(y(u,v),u,v):=x(u,v),(u,v)\in U(P_0';\ \delta')$. 则由函数组 $\begin{cases}u=u(x,y),\\ v=v(x,y)\end{cases}$ 可以确定邻域 $U(P_0';\delta')$ 内的一个连续可微隐函数组 $\begin{cases}x=x(u,v),\\ y=y(u,v),\end{cases}$ 使得

(8) $x_0=x(u_0,v_0),y_0=y(u_0,v_0),(x(u,v),y(u,v))\in U(P_0;\delta_0)$;

(9) $\begin{cases}u(x(u,v),y(u,v))\equiv u,\\ v(x(u,v),y(u,v))\equiv v,\end{cases}\quad (u,v)\in U(P_0';\delta')$.

对方程组 $\begin{cases}u=u(x,y),\\ v=v(x,y)\end{cases}$ 的两边微分, 得 $\begin{cases}\dfrac{\partial u}{\partial x}\mathrm{d}x+\dfrac{\partial u}{\partial y}\mathrm{d}y=\mathrm{d}u,\\ \dfrac{\partial v}{\partial x}\mathrm{d}x+\dfrac{\partial v}{\partial y}\mathrm{d}y=\mathrm{d}v,\end{cases}$ 解关于未知元 $\mathrm{d}x$ 与 $\mathrm{d}y$ 的线性方程组, 得

(10) $\dfrac{\partial x}{\partial u}=\dfrac{\partial v}{\partial y}\Big/\dfrac{\partial(u,v)}{\partial(x,y)},\ \dfrac{\partial x}{\partial v}=-\dfrac{\partial u}{\partial y}\Big/\dfrac{\partial(u,v)}{\partial(x,y)}$;

(11) $\dfrac{\partial y}{\partial u}=-\dfrac{\partial v}{\partial x}\Big/\dfrac{\partial(u,v)}{\partial(x,y)},\ \dfrac{\partial y}{\partial v}=\dfrac{\partial u}{\partial x}\Big/\dfrac{\partial(u,v)}{\partial(x,y)}$.

接着证明唯一性. 假设 $\begin{cases}x=\widetilde{x}(u,v),\\ y=\widetilde{y}(u,v)\end{cases}$ 是由 $\begin{cases}u=u(x,y),\\ v=v(x,y)\end{cases}$ 确定在 P_0' 某邻域内, 且满足定理的隐函数组. 则根据 (10) 和 (11) 式, 得

(12) $\dfrac{\partial\widetilde{x}}{\partial u}=\dfrac{\partial x}{\partial u},\ \dfrac{\partial\widetilde{x}}{\partial v}=\dfrac{\partial x}{\partial v}$;

(13) $\dfrac{\partial\widetilde{y}}{\partial u}=\dfrac{\partial y}{\partial u},\ \dfrac{\partial\widetilde{y}}{\partial v}=\dfrac{\partial y}{\partial v}$,

所以在 P_0' 附近有 $\widetilde{x}(u,v)\equiv x(u,v),\ \widetilde{y}(u,v)\equiv y(u,v)$ 成立, 故唯一性得证.

再证明在 P_0 的某邻域内有 $\begin{cases}x(u(x,y),v(x,y))\equiv x,\\ y(u(x,y),v(x,y))\equiv y\end{cases}$ 成立. 实际上, 这一事实并不显然, 以下给予详细证明.

对于邻域 $U(P_0';\delta')$ 内的隐函数组 $\begin{cases} x = x(u,v), \\ y = y(u,v), \end{cases}$ 重复以上所有步骤可知, 由函数组 $\begin{cases} x = x(u,v), \\ y = y(u,v) \end{cases}$ 可以确定一个定义在邻域 $U(P_0;\delta)(\subseteq U(P_0;\delta_0))$ 内的隐函数组 $\begin{cases} u = \widetilde{u}(x,y), \\ v = \widetilde{v}(x,y), \end{cases}$ 满足条件

(14) $u_0 = \widetilde{u}(x_0,y_0), v_0 = \widetilde{v}(x_0,y_0), (\widetilde{u}(x,y),\widetilde{v}(x,y)) \in U(P_0';\ \delta_0')$;

(15) $\begin{cases} x(\widetilde{u}(x,y),\widetilde{v}(x,y)) \equiv x, \\ y(\widetilde{u}(x,y),\widetilde{v}(x,y)) \equiv y, \end{cases} \quad (x,y) \in U(P_0;\delta).$

对方程组 $\begin{cases} x = x(u,v), \\ y = y(u,v) \end{cases}$ 的两边微分, 得$\begin{cases} \dfrac{\partial x}{\partial u}\mathrm{d}u + \dfrac{\partial x}{\partial v}\mathrm{d}v = \mathrm{d}x, \\ \dfrac{\partial y}{\partial u}\mathrm{d}u + \dfrac{\partial y}{\partial v}\mathrm{d}v = \mathrm{d}y, \end{cases}$ 解关于未知元 $\mathrm{d}u$ 与 $\mathrm{d}v$ 的线性方程组, 并结合 (10) 与 (11) 式, 得

(16) $\dfrac{\partial \widetilde{u}}{\partial x} = \dfrac{\partial u}{\partial x},\ \dfrac{\partial \widetilde{u}}{\partial y} = \dfrac{\partial u}{\partial y}$;

(17) $\dfrac{\partial \widetilde{v}}{\partial x} = \dfrac{\partial v}{\partial x},\ \dfrac{\partial \widetilde{v}}{\partial y} = \dfrac{\partial v}{\partial y}$,

所以在邻域 $U(P_0;\delta)$ 内有 $\widetilde{u}(x,y) \equiv u(x,y),\ \widetilde{v}(x,y) \equiv v(x,y)$ 成立. 故由 (15) 式, 得

(18) $\begin{cases} x(u(x,y),v(x,y)) \equiv x, \\ y(u(x,y),v(x,y)) \equiv y, \end{cases} \quad (x,y) \in U(P_0;\delta).$ □

9. 叙述和证明 n 个变量, $m(m < n)$ 个函数所构成的函数组的隐函数组存在唯一性定理.

解 为方便叙述, 约定 $n = p + m$, 其中 p 与 m 都是正整数; 并且约定 P_0 的坐标是 $P_0 = P_0' \times P_0''$, 其中 $P_0' = (x_1^0, x_2^0, \cdots, x_p^0)$, $P_0'' = (y_1^0, y_2^0, \cdots, y_m^0)$.

下面叙述 n 个变量, $m(m < n)$ 个函数所构成的函数组的隐函数组存在唯一性定理.

设 $H_i(x_1, x_2, \cdots, x_p, y_1, y_2, \cdots, y_m)\ (i = 1, 2, \cdots, m)$ 在 P_0 的某邻域 $U(P_0)$ 内具有一阶连续偏导数, $H_i(P_0) = 0\big(i = 1, 2, \cdots, m\big)$, 而且 $\left.\dfrac{\partial(H_1, H_2, \cdots, H_m)}{\partial(y_1, y_2, \cdots, y_m)}\right|_{P_0} \neq 0$,

则由函数方程组

$$\begin{cases} H_1(x_1,x_2,\cdots,x_p,y_1,y_2,\cdots,y_m)=0, \\ H_2(x_1,x_2,\cdots,x_p,y_1,y_2,\cdots,y_m)=0, \\ \qquad\cdots\cdots \\ H_m(x_1,x_2,\cdots,x_p,y_1,y_2,\cdots,y_m)=0, \end{cases}$$

在 P_0 的某一邻域 $U(P_0)$ 内可以确定唯一一个定义在 P_0' 的某邻域 $U(P_0')$ 内的具有一阶连续偏导数的隐函数组

$$\begin{cases} y_1=y_1(x_1,x_2,\cdots,x_p), \\ y_2=y_2(x_1,x_2,\cdots,x_p), \\ \qquad\cdots\cdots \\ y_m=y_m(x_1,x_2,\cdots,x_p), \end{cases}$$

使得 $y_i^0=y_i\left(x_1^0,x_2^0,\cdots,x_p^0\right)$ $\left(i=1,2,\cdots,m\right)$, 且当 $P'(x_1,x_2,\cdots,x_p)\in U(P_0')$ 时, 满足

(A) $\left(x_1,\cdots,x_p,y_1(P'),\cdots,y_m(P')\right)\in U(P_0)$;

(B) $H_i\left(x_1,x_2,\cdots,x_p,y_1(P'),y_2(P'),y_m(P')\right)\equiv 0$;

(C) $\dfrac{\partial y_i}{\partial x_j}=(-1)^{m-i+1}\cdot\dfrac{1}{J_m}\cdot\dfrac{\partial(H_1,H_2,\cdots,H_m)}{\partial(y_1,\cdots,\widehat{y}_i,\cdots,y_m,x_j)}$,

其中J_m与$\dfrac{\partial(H_1,H_2,\cdots,H_m)}{\partial(y_1,\cdots,\widehat{y}_i,\cdots,y_m,x_j)}$ 分别代表的是 Jacobi 行列式$\dfrac{\partial(H_1,H_2,\cdots,H_m)}{\partial(y_1,y_2,\cdots,y_m)}$ 和 Jacobi 行列式 $\dfrac{\partial(H_1,H_2,\cdots,H_m)}{(y_1,\cdots,y_{i-1},y_{i+1},\cdots,y_m,x_j)}$ $(i=1,2,\cdots,m,\ j=1,2,\cdots,p)$.

接着对 m 进行归纳, 证明定理成立. 当 $m=1$ 时为隐函数存在唯一性定理, 结论成立; 现假设当 $m=k$ 时定理成立, 下面证明当 $m=k+1$ 时定理也成立, 分三步.

第一步, 证明存在性.

因为 $\left.\dfrac{\partial(H_1,\cdots,\widehat{H}_i,\cdots,H_{k+1})}{\partial(y_1,\cdots,\widehat{y}_j,\cdots,y_{k+1})}\right|_{P_0}$ 是 $\left.\dfrac{\partial(H_1,H_2,\cdots,H_{k+1})}{\partial(y_1,y_2,\cdots,y_{k+1})}\right|_{P_0}$ 的 k 阶余子式, 所以由 $\left.\dfrac{\partial(H_1,H_2,\cdots,H_{k+1})}{\partial(y_1,y_2,\cdots,y_{k+1})}\right|_{P_0}\neq 0$ 知 $\left.\dfrac{\partial(H_1,\cdots,\widehat{H}_i,\cdots,H_{k+1})}{\partial(y_1,\cdots,\widehat{y}_j,\cdots,y_{k+1})}\right|_{P_0}$ 不全为 0.

不失一般性, 设 k 阶主子式 $\left.\dfrac{\partial(H_1,H_2,\cdots,H_k)}{\partial(y_1,y_2,\cdots,y_k)}\right|_{P_0}\neq 0$, 于是根据连续函数的保号性, 存在 P_0 的某邻域 $U(P_0)$, 使得在 $U(P_0)$ 内恒有

$$J_{k+1}\frac{\partial(H_1,H_2,\cdots,H_{k+1})}{\partial(y_1,y_2,\cdots,y_{k+1})}\neq 0,\quad J_k=\frac{\partial(H_1,H_2,\cdots,H_k)}{\partial(y_1,y_2,\cdots,y_k)}\neq 0.$$

由归纳假设知, 由方程组 $\begin{cases} H_1(x_1,x_2,\cdots,x_p,y_1,y_2,\cdots,y_{k+1})=0, \\ H_2(x_1,x_2,\cdots,x_p,y_1,y_2,\cdots,y_{k+1})=0, \\ \cdots\cdots \\ H_k(x_1,x_2,\cdots,x_p,y_1,y_2,\cdots,y_{k+1})=0 \end{cases}$ 在点 P_0 的某邻域 $V(P_0)\subset U(P_0)$ 内确定连续可微隐函数组

$$\begin{cases} y_1=\widetilde{y}_1(x_1,x_2,\cdots,x_p,y_{k+1}), \\ y_2=\widetilde{y}_2(x_1,x_2,\cdots,x_p,y_{k+1}), \\ \cdots\cdots \\ y_k=\widetilde{y}_k(x_1,x_2,\cdots,x_p,y_{k+1}) \end{cases}$$

满足 (1)~(3):

(1) $y_i^0=\widetilde{y}_i\big(x_1^0,x_2^0,\cdots,x_p^0,y_{k+1}^0\big)\ (i=1,2,\cdots,k)$;

(2) $(x_1,\cdots,x_p,\widetilde{y}_1(x_1,\cdots,x_p,y_{k+1}),\cdots,\widetilde{y}_k(x_1,\cdots,x_p,y_{k+1}),y_{k+1})\in V(P_0)$;

(3) $\dfrac{\partial\widetilde{y}_i}{\partial y_{k+1}}=(-1)^{k-i+1}\cdot\dfrac{1}{J_k}\cdot\dfrac{\partial(H_1,H_2,\cdots,H_k)}{\partial(y_1,\cdots,\widehat{y}_i,\cdots,y_k,y_{k+1})}(\,i=1,2,\cdots,k\,)$. 令

$$\begin{aligned}&H(x_1,\cdots,x_p,y_{k+1})\\ \triangleq\ &H_{k+1}\left(x_1,\cdots,x_p,\widetilde{y}_1(x_1,\cdots,x_p,y_{k+1}),\cdots,\widetilde{y}_k(x_1,\cdots,x_p,y_{k+1}),y_{k+1}\right),\end{aligned}$$

则有

(4) $H\big(x_1^0,\cdots,x_p^0,y_{k+1}^0\big)=H_{k+1}(P_0)=0$;

(5) $\left.\dfrac{\partial H}{\partial y_{k+1}}\right|_{P_0}=\left.\left(\displaystyle\sum_{i=1}^{k}\dfrac{\partial H_{k+1}}{\partial y_i}\cdot\dfrac{\partial\widetilde{y}_i}{\partial y_{k+1}}+\dfrac{\partial H_{k+1}}{\partial y_{k+1}}\right)\right|_{P_0}=?$

下面详细计算 (5) 式, 并证明 (5) 式非零, 这是证明定理的关键与难点. 由 (3) 得

$$\begin{aligned}\frac{\partial H_{k+1}}{\partial y_i}\cdot\frac{\partial\widetilde{y}_i}{\partial y_{k+1}}&=\frac{\partial H_{k+1}}{\partial y_i}\cdot(-1)^{k-i+1}\cdot\frac{1}{J_k}\cdot\frac{\partial(H_1,H_2,\cdots,H_k)}{\partial(y_1,\cdots,\widehat{y}_i,\cdots,y_k,y_{k+1})}\\ &=\frac{\partial H_{k+1}}{\partial y_i}\cdot(-1)^{k+i+1}\cdot\frac{1}{J_k}\cdot\frac{\partial(H_1,H_2,\cdots,H_k)}{\partial(y_1,\cdots,\widehat{y}_i,\cdots,y_k,y_{k+1})},\end{aligned}$$

于是, 有

$$\begin{aligned}\left.\frac{\partial H}{\partial y_{k+1}}\right|_{P_0}&=\left.\left(\sum_{i=1}^{k}\frac{\partial H_{k+1}}{\partial y_i}\cdot\frac{\partial\widetilde{y}_i}{\partial y_{k+1}}+\frac{\partial H_{k+1}}{\partial y_{k+1}}\right)\right|_{P_0}\\ &=\left.\left(\frac{1}{J_k}\cdot\sum_{i=1}^{k+1}\big(-1\big)^{k+i+1}\cdot\frac{\partial H_{k+1}}{\partial y_i}\cdot\frac{\partial(H_1,H_2,\cdots,H_k)}{\partial(y_1,\cdots,\widehat{y}_j,\cdots,y_k,y_{k+1})}\right)\right|_{P_0}\\ &=\left.\left(\frac{\partial(H_1,H_2,\cdots,H_{k+1})}{\partial(y_1,y_2,\cdots,y_{k+1})}\Big/\frac{\partial(H_1,H_2,\cdots,H_k)}{\partial(y_1,y_2,\cdots,y_k)}\right)\right|_{P_0}=\left.\left(\frac{J_{k+1}}{J_k}\right)\right|_{P_0}\neq 0.\end{aligned}$$

因此由方程 $H(x_1,\cdots,x_p,y_{k+1})=0$ 可以确定一个定义在 P_0' 的某邻域 $U(P_0')$ 内具有一阶连续偏导数的隐函数 $y_{k+1}=y_{k+1}(x_1,x_2,\cdots,x_p)$.

令 $y_i=y_i(x_1,\cdots,x_p):=\widetilde{y}_i(x_1,\cdots,x_p,y_{k+1}(x_1,x_2,\cdots,x_p))$, $i=1,2,\cdots,k$, 则函数组

$$\begin{cases} y_1=y_1(x_1,\cdots,x_p), \\ y_2=y_2(x_1,\cdots,x_p), \\ \qquad\cdots\cdots \\ y_{k+1}=y_{k+1}(x_1,\cdots,x_p) \end{cases}$$

是由函数方程组

$$\begin{cases} H_1(x_1,\cdots,x_p,y_1,\cdots,y_{k+1})=0, \\ H_2(x_1,\cdots,x_p,y_1,\cdots,y_{k+1})=0, \\ \qquad\cdots\cdots \\ H_{k+1}(x_1,\cdots,x_p,y_1,\cdots,y_{k+1})=0 \end{cases}$$

确定的定义在某邻域 $U(P_0')$ 内, 具有一阶连续偏导数的隐函数组, 而且可验证满足

(6) $y_i^0=y_i\big(x_1^0,x_2^0,\cdots,x_p^0\big)(i=1,2,\cdots,k+1)$;

(7) $\big(x_1,\cdots,x_p,y_1(x_1,\cdots,x_p),\cdots,y_{k+1}(x_1,\cdots,x_p)\big)\in U(P_0)$.

第二步, 计算偏导数.

对方程组 $\begin{cases} H_1(x_1,\cdots,x_p,y_1,\cdots,y_{k+1})=0, \\ H_2(x_1,\cdots,x_p,y_1,\cdots,y_{k+1})=0, \\ \qquad\cdots\cdots \\ H_{k+1}(x_1,\cdots,x_p,y_1,\cdots,y_{k+1})=0 \end{cases}$ 两边微分, 可得线性方程组

$$\begin{cases} \dfrac{\partial H_1}{\partial y_1}\mathrm{d}y_1+\cdots+\dfrac{\partial H_1}{\partial y_{k+1}}\mathrm{d}y_{k+1}=-\dfrac{\partial H_1}{\partial x_1}\mathrm{d}x_1-\cdots-\dfrac{\partial H_1}{\partial x_p}\mathrm{d}x_p, \\ \dfrac{\partial H_2}{\partial y_1}\mathrm{d}y_1+\cdots+\dfrac{\partial H_2}{\partial y_{k+1}}\mathrm{d}y_{k+1}=-\dfrac{\partial H_2}{\partial x_1}\mathrm{d}x_1-\cdots-\dfrac{\partial H_2}{\partial x_p}\mathrm{d}x_p, \\ \qquad\qquad\cdots\cdots \\ \dfrac{\partial H_{k+1}}{\partial y_1}\mathrm{d}y_1+\cdots+\dfrac{\partial H_{k+1}}{\partial y_{k+1}}\mathrm{d}y_{k+1}=-\dfrac{\partial H_{k+1}}{\partial x_1}\mathrm{d}x_1-\cdots-\dfrac{\partial H_{k+1}}{\partial x_p}\mathrm{d}x_p, \end{cases}$$

当 $J_{k+1}=\dfrac{\partial(H_1,H_2,\cdots,H_{k+1})}{\partial(y_1,y_2,\cdots,y_{k+1})}\neq 0$ 时, 据 Cramer 法则, 可解得隐函数的全微分

$$\mathrm{d}y_i=\frac{1}{J_{k+1}}\cdot\sum_{j=1}^{p}\left((-1)^{(k+1)-i+1}\cdot\frac{\partial(H_1,,\cdots,H_{k+1})}{\partial(y_1,\cdots,\widehat{y_i},\cdots,y_{k+1},x_j)}\right)\mathrm{d}x_j,$$

从而根据微分的唯一性, 可得隐函数的偏导数分别为

(8) $\dfrac{\partial y_i}{\partial x_j}=(-1)^{(k+1)-i+1}\cdot\dfrac{1}{J_{k+1}}\cdot\dfrac{\partial(H_1,H_2,\cdots,H_{k+1})}{\partial(y_1,\cdots,\widehat{y_i},\cdots,y_{k+1},x_j)},i=1,\cdots,k+1,j=1,\cdots,p.$

第三步, 证明唯一性.

设 $\begin{cases} y_1=\overline{y}_1(x_1,\cdots,x_p),\\ y_2=\overline{y}_2(x_1,\cdots,x_p),\\ \cdots\cdots\\ y_{k+1}=\overline{y}_{k+1}(x_1,\cdots,x_p)\end{cases}$ 也是 $\begin{cases} H_1(x_1,\cdots,x_p,y_1,\cdots,y_{k+1})=0,\\ H_2(x_1,\cdots,x_p,y_1,\cdots,y_{k+1})=0,\\ \cdots\cdots\\ H_{k+1}(x_1,\cdots,x_p,y_1,\cdots,y_{k+1})=0\end{cases}$ 确定的隐函数组, 而且满足 (6), (7), (8), 则在某邻域 $U(P_0')$ 内 $\dfrac{\partial y_i}{\partial x_j}\equiv\dfrac{\partial\overline{y}_i}{\partial x_j}$, 所以在某邻域 $U(P_0')$ 内 $y_i(x_1,\cdots,x_p)\equiv\overline{y}_i(x_1,\cdots,x_p)$, 从而证得唯一性.

综上所述, 当 $m=k+1$ 时, 定理也成立, 至此我们可以根据归纳法原理得证定理成立. □

习　题　14.6

3. 求曲线 $\begin{cases} x^2+y^2+z^2=4,\\ x^2+y^2=2y\end{cases}$ 在点 $(1,1,\sqrt{2})$ 的切线和法平面方程.

解　设 $F(x,y,z)=x^2+y^2+z^2-4, G(x,y,z)=x^2+y^2-2y$, 球面 $x^2+y^2+z^2=4$ 与圆柱面 $x^2+y^2=2y$ 在点 $P_0(1,1,\sqrt{2})$ 的法向量分别是 $\boldsymbol{n}_1$ 和 $\boldsymbol{n}_2$, 则

$$\begin{aligned}\boldsymbol{n}_1&=\big(F_x(P_0),F_y(P_0),F_z(P_0)\big)=\big(2,2,2\sqrt{2}\big)=2\big(1,1,\sqrt{2}\big),\\ \boldsymbol{n}_2&=\big(G_x(P_0),G_y(P_0),G_z(P_0)\big)=\big(2,0,0\big)=2\big(1,0,0\big),\end{aligned}$$

重新调整得 $\boldsymbol{n}_1=\big(1,1,\sqrt{2}\big)$ 与 $\boldsymbol{n}_2=\big(1,0,0\big)$, 所以曲线在点 $P_0(1,1,\sqrt{2})$ 的切向量是

$$\boldsymbol{T}=\boldsymbol{n}_1\times\boldsymbol{n}_2=\big(1,1,\sqrt{2}\big)\times\big(1,0,0\big)=\begin{vmatrix}\boldsymbol{i}&\boldsymbol{j}&\boldsymbol{k}\\1&1&\sqrt{2}\\1&0&0\end{vmatrix}=\big(0,\sqrt{2},-1\big).$$

因此所求的切线方程是 $\begin{cases} x=1,\\ \dfrac{y-1}{\sqrt{2}}=\dfrac{z-\sqrt{2}}{-1},\end{cases}$ 或者 $\begin{cases} x=1,\\ y+\sqrt{2}z=3,\end{cases}$ 法平面方程是 $\sqrt{2}(y-1)-\big(z-\sqrt{2}\big)=0$, 或者 $\sqrt{2}y=z$. □

5. 求曲面 $x^2+y^2+2z^2=22$ 上与平面 $x-y+2z=7$ 相平行的切平面方程.

解　设 $F(x,y,z)=x^2+y^2+2z^2-22$, 所求切平面的切点是 $P_0(x_0,y_0,z_0)$, 则所求切平面的法向量是 $\boldsymbol{n}=\big(F_x(P_0),F_y(P_0),F_z(P_0)\big)=\big(2x_0,2y_0,4z_0\big)$.

根据题设, 法向量 $\boldsymbol{n}$ 与向量 $(1,-1,2)$ 平行, 于是 $\dfrac{2x_0}{1}=\dfrac{2y_0}{-1}=\dfrac{4z_0}{2}$.

又注意到 $x_0^2+y_0^2+2z_0^2=22$, 于是两者联立解得切点坐标是 $P_0=\left(\dfrac{\sqrt{22}}{2},-\dfrac{\sqrt{22}}{2},\dfrac{\sqrt{22}}{2}\right)$ 或 $P_0=\left(-\dfrac{\sqrt{22}}{2},\dfrac{\sqrt{22}}{2},-\dfrac{\sqrt{22}}{2}\right)$.

所以所求的切平面为

$$\left(x-\frac{\sqrt{22}}{2}\right)-\left(y+\frac{\sqrt{22}}{2}\right)+2\left(z-\frac{\sqrt{22}}{2}\right)=0$$

或

$$\left(x+\frac{\sqrt{22}}{2}\right)-\left(y-\frac{\sqrt{22}}{2}\right)+2\left(z+\frac{\sqrt{22}}{2}\right)=0,$$

整理之, 得切平面为 $x-y+2z=\pm2\sqrt{22}$. □

6. 求曲面 $3x^2+y^2+2z^2=16$ 上的点, 使得曲面在该点处的切平面与直线 $x=y=z$ 和直线 $\dfrac{x}{4}=\dfrac{y}{4}=\dfrac{z}{8}$ 相平行.

解　设 $F(x,y,z)=3x^2+y^2+2z^2-16$, 所求切平面的切点是 $P_0(x_0,y_0,z_0)$, 则所求切平面的法向量是 $\boldsymbol{n}=\big(F_x(P_0),F_y(P_0),F_z(P_0)\big)=\big(6x_0,2y_0,4z_0\big)$.

因为切平面与直线 $x=y=z$ 和直线 $\dfrac{x}{4}=\dfrac{y}{4}=\dfrac{z}{8}$ 相平行, 所以法向量 $\boldsymbol{n}$ 与向量 $(1,1,1)\times(4,4,8)=\begin{vmatrix}\boldsymbol{i}&\boldsymbol{j}&\boldsymbol{k}\\1&1&1\\4&4&8\end{vmatrix}=4(1,-1,0)$ 平行, 于是

$$\frac{6x_0}{1}=\frac{2y_0}{-1},\quad z_0=0,$$

又

$$3x_0^2+y_0^2+2z_0^2=16,$$

所以联立以上两式, 解得切点坐标是 $P_0\left(\dfrac{2\sqrt{3}}{3},-2\sqrt{3},0\right)$ 或 $P_0\left(\dfrac{-2\sqrt{3}}{3},2\sqrt{3},0\right)$. □

7. 三个曲面 $F(x,y,z)=0$, $G(x,y,z)=0$ 和 $H(x,y,z)=0$ 过同一个点 P. 证明三曲面在该点的切平面过同一直线的充分必要条件是

$$\left.\frac{\partial(F,G,H)}{\partial(x,y,z)}\right|_P=0.$$

证明 设三个曲面 $F(x,y,z)=0$, $G(x,y,z)=0$ 和 $H(x,y,z)=0$ 过同一点 P, 则可得三个曲面 $F(x,y,z)=0$, $G(x,y,z)=0$ 和 $H(x,y,z)=0$ 在 P 处的法向量分别是

$$\begin{aligned}\boldsymbol{n}_1&=(F_x(P),F_y(P),F_z(P)),\\ \boldsymbol{n}_2&=(G_x(P),G_y(P),G_z(P)),\\ \boldsymbol{n}_3&=(H_x(P),H_y(P),H_z(P)).\end{aligned}$$

必要性 设三曲面在点 P 的切平面过同一直线, 则三曲面在该点处的法向量都会与该直线垂直, 因此三曲面在该点处的法向量共面, 故 $(\boldsymbol{n}_1\times\boldsymbol{n}_2)\cdot\boldsymbol{n}_3=0$. 因为

$$(\boldsymbol{n}_1\times\boldsymbol{n}_2)\cdot\boldsymbol{n}_3=\begin{vmatrix}F_x(P) & F_y(P) & F_z(P)\\ G_x(P) & G_y(P) & G_z(P)\\ H_x(P) & H_y(P) & H_z(P)\end{vmatrix}=\left.\frac{\partial(F,G,H)}{\partial(x,y,z)}\right|_P,$$

所以 $\left.\dfrac{\partial(F,G,H)}{\partial(x,y,z)}\right|_P=0$.

充分性 设曲面 $F(x,y,z)=0$, $G(x,y,z)=0$ 和 $H(x,y,z)=0$ 过同一点 P, 并且 $\left.\dfrac{\partial(F,G,H)}{\partial(x,y,z)}\right|_P=0$. 又设曲面 $F(x,y,z)=0$ 与曲面 $G(x,y,z)=0$ 分别在点 P 处的切平面的交线是 L_P, 则直线 L_P 的方向向量为 $\boldsymbol{s}=\boldsymbol{n}_1\times\boldsymbol{n}_2$. 由必要性的证明可知

$$\boldsymbol{s}\cdot\boldsymbol{n}_3=(\boldsymbol{n}_1\times\boldsymbol{n}_2)\cdot\boldsymbol{n}_3=\left.\frac{\partial(F,G,H)}{\partial(x,y,z)}\right|_P=0,$$

所以 L_P 与 $H(x,y,z)=0$ 在点 P 处的法向量垂直, 因此 L_P 与曲面 $H(x,y,z)=0$ 在点 P 的切平面平行或 L_P 在该点的切平面上.

再由直线 L_P 与 $H(x,y,z)=0$ 在点 P 的切平面经过同一点 P 可知, 直线 L_P 必在曲面 $H(x,y,z)=0$ 在点 P 处的切平面上, 即曲面 $H(x,y,z)=0$ 在点 P 处的切平面经过直线 L_P, 故三曲面在点 P 的切平面过同一直线. □

习 题 14.7

1. 用 Lagrange 乘数法求下列条件极值问题:

(2) 目标函数: $f(x,y)=x^2-2x+y^2+2y+2$, 约束条件: $x^2+y^2=4$;

(3) 目标函数: $f(x,y,z)=xyz$, 约束条件: $x^2+y^2+z^2=1$ 和 $x+y+z=0$.

解 (2) 令 $L(x,y,z,\lambda)=x^2-2x+y^2+2y+2+\lambda(x^2+y^2-4)$, 先求 Lagrange 函数的稳定点.

由方程组

$$\begin{cases} L_x = 2x - 2 + 2\lambda x = 0, \\ L_y = 2y + 2 + 2\lambda y = 0, \\ L_\lambda = x^2 + y^2 - 4 = 0, \end{cases}$$

解得共有两个稳定点

$$P_1 = \left(\sqrt{2}, -\sqrt{2}, -1 + \frac{1}{\sqrt{2}}\right), \quad P_2 = \left(-\sqrt{2}, \sqrt{2}, -1 - \frac{1}{\sqrt{2}}\right).$$

因为连续函数 $f(x,y)$ 在有界闭集 $\{(x,y)\big|x^2+y^2=4\}$ 必有最大值和最小值, 又 $(\sqrt{2},-\sqrt{2}),(-\sqrt{2},\sqrt{2})$ 都为该集合上的点, 所以 $f\big(\sqrt{2},-\sqrt{2}\big)=6-4\sqrt{2}$ 是最小值, $f\big(-\sqrt{2},\sqrt{2}\big)=6+4\sqrt{2}$ 是最大值.

(3) 令 $L(x,y,z,\lambda,\mu)=xyz+\lambda(x^2+y^2+z^2-1)+\mu(x+y+z)$, 先求 Lagrange 函数的稳定点.

由

$$\begin{cases} L_x = yz + 2\lambda x + \mu = 0, \\ L_y = zx + 2\lambda y + \mu = 0, \\ L_z = xy + 2\lambda z + \mu = 0, \\ L_\lambda = x^2 + y^2 + z^2 - 1 = 0, \\ L_\mu = x + y + z = 0 \end{cases} \quad \Rightarrow yz + 2\lambda x = zx + 2\lambda y = xy + 2\lambda z = -\mu,$$

进而可得 $z(x-y)=2\lambda(x-y)$, 或 $x(y-z)=2\lambda(y-z)$, 或 $y(z-x)=2\lambda(z-x)$ 成立, 于是有 $x=y$, 或 $y=z$, 或 $z=x$ 成立, 所以可求得所有六个稳定点

$$P_1 = \left(\frac{\sqrt{6}}{6}, \frac{\sqrt{6}}{6}, -\frac{\sqrt{6}}{3}\right), \quad \lambda_1 = \frac{\sqrt{6}}{12}, \quad \mu_1 = \frac{1}{6};$$

$$P_2 = \left(-\frac{\sqrt{6}}{6}, -\frac{\sqrt{6}}{6}, \frac{\sqrt{6}}{3}\right), \quad \lambda_2 = -\frac{\sqrt{6}}{12}, \quad \mu_2 = \frac{1}{6};$$

$$P_3 = \left(-\frac{\sqrt{6}}{3}, \frac{\sqrt{6}}{6}, \frac{\sqrt{6}}{6}\right), \quad \lambda_3 = \frac{\sqrt{6}}{12}, \quad \mu_3 = \frac{1}{6};$$

$$P_4 = \left(\frac{\sqrt{6}}{3}, -\frac{\sqrt{6}}{6}, -\frac{\sqrt{6}}{3}\right), \quad \lambda_4 = -\frac{\sqrt{6}}{12}, \quad \mu_4 = \frac{1}{6};$$

$$P_5 = \left(\frac{\sqrt{6}}{6}, -\frac{\sqrt{6}}{3}, \frac{\sqrt{6}}{6}\right), \quad \lambda_5 = \frac{\sqrt{6}}{12}, \quad \mu_5 = \frac{1}{6};$$

$$P_6 = \left(-\frac{\sqrt{6}}{6}, \frac{\sqrt{6}}{3}, -\frac{\sqrt{6}}{6}\right), \quad \lambda_6 = -\frac{\sqrt{6}}{12}, \quad \mu_6 = \frac{1}{6}.$$

因为连续函数 $f(x,y,z)=xyz$ 在有界闭集 $\{(x,y,z)|x^2+y^2+z^2=1,x+y+z=0\}$ 必有最大值和最小值, 又 $P_1\sim P_6$ 都为该集合上的点, 且

$$f(P_1)=f(P_3)=f(P_5)=-\frac{\sqrt{6}}{18},\quad f(P_2)=f(P_4)=f(P_6)=\frac{\sqrt{6}}{18},$$

所以 P_1,P_3,P_5 是最小值点, $-\dfrac{\sqrt{6}}{18}$ 是最小值, P_2,P_4,P_6 是最大值点, $\dfrac{\sqrt{6}}{18}$ 是最大值. □

2. 求解下列最值问题:

(1) 求表面积一定而体积最大的长方体.

解 设长方体的长, 宽, 高分别是 x, y, z, S 是长方体的表面积. 令 $f(x,y,z)=xyz$, 则问题转化为求目标函数 $f(x,y,z)$ 在约束条件

$$xy+yz+zx=\frac{S}{2},\quad x>0,\quad y>0,\quad z>0$$

下的最大值.

令 $L(x,y,z,\lambda)=xyz+\lambda\left(xy+yz+zx-\dfrac{S}{2}\right)$, 考虑 Lagrange 函数的稳定点. 有

$$\begin{cases} L_x=yz+\lambda(y+z)=0,\\ L_y=zx+\lambda(z+x)=0,\\ L_z=xy+\lambda(x+y)=0,\\ L_\lambda=xy+yz+zx-\dfrac{S}{2}=0,\end{cases}$$

由前面三个方程得 $\dfrac{yz}{y+z}=\dfrac{zx}{z+x}=\dfrac{xy}{x+y}=-\lambda$, 进而可知 $x=y=z$. 所以可求得唯一稳定点 $\left(\dfrac{\sqrt{6S}}{6},\dfrac{\sqrt{6S}}{6},\dfrac{\sqrt{6S}}{6},-\dfrac{\sqrt{6S}}{12}\right)$.

根据本题的实际意义, 最大体积点一定存在, 而现在 Lagrange函数只有唯一稳定点 $\left(\dfrac{\sqrt{6S}}{6},\dfrac{\sqrt{6S}}{6},\dfrac{\sqrt{6S}}{6},-\dfrac{\sqrt{6S}}{12}\right)$, 因此, 点 $\left(\dfrac{\sqrt{6S}}{6},\dfrac{\sqrt{6S}}{6},\dfrac{\sqrt{6S}}{6}\right)$ 是最大体积点, 此时长方体是正方体, 故表面积一定时正方体的体积最大. □

3. 求空间中一点 (X_0,Y_0,Z_0) 到平面 $Ax+By+Cz+D=0$ 的最短距离.

解 设 $P(x,y,z)$ 是平面 $Ax+By+Cz+D=0$ 上一个动点, 动点 P 到空间一点 (X_0,Y_0,Z_0) 的距离是

$$d(x,y,z)=\sqrt{(x-X_0)^2+(y-Y_0)^2+(z-Z_0)^2},$$

所以问题是: 当动点在平面 $Ax+By+Cz+D=0$ 上移动时, 如何求出 $d(x,y,z)$ 的最小值. 鉴于如果 $d(x,y,z)$ 达到了最值, 则 $f(x,y,z)=d^2(x,y,z)$ 也取到最值, 反之亦然. 因此, 可以将本题重新叙述为:

求目标函数

$$f(x,y,z)=(x-X_0)^2+(y-Y_0)^2+(z-Z_0)^2$$

在约束条件 $Ax+By+Cz+D=0$ 下的条件极值.

引入 Lagrange 乘数 λ, 构造 Lagrange 函数

$$L(x,y,z)=(x-X_0)^2+(y-Y_0)^2+(z-Z_0)^2+\lambda(Ax+By+Cz+D).$$

先考虑 Lagrange 函数的稳定点. 由

$$\begin{cases} L_x=2(x-X_0)+\lambda A=0, \\ L_y=2(y-Y_0)+\lambda B=0, \\ L_z=2(z-Z_0)+\lambda C=0, \\ L_\lambda=Ax+By+Cz+D=0 \end{cases}$$

知其有唯一稳定点, 设稳定点为 (x_0,y_0,z_0,λ_0), 其中 $\lambda_0=\dfrac{2(AX_0+BY_0+CZ_0+D)}{A^2+B^2+C^2}$.

根据本题实际意义, 最短距离的点一定存在, 而现在 Lagrange 函数只有唯一的稳定点 (x_0,y_0,z_0,λ_0), 因此点 (x_0,y_0,z_0) 是平面 $Ax+By+Cz+D=0$ 上到空间一点 (X_0,Y_0,Z_0) 的最短距离的点.

下面计算 $f(x_0,y_0,z_0)$ 的值.

因为 $\begin{cases} 2(x_0-X_0)+\lambda_0 A=0, \\ 2(y_0-Y_0)+\lambda_0 B=0, \\ 2(z_0-Z_0)+\lambda_0 C=0 \end{cases} \Rightarrow \begin{cases} 2(x_0-X_0)^2=-\lambda_0 A(x_0-X_0), \\ 2(y_0-Y_0)^2=-\lambda_0 B(y_0-Y_0), \\ 2(z_0-Z_0)^2=-\lambda_0 C(z_0-Z_0), \end{cases}$ 所以

$$\begin{aligned} f(x_0,y_0,z_0) &= (x_0-X_0)^2+(y_0-Y_0)^2+(z_0-Z_0)^2 \\ &= -\frac{1}{2}\lambda_0(A(x_0-X_0)+B(y_0-Y_0)+C(z_0-Z_0)) \\ &= -\frac{1}{2}\lambda_0(Ax_0+By_0+Cz_0-AX_0-BY_0-CZ_0) \\ &= -\frac{1}{2}\lambda_0(-D-AX_0-BY_0-CZ_0) \\ &= \frac{(AX_0+BY_0+CZ_0+D)^2}{A^2+B^2+C^2}. \end{aligned}$$

故点 (X_0,Y_0,Z_0) 到 $Ax+By+Cz+D=0$ 的最短距离是 $\dfrac{|AX_0+BY_0+CZ_0+D|}{\sqrt{A^2+B^2+C^2}}$. □

注 本题在计算最小值过程中虽然假设了稳定点坐标, 但是我们事实上并没有具体求解稳定点坐标; 这种设而不求的做法是条件极值计算中的一个典型做法.

6. 求椭圆 $4x^2+9y^2=72$ 的切线使其与坐标轴所围面积最小.

解 设切点是 $P_0(x_0,y_0)$, 则过点 $P_0(x_0,y_0)$ 的切线为 $4x_0x+9y_0y=72$. 因此切线与坐标轴所围的面积是 $A(x_0,y_0)=\dfrac{72}{|x_0y_0|}$.

注意到由均值不等式 $|x_0y_0|=\dfrac{1}{6}\cdot(|2x_0|\cdot|3y_0|)\leqslant\dfrac{1}{6}\cdot\dfrac{4x_0^2+9y_0^2}{2}=6$, 且等号成立的充要条件是 $|2x_0|=|3y_0|$.

故切线与坐标轴所围面积的最小值是 $A=12$, 此时 $\begin{cases}4x_0^2+9y_0^2-72=0,\\|2x_0|-|3y_0|=0,\end{cases}$ 所以可求得四个切点分别为

$$P_1=(3,2),\quad P_2=(3,-2),\quad P_3=(-3,2),\quad P_4=(-3,-2),$$

因此所求切线方程分别为

$$2x+3y=12,\quad 2x+3y=-12,\quad 2x-3y=12,\quad 2x-3y=-12.$$ □

7. 设 $\psi(x,y)$ 是连续可微函数. P 和 Q 分别位于曲线 $\psi(x,y)=0$ 之上和之外. 证明: 如果 PQ 是 Q 到该曲线的最短距离, 则 PQ 就是该曲线过 P 点的法线.

证明 设 $Q(x_Q,y_Q)$ 是定点, $P(x,y)$ 是曲线 $\psi(x,y)=0$ 上的动点, 则点 P 到定点 Q 的距离为

$$f(x,y)=\sqrt{(x-x_Q)^2+(y-y_Q)^2}.$$

根据本题实际意义, 最短距离的点一定存在. 设点 $P_0(x_0,y_0)$ 到点 Q 的距离最短. 于是 $P_0(x_0,y_0)$ 是目标函数 $f(x,y)$ 在约束条件 $\psi(x,y)=0$ 下的条件极值点, 所以 $\exists\lambda_0$, 使得

$$\mathbf{grad}f\big|_{P_0}=\lambda_0\,\mathbf{grad}\,\psi\big|_{P_0}.$$

进而可知 $\exists\lambda_0'=\sqrt{(x_0-x_Q)^2+(y_0-y_Q)^2}\,\lambda_0$, 使得

$$\overrightarrow{P_0Q}=(x_0-x_Q,y_0-y_Q)=\lambda_0'(\psi_x(x_0,y_0),\psi_y(x_0,y_0)).$$

因此向量 $\overrightarrow{P_0Q}$ 与曲线 $\psi(x,y)=0$ 在 P_0 处的法向量 $\boldsymbol{n}=(\psi_x(x_0,y_0),\psi_y(x_0,y_0))$ 共线, 即直线 P_0Q 就是曲线 $\psi(x,y)=0$ 在点 P_0 的法线. 从而当 PQ 是点 Q 到曲线 $\psi(x,y)=0$ 的最短距离时, 则 PQ 必是该曲线过 P 点的法线. □

复 习 题

1. 求函数 $z=f(x,y)=\sqrt{x^2+y^2}$ 在原点 $(0,0)$ 沿任意方向的方向导数.

解 设在点 $(0,0)$ 沿任意射线 $\boldsymbol{l}$ 的方向余弦为 $(\cos\alpha,\cos\beta)$, 在射线 $\boldsymbol{l}$ 上任取一点 $(x,y)=(\rho\cos\alpha,\rho\cos\beta)$, 其中 ρ 是点 (x,y) 到点 $(0,0)$ 的距离, 则由方向导数的定义, 有

$$\left.\frac{\partial f}{\partial \boldsymbol{l}}\right|_{P(0,0)}=\lim_{\rho\to 0+}\frac{f(\rho\cos\alpha,\rho\cos\beta)-f(0,0)}{\rho}=\lim_{\rho\to 0+}\frac{\rho}{\rho}=1,$$

即函数 $f(x,y)=\sqrt{x^2+y^2}$ 在原点 $(0,0)$ 沿任意方向 $\boldsymbol{l}$ 的方向导数都是 1. □

2. 求函数 $u=f(x,y,z)=(x+y+z)^2$ 在点 $P(2,1,3)$ 沿向径方向的方向导数.

解 向径为 $\boldsymbol{r}=\left(\frac{x}{r},\frac{y}{r},\frac{z}{r}\right)$, $r=\sqrt{x^2+y^2+z^2}$, 于是在点 $P(2,1,3)$ 的向径方向为 $\left(\frac{2}{\sqrt{14}},\frac{1}{\sqrt{14}},\frac{3}{\sqrt{14}}\right)$ 和

$$\left.\frac{\partial f}{\partial x}\right|_{(2,1,3)}=\left.\frac{\partial f}{\partial y}\right|_{(2,1,3)}=\left.\frac{\partial f}{\partial z}\right|_{(2,1,3)}=2(x+y+z)\Big|_{(2,1,3)}=12,$$

所以所求方向导数为

$$\begin{aligned}\left.\frac{\partial f}{\partial l}\right|_{P}&=\left.\left(\frac{\partial f}{\partial x}\cos\alpha+\frac{\partial f}{\partial y}\cos\beta+\frac{\partial f}{\partial z}\cos\gamma\right)\right|_{(2,1,3)}\\&=12\times\frac{2}{\sqrt{14}}+12\times\frac{1}{\sqrt{14}}+12\times\frac{3}{\sqrt{14}}=\frac{72}{\sqrt{14}}.\end{aligned}$$ □

3. 求函数 $u=f(x,y,z)=\ln(x+y+z)$ 在点 $P_0(1,2,3)$ 的梯度、梯度的模和梯度的方向余弦.

解 由于 $f_x(P_0)=f_y(P_0)=f_z(P_0)=\frac{1}{6}$, 所以所求梯度为 $\mathbf{grad}f(P_0)=\left(\frac{1}{6},\frac{1}{6},\frac{1}{6}\right)$, 梯度的模为

$$|\mathbf{grad}f(P_0)|=\sqrt{\left(\frac{1}{6}\right)^2+\left(\frac{1}{6}\right)^2+\left(\frac{1}{6}\right)^2}=\frac{1}{\sqrt{12}},$$

梯度的方向余弦为 $\boldsymbol{n}=\frac{\mathbf{grad}f(P_0)}{|\mathbf{grad}f(P_0)|}=\frac{\sqrt{3}}{3}(1,1,1)$. □

4. 将函数 $z=\ln x\ln y$ 在 $(1,1)$ 点用 Taylor 公式展开到三阶项.

解 由一元函数的基本 Taylor 公式 $\ln(1+u)=u-\frac{1}{2}u^2+o(u^2)$, 可得函数

$z = \ln x \ln y$ 在点 $(1,1)$ 处展开到三阶项的间接展开式如下:

$$\begin{aligned} z &= \ln x \ln y \\ &= \ln(1+(x-1))\ln(1+(y-1)) \\ &= \left((x-1) - \frac{1}{2}(x-1)^2 + o((x-1)^2)\right) \cdot \left((y-1) - \frac{1}{2}(y-1)^2 + o((y-1)^2)\right) \\ &= (x-1)(y-1) - \frac{1}{2}(x-1)^2(y-1) - \frac{1}{2}(x-1)(y-1)^2 + R(x,y), \end{aligned}$$

其中

$$\begin{aligned} R(x,y) &= (x-1)o((y-1)^2) + o((x-1)^2)(y-1) - \frac{1}{2}o((x-1)^2)(y-1)^2 \\ &\quad - \frac{1}{2}(x-1)^2 o((y-1)^2) + \frac{1}{4}(x-1)^2(y-1)^2 \\ &= o(\rho^3), \quad \text{这里 } \rho = \sqrt{(x-1)^2+(y-1)^2} \to 0, \quad (x,y) \longrightarrow (1,1). \end{aligned}$$

所以函数 $z = \ln x \ln y$ 在点 $(1,1)$ 展开到三阶项的 Taylor 公式为

$$z = \ln x \ln y = (x-1)(y-1) - \frac{1}{2}(x-1)^2(y-1) - \frac{1}{2}(x-1)(y-1)^2 + o(\rho^3). \quad \square$$

6. 设 $f(x,y)$ 在点 $P_0(x_0,y_0)$ 可微, 证明:

$$\sum_{k=1}^{n} \left.\frac{\partial f}{\partial \boldsymbol{l}_k}\right|_{P_0} = 0,$$

其中 $\boldsymbol{l}_1, \boldsymbol{l}_2, \cdots, \boldsymbol{l}_n$ 是 n 个向量, 相邻两个向量之间的夹角为 $\dfrac{2\pi}{n}$.

证明 不妨设 $\boldsymbol{l}_1$ 与 x 轴正向的夹角为 0, 则有

$$\sum_{k=1}^{n} \left.\frac{\partial f}{\partial \boldsymbol{l}_k}\right|_{P_0} = f'_x(P_0)\sum_{k=1}^{n}\cos\frac{2\pi}{n}k + f'_y(P_0)\sum_{k=1}^{n}\sin\frac{2\pi}{n}k,$$

注意到

$$\sum_{k=1}^{n}\cos\frac{2\pi}{n}k = \frac{\sin\left(n+\dfrac{1}{2}\right)\dfrac{2\pi}{n}}{2\sin\dfrac{\pi}{n}} - \frac{1}{2} = 0,$$

以及

$$\sum_{k=1}^{n}\sin\frac{2\pi}{n}k = \frac{1}{2} - \frac{\sin\left(n+\dfrac{1}{2}\right)\dfrac{2\pi}{n}}{2\sin\dfrac{\pi}{n}} = 0,$$

故 $\sum\limits_{k=1}^{n} f_{\boldsymbol{l}_k}(P_0) = 0$. $\square$

7. 求平面上的点, 使其到 n 个定点 $(a_1,b_1), (a_2,b_2), \cdots, (a_n,b_n)$ 的距离平方和最小.

解　设平面上点的坐标为 (x,y), 它与各点距离的平方和为

$$f(x,y)=\sum_{i=1}^{n}((x-x_i)^2+(y-y_i)^2).$$

由

$$\begin{cases} f_x=2\sum\limits_{i=1}^{n}\left(x-x_i\right)=2nx-2\sum\limits_{i=1}^{n}x_i=0, \\ f_y=2\sum\limits_{i=1}^{n}\left(y-y_i\right)=2ny-2\sum\limits_{i=1}^{n}y_i=0 \end{cases} \Rightarrow \begin{cases} \overline{x}=\dfrac{1}{n}\sum\limits_{i=1}^{n}x_i, \\ \overline{y}=\dfrac{1}{n}\sum\limits_{i=1}^{n}y_i. \end{cases}$$

又由于 $A=f_{xx}=2n>0,\ B=f_{xy}=0,\ C=f_{yy}=2n,\ AC-B^2=4n^2>0$, 所以 $\overline{x}$, $\overline{y}$ 为 $f(x,y)$ 的极小值点.

根据问题的实际意义, $f(x,y)$ 必有最小值, 而 $\overline{x}$, $\overline{y}$ 为 $f(x,y)$ 的唯一极值点, 且是极小值点, 所以它是 $f(x,y)$ 的最小值点. □

8. 证明: 函数 $f(x,y)=(1+\mathrm{e}^x)\cos y-x\mathrm{e}^x-2$ 有无穷多个极大值点, 但无极小值点.

证明　解方程组

$$\begin{cases} f_x=\mathrm{e}^x(\cos y-1-x)=0, \\ f_y=-(1+\mathrm{e}^x)\sin y=0 \end{cases} \Rightarrow \begin{cases} x=(-1)^k-1, \\ y=k\pi, \end{cases}$$

其中 $k\in\mathbb{Z}$.

又因为 $f_{xx}=\mathrm{e}^x(\cos y-2-x), f_{xy}=-\mathrm{e}^x\sin y, f_{yy}=-(1+\mathrm{e}^x)\cos y$, 所以在驻点 $(0,2m\pi)$, $A=f_{xx}=-1<0,\ B=f_{xy}=0,\ C=f_{yy}=-2,\ AC-B^2=2>0$, 因此 $(0,2m\pi), m\in\mathbb{Z}$ 是极大值点, 有无穷多个.

在驻点 $(-2,(2m+1)\pi)$, $A=-\mathrm{e}^{-2},\ B=0,\ C=1+\mathrm{e}^{-2},\ AC-B^2=-\mathrm{e}^{-2}(1+\mathrm{e}^{-2})<0$, 因此 $(-2,(2m+1)\pi), m\in\mathbb{Z}$ 为非极值点. 故函数 $f(x,y)=(1+\mathrm{e}^x)\cos y-x\mathrm{e}^x-2$ 有无穷多个极大值点 $(0,2m\pi), m\in\mathbb{Z}$, 但无极小值点. □

9. 在椭圆 $3x^2+y^2=12$ 内接一个底边平行于长轴的等腰三角形, 求该三角形的最大面积.

解　设等腰三角形 $\triangle ABC$ 内接于椭圆, 不妨设三角形 $\triangle ABC$ 的底边上的一个顶点是 C, 其坐标为 $C(x,y)(x>0,y>0)$, 则 $S_{\triangle ABC}=\dfrac{1}{2}(2y)(x+2)=y(x+2)$. 问题转化为求 $S=y(x+2)$ 在条件 $3x^2+y^2=12$ 下的条件极值.

设 Lagrange 函数为 $F(x,y,z,\lambda)=y(x+2)+\lambda(3x^2+y^2-12)$, 于是可解得条件稳定点为

$$\begin{cases} F_x=y+6\lambda x=0, \\ F_y=x+2+2\lambda y=0, \\ 3x^2+y^2-12=0 \end{cases} \Rightarrow \begin{cases} x=1, \\ y=3, \end{cases}$$

所以 $(1,3)$ 是唯一驻点.

又由问题的实际意义知, $(1,3)$ 为所求的最大值点, 所以 S 的最大值为 9. □

10. 在半径为 a 的半球内, 内接一个长方体, 问边长为多少时长方体体积最大?

解 设半球面的方程为 $z=\sqrt{a^2-x^2-y^2}$ 且内接长方体的长、宽、高分别是 $2x$, $2y$, z, 于是长方体的体积为

$$V=4xyz=4xy\sqrt{a^2-x^2-y^2},\quad x>0,\quad y>0,\quad x^2+y^2\leqslant a^2.$$

由

$$\begin{cases} V_x=4y\sqrt{a^2-x^2-y^2}-\dfrac{4x^2y}{\sqrt{a^2-x^2-y^2}}=0, \\ V_y=4x\sqrt{a^2-x^2-y^2}-\dfrac{4xy^2}{\sqrt{a^2-x^2-y^2}}=0 \end{cases} \Rightarrow \begin{cases} x=\dfrac{a}{\sqrt{3}}, \\ y=\dfrac{a}{\sqrt{3}} \end{cases}$$

得, $\left(\dfrac{a}{\sqrt{3}},\dfrac{a}{\sqrt{3}}\right)$ 是唯一驻点.

又由问题的实际意义知, 体积 V 有最大值, 于是体积函数 V 在 $\left(\dfrac{a}{\sqrt{3}},\dfrac{a}{\sqrt{3}}\right)$ 处取得最大值. 所以长方体的长、宽、高分别是 $\dfrac{2a}{\sqrt{3}}$, $\dfrac{2a}{\sqrt{3}}$, $\dfrac{a}{\sqrt{3}}$ 时, 长方体体积最大.□

11. 在底半径为 a, 高为 h 的正圆锥内, 内接一个长方体, 问各边边长为多少时体积最大?

解 对正圆锥及其内接长方体作纵截图, 得到等腰三角形 $\triangle ABC$ 内接一长方形 $EFGK$, 其中 EF 在 $\triangle ABC$ 的底边 AB 上, 则三角形 $\triangle ABC$ 的底边 AB 上的高为 $CD=h$. 又设长方体的长、宽、高分别为 $2x$, $2y$, z, 于是 $DE=\sqrt{x^2+y^2}$, 且

$$\frac{h-z}{\sqrt{x^2+y^2}}=\frac{h}{a}\Rightarrow a(h-z)=h\sqrt{x^2+y^2},$$

而长方体的体积函数为 $V=4xyz$.

问题转化为求目标函数 $V=4xyz$ 在条件 $a(h-z)=h\sqrt{x^2+y^2}$ 之下的条件极值.

设 Lagrange 函数为 $F(x,y,z)=xyz-\lambda\big(h\sqrt{x^2+y^2}-a(h-z)\big)$(略去常数 4), 于是

$$\begin{cases} F_x=yz-\dfrac{\lambda hx}{\sqrt{x^2+y^2}}=0,\\ F_y=xz-\dfrac{\lambda hy}{\sqrt{x^2+y^2}}=0,\\ F_z=xy-\lambda a=0,\\ a(h-z)-h\sqrt{x^2+y^2}=0\end{cases}\Rightarrow\begin{cases} x=\dfrac{\sqrt{2}}{3}a,\\ y=\dfrac{\sqrt{2}}{3}a,\\ z=\dfrac{1}{3}h.\end{cases}$$

由问题的实际意义知, 体积函数 V 必有最大值, 且 $\left(\dfrac{\sqrt{2}}{3}a,\dfrac{\sqrt{2}}{3}a,\ \dfrac{1}{3}h\right)$ 为其唯一驻点, 即长方体的三边长分别是 $\dfrac{\sqrt{2}}{3}a,\dfrac{\sqrt{2}}{3}a,\ \dfrac{1}{3}h$ 时体积最大. □

12. 求过点 $\left(1,\dfrac{1}{3},2\right)$ 的平面, 该平面与坐标平面所围成的立体体积最小.

解　设过点 $\left(1,\dfrac{1}{3},2\right)$ 的平面方程为

$$A(x-1)+B\left(y-\frac{1}{3}\right)+C(z-2)=0,$$

其中非零向量 (A,B,C) 为其法向量, 则得平面在 x, y 和 z 轴上的截距分别为

$$a_x=1+\frac{1}{A}\left(\frac{1}{3}B+2C\right),\quad b_y=\frac{1}{3}+\frac{1}{B}(A+2C),\quad c_z=2+\frac{1}{C}\left(A+\frac{1}{3}B\right).$$

注意到点 $\left(1,\dfrac{1}{3},2\right)$ 在第一卦限, 所以平面的三个截距 a_x, b_y 与 c_z 都是正数. 因此四面体的体积为 $V=\dfrac{1}{6}\,a_x\,b_y\,c_z=\dfrac{1}{6ABC}\left(A+\dfrac{1}{3}B+2C\right)^3$.

作函数

$$F(A,B,C)=3\ln\left(A+\frac{1}{3}B+2C\right)-\ln A-\ln B-\ln C-\ln 6$$

(它与 V 具有相同的最值点). 记 $\lambda=A+\dfrac{1}{3}B+2C$, 于是

$$\begin{cases}\dfrac{\partial F}{\partial A}=\dfrac{3}{\lambda}-\dfrac{1}{A}=0,\\ \dfrac{\partial F}{\partial B}=\dfrac{1}{\lambda}-\dfrac{1}{B}=0,\\ \dfrac{\partial F}{\partial C}=\dfrac{6}{\lambda}-\dfrac{1}{C}=0\end{cases}\Rightarrow A:B:C=2:6:1.$$

故所求平面方程为 $2(x-1)+6\left(y-\frac{1}{3}\right)+(z-2)=0$. □

13. 设 $u=F(x,y,z)$ 是 n 次齐次函数且可微, 如果在 $P_0(x_0,y_0,z_0)$ 点 $\mathbf{grad}F$ 不为零, 则曲面 $F(x,y,z)=1$ 在 P_0 处的切平面方程为

$$F_x(P_0)x+F_y(P_0)y+F_z(P_0)z=n.$$

证明 明显地, 曲面在 $P_0(x_0,y_0,z_0)$ 处的切平面方程为

$$F_x(P_0)(x-x_0)+F_y(P_0)(y-y_0)+F_z(P_0)(z-z_0)=0.$$

注意到 F 是 n 次齐次函数, $F(x_0,y_0,z_0)=1$, 于是

$$x_0F_x(P_0)+y_0F_y(P_0)+z_0F_z(P_0)=nF(x_0,y_0,z_0)=n,$$

故所证成立. □

14. 证明: 曲面 $\sqrt{x}+\sqrt{y}+\sqrt{z}=\sqrt{a}$ 上任一点处的切平面在各个坐标轴上的截距之和等于 a.

证明 明显地, 曲面在 $P_0(x_0,y_0,z_0)$ 处的切平面方程为

$$\Pi:\ \frac{x-x_0}{\sqrt{x}_0}+\frac{y-y_0}{\sqrt{y}_0}+\frac{z-z_0}{\sqrt{z}_0}=0,$$

于是 Π 在三坐标轴上的截距分别为

$$a_x=x_0+\sqrt{x_0}(\sqrt{y_0}+\sqrt{z_0}),$$

$$b_y=y_0+\sqrt{y_0}(\sqrt{x_0}+\sqrt{z_0}),$$

$$c_z=z_0+\sqrt{z_0}(\sqrt{y_0}+\sqrt{x_0}),$$

所以 $a_x+b_y+c_z=(\sqrt{x_0}+\sqrt{y_0}+\sqrt{z_0})^2=a$, 故所证成立. □

第15章　含参变量积分

习　题　15.1

1. 求极限.

(1) $\lim\limits_{t\to 0}\int_{-1}^{1}\sqrt[2n]{x^{2n}+t^{2n}}\mathrm{d}x$, n 是正整数.

解　令 $f(x,t)=\sqrt[2n]{x^{2n}+t^{2n}}$, 根据初等函数的连续性, 函数 $f(x,t)$ 在矩形区域 $[-1,1]\times[-1,1]$ 上连续, 所以 $I(t)=\int_{-1}^{1}\sqrt[2n]{x^{2n}+t^{2n}}\mathrm{d}x$ 在 $[-1,1]$ 上连续. 因此

$$\lim_{t\to 0}\int_{-1}^{1}\sqrt[2n]{x^{2n}+t^{2n}}\mathrm{d}x=\int_{-1}^{1}\sqrt[2n]{\lim_{t\to 0}(x^{2n}+t^{2n})}\mathrm{d}x=\int_{-1}^{1}|x|\mathrm{d}x=1.\qquad\square$$

2. 求 $I'(x)$, 其中 $I(x)=\int_{3x}^{x^3}\frac{\sin(xy)}{y}\mathrm{d}y$.

解　首先, $I(x)=\int_{3x}^{x^3}\frac{\sin(xy)}{y}\mathrm{d}y=\int_{3x}^{x^3}f(x,y)\mathrm{d}y$, $f(x,y)=\begin{cases}\dfrac{\sin xy}{y}, & y\neq 0,\\ x, & y=0.\end{cases}$

其次, 根据连续的定义易证, $f(x,y)$ 在 $\mathbb{R}^2$ 上连续; 另外, $f_x(x,y)=\cos xy$ 在 $\mathbb{R}^2$ 上也连续, 因此 $I(x)$ 在 $\mathbb{R}$ 上可微, 且可以执行积分号下求导, 故

$$\begin{aligned}I'(x)&=\frac{\mathrm{d}}{\mathrm{d}x}\left(\int_{3x}^{x^3}\frac{\sin(xy)}{y}\mathrm{d}y\right)=\frac{\mathrm{d}}{\mathrm{d}x}\left(\int_{3x}^{x^3}f(x,y)\mathrm{d}y\right)\\&=\int_{3x}^{x^3}\frac{\partial}{\partial x}f(x,y)\mathrm{d}y+f(x,x^3)\cdot 3x^2-f(x,3x)\cdot 3\\&=\begin{cases}\dfrac{4\sin x^4}{x}-\dfrac{2\sin 3x^2}{x}, & x\neq 0,\\ 0, & x=0.\end{cases}\end{aligned}\qquad\square$$

3. 应用积分号下对参数积分的方法, 求下列积分 (设 $b>a>0$):

(1) $\int_{0}^{1}\sin(\ln x)\frac{x^b-x^a}{\ln x}\mathrm{d}x$.

解 首先, 将含参变量积分改写为

$$\int_0^1 \sin(\ln x)\frac{x^b - x^a}{\ln x}\mathrm{d}x = \int_0^1 [F(x,b) - F(x,a)]\mathrm{d}x,$$

其中

$$F(x,y) = \begin{cases} 1, & x = 1, \quad a \leqslant y \leqslant b, \\ \sin(\ln x)\dfrac{x^y}{\ln x}, & 0 < x < 1, \quad a \leqslant y \leqslant b, \\ 0, & x = 0, \quad a \leqslant y \leqslant b, \end{cases}$$

且根据连续的定义易证, $F_y(x,y) = \begin{cases} \sin(\ln x)\cdot x^y, & 0 < x < 1, \quad a \leqslant y \leqslant b, \\ 0, & x = 0 \text{ 或 } x = 1, \quad a \leqslant y \leqslant b \end{cases}$

在矩形区域 $[0,1]\times[a,b]$ 上连续, 所以由 Newton-Leibniz 公式, 得

$$F(x,b) - F(x,a) = \int_a^b F_y(x,y)\mathrm{d}y,$$

故有等式

$$\int_0^1 \sin(\ln x)\frac{x^y - x^a}{\ln x}\mathrm{d}x = \int_0^1 \mathrm{d}x\int_a^b F_y(x,y)\mathrm{d}y = \int_a^b \mathrm{d}y\int_0^1 F_y(x,y)\mathrm{d}x$$

成立.

下面计算累次积分 $\displaystyle\int_a^b \mathrm{d}y\int_0^1 F_y(x,y)\mathrm{d}x = \int_a^b \mathrm{d}y\int_0^1 \sin(\ln x)\cdot x^y\mathrm{d}x$. 根据分部积分法, 可得

$$\begin{aligned}\int_0^1 \sin(\ln x)\cdot x^y\mathrm{d}x &= \frac{1}{y+1}\int_0^1 \sin(\ln x)\mathrm{d}(x^{y+1}) \\ &= \frac{1}{y+1}x^{y+1}\sin(\ln x)\Big|_{x=0}^{x=1} - \frac{1}{y+1}\int_0^1 x^y\cos(\ln x)\mathrm{d}x \\ &= -\frac{1}{(y+1)^2}\int_0^1 \cos(\ln x)\mathrm{d}(x^{y+1}) \\ &= -\frac{1}{(y+1)^2}x^{y+1}\cos(\ln x)\Big|_{x=0}^{x=1} - \frac{1}{(y+1)^2}\int_0^1 \sin(\ln x)\cdot x^y\mathrm{d}x \\ &= -\frac{1}{(y+1)^2} - \frac{1}{(y+1)^2}\int_0^1 \sin(\ln x)x^y\mathrm{d}x,\end{aligned}$$

即有

$$\int_0^1 \sin(\ln x)\cdot x^y\mathrm{d}x = -\frac{1}{1+(y+1)^2},$$

所以

$$\int_a^b \mathrm{d}y\int_0^1 F_y(x,y)\mathrm{d}x = -\int_a^b \frac{1}{1+(y+1)^2}\mathrm{d}y,$$

故

$$\int_0^1 \sin(\ln x)\frac{x^b - x^a}{\ln x}\mathrm{d}x = -\int_a^b \frac{1}{1+(y+1)^2}\mathrm{d}y = \arctan(a+1) - \arctan(b+1). \quad \square$$

5. 设 $u(x) = \int_0^\pi \cos(n\theta - x\sin\theta)\mathrm{d}\theta$, 证明: $u(x)$ 满足如下的 Bessel 常微分方程

$$x^2u'' + xu' + (x^2 - n^2)u = 0.$$

证明　首先, 容易判断函数可以执行积分号下求导. 其次, 利用分部积分法, 得

$$\begin{aligned}
u'(x) &= \int_0^\pi \sin(n\theta - x\sin\theta)\sin\theta\mathrm{d}\theta \\
&= -\int_0^\pi \sin(n\theta - x\sin\theta)\mathrm{d}(\cos\theta) \\
&= \int_0^\pi \cos\theta\cdot(n - x\cos\theta)\cdot\cos(n\theta - x\sin\theta)\mathrm{d}\theta \\
&= n\int_0^\pi \cos\theta\cdot\cos(n\theta - x\sin\theta)\mathrm{d}\theta - x\int_0^\pi (1-\sin^2\theta)\cdot\cos(n\theta - x\sin\theta)\mathrm{d}\theta \\
&= n\int_0^\pi \cos\theta\cdot\cos(n\theta - x\sin\theta)\mathrm{d}\theta - xu - xu''.
\end{aligned}$$

注意到 $\int_0^\pi (n - x\cos\theta)\cdot\cos(n\theta - x\sin\theta)\mathrm{d}\theta = \sin(n\theta - x\sin\theta)\Big|_{\theta=0}^{\theta=\pi} = 0$, 也即有等式

$$x\int_0^\pi \cos\theta\cdot\cos(n\theta - x\sin\theta)\mathrm{d}\theta = nu.$$

综上有

$$xu' = nx\int_0^\pi \cos\theta\cdot\cos(n\theta - x\sin\theta)\mathrm{d}\theta - x^2u - x^2u'' = n^2u - x^2u - x^2u'',$$

整理之, 即

$$x^2u'' + xu' + (x^2 - n^2)u = 0. \quad \square$$

6. 运用对参数求导的方法, 求含参变量积分:

(1) $\int_0^{\pi/2} \ln(a^2\sin^2 x + \cos^2 x)\mathrm{d}x \ (a \neq 0)$.

解　令 $I(a) = \int_0^{\pi/2} \ln(a^2\sin^2 x + \cos^2 x)\mathrm{d}x,\ a \in (-\infty, 0)\cup(0, +\infty)$, 因为函数 $I(a)$ 是偶函数, 所以只需计算 $I(a),\ a > 0$.

由于函数 $f(x,a)=\ln(a^2\sin^2 x+\cos^2 x)$ 与函数 $f_a(x,a)=\dfrac{2a\sin^2 x}{a^2\sin^2 x+\cos^2 x}$ 均在区域 $\left[0,\dfrac{\pi}{2}\right]\times(0,+\infty)$ 上连续, 所以函数 $I(a)$ 在 $(0,+\infty)$ 上可微, 且有

$$I'(a)=\int_0^{\pi/2}\frac{2a\sin^2 x}{a^2\sin^2 x+\cos^2 x}\mathrm{d}x=\int_0^{\pi/2}\frac{2a\tan^2 x}{a^2\tan^2 x+1}\mathrm{d}x.$$

当 $a\neq 1$ 时, 利用凑微分法, 得

$$\begin{aligned}I'(a)&=\int_0^{\pi/2}\frac{2a\tan^2 x}{a^2\tan^2 x+1}\mathrm{d}x=\int_0^{\pi/2}\frac{2a\tan^2 x}{(a^2\tan^2 x+1)(\tan^2 x+1)}\mathrm{d}(\tan x)\\&=\frac{2a}{a^2-1}\int_0^{\pi/2}\Big(\frac{1}{\tan^2 x+1}-\frac{1}{a^2\tan^2 x+1}\Big)\mathrm{d}(\tan x)\\&=\frac{2a}{a^2-1}\Big(\arctan(\tan x)-\frac{1}{a}\arctan(a\tan x)\Big)\Big|_0^{\pi/2}=\frac{\pi}{a+1}.\end{aligned}$$

当 $a=1$ 时, 直接计算可知, $I'(1)=\displaystyle\int_0^{\pi/2}2\sin^2 x\mathrm{d}x=\frac{\pi}{2}=\frac{\pi}{a+1}\Big|_{a=1}$.

所以当 $a>0$ 时, 有 $I'(a)=\dfrac{\pi}{a+1}$, 因此故当 $a>0$ 时, 由 Newton-Leibniz 公式, 得

$$I(a)=\int_1^a I'(s)\mathrm{d}s+I(1)=\int_1^a\frac{\pi}{s+1}\mathrm{d}s=\pi\ln\frac{a+1}{2}.$$

当 $a<0$ 时, $I(a)=I(-a)=\pi\ln\dfrac{1-a}{2}$, 故当 $a\neq 0$ 时, $I(a)=\pi\ln\dfrac{1+|a|}{2}$. □

习 题 15.2

1. 证明: 积分

$$\psi(t)=\int_0^{+\infty}t\mathrm{e}^{-xt}\mathrm{d}x$$

在区间 $[0,+\infty)$ 上收敛但不一致收敛.

证明 因为 $\psi(t)=\begin{cases}-\mathrm{e}^{-xt}\Big|_{x=0}^{x\to+\infty}=1, & t>0,\\ 0, & t=0\end{cases}$ 在区间 $[0,+\infty)$ 上不连续, 但是函数 $\varphi(x,t)=t\mathrm{e}^{-xt}$ 在区域 $[0,+\infty)\times[0,+\infty)$ 上连续, 所以由连续性定理得, 积分

$$\psi(t)=\int_0^{+\infty}t\mathrm{e}^{-xt}\mathrm{d}x$$

在区间 $[0,+\infty)$ 上收敛, 但不一致收敛. □

2. 判断下列含参变量无穷限积分在所给定区间上的一致收敛性:

(2) $\displaystyle\int_1^{+\infty} \frac{1}{1+(x+t)^2}\mathrm{d}x,\ t\in[0,+\infty)$;

(4) $\displaystyle\int_1^{+\infty} \cos(xt)\mathrm{e}^{-x(1+t^2)}\mathrm{d}x,\ t\in(-\infty,+\infty)$.

解 (2) 因为当 $(x,t)\in[1,+\infty)\times[0,+\infty)$ 时,

$$\left|\frac{1}{1+(x+t)^2}\right| \leqslant \frac{1}{1+x^2}$$

且反常积分 $\displaystyle\int_1^{+\infty}\frac{1}{1+x^2}\mathrm{d}x$ 收敛, 所以根据 M 判别法得, $\displaystyle\int_1^{+\infty}\frac{1}{1+(x+t)^2}\mathrm{d}x$ 在 $[0,+\infty)$ 上一致收敛.

(4) 因为当 $(x,t)\in[1,+\infty)\times(-\infty,+\infty)$ 时,

$$|\cos(xt)\mathrm{e}^{-x(1+t^2)}| \leqslant \mathrm{e}^{-x}$$

且反常积分 $\displaystyle\int_1^{+\infty}\mathrm{e}^{-x}\mathrm{d}x$ 收敛, 所以根据 M 判别法得, $\displaystyle\int_1^{+\infty}\cos(xt)\mathrm{e}^{-x(1+t^2)}\mathrm{d}x$ 在 $(-\infty,+\infty)$ 上一致收敛. □

3. 证明: 积分

$$\psi(\beta)=\int_0^{+\infty}\frac{\sin\beta x}{x}\mathrm{d}x$$

在区间 $[0,+\infty)$ 上收敛, 但不一致收敛.

证明 当 $\beta=0$ 时, $\psi(0)=0$; 当 $\beta>0$ 时, 因为 $\displaystyle\lim_{x\to0^+}\frac{\sin\beta x}{x}=\beta$, 所以反常积分 $\displaystyle\int_0^{+\infty}\frac{\sin\beta x}{x}\mathrm{d}x$ 不以 $x=0$ 为瑕点. 根据反常积分的 Dirichlet 判别法知, 反常积分 $\displaystyle\int_0^{+\infty}\frac{\sin\beta x}{x}\mathrm{d}x$ 收敛, 因此

$$\psi(\beta)=\int_0^{+\infty}\frac{\sin\beta x}{x}\mathrm{d}x$$

在区间 $[0,+\infty)$ 上收敛.

但 $\exists\varepsilon_0=\dfrac{1}{2}\sin\dfrac{1}{2}>0$, $\forall G>0$, $\exists G'=2G$, $G''=2G'>G$, $\exists\beta_0=\dfrac{1}{2G'}>0$ 使得

$$\left|\int_{G'}^{G''}\frac{\sin\beta_0 x}{x}\mathrm{d}x\right|=\int_{G'}^{G''}\frac{\sin\beta_0 x}{x}\mathrm{d}x\geqslant\frac{1}{2G'}\int_{G'}^{G''}\sin\frac{1}{2}\mathrm{d}x=\frac{1}{2}\sin\frac{1}{2}=\varepsilon_0,$$

所以根据一致收敛的 Cauchy 准则知, 含参变量反常积分 $\psi(\beta)=\displaystyle\int_0^{+\infty}\frac{\sin\beta x}{x}\mathrm{d}x$ 在区间 $[0,+\infty)$ 上不一致收敛. □

5. 设 $f(x,t)$ 在 $[a,+\infty)\times J$ 上连续 $(a>0)$且积分 $\varphi(x,t)=\int_a^x f(\tau,t)\mathrm{d}\tau$ 在 $[a,+\infty)\times J$ 上有界. 证明含参变量无穷限积分 $I(t)=\int_a^{+\infty}\frac{f(x,t)}{x^\lambda}\mathrm{d}x(\lambda>0)$ 在区间 J 上一致收敛.

证明 因为 $\varphi(x,t)=\int_a^x f(\tau,t)\mathrm{d}\tau$ 在 $[a,+\infty)\times J$ 上有界; 而 $g(x,t)=\frac{1}{x^\lambda}$ 关于变量 x 在 $[a,+\infty)$ $(a>0)$ 上单调递减, 且当 $x\to+\infty$ 时, $g(x,t)=\frac{1}{x^\lambda}$ 关于 $t\in J$ 是一致收敛于 0, 所以根据含参变量反常积分 Dirichlet 判别法可知, 含参变量无穷限积分 $I(t)=\int_a^{+\infty}\frac{f(x,t)}{x^\lambda}\mathrm{d}x$ 在区间 J 上一致收敛. □

习 题 15.3

1. 用交换累次积分的顺序和积分号下求导两种方法计算积分 (其中 $b>a>0$):

(2) $\int_0^{+\infty}\frac{\cos bx-\cos ax}{x^2}\mathrm{d}x\left(\text{提示: 利用积分 }\int_0^{+\infty}\frac{\sin(xt)}{x}\mathrm{d}x=\frac{\pi}{2}\mathrm{sgn}t\right)$.

解 由于

$$\lim_{x\to0^+}\frac{\cos bx-\cos ax}{x^2}=\frac{a^2-b^2}{2},$$

所以 $x=0$ 不是该反常积分的瑕点. 又当 $x>1$ 时, 有

$$\left|\frac{\cos bx-\cos ax}{x^2}\right|\leqslant\frac{2}{x^2},$$

且 $\int_1^{+\infty}\frac{1}{x^2}\mathrm{d}x$ 收敛, 所以根据 Cauchy 判别法得, 反常积分 $\int_0^{+\infty}\frac{\cos bx-\cos ax}{x^2}\mathrm{d}x$ 收敛.

方法一 交换累次积分顺序.

首先, 含参变量积分改写为 $\int_0^{+\infty}\frac{\cos bx-\cos ax}{x^2}\mathrm{d}x=\int_0^{+\infty}F(x,y)\Big|_{y=a}^{y=b}\mathrm{d}x$, 其中

$$F(x,y)=\begin{cases}\dfrac{\cos xy-\cos ax}{x^2}, & 0<x<+\infty,\quad a\leqslant y\leqslant b,\\ -\dfrac{y^2-a^2}{2}, & x=0,\quad a\leqslant y\leqslant b.\end{cases}$$

根据连续的定义易证, $F_y(x,y)=\begin{cases}-\dfrac{\sin xy}{x}, & 0<x<+\infty,\quad a\leqslant y\leqslant b,\\ -y, & x=0,\quad a\leqslant y\leqslant b\end{cases}$ 在

区域 $[0,+\infty)\times[a,b]$ 上连续, 所以由 Newton-Leibniz 公式, 得

$$F(x,b)-F(x,a)=\int_a^b F_y(x,y)\mathrm{d}y,$$

因此 $\displaystyle\int_0^{+\infty}\frac{\cos bx-\cos ax}{x^2}\mathrm{d}x=\int_0^{+\infty}\mathrm{d}x\int_a^b F_y(x,y)\mathrm{d}y$ 成立.

其次, 根据 Dirichlet 判别法, 积分

$$\int_0^{+\infty}F_y(x,y)\mathrm{d}x=-\int_0^{+\infty}\frac{\sin xy}{x}\mathrm{d}x=-\int_0^{+\infty}\frac{\sin t}{t}\mathrm{d}t=-\frac{\pi}{2}$$

关于参数 y 在 $[a,b]$ 上一致收敛, 所以

$$\int_0^{+\infty}\frac{\cos bx-\cos ax}{x^2}\mathrm{d}x=\int_0^{+\infty}\mathrm{d}x\int_a^b F_y(x,y)\mathrm{d}y=\int_a^b\mathrm{d}y\int_0^{+\infty}F_y(x,y)\mathrm{d}x.$$

注意到 $\displaystyle\int_0^{+\infty}F_y(x,y)\mathrm{d}x=-\frac{\pi}{2}$, 因此可得

$$\int_0^{+\infty}\frac{\cos bx-\cos ax}{x^2}\mathrm{d}x=\int_a^b\left(-\frac{\pi}{2}\right)\mathrm{d}y=\frac{\pi}{2}(a-b).$$

方法二 积分号下求导.

首先, 参变量积分改写为 $\displaystyle\int_0^{+\infty}\frac{\cos bx-\cos ax}{x^2}\,\mathrm{d}x=\int_0^{+\infty}F(x,b)\mathrm{d}x$, 其中

$$F(x,y)=\begin{cases}\dfrac{\cos xy-\cos ax}{x^2}, & 0<x<+\infty,\quad a\leqslant y\leqslant b,\\ -\dfrac{y^2-a^2}{2}, & x=0,\quad a\leqslant y\leqslant b\end{cases}$$

且由计算得 $F_y(x,y)=\begin{cases}-\dfrac{\sin xy}{x}, & 0<x<+\infty,\quad a\leqslant y\leqslant b,\\ -y, & x=0,\quad a\leqslant y\leqslant b.\end{cases}$

其次, 根据连续的定义易证, $F(x,y)$ 与 $F_y(x,y)$ 在区域 $[0,+\infty)\times[a,b]$ 上连续; 另外, 根据 Dirichlet 判别法, 积分

$$\int_0^{+\infty}F_y(x,y)\mathrm{d}x=-\int_0^{+\infty}\frac{\sin xy}{x}\mathrm{d}x=-\int_0^{+\infty}\frac{\sin t}{t}\mathrm{d}t=-\frac{\pi}{2}$$

关于参数 y 在 $[a,b]$ 上一致收敛, 所以 $I(y):=\int_0^{+\infty}F(x,y)\mathrm{d}x$ 在区间 $[a,b]$ 上可微, 而且可以执行积分号下求导, 即

$$I'(y)=\int_0^{+\infty}F_y(x,y)\mathrm{d}x=-\int_0^{+\infty}\frac{\sin xy}{x}\mathrm{d}x=-\frac{\pi}{2}.$$

因此注意到 $I(a)=0$, 根据 Newton-Leibniz 公式, 得

$$I(b)=\int_a^b I'(t)\mathrm{d}t+I(a)=\frac{\pi}{2}(a-b),$$

故

$$\int_0^{+\infty}\frac{\cos bx-\cos ax}{x^2}\mathrm{d}x=\int_0^{+\infty}F(x,b)\mathrm{d}x=I(b)=\frac{\pi}{2}(a-b).$$ □

2. 证明: $\displaystyle\int_0^{+\infty}\frac{\mathrm{e}^{-ax}-\mathrm{e}^{-bx}}{x}\cos(mx)\mathrm{d}x=\frac{1}{2}\ln\frac{b^2+m^2}{a^2+m^2}\ (b>a>0)$.

证明 将积分变形为

$$\int_0^{+\infty}\frac{\mathrm{e}^{-ax}-\mathrm{e}^{-bx}}{x}\cos(mx)\mathrm{d}x=\int_0^{+\infty}\mathrm{d}x\int_a^b\mathrm{e}^{-xy}\cos(mx)\mathrm{d}y.$$

因为

$$\left|\,\mathrm{e}^{-xy}\cos(mx)\,\right|\leqslant \mathrm{e}^{-ax},\quad y\in[a,b]$$

和 $\int_0^{+\infty}\mathrm{e}^{-ax}\mathrm{d}x$ 收敛, 所以根据 M 判别法得, $\int_0^{+\infty}\mathrm{e}^{-xy}\cos(mx)\mathrm{d}x$ 关于 y 在 $[a,b]$ 上一致收敛, 因此含参变量无穷积分

$$\int_0^{+\infty}\frac{\mathrm{e}^{-ax}-\mathrm{e}^{-bx}}{x}\cos(mx)\mathrm{d}x=\int_0^{+\infty}\mathrm{d}x\int_a^b\mathrm{e}^{-xy}\cos(mx)\mathrm{d}y$$

有意义, 且

$$\begin{aligned}\int_0^{+\infty}\frac{\mathrm{e}^{-ax}-\mathrm{e}^{-bx}}{x}\cos(mx)\mathrm{d}x&=\int_0^{+\infty}\mathrm{d}x\int_a^b\mathrm{e}^{-xy}\cos(mx)\mathrm{d}y\\&=\int_a^b\mathrm{d}y\int_0^{+\infty}\mathrm{e}^{-xy}\cos(mx)\mathrm{d}x.\end{aligned}$$

由分部积分法, 可得

$$\begin{aligned}\int_0^{+\infty}\mathrm{e}^{-xy}\cos(mx)\mathrm{d}x&=-\frac{1}{y}\int_0^{+\infty}\cos(mx)\mathrm{d}\mathrm{e}^{-xy}\\&=-\frac{1}{y}\mathrm{e}^{-xy}\cos(mx)\Big|_{x=0}^{x\to+\infty}+\frac{m}{y^2}\int_0^{+\infty}\sin(mx)\mathrm{d}\mathrm{e}^{-xy}\\&=\frac{1}{y}-\frac{m^2}{y^2}\int_0^{+\infty}\mathrm{e}^{-xy}\cos(mx)\mathrm{d}x,\end{aligned}$$

所以 $\int_0^{+\infty} \mathrm{e}^{-xy}\cos(mx)\mathrm{d}x = \dfrac{y}{y^2+m^2}$, 因此

$$\begin{aligned}\int_0^{+\infty} \frac{\mathrm{e}^{-ax}-\mathrm{e}^{-bx}}{x}\cos(mx)\mathrm{d}x &= \int_0^{+\infty}\mathrm{d}x\int_a^b \mathrm{e}^{-xy}\cos(mx)\mathrm{d}y\\ &= \int_a^b \mathrm{d}y\int_0^{+\infty}\mathrm{e}^{-xy}\cos(mx)\mathrm{d}x\\ &= \int_a^b \frac{y}{y^2+m^2}\mathrm{d}y\\ &= \frac{1}{2}\ln\frac{b^2+m^2}{a^2+m^2}.\end{aligned}$$

□

复 习 题

1. 设 $f(x)$ 是 [0,1] 上的正的连续函数, 研究如下含参变量积分关于参数的连续性:

$$F(y) = \int_0^1 \frac{yf(x)}{x^2+y^2}\mathrm{d}x.$$

解 对于 $y_0 \in (0,+\infty)$. 取 $\delta > 0$, 使得 $y_0 - \delta > 0$, 则 $g(x,y) = \dfrac{yf(x)}{x^2+y^2}$ 在 $[0,1]\times[y_0-\delta,\ y_0+\delta]$ 上连续, 于是由定理 15.1.1 知, $F(y)$ 在 $[y_0-\delta,\ y_0+\delta]$ 上连续, 所以它在 y_0 连续. 因为 $y_0\in(0,+\infty)$ 是任意的, 所以 $F(y)$ 在 $(0,+\infty)$ 内连续.

同理可证, $F(y)$ 在 $(-\infty,0)$ 内连续.

对于 $y=0$, $F(0)=0$. 由于 $f(x)$ 是 [0,1] 上的正的连续函数, 所以存在 $x_1,x_2\in[0,1]$, 使得

$$0 < f(x_1) \leqslant f(x) \leqslant f(x_2),\quad x\in[0,1],$$

因此, 当 $y>0$ 时,

$$F(y) \geqslant f(x_1)\int_0^1 \frac{y}{x^2+y^2}\mathrm{d}x = f(x_1)\arctan\frac{1}{y} \to \frac{\pi}{2}f(x_1) > 0 = F(0)\quad (y\to 0^+),$$

当 $y<0$ 时,

$$F(y) \leqslant f(x_1)\int_0^1 \frac{y}{x^2+y^2}\mathrm{d}x = f(x_1)\arctan\frac{1}{y} \to -\frac{\pi}{2}f(x_1) < 0 = F(0)\quad (y\to 0^-),$$

由此可得, $\lim\limits_{y\to 0} F(y)$ 不存在, 故 $F(y)$ 在 $y=0$ 处不连续, $F(y)$ 在 $(-\infty,0)\cup(0,+\infty)$ 内连续. □

2. 设 $f(t)$ 是可微函数, $F(x,y) = \displaystyle\int_{x/y}^{xy}(x-yt)f(t)\mathrm{d}t$, 求 $\dfrac{\partial^2 F}{\partial x\partial y}$.

解 视 y 为常量, 由定理 15.1.4 中公式 (15.1.8)(《数学分析（三）》, p109), 有

$$\begin{aligned}\frac{\partial F}{\partial x}=&\int_{\frac{x}{y}}^{xy}\frac{\partial}{\partial x}\big((x-yt)f(t)\big)\mathrm{d}t+\big(x-y(xy)\big)f(xy)\frac{\partial}{\partial x}(xy)\\&-\left(x-y\left(\frac{x}{y}\right)\right)f\left(\frac{x}{y}\right)\frac{\partial}{\partial x}\left(\frac{x}{y}\right)\\=&\int_{\frac{x}{y}}^{xy}f(t)\mathrm{d}t+xy(1-y^2)f(xy).\end{aligned}$$

进而有

$$\begin{aligned}\frac{\partial^2 F}{\partial x\partial y}=&\frac{\partial}{\partial y}\int_{\frac{x}{y}}^{xy}f(t)\mathrm{d}t+\frac{\partial}{\partial y}\big(xy(1-y^2)f(xy)\big)\\=&f(xy)\frac{\partial}{\partial y}(xy)-f\left(\frac{x}{y}\right)\frac{\partial}{\partial y}\left(\frac{x}{y}\right)\\&+x\left((1-y^2)f(xy)-2y^2f(xy)+xy(1-y^2)f'(xy)\right)\\=&\frac{x}{y^2}f\left(\frac{x}{y}\right)+x\left(\left(2-3y^2\right)f(xy)+xy(1-y^2)\,f'(xy)\right).\end{aligned}$$ □

3. 设 $g(s,t)$ 是连续可微函数, $f(u)=\int_0^u g(x+u,x-u)\mathrm{d}x$, 求 $f'(u)$.

解 由教材中公式 (15.1.8) 有

$$\begin{aligned}f'(u)=&\int_0^u\frac{\partial}{\partial u}g(x+u,x-u)\mathrm{d}x+g(u+u,u-u)\frac{\mathrm{d}u}{\mathrm{d}u}\\=&\int_0^u\big(g_1'(x+u,x-u)+g_2'(x+u,x-u)(-1)\big)\mathrm{d}x+g(2u,0)\\=&\int_0^u\big(g_1'(x+u,x-u)-g_2'(x+u,x-u)\big)\mathrm{d}x+g(2u,0),\end{aligned}$$

其中 $g_1'=\dfrac{\partial g}{\partial s}$, $g_2'=\dfrac{\partial g}{\partial t}$, $s=x+u$, $t=x-u$. □

4. 求极限: $\lim\limits_{t\to 0}\int_0^1\dfrac{\sin(tx)}{t}\left(\int_0^1\mathrm{e}^{(txy)^2}\mathrm{d}y\right)\mathrm{d}x$.

解 因为当 $x>0$ 时, $\lim\limits_{t\to 0}\dfrac{\sin(tx)}{t}=\lim\limits_{t\to 0}\dfrac{tx}{t}=x$, 又 $\int_0^1\mathrm{e}^{(txy)^2}dy$ 是连续函数, 所以补充定义

$$f(x,t)=\begin{cases}\dfrac{\sin(tx)}{t}\left(\displaystyle\int_0^1\mathrm{e}^{(txy)^2}\mathrm{d}y\right), & t\neq 0,\\ x, & t=0,\end{cases}$$

则 $f(x,t)$ 是 $[0,1]\times[-\varepsilon,\varepsilon]$ $(\varepsilon>0)$ 上的连续函数, 故可对函数 $f(x,t)$ 的如下含参积

分执行积分号下取极限, 即

$$\lim_{t\to 0}\int_0^1 f(x,t)\mathrm{d}x=\int_0^1 \lim_{t\to 0} f(x,t)\mathrm{d}x.$$

于是, 我们得极限计算如下:

$$\begin{aligned}\lim_{t\to 0}\int_0^1 f(x,t)\mathrm{d}x&=\lim_{t\to 0}\int_0^1 \frac{\sin(tx)}{t}\left(\int_0^1 \mathrm{e}^{(txy)^2}\mathrm{d}y\right)\mathrm{d}x=\int_0^1 \lim_{t\to 0} f(x,t)\mathrm{d}x\\&=\int_0^1 \lim_{t\to 0}\frac{\sin(tx)}{t}\left(\int_0^1 \mathrm{e}^{(txy)^2}\mathrm{d}y\right)\mathrm{d}x\\&=\int_0^1 \lim_{t\to 0}\frac{\sin(tx)}{t}\left(\lim_{t\to 0}\int_0^1 \mathrm{e}^{(txy)^2}\mathrm{d}y\right)\mathrm{d}x\\&=\int_0^1 \lim_{t\to 0}\frac{\sin(tx)}{t}\left(\int_0^1 \lim_{t\to 0}\mathrm{e}^{(txy)^2}\mathrm{d}y\right)\mathrm{d}x\\&=\int_0^1 x\mathrm{d}x=\frac{1}{2}.\end{aligned}$$

□

5. 运用对参数求导的方法, 求含参变量积分: $\displaystyle\int_0^{\pi/2}\frac{\arctan(a\tan x)}{\tan x}\mathrm{d}x$.

解　不妨设 $a>0$, 因 $\displaystyle\lim_{x\to 0}\frac{\arctan(a\tan x)}{\tan x}=\lim_{x\to 0}\frac{\frac{a\sec^2 x}{1+a^2\tan^2 x}}{\sec^2 x}=a$, 定义

$$f(x,a)=\begin{cases}\dfrac{\arctan(a\tan x)}{\tan x}, & 0<x<\dfrac{\pi}{2},\\ a, & x=0,\\ 0, & x=\dfrac{\pi}{2},\end{cases}$$

则函数 $f(x,a)$ 与偏导数 $\dfrac{\partial f}{\partial a}=\dfrac{1}{1+(a\tan x)^2}$ 在区域 $\left[0,\dfrac{\pi}{2}\right]\times\left[\delta,\dfrac{1}{\delta}\right]$ $(0<\delta<1)$ 上都是连续函数.

记 $I(a)=\displaystyle\int_0^{\frac{\pi}{2}}\frac{\arctan(a\tan x)}{\tan x}\mathrm{d}x$, 则有 $I(0)=0$, 且可以对函数 $I(a)$ 执行积分号下求导, 得

$$\begin{aligned}I'(a)&=\int_0^{\frac{\pi}{2}}\frac{\tan x}{1+(a\tan x)^2}\cdot\frac{1}{\tan x}\mathrm{d}x=\int_0^{\frac{\pi}{2}}\frac{\cos^2 x}{1+(a\tan x)^2}\mathrm{d}\tan x\\&=\int_0^{+\infty}\frac{1}{1+a^2u^2}\cdot\frac{1}{1+u^2}\mathrm{d}u\end{aligned}$$

$$\xlongequal{u=\tan x}\frac{1}{1-a^2}\int_0^{+\infty}\left(\frac{1}{1+u^2}-\frac{a^2}{1+a^2u^2}\right)\mathrm{d}u\quad(a\neq 1)$$
$$=\frac{1}{1-a^2}\arctan u\Big|_0^{+\infty}-\frac{a}{1-a^2}\arctan u\Big|_0^{+\infty}=\frac{\pi}{2}\cdot\frac{1}{1+a}.$$

于是, 利用微积分基本公式, 可得

$$I(a)-I(\delta)=\int_\delta^a I'(\alpha)\mathrm{d}\alpha=\frac{\pi}{2}\int_\delta^a\frac{1}{1+\alpha}\mathrm{d}\alpha=\frac{\pi}{2}\ln\frac{1+a}{1+\delta},$$

即 $I(a)=I(\delta)+\frac{\pi}{2}\ln\frac{1+a}{1+\delta}=\frac{\pi}{2}\ln(1+a)+I(\delta)-\frac{\pi}{2}\ln(1+\delta)$.

又因为 $I(a)$ 在 $[0,1]$ 上连续, 所以

$$\lim_{\delta\to 0^+}I(\delta)=I(0)=0,$$

因此

$$I(a)=\frac{\pi}{2}\ln(1+a)+\lim_{\delta\to 0^+}\left[I(\delta)-\frac{\pi}{2}\ln(1+\delta)\right]=\frac{\pi}{2}\ln(1+a).$$ □

6. 用对参数求导的方法, 证明:

$$\int_0^{\pi/2}\ln\frac{1+a\cos x}{1-a\cos x}\frac{\mathrm{d}x}{\cos x}=\pi\arcsin a,\quad |a|<1.$$

证明 首先, 易知通过补充定义可使得函数 $f(x,a)=\frac{1}{\cos x}\ln\frac{1+a\cos x}{1-a\cos x}$ 在矩形区域 $D=\left[0,\frac{\pi}{2}\right]\times[-1+\delta,1-\delta]\,(0<\delta<1)$ 上连续.

其次, 注意到偏导数

$$\frac{\partial f}{\partial a}=\frac{1-a\cos x}{1+a\cos x}\cdot\frac{\cos x(1-a\cos x)-(1+a\cos x)(-\cos x)}{(1-a\cos x)^2}\cdot\frac{1}{\cos x}=\frac{2}{1-a^2\cos^2 x}$$

也在区域 D 中连续, 所以可以对含参数积分 $I(a)=\int_0^{\frac{\pi}{2}}f(x,a)\mathrm{d}x$ 执行积分号下求导, 得

$$\begin{aligned}I'(a)&=\int_0^{\frac{\pi}{2}}\frac{2\mathrm{d}x}{1-(a\cos x)^2}=2\int_0^{\frac{\pi}{2}}\frac{\mathrm{d}\tan x}{1-a^2+\tan^2 x}\\&=\frac{2}{\sqrt{1-a^2}}\arctan\frac{\tan x}{\sqrt{1-a^2}}\Big|_0^{\frac{\pi}{2}}\\&=\frac{\pi}{\sqrt{1-a^2}}.\end{aligned}$$

又因为 $I(0)=0$, 所以利用微积分基本公式, 可得

$$I(a)=\int_0^a I'(\alpha)\mathrm{d}\alpha+I(0)=\int_0^a \frac{\pi}{\sqrt{1-a^2}}\mathrm{d}\alpha=\pi\arcsin\alpha\Big|_0^a=\pi\arcsin a. \qquad \square$$

7. 用对参数求积分的方法, 证明上一题目同样的结论 $\Bigg($提示: 利用

$$\ln\frac{1+a\cos x}{1-a\cos x}\frac{1}{\cos x}=2a\int_0^1\frac{\mathrm{d}y}{1-a^2y^2\cos^2 x}\Bigg).$$

证明 显然函数 $\dfrac{1}{1-a^2y^2\cos^2 x}$ 在矩形区域 $\left[0,\dfrac{\pi}{2}\right]\times[0,1]$ 上连续, 于是用所给提示, 根据累次积分可交换性或定理 15.1.3, 有

$$\begin{aligned}\int_0^{\frac{\pi}{2}}\ln\frac{1+a\cos x}{1-a\cos x}\frac{\mathrm{d}x}{\cos x}&=2a\int_0^{\frac{\pi}{2}}\mathrm{d}x\int_0^1\frac{\mathrm{d}y}{1-(ay\cos x)^2}\\&=2a\int_0^1\mathrm{d}y\int_0^{\frac{\pi}{2}}\frac{\mathrm{d}x}{1-(ay\cos x)^2}\\&=2a\int_0^1\mathrm{d}y\int_0^{\frac{\pi}{2}}\frac{\mathrm{d}\tan x}{1-a^2y^2+\tan^2 x}\\&=2a\int_0^1\mathrm{d}y\int_0^{+\infty}\frac{\mathrm{d}u}{1-a^2y^2+u^2}\\&=2a\int_0^1\frac{1}{\sqrt{1-a^2y^2}}\arctan\frac{u}{\sqrt{1-a^2y^2}}\Bigg|_{u=0}^{u\to+\infty}\mathrm{d}y\\&=\frac{\pi}{2}\cdot 2a\int_0^1\frac{1}{\sqrt{1-a^2y^2}}\mathrm{d}y\\&=\pi\arcsin(ay)\Big|_0^1=\pi\arcsin a.\end{aligned} \qquad \square$$

8. 证明: $\displaystyle\int_0^1\frac{\ln(1+x)}{1+x^2}\mathrm{d}x=\frac{\pi}{8}\ln 2$ $\Bigg($提示: 可用两种方法引入参数

(1) $\displaystyle I(t)=\int_0^1\frac{\ln(1+tx)}{1+x^2}\mathrm{d}x$; (2) $\displaystyle\int_0^1\frac{\ln(1+x)}{1+x^2}\mathrm{d}x=\int_0^{\pi/4}\ln(1+\tan\alpha)\mathrm{d}\alpha\Bigg)$.

证法一 引入参变量积分, $\displaystyle I(t)=\int_0^1\frac{\ln(1+tx)}{1+x^2}\,\mathrm{d}x$, 令 $f(x,t)=\dfrac{\ln(1+tx)}{1+x^2}$, 则显然 $f(x,t)$ 与 $f_t(x,t)=\dfrac{x}{(1+x^2)(1+tx)}$ 都在矩形区域 $[0,1]\times[0,1]$ 上连续, 于是根据定理 15.1.2 得, 函数 $I(t)$ 可执行积分号下求导

$$I'(t)=\int_0^1 f_t(x,t)\,\mathrm{d}x=\int_0^1\frac{x}{(1+x^2)(1+tx)}\,\mathrm{d}x,$$

其中可设

$$\frac{x}{(1+x^2)(1+tx)}=\frac{a}{1+tx}+\frac{bx+c}{1+x^2},$$

两边通分去分母, 并比较两边多项式系数, 可得

$$\begin{cases} a+c=0, \\ b+ct=1, \\ a+bt=0 \end{cases} \Rightarrow \begin{cases} a=-\dfrac{t}{1+t^2}, \\ b=\dfrac{1}{1+t^2}, \\ c=\dfrac{t}{1+t^2}. \end{cases}$$

因而

$$\begin{aligned} I'(t)&=\frac{1}{1+t^2}\int_0^1\left(\frac{x+t}{1+x^2}-\frac{t}{1+tx}\right)\mathrm{d}x \\ &=\frac{1}{1+t^2}\left(\frac{1}{2}\ln(1+x^2)+t\arctan x-\ln(1+tx)\right)\bigg|_0^1 \\ &=\frac{1}{1+t^2}\left(\frac{1}{2}\ln 2+\frac{\pi}{4}t-\ln(1+t)\right). \end{aligned}$$

注意到 $I(0)=0$, 故

$$I(1)=\int_0^1 I'(t)\mathrm{d}t=\int_0^1\frac{1}{1+t^2}\left(\frac{1}{2}\ln 2+\frac{\pi}{4}t-\ln(1+t)\right)\mathrm{d}t=\frac{\pi}{4}\ln 2-I(1),$$

即得 $\displaystyle\int_0^1\frac{\ln(1+x)}{1+x^2}\mathrm{d}x=\frac{\pi}{8}\ln 2.$

证法二 先将积分写为 $\displaystyle\int_0^1\frac{\ln(1+x)}{1+x^2}\mathrm{d}x=\int_0^{\frac{\pi}{4}}\ln(1+\tan\alpha)d\alpha$. 引入含参量积分 $J(s)=\displaystyle\int_0^{\frac{\pi}{4}}\ln(1+s\tan\alpha)\mathrm{d}\alpha$ $(J(0)=0)$, 令 $f(x,s)=\ln(1+s\tan\alpha)$, 则显然 $f(x,s)$ 与 $f_s(x,s)=\dfrac{\tan\alpha}{1+s\tan\alpha}$ 都在矩形区域 $\left[0,\dfrac{\pi}{4}\right]\times[0,1]$ 上连续, 于是根据定理 15.1.2 得, 函数 $J(s)$ 可执行积分号下求导, 得

$$\begin{aligned} J'(s)&=\int_0^{\frac{\pi}{4}}\frac{\tan\alpha}{1+s\tan\alpha}\mathrm{d}\alpha \\ &=\int_0^{\frac{\pi}{4}}\frac{\tan\alpha}{1+s\tan\alpha}\cdot\cos^2\alpha\mathrm{d}\tan\alpha \\ &=\int_0^{\frac{\pi}{4}}\frac{\tan\alpha}{(1+s\tan\alpha)(1+\tan^2\alpha)}\mathrm{d}\tan\alpha \\ &=\int_0^1\frac{x}{(1+sx)(1+x^2)}\mathrm{d}x, \end{aligned}$$

利用证法一中的结果, 同样可得 $J(1)=\dfrac{\pi}{8}\ln 2$. □

11. 证明: $\displaystyle\int_0^{+\infty}\mathrm{e}^{-x^2-a^2x^{-2}}\mathrm{d}x=\mathrm{e}^{-2a}\frac{\sqrt{\pi}}{2}\ (a\geqslant 0)$.

证明　令 $h(a)=\displaystyle\int_0^{+\infty}\mathrm{e}^{-x^2-a^2x^{-2}}\mathrm{d}x$, 则 $h(0)=\displaystyle\int_0^{+\infty}\mathrm{e}^{-x^2}\mathrm{d}x=\frac{\sqrt{\pi}}{2}$. 下设 $a>0$, 引入变量代换 $y=\dfrac{a}{x}$, 则

$$h(a)=\int_0^{+\infty}\mathrm{e}^{-x^2-a^2x^{-2}}\mathrm{d}x=\int_0^{+\infty}\mathrm{e}^{-y^2-a^2y^{-2}}\cdot\frac{a}{y^2}\,\mathrm{d}y=\int_0^{+\infty}\frac{a}{x^2}\cdot\mathrm{e}^{-x^2-a^2x^{-2}}\mathrm{d}x,$$

于是

$$\begin{aligned}2h(a)&=\int_0^{+\infty}\left(1+\frac{a}{x^2}\right)\cdot\mathrm{e}^{-x^2-a^2x^{-2}}\mathrm{d}x\\&=\mathrm{e}^{-2a}\int_0^{+\infty}\mathrm{e}^{-x^2+2a-a^2x^{-2}}\cdot\left(1+\frac{a}{x^2}\right)\mathrm{d}x\\&=\mathrm{e}^{-2a}\int_0^{+\infty}\mathrm{e}^{\left(x-\frac{a}{x}\right)^2}\mathrm{d}\left(x-\frac{a}{x}\right)\\&=\mathrm{e}^{-2a}\int_{-\infty}^{+\infty}\mathrm{e}^{-u^2}\mathrm{d}u\quad\left(u=x-\frac{a}{x}\right)\\&=2\mathrm{e}^{-2a}\int_0^{+\infty}\mathrm{e}^{-u^2}\mathrm{d}u=\mathrm{e}^{-2a}\sqrt{\pi},\end{aligned}$$

故 $h(a)=\displaystyle\int_0^{+\infty}\mathrm{e}^{-x^2-a^2x^{-2}}\mathrm{d}x=\mathrm{e}^{-2a}\frac{\sqrt{\pi}}{2}\ (a\geqslant 0)$. □

第16章　重　积　分

习　题　16.1

1. 设函数 $f(x,y)$ 在有界闭区域 D 上可积, 试证明 $f(x,y)$ 在 D 上有界.

证明　因为函数 $f(x,y)$ 在有界闭区域 D 上可积, 设 $I=\iint\limits_D f(x,y)\mathrm{d}x\mathrm{d}y$, 则对 $\varepsilon=1$, 存在 $\delta>0$, 使对 D 的任一分法 $T=\{\sigma_1,\cdots,\sigma_n\}$, 当 $\|T\|<\delta$ 时, 任取 $(\xi_i,\eta_i)\in\sigma_i\,(i=1,\cdots,n)$ 都有

$$\left|\sum_{i=1}^{n}f(\xi_i,\eta_i)\Delta\sigma_i-I\right|<1,$$

因而

$$\left|\sum_{i=1}^{n}f(\xi_i,\eta_i)\Delta\sigma_i\right|<1+|I|.$$

用反证法. 假设函数 $f(x,y)$ 在 D 上无界, 则存在序列 $\{P_n\}\subset D$, 使得 $P_n\to P_0\in D$, 且 $|f(P_n)|\to+\infty$, $n\to\infty$.

令 $\sigma_1=U\left(P_0;\dfrac{\delta}{2}\right)\cap D$. 因为 D 是闭区域, 所以 σ_1 必含有 D 的内点, 因此 $\Delta\sigma_1>0$. 对余集 $D\setminus\sigma_1$ 作任一个划分, 设为 $\{\sigma_2,\cdots,\sigma_n\}$, 使得每个 σ_j 的直径小于 δ, 且在 σ_j 上取定 $(\xi_j,\eta_j)\in\sigma_j\,(j=2,\cdots,n)$, 则

$$|f(\xi_1,\eta_1)|\leqslant\frac{1+|I|+\displaystyle\sum_{j=2}^{n}|f(\xi_j,\eta_j)|\Delta\sigma_j}{\Delta\sigma_1}=M,$$

其中 M 为固定数, (ξ_1,η_1) 是 σ_1 中的任一点. 特别地, 当 n 充分大时, $P_n\in\sigma_1$, 这样就有

$$|f(P_n)|\leqslant M.$$

这表明序列 $\{f(P_n)\}$ 有界, 这与序列 $\{P_n\}$ 的选法矛盾. 故 $f(x,y)$ 在 D 上有界. □

2. 证明定理 16.1.3.

证明 $\forall \varepsilon > 0$, 因为函数 $f(x)$ 在 $[a,b]$ 上一致连续, 所以存在 $\delta > 0$, 使 $[a,b]$ 上任意两点 x', x'', 只要 $|x'' - x'| < \delta$, 就有

$$|f(x'') - f(x')| < \frac{\varepsilon}{b-a}.$$

将 $[a,b]$ 等分为 n 个小闭区间, 使得这些小闭区间的长度小于 δ, 这些小闭区间记作 $\Delta x_i\,(i = 1, \cdots, n)$. 令 m_i, M_i 分别是函数 $f(x)$ 在小闭区间 Δx_i 上的最小值与最大值, 作闭区间 $[m_i, M_i]$, 则

$$M_i - m_i < \frac{\varepsilon}{b-a}, \quad 且\ m_i \leqslant f(x) \leqslant M_i, \quad x \in \Delta x_i,$$

作小矩形 $\Delta_i = \Delta x_i \times [m_i, M_i]$, 则 $K \subset \bigcup_{i=1}^{n} \Delta_i$, 所以 $T = \{\Delta_1, \cdots, \Delta_n\}$ 是 K 的一个直线网划分, 且

$$S_K(T) \leqslant \sum_{i=1}^{n} \Delta_i < \frac{\varepsilon}{b-a} \sum_{i=1}^{n} \Delta x_i = \frac{\varepsilon}{b-a}(b-a) = \varepsilon,$$

此即证明了曲线 K 的面积为零. □

6. 设 $f(x)$ 在 $[a,b]$ 上可积, $g(y)$ 在 $[c,d]$ 上可积. 证明: $f(x)g(y)$ 在 $D = [a,b] \times [c,d]$ 上可积且

$$\iint\limits_D f(x)g(y)\mathrm{d}x\mathrm{d}y = \int_a^b f(x)\mathrm{d}x \int_c^d g(y)\mathrm{d}y.$$

证明 $\forall \varepsilon > 0$, 因为函数 $f(x)$ 在 $[a,b]$ 上可积, 函数 $g(y)$ 在 $[c,d]$ 上可积, 所以存在 $[a,b]$ 与 $[c,d]$ 的划分 T_1 和 T_2, 设为

$$T_1: a = x_0 < x_1 < \cdots < x_n = b, \quad T_2: c = y_0 < y_1 < \cdots < y_m = d,$$

使得

$$S(T_1) - s(T_1) = \sum_{i=1}^{n} \omega_i^f \Delta x_i < \frac{\varepsilon}{2M(d-c)},$$

且

$$S(T_2) - s(T_2) = \sum_{j=1}^{m} \omega_j^g \Delta y_j < \frac{\varepsilon}{2M(b-a)},$$

其中 $M > 0$ 是 $|f(x)|$ 与 $|g(y)|$ 在定义区间上的上界, ω_i^f 与 ω_j^g 分别为 $f(x)$, $g(y)$ 相应于闭区间 Δx_i, Δy_j 上的振幅.

作 $D = [a,b] \times [c,d]$ 的直线网划分 $T = T_1 \times T_2 = \{\sigma_{11}, \sigma_{12}, \cdots, \sigma_{nm}\}$, 其中小矩形区域 $\sigma_{ij} = \Delta x_i \times \Delta y_j\,(i = 1, \cdots, n\, j = 1, \cdots, m)$.

任取 $(x',y'), (x'',y'') \in \sigma_{ij}$, 有

$$\begin{aligned}|f(x'')g(y'')-f(x')g(y')| &\leqslant |g(y')||f(x'')-f(x')|+|f(x'')||g(y'')-g(y')|\\ &\leqslant M\big(|f(x'')-f(x')|+|g(y'')-g(y')|\big)\\ &\leqslant M\big(\omega_i^f+\omega_j^g\big),\end{aligned}$$

所以 $\omega_{ij}^{fg} \leqslant M\big(\omega_i^f+\omega_j^g\big)$, 其中 ω_{ij}^{fg} 为 $f(x)g(y)$ 相应于矩形区域 σ_{ij} 的振幅. 于是, 可得函数 $f(x)g(y)$ 在矩形区域 $D=[a,b]\times[c,d]$ 上的积分上和、下和估计如下:

$$\begin{aligned}\sum_{i=1}^{n}\sum_{j=1}^{m}\omega_{ij}^{fg}\Delta\sigma_{ij} &\leqslant M\sum_{i=1}^{n}\sum_{j=1}^{m}(\omega_i^f+\omega_j^g)\Delta x_i\Delta y_j\\ &= M\sum_{i=1}^{n}\sum_{j=1}^{m}\omega_i^f\Delta x_i\Delta y_j+M\sum_{i=1}^{n}\sum_{j=1}^{m}\omega_j^g\Delta x_i\Delta y_j\\ &= M(d-c)\sum_{i=1}^{n}\omega_i^f\Delta x_i+M(b-a)\sum_{j=1}^{m}\omega_j^g\Delta y_j\\ &< M(d-c)\cdot\frac{\varepsilon}{2M(d-c)}+M(b-a)\cdot\frac{\varepsilon}{2M(b-a)}=\varepsilon,\end{aligned}$$

这表明 $f(x)g(y)$ 在 $D=[a,b]\times[c,d]$ 上可积.

取分别属于划分 T_1 与划分 T_2 的介点集 $\{\xi_i\}_{i=1}^n$ 与 $\{\eta_j\}_{j=1}^m$, 则 $\{(\xi_i,\eta_j)\}$ 是属于划分 $T=T_1\times T_2$ 的介点集, 且

$$\sum_{i=1}^{n}\sum_{j=1}^{m}f(\xi_i)g(\eta_j)\Delta\sigma_{ij}=\sum_{i=1}^{n}f(\xi_i)\Delta x_i\sum_{j=1}^{m}g(\eta_j)\Delta y_j.$$

在上式中令 $\|T\|\longrightarrow 0$, 则有 $\|T_1\|\longrightarrow 0$ 且 $\|T_2\|\longrightarrow 0$, 因此, 得

$$\iint\limits_D f(x)g(y)\mathrm{d}x\mathrm{d}y=\int_a^b f(x)\mathrm{d}x\int_c^d g(y)\mathrm{d}y. \qquad \square$$

7. 证明: Cauchy 不等式

$$\left[\int_a^b f(x)g(x)\mathrm{d}x\right]^2 \leqslant \int_a^b f^2(x)\mathrm{d}x\int_a^b g^2(x)\mathrm{d}x.$$

证明 设 D 是矩形区域 $[a,b]\times[a,b]$, 考虑积分差

$$\varDelta=2\int_a^b f^2(x)\mathrm{d}x\int_a^b g^2(x)\mathrm{d}x-2\left[\int_a^b f(x)g(x)\mathrm{d}x\right]^2$$

$$= \int_a^b f^2(x)\mathrm{d}x \int_a^b g^2(y)\mathrm{d}y + \int_a^b f^2(y)\mathrm{d}y \int_a^b g^2(x)\mathrm{d}x$$

$$- 2\int_a^b f(x)g(x)\mathrm{d}x \int_a^b f(y)g(y)\mathrm{d}y$$

$$= \iint\limits_D f^2(x)g^2(y)\mathrm{d}x\mathrm{d}y - 2\iint\limits_D f(x)g(x)f(y)g(y)\mathrm{d}x\mathrm{d}y + \iint\limits_D f^2(y)g^2(x)\mathrm{d}x\mathrm{d}y$$

$$= \iint\limits_D \left[f(x)g(y) - f(y)g(x)\right]^2\mathrm{d}x\mathrm{d}y \geqslant 0,$$

于是结论得证. □

习 题 16.2

1. 求下列二重积分:

(2) $\iint\limits_D |\sin(x+y)|\mathrm{d}x\mathrm{d}y$, 其中 $D = [0,\pi]\times[0,\pi]$;

(4) $\iint\limits_D xy^2\mathrm{d}x\mathrm{d}y$, 其中 D 由 $y^2 = 2px$ 与直线 $x = \dfrac{p}{2}$ $(p>0)$ 围成;

(5) $\iint\limits_D \sqrt{x}\mathrm{d}x\mathrm{d}y$, 其中 $D = \{(x,y)|x^2+y^2 \leqslant 2x\}$.

解 (2) 如图 16.1 所示, 有

$$|\sin(x+y)| = \begin{cases} \sin(x+y), & (x,y)\in D_1, \\ -\sin(x+y), & (x,y)\in D_2, \end{cases}$$

于是

$$\iint\limits_D |\sin(x+y)|\mathrm{d}x\mathrm{d}y$$

$$= \iint\limits_{D_1} |\sin(x+y)|\mathrm{d}x\mathrm{d}y + \iint\limits_{D_2} |\sin(x+y)|\mathrm{d}x\mathrm{d}y$$

$$= \int_0^\pi \mathrm{d}x \int_0^{\pi-x} \sin(x+y)\mathrm{d}y - \int_0^\pi \mathrm{d}x \int_{\pi-x}^\pi \sin(x+y)\mathrm{d}y$$

$$= \int_0^\pi (1+\cos x)\mathrm{d}x + \int_0^\pi (1-\cos x)\mathrm{d}x = 2\pi.$$

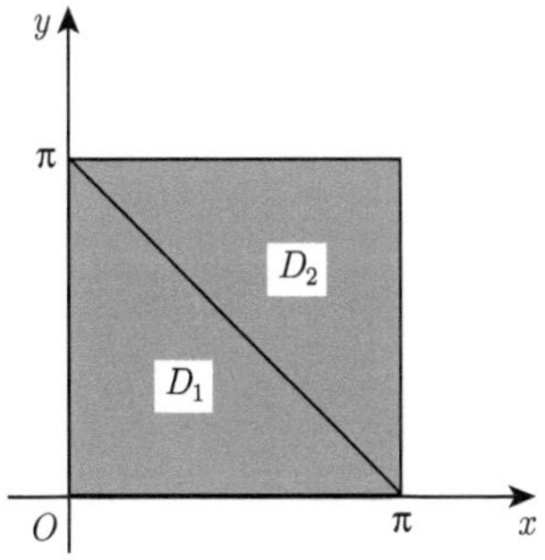

图 16.1

(4) 将积分区域 D 改为 y 型区域 $D=\left\{(x,y)\middle|\dfrac{y^2}{2p}\leqslant x\leqslant\dfrac{p}{2},\ -p\leqslant y\leqslant p\right\}$, 所以

$$\begin{aligned}\iint_D xy^2\mathrm{d}x\mathrm{d}y&=\int_{-p}^{p}\mathrm{d}y\int_{\frac{y^2}{2p}}^{\frac{p}{2}}xy^2\mathrm{d}x\\&=\frac{1}{8}\int_{-p}^{p}\left(p^2y^2-\frac{1}{p^2}y^6\right)\mathrm{d}y=\frac{p^5}{21}.\end{aligned}$$

(5) 将 D 改为 x 型 $D=\{(x,y)|-\sqrt{2x-x^2}\leqslant y\leqslant\sqrt{2x-x^2},\ 0\leqslant x\leqslant 2\}$, 所以

$$\begin{aligned}\iint_D\sqrt{x}\mathrm{d}x\mathrm{d}y&=\int_0^2\mathrm{d}x\int_{-\sqrt{2x-x^2}}^{\sqrt{2x-x^2}}\sqrt{x}\mathrm{d}y\\&=2\int_0^2 x\sqrt{2-x}\mathrm{d}x.\end{aligned}$$

令 $t=\sqrt{2-x}$, 则 $x=2-t^2$, $\mathrm{d}x=-2t\mathrm{d}t$, 且 $x=0$ 时, $t=\sqrt{2}$; $x=2$ 时, $t=0$, 于是

$$\begin{aligned}\iint_D\sqrt{x}\mathrm{d}x\mathrm{d}y&=2\int_0^2 x\sqrt{2-x}\mathrm{d}x\\&=4\int_0^{\sqrt{2}}(2-t^2)t^2\mathrm{d}t=\frac{32\sqrt{2}}{15}.\end{aligned}$$ □

2. 改变下列累次积分的顺序:

(3) $\displaystyle\int_0^1\mathrm{d}y\int_0^{y^2}f(x,y)\mathrm{d}x+\int_1^2\mathrm{d}y\int_0^{2-y}f(x,y)\mathrm{d}x$.

解 原累次积分对应的积分区域 D 为 y 型区域, 由直线 $x=0$, $x=2-y$ 与抛物线 $x=y^2$ 围成, 如图 16.2 所示, 将 D 改为 x 型区域 $D=\{(x,y)|\sqrt{x}\leqslant y\leqslant 2-x,\ 0\leqslant x\leqslant 1\}$, 于是

$$\int_0^1\mathrm{d}y\int_0^{y^2}f(x,y)\mathrm{d}x+\int_1^2\mathrm{d}y\int_0^{2-y}f(x,y)\mathrm{d}x$$

$$= \iint_D f(x,y)\mathrm{d}x\mathrm{d}y = \int_0^1 \mathrm{d}x \int_{\sqrt{x}}^{2-x} f(x,y)\mathrm{d}y.$$

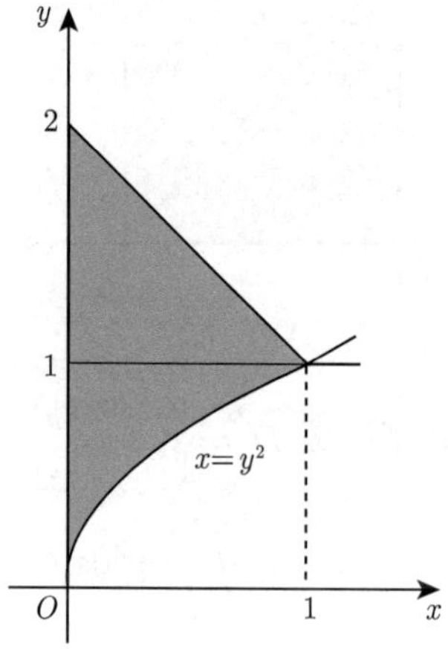

图 16.2

□

3. 设区域 D 如下给定, 试将 $\iint_D f(x,y)\mathrm{d}x\mathrm{d}y$ 化为不同顺序的累次积分:

(2) $D=\{(x,y)|x^2+y^2\leqslant 4, x+y\geqslant 1\}$.

解　圆周 $x^2+y^2=4$ 与直线 $x+y=1$ 的交点为

$$\left(\frac{1+\sqrt{7}}{2},\frac{1-\sqrt{7}}{2}\right) 与 \left(\frac{1-\sqrt{7}}{2},\frac{1+\sqrt{7}}{2}\right).$$

将区域 D 改写为 x 型区域: $D=D_1\cup D_2$, 其中

$$D_1=\left\{(x,y)\middle|\, 1-x\leqslant y\leqslant \sqrt{4-x^2},\ \frac{1-\sqrt{7}}{2}\leqslant x\leqslant \frac{1+\sqrt{7}}{2}\right\},$$

$$D_2=\left\{(x,y)\middle|\, -\sqrt{4-x^2}\leqslant y\leqslant \sqrt{4-x^2},\ \frac{1+\sqrt{7}}{2}\leqslant x\leqslant 2\right\},$$

于是

$$\begin{aligned}\iint_D f(x,y)\mathrm{d}x\mathrm{d}y &= \iint_{D_1} f(x,y)\mathrm{d}x\mathrm{d}y + \iint_{D_2} f(x,y)\mathrm{d}x\mathrm{d}y\\ &= \int_{\frac{1-\sqrt{7}}{2}}^{\frac{1+\sqrt{7}}{2}} \mathrm{d}x \int_{1-x}^{\sqrt{4-x^2}} f(x,y)\mathrm{d}y + \int_{\frac{1+\sqrt{7}}{2}}^{2} \mathrm{d}x \int_{-\sqrt{4-x^2}}^{\sqrt{4-x^2}} f(x,y)\mathrm{d}y.\end{aligned}$$

将区域 D 改写为 y 型区域: $D = D_1' \cup D_2'$, 其中

$$D_1' = \left\{(x,y)\middle| 1-y \leqslant x \leqslant \sqrt{4-y^2},\ \frac{1-\sqrt{7}}{2} \leqslant y \leqslant \frac{1+\sqrt{7}}{2}\right\},$$

$$D_2' = \left\{(x,y)\middle| -\sqrt{4-y^2} \leqslant x \leqslant \sqrt{4-y^2},\ \frac{1+\sqrt{7}}{2} \leqslant y \leqslant 2\right\},$$

所以

$$\begin{aligned}\iint\limits_D f(x,y)\mathrm{d}x\mathrm{d}y &= \iint\limits_{D_1'} f(x,y)\mathrm{d}x\mathrm{d}y + \iint\limits_{D_2'} f(x,y)\mathrm{d}x\mathrm{d}y \\ &= \int_{\frac{1-\sqrt{7}}{2}}^{\frac{1+\sqrt{7}}{2}} \mathrm{d}y \int_{1-y}^{\sqrt{4-y^2}} f(x,y)\mathrm{d}x + \int_{\frac{1+\sqrt{7}}{2}}^{2} \mathrm{d}y \int_{-\sqrt{4-y^2}}^{\sqrt{4-y^2}} f(x,y)\mathrm{d}x. \quad \square\end{aligned}$$

5. 计算由曲面 $z = 1 - 4x^2 - y^2$ 与平面 $z = 0$ 所围立体的体积 (图 16.3).

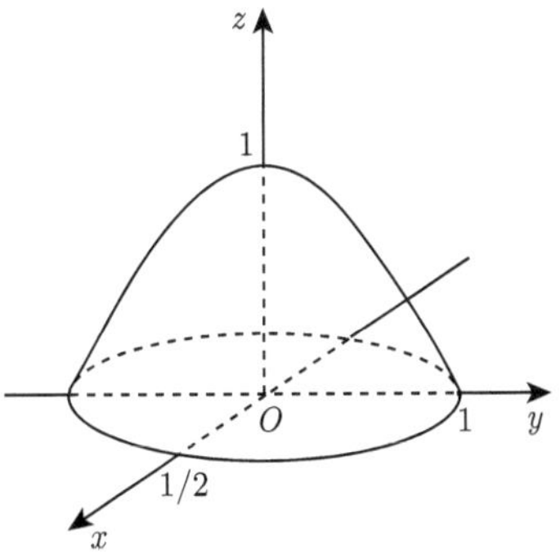

图 16.3

解　曲面 $z = 1 - 4x^2 - y^2$ 与平面 $z = 0$ 所围立体的体积可表示为

$$V = \iint\limits_D (1 - 4x^2 - y^2)\mathrm{d}x\mathrm{d}y,$$

其中积分区域为立体在 xOy 面上的投影区域 $D = \{(x,y)|4x^2 + y^2 \leqslant 1\}$.

将 D 改为 x 型, 即 $D = \left\{(x,y)\middle| -\sqrt{1-4x^2} \leqslant y \leqslant \sqrt{1-4x^2},\ -\frac{1}{2} \leqslant x \leqslant \frac{1}{2}\right\}$, 则

$$\begin{aligned}\iint\limits_D (1-4x^2-y^2)\mathrm{d}x\mathrm{d}y &= \int_{-\frac{1}{2}}^{\frac{1}{2}} \mathrm{d}x \int_{-\sqrt{1-4x^2}}^{\sqrt{1-4x^2}} (1-4x^2-y^2)\mathrm{d}y \\ &= \frac{4}{3}\int_{-\frac{1}{2}}^{\frac{1}{2}} \sqrt{(1-4x^2)^3}\mathrm{d}x.\end{aligned}$$

令 $x=\frac{1}{2}\sin\theta$, 则 $\mathrm{d}x=\frac{1}{2}\cos\theta\mathrm{d}\theta$, 且 $x=-\frac{1}{2}$ 时, $\theta=-\frac{\pi}{2}$; $x=\frac{1}{2}$ 时, $\theta=\frac{\pi}{2}$, 于是

$$\begin{aligned}\iint\limits_D(1-4x^2-y^2)\mathrm{d}x\mathrm{d}y&=\frac{4}{3}\int_{-\frac{1}{2}}^{\frac{1}{2}}\sqrt{(1-4x^2)^3}\mathrm{d}x\\&=\frac{2}{3}\int_{-\frac{\pi}{2}}^{\frac{\pi}{2}}\cos^4\theta\mathrm{d}\theta\\&=\frac{2}{3}\times2\times\frac{3!!}{4!!}\times\frac{\pi}{2}=\frac{\pi}{4}.\end{aligned}$$

□

6. 设 $f(x)$ 在 $[a,b]$ 上连续, 证明不等式

$$\left(\int_a^b f(x)\mathrm{d}x\right)^2\leqslant(b-a)\int_a^b f^2(x)\mathrm{d}x,$$

其中等号当且仅当 $f(x)$ 为常数函数时成立.

证明　设 D 是矩形区域 $[a,b]\times[a,b]$, 则有

$$\begin{aligned}\left(\int_a^b f(x)\mathrm{d}x\right)^2&=\int_a^b f(x)\mathrm{d}x\int_a^b f(y)\mathrm{d}y=\iint\limits_D f(x)f(y)\mathrm{d}x\mathrm{d}y\\&\leqslant\iint\limits_D\frac{f^2(x)+f^2(y)}{2}\mathrm{d}x\mathrm{d}y\\&=\frac{1}{2}\iint\limits_D f^2(x)\mathrm{d}x\mathrm{d}y+\frac{1}{2}\iint\limits_D f^2(y)\mathrm{d}x\mathrm{d}y\\&=\frac{1}{2}\left((b-a)\int_a^b f^2(x)\mathrm{d}x+(b-a)\int_a^b f^2(y)\mathrm{d}y\right)\\&=(b-a)\int_a^b f^2(x)\mathrm{d}x,\end{aligned}$$

并且根据均值不等式, 等号成立的充分必要条件是 $\forall x,\ y\in[a,b]$ 蕴含 $f(x)=f(y)$, 即函数 $f(x)$ 为常数函数. 于是, 结论得证.

□

7. 计算积分 $\iint\limits_D xy\mathrm{d}x\mathrm{d}y$, 其中 D 由直线 $x=0,y=0$ 与曲线 $\begin{cases}x=a\cos^3t,\\y=a\sin^3t\end{cases}$ $\left(0\leqslant t\leqslant\frac{\pi}{2},\ a>0\right)$ 围成.

解　因为曲线方程 $\begin{cases}x=a\cos^3t,\\y=a\sin^3t\end{cases}$ $\left(0\leqslant t\leqslant\frac{\pi}{2},\ a>0\right)$ 可以确定一个定义在闭

区间 $[0,a]$ 上的隐函数 $y=y(x)(\geqslant 0)$, 所以积分区域 D 可以改写为 x 型区域: $D=\{(x,y)\big|0\leqslant y\leqslant y(x),\ 0\leqslant x\leqslant a\}$, 因此

$$\iint\limits_D xy\mathrm{d}x\mathrm{d}y=\int_0^a\mathrm{d}x\int_0^{y(x)}xy\mathrm{d}y=\frac{1}{2}\int_0^a xy^2(x)\mathrm{d}x.$$

令 $x=a\cos^3 t$, 则 $\mathrm{d}x=-3a\cos^2 t\sin t\mathrm{d}t$, $x=0$ 时, $t=\dfrac{\pi}{2}$; $x=a$ 时, $t=0$, 而且根据曲线参数方程, $y(x)=a\sin^3 t$, 因而由定积分的积分换元法, 得

$$\begin{aligned}\iint\limits_D xy\mathrm{d}x\mathrm{d}y&=\frac{1}{2}\int_0^a xy^2(x)\mathrm{d}x=\frac{3}{2}a^4\int_0^{\frac{\pi}{2}}\cos^5 t\sin^7 t\mathrm{d}t\\&=\frac{3}{4}a^4\int_0^{\frac{\pi}{2}}\big(\cos^5 t\sin^7 t+\sin^5 t\cos^7 t\big)\mathrm{d}t\\&=\frac{3}{4}a^4\int_0^{\frac{\pi}{2}}\cos^5 t\sin^5 t\mathrm{d}t=\frac{3}{4}\times\frac{1}{2^5}\cdot a^4\int_0^{\frac{\pi}{2}}\sin^5 2t\mathrm{d}t\\&=\frac{3}{4}\times\frac{1}{2^6}\cdot a^4\int_0^{\pi}\sin^5\theta\mathrm{d}\theta=\frac{3}{4}\times\frac{1}{2^5}\cdot a^4\int_0^{\frac{\pi}{2}}\sin^5\theta\mathrm{d}\theta\\&=\frac{3}{4}\times\frac{1}{2^5}\times\frac{4!!}{5!!}\cdot a^4=\frac{1}{80}a^4.\end{aligned}$$

□

习　题　16.3

1. 引入新变量 u,v 后, 将下列积分化为不同顺序的累次积分:

(2) $\displaystyle\int_0^2\mathrm{d}x\int_{1-2x}^{4-2x}f(x,y)\mathrm{d}y$, 令 $u=2x+y, v=x-y$.

解　原累次积分对应的二重积分的积分区域

$$D=\{(x,y)\big|1-2x\leqslant y\leqslant 4-2x,\ 0\leqslant x\leqslant 2\}$$

是 x 型区域, 由直线 $x=0$, $x=2$ 与 $2x+y=1$, $2x+y=4$ 围成, 如图 16.4 所示.

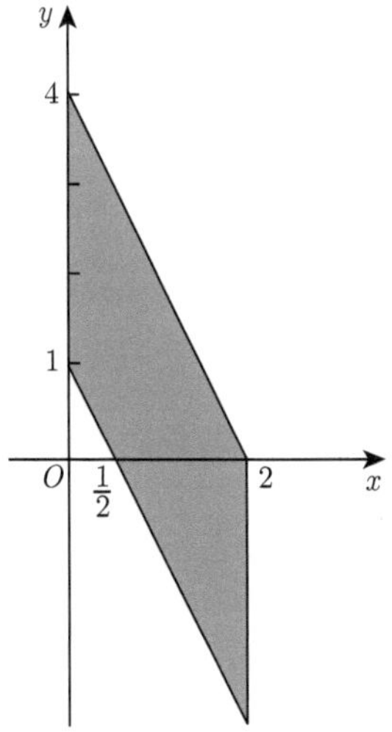

图 16.4

令 $u=2x+y$, $v=x-y$, 则 $x=\dfrac{u+v}{3}$, $y=\dfrac{u-2v}{3}$, 进而得 $\dfrac{\partial(x,y)}{\partial(u,v)}=-\dfrac{1}{3}$, 所以 $\mathrm{d}x\mathrm{d}y=\dfrac{1}{3}\mathrm{d}u\mathrm{d}v$; 而且

$$x=0 \Leftrightarrow \frac{u+v}{3}=0, \quad x=2 \Leftrightarrow \frac{u+v}{3}=2,$$

$$2x+y=1 \Leftrightarrow u=1, \quad 2x+y=4 \Leftrightarrow u=4.$$

故积分变换将区域 D 一一对应为区域 D', 其中 D' 由直线 $u=1$, $u=4$ 与直线 $u+v=0$, $u+v=6$ 围成. 因而

$$\begin{aligned}&\int_0^2 \mathrm{d}x \int_{1-2x}^{4-2x} f(x,y)\mathrm{d}y \\ =&\iint\limits_D f(x,y)\mathrm{d}x\mathrm{d}y \\ =&\frac{1}{3}\iint\limits_{D'} f\left(\frac{u+v}{3},\frac{u-2v}{3}\right)\mathrm{d}u\mathrm{d}v.\end{aligned}$$

将区域 D' 改写为 u 型区域, 得

$$D'=\{(u,v)\big|-u \leqslant v \leqslant 6-u,\ 1 \leqslant u \leqslant 4\},$$

于是,

$$\begin{aligned}&\int_0^2 \mathrm{d}x \int_{1-2x}^{4-2x} f(x,y)\mathrm{d}y \\ =&\frac{1}{3}\int_1^4 \mathrm{d}u \int_{-u}^{6-u} f\left(\frac{u+v}{3},\frac{u-2v}{3}\right)\mathrm{d}v.\end{aligned}$$

将区域 D' 改写为 v 型区域, 得 $D'=D_1\cup D_2\cup D_3$, 其中

$$D_1=\{(u,v)\big|-v \leqslant u \leqslant 4, -4 \leqslant v \leqslant -1\};$$

$$D_2=\{(u,v)\big|1 \leqslant u \leqslant 4, -1 \leqslant v \leqslant 2\};$$

$$D_3=\{(u,v)\big|1 \leqslant u \leqslant 6-v, 2 \leqslant v \leqslant 5\},$$

于是

$$\begin{aligned}&\int_0^2 \mathrm{d}x \int_{1-2x}^{4-2x} f(x,y)\mathrm{d}y \\ =&\frac{1}{3}\int_{-4}^{-1} \mathrm{d}v \int_{-v}^{4} f\left(\frac{u+v}{3},\frac{u-2v}{3}\right)\mathrm{d}u \\ &+\frac{1}{3}\int_{-1}^{2} \mathrm{d}v \int_{1}^{4} f\left(\frac{u+v}{3},\frac{u-2v}{3}\right)\mathrm{d}u \\ &+\frac{1}{3}\int_{2}^{5} \mathrm{d}v \int_{1}^{6-v} f\left(\frac{u+v}{3},\frac{u-2v}{3}\right)\mathrm{d}u.\end{aligned}$$

□

注 重积分的积分变换将边界映为边界, 将内部映为内部. 因此由变换后的新边界围成的区域即为变换后的新区域.

2. 用极坐标变换计算下列二重积分:

(1) $\iint\limits_D (2x-3y)\mathrm{d}x\mathrm{d}y$, 其中 $D=\{(x,y)|x^2+y^2\leqslant 2x\}$;

(3) 求 $\iint\limits_D \mathrm{e}^{\frac{x-y}{x+y}}\mathrm{d}x\mathrm{d}y$, 其中 D 是由 $x=0$, $y=0$ 和 $x+y=1$ 所围区域.

解 (1) 令 $u=x-1$, $v=y$, 则 $x=u+1$, $y=v$, 进而得 $\dfrac{\partial(x,y)}{\partial(u,v)}=1$, 所以 $\mathrm{d}x\mathrm{d}y=\mathrm{d}u\mathrm{d}v$; 而且变换将区域 D 一一对应为区域 $D'=\{(u,v)\big|\,u^2+v^2\leqslant 1\}$. 因而

$$\iint\limits_D (2x-3y)\mathrm{d}x\mathrm{d}y=\iint\limits_{D'}(2u-3v+2)\mathrm{d}u\mathrm{d}v.$$

由于积分区域 D' 关于直线 $v=0$ 与 $u=0$ 都是对称区域, 所以根据积分奇偶性, 得

$$\iint\limits_{D'} 2u\mathrm{d}u\mathrm{d}v=\iint\limits_{D'} 3v\mathrm{d}u\mathrm{d}v=0,$$

因此, $\iint\limits_D (2x-3y)\mathrm{d}x\mathrm{d}y=\iint\limits_{D'}(2u-3v+2)\mathrm{d}u\mathrm{d}v=\iint\limits_{D'} 2\mathrm{d}u\mathrm{d}v=2\pi.$ □

(3) 令 $u=x-y$, $v=x+y$, 则 $x=\dfrac{u+v}{2}$, $y=\dfrac{v-u}{2}$, 故 $\mathrm{d}x\mathrm{d}y=\dfrac{1}{2}\mathrm{d}u\,\mathrm{d}v$, 而且

$$x=0\Leftrightarrow u+v=0;\quad y=0\Leftrightarrow v-u=0;\quad x+y=1\Leftrightarrow v=1,$$

因此积分变换将区域 D 映为由直线 $u+v=0$, $u-v=0$, $v=1$ 围成的区域 D'. 将区域 D' 改写为 v 型区域

$$D'=\{(u,v)\big|-v\leqslant u\leqslant v,\ 0\leqslant v\leqslant 1\},$$

于是

$$\begin{aligned}\iint\limits_D \mathrm{e}^{\frac{x-y}{x+y}}\mathrm{d}x\mathrm{d}y&=\frac{1}{2}\iint\limits_{D'}\mathrm{e}^{\frac{u}{v}}\mathrm{d}u\mathrm{d}v\\&=\frac{1}{2}\int_0^1\mathrm{d}v\int_{-u}^{u}\mathrm{e}^{\frac{u}{v}}\mathrm{d}u\\&=\frac{1}{2}\int_0^1 v(\mathrm{e}-\mathrm{e}^{-1})\mathrm{d}v=\frac{1}{4}(\mathrm{e}-\mathrm{e}^{-1}).\end{aligned}$$ □

注 本题积分计算利用区域的对称性并结合积分奇偶性要比直接使用极坐标变换计算更加直接和方便.

3. 进行适当的坐标变换, 计算下列二重积分:

(1) $\iint\limits_{D} |\sin(x+y)|\mathrm{d}x\mathrm{d}y$, 其中 $D=\{(x,y)||x|+|y|\leqslant 2\pi\}$.

解　积分区域 D 由直线 $x+y=-2\pi$, $x+y=2\pi$, $x-y=-2\pi$, $x-y=2\pi$ 围成. 作积分变换

$$u=x-y,\quad v=x+y,$$

则 $x=\dfrac{u+v}{2}$, $y=\dfrac{v-u}{2}$, 进而 $\dfrac{\partial(x,y)}{\partial(u,v)}=\dfrac{1}{2}$, $\mathrm{d}x\mathrm{d}y=\dfrac{1}{2}\mathrm{d}u\mathrm{d}v$; 而且变换将区域 D 映为由直线 $u=-2\pi$, $u=2\pi$, $v=-2\pi$, $v=2\pi$ 围成的区域 D', 即

$$D'=\{(u,v)\big|-2\pi\leqslant u\leqslant 2\pi,\ -2\pi\leqslant v\leqslant 2\pi\},$$

因而

$$\begin{aligned}\iint\limits_{D}|\sin(x+y)|\mathrm{d}x\mathrm{d}y&=\frac{1}{2}\iint\limits_{D'}|\cos v|\mathrm{d}u\mathrm{d}v\\&=\frac{1}{2}\int_{-2\pi}^{2\pi}\mathrm{d}v\int_{-2\pi}^{2\pi}|\cos v|\mathrm{d}u\\&=2\pi\int_{-2\pi}^{2\pi}|\cos v|\mathrm{d}v\\&=4\pi\int_{0}^{2\pi}|\cos v|\mathrm{d}v=8\pi\int_{0}^{\pi}|\cos v|\mathrm{d}v\\&=16\pi\int_{0}^{\frac{\pi}{2}}\cos v\mathrm{d}v=16\pi.\end{aligned}$$ □

4. 求由下列曲面所围立体的体积:

(1) V 是由曲面 $z^2=x^2+y^2$ 和 $2z=x^2+y^2$ 所围的立体;

(2) V 是由 $z=\dfrac{x^2}{4}+\dfrac{y^2}{9}$ 和 $z=x+y$ 所围的体积.

解　(1) 由圆锥面 $z^2=x^2+y^2$ 和旋转抛物面 $2z=x^2+y^2$ 所围立体的体积为

$$V=\iint\limits_{D}\left(\sqrt{x^2+y^2}-\frac{x^2+y^2}{2}\right)\mathrm{d}x\mathrm{d}y,$$

其中区域 D 是立体在 xOy 面上的投影区域, 即 $D=\{(x,y)|x^2+y^2\leqslant 4\}$.

令 $x=\rho\cos\theta, y=\rho\sin\theta$, 则 $0\leqslant\rho\leqslant 2, 0\leqslant\theta\leqslant 2\pi$, 于是

$$\begin{aligned}V&=\iint\limits_{D}\left(\sqrt{x^2+y^2}-\frac{x^2+y^2}{2}\right)\mathrm{d}x\mathrm{d}y\\&=\int_0^{2\pi}\mathrm{d}\theta\int_0^2\left(\rho-\frac{\rho^2}{2}\right)\rho\,\mathrm{d}\,\rho=\frac{4}{3}\pi.\end{aligned}$$

(2) 由椭圆抛物面 $z=\dfrac{x^2}{4}+\dfrac{y^2}{9}$ 和平面 $z=x+y$ 所围立体的体积表示为

$$V=\iint\limits_{D}\left(x+y-\left(\frac{x^2}{4}+\frac{y^2}{9}\right)\right)\mathrm{d}x\mathrm{d}y,$$

其中区域 D 是立体在 xOy 面上的投影区域, 即 $D=\left\{(x,y)\middle|\dfrac{x^2}{4}+\dfrac{y^2}{9}\leqslant x+y\right\}$.

令 $x=2u, y=3v$, 则 $\mathrm{d}x\mathrm{d}y=6\mathrm{d}u\,\mathrm{d}v$, 且把 $D=\left\{(x,y)\middle|\dfrac{x^2}{4}+\dfrac{y^2}{9}\leqslant x+y\right\}$ 映为

$$D'=\{(u,v)|u^2+v^2\leqslant 2u+3v\}.$$

于是,

$$V=6\iint\limits_{D'}(2u+3v-(u^2+v^2))\mathrm{d}u\mathrm{d}v.$$

令 $s=u-1, t=v-\dfrac{3}{2}$, 则 $\mathrm{d}u\mathrm{d}v=\mathrm{d}s\mathrm{d}t$, 且把 $D'=\{(u,v)|\ u^2+v^2\leqslant 2u+3v\}$ 映为 $D''=\left\{(s,t)\middle|s^2+t^2\leqslant\dfrac{13}{4}\right\}$, 因此

$$V=6\iint\limits_{D''}\left(\frac{13}{4}-(s^2+t^2)\right)\mathrm{d}s\mathrm{d}t.$$

令 $s=\rho\cos\theta, t=\rho\sin\theta$, 则 $0\leqslant\rho\leqslant\dfrac{\sqrt{13}}{2}, 0\leqslant\theta\leqslant 2\pi$, 从而

$$\begin{aligned}V&=6\iint\limits_{D''}\left(\frac{13}{4}-(s^2+t^2)\right)\mathrm{d}s\mathrm{d}t\\&=6\int_0^{2\pi}\mathrm{d}\theta\int_0^{\frac{\sqrt{13}}{2}}\left(\frac{13}{4}-\rho^2\right)\rho\mathrm{d}\rho=\frac{507}{16}\pi.\end{aligned}$$ □

注 对于平面上任一圆盘或椭圆盘区域, 我们总可以通过有限次的伸缩和移轴变换将之变为圆心在原点的圆盘区域.

5. 作适当变量变换, 把下列二重积分化为定积分:

(1) $\displaystyle\iint\limits_D f(x^2+y^2)\mathrm{d}x\mathrm{d}y$, 其中 $D=\{(x,y)|1\leqslant x^2+y^2\leqslant 4\}$;

(2) $\displaystyle\iint\limits_D f\left(\frac{y}{x}\right)\mathrm{d}x\mathrm{d}y$, 其中 $D=\{(x,y)|x^2+y^2\leqslant x\}$;

(3) $\displaystyle\iint\limits_D f(ax+by)\mathrm{d}x\mathrm{d}y$, 其中 $a^2+b^2\neq 0$, $D=\{(x,y)|x^2+y^2\leqslant 1\}$;

(4) $\displaystyle\iint\limits_D f(xy)\mathrm{d}x\mathrm{d}y$, 其中 $D=\left\{(x,y)\middle|\frac{x}{\mathrm{e}}\leqslant y\leqslant \mathrm{e}x, 1\leqslant xy\leqslant 3\right\}$.

解 (1) 令 $x=\rho\cos\theta$, $y=\rho\sin\theta$, 则 $1\leqslant\rho\leqslant 2$, $0\leqslant\theta\leqslant 2\pi$, 所以

$$\iint\limits_D f(x^2+y^2)\mathrm{d}x\mathrm{d}y=\int_0^{2\pi}\mathrm{d}\theta\int_1^2 f(\rho^2)\,\rho\,\mathrm{d}\rho=2\pi\int_1^2 f(\rho^2)\,\rho\,\mathrm{d}\rho=\pi\int_1^4 f(t)\,\mathrm{d}t.$$

(2) 令 $x=\rho\cos\theta$, $y=\rho\sin\theta$, 则 $0\leqslant\rho\leqslant\cos\theta$, $-\dfrac{\pi}{2}\leqslant\theta\leqslant\dfrac{\pi}{2}$, 所以

$$\iint\limits_D f\left(\frac{y}{x}\right)\mathrm{d}x\mathrm{d}y=\int_{-\frac{\pi}{2}}^{\frac{\pi}{2}}\mathrm{d}\theta\int_0^{\cos\theta} f(\tan\theta)\,\rho\,\mathrm{d}\rho=\frac{1}{2}\int_{-\frac{\pi}{2}}^{\frac{\pi}{2}} f(\tan\theta)\cos^2\theta\mathrm{d}\theta.$$

(3) 令 $x=\dfrac{a}{\sqrt{a^2+b^2}}u-\dfrac{b}{\sqrt{a^2+b^2}}v$, $y=\dfrac{b}{\sqrt{a^2+b^2}}u+\dfrac{a}{\sqrt{a^2+b^2}}v$, 则

$$\mathrm{d}x\mathrm{d}y=\mathrm{d}u\mathrm{d}v,\ 且\ x^2+y^2=1\Leftrightarrow u^2+v^2=1;$$

此外, 变换将 $D=\{(x,y)|x^2+y^2\leqslant 1\}$ 映为 $D'=\{(u,v)|u^2+v^2\leqslant 1\}$. 于是

$$\iint\limits_D f(ax+by)\mathrm{d}x\mathrm{d}y=\iint\limits_{D'} f\big(\sqrt{a^2+b^2}u\big)\mathrm{d}u\mathrm{d}v.$$

将 D' 改写为 v 型区域

$$D'=\{(u,v)|-\sqrt{1-u^2}\leqslant v\leqslant\sqrt{1-u^2}, -1\leqslant u\leqslant 1\},$$

从而

$$\begin{aligned}\iint\limits_D f(ax+by)\mathrm{d}x\mathrm{d}y&=\iint\limits_{D'} f\big(\sqrt{a^2+b^2}u\big)\mathrm{d}u\mathrm{d}v\\&=\int_{-1}^1\mathrm{d}u\int_{-\sqrt{1-u^2}}^{\sqrt{1-u^2}} f\big(\sqrt{a^2+b^2}u\big)\mathrm{d}v\\&=2\int_{-1}^1\sqrt{1-u^2}f\big(\sqrt{a^2+b^2}u\big)\mathrm{d}u.\end{aligned}$$

(4) 令 $u=\dfrac{y}{x}, v=xy$, 则 $\dfrac{\partial(u,v)}{\partial(x,y)}=-\dfrac{2y}{x}=-2u$, 所以 $\mathrm{d}x\mathrm{d}y=\dfrac{1}{2u}\mathrm{d}u\mathrm{d}v$, 而且将区域 $D=\left\{(x,y)\middle|\dfrac{x}{\mathrm{e}}\leqslant y\leqslant \mathrm{e}x, 1\leqslant xy\leqslant 3\right\}$ 变换为

$$D'=\left\{(u,v)\middle|\frac{1}{\mathrm{e}}\leqslant u\leqslant \mathrm{e}, 1\leqslant v\leqslant 3\right\}.$$

因而

$$\begin{aligned}\iint\limits_D f(xy)\mathrm{d}x\mathrm{d}y&=\iint\limits_{D'}\frac{1}{2u}f(v)\mathrm{d}u\mathrm{d}v\\&=\int_1^3 f(v)\mathrm{d}v\int_{\frac{1}{\mathrm{e}}}^{\mathrm{e}}\frac{1}{2u}\mathrm{d}u\\&=\int_1^3 f(v)\mathrm{d}v.\end{aligned}$$

□

习　题　16.4

1. 计算下列三重积分:

(3) $\iiint\limits_V z\mathrm{d}x\mathrm{d}y\mathrm{d}z$, 其中 V 是由曲面 $z=xy$ 与平面 $z=0$, $x=-1, x=1, y=2, y=3$ 围成的, 如图 16.5 所示;

(5) $\iiint\limits_V xy^2z^3\,\mathrm{d}x\mathrm{d}y\mathrm{d}z$, 其中 V 是由 $z=xy, z=0, x=1$ 及 $x=y$ 围成的;

(6) $\iiint\limits_V (x^2+y^2)\mathrm{d}x\mathrm{d}y\mathrm{d}z$, 其中 V 是以曲面 $x^2+y^2=z^2$ 与 $z=2$ 为界面的区域.

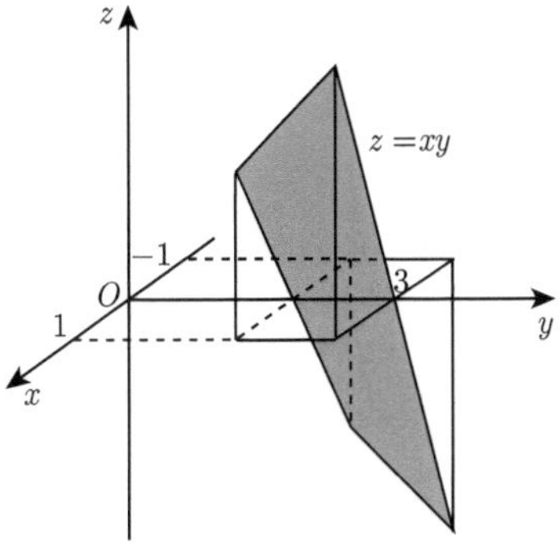

图 16.5

解　(3) 曲面 $z=xy$ 是双曲抛物面, 如图 16.5 所示, 立体 V 分为 xOy 面下方部分 V_1 和上方部分 V_2, 即 $V=V_2\cup V_2$.

区域 V_1 向 xOy 面的投影区域为: $D_1=\{(x,y)\big|-1\leqslant x\leqslant 0,\ 2\leqslant y\leqslant 3\}$,

区域 V_2 向 xOy 面的投影区域为: $D_2=\{(x,y)\big|0\leqslant x\leqslant 1, 2\leqslant y\leqslant 3\}$.

于是

$$V_1=\{(x,y,z)\big|xy\leqslant z\leqslant 0,\ (x,y)\in D_1\},\quad V_2=\{(x,y,z)\big|0\leqslant z\leqslant xy,\ (x,y)\in D_2\},$$

所以

$$\begin{aligned}\iiint\limits_V z\mathrm{d}x\mathrm{d}y\mathrm{d}z&=\Big(\iiint\limits_{V_1}+\iiint\limits_{V_2}\Big)z\mathrm{d}x\mathrm{d}y\mathrm{d}z\\&=\iint\limits_{D_1}\mathrm{d}x\mathrm{d}y\int_{xy}^0 z\mathrm{d}z+\iint\limits_{D_2}\mathrm{d}x\mathrm{d}y\int_0^{xy}z\mathrm{d}z\\&=-\frac12\iint\limits_{D_1}x^2y^2\mathrm{d}x\mathrm{d}y+\frac12\iint\limits_{D_2}x^2y^2\mathrm{d}x\mathrm{d}y\\&=-\frac12\int_{-1}^0x^2\mathrm{d}x\int_2^3y^2\mathrm{d}y+\frac12\int_0^1x^2\mathrm{d}x\int_2^3y^2\mathrm{d}y=0.\end{aligned}$$

(5) 立体 V 向 xOy 面的投影区域为 xOy 面上的直线 $x=1$, $y=0$, $x=y$ 所围成的封闭区域 D, 将 D 改写为如下平面 x 型区域

$$D=\{(x,y)\big|0\leqslant y\leqslant x,\ 0\leqslant x\leqslant 1\},$$

于是

$$V=\{(x,y,z)\big|0\leqslant z\leqslant xy,\ (x,y)\in D\},$$

所以

$$\begin{aligned}\iiint\limits_V zy^2z^3\mathrm{d}x\mathrm{d}y\mathrm{d}z&=\iint\limits_D\mathrm{d}x\mathrm{d}y\int_0^{xy}xy^2z^3\mathrm{d}z\\&=\frac14\iint\limits_D x^5y^6\mathrm{d}x\mathrm{d}y=\frac14\int_0^1x^5\mathrm{d}x\int_0^x y^6\mathrm{d}y\\&=\frac1{28}\int_0^1x^{12}\mathrm{d}x=\frac1{364}.\end{aligned}$$

(6) 立体 V 的上曲顶为 $z=2$, 下曲顶为 $z=\sqrt{x^2+y^2}$, 立体 V 向 xOy 面的投影区域为 $D=\{(x,y)\big|x^2+y^2\leqslant 4\}$, 于是

$$V=\{(x,y,z)\big|\sqrt{x^2+y^2}\leqslant z\leqslant 2,\ (x,y)\in D\}.$$

所以

$$\iiint\limits_V (x^2+y^2)\mathrm{d}x\mathrm{d}y\mathrm{d}z = \iint\limits_D \mathrm{d}x\mathrm{d}y\int_{\sqrt{x^2+y^2}}^{2}(x^2+y^2)\mathrm{d}z$$
$$= \iint\limits_D \left(2(x^2+y^2)-(x^2+y^2)^{\frac{3}{2}}\right)\mathrm{d}x\mathrm{d}y$$
$$= \int_0^{2\pi}\mathrm{d}\theta\int_0^2(2\rho^2-\rho^3)\rho\,\mathrm{d}\rho$$
$$= \frac{16}{5}\pi.$$

□

2. 试将下列累次积分改为先对 x 后对 y 再对 z, 以及先对 y 后对 z 再对 x 的累次积分:

(1) $\int_0^1 \mathrm{d}x\int_0^{1-x}\mathrm{d}y\int_0^{x+y}f(x,y,z)\mathrm{d}z$;

(2) $\int_{-1}^1 \mathrm{d}x\int_{-\sqrt{1-x^2}}^{\sqrt{1-x^2}}\mathrm{d}y\int_{\sqrt{x^2+y^2}}^{1}f(x,y,z)\mathrm{d}z$.

解 (1) 该累次积分可视作函数 $f(x,y,z)$ 在三维空间中某有界闭区域 V 上的三重积分, 如图 16.6 所示, 即

$$\int_0^1 \mathrm{d}x\int_0^{1-x}\mathrm{d}y\int_0^{x+y}f(x,y,z)\mathrm{d}z = \iiint\limits_V f(x,y,z)\mathrm{d}x\mathrm{d}y\mathrm{d}z,$$

而且当选择以 z 轴为参照系, 向 xOy 面投影时, 由三重积分化成的累次积分即为该累次积分.

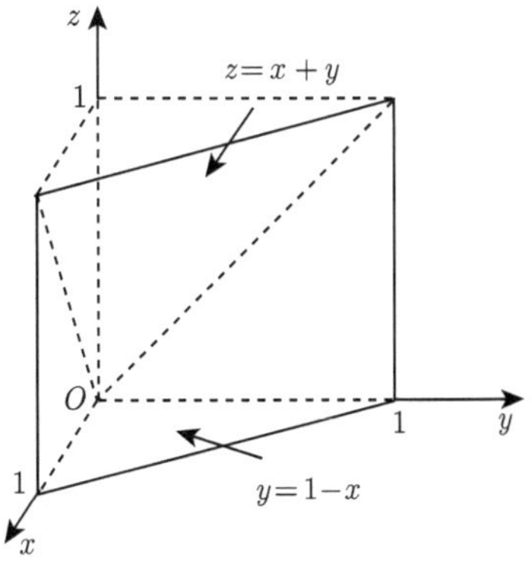

图 16.6

根据原积分次序可得, 立体 V 可视为具有上下曲顶的曲顶柱体, 且上曲顶位于平面 $z=x+y$ 上, 下曲顶位于 $z=0$ 上, V 向 xOy 面的投影

$$D=\{(x,y)|0\leqslant y\leqslant 1-x,\ 0\leqslant x\leqslant 1\}$$

为 xOy 面上的三条直线 $x=0$, $y=0$, $x+y=1$ 围成的区域. 因而 V 为五个平面 $x=0$, $y=0$, $z=0$, $x+y=1$, $z=x+y$ 所围成的立体.

以 x 轴为参照系, 可以将 V 划分为两个曲顶柱体 V_1 和 V_2, 即 $V=V_1\cup V_2$, 其中

$$V_1=\{(x,y,z)\big|0\leqslant x\leqslant 1-y, z\leqslant y\leqslant 1, 0\leqslant z\leqslant 1\};$$

$$V_2=\{(x,y,z)\big|z-y\leqslant x\leqslant 1-y,\ 0\leqslant y\leqslant z,\ 0\leqslant z\leqslant 1\}.$$

所以

$$\begin{aligned}&\iiint\limits_V f(x,y,z)\mathrm{d}x\mathrm{d}y\mathrm{d}z\\=&\iiint\limits_{V_1} f(x,y,z)\mathrm{d}x\mathrm{d}y\mathrm{d}z+\iiint\limits_{V_2} f(x,y,z)\mathrm{d}x\mathrm{d}y\mathrm{d}z\\=&\int_0^1\mathrm{d}z\int_z^1\mathrm{d}y\int_0^{1-y}f(x,y,z)\mathrm{d}x+\int_0^1\mathrm{d}z\int_0^z\mathrm{d}y\int_{z-y}^{1-y}f(x,y,z)\mathrm{d}x,\end{aligned}$$

因此

$$\begin{aligned}&\int_0^1\mathrm{d}x\int_0^{1-x}\mathrm{d}y\int_0^{x+y}f(x,y,z)\mathrm{d}z\\=&\int_0^1\mathrm{d}z\int_z^1\mathrm{d}y\int_0^{1-y}f(x,y,z)\mathrm{d}x+\int_0^1\mathrm{d}z\int_0^z\mathrm{d}y\int_{z-y}^{1-y}f(x,y,z)\mathrm{d}x.\end{aligned}$$

以 y 轴为参照系, 可以将 V 划分为两个曲顶柱体 V_1' 和 V_2', 即 $V=V_1'\cup V_2'$, 其中

$$V_1'=\{(x,y,z)\big|0\leqslant y\leqslant 1-x, 0\leqslant z\leqslant x, 0\leqslant x\leqslant 1\};$$

$$V_2'=\{(x,y,z)\big|z-x\leqslant y\leqslant 1-x,\ x\leqslant z\leqslant 1,\ 0\leqslant z\leqslant 1\}.$$

所以

$$\begin{aligned}&\iiint\limits_V f(x,y,z)\mathrm{d}x\mathrm{d}y\mathrm{d}z\\=&\iiint\limits_{V_1'} f(x,y,z)\mathrm{d}x\mathrm{d}y\mathrm{d}z+\iiint\limits_{V_2'} f(x,y,z)\mathrm{d}x\mathrm{d}y\mathrm{d}z\\=&\int_0^1\mathrm{d}x\int_0^x\mathrm{d}z\int_0^{1-x}f(x,y,z)\mathrm{d}y+\int_0^1\mathrm{d}x\int_x^1\mathrm{d}z\int_{z-x}^{1-x}f(x,y,z)\mathrm{d}y,\end{aligned}$$

因此

$$\begin{aligned}&\int_0^1 \mathrm{d}x\int_0^{1-x}\mathrm{d}y\int_0^{x+y}f(x,y,z)\mathrm{d}z\\=&\int_0^1 \mathrm{d}x\int_0^{x}\mathrm{d}z\int_0^{1-x}f(x,y,z)\mathrm{d}y+\int_0^1 \mathrm{d}z\int_x^{1}\mathrm{d}z\int_{z-x}^{1-x}f(x,y,z)\mathrm{d}y.\end{aligned}$$

(2) 该累次积分可视作函数 $f(x,y,z)$ 在三维空间中某有界闭区域 V 上的三重积分, 即

$$\int_{-1}^1 \mathrm{d}x\int_{-\sqrt{1-x^2}}^{\sqrt{1-x^2}}\mathrm{d}y\int_{\sqrt{x^2+y^2}}^{1}f(x,y,z)\mathrm{d}z=\iiint\limits_V f(x,y,z)\mathrm{d}x\mathrm{d}y\mathrm{d}z.$$

而且当选择以 z 轴为参照系, 向 xOy 面投影时, 由三重积分化成的累次积分即为该累次积分.

根据原积分次序可得立体 V 为平面 $z=1$ 和圆锥面 $z^2=x^2+y^2$ 所围成的立体.

以 x 轴为参照系, 向 yOz 面投影, 可以将 V 改写为

$$V=\left\{(x,y,z)\Big|-\sqrt{z^2-y^2}\leqslant x\leqslant\sqrt{z^2-y^2},\ -z\leqslant y\leqslant z,\ 0\leqslant z\leqslant 1\right\},$$

所以

$$\iiint\limits_V f(x,y,z)\mathrm{d}x\mathrm{d}y\mathrm{d}z=\int_0^1 \mathrm{d}z\int_{-z}^{z}\mathrm{d}y\int_{-\sqrt{z^2-y^2}}^{\sqrt{z^2-y^2}}f(x,y,z)\mathrm{d}x,$$

因此

$$\int_{-1}^1 \mathrm{d}x\int_{-\sqrt{1-x^2}}^{\sqrt{1-x^2}}\mathrm{d}y\int_{\sqrt{x^2+y^2}}^{1}f(x,y,z)\mathrm{d}z=\int_0^1 \mathrm{d}z\int_{-z}^{z}\mathrm{d}y\int_{-\sqrt{z^2-y^2}}^{\sqrt{z^2-y^2}}f(x,y,z)\mathrm{d}x.$$

以 y 轴为参照系, 向 zOx 面投影, 可以将 V 改写为

$$V=\left\{(x,y,z)\Big|-\sqrt{z^2-x^2}\leqslant y\leqslant\sqrt{z^2-x^2},\ |x|\leqslant z\leqslant 1,\ -1\leqslant x\leqslant 1\right\}.$$

所以

$$\iiint\limits_V f(x,y,z)\mathrm{d}x\mathrm{d}y\mathrm{d}z=\int_{-1}^1 \mathrm{d}x\int_{|x|}^{1}\mathrm{d}z\int_{-\sqrt{z^2-x^2}}^{\sqrt{z^2-x^2}}f(x,y,z)\mathrm{d}y.$$

因此

$$\int_{-1}^1 \mathrm{d}x\int_{-\sqrt{1-x^2}}^{\sqrt{1-x^2}}\mathrm{d}y\int_{\sqrt{x^2+y^2}}^{1}f(x,y,z)\mathrm{d}z=\int_{-1}^1 \mathrm{d}x\int_{|x|}^{1}\mathrm{d}z\int_{-\sqrt{z^2-x^2}}^{\sqrt{z^2-x^2}}f(x,y,z)\mathrm{d}y.\quad\square$$

3. 利用适当的坐标变换, 计算下列积分:

(2) $I=\iiint\limits_V \sqrt{x^2+y^2+z^2}\mathrm{d}x\mathrm{d}y\mathrm{d}z$, 其中 V 是由 $x^2+y^2+z^2=z$ 所围成的区域;

(3) $I=\iiint\limits_V \sqrt{1-\frac{x^2}{a^2}-\frac{y^2}{b^2}-\frac{z^2}{c^2}}\mathrm{d}x\mathrm{d}y\mathrm{d}z$, 其中 V 是椭球 $\frac{x^2}{a^2}+\frac{y^2}{b^2}+\frac{z^2}{c^2}\leqslant 1$.

解　(2) 令 $x=\rho\sin\varphi\cos\theta,\ y=\rho\sin\varphi\sin\theta,\ z=\rho\cos\varphi$, 则

$$\mathrm{d}x\mathrm{d}y\mathrm{d}z=\rho^2\sin\varphi\mathrm{d}\rho\,\mathrm{d}\varphi\,\mathrm{d}\theta,\quad 且\ 0\leqslant\rho\leqslant\cos\varphi,\ 0\leqslant\varphi\leqslant\frac{\pi}{2},\ 0\leqslant\theta\leqslant 2\pi.$$

于是,

$$\begin{aligned}\iiint\limits_V \sqrt{x^2+y^2+z^2}\mathrm{d}x\mathrm{d}y\mathrm{d}z&=\int_0^{2\pi}\mathrm{d}\theta\int_0^{\frac{\pi}{2}}\mathrm{d}\varphi\int_0^{\cos\varphi}\rho\cdot\rho^2\sin\varphi\mathrm{d}\rho\\&=\frac{1}{2}\pi\int_0^{\frac{\pi}{2}}\cos^4\varphi\sin\varphi\mathrm{d}\varphi=\frac{1}{10}\pi.\end{aligned}$$

(3) 令 $x=a\rho\sin\varphi\cos\theta,\ y=b\rho\sin\varphi\sin\theta,\ z=c\rho\cos\varphi$, 则

$$\mathrm{d}x\mathrm{d}y\mathrm{d}z=abc\rho^2\cos\varphi\mathrm{d}\rho\,\mathrm{d}\varphi\,\mathrm{d}\theta,\quad 且\ 0\leqslant\rho\leqslant 1,\ 0\leqslant\varphi\leqslant\pi,\ 0\leqslant\theta\leqslant 2\pi.$$

于是,

$$\begin{aligned}\iiint\limits_V \sqrt{1-\frac{x^2}{a^2}-\frac{y^2}{b^2}-\frac{z^2}{c^2}}\mathrm{d}x\mathrm{d}y\mathrm{d}z&=\int_0^{2\pi}\mathrm{d}\theta\int_0^{\pi}\mathrm{d}\varphi\int_0^1\sqrt{1-\rho^2}\cdot abc\rho^2\sin\varphi\mathrm{d}\rho\\&=2abc\pi\int_0^{\pi}\sin\varphi\mathrm{d}\varphi\int_0^1\sqrt{1-\rho^2}\cdot\rho^2\mathrm{d}\rho\\&=\frac{1}{4}abc\pi^2.\end{aligned}$$

□

5. 求由下列曲面所围立体的体积:

(1) V 由曲面 $z=x^2+y^2$ 与 $z=x+y$ 围成, 如图 16.7 所示.

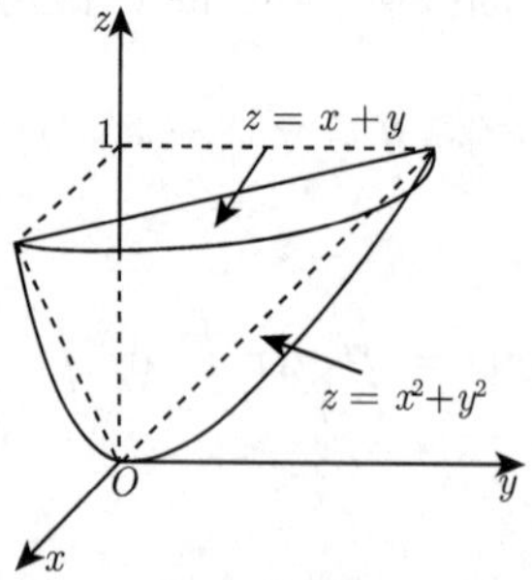

图 16.7

解 旋转抛物面 $z=x^2+y^2$ 与平面 $z=x+y$ 围成的几何体 (图 16.7) 的体积可表示为

$$V=\iint_D \left(x+y-(x^2+y^2)\right)\mathrm{d}x\mathrm{d}y,$$

其中区域 $D=\{(x,y)\big|x^2+y^2\leqslant x+y\}$.

令 $u=x-\dfrac{1}{2}, u=y-\dfrac{1}{2}$, 则将区域 D 映为 $D'=\left\{(u,v)\Big|u^2+v^2\leqslant\dfrac{1}{2}\right\}$, 且可得

$$V=\iint_D \left(x+y-(x^2+y^2)\right)\mathrm{d}x\mathrm{d}y=\iint_{D'}\left(\frac{1}{2}-u^2-v^2\right)\mathrm{d}u\mathrm{d}v.$$

所以

$$\begin{aligned}V&=\iint_{D'}\left(\frac{1}{2}-u^2-v^2\right)\mathrm{d}u\mathrm{d}v\\&=\int_0^{2\pi}\mathrm{d}\theta\int_0^{\frac{\sqrt{2}}{2}}\left(\frac{1}{2}-\rho^2\right)\rho\mathrm{d}\rho=\frac{\pi}{8}.\end{aligned}$$

□

7. 已知 $f(x,y,z)$ 可微, $F(t)=\iiint\limits_{x^2+y^2+z^2\leqslant t^2} f(x,y,z)\mathrm{d}x\mathrm{d}y\mathrm{d}z$, 求 $F'(t)$.

解 令 $x=\rho\sin\varphi\cos\theta,\ y=\rho\sin\varphi\sin\theta,\ z=\rho\cos\varphi$, 则

$$\mathrm{d}x\mathrm{d}y\mathrm{d}z=\rho^2\sin\varphi\mathrm{d}\rho\,\mathrm{d}\varphi\,\mathrm{d}\theta,\quad 且\ 0\leqslant\rho\leqslant t,\ 0\leqslant\varphi\leqslant\pi,\ 0\leqslant\theta\leqslant 2\pi.$$

于是

$$F(t)=\int_0^t\int_0^{2\pi}\mathrm{d}\theta\int_0^{\pi}f(\rho\sin\varphi\cos\theta,\rho\sin\varphi\sin\theta,\rho\cos\varphi)\rho^2\sin\varphi\mathrm{d}\varphi\,\mathrm{d}\rho,$$

所以

$$F'(t)=t^2\int_0^{2\pi}\mathrm{d}\theta\int_0^{\pi}f(t\sin\varphi\cos\theta,t\sin\varphi\sin\theta,t\cos\varphi)\sin\varphi\mathrm{d}\varphi.$$

□

习 题 16.5

1. 求下列曲面的面积:

(1) 曲面 $z=\sqrt{2xy}$ 被平面 $x+y=1, x=1$ 及 $y=1$ 所截下部分;

(2) 锥面 $z=\sqrt{x^2+y^2}$ 被柱面 $z^2=4x$ 所截部分.

解　(1) 如图 16.8 所示, 选择 z 轴为参照系, 向 xOy 面投影, 所截得曲面 $z=\sqrt{2xy}$ 在 xOy 面上的投影区域是 $D=\{(x,y)\big|1-x\leqslant y\leqslant 1,\ 0\leqslant x\leqslant 1\}$, 且

$$\mathrm{d}S=\sqrt{1+z_x^2+z_y^2}\mathrm{d}x\mathrm{d}y=\frac{1}{\sqrt{2}}\left(\sqrt{\frac{y}{x}}+\sqrt{\frac{x}{y}}\right)\mathrm{d}x\mathrm{d}y.$$

所以

$$\begin{aligned}S&=\iint\limits_D\frac{1}{\sqrt{2}}\left(\sqrt{\frac{y}{x}}+\sqrt{\frac{x}{y}}\right)\mathrm{d}x\mathrm{d}y\\&=\iint\limits_D\frac{1}{\sqrt{2}}\cdot 2\cdot\sqrt{\frac{x}{y}}\mathrm{d}x\mathrm{d}y\\&=\sqrt{2}\int_0^1\mathrm{d}x\int_{1-x}^1\sqrt{\frac{x}{y}}\mathrm{d}y\\&=2\sqrt{2}\int_0^1\left(\sqrt{x}-\sqrt{x-x^2}\right)\mathrm{d}x\\&=\frac{4}{3}\sqrt{2}-2\sqrt{2}\int_0^1\sqrt{x-x^2}\mathrm{d}x,\end{aligned}$$

其中积分计算的第二个等号使用了积分轮换对称性.

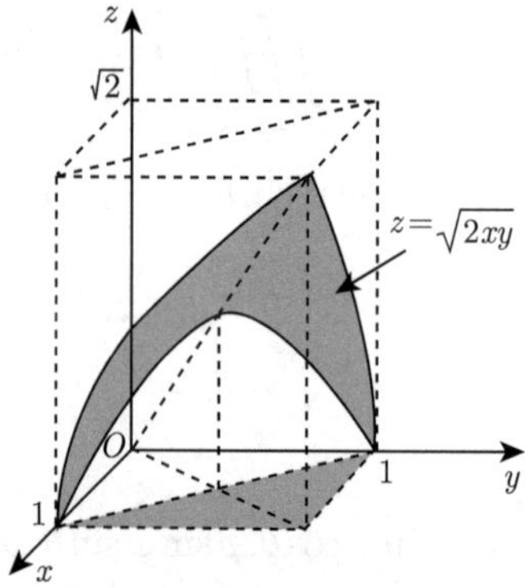

图 16.8

令 $x=\sin^2 t\left(0\leqslant t\leqslant\dfrac{\pi}{2}\right)$, 则

$$\begin{aligned}\int_0^1\sqrt{x-x^2}\mathrm{d}x&=\int_0^{\frac{\pi}{2}}\sin t\cos t\cdot 2\sin t\cos t\mathrm{d}t\\&=\frac{1}{2}\int_0^{\frac{\pi}{2}}\sin^2 2t\mathrm{d}t=\frac{1}{4}\int_0^{\frac{\pi}{2}}(1-\cos 4t)\mathrm{d}t=\frac{\pi}{8},\end{aligned}$$

于是

$$S=\frac{4}{3}\sqrt{2}-2\sqrt{2}\cdot\frac{\pi}{8}=\frac{4}{3}\sqrt{2}-\frac{\sqrt{2}}{4}\pi.$$

(2) 选择 z 轴为参照系, 向 xOy 面投影, 所截得曲面 $z=\sqrt{x^2+y^2}$ 在 xOy 面上的投影区域是 $D=\{(x,y)|x^2+y^2\leqslant 4x\}$, 且

$$\mathrm{d}S=\sqrt{1+z_x^2+z_y^2}\mathrm{d}x\mathrm{d}y=\sqrt{2}\mathrm{d}x\mathrm{d}y,$$

所以

$$S=\iint\limits_D \sqrt{2}\mathrm{d}x\mathrm{d}y=\sqrt{2}S_D=4\sqrt{2}\pi. \quad \square$$

复 习 题

1. 计算下列积分:

(2) $\iint\limits_D \mathrm{sgn}(3-y^2)\mathrm{d}x\mathrm{d}y$, 其中 $D=\{(x,y)|x^2+y^2\leqslant 4\}$;

(3) $\iint\limits_D xy\mathrm{d}x\mathrm{d}y$, 其中 D 是由 $y=ax^3, y=bx^3, y^2=px, y^2=qx$ 所围成的平面区域, $0<a<b, 0<p<q$.

解 (2) 因为积分区域 D 关于 x 轴和 y 轴对称, 且被积函数关于 x 与 y 是偶函数, 所以根据积分对称性

$$\iint\limits_D \mathrm{sgn}(3-y^2)\mathrm{d}x\mathrm{d}y=4\iint\limits_{D_1} \mathrm{sgn}(3-y^2)\mathrm{d}x\mathrm{d}y,$$

其中 $D_1=\{(x,y)|x\geqslant 0,\ y\geqslant 0,\ x^2+y^2\leqslant 4\}$. 根据 $\mathrm{sgn}(3-y^2)$ 的符号, 将 D_1 分为两个区域 D_2 和 D_3, 这里

$$\begin{aligned}D_2&=\{(x,y)|\ x\geqslant 0,\ 0\leqslant y\leqslant\sqrt{3},\ x^2+y^2\leqslant 4\},\\ D_3&=\{(x,y)|\ x\geqslant 0,\ y\geqslant\sqrt{3},\ x^2+y^2\leqslant 4\},\end{aligned}$$

于是利用初等方法易得, 区域 D_1 的面积 $S_{D_1}=\pi$ 与区域 D_3 的面积 $S_{D_3}=\dfrac{\pi}{3}-\dfrac{\sqrt{3}}{2}$, 所以

$$\begin{aligned}\iint\limits_{D_1} \mathrm{sgn}(3-y^2)\mathrm{d}x\mathrm{d}y&=\left(\iint\limits_{D_2}+\iint\limits_{D_3}\right)\mathrm{sgn}(3-y^2)\mathrm{d}x\mathrm{d}y\\ &=\iint\limits_{D_2}\mathrm{d}x\mathrm{d}y-\iint\limits_{D_3}\mathrm{d}x\mathrm{d}y\\ &=\iint\limits_{D_1}\mathrm{d}x\mathrm{d}y-2\iint\limits_{D_3}\mathrm{d}x\mathrm{d}y\\ &=S_{D_1}-2S_{D_3}=\frac{\pi}{3}+\sqrt{3},\end{aligned}$$

所以 $\iint\limits_D \mathrm{sgn}(3-y^2)\mathrm{d}x\mathrm{d}y = \frac{4}{3}\pi + 4\sqrt{3}$.

(3) 令 $u = \frac{y}{x^3}, v = \frac{y^2}{x}$, 则 $x = \sqrt[5]{\frac{v}{u^2}}, y = \sqrt[5]{\frac{v^3}{u}}$, 所以 $\frac{\partial(x,y)}{\partial(u,v)} = -\frac{1}{5\sqrt[5]{u^8 v}} \neq 0$, 且区域 D 对应区域 $\varDelta = [a,b]\times[p,q]$, 于是

$$\begin{aligned}\iint\limits_D xy\mathrm{d}x\mathrm{d}y &= \iint\limits_{\varDelta} \sqrt[5]{\frac{v^4}{u^3}} \cdot \frac{1}{5\sqrt[5]{u^8 v}}\mathrm{d}u\mathrm{d}v \\ &= \frac{1}{5}\int_a^b u^{-\frac{11}{5}}\mathrm{d}u \cdot \int_p^q v^{\frac{3}{5}}\mathrm{d}v \\ &= \frac{5}{48}(a^{-\frac{6}{5}} - b^{-\frac{6}{5}})(q^{\frac{8}{5}} - p^{\frac{8}{5}}).\end{aligned}$$ □

3. 设 $f(x,y)$ 在有界闭区域 D 上连续, 且对任何 D 上的连续函数 $g(x,y)$ 均有

$$\iint\limits_D f(x,y)g(x,y)\mathrm{d}x\mathrm{d}y = 0,$$

求证: $f(x,y) \equiv 0, (x,y) \in D$.

证明 取 $g(x,y) = f(x,y)$, 可得 $\iint\limits_D f^2(x,y)\mathrm{d}x\mathrm{d}y = 0$.

假定 $f(x,y) \not\equiv 0$, 则由函数 $f^2(x,y)$ 非负连续且 $f^2(x,y) \not\equiv 0$, 可知存在一正数 m 和矩形闭区域 $\varDelta = [a,b]\times[c,d] \subset D$, 使得

$$f^2(x,y) > m > 0, \qquad (x,y) \in \varDelta.$$

于是, 利用积分单调性, 可得

$$\iint\limits_D f^2(x,y)\mathrm{d}x\mathrm{d}y \geqslant \iint\limits_{\varDelta} f^2(x,y)\mathrm{d}x\mathrm{d}y \geqslant m(b-a)(d-c) > 0,$$

这与条件 $\iint\limits_D f^2(x,y)\mathrm{d}x\mathrm{d}y = 0$ 矛盾, 故 $f(x,y) \equiv 0, (x,y) \in D$. □

4. 设 $f(x,y)$ 为连续函数, 且 $f(x,y) = f(y,x)$. 证明:

$$\int_0^1 \mathrm{d}x \int_0^x f(x,y)\mathrm{d}y = \int_0^1 \mathrm{d}x \int_0^x f(1-x,1-y)\mathrm{d}y.$$

证明 令 $D = \{(x,y) | 0 \leqslant y \leqslant x, 0 \leqslant x \leqslant 1\}$, 显然它为 $x=1, y=0, y=x$ 围成的有界闭区域, 则

$$\int_0^1 \mathrm{d}x \int_0^x f(1-x,1-y)\mathrm{d}y = \iint\limits_D f(1-x,1-y)\mathrm{d}x\mathrm{d}y.$$

令 $u=1-x$, $v=1-y$, 则 $x=1-u$, $y=1-v$, $\dfrac{\partial(x,y)}{\partial(u,v)}=1$, $\mathrm{d}x\mathrm{d}y=\mathrm{d}u\mathrm{d}v$, 且

$$x=0\Leftrightarrow u=1;\ x=1\Leftrightarrow u=0;\ y=0\Leftrightarrow v=1;\ y=x\Leftrightarrow v=u,$$

所以有界区域 D 映为由直线 $u=0$, $v=1$, $v=u$ 围成的有界闭区域 D', 即

$$D'=\{(u,v)|u\leqslant v\leqslant 1,0\leqslant u\leqslant 1\}=\{(u,v)|0\leqslant u\leqslant v,0\leqslant v\leqslant 1\},$$

因此

$$\iint\limits_{D} f(1-x,1-y)\mathrm{d}x\mathrm{d}y=\iint\limits_{D'} f(u,v)\mathrm{d}u\mathrm{d}v=\iint\limits_{D'} f(v,u)\mathrm{d}u\mathrm{d}v.$$

注意到

$$\iint\limits_{D'} f(v,u)\mathrm{d}u\mathrm{d}v=\int_0^1\mathrm{d}v\int_0^v f(v,u)\mathrm{d}u=\int_0^1\mathrm{d}x\int_0^x f(x,y)\mathrm{d}y,$$

综合以上计算, 可得 $\displaystyle\int_0^1\mathrm{d}x\int_0^x f(x,y)\mathrm{d}y=\int_0^1\mathrm{d}x\int_0^x f(1-x,1-y)\mathrm{d}y.$ □

5. 设 $F(t)$ 分别由下列重积分定义, 计算 $F'(t)$:

(2) $F(t)=\displaystyle\iiint\limits_{V_t} f(xyz)\mathrm{d}x\mathrm{d}y\mathrm{d}z$, 其中 $V_t=[0,t]\times[0,t]\times[0,t]\,(t>0)$, $f(u)$ 可微.

解 设 $x=tu$, $y=tv$, $z=tw$, 则

$$\mathrm{d}x\mathrm{d}y\mathrm{d}z=t^3\mathrm{d}u\,\mathrm{d}v\,\mathrm{d}w,\quad 且\ V_t=[0,t]\times[0,t]\times[0,t]\Leftrightarrow[0,1]\times[0,1]\times[0,1]=V_1.$$

所以

$$F(t)=\iiint\limits_{V_t} f(xyz)\mathrm{d}x\mathrm{d}y\mathrm{d}z=t^3\iiint\limits_{V_1} f(t^3uvw)\mathrm{d}u\mathrm{d}v\mathrm{d}w.$$

因此

$$\begin{aligned}F'(t)&=3t^2\iiint\limits_{V_1} f(t^3uvw)\mathrm{d}u\mathrm{d}v\mathrm{d}w+3t^5\iiint\limits_{V_1} uvwf'(t^3uvw)\mathrm{d}u\mathrm{d}v\mathrm{d}w\\&=\frac{3}{t}\Bigg(\iiint\limits_{V_1} f(t^3uvw)t^3\mathrm{d}u\mathrm{d}v\mathrm{d}w+\iiint\limits_{V_1} t^3uvwf'(t^3uvw)t^3\mathrm{d}u\mathrm{d}v\mathrm{d}w\Bigg)\\&=\frac{3}{t}\Bigg(\iiint\limits_{V_t} f(xyz)\mathrm{d}x\mathrm{d}y\mathrm{d}z+\iiint\limits_{V_t} xyzf'(xyz)\mathrm{d}x\mathrm{d}y\mathrm{d}z\Bigg)\\&=\frac{3}{t}\Bigg(F(t)+\iiint\limits_{V_t} xyzf'(xyz)\mathrm{d}x\mathrm{d}y\mathrm{d}z\Bigg).\end{aligned}$$

□

6. 设 $f(x,y,z)$ 在长方体 $V=[a,b]\times[c,d]\times[e,h]$ 上可积. 若对任何 $(y,z)\in D=[c,d]\times[e,h]$, 定积分

$$F(y,z)=\int_a^b f(x,y,z)\mathrm{d}x$$

存在, 证明 $F(y,z)$ 在 D 上可积, 且

$$\iint_D F(y,z)\mathrm{d}y\mathrm{d}z=\iiint_V f(x,y,z)\mathrm{d}x\mathrm{d}y\mathrm{d}z.$$

证明　令 $I=\iiint_V f(x,y,z)\mathrm{d}x\mathrm{d}y\mathrm{d}z$. 设 $T=\{\sigma_1,\sigma_2,\cdots,\sigma_m\}$ 是区域 D 的任一个分割, $T_1=\{a=x_0<x_1<\cdots<x_n=b\}$ 是区间 $[a,\,b]$ 的一个分割, 则得 V 的分割

$$T_2=T_1\times T=\{\Delta x_i\times\sigma_j|i=1,2,\cdots,n,j=1,2,\cdots,m\},$$

且 $\|T_2\|^2\leqslant\|T\|^2+\|T_1\|^2$. 任取 $(\xi_j,\eta_j)\in\sigma_j\ (j=1,2,\cdots,m)$, 有如下积分和等式

$$\sum_{j=1}^m F(\xi_j,\eta_j)\Delta\sigma_j=\sum_{j=1}^m\int_a^b f(x,\xi_j,\eta_j)\mathrm{d}x\Delta\sigma_j=\sum_{i=1}^n\sum_{j=1}^m\int_{x_{i-1}}^{x_i} f(x,\xi_j,\eta_j)\mathrm{d}x\Delta\sigma_j.$$

记 M_{ij} 与 m_{ij} 分别为 $f(x,y,z)$ 在 $\Delta x_i\times\sigma_j$ 上的上确界与下确界, 则可得到估计式

$$m_{ij}\Delta x_i\leqslant\int_{x_{i-1}}^{x_i} f(x,\xi_j,\eta_j)\mathrm{d}x\leqslant M_{ij}\Delta x_i,$$

于是

$$\sum_{i=1}^n\sum_{j=1}^m m_{ij}\Delta x_i\Delta\sigma_j\leqslant\sum_{j=1}^m F(\xi_j,\eta_j)\Delta\sigma_j\leqslant\sum_{i=1}^n\sum_{j=1}^m M_{ij}\Delta x_i\Delta\sigma_j,$$

所以

$$\begin{aligned}&\left|\sum_{j=1}^m F(\xi_j,\eta_j)\Delta\sigma_j-I\right|\\ \leqslant&\max\left\{\left|\sum_{i=1}^n\sum_{j=1}^m m_{ij}\Delta x_i\Delta\sigma_j-I\right|,\left|\sum_{i=1}^n\sum_{j=1}^m M_{ij}\Delta x_i\Delta\sigma_j-I\right|\right\}.\end{aligned}$$

由于 f 在 V 上可积, 所以 $\forall\varepsilon>0$, $\exists\delta>0$, 对上述分割 T_2, 只要 $\|T_2\|<\delta$, 就有

$$\left|\sum_{i=1}^n\sum_{j=1}^m m_{ij}\Delta x_i\Delta\sigma_j-I\right|<\varepsilon$$

且

$$\left|\sum_{i=1}^{n}\sum_{j=1}^{m}M_{ij}\Delta x_i\Delta\sigma_j - I\right| < \varepsilon.$$

取划分 T 与 T_1, 使得 $\|T\| < \dfrac{\delta}{\sqrt{2}}$, 且 $|T_1\| < \dfrac{\delta}{\sqrt{2}}$, 则相应的有 $\|T_2\| < \delta$ 成立, 于是得

$$\left|\sum_{i=1}^{n}\sum_{j=1}^{m}m_{ij}\Delta x_i\Delta\sigma_j - I\right| < \varepsilon$$

且

$$\left|\sum_{i=1}^{n}\sum_{j=1}^{m}M_{ij}\Delta x_i\Delta\sigma_j - I\right| < \varepsilon.$$

而

$$\begin{aligned}&\left|\sum_{j=1}^{m}F(\xi_j,\eta_j)\Delta\sigma_j - I\right|\\ \leqslant &\max\left\{\left|\sum_{i=1}^{n}\sum_{j=1}^{m}m_{ij}\Delta x_i\Delta\sigma_j - I\right|, \left|\sum_{i=1}^{n}\sum_{j=1}^{m}M_{ij}\Delta x_i\Delta\sigma_j - I\right|\right\},\end{aligned}$$

因此

$$\left|\sum_{j=1}^{m}F(\xi_j,\eta_j)\,\Delta\sigma_j - I\right| < \varepsilon,$$

即函数 $F(y,z)$ 在 D 上可积, 且

$$\iint_D F(y,z)\mathrm{d}y\mathrm{d}z = I = \iiint_V f(x,y,z)\mathrm{d}x\mathrm{d}y\mathrm{d}z.$$ □

7. 设 $f(x,y)$ 在 $[0,\pi]\times[0,\pi]$ 上连续, 且恒取正值, 求

$$\lim_{n\to\infty}\iint_{0\leqslant x\leqslant\pi,0\leqslant y\leqslant\pi}(f(x,y))^{\frac{1}{n}}\sin x\,\mathrm{d}x\mathrm{d}y.$$

解 由题设知, $f(x,y)$ 在 $[0,\pi]\times[0,\pi]$ 上存在正的最小值 m 与最大值 M, 于是

$$0 < m \leqslant f(x,y) \leqslant M, \quad \forall (x,y)\in[0,\pi]\times[0,\pi].$$

又因为

$$\iint_{0\leqslant x\leqslant\pi,0\leqslant y\leqslant\pi}\sin x\mathrm{d}x\mathrm{d}y = \int_0^{\pi}dy\int_0^{\pi}\sin x\mathrm{d}x = 2\pi,$$

所以

$$2\pi \cdot m^{\frac{1}{n}} \leqslant \iint\limits_{0\leqslant x\leqslant\pi,0\leqslant y\leqslant\pi} (f(x,y))^{\frac{1}{n}} \sin x \,\mathrm{d}x\mathrm{d}y \leqslant 2\pi \cdot M^{\frac{1}{n}},$$

故根据追敛性定理得, 原式 $=2\pi$. □

8. 计算下列三重积分:

(2) $J=\iiint\limits_V \mathrm{d}x\mathrm{d}y\mathrm{d}z$, 其中 V 是 $(x^2+y^2+z^2)^3=3xyz$ 围成的立体;

(3) $J=\iiint\limits_V \dfrac{(x^2+y^2)^2}{z^2}\mathrm{d}x\mathrm{d}y\mathrm{d}z$, 其中 V 是由曲面 $z=x^2+y^2, z=2(x^2+y^2), xy=a^2, xy=2a^2, x=2y, 2x=y(x>0,y>0)$ 围成的立体.

解 (2) 立体 V 位于第一、三、六、八卦限, 这些卦限分别满足条件

$$x\geqslant 0,\ y\geqslant 0,\ z\geqslant 0;\quad x\leqslant 0,\ y\leqslant 0,\ z\geqslant 0;$$

$$x\leqslant 0,\ y\geqslant 0,\ z\leqslant 0;\quad x\geqslant 0,\ y\leqslant 0,\ z\leqslant 0.$$

它由四部分构成, 它们一对一的对称于坐标轴之一 (当变量 x, y, z 中的任何两个变号时方程都不改变).

作球坐标变换 $x=\rho\sin\varphi\cos\theta$, $y=\rho\sin\varphi\sin\theta$, $z=\rho\cos\varphi$, 则 $J=\rho^2\sin\varphi$, 且方程 $(x^2+y^2+z^2)^3=3xyz$ 变为 $\rho=\sqrt[3]{3\sin^2\varphi\cos\varphi\sin\theta\cos\theta}$, 于是所求三重积分为

$$\begin{aligned}\iiint\limits_V \mathrm{d}x\mathrm{d}y\mathrm{d}z &= 4\int_0^{\frac{\pi}{2}}\mathrm{d}\theta\int_0^{\frac{\pi}{2}}\mathrm{d}\varphi\int_0^{\sqrt[3]{3\sin^2\varphi\cos\varphi\sin\theta\cos\theta}}\rho^2\sin\varphi\mathrm{d}\rho\\ &= 4\int_0^{\frac{\pi}{2}}\sin^3\varphi\cos\varphi\mathrm{d}\varphi\int_0^{\frac{\pi}{2}}\sin\theta\cos\theta\mathrm{d}\theta\\ &= \sin^4\varphi\Big|_0^{\frac{\pi}{2}}\cdot\frac{1}{2}\sin^2\theta\Big|_0^{\frac{\pi}{2}}=\frac{1}{2}.\end{aligned}$$

(3) 首先, 令 $u=\dfrac{y}{x}, v=xy, w=\dfrac{x^2+y^2}{z}$, 则有 $x=\sqrt{\dfrac{v}{u}}, y=\sqrt{uv}, z=\dfrac{v}{w}\left(u+\dfrac{1}{u}\right)$, 而且 $J=\dfrac{1}{2}vw^{-2}\left(u+\dfrac{1}{u^2}\right)$. 其次, 围成 V 的六个边界曲面分别化为

$$u=\frac{1}{2},\quad u=2,\quad v=a^2,\quad v=2a^2,\quad w=\frac{1}{2},\quad w=1.$$

于是

$$\iiint\limits_V \frac{(x^2+y^2)^2}{z^2}\mathrm{d}x\mathrm{d}y\mathrm{d}z = \int_{\frac{1}{2}}^{2}\mathrm{d}u\int_{a^2}^{2a^2}\mathrm{d}v\int_{\frac{1}{2}}^{1} w^2\cdot\frac{1}{2}vw^{-2}\left(u+\frac{1}{u^2}\right)\mathrm{d}w$$

$$= \frac{1}{2}\int_{\frac{1}{2}}^{2}\left(u+\frac{1}{u^2}\right)\mathrm{d}u\int_{a^2}^{2a^2} v\mathrm{d}v\int_{\frac{1}{2}}^{1}\mathrm{d}w$$

$$= \frac{1}{2}\left(\frac{u^2}{2}-\frac{1}{u}\right)\bigg|_{\frac{1}{2}}^{2}\cdot\frac{v^2}{2}\bigg|_{a^2}^{2a^2}\cdot\left(1-\frac{1}{2}\right)$$

$$= \frac{9}{8}a^4.$$

□

第 17 章　曲线积分和曲面积分

习　题　17.1

1. 计算下列第一型曲线积分:

(3) $\int_{\Gamma}(x+3y)\mathrm{d}s$, 其中 Γ 为以点 $O(0,0), A(3,0), B(0,1)$ 为顶点的三角形;

(5) $\int_{\Gamma}xy\mathrm{d}s$, 其中 Γ 为椭圆 $\dfrac{x^2}{a^2}+\dfrac{y^2}{b^2}=1\,(a>0,b>0)$ 在第一象限中的部分;

(6) $\int_{\Gamma}\sqrt{x^2+2y^2}\mathrm{d}s$, 其中 Γ 是 $x^2+y^2+z^2=a^2$ 与 $x=y$ 相交的圆周.

解　(3) 由题设知, $\Gamma=\overline{OA}+\overline{AB}+\overline{BO}$, 显然线段 $\overline{OA}$ 的方程是: $y=0, 0\leqslant x\leqslant 3$; 线段 $\overline{AB}$ 的方程是: $y=1-\dfrac{x}{3}, 0\leqslant x\leqslant 3$; 线段 $\overline{BO}$ 的方程是: $x=0, 0\leqslant y\leqslant 1$, 于是利用第一型曲线积分的性质和计算公式可得

$$\begin{aligned}
&\int_{\Gamma}(x+3y)\mathrm{d}s\\
=&\int_{\overline{OA}}(x+3y)\mathrm{d}s+\int_{\overline{AB}}(x+3y)\mathrm{d}s+\int_{\overline{BO}}(x+3y)\mathrm{d}s\\
=&\int_0^3(x+0)\sqrt{1^2+0^2}\mathrm{d}x+\int_0^3\left(x+3\left(1-\frac{x}{3}\right)\right)\sqrt{1^2+\left(-\frac{1}{3}\right)^2}\mathrm{d}x\\
&+\int_0^1(0+3y)\sqrt{0^2+1^2}\mathrm{d}y\\
=&\frac{x^2}{2}\Big|_0^3+\sqrt{10}x\Big|_0^3+\frac{3}{2}y^2\Big|_0^1\\
=&\frac{9}{2}+3\sqrt{10}+\frac{3}{2}=6+3\sqrt{10}.
\end{aligned}$$

(5) 由题设知, Γ 的参数方程是: $x=a\cos t,\ y=b\sin t, 0\leqslant t\leqslant\dfrac{\pi}{2}$, 于是当 $a\neq b$ 时, 利用第一型曲线积分的计算公式可得

$$\begin{aligned}
\int_{\Gamma}xy\mathrm{d}s&=\int_0^{\frac{\pi}{2}}a\cos t\cdot b\sin t\sqrt{(-a\sin t)^2+(a\cos t)^2}\mathrm{d}t\\
&=ab\int_0^{\frac{\pi}{2}}\cos t\sin t\sqrt{b^2+(a^2-b^2)\sin^2 t}\mathrm{d}t
\end{aligned}$$

$$
\begin{aligned}
&=\frac{ab}{2(a^2-b^2)}\int_0^{\frac{\pi}{2}}\sqrt{b^2+(a^2-b^2)\sin^2 t}\mathrm{d}\left((a^2-b^2)\sin^2 t\right)\\
&=\frac{ab}{2(a^2-b^2)}\cdot\frac{2}{3}[b^2+(a^2-b^2)\sin^2 t]^{3/2}\Big|_0^{\frac{\pi}{2}}\\
&=\frac{ab}{3(a^2-b^2)}(a^3-b^3)=\frac{ab(a^2+ab+b^2)}{3(a+b)}.
\end{aligned}
$$

当 $a=b$ 时, 类似可得

$$
\begin{aligned}
\int_\Gamma xy\mathrm{d}s&=\int_0^{\frac{\pi}{2}}a\cos t\cdot b\sin t\sqrt{(-a\sin t)^2+(a\cos t)^2}\mathrm{d}t\\
&=a^3\int_0^{\frac{\pi}{2}}\cos t\sin t\mathrm{d}t\\
&=\frac{a^3}{2}\sin^2 t\Big|_0^{\frac{\pi}{2}}=\frac{a^3}{2}=\frac{ab(a^2+ab+b^2)}{3(a+b)}.
\end{aligned}
$$

(6) 由题设知, Γ 的参数方程是: $x=y=\dfrac{a}{\sqrt{2}}\cos t,\ z=a\sin t, 0\leqslant t\leqslant 2\pi$, 则

$$
x'(t)=y'(t)=-\frac{a}{\sqrt{2}}\sin t,\quad z'(t)=a\cos t,
$$

于是利用第一型曲线积分的计算公式可得

$$
\begin{aligned}
\int_\Gamma\sqrt{x^2+2y^2}\mathrm{d}s&=\int_0^{2\pi}\sqrt{x^2(t)+2y^2(t)}\sqrt{x'^2(t)+y'^2(t)+z'^2(t)}\mathrm{d}t\\
&=\int_0^{2\pi}\sqrt{\frac{a^2}{2}\cos^2 t+a^2\cos^2 t}|a|\mathrm{d}t\\
&=\frac{\sqrt{6}}{2}a^2\int_0^{2\pi}|\cos t|\mathrm{d}t\\
&=\frac{\sqrt{6}}{2}a^2\cdot 4\int_0^{\pi/2}\cos t\mathrm{d}t=2\sqrt{6}a^2.
\end{aligned}
$$

□

2. 已知一条非均匀金属线 Γ 的方程为 $x(t)=\mathrm{e}^t\cos t, y(t)=\mathrm{e}^t\sin t, z(t)=\mathrm{e}^t, t\in[0,1]$, 它在每点的线密度与该点到原点的距离的平方成反比, 而且在点 $(1,0,1)$ 处的线密度为 1, 求它的质量 M.

解　依题意, 设金属线的线密度为 $\rho(x,y,z)=\dfrac{k}{x^2+y^2+z^2}$, 则由条件得

$$
\rho(1,0,1)=\frac{k}{x^2+y^2+z^2}\Big|_{(1,0,1)}=\frac{k}{2}=1,\quad k=2,
$$

于是 $\rho(x,y,z)=\dfrac{2}{x^2+y^2+z^2}$.

又因为

$$x'(t)=\mathrm{e}^t(\cos t-\sin t),\quad y'(t)=\mathrm{e}^t(\sin t+\cos t),\quad z'(t)=\mathrm{e}^t,$$

所以金属线的质量 M 为

$$\begin{aligned}M&=\int_\Gamma \rho(x,y,z)\mathrm{d}s\\&=\int_0^1 \frac{2}{x^2(t)+y^2(t)+z^2(t)}\cdot\sqrt{x'^2(t)+y'^2(t)+z'^2(t)}\mathrm{d}t\\&=\int_0^1 \mathrm{e}^{-2t}\cdot\sqrt{3}\mathrm{e}^t\mathrm{d}t=-\sqrt{3}\mathrm{e}^{-t}\Big|_0^1=\sqrt{3}\left(1-\mathrm{e}^{-1}\right).\end{aligned}$$ □

4. 求曲线 Γ:

$$\begin{cases}(x-y)^2=3(x+y),\\x^2-y^2=\dfrac{9}{8}z^2\end{cases}$$

从 $O(0,0,0)$ 到 $A(x_0,y_0,z_0)$ 的弧长, 其中 $x_0>0$.

解 不妨设 $z_0>0$, 由题设可得曲线 Γ 的参数方程为

$$\begin{cases}x=\dfrac{3}{8}z^{4/3}+\dfrac{3}{4}z^{2/3},\\y=\dfrac{3}{8}z^{4/3}-\dfrac{3}{4}z^{2/3},\quad 0\leqslant z\leqslant z_0,\\z=z,\end{cases}$$

则

$$\frac{\mathrm{d}x}{\mathrm{d}z}=\frac{1}{2}\left(z^{\frac{1}{3}}+z^{-\frac{1}{3}}\right),\quad \frac{\mathrm{d}y}{\mathrm{d}z}=\frac{1}{2}\left(z^{\frac{1}{3}}-z^{-\frac{1}{3}}\right),\quad \frac{\mathrm{d}z}{\mathrm{d}z}=1,$$

于是曲线 Γ 的弧长为

$$\begin{aligned}L&=\int_\Gamma \mathrm{d}s=\int_0^{z_0}\sqrt{x'^2(z)+y'^2(z)+1}\mathrm{d}z\\&=\frac{\sqrt{2}}{2}\int_0^{z_0}\left(z^{\frac{1}{3}}+z^{-\frac{1}{3}}\right)\mathrm{d}z=\frac{\sqrt{2}}{2}\left(\frac{3}{4}z^{4/3}+\frac{3}{2}z^{2/3}\right)\Big|_0^{z_0}\\&=\sqrt{2}\left(\frac{3}{8}z_0^{4/3}+\frac{3}{4}z_0^{2/3}\right)=\sqrt{2}\,x_0.\end{aligned}$$ □

习 题 17.2

1. 计算下列第一型曲面积分.

(2) $\displaystyle\iint_S (x^4-y^4+y^2z^2-z^2x^2+1)\mathrm{d}S$, 其中 S 是锥面 $z^2=x^2+y^2$ 被柱面 $x^2+y^2=2x$ 割下的部分;

(4) $\iint\limits_S z^2\mathrm{d}S$, 其中 S 是锥面 $z=\sqrt{x^2+y^2}$ 在球面 $x^2+y^2+z^2=R^2$ 内的部分.

解 (2) 记锥面 $S=S_1+S_2$, 其中 S_1 的方程为 $z=\sqrt{x^2+y^2}$, $x^2+y^2\leqslant 2x$, S_2 的方程为 $z=-\sqrt{x^2+y^2}$, $x^2+y^2\leqslant 2x$. 由于

$$\sqrt{1+z_x^2+z_y^2}=\sqrt{1+\left(\pm\frac{x}{\sqrt{x^2+y^2}}\right)^2+\left(\pm\frac{y}{\sqrt{x^2+y^2}}\right)^2}=\sqrt{2},$$

所以

$$\begin{aligned}&\iint\limits_S(x^4-y^4+y^2z^2-z^2x^2+1)\mathrm{d}S\\=&\iint\limits_S(x^4-y^4+z^2(y^2-x^2)+1)\mathrm{d}S\\=&\iint\limits_S(x^4-y^4+(x^2+y^2)(y^2-x^2)+1)\mathrm{d}S\\=&\iint\limits_S\mathrm{d}S=\iint\limits_{S_1}\mathrm{d}S+\iint\limits_{S_2}\mathrm{d}S\\=&\iint\limits_{x^2+y^2\leqslant 2x}(\sqrt{2}+\sqrt{2})\mathrm{d}x\mathrm{d}y=2\sqrt{2}\,\pi.\end{aligned}$$

(4) 由

$$\begin{cases}z=\sqrt{x^2+y^2},\\x^2+y^2+z^2=R^2\end{cases}$$

得, $x^2+y^2=\dfrac{R^2}{2}$, 于是得锥面 S 在 xOy 面的投影是 $D_{xy}=\left\{(x,y):x^2+y^2\leqslant\dfrac{R^2}{2}\right\}$, 所以锥面 S 的方程是 $z=\sqrt{x^2+y^2}$, $(x,y)\in D_{xy}$, 因此

$$\begin{aligned}\iint\limits_S z^2\mathrm{d}S&=\iint\limits_{D_{xy}}(x^2+y^2)\sqrt{1+z_x^2+z_y^2}\mathrm{d}x\mathrm{d}y\\&=\sqrt{2}\iint\limits_{D_{xy}}(x^2+y^2)\mathrm{d}x\mathrm{d}y\\&=\sqrt{2}\int_0^{2\pi}\mathrm{d}\theta\int_0^{\frac{R}{\sqrt{2}}}r^3\mathrm{d}r\\&=2\sqrt{2}\,\pi\cdot\frac{r^4}{4}\Big|_0^{\frac{R}{\sqrt{2}}}=\frac{\sqrt{2}}{8}\pi R^4.\end{aligned}$$

□

3. 求上半球面 $z=\sqrt{a^2-x^2-y^2}$ 被 $x^2+y^2=ax$ 截取部分的面积和重心坐标 (x_0,y_0,z_0), 其中 $a>0$, 球面的面密度为 1.

解　由于

$$\sqrt{1+z_x^2+z_y^2}=\sqrt{1+\left(\frac{-x}{\sqrt{a^2-x^2-y^2}}\right)^2+\left(\frac{-y}{\sqrt{a^2-x^2-y^2}}\right)^2}=\frac{a}{\sqrt{a^2-x^2-y^2}},$$

所以所求曲面的面积为

$$\begin{aligned}\Delta S&=\iint\limits_{x^2+y^2\leqslant ax}\frac{a}{\sqrt{a^2-x^2-y^2}}\mathrm{d}x\mathrm{d}y\\&=\int_{-\pi/2}^{\pi/2}\mathrm{d}\theta\int_0^{a\cos\theta}\frac{ar}{\sqrt{a^2-r^2}}\mathrm{d}r\\&=2\int_0^{\pi/2}\left(-a\sqrt{a^2-r^2}\right)\Big|_{r=0}^{r=a\cos\theta}\mathrm{d}\theta\\&=2\int_0^{\pi/2}(a^2-a^2\sin\theta)\mathrm{d}\theta\\&=2\left(a^2\theta+a^2\cos\theta\right)\Big|_0^{\pi/2}=(\pi-2)a^2.\end{aligned}$$

因为球面的面密度为 $\rho=1$, 所以

$$m=\iint\limits_S\rho\mathrm{d}S=\iint\limits_S\mathrm{d}S=\Delta S=(\pi-2)a^2.$$

下面求重心坐标 (x_0,y_0,z_0). 利用对称性和重心坐标的计算公式得, $y_0=0$ 和

$$\begin{aligned}x_0&=\frac{1}{m}\iint\limits_S x\rho\mathrm{d}S=\frac{1}{(\pi-2)a^2}\iint\limits_{x^2+y^2\leqslant ax}\frac{a}{\sqrt{a^2-x^2-y^2}}\mathrm{d}x\mathrm{d}y\\&=\frac{1}{(\pi-2)a^2}\int_{-\pi/2}^{\pi/2}\mathrm{d}\theta\int_0^{a\cos\theta}\frac{ar^2\cos\theta}{\sqrt{a^2-r^2}}\mathrm{d}r\\&=\frac{2}{(\pi-2)a}\int_0^{\pi/2}\cos\theta\mathrm{d}\theta\int_0^{a\cos\theta}\frac{r^2}{\sqrt{a^2-r^2}}\mathrm{d}r\\&=\frac{1}{(\pi-2)a}\int_0^{\pi/2}\cos\theta\left(-r\sqrt{a^2-r^2}+a^2\arcsin\frac{r}{a}\right)\Big|_{r=0}^{r=a\cos\theta}\mathrm{d}\theta\\&=\frac{1}{(\pi-2)a}\int_0^{\pi/2}\cos\theta\left[-a^2\sin\theta\cos\theta+a^2\left(\frac{\pi}{2}-\theta\right)\right]\mathrm{d}\theta\\&=\frac{a}{\pi-2}\left(\frac{\pi}{2}\sin\theta-\theta\sin\theta-\cos\theta+\frac{1}{3}\cos^3\theta\right)\Big|_0^{\pi/2}=\frac{2a}{3(\pi-2)},\end{aligned}$$

$$z_0 = \frac{1}{m}\iint_S z\rho \mathrm{d}S$$
$$= \frac{1}{(\pi-2)a^2}\iint_{x^2+y^2\leqslant ax} \sqrt{a^2-x^2-y^2}\cdot\frac{a}{\sqrt{a^2-x^2-y^2}}\mathrm{d}x\mathrm{d}y$$
$$= \frac{1}{(\pi-2)a}\iint_{x^2+y^2\leqslant ax}\mathrm{d}x\mathrm{d}y = \frac{1}{(\pi-2)a}\cdot\pi\left(\frac{a}{2}\right)^2 = \frac{\pi a}{4(\pi-2)},$$

所以重心坐标是 $\left(\dfrac{2a}{3(\pi-2)}, 0, \dfrac{\pi a}{4(\pi-2)}\right)$. □

5. 计算 $\displaystyle\iint_S x^2\mathrm{d}S$, 其中 S 为圆锥表面的一部分:

$$S:\begin{cases} x = r\cos\phi\sin\theta, \\ y = r\sin\phi\sin\theta, \\ z = r\cos\theta, \end{cases}\qquad D:\begin{cases} 0\leqslant r\leqslant a, \\ 0\leqslant\phi\leqslant 2\pi, \end{cases}$$

这里 θ 为常数 $\left(0<\theta<\dfrac{\pi}{2}\right)$.

解 由题设可得

$$E = x_r^2+y_r^2+z_r^2 = (\cos\phi\sin\theta)^2+(\sin\phi\sin\theta)^2+\cos^2\theta = 1,$$
$$F = x_r x_\phi + y_r y_\phi + z_r z_\phi = 0,$$
$$G = x_\phi^2+y_\phi^2+z_\phi^2 = (-r\sin\phi\sin\theta)^2+(r\cos\phi\sin\theta)^2+0 = r^2\sin^2\theta,$$

于是利用教材中公式 (17.2.2) 可得

$$\iint_S x^2\mathrm{d}S = \iint_S (r\cos\phi\sin\theta)^2\sqrt{EG-F^2}\mathrm{d}r\mathrm{d}\phi$$
$$= \sin^3\theta\int_0^a r^3\mathrm{d}r\int_0^{2\pi}\cos^2\phi\mathrm{d}\phi$$
$$= \sin^3\theta\cdot\frac{a^4}{4}\frac{1}{2}\left(\phi+\frac{1}{2}\sin 2\phi\right)\bigg|_0^{2\pi} = \frac{\pi}{4}a^4\sin^3\theta.$$ □

习 题 17.3

1. 计算第二型曲线积分:

(1) $\displaystyle\int_\Gamma xy\mathrm{d}x + y\mathrm{e}^x\mathrm{d}y$, 其中 Γ 是以 $(0,0)$, $(2,0)$, $(2,1)$, $(0,1)$ 为顶点的矩形, 逆

时针方向为正向;

(3) $\int_\Gamma \frac{x}{y}\mathrm{d}x+\frac{1}{y-a}\mathrm{d}y$, 其中 Γ 是摆线 $x=a(t-\sin t)$, $y=a(1-\cos t)$ 对应于 $t=\frac{\pi}{6}$ 到 $t=\frac{\pi}{3}$ 的一段;

(5) $\int_\Gamma y\mathrm{d}x+z\mathrm{d}y+x\mathrm{d}z$, Γ 为球面上的曲线

$$x=R\sin\phi\cos\theta,\quad y=R\sin\phi\sin\theta,\quad z=R\cos\phi,$$

$$R>0,\quad 0\leqslant\phi\leqslant\pi,\quad 0\leqslant\theta\leqslant 2\pi,$$

其中 R, ϕ 为常数, θ 增大的方向为曲线的正向.

解 (1) 设 $O(0,0)$, $A(2,0)$, $B(2,1)$, $C(0,1)$, 则 $\Gamma=\overline{OA}+\overline{AB}+\overline{BC}+\overline{CO}$, 其中

$\overline{OA}$ 的方程是: $y=0, 0\leqslant x\leqslant 2$; $\overline{AB}$ 的方程是: $x=2, 0\leqslant y\leqslant 1$;
$\overline{BC}$ 的方程是: $y=1, 0\leqslant x\leqslant 2$; $\overline{CO}$ 的方程是: $x=0, 0\leqslant y\leqslant 1$,
于是

$$\begin{aligned}\int_\Gamma \frac{x}{y}\mathrm{d}x+\frac{1}{y-a}\mathrm{d}y=&\int_{\overline{OA}} xy\mathrm{d}x+y\mathrm{e}^x\mathrm{d}y+\int_{\overline{AB}} xy\mathrm{d}x+y\mathrm{e}^x\mathrm{d}y\\&+\int_{\overline{BC}} xy\mathrm{d}x+y\mathrm{e}^x\mathrm{d}y+\int_{\overline{CO}} xy\mathrm{d}x+y\mathrm{e}^x\mathrm{d}y\\=&0+\int_0^1 y\mathrm{e}^2\mathrm{d}y+\int_2^0 x\mathrm{d}x+\int_1^0 y\mathrm{d}y\\=&\frac{\mathrm{e}^2}{2}-2-\frac{1}{2}=\frac{\mathrm{e}^2-5}{2}.\end{aligned}$$

(3) 因为 $x'(t)=a(1-\cos t)$, $y'(t)=a\sin t$, 所以

$$\begin{aligned}\int_\Gamma \frac{x}{y}\mathrm{d}x+\frac{1}{y-a}\mathrm{d}y=&\int_{\frac{\pi}{6}}^{\frac{\pi}{3}}\left[\frac{a(t-\sin t)}{a(1-\cos t)}\cdot a(1-\cos t)+\frac{1}{a(1-\cos t)-a}\cdot a\sin t\right]\mathrm{d}t\\=&\int_{\frac{\pi}{6}}^{\frac{\pi}{3}}(at-a\sin t-\tan t)\mathrm{d}t\\=&\left(\frac{at^2}{2}+a\cos t+\ln\cos t\right)\Big|_{\frac{\pi}{6}}^{\frac{\pi}{3}}\\=&\frac{a}{2}\left(\frac{\pi^2}{12}+1-\sqrt{3}\right)-\frac{1}{2}\ln 3.\end{aligned}$$

(5) 由于 R, ϕ 都为常数, 所以

$$x'(\theta)=-R\sin\phi\sin\theta,\quad y'(\theta)=R\sin\phi\cos\theta,\quad z'(\theta)=0,$$

因此

$$\begin{aligned}&\int_{\Gamma} y\mathrm{d}x+z\mathrm{d}y+x\mathrm{d}z\\=&\int_0^{2\pi}[R\sin\phi\sin\theta\cdot(-R\sin\phi\sin\theta)+0+R\cos\phi\cdot R\sin\phi\cos\theta]\mathrm{d}\theta\\=&-R^2\sin^2\phi\int_0^{2\pi}\sin^2\theta\mathrm{d}\theta+R^2\sin\phi\cos\phi\int_0^{2\pi}\cos\theta\mathrm{d}\theta\\=&-R^2\sin^2\phi\int_0^{2\pi}\frac{1+\cos 2\theta}{2}\mathrm{d}\theta+0\\=&-\pi R^2\sin^2\phi.\end{aligned}$$

□

3. 计算沿空间曲线的第二型曲线积分.

(1) $\int_{\Gamma} xyz\mathrm{d}z$, 其中 $\Gamma: x^2+y^2+z^2=1$ 与 $y=z$ 相交的圆, 其方向按曲线依次经过 1, 2, 7, 8 卦限;

(2) $\int_{\Gamma}(y^2-z^2)\mathrm{d}x+(z^2-x^2)\mathrm{d}y+(x^2-y^2)\mathrm{d}z$, 其中 Γ 为球面 $x^2+y^2+z^2=1$ 在第一卦限部分的边界曲线, 其方向按曲线依次经过 xy 平面部分、yz 平面部分和 zx 平面部分.

解　(1) 由题设得, Γ 的参数方程为

$$\Gamma:\ x=\cos t,\quad y=z=\frac{1}{\sqrt{2}}\sin t,\quad 0\leqslant t\leqslant 2\pi,$$

于是

$$\begin{aligned}\int_{\Gamma} xyz\mathrm{d}z&=\int_0^{2\pi}\cos t\cdot\frac{1}{2}\sin^2 t\cdot\frac{1}{\sqrt{2}}\cos t\mathrm{d}t\\&=\frac{\sqrt{2}}{16}\int_0^{2\pi}\sin^2 2t\mathrm{d}t\\&=\frac{\sqrt{2}}{32}\int_0^{2\pi}(1-\cos 4t)\mathrm{d}t=\frac{\sqrt{2}\pi}{16}.\end{aligned}$$

(2) 由题设得, $\Gamma=\Gamma_1+\Gamma_2+\Gamma_3$, 其中

$$\begin{aligned}&\Gamma_1:\ x^2+y^2=1, z=0, x\geqslant 0, y\geqslant 0;\\&\Gamma_2:\ y^2+z^2=1, x=0, y\geqslant 0, z\geqslant 0;\\&\Gamma_3:\ x^2+z^2=1, y=0, x\geqslant 0, z\geqslant 0,\end{aligned}$$

于是 Γ_1 的参数方程为

$$\Gamma_1:\ x=\cos t,\quad y=\sin t,\quad z=0,\quad 0\leqslant t\leqslant\frac{\pi}{2},$$

Γ_2 的参数方程为

$$\Gamma_2:\ x=0,\quad y=\cos t,\quad z=\sin t,\quad 0\leqslant t\leqslant\frac{\pi}{2},$$

Γ_3 的参数方程为

$$\Gamma_3:\ x=\sin t,\quad y=0,\quad z=\cos t,\quad 0\leqslant t\leqslant\frac{\pi}{2},$$

所以利用第二型曲线积分的性质和对称性可得

$$\begin{aligned}&\int_{\Gamma}(y^2-z^2)\mathrm{d}x+(z^2-x^2)\mathrm{d}y+(x^2-y^2)\mathrm{d}z\\&=\int_{\Gamma_1}y^2\mathrm{d}x-x^2\mathrm{d}y+\int_{\Gamma_2}z^2\mathrm{d}y-y^2\mathrm{d}z+\int_{\Gamma_3}x^2\mathrm{d}z-z^2\mathrm{d}x\\&=3\int_0^{\frac{\pi}{2}}[\sin^2t\cdot(-\sin t)-\cos^3t]\mathrm{d}t\\&=3\int_0^{\frac{\pi}{2}}(1-\cos^2t)\mathrm{d}\cos t-3\int_0^{\frac{\pi}{2}}\left(1-\sin^2t\right)\mathrm{d}\sin t\\&=3\left(\cos t-\frac{1}{3}\cos^3t\right)\Big|_0^{\frac{\pi}{2}}-3\left(\sin t-\frac{1}{3}\sin^3t\right)\Big|_0^{\frac{\pi}{2}}\\&=-2-2=-4.\end{aligned}$$

□

习　题　17.4

1. 计算第二型曲面积分:

(2) $\iint\limits_S xy\mathrm{d}y\mathrm{d}z+yz\mathrm{d}z\mathrm{d}x+xz\mathrm{d}x\mathrm{d}y$, 其中 S 是平面 $x+y+z=1$ 与坐标平面所围立体表面外侧;

(4) $\iint\limits_S x^2\mathrm{d}y\mathrm{d}z+y^2\mathrm{d}z\mathrm{d}x+z^2\mathrm{d}x\mathrm{d}y$, 其中 S 是球面 $(x-a)^2+(y-b)^2+(z-c)^2=R^2$ 外侧.

解　(2) 由对称性可得

$$\iint\limits_S xy\mathrm{d}y\mathrm{d}z=\iint\limits_S yz\mathrm{d}z\mathrm{d}x=\iint\limits_S zx\mathrm{d}x\mathrm{d}y.$$

下面计算 $\iint\limits_S zx\mathrm{d}x\mathrm{d}y$. 事实上, 由题设得, $S=S_1\cup S_2\cup S_3\cup S_4$, 其中

$$S_1:z=0,(x,y)\in D_{xy}=\{(x,y):\ 0\leqslant y\leqslant 1-x,0\leqslant x\leqslant 1\};$$

$$S_2:y=0,(z,x)\in D_{zx}=\{(z,x):\ 0\leqslant z\leqslant 1-x,0\leqslant x\leqslant 1\};$$

$$S_3: x=0,\ (y,z)\in D_{yz}=\{(y,z):\ 0\leqslant y\leqslant 1-z, 0\leqslant z\leqslant 1\};$$
$$S_4: z=1-x-y,\ (x,y)\in D_{xy},$$

于是

$$\begin{aligned}\iint_S zx\mathrm{d}x\mathrm{d}y=&\iint_{S_1} zx\mathrm{d}x\mathrm{d}y+\iint_{S_2} zx\mathrm{d}x\mathrm{d}y\\&+\iint_{S_3} zx\mathrm{d}x\mathrm{d}y+\iint_{S_4} zx\mathrm{d}x\mathrm{d}y\\=&0+0+0+\iint_{D_{xy}} x(1-x-y)\mathrm{d}x\mathrm{d}y\\=&\int_0^1\mathrm{d}x\int_0^{1-x}x(1-x-y)\mathrm{d}y\\=&\int_0^1 x\left[(1-x)^2-\frac{(1-x)^2}{2}\right]\mathrm{d}x\\=&\frac{1}{2}\int_0^1[(1-x)^2-(1-x)^3]\mathrm{d}x\\=&-\frac{1}{2}\left[\frac{1}{3}(1-x)^3-\frac{1}{4}(1-x)^4\right]\Big|_0^1=\frac{1}{24},\end{aligned}$$

所以

$$\iint_S xy\mathrm{d}y\mathrm{d}z+yz\mathrm{d}z\mathrm{d}x+xz\mathrm{d}x\mathrm{d}y=3\iint_S zx\mathrm{d}x\mathrm{d}y=3\cdot\frac{1}{24}=\frac{1}{8}.$$

(4) 设 S_1, S_2 分别表示上、下两半球面, 分别取上、下侧, 即

$$\begin{aligned}S_1: z=c+\sqrt{R^2-(x-a)^2-(y-b)^2},\quad &(x,y)\in D_{xy}\\=\{(x,y):\ (x-a)^2+(y-b)^2\leqslant R^2\};&\\S_2: z=c-\sqrt{R^2-(x-a)^2-(y-b)^2},\quad &(x,y)\in D_{xy},\end{aligned}$$

则

$$\begin{aligned}\iint_S z^2\mathrm{d}x\mathrm{d}y=&\iint_{S_1} z^2\mathrm{d}x\mathrm{d}y+\iint_{S_2} z^2\mathrm{d}x\mathrm{d}y\\=&\iint_{D_{xy}}\left[c+\sqrt{R^2-(x-a)^2-(y-b)^2}\right]^2\mathrm{d}x\mathrm{d}y\\&-\iint_{D_{xy}}\left[c-\sqrt{R^2-(x-a)^2-(y-b)^2}\right]^2\mathrm{d}x\mathrm{d}y\end{aligned}$$

$$=4c\iint\limits_{D_{xy}}\sqrt{R^2-(x-a)^2-(y-b)^2}\mathrm{d}x\mathrm{d}y$$
$$=4c\cdot\frac{2}{3}\pi R^3=\frac{8}{3}\pi R^3c.$$

同理可得

$$\iint\limits_S x^2\mathrm{d}y\mathrm{d}z=\frac{8}{3}\pi R^3a,\quad \iint\limits_S y^2\mathrm{d}z\mathrm{d}x=\frac{8}{3}\pi R^3b,$$

所以

$$\iint\limits_S x^2\mathrm{d}y\mathrm{d}z+y^2\mathrm{d}z\mathrm{d}x+z^2\mathrm{d}x\mathrm{d}y=\frac{8}{3}\pi R^3(a+b+c).$$ □

3. 计算第二型曲面积分

$$I=\iint\limits_S f(x)\mathrm{d}y\mathrm{d}z+g(y)\mathrm{d}z\mathrm{d}x+h(z)\mathrm{d}x\mathrm{d}y,$$

其中 S 是平行六面体 $(0\leqslant x\leqslant a,\ 0\leqslant y\leqslant b,\ 0\leqslant z\leqslant c)$ 的表面外侧, $f(x)$, $g(y)$, $h(z)$ 为 S 上的连续函数.

解　记 $I=I_1+I_2+I_3$, 其中

$$I_1=\iint\limits_S f(x)\mathrm{d}y\mathrm{d}z,\quad I_2=\iint\limits_S g(y)\mathrm{d}z\mathrm{d}x,\quad I_3=\iint\limits_S h(z)\mathrm{d}x\mathrm{d}y.$$

先计算 I_1, 事实上, 由题设得 $S=S_1\cup S_2\cup S_3\cup S_4\cup S_5\cup S_6$, 其中

$$S_1:x=0,\ (y,z)\in D_{yz}=[0,b]\times[0,c];$$
$$S_2:x=a,\ (y,z)\in D_{yz};$$
$$S_3:y=0,\ (z,x)\in D_{zx}=[0,c]\times[0,a];$$
$$S_4:y=b,\ (z,x)\in D_{zx},$$
$$S_5:z=0,\ (x,y)\in D_{xy}=[0,a]\times[0,b];$$
$$S_6:z=c,\ (z,x)\in D_{xy},$$

于是

$$I_1=\iint\limits_{S_1}f(x)\mathrm{d}y\mathrm{d}z+\iint\limits_{S_2}f(x)\mathrm{d}y\mathrm{d}z+\iint\limits_{S_3}f(x)\mathrm{d}y\mathrm{d}z$$
$$+\iint\limits_{S_4}f(x)\mathrm{d}y\mathrm{d}z+\iint\limits_{S_5}f(x)\mathrm{d}y\mathrm{d}z+\iint\limits_{S_6}f(x)\mathrm{d}y\mathrm{d}z$$

$$
\begin{aligned}
&= -\iint\limits_{D_{yz}} f(0)\mathrm{d}y\mathrm{d}z + \iint\limits_{D_{yz}} f(a)\mathrm{d}y\mathrm{d}z + 0 + \cdots + 0 \\
&= -f(0)bc + f(a)bc = [f(a) - f(0)]bc.
\end{aligned}
$$

同理可得

$$I_2 = [g(b) - g(0)]ac, \quad I_3 = [h(c) - h(0)]ab,$$

所以

$$I = I_1 + I_2 + I_3 = [f(a) - f(0)]bc + [g(b) - g(0)]ac + [h(c) - h(0)]ab. \qquad \square$$

复 习 题

1. 证明第一型曲线积分满足积分中值定理.

证明 因为

$$\inf_{\Gamma} f(x,y) \leqslant f(x,y) \leqslant \sup_{\Gamma} f(x,y), \quad \forall (x,y) \in \Gamma,$$

所以由第一型曲线积分的单调性可得

$$\inf_{\Gamma} f(x,y) \cdot l \leqslant \int_{\Gamma} f(x,y)\mathrm{d}s \leqslant \sup_{\Gamma} f(x,y) \cdot l, \quad \forall (x,y) \in \Gamma.$$

记 $c = \dfrac{1}{l}\displaystyle\int_{\Gamma} f(x,y)\mathrm{d}s$, 则

$$\int_{\Gamma} f(x,y)\mathrm{d}s = c\,l,$$

且

$$\inf_{\Gamma} f(x,y) \leqslant c \leqslant \sup_{\Gamma} f(x,y). \qquad \square$$

2. 计算下列第一型曲线积分:

(2) $\displaystyle\int_{\Gamma} \left(x^{\frac{4}{3}} + y^{\frac{4}{3}}\right)\mathrm{d}s$, 其中 Γ 是内摆线 $x^{\frac{2}{3}} + y^{\frac{2}{3}} = a^{\frac{2}{3}}$ $(a > 0)$.

解 令 $x = a\sin^3 t$, $y = a\cos^3 t$, $0 \leqslant t \leqslant 2\pi$, 则

$$
\begin{aligned}
\mathrm{d}s &= \sqrt{x'^2(t) + y'^2(t)}\mathrm{d}t \\
&= \sqrt{(-3a\cos^2 t\sin t)^2 + (3a\sin^2 t\cos t)^2}\mathrm{d}t = 3a|\sin t\cos t|\mathrm{d}t,
\end{aligned}
$$

于是

$$\int_\Gamma (x^{\frac{4}{3}}+y^{\frac{4}{3}})\mathrm{d}s=\int_0^{2\pi} a^{\frac{4}{3}}(\cos^4 t+\sin^4 t)\cdot 3a|\sin t\cos t|\mathrm{d}t$$

$$=12a^{\frac{7}{3}}\int_0^{\frac{\pi}{2}}(\cos^4 t+\sin^4 t)\sin t\cos t\mathrm{d}t$$

$$=12a^{\frac{7}{3}}\left(-\frac{1}{6}\cos^6 t+\frac{1}{6}\sin^6 t\right)\Big|_0^{\frac{\pi}{2}}=4a^{\frac{7}{3}}.$$ □

3. 计算下列第一型曲面积分:

(1) $\iint\limits_S z^{99}(x^2+y^2)\mathrm{d}S$, 其中 S 为球面 $x^2+y^2+z^2=1$ 在第一卦限的部分;

(3) $\iint\limits_S \dfrac{\mathrm{d}S}{\sqrt{x^2+y^2+z^2}}$, 其中 S 是 $x^2+y^2=R^2$ 在平面 $z=0$ 与 $z=h$ 之间的柱面.

解　(1) 令 $D_{xy}=\{(x,y)|\ x^2+y^2\leqslant 1, x\geqslant 0, y\geqslant 0\}$, 则

$$S:\ z=\sqrt{1-x^2-y^2}, (x,y)\in D_{xy},$$

$$\sqrt{1+z_x^2+z_y^2}=\sqrt{1+\left(\frac{-x}{\sqrt{1-x^2-y^2}}\right)^2+\left(\frac{-y}{\sqrt{1-x^2-y^2}}\right)^2}=\frac{1}{\sqrt{1-x^2-y^2}},$$

于是

$$\iint\limits_S z^{99}(x^2+y^2)\mathrm{d}S=\iint\limits_{D_{xy}}(1-x^2-y^2)^{\frac{99}{2}}(x^2+y^2)\sqrt{1+z_x^2+z_y^2}\mathrm{d}x\mathrm{d}y$$

$$=\iint\limits_{D_{xy}}(1-x^2-y^2)^{49}(x^2+y^2)\mathrm{d}x\mathrm{d}y$$

$$=\int_0^{\frac{\pi}{2}}\mathrm{d}\theta\int_0^1(1-r^2)^{49}r^2\cdot r\mathrm{d}r$$

$$=-\frac{\pi}{4}\int_0^1\left[(1-r^2)^{49}-(1-r^2)^{50}\right]\mathrm{d}(1-r^2)$$

$$=-\frac{\pi}{4}\left[\frac{1}{50}(1-r^2)^{50}-\frac{1}{51}(1-r^2)^{51}\right]\Big|_0^1$$

$$=\frac{\pi}{4}\left(\frac{1}{50}-\frac{1}{51}\right)=\frac{\pi}{10200}.$$

(3) 令 $D_{yz}=\{(y,z)|-R\leqslant y\leqslant R, 0\leqslant z\leqslant h\}$, $S=S_1\cup S_2$, 其中

$$S_1:\ x=\sqrt{R^2-y^2}, (y,z)\in D_{yz},$$

$$S_2:\ x=-\sqrt{R^2-y^2}, (y,z)\in D_{yz},$$

$$\sqrt{1+x_y^2+x_z^2}=\sqrt{1+\left(\pm\frac{-y}{\sqrt{R^2-y^2}}\right)^2+0}=\frac{R}{\sqrt{R^2-y^2}},$$

于是

$$\begin{aligned}\iint_S\frac{\mathrm{d}S}{\sqrt{x^2+y^2+z^2}}&=\iint_{S_1}\frac{\mathrm{d}S}{\sqrt{x^2+y^2+z^2}}+\iint_{S_2}\frac{\mathrm{d}S}{\sqrt{x^2+y^2+z^2}}\\&=2\iint_{D_{yz}}\frac{1}{\sqrt{R^2+z^2}}\cdot\sqrt{1+x_y^2+x_z^2}\mathrm{d}y\mathrm{d}z\\&=2\int_{-R}^{R}\mathrm{d}y\int_0^h\frac{1}{\sqrt{R^2+z^2}}\cdot\frac{R}{\sqrt{R^2-y^2}}\mathrm{d}z\\&=4R\int_0^R\frac{\mathrm{d}y}{\sqrt{R^2-y^2}}\int_0^h\frac{1}{\sqrt{R^2+z^2}}\mathrm{d}z\\&=4R\arcsin\frac{y}{R}\bigg|_{y=0}^{y=R}\ln(z+\sqrt{R^2+z^2})\bigg|_{z=0}^{z=h}\\&=2\pi R\left[\ln(h+\sqrt{R^2+h^2})-\ln R\right].\end{aligned}$$ □

4. 求下列第二型曲线积分:

(2) $\int_\Gamma y^2\mathrm{d}x+z^2\mathrm{d}y+x^2\mathrm{d}z$, 其中 Γ 是维维安尼曲线 $x^2+y^2+z^2=a^2$, $x^2+y^2=ax(z\geqslant 0,a>0)$, 从 x 轴正向看, Γ 的正向是逆时针方向, 如图 17.1 所示.

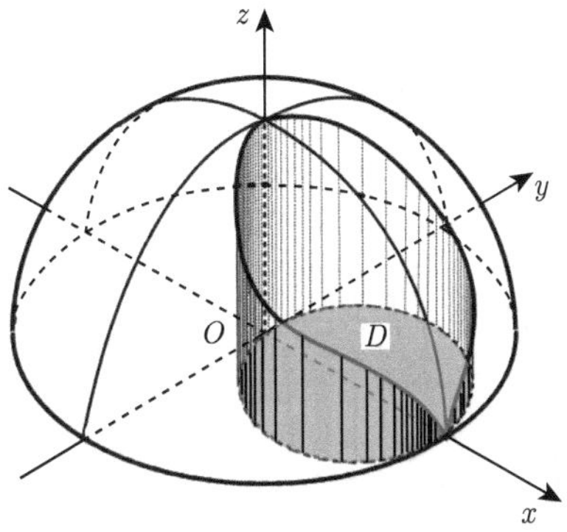

图 17.1

解 $x^2+y^2=ax$ 可以化为 $\left(x-\frac{a}{2}\right)^2+y^2=\frac{a^2}{4}$.

令 $x=\frac{a}{2}\cos\theta+\frac{a}{2}$, $y=\frac{a}{2}\sin\theta$, $0\leqslant\theta\leqslant 2\pi$, 则 θ 增加的方向是 Γ 的正向且

$$z=\sqrt{a^2-y^2-z^2}=\sqrt{a^2-\frac{a^2}{4}(1+\cos\theta)^2-\frac{a^2}{4}\sin^2\theta}=a\sin\frac{\theta}{2},$$

于是

$$\begin{aligned}
&\int_{\Gamma} y^2\mathrm{d}x + z^2\mathrm{d}y + x^2\mathrm{d}z \\
=&\int_0^{2\pi}\left[\frac{a^2}{4}\sin^2\theta\cdot\left(-\frac{a}{2}\sin\theta\right)+a^2\sin^2\frac{\theta}{2}\cdot\left(\frac{a}{2}\cos\theta\right)\right. \\
&\left.+\frac{a^2}{4}(1+\cos\theta)^2\left(\frac{a}{2}\cos\frac{\theta}{2}\right)\right]\mathrm{d}\theta \\
=&\frac{a^3}{2}\int_0^{2\pi}\left[-\frac{1}{4}(1-\cos^2\theta)\sin\theta+\left(1-\sin^2\frac{\theta}{2}\right)\cos\frac{\theta}{2}+\frac{1-\cos\theta}{2}\cos\theta\right]\mathrm{d}\theta \\
=&\frac{a^3}{2}\int_0^{2\pi}\frac{1-\cos\theta}{2}\cos\theta\mathrm{d}\theta \\
=&\frac{a^3}{4}\sin\theta\Big|_0^{2\pi}-\frac{a^3}{4}\int_0^{2\pi}\frac{1+\cos2\theta}{2}\mathrm{d}\theta \\
=&-\frac{\pi a^3}{4}.
\end{aligned}$$

□

5. 求下列第二型曲面积分:

(1) $\iint\limits_S x^3\mathrm{d}y\mathrm{d}z$, 其中 S 是椭球面 $\frac{x^2}{a^2}+\frac{y^2}{b^2}+\frac{z^2}{c^2}=1$ 外侧的上半部分.

解 记 $D_{yz}=\left\{(y,z)\Big|\frac{y^2}{b^2}+\frac{z^2}{c^2}\leqslant 1,\ z\geqslant 0\right\}$, $S=S_1\cup S_2$, 其中

$$S_1:\ x=a\sqrt{1-\frac{y^2}{b^2}-\frac{z^2}{c^2}},(y,z)\in D_{yz},\ \text{取前侧},$$

$$S_2:\ x=-a\sqrt{1-\frac{y^2}{b^2}-\frac{z^2}{c^2}},(y,z)\in D_{yz},\ \text{取后侧},$$

则

$$\begin{aligned}
\iint\limits_S x^3\mathrm{d}y\mathrm{d}z=&\iint\limits_{S_1} x^3\mathrm{d}y\mathrm{d}z+\iint\limits_{S_2} x^3\mathrm{d}y\mathrm{d}z \\
=&\iint\limits_{D_{yz}} a^3\left(1-\frac{y^2}{b^2}-\frac{z^2}{c^2}\right)^{\frac{3}{2}}\mathrm{d}y\mathrm{d}z-\iint\limits_{D_{yz}}(-a^3)\left(1-\frac{y^2}{b^2}-\frac{z^2}{c^2}\right)^{\frac{3}{2}}\mathrm{d}y\mathrm{d}z \\
=&2a^3\int_0^{\pi}\mathrm{d}\theta\int_0^1\left(1-r^2\right)^{\frac{3}{2}}bcr\mathrm{d}r \\
=&\pi a^3bc\left(-\frac{2}{5}\right)(1-r^2)^{\frac{5}{2}}\Big|_0^1=\frac{2}{5}\pi a^3bc.
\end{aligned}$$

□

7. 求向量 (x,y,z) 穿过由平面 $x=0$, $y=0$, $z=0$, $x+y+z=a(a>0)$ 所包围角锥表面的流量.

解 设 S 表示由平面 $x=0,\ y=0,\ z=0,\ x+y+z=a(a>0)$ 所包围角锥表面, 取外侧为正侧, 则所求流量为

$$\Phi=\iint_S x\mathrm{d}y\mathrm{d}z+y\mathrm{d}z\mathrm{d}x+z\mathrm{d}x\mathrm{d}y.$$

记 $S_1: 0\leqslant x\leqslant a, 0\leqslant y\leqslant a-x, z=a-x-y$, 取上侧为正侧,

$S_2: 0\leqslant x\leqslant a, 0\leqslant y\leqslant a-x, z=0$, 取下侧为正侧, 根据积分变量在积分表达式中的对称性有

$$\begin{aligned}\Phi&=3\iint_S z\mathrm{d}x\mathrm{d}y\\&=3\Big(\iint_{S_1} z\mathrm{d}x\mathrm{d}y+\iint_{S_2} z\mathrm{d}x\mathrm{d}y\Big)\\&=3\int_0^a\mathrm{d}x\int_0^{a-x}(a-x-y)\mathrm{d}y+0\\&=3\int_0^a\frac{(a-x)^2}{2}\mathrm{d}x=\frac{a^3}{2}.\end{aligned}$$

□

9. 若曲线以极坐标 $\rho=\rho(\theta)(\theta_1\leqslant\theta\leqslant\theta_2)$ 表示, 试给出计算 $\int_\Gamma f(x,y)\mathrm{d}s$ 的公式, 并用此公式计算下列曲线积分:

(1) $\int_\Gamma \mathrm{e}^{\sqrt{x^2+y^2}}\mathrm{d}s$, 其中 Γ 为曲线 $\rho=a\left(0\leqslant\theta\leqslant\frac{\pi}{4}\right)$ 的一段;

(2) $\int_\Gamma x\mathrm{d}s$, 其中 Γ 为对数螺线 $\rho=a\mathrm{e}^{k\theta}(k>0)$ 在圆 $r=a$ 内的部分.

解 由于 $x=\rho(\theta)\cos\theta, y=\rho(\theta)\sin\theta, \theta_1\leqslant\theta\leqslant\theta_2$, 所以

$$\mathrm{d}s=\sqrt{x'^2(\theta)+y'^2(\theta)}\mathrm{d}\theta=\sqrt{\rho^2(\theta)+\rho'^2(\theta)}\mathrm{d}\theta,$$

于是

$$\int_\Gamma f(x,y)\mathrm{d}s=\int_{\theta_1}^{\theta_2} f(\rho(\theta)\cos\theta,\ \rho(\theta)\sin\theta)\sqrt{\rho^2(\theta)+\rho'^2(\theta)}\mathrm{d}\theta.$$

(1) 由上述公式可得

$$\int_\Gamma \mathrm{e}^{\sqrt{x^2+y^2}}\mathrm{d}s=\int_0^{\frac{\pi}{4}}\mathrm{e}^a\sqrt{a^2+0}\mathrm{d}\theta=\frac{\pi a}{4}\mathrm{e}^a.$$

(2) 由于 Γ 为对数螺线 $\rho=a\mathrm{e}^{k\theta}\ (k>0)$ 在圆 $r=a$ 内的部分, 所以

$$\int_\Gamma x\mathrm{d}s=\int_{-\infty}^0 a\mathrm{e}^{k\theta}\cos\theta\sqrt{(a\mathrm{e}^{k\theta})^2+(ak\mathrm{e}^{k\theta})^2}\mathrm{d}\theta$$

$$
\begin{aligned}
&= a^2\sqrt{1+k^2}\int_{-\infty}^{0} e^{2k\theta}\cos\theta d\theta \\
&= a^2\sqrt{1+k^2}\cdot\frac{e^{2k\theta}}{1+4k^2}(\sin\theta+2k\cos\theta)\Big|_{-\infty}^{0} \\
&= \frac{2ka^2\sqrt{1+k^2}}{1+4k^2}.
\end{aligned}
$$
□

10. 证明: 若函数 $f(x,y)$ 在光滑曲线 $L: x=x(t),\ y=y(t),\ t\in[\alpha,\beta]$ 上连续, 则存在点 $(x_0,y_0)\in L$, 使得

$$\int_L f(x,y)\mathrm{d}s = f(x_0,y_0)\Delta L,$$

其中 ΔL 为 L 的弧长.

证明 由第一型曲线积分的积分中值定理知

$$\int_L f(x,y)\mathrm{d}s = c\,\Delta L,$$

其中 $\inf\limits_L f(x,y)\leqslant c\leqslant \sup\limits_L f(x,y)$.

由于 $f(x,y)$ 在光滑曲线 $L: x=x(t),\ y=y(t),\ t\in[\alpha,\beta]$ 上连续, 所以复合函数 $f(x(t),y(t))$ 在 $[\alpha,\beta]$ 上连续, 因此根据介值定理得, 存在 $t_0\in[\alpha,\beta]$, 使得

$$c=f(x(t_0),y(t_0)),$$

这样存在点 $(x_0,y_0)=(x(t_0),y(t_0))\in L$, 使得

$$\int_L f(x,y)\mathrm{d}s = f(x_0,y_0)\Delta L.$$
□

12. 证明曲线积分的估计式:

$$\left|\int_{AB} P\mathrm{d}x+Q\mathrm{d}y\right|\leqslant LM,$$

其中 L 为 AB 的弧长, $M=\max\limits_{(x,y)\in AB}\sqrt{P^2+Q^2}$.

利用上述不等式估计积分

$$I_R=\int\limits_{x^2+y^2=R^2}\frac{y\mathrm{d}x-x\mathrm{d}y}{(x^2+xy+y^2)^2},$$

并证明 $\lim\limits_{R\to+\infty} I_R=0$.

证明 根据第一型与第二型曲线积分的关系, 有

$$\left|\int_{AB} P\mathrm{d}x + Q\mathrm{d}y\right| = \left|\int_{AB} (P\cos\alpha + Q\sin\alpha)\mathrm{d}s\right| \leqslant \int_{AB} |P\cos\alpha + Q\sin\alpha|\mathrm{d}s.$$

因为

$$\begin{aligned}|P\cos\alpha + Q\sin\alpha| &= \sqrt{P^2\cos^2\alpha + Q^2\sin^2\alpha + 2PQ\cos\alpha\sin\alpha}\\ &\leqslant \sqrt{P^2\cos^2\alpha + Q^2\sin^2\alpha + P^2\sin^2\alpha + Q^2\cos^2\alpha}\\ &= \sqrt{P^2+Q^2} \leqslant M,\end{aligned}$$

所以

$$\left|\int_{AB} P\mathrm{d}x + Q\mathrm{d}y\right| \leqslant \int_{AB} M\mathrm{d}s = LM.$$

令 $P(x,y) = \dfrac{y}{(x^2+xy+y^2)^2}$, $Q(x,y) = -\dfrac{x}{(x^2+xy+y^2)^2}$, 则在 $x^2+y^2=R^2$ 上有

$$\begin{aligned}P^2(x,y)+Q^2(x,y) &= \frac{y^2+x^2}{(x^2+xy+y^2)^4}\\ &\leqslant \frac{R^1}{\left(R^2 - \dfrac{x^2+y^2}{2}\right)^4} = \frac{16}{R^6},\end{aligned}$$

于是

$$M = \max_{x^2+y^2=R^2}\sqrt{P^2(x,y)+Q^2(x,y)} \leqslant \frac{4}{R^3},$$

所以

$$|I_R| \leqslant LM \leqslant 2\pi R\cdot\frac{4}{R^3} = \frac{8\pi}{R^2},$$

因此由迫敛性定理得, $\lim\limits_{R\to+\infty} I_R = 0$. □

13. 设曲面 Σ 的方程为 $z=z(x,y)$, $(x,y)\in D$, 且 $z(x,y)$ 在 $\overline{D}$ 中连续可微, 证明

$$\begin{aligned}&\iint_{\Sigma} P(x,y,z)\mathrm{d}y\mathrm{d}z + Q(x,y,z)\mathrm{d}z\mathrm{d}x + R(x,y,z)\mathrm{d}x\mathrm{d}y\\ &= \pm\iint_D (-Pz_x - Qz_y + R)\Big|_{z=z(x,y)}\mathrm{d}x\mathrm{d}y,\end{aligned}$$

当 Σ 取上侧时符号为正, 当 Σ 取下侧时符号为负.

证明　根据第一型与第二型曲面积分的关系有

$$\begin{aligned}\iint_{\Sigma} P(x,y,z)\mathrm{d}y\mathrm{d}z &= \iint_{\Sigma} P(x,y,z)\cos(\boldsymbol{n},x)\mathrm{d}S\\ &= \iint_{\Sigma} P(x,y,z)\frac{\cos(\boldsymbol{n},x)}{\cos(\boldsymbol{n},z)}\cos(\boldsymbol{n},z)\mathrm{d}S\\ &= \pm\iint_{D} P(x,y,z(x,y))\frac{\cos(\boldsymbol{n},x)}{\cos(\boldsymbol{n},z)}\mathrm{d}x\mathrm{d}y.\end{aligned}$$

因为

$$\cos(\boldsymbol{n},x) = \frac{z_x}{\sqrt{1+z_x^2+z_y^2}},\quad \cos(\boldsymbol{n},z) = \frac{-1}{\sqrt{1+z_x^2+z_y^2}},$$

所以

$$\frac{\cos(\boldsymbol{n},x)}{\cos(\boldsymbol{n},z)} = -z_x,$$

因此

$$\iint_{\Sigma} P(x,y,z)\mathrm{d}y\mathrm{d}z = \pm\iint_{D} P(x,y,z(x,y))(-z_x)\mathrm{d}x\mathrm{d}y.$$

同理可得

$$\iint_{\Sigma} Q(x,y,z)\mathrm{d}z\mathrm{d}x = \pm\iint_{D} Q(x,y,z(x,y))(-z_y)\mathrm{d}x\mathrm{d}y.$$

故

$$\iint_{\Sigma} P\mathrm{d}y\mathrm{d}z + Q\mathrm{d}z\mathrm{d}x + R\mathrm{d}x\mathrm{d}y = \pm\iint_{D}(-Pz_x - Qz_y + R)\Big|_{z=z(x,y)}\mathrm{d}x\mathrm{d}y.\qquad\square$$

14. 设 S 是球面 $x^2+y^2+z^2=1$, f 是一元连续函数, 证明

$$\iint_{S} f(ax+by+cz)\mathrm{d}S = 2\pi\int_{-1}^{1} f(u\sqrt{a^2+b^2+c^2})\mathrm{d}u,$$

其中 a, b, c 为常数.

证明　取新坐标系 $Ouvw$, 其中原点不变, 平面 $ax+by+cz=0$ 变为 Ovw 面, u 轴垂直于 Ovw 面, 则

$$u = \frac{ax+by+cz}{\sqrt{a^2+b^2+c^2}}.$$

球面 S： $x^2+y^2+z^2=1$ 在新坐标系 $Ouvw$ 下可化为 $u^2+v^2+w^2=1$, 即

$$\begin{cases} u=u, \\ v=\sqrt{1-u^2}\cos\theta, \quad -1\leqslant u\leqslant 1, \quad 0\leqslant\theta\leqslant 2\pi, \\ w=\sqrt{1-u^2}\sin\theta, \end{cases}$$

于是

$$\begin{aligned} E&=1+\left(\frac{-u}{\sqrt{1-u^2}}\cos\theta\right)^2+\left(\frac{-u}{\sqrt{1-u^2}}\sin\theta\right)^2=1+\frac{u^2}{1-u^2}=\frac{1}{1-u^2}, \\ F&=0+\frac{-u}{\sqrt{1-u^2}}\cos\theta\cdot\left(-\sqrt{1-u^2}\sin\theta\right)+\frac{-u}{\sqrt{1-u^2}}\sin\theta\cdot\left(\sqrt{1-u^2}\cos\theta\right)=0, \\ G&=0+\left(-\sqrt{1-u^2}\sin\theta\right)^2+\left(\sqrt{1-u^2}\cos\theta\right)^2=1-u^2, \end{aligned}$$

所以

$$\begin{aligned} \mathrm{d}S&=\sqrt{EG-F^2}\mathrm{d}u\mathrm{d}\theta \\ &=\sqrt{\frac{1}{1-u^2}\cdot(1-u^2)-0}\mathrm{d}u\mathrm{d}\theta=\mathrm{d}u\mathrm{d}\theta, \end{aligned}$$

因此

$$\begin{aligned} \iint_S f(ax+by+cz)\mathrm{d}S&=\iint_S f(u\sqrt{a^2+b^2+c^2})\mathrm{d}S \\ &=\int_0^{2\pi}\mathrm{d}\theta\int_{-1}^1 f(u\sqrt{a^2+b^2+c^2})\mathrm{d}u \\ &=2\pi\int_{-1}^1 f(u\sqrt{a^2+b^2+c^2})\mathrm{d}u. \end{aligned}$$ □

第 18 章　各种积分之间的关系

习　题　18.1

1. 利用 Green 公式求下列积分:

(2) $\oint_{\Gamma}(x+y)\mathrm{d}x-(x-y)\mathrm{d}y$, 其中 Γ 是椭圆 $\dfrac{x^2}{a^2}+\dfrac{y^2}{b^2}=1$, 取正向.

解　令 $P(x,y)=x+y$, $Q(x,y)=-(x-y)=y-x$, 用 D 表示椭圆 $\dfrac{x^2}{a^2}+\dfrac{y^2}{b^2}=1$ 所围的图形, 则

$$\frac{\partial P}{\partial y}=1,\quad \frac{\partial Q}{\partial x}=-1,$$

于是根据 Green 公式得

$$\begin{aligned}\oint_{\Gamma}(x+y)\mathrm{d}x-(x-y)\mathrm{d}y&=\iint_D\left(\frac{\partial Q}{\partial x}-\frac{\partial P}{\partial y}\right)\mathrm{d}x\mathrm{d}y\\&=\iint_D(-2)\mathrm{d}x\mathrm{d}y=-2S_D=-2\pi ab.\end{aligned}$$

□

2. 计算下列曲线所围成的平面图形的面积:

(1) 双纽线 Γ : $(x^2+y^2)^2=a^2(x^2-y^2)$ (提示: 令 $y=x\tan\varphi$).

解　令 $y=x\tan\varphi$, 代入双纽线方程得

$$x^2=a^2\cos^2\varphi\cos 2\varphi.$$

于是由 $\cos 2\varphi\geqslant 0$ 得, $\varphi\in\left[-\dfrac{\pi}{4},\dfrac{\pi}{4}\right]\cup\left[\dfrac{3\pi}{4},\dfrac{5\pi}{4}\right]$.

不妨设 $a>0$, 则如图 18.1 所示, 由对称性, 我们只需计算图形在第一、四象限部分的面积, 此时有

$$x=a\cos\varphi\sqrt{\cos 2\varphi},\quad y=x\tan\varphi=a\sin\varphi\sqrt{\cos 2\varphi},\quad -\frac{\pi}{4}\leqslant\varphi\leqslant\frac{\pi}{4},$$

于是

$$\begin{aligned}\frac{\mathrm{d}x}{\mathrm{d}\varphi}&=a(-\sin\varphi)\sqrt{\cos 2\varphi}+a\cos\varphi\cdot\frac{-\sin 2\varphi}{\sqrt{\cos 2\varphi}},\\\frac{\mathrm{d}y}{\mathrm{d}\varphi}&=a\cos\varphi\sqrt{\cos 2\varphi}+a\sin\varphi\cdot\frac{-\sin 2\varphi}{\sqrt{\cos 2\varphi}},\end{aligned}$$

所以

$$x\mathrm{d}y - y\mathrm{d}x = \left(x\frac{\mathrm{d}y}{\mathrm{d}\varphi} - y\frac{\mathrm{d}x}{\mathrm{d}\varphi}\right)\mathrm{d}\varphi = a^2\cos 2\varphi\mathrm{d}\varphi,$$

因此利用面积公式得, 所求的面积为

$$A_D = 2\cdot\frac{1}{2}\oint_{\Gamma} x\mathrm{d}y - y\mathrm{d}x = \int_{-\frac{\pi}{4}}^{\frac{\pi}{4}} a^2\cos 2\varphi\mathrm{d}\varphi = \frac{a^2}{2}\sin 2\varphi\Big|_{-\frac{\pi}{4}}^{\frac{\pi}{4}} = a^2.$$

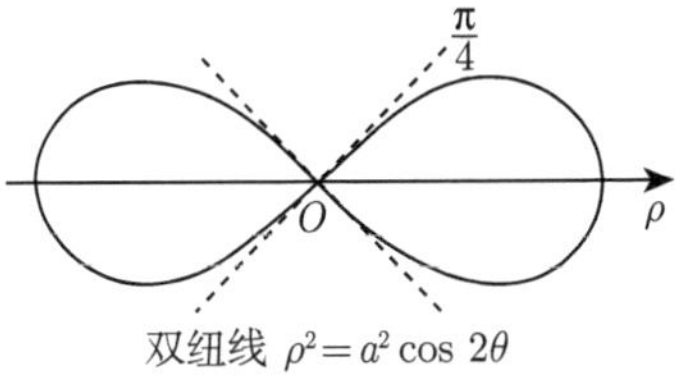

图 18.1

□

4. 设 Γ 是单位圆周 $x^2+y^2=1$, 正向为逆时针方向, 求积分

$$\oint_{\Gamma}\frac{(x-y)\mathrm{d}x+(x+4y)\mathrm{d}y}{x^2+4y^2}.$$

解 设 $P(x,y)=\dfrac{x-y}{x^2+4y^2}$, $Q(x,y)=\dfrac{x+4y}{x^2+4y^2}$, 则当 $(x,y)\neq(0,0)$ 时, 有

$$\frac{\partial P}{\partial y} = \frac{4y^2-x^2-8xy}{(x^2+4y^2)^2} = \frac{\partial Q}{\partial x},$$

由于 Γ 包含原点, 所以不能直接用 Green 公式.

取 $\varepsilon\in(0,1/4)$, 作椭圆

$$\gamma_\varepsilon : x^2+4y^2=4\varepsilon^2,$$

取逆时针方向为其正向, 记以 Γ 和 γ_ε 为边界的有界区域为 D, 则根据 Green 公式得

$$\begin{aligned}I &= \oint_{\Gamma+\gamma_\varepsilon^-} P(x,y)\mathrm{d}x+Q(x,y)\mathrm{d}y + \oint_{\gamma_\varepsilon}\frac{(x-y)\mathrm{d}x+(x+4y)\mathrm{d}y}{x^2+4y^2}\\ &= \iint\limits_D\left(\frac{\partial Q}{\partial x}-\frac{\partial P}{\partial y}\right)\mathrm{d}x\mathrm{d}y + \oint_{\gamma_\varepsilon}\frac{(x-y)\mathrm{d}x+(x+4y)\mathrm{d}y}{x^2+4y^2}\\ &= \oint_{\gamma_\varepsilon}\frac{(x-y)\mathrm{d}x+(x+4y)\mathrm{d}y}{x^2+4y^2}.\end{aligned}$$

令 $x=2\varepsilon\cos\theta, y=\varepsilon\sin\theta$, $\theta\in[0,2\pi]$, 则

$$I = \int_0^{2\pi}\frac{(2\varepsilon\cos\theta-\varepsilon\sin\theta)(-2\varepsilon\sin\theta)+(2\varepsilon\cos\theta+4\varepsilon\sin\theta)\varepsilon\cos\theta}{4\varepsilon^2}\mathrm{d}\theta = \pi.$$

□

习 题 18.2

1. 利用 Gauss 公式求下列积分:

(1) $\oiint\limits_S y(x-z)\mathrm{d}y\mathrm{d}z+z^2\mathrm{d}z\mathrm{d}x+(y^2+xz)\mathrm{d}x\mathrm{d}y$, 其中 S 是正方体 $(0,a)^3$ 的外侧.

(2) $\oiint\limits_S (y-z)\mathrm{d}y\mathrm{d}z+(z-x)\mathrm{d}z\mathrm{d}x+(x-y)\mathrm{d}x\mathrm{d}y$, 其中 S 是椭球面 $\dfrac{x^2}{a^2}+\dfrac{y^2}{b^2}+\dfrac{z^2}{c^2}=1$ 的外侧.

解 (1) 设 $P(x,y,z)=y(x-z)$, $Q(x,y,z)=z^2$, $R(x,y,z)=(y^2+xz)$, 则

$$\frac{\partial P}{\partial x}=y,\quad \frac{\partial Q}{\partial y}=0,\quad \frac{\partial R}{\partial z}=x,$$

于是根据 Gauss 公式得

$$\begin{aligned}&\iint\limits_S y(x-z)\mathrm{d}y\mathrm{d}z+z^2\mathrm{d}z\mathrm{d}x+(y^2+xz)\mathrm{d}x\mathrm{d}y\\ =&\iiint\limits_{[0,\,a]^3}\left(\frac{\partial P}{\partial x}+\frac{\partial Q}{\partial y}+\frac{\partial R}{\partial z}\right)\mathrm{d}x\mathrm{d}y\mathrm{d}z\\ =&\iiint\limits_{[0,\,a]^3}(x+y)\mathrm{d}x\mathrm{d}y\mathrm{d}z\\ =&\int_0^a\mathrm{d}z\int_0^a\mathrm{d}y\int_0^a(x+y)\mathrm{d}x\\ =&a\int_0^a\left(\frac{a^2}{2}+ay\right)\mathrm{d}y=a\left(\frac{a^2}{2}y+\frac{ay^2}{2}\right)\Big|_0^a=a^4.\end{aligned}$$

(2) 设 $P(x,y,z)=(y-z)$, $Q(x,y,z)=(z-x)$, $R(x,y,z)=(x-y)$, 记 $V=\left\{(x,y,z):\dfrac{x^2}{a^2}+\dfrac{y^2}{b^2}+\dfrac{z^2}{c^2}\leqslant 1\right\}$, 则

$$\frac{\partial P}{\partial x}=0,\quad \frac{\partial Q}{\partial y}=0,\quad \frac{\partial R}{\partial z}=0,$$

于是根据 Gauss 公式得

$$\iint\limits_S (y-z)\mathrm{d}y\mathrm{d}z+(z-x)\mathrm{d}z\mathrm{d}x+(x-y)\mathrm{d}x\mathrm{d}y=\iiint\limits_V(0+0+0)\mathrm{d}x\mathrm{d}y\mathrm{d}z=0.\quad\square$$

3. 证明: 公式

$$\iiint\limits_V \frac{\mathrm{d}x\mathrm{d}y\mathrm{d}z}{\sqrt{x^2+y^2+z^2}} = \frac{1}{2}\iint\limits_S \cos(\boldsymbol{n}, r)\mathrm{d}S,$$

其中光滑曲面 S 是包围 V 的曲面, 坐标原点在 S 外, $\boldsymbol{n}$ 是 S 的外法向量, $\boldsymbol{r} = (x, y, z)$.

证明 不妨设 $\boldsymbol{n}$ 是单位向量. 由于

$$\boldsymbol{n} = (\cos(\boldsymbol{n}, x), \cos(\boldsymbol{n}, y), \cos(\boldsymbol{n}, z)), \quad \boldsymbol{r} = (x, y, z),$$

所以

$$\boldsymbol{n}\cdot\boldsymbol{r} = |\boldsymbol{n}|\cdot|\boldsymbol{r}|\cos(\boldsymbol{n}, \boldsymbol{r}) = \sqrt{x^2+y^2+z^2}\cos(\boldsymbol{n}, \boldsymbol{r}),$$

因此

$$\cos(\boldsymbol{n}, r) = \frac{\boldsymbol{n}\cdot\boldsymbol{r}}{\sqrt{x^2+y^2+z^2}} = \frac{x\cos(\boldsymbol{n}, x) + y\cos(\boldsymbol{n}, y) + z\cos(\boldsymbol{n}, z)}{\sqrt{x^2+y^2+z^2}}.$$

记

$$\begin{aligned} P(x, y, z) &= \frac{x}{\sqrt{x^2+y^2+z^2}}, \\ Q(x, y, z) &= \frac{y}{\sqrt{x^2+y^2+z^2}}, \\ R(x, y, z) &= \frac{z}{\sqrt{x^2+y^2+z^2}}, \end{aligned}$$

则

$$\begin{aligned} \frac{\partial P}{\partial x} &= \frac{\sqrt{x^2+y^2+z^2} - x\cdot\dfrac{x}{\sqrt{x^2+y^2+z^2}}}{x^2+y^2+z^2} = \frac{y^2+z^2}{(x^2+y^2+z^2)^{3/2}}, \\ \frac{\partial Q}{\partial y} &= \frac{z^2+x^2}{(x^2+y^2+z^2)^{3/2}}, \\ \frac{\partial R}{\partial z} &= \frac{x^2+y^2}{(x^2+y^2+z^2)^{3/2}}, \end{aligned}$$

于是根据两类曲面积分之间的关系式和 Gauss 公式可得

$$\begin{aligned} \frac{1}{2}\iint\limits_S \cos(\boldsymbol{n}, r)\mathrm{d}S &= \frac{1}{2}\iint\limits_S \frac{x\cos(\boldsymbol{n}, x) + y\cos(\boldsymbol{n}, y) + z\cos(\boldsymbol{n}, z)}{\sqrt{x^2+y^2+z^2}}\mathrm{d}S \\ &= \frac{1}{2}\iint\limits_S \Big(P\cos(\boldsymbol{n}, x) + Q\cos(\boldsymbol{n}, y) + R\cos(\boldsymbol{n}, z)\Big)\mathrm{d}S \\ &= \frac{1}{2}\iiint\limits_V \left(\frac{\partial P}{\partial x} + \frac{\partial Q}{\partial y} + \frac{\partial R}{\partial z}\right)\mathrm{d}x\mathrm{d}y\mathrm{d}z \\ &= \iiint\limits_V \frac{\mathrm{d}x\mathrm{d}y\mathrm{d}z}{\sqrt{x^2+y^2+z^2}}. \end{aligned}$$

□

习　题　18.3

1. 用 Stokes 公式求积分:

(2) $\oint_C (y-z)\,\mathrm{d}x+(z-x)\,\mathrm{d}y+(x-y)\,\mathrm{d}z$, C 为 $x^2+y^2=1$ 与 $x+y+z=1$ 的交线, 从 x 轴正向看是逆时针方向;

(4) $\int_C \mathrm{e}^{x+z}\{[(x+1)y^2+1]\,\mathrm{d}x+2xy\,\mathrm{d}y+xy^2\,\mathrm{d}z\}$, 其中 C 是右半柱面 $|x|+|y|=a$ $(y>0)$ 与平面 $y=z$ 的交线上从 $(-a,0,0)$ 到 $(a,0,0)$ 的一段 $(a>0)$.

解　(2) 令 Σ 为平面 $x+y+z=1$ 上被 C 所围的一块, 取上侧, 则 C 的取向与 Σ 的取侧符合右手法则, 且 Σ 的上侧的单位法向量是 $\left(\frac{1}{\sqrt{3}},\frac{1}{\sqrt{3}},\frac{1}{\sqrt{3}}\right)$. 于是应用 Stokes 公式 (教材中公式 (18.3.8)) 得

$$\begin{aligned}\int_C (y-z)\,\mathrm{d}x+(z-x)\,\mathrm{d}y+(x-y)\,\mathrm{d}z&=\iint_\Sigma \begin{vmatrix}\frac{1}{\sqrt{3}} & \frac{1}{\sqrt{3}} & \frac{1}{\sqrt{3}}\\ \frac{\partial}{\partial x} & \frac{\partial}{\partial y} & \frac{\partial}{\partial z}\\ y-z & z-x & x-y\end{vmatrix}\mathrm{d}S\\ &=\frac{1}{\sqrt{3}}\iint_\Sigma(-2-2-2)\,\mathrm{d}S\\ &=-2\sqrt{3}\cdot S_\Sigma \qquad (S_\Sigma \text{ 是 } \Sigma \text{ 的面积})\\ &=-2\sqrt{3}\cdot\sqrt{3}\pi=-6\pi.\end{aligned}$$

(4) 用 $\overline{BA}$ 表示由 $B(a,0,0)$ 到 $A(-a,0,0)$ 的直线段, 记 $\Gamma=C+\overline{BA}$, 用 S 表示以 Γ 为边界的一个光滑曲面, 指定 S 的侧为右侧, 则 $\overline{BA}$ 的方程是

$$\overline{BA}: y=z=0, -a\leqslant x\leqslant a,$$

于是

$$\begin{aligned}&\int_{\overline{BA}}\mathrm{e}^{x+z}\left\{\left[(x+1)y^2+1\right]\,\mathrm{d}x+2xy\,\mathrm{d}y+xy^2\,\mathrm{d}z\right\}\\ =&\int_a^{-a}\mathrm{e}^x\mathrm{d}x=\mathrm{e}^x\Big|_a^{-a}=\mathrm{e}^{-a}-\mathrm{e}^a.\end{aligned}$$

设 $P(x,y,z)=[(x+1)y^2+1]\mathrm{e}^{x+z}$, $Q(x,y,z)=2xy\mathrm{e}^{x+z}$, $R(x,y,z)=xy^2\mathrm{e}^{x+z}$, 则

$$\frac{\partial R}{\partial y}-\frac{\partial Q}{\partial z}=0,\quad \frac{\partial P}{\partial z}-\frac{\partial Q}{\partial x}=\mathrm{e}^{x+z},\quad \frac{\partial Q}{\partial x}-\frac{\partial P}{\partial y}=0,$$

所以根据 Stokes 公式得

$$
\begin{aligned}
&\int_C e^{x+z}\left\{\left[(x+1)y^2+1\right]dx+2xy\,dy+xy^2\,dz\right\}\\
=&\oint_\Gamma e^{x+z}\left\{\left[(x+1)y^2+1\right]dx+2xy\,dy+xy^2\,dz\right\}\\
&-\int_{\overline{BA}} e^{x+z}\left\{\left[(x+1)y^2+1\right]dx+2xy\,dy+xy^2\,dz\right\}\\
=&\oint_\Gamma e^{x+z}\{[(x+1)y^2+1]\,dx+2xy\,dy+xy^2\,dz\}-(e^{-a}-e^{a})\\
=&\iint_S 0dydz+e^{x+z}dzdx+0dxdy+e^a-e^{-a}\\
=&\int_{-a}^{a}dx\int_0^{a-|x|}e^{x+z}dz+e^a-e^{-a}\\
=&\int_{-a}^{0}dx\int_0^{a+x}e^{x+z}dz+\int_0^a dx\int_0^{a-x}e^{x+z}dz+e^a-e^{-a}\\
=&\int_{-a}^{0}(e^{2x+a}-e^x)dx+\int_0^a(e^a-e^x)dx+e^a-e^{-a}\\
=&\frac{1}{2}(e^a-e^{-a})-1+e^{-a}+ae^a-e^a+1+e^a-e^{-a}\\
=&\frac{1}{2}(e^a-e^{-a})+ae^a.
\end{aligned}
$$

□

3. 求

$$
\iint_\Sigma \begin{vmatrix} \cos\alpha & \cos\beta & \cos\gamma \\ \dfrac{\partial}{\partial x} & \dfrac{\partial}{\partial y} & \dfrac{\partial}{\partial z} \\ x-z & x^3-yz & -3xy^2 \end{vmatrix} dS,
$$

其中 Σ 是 $x^2+y^2+z^2=R^2$ 在 $z\geqslant 0$ 的部分, $(\cos\alpha,\cos\beta,\cos\gamma)$ 是 Σ 下侧的单位法向量.

解 记曲面 Σ 的边界曲线为 $L: x^2+y^2=R^2, z=0$, 取逆时针方向, 用 D 表示 L 所围城的圆盘. 由于 $(\cos\alpha,\cos\beta,\cos\gamma)$ 是曲面 Σ 下侧的单位法向量, 所以根据 Stokes 公式可得

$$
\begin{aligned}
\text{原式}=&-\oint_L (x-z)\,dx+(x^3-yz)\,dy+(-3xy^2)\,dz\\
=&-\oint_L x\,dx+x^3\,dy,
\end{aligned}
$$

因此根据 Green 公式得

$$\begin{aligned}\text{原式} &= -\iint\limits_D (3x^2 - 0)\mathrm{d}x\mathrm{d}y \\ &= -\int_0^{2\pi} \mathrm{d}\theta \int_0^R 3r^2\cos^2\theta \cdot r\mathrm{d}r \\ &= -\frac{3}{4}R^4 \cdot \frac{1}{2}\left(1 + \frac{1}{2}\sin 2\theta\right)\Big|_0^{2\pi} \\ &= -\frac{3\pi}{4}R^4.\end{aligned}$$

□

习　题　18.4

1. 先证明下列曲线积分与路径无关, 再计算积分值:

(2) $\displaystyle\int_{(2,1)}^{(1,2)} \varphi(x)\mathrm{d}x + \psi(y)\mathrm{d}y$, 其中$\varphi(x)$, $\psi(y)$ 是连续函数;

(4) $\displaystyle\int_{(1,2,3)}^{(6,1,1)} yz\mathrm{d}x + zx\mathrm{d}y + xy\mathrm{d}z$.

解　(2) 因为 $\varphi(x)$, $\psi(y)$ 都是连续函数, 所以根据原函数存在定理得, 存在函数 $\varPhi(x)$, $\varPsi(y)$, 使得

$$\mathrm{d}\varPhi(x) = \varphi(x)\mathrm{d}x, \quad \mathrm{d}\varPsi(y) = \psi(y)\mathrm{d}y,$$

因此存在函数 $F(x,y) = \varPhi(x) + \varPsi(y)$, 使得

$$\mathrm{d}F(x,y) = \mathrm{d}\varPhi(x) + \mathrm{d}\varPsi(y) = \varphi(x)\mathrm{d}x + \psi(y)\mathrm{d}y,$$

故根据定理 18.4.1 得, 所求曲线积分与路径无关.

取路径 $(2,1) \to (1,1) \to (1,2)$, 则

$$\begin{aligned}\int_{(2,1)}^{(1,2)} \varphi(x)\mathrm{d}x + \psi(y)\mathrm{d}y &= \int_2^1 \varphi(x)\mathrm{d}x + \int_1^2 \psi(y)\mathrm{d}y \\ &= -\int_1^2 \varphi(x)\mathrm{d}x + \int_1^2 \psi(y)\mathrm{d}y.\end{aligned}$$

(4) 因为存在函数 $F(x,y,z) = xyz$, 使得

$$\mathrm{d}F = \mathrm{d}(xyz) = yz\mathrm{d}x + zx\mathrm{d}y + xy\mathrm{d}z,$$

所以根据定理 18.4.1 得, 所求曲线积分与路径无关, 因此

$$\int_{(1,2,3)}^{(6,1,1)} yz\mathrm{d}x + zx\mathrm{d}y + xy\mathrm{d}z = xyz\Big|_{(1,2,3)}^{(6,1,1)} = 6 - 6 = 0.$$

□

2. 函数 $f(u)$ 具有一阶连续导数, 证明: 对任何光滑封闭曲线 L 有

$$\oint_L f(xy)(x\mathrm{d}y+y\mathrm{d}x)=0.$$

证明 令 $P(x,y)=yf(xy)$, $Q(x,y)=xf(xy)$, 则由于 $f(u)$ 具有一阶连续导数, 所以 $P(x,y)$, $Q(x,y)$ 具有一阶连续导数, 且

$$\frac{\partial Q}{\partial x}=f(xy)+xyf'(xy)=\frac{\partial P}{\partial y},$$

因此根据定理 18.4.1 得, 对任何光滑封闭曲线 L, 有

$$\oint_L f(xy)(x\mathrm{d}y+y\mathrm{d}x)=0. \qquad \square$$

复 习 题

1. 设 Σ 是分片光滑的闭曲面, $\boldsymbol{n}$ 为 Σ 上的单位外法向量, 试证明

$$I=\iint_\Sigma \begin{vmatrix} \cos(\boldsymbol{n},x) & \cos(\boldsymbol{n},y) & \cos(\boldsymbol{n},z) \\ \dfrac{\partial}{\partial x} & \dfrac{\partial}{\partial y} & \dfrac{\partial}{\partial z} \\ P & Q & R \end{vmatrix} \mathrm{d}S=0,$$

其中分两种情形: (1) P, Q, R 在 $\overline{\Omega}$ 上二阶连续可微, Ω 为 Σ 所围的立体; (2) P,Q,R 在 Σ 上一阶连续可微.

证明 (1) 由于 P, Q, R 在 $\overline{\Omega}$ 上二阶连续可微, 所以 P, Q, R 在 $\overline{\Omega}$ 上有二阶连续偏导数, 因此根据两类曲面积分的关系和 Gauss 公式可得

$$\begin{aligned} I&=\iint_\Sigma \left[\left(\frac{\partial R}{\partial y}-\frac{\partial Q}{\partial z}\right)\cos(\boldsymbol{n},x)+\left(\frac{\partial P}{\partial z}-\frac{\partial R}{\partial x}\right)\cos(\boldsymbol{n},y)+\left(\frac{\partial Q}{\partial x}-\frac{\partial P}{\partial y}\right)\cos(\boldsymbol{n},z)\right]\mathrm{d}S \\ &=\iint_\Sigma \left(\frac{\partial R}{\partial y}-\frac{\partial Q}{\partial z}\right)\mathrm{d}y\mathrm{d}z+\left(\frac{\partial P}{\partial z}-\frac{\partial R}{\partial x}\right)\mathrm{d}z\mathrm{d}x+\left(\frac{\partial Q}{\partial x}-\frac{\partial P}{\partial y}\right)\mathrm{d}x\mathrm{d}y \\ &=\iiint_\Omega \left(\frac{\partial^2 R}{\partial x\partial y}-\frac{\partial^2 Q}{\partial x\partial z}+\frac{\partial^2 P}{\partial y\partial z}-\frac{\partial^2 R}{\partial x\partial y}+\frac{\partial^2 Q}{\partial x\partial z}-\frac{\partial^2 P}{\partial y\partial z}\right)\mathrm{d}x\mathrm{d}y\mathrm{d}z=0. \end{aligned}$$

(2) 设 L 为 Σ 上一条封闭曲线, 取 L 的正向为从 z 轴正向看是逆时针方向, 则 Σ 被 L 分成上、下两部分, 分别记为 Σ_1,Σ_2 且都取外侧.

由于 P, Q, R 在 Σ 上一阶连续可微, 所以根据 Stokes 公式可得

$$\begin{aligned} I = & \iint_{\Sigma_1} \begin{vmatrix} \cos(\boldsymbol{n}, x) & \cos(\boldsymbol{n}, y) & \cos(\boldsymbol{n}, z) \\ \dfrac{\partial}{\partial x} & \dfrac{\partial}{\partial y} & \dfrac{\partial}{\partial z} \\ P & Q & R \end{vmatrix} \mathrm{d}S \\ & + \iint_{\Sigma_2} \begin{vmatrix} \cos(\boldsymbol{n}, x) & \cos(\boldsymbol{n}, y) & \cos(\boldsymbol{n}, z) \\ \dfrac{\partial}{\partial x} & \dfrac{\partial}{\partial y} & \dfrac{\partial}{\partial z} \\ P & Q & R \end{vmatrix} \mathrm{d}S \\ = & \oint_L P\mathrm{d}x + Q\mathrm{d}y + R\mathrm{d}z + \oint_{L^-} P\mathrm{d}x + Q\mathrm{d}y + R\mathrm{d}z. \\ = & 0. \end{aligned}$$

□

3. 选取 n, 使得

$$\frac{(x-y)\mathrm{d}x + (x+y)\mathrm{d}y}{(x^2+y^2)^n}$$

为右半平面上一函数的全微分, 并求出这个函数.

解　令 $P(x,y) = \dfrac{x-y}{(x^2+y^2)^n}$, $Q(x,y) = \dfrac{x+y}{(x^2+y^2)^n}$, 则

$$\begin{aligned} \frac{\partial P}{\partial y} &= \frac{-(x^2+y^2)^n - n(x-y)(x^2+y^2)^{n-1}\cdot 2y}{(x^2+y^2)^{2n}} \\ &= \frac{-x^2-2nxy+(2n-1)y^2}{(x^2+y^2)^{n+1}}, \\ \frac{\partial Q}{\partial x} &= \frac{(x^2+y^2)^n - n(x+y)(x^2+y^2)^{n-1}\cdot 2x}{(x^2+y^2)^{2n}} \\ &= \frac{(1-2n)x^2-2nxy+y^2}{(x^2+y^2)^{n+1}}, \end{aligned}$$

于是根据定理 18.4.1 可得, 当且仅当 $\dfrac{\partial P}{\partial y} \equiv \dfrac{\partial Q}{\partial x}$, $\forall x > 0$, 或者 $n = 1$ 时, $P\mathrm{d}x + Q\mathrm{d}y$ 是右半平面上一函数的全微分.

当 $n = 1$ 时, 直接凑微分可得

$$\begin{aligned} P\mathrm{d}x + Q\mathrm{d}y &= \frac{(x-y)\mathrm{d}x + (x+y)\mathrm{d}y}{x^2+y^2} \\ &= \frac{x\mathrm{d}x + y\mathrm{d}y}{x^2+y^2} + \frac{x\mathrm{d}y - y\mathrm{d}x}{x^2+y^2} \end{aligned}$$

$$=\frac{1}{2}\frac{\mathrm{d}(x^2+y^2)}{x^2+y^2}+\frac{1}{1+(y/x)^2}\cdot\frac{x\mathrm{d}y-y\mathrm{d}x}{x^2}$$

$$=\mathrm{d}\left(\frac{1}{2}\ln(x^2+y^2)\right)+\frac{1}{1+\left(\frac{y}{x}\right)^2}\mathrm{d}\left(\frac{y}{x}\right)$$

$$=\mathrm{d}\left(\frac{1}{2}\ln(x^2+y^2)+\arctan\frac{y}{x}+C\right),$$

所以当 $n=1$ 时, $\frac{(x-y)\mathrm{d}x+(x+y)\mathrm{d}y}{(x^2+y^2)^n}$ 是右半平面上函数 $u(x,y)=\frac{1}{2}\ln(x^2+y^2)+\arctan\frac{y}{x}+C$ 的全微分. □

5. 设 Ω 为空间区域, 函数 $f(x,y,z)$ 在 Ω 上有一阶连续偏导数, 证明: 对于 Ω 中任一光滑闭曲面 S, 第二型曲面积分

$$\iint\limits_S f(x,y,z)(x\mathrm{d}y\mathrm{d}z+y\mathrm{d}z\mathrm{d}x+z\mathrm{d}x\mathrm{d}y)=0$$

的充要条件是

$$xf_x(x,y,z)+yf_y(x,y,z)+zf_z(x,y,z)+3f(x,y,z)=0,\quad (x,y,z)\in\Omega.$$

证明 记 Ω_s 为曲面 S 所围成的有界区域. 由于函数 $f(x,y,z)$ 在 Ω 上有一阶连续偏导数, 所以根据 Gauss 公式可得

$$\iint\limits_S f(x,y,z)(x\mathrm{d}y\mathrm{d}z+y\mathrm{d}z\mathrm{d}x+z\mathrm{d}x\mathrm{d}y)$$

$$=\iiint\limits_{\Omega_s}\big[(f(x,y,z)+xf_x)+(f(x,y,z)+yf_y)+(f(x,y,z)+zf_z)\big]\mathrm{d}x\mathrm{d}y\mathrm{d}z$$

$$=\iiint\limits_{\Omega_s}\big[xf_x(x,y,z)+yf_y(x,y,z)+zf_z(x,y,z)+3f(x,y,z)\big]\mathrm{d}x\mathrm{d}y\mathrm{d}z.$$

先证充分性. 若 $xf_x(x,y,z)+yf_y(x,y,z)+zf_z(x,y,z)+3f(x,y,z)=0$, $(x,y,z)\in\Omega$, 则根据上式得, 对于 Ω 中任一光滑闭曲面 S, 有

$$\iint\limits_S f(x,y,z)(x\mathrm{d}y\mathrm{d}z+y\mathrm{d}z\mathrm{d}x+z\mathrm{d}x\mathrm{d}y)$$

$$=\iiint\limits_{\Omega_s}\big[xf_x+yf_y+zf_z+3f(x,y,z)\big]\mathrm{d}x\mathrm{d}y\mathrm{d}z=0.$$

再证必要性. 若对于 Ω 中任一光滑闭曲面 S, 有

$$\iint\limits_S f(x,y,z)(x\mathrm{d}y\mathrm{d}z+y\mathrm{d}z\mathrm{d}x+z\mathrm{d}x\mathrm{d}y)=0,$$

假定存在 $(x_0,y_0,z_0)\in\Omega$, 使得 $x_0f_x(x_0,y_0,z_0)+y_0f_y(x_0,y_0,z_0)+z_0f_z(x_0,y_0,z_0)+3f(x_0,y_0,z_0)\neq 0$, 不妨设其大于零, 则由于 $xf_x(x,y,z)+yf_y(x,y,z)+zf_z(x,y,z)+3f(x,y,z)$ 在 Ω 上连续, 所以根据连续函数的保号性定理得, 存在 $B=B_\delta(x_0,y_0,z_0)\subset\Omega$, 使在 B 上, 有

$$xf_x(x,y,z)+yf_y(x,y,z)+zf_z(x,y,z)+3f(x,y,z)>0,$$

因此

$$\begin{aligned}&\iint\limits_{\partial B} f(x,y,z)(x\mathrm{d}y\mathrm{d}z+y\mathrm{d}z\mathrm{d}x+z\mathrm{d}x\mathrm{d}y)\\=&\iiint\limits_{B}\big[xf_x+yf_y+zf_z+3f(x,y,z)\big]\mathrm{d}x\mathrm{d}y\mathrm{d}z\mathrm{d}x\mathrm{d}y\mathrm{d}z>0,\end{aligned}$$

这与条件相矛盾. 故

$$xf_x(x,y,z)+yf_y(x,y,z)+zf_z(x,y,z)+3f(x,y,z)=0,\quad (x,y,z)\in\Omega.$$ □

7. 设 D 是以光滑闭曲线 L 为边界的平面区域, $u(x,y)$, $v(x,y)$ 在 D 上有二阶连续偏导数, 记 $\Delta u=\dfrac{\partial^2 u}{\partial x^2}+\dfrac{\partial^2 u}{\partial y^2}$, $\boldsymbol{n}$ 是 L 上区域 D 的外法向量. 利用 Green 公式证明:

(1) $\displaystyle\iint\limits_D \Delta u\mathrm{d}x\mathrm{d}y=\oint_L\frac{\partial u}{\partial \boldsymbol{n}}\,\mathrm{d}s$;

(2) $\displaystyle\iint\limits_D v\Delta u\mathrm{d}x\mathrm{d}y=-\iint\limits_D\left(\frac{\partial u}{\partial x}\frac{\partial v}{\partial x}+\frac{\partial u}{\partial y}\frac{\partial v}{\partial y}\right)\mathrm{d}x\mathrm{d}y+\oint_L v\frac{\partial u}{\partial \boldsymbol{n}}\,\mathrm{d}s$;

(3) $\displaystyle\iint\limits_D (v\Delta u-u\Delta v)\mathrm{d}x\mathrm{d}y=\oint_L\left(v\frac{\partial u}{\partial \boldsymbol{n}}-u\frac{\partial v}{\partial \boldsymbol{n}}\right)\,\mathrm{d}s$.

证明 (1) 设 $\boldsymbol{l}$ 为 L 上的切向量, 则 L 的切方向的方向余弦为 $(\cos(\boldsymbol{l},x),\cos(\boldsymbol{l},y))$.

由于 $\boldsymbol{n}$ 是 L 上区域 D 的外法向量, 所以

$$\cos(\boldsymbol{l},x)=\cos\left(\frac{\pi}{2}+(\boldsymbol{n},x)\right)=-\sin(\boldsymbol{n},x)=-\cos(\boldsymbol{n},y),$$
$$\cos(\boldsymbol{l},y)=\cos\left(\frac{\pi}{2}-(\boldsymbol{n},y)\right)=\sin(\boldsymbol{n},y)=\cos(\boldsymbol{n},x).$$

因为 $u(x,y)$, $v(x,y)$ 都在 D 上有二阶连续偏导数, 所以根据两类曲线积分的关系和 Green 公式可得

$$\oint_L\frac{\partial u}{\partial \boldsymbol{n}}\,\mathrm{d}s=\oint_L[u_x\cos(\boldsymbol{n},x)+u_y\cos(\boldsymbol{n},y)]\,\mathrm{d}s$$

$$
\begin{aligned}
&= \oint_L [-u_y \cos(\boldsymbol{l}, x) + u_x \cos(\boldsymbol{l}, y)]\, \mathrm{d}s \\
&= \oint_L -u_y \mathrm{d}x + u_x \mathrm{d}y \\
&= \iint_D \left(\frac{\partial^2 u}{\partial x^2} + \frac{\partial^2 u}{\partial y^2}\right) \mathrm{d}x\mathrm{d}y \\
&= \iint_D \Delta u \mathrm{d}x\mathrm{d}y.
\end{aligned}
$$

(2) 根据两类曲线积分的关系和 Green 公式可得

$$
\begin{aligned}
\oint_L v\frac{\partial u}{\partial \boldsymbol{n}}\, \mathrm{d}s &= \oint_L [vu_x \cos(\boldsymbol{n}, x) + vu_y \cos(\boldsymbol{n}, y)]\, \mathrm{d}s \\
&= \oint_L [-vu_y \cos(\boldsymbol{l}, x) + vu_x \cos(\boldsymbol{l}, y)]\, \mathrm{d}s \\
&= \oint_L -vu_y \mathrm{d}x + vu_x \mathrm{d}y \\
&= \iint_D \left(\frac{\partial (vu_x)}{\partial x} + \frac{\partial (vu_y)}{\partial y}\right) \mathrm{d}x\mathrm{d}y \\
&= \iint_D \left(\frac{\partial u}{\partial x}\frac{\partial v}{\partial x} + v\frac{\partial^2 u}{\partial x^2} + \frac{\partial u}{\partial y}\frac{\partial v}{\partial y} + v\frac{\partial^2 u}{\partial y^2}\right) \mathrm{d}x\mathrm{d}y \\
&= \iint_D v\Delta u \mathrm{d}x\mathrm{d}y + \iint_D \left(\frac{\partial u}{\partial x}\frac{\partial v}{\partial x} + \frac{\partial u}{\partial y}\frac{\partial v}{\partial y}\right) \mathrm{d}x\mathrm{d}y,
\end{aligned}
$$

于是

$$
\iint_D v\Delta u \mathrm{d}x\mathrm{d}y = -\iint_D \left(\frac{\partial u}{\partial x}\frac{\partial v}{\partial x} + \frac{\partial u}{\partial y}\frac{\partial v}{\partial y}\right) \mathrm{d}x\mathrm{d}y + \oint_L v\frac{\partial u}{\partial \boldsymbol{n}}\, \mathrm{d}s.
$$

(3) 由 (2) 可得

$$
\begin{aligned}
\iint_D v\Delta u \mathrm{d}x\mathrm{d}y &= -\iint_D \left(\frac{\partial u}{\partial x}\frac{\partial v}{\partial x} + \frac{\partial u}{\partial y}\frac{\partial v}{\partial y}\right) \mathrm{d}x\mathrm{d}y + \oint_L v\frac{\partial u}{\partial \boldsymbol{n}}\, \mathrm{d}s, \\
\iint_D u\Delta v \mathrm{d}x\mathrm{d}y &= -\iint_D \left(\frac{\partial u}{\partial x}\frac{\partial v}{\partial x} + \frac{\partial u}{\partial y}\frac{\partial v}{\partial y}\right) \mathrm{d}x\mathrm{d}y + \oint_L u\frac{\partial v}{\partial \boldsymbol{n}}\, \mathrm{d}s,
\end{aligned}
$$

所以根据以上两式可得

$$
\iint_D (v\Delta u - u\Delta v) \mathrm{d}x\mathrm{d}y = \oint_L \left(v\frac{\partial u}{\partial \boldsymbol{n}} - u\frac{\partial v}{\partial \boldsymbol{n}}\right)\, \mathrm{d}s.
$$

□

附录　2013～2017 年华南师范大学数学分析考研真题

2013 年华南师范大学数学分析考研真题

1. (15 分) 设 $(1+\sin x)\ln x$ 为函数 $f(x)$ 的原函数, 试计算 $\int xf'(x)\mathrm{d}x$.

2. (15 分) 设 $a_1-a_2+a_3-a_4+\cdots+a_{2k-1}-a_{2k}=0$, 试证明:

$$\lim_{n\to\infty}\left(a_1\sqrt{n+1}-a_2\sqrt{n+2}+\cdots+a_{2k-1}\sqrt{n+2k-1}-a_{2k}\sqrt{n+2k}\right)=0.$$

3. (15 分) 设 $\lim\limits_{u\to\infty}f(u)=A$, $\lim\limits_{x\to a}g(x)=\infty$, 试证明: $\lim\limits_{x\to a}f(g(x))=A$.

4. (15 分) 试证明 $\sqrt{3}$ 是无理数, 并利用这个结论证明: 任何两个不同的有理数 r, s 之间必存在无理数 a.

5. (15 分) 设 $f_n(x)=\begin{cases}0, & -1\leqslant x\leqslant -\dfrac{1}{n},\\ \cos\dfrac{n\pi x}{2}, & -\dfrac{1}{n}<x<\dfrac{1}{n},\\ 2, & \dfrac{1}{n}\leqslant x\leqslant 1.\end{cases}$ 试讨论函数列 $\{f_n(x)\}$ 在 $[-1,1]$ 上的一致收敛性.

6. (20 分) 设 $f''(0)$ 存在, $F(x)=\begin{cases}\dfrac{f(x)-f(0)}{x}, & x\neq 0,\\ f'(0), & x=0,\end{cases}$ 证明 $F(x)$ 的导函数在 $x=0$ 处连续, 且 $F'(0)=\dfrac{1}{2}f''(0)$.

7. (20 分) 设 $f(P)$ 在 $\mathbb{R}^2$ 上连续, 且 $\lim\limits_{\|P\|\to+\infty}f(P)$ 存在, 其中 $P=(x,y)$, 试证明: $f(P)$ 在 $\mathbb{R}^2$ 上有界, 且一致连续.

8. (20 分) 证明函数 $f(x,y)=\begin{cases}(x^2+y^2)\sin\dfrac{1}{\sqrt{x^2+y^2}}, & (x,y)\neq(0,0),\\ 0, & (x,y)=(0,0)\end{cases}$ 在原点 $(0,0)$ 可微, 但是其偏导数在原点 $(0,0)$ 不连续.

9. (15 分) 设 C 是空间逐段光滑简单闭曲线, $f(x)$, $g(x)$, $h(x)$ 是任意连续函

数, 试证明:

$$\oint_C [f(x)-yz]\mathrm{d}x+[g(y)-xz]\mathrm{d}y+[h(z)-xy]\mathrm{d}z=0.$$

2014 年华南师范大学数学分析考研真题

1. (15 分) 设 $\lim\limits_{n\to\infty} a_n=a$, $\lim\limits_{n\to\infty} b_n=b$, 试证明:

$$\lim_{n\to\infty}\frac{a_1b_n+a_2b_{n-1}+\cdots+a_nb_1}{n}=ab.$$

2. (15 分) 设 $\lim\limits_{u\to+\infty} f(u)=A$, $\lim\limits_{x\to\infty} g(x)=+\infty$, 试证明: $\lim\limits_{x\to\infty} f(g(x))=A$.

3. (15 分) 设 $f(x)$ 在 $[0,1]$ 上连续, 在 $(0,1)$ 内可导, 且 $f(1)=0$. 试证明: 存在 $\xi\in(0,\ 1)$, 使得 $f'(\xi)=-\dfrac{3f(\xi)}{\xi}$.

4. (15 分) 讨论函数 $f(x)=\begin{cases}2x+\dfrac{1}{x}, & x<1,\\ x-2, & 1\leqslant x<2,\\ 3(x-2)\sin\dfrac{1}{x-2}, & x>2\end{cases}$ 的连续性. 若有间断点, 判别其类型.

5. (20 分) 设 $f(x),g(x)$ 都在 $[a,b]$ 上可积, 试证明

$$\lim_{\|T\|\to 0}\sum_{k=1}^{n} f(\xi_k)g(\eta_k)\Delta x_k=\int_a^b f(x)g(x)\mathrm{d}x,$$

其中 ξ_k,η_k 是分割 T 所属区间 $[x_{k-1},x_k]\,(k=1,2,\cdots,n)$ 中的任意两点.

6. (20 分) 设数列 $\{a_n\}$ 为单调递增正数列, 试证明: 级数 $\sum\limits_{n=1}^{\infty}\left(1-\dfrac{a_n}{a_{n+1}}\right)$ 收敛当且仅当数列 $\{a_n\}$ 收敛.

7. (20 分) 设 $f_x(x_0,y_0)$ 存在, $f_y(x,y)$ 在 (x_0,y_0) 处连续, 试证明: $f(x,y)$ 在点 (x_0,y_0) 可微.

8. (15 分) 设 D 是以光滑闭曲线 L 为边界的平面区域, $u(x,y)$, $v(x,y)$ 在 D 上有二阶连续偏导数, 记 $\Delta u=\dfrac{\partial^2 u}{\partial x^2}+\dfrac{\partial^2 u}{\partial y^2}$, $\boldsymbol{n}$ 是 L 上区域 D 的外法向量. 利用 Green 公式证明:

$$\iint\limits_D v\Delta u\mathrm{d}x\mathrm{d}y=-\iint\limits_D\left(\frac{\partial u}{\partial x}\frac{\partial v}{\partial x}+\frac{\partial u}{\partial y}\frac{\partial v}{\partial y}\right)\mathrm{d}x\mathrm{d}y+\oint_L v\frac{\partial u}{\partial \boldsymbol{n}}\,\mathrm{d}s.$$

9. (15 分) (Dirichlet 判别法) 设 $f(x), g(x)$ 在任一 $[a,u] \subset [a,\omega)$ 上可积, $\int_a^\omega f(x)g(x)\mathrm{d}x$ 是反常积分. 若

(1) $F(u)=\int_a^u f(x)\mathrm{d}x$ 在 $[a,\omega)$ 上有界;

(2) $g(x)$ 在 $[a,\omega)$ 上单调且 $\lim\limits_{x\to\omega^-} g(x)=0$,

则反常积分 $\int_a^\omega f(x)g(x)\mathrm{d}x$ 收敛.

2015 年华南师范大学数学分析考研真题

一、计算题 (40 分 = 4 × 10 分)

1. 求极限 $\lim\limits_{n\to\infty}\left(\frac{1}{n^2+1}+\frac{2}{n^2+2}+\cdots+\frac{n}{n^2+n}\right)$.

2. 求极限 $\lim\limits_{(x,y)\to(0,0)}\frac{\sin(x^3+y^3)}{x^2+y^2}$.

3. 计算积分 $\int_0^1 \frac{x^b-x^a}{\ln x}\mathrm{d}x,\ b>a>0$.

4. 设函数 $f(x)=\begin{cases}\mathrm{e}^{-\frac{1}{x^2}}, & x\neq 0,\\ 0, & x=0,\end{cases}$ 试求 $f''(x)$.

二、(10 分) 若 $\{a_n\}$ 满足: 存在正常数 M, 使得对所有 $n=2,3,\cdots$, 都有

$$|a_2-a_1|+|a_3-a_2|+\cdots+|a_n-a_{n-1}|\leqslant M. \qquad (*)$$

证明: (1) 数列 $\{a_n\}$ 收敛;

(2) 试问上述条件 $(*)$ 是不是数列 $\{a_n\}$ 收敛的必要条件? 为什么?

三、(20 分) 设 $f(x)$ 在 $[a,b]$ 上有界, 讨论 $f(x)$, $|f(x)|$, $f^2(x)$ 三者在 $[a,b]$ 上的可积性的关系, 并证明或举反例.

四、(20 分) 设 $f(x)$ 在 $\mathbb{R}$ 上连续, 且 $\lim\limits_{x\to\infty} f(x)$ 存在, 证明: (1) $f(x)$ 在 $\mathbb{R}$ 上有界; (2) $f(x)$ 在 $\mathbb{R}$ 上能够取到最大值或最小值.

五、(20 分) 考察函数

$$f(x,y)=\begin{cases} xy\sin\dfrac{1}{x^2+y^2}, & x^2+y^2\neq 0,\\ 0, & x^2+y^2=0\end{cases}$$

在点 $(0,0)$ 的连续性、可微性及其偏导数的连续性.

六、(10 分) 计算第二型曲线积分

$$\oint_L (\mathrm{e}^x \sin y - my)\mathrm{d}x + (\mathrm{e}^x \cos y - m)\mathrm{d}y,$$

其中 m 是常数, L 是沿上半圆周 $x^2+y^2=ax\,(y\geqslant 0)$ 由点 $A(a,0)$ 到点 $O(0,0)$.

七、(15 分) 证明函数项级数 $\sum_{n=1}^{\infty}\frac{\sin nx}{n}$ 在 $[a,\pi]\,(0<a<\pi)$ 上一致收敛, 而在 $[0,\pi]$ 上不一致收敛.

八、(15 分) 设 $f(x,y)$ 在开区域 D 中分别对 x, y 连续, 且对其中一个单调, 证明 $f(x,y)$ 在 D 内连续.

2016 年华南师范大学数学分析考研真题

、计算题 (50 分 $= 5\times 10$ 分)

1. 求极限 $\lim\limits_{n\to\infty}\frac{\sqrt{n+5}-\sqrt{n+1}}{\sqrt{n+2}-\sqrt{n}}$.

2. 求极限 $\lim\limits_{x\to 0}(\cos x)^{\frac{1}{x^2}}$.

3. 求 $f(x)=\begin{cases} x^2\mathrm{e}^{-x^2}, & |x|\leqslant 1,\\ \frac{1}{\mathrm{e}}, & |x|>1\end{cases}$ 的导函数.

4. 求函数 $f(x)=x^2\ln(1+x)+\mathrm{e}^x$ 直到 x^5 的带佩亚诺 (Peano) 型余项的麦克劳林 (Maclaurin) 公式.

5. 求不定积分 $\int x^2\arctan x\mathrm{d}x$.

二、(15 分) 设 $a>1$, $n\geqslant 1$, 证明不等式

$$\frac{a^{\frac{1}{n+1}}}{(n+1)^2}<\frac{a^{\frac{1}{n}}-a^{\frac{1}{n+1}}}{\ln a}<\frac{a^{\frac{1}{n}}}{n^2}.$$

三、(15 分) 设 $f(x)$ 在 $(a,+\infty)$ 内连续, 且 $\lim\limits_{x\to a^+}f(x)=-\infty$, $\lim\limits_{x\to+\infty}f(x)=-\infty$, 试证明: $f(x)$ 在 $(a,+\infty)$ 内能够取到最大值.

四、(15 分) 设 $f(x)$, $g(x)$ 都在 $[a,b]$ 上可积, 且 $g(x)$ 在 $[a,b]$ 上不变号, M,m 分别为 $f(x)$ 在 $[a,b]$ 上的上确界、下确界, 试证明: 存在 $\mu\in[m,M]$, 使

$$\int_a^b f(x)g(x)\mathrm{d}x=\mu\int_a^b g(x)\mathrm{d}x.$$

五、(10 分) 设函数列 $\{f_n(x)\}$ 的每一项 $f_n(x)$ 在 $[a,b]$ 上连续, 且 $\{f_n(x)\}$ 在 $[a,b]$ 上一致收敛于 $f(x)$, 试证明: $f(x)$ 在 $[a,b]$ 上连续.

六、(20 分) 设 $f(x,y)=\begin{cases}(x^2+y^2)\sin(x^2+y^2)^{-1/2}, & x^2+y^2\neq 0,\\ 0, & x^2+y^2=0,\end{cases}$ 试证明:

(1) $f(x,y)$ 的偏导数在原点不连续; (2) $f(x,y)$ 在 $\mathbb{R}^2$ 上可微.

七、(15 分) 计算 $\oint_\Gamma y\mathrm{d}x+\sin x\mathrm{d}y$, 其中 L 是由 $y=\cos x\,(0\leqslant x\leqslant \pi)$, 直线 $y=-1$ 及 y 轴所围成的闭曲线, 取逆时针方向.

八、(10 分) 设 $\lim\limits_{n\to\infty}a_n=a$, $\lim\limits_{n\to\infty}b_n=b$, 试证明:

$$\lim_{n\to\infty}\frac{a_1b_n+a_2b_{n-1}+\cdots+a_nb_1}{n}=ab.$$

2017 年华南师范大学数学分析考研真题

一、计算题 (60 分 $=6\times 10$ 分)

1. 求极限 $\lim\limits_{n\to\infty}\left(\dfrac{1}{n^2+n+1}+\dfrac{2}{n^2+n+2}+\cdots+\dfrac{n}{n^2+n+n}\right)$.

2. 求极限 $\lim\limits_{x\to+\infty}\left(\sqrt{x(x+2)}-\sqrt{x(x+1)}\right)$.

3. 设 $f(x)=\begin{cases}x^2, & x\geqslant 3,\\ ax+b, & x<3,\end{cases}$ 试确定 a,b 的值, 使 $f(x)$ 在 $x=3$ 处可导.

4. 求极限 $\lim\limits_{\lambda\to\infty}\displaystyle\int_0^1\frac{\cos^2\lambda x}{1+x}\mathrm{d}x$.

5. 求曲线积分 $\displaystyle\int_\Gamma\frac{\mathrm{d}y-\mathrm{d}x}{x-y}$, 其中 Γ 是抛物线 $y=x^2$ 从 $(0,-4)$ 到 $(2,0)$ 的一段.

6. 求极限 $\lim\limits_{(x,y)\to(+\infty,+\infty)}\left(\dfrac{xy}{x^2+y^2}\right)^{x^2}$.

二、(20 分) 设函数 $f(x)$ 在 $(a,+\infty)$ 内连续, 且 $\lim\limits_{x\to a^+}f(x)$ 和 $\lim\limits_{x\to+\infty}f(x)$ 都存在, 试证明: $f(x)$ 在 $(a,+\infty)$ 内一致连续. 并举例说明, 其逆命题不成立.

三、(15 分) 设 $f(x)$ 在 $[a,b]$ 上连续, $g(x)$ 在 $[a,b]$ 上可积, 且不变号, 则至少存在一点 $\xi\in[a,b]$, 使

$$\int_a^b f(x)g(x)\mathrm{d}x=f(\xi)\int_a^b g(x)\mathrm{d}x.$$

四、(20 分) 试确定函数项级数 $\displaystyle\sum_{n=1}^\infty\left(x+\frac{1}{n}\right)^n$ 的收敛域, 并讨论其和函数的连续性.

五、(15 分) 设 $f(x,y)$ 是连续函数, 且 $f(x,y)=f(y,x)$, 证明

$$\int_0^1\int_0^x f(x,y)\mathrm{d}y=\int_0^1\int_0^x f(1-x,1-y)\mathrm{d}y.$$

六、(20 分) 设 $f(x,y)=\begin{cases}(x^2+y^2)\sin(x^2+y^2)^{-1/2}, & x^2+y^2\neq 0,\\ 0, & x^2+y^2=0,\end{cases}$ 试证明:

(1) $f(x,y)$ 在 $(0,0)$ 处连续;

(2) $f(x,y)$ 的偏导数在 $(0,0)$ 处不连续;

(3) $f(x,y)$ 在 $(0,0)$ 处可微.